ATLAS

DES

PLANTES DE JARDINS,

ET D'APPARTEMENTS

Exotiques et Européennes

320 PLANCHES COLORIÉES INÉDITES, DESSINÉES D'APRÈS NATURE

REPRÉSENTANT 370 PLANTES

ACCOMPAGNÉES D'UN TEXTE EXPLICATIF

DONNANT LA DESCRIPTION, L'ORIGINE, LE MODE DE CULTURE, DE MULTIPLICATION

ET LES USAGES DES FLEURS LES PLUS GÉNÉRALEMENT CULTIVÉES

PAR

D. BOIS

Assistant de la Chaire de Culture au Muséum d'Histoire naturelle de Paris,
Secrétaire-Rédacteur de la Société Nationale d'Horticulture de France.

TEXTE

PARIS

LIBRAIRIE DES SCIENCES NATURELLES

PAUL KLINCKSIECK, ÉDITEUR

52, rue des Écoles (en face de la Sorbonne)

—

1896

ATLAS

DES

PLANTES DE JARDINS

ATLAS

DES

PLANTES DE JARDINS

ET D'APPARTEMENTS

Exotiques et Européennes

320 PLANCHES COLORIÉES INÉDITES, DESSINÉES D'APRÈS NATURE

REPRÉSENTANT 370 PLANTES

ACCOMPAGNÉES D'UN TEXTE EXPLICATIF

DONNANT LA DESCRIPTION, L'ORIGINE, LE MODE DE CULTURE, DE MULTIPLICATION

ET LES USAGES DES FLEURS LES PLUS GÉNÉRALEMENT CULTIVÉES

PAR

D. BOIS

Assistant de la Chaire de Culture au Muséum d'Histoire naturelle de Paris,
Secrétaire-Rédacteur de la Société Nationale d'Horticulture de France.

TEXTE

PARIS

LIBRAIRIE DES SCIENCES NATURELLES

Paul KLINCKSIECK, Éditeur

52, rue des Écoles (en face de la Sorbonne)

—

1896

PRÉFACE

En publiant l'*Atlas des plantes de jardins et d'appartements*, notre but a été de donner l'image coloriée, aussi exacte que possible des végétaux les plus fréquemment cultivés au point de vue ornemental, de manière à permettre aux amateurs, même novices, d'identifier facilement ceux qu'ils peuvent rencontrer autour d'eux.

A cet effet, nous nous sommes attaché à représenter, pour chaque famille de plantes, des types permettant de grouper des genres voisins non figurés, que nous avons décrits dans le volume du texte en faisant ressortir les caractères qui les différencient.

Pour rendre cette partie de l'ouvrage facilement compréhensible, même aux personnes qui n'ont aucune notion de botanique, nous nous sommes appliqué à n'employer que des mots usuels en évitant avec soin les termes scientifiques généralement mal compris. Des figures analytiques nombreuses permettent de suivre facilement les descriptions.

Considérant que lorsqu'on s'attache à connaître les plantes, on aime aussi à les cultiver, nous avons donné des détails aussi complets que possible sur l'usage auquel se prêtent les espèces figurées, sur leur culture et sur la manière de les cultiver. Ces renseignements ont été étendus aux plantes non figurées, de telle sorte que notre *Atlas*, avec son volume de texte, constitue en réalité un traité général des plantes annuelles, bisannuelles et vivaces cultivées dans les jardins et les appartements.

Nous avons pensé qu'il était utile de donner, pour les espèces annuelles et bisannuelles, la figure de la graine, de grandeur naturelle et grossie. Ces figures permettront de contrôler facilement les semences sur la nature desquelles on ne serait pas suffisamment fixé.

Il nous a semblé bon de donner aussi une image représentant la germination des plantes annuelles et bisannuelles, de manière à ce que l'on puisse distinguer nettement dans un semis ce qu'il faut conserver et ce qu'il faut arracher au moment des premiers sarclages.

Toutes les planches publiées dans cet ouvrage ont été, sans une seule exception, exécutées d'après nature, et il n'est que juste d'adresser ici de vives félicitations aux artistes qui ont su si bien faire revivre avec leurs pinceaux les nuances si brillantes et si variées de nos fleurs.

Nous devons adresser de chaleureux remerciements à M. le professeur Maxime Cornu, du Muséum, qui a mis à notre disposition les belles collections dont il a la direction, et dans lesquelles nous avons largement puisé. Nos remerciements s'adressent encore à M. Opoix, jardinier en chef du Palais du Luxembourg; à M. Bleu qui a obligeamment ouvert sa serre aux Orchidées, à nos dessinateurs; à MM. Vilmorin, Andrieux et Cie; à M. Moser, de Versailles; à MM. Forgeot et Cie; à M. Godefroy Lebœuf; à M. Jérôme, chef de l'École de Botanique du Muséum; à M. J. Daveau, de Montpellier; qui nous ont procuré des échantillons précieux.

Dans l'énumération des personnes dont le bienveillant concours nous a été utile, nous nous plaisons à citer encore M. P. Klincksieck, qui, par les soins apportés à la direction de l'ouvrage, nous a considérablement facilité la tâche que nous nous étions imposée.

D. BOIS.

Qu'il me soit permis également de remercier toutes les personnes qui ont contribué d'une façon quelconque à la réussite de cet *Atlas*, y compris le public qui, par ses souscriptions, m'a témoigné sa confiance.

Peu se doutent de la dépense énorme de temps et d'argent, non moins que des risques qu'entraîne l'établissement d'un *Atlas* de ce genre. Peu savent que plus d'une planche inexacte dans quelques détails a été refaite et non sans frais, — car je n'ai rien voulu publier de fautif dans le dessin.

M. D. Bois qui, sur ma demande, a accepté il y a quatre ans de se charger du choix des espèces à figurer, du contrôle des dessins, de la rédaction du texte du présent ouvrage, s'est acquitté de sa tâche avec le soin le plus méticuleux. Je me plais à lui en rendre hommage au moment où ce travail est terminé.

Ma seule satisfaction comme éditeur, ne peut qu'être celle d'avoir essayé de contribuer à vulgariser une des plus belles branches de la botanique.

Paul **KLINCKSIECK.**

Janvier 1896.

CLASSIFICATION SUIVIE DANS CET OUVRAGE

La classification suivie dans l'*Atlas des plantes de jardins et d'appartements* est la méthode de De Candolle, que **MM.** Bentham et Hooker ont adoptée pour leur *Genera plantarum*, ouvrage qui fait autorité à l'époque actuelle et qui nous a servi de guide.

Il nous a semblé préférable, au lieu de suivre une classification empirique, telle que l'ordre alphabétique, de présenter les plantes groupées d'après leurs analogies, ce qui rend beaucoup plus facile l'étude comparative des genres qui ont des affinités naturelles.

Il est possible de résumer cette classification dans un tableau tel que celui qui est donné ci-dessous :

Plantes à fleurs, c'est-à-dire pourvues d'étamines et de pistil. PHANÉROGAMES.	Embryon (jeune plante enfermée dans la graine) à 2 cotylédons (premières feuilles). DICOTYLÉDONES.	à graine enfermée dans une cavité close (pistil) ANGIOSPERMES	Fleur à deux enveloppes florales. DICHLAMYDÉES.	à pétales libres entre eux.	POLYPÉTALES.	
				à pétales soudés entre eux.	GAMOPÉTALES.	
			Fleur à une seule enveloppe florale...		MONOCHLAMYDÉES	
		à graines nues..........			GYMNOSPERMES.	
	Embryon à 1 seul cotylédon...........				MONOCOTYLÉDONES.	

Plantes sans fleurs proprement dites, c'est-à-dire n'ayant ni étamines ni pistil. . . . . CRYPTOGAMES.

Répartition des familles figurées dans l'Atlas :

POLYPÉTALES, des Renonculacées aux Araliacées. . . . . . Planches 1 à 126
GAMOPÉTALES OU MONOPÉTALES, des Rubiacées aux Labiées. — 127 à 231
MONOCHLAMYDÉES, des Nyctaginées aux Euphorbiacées . . . — 232 à 241
GYMNOSPERMES, Conifères. . . . . — 242
MONOCOTYLÉDONES, des Orchidées aux Graminées. . . . . . — 243 à 310
CRYPTOGAMES, Lycopodiacées et Fougères. . . . . — 311 à 320

ATLAS

DES

PLANTES DE JARDINS ET D'APPARTEMENTS

FAMILLE DES RENONCULACÉES

Pl. 1. — CLÉMATITE A GRANDES FLEURS

CLEMATIS PATENS Morren et Decaisne.

Patrie : Japon.

Description.

Le genre *Clematis* est caractérisé par des feuilles opposées ; des fleurs sans corolle, à sépales au nombre de 4 ou 5, colorés, ayant l'aspect de pétales ; des carpelles renfermant un seul ovule.

La *Clématite à grandes fleurs* est un arbrisseau à nombreux rameaux grimpants, pouvant atteindre plusieurs mètres de hauteur. Les feuilles sont divisées en 3 ou 5 folioles étroites, atténuées en pointe aux deux extrémités ; elles sont glabres à la face supérieure et portent quelques longs poils en dessous. Les fleurs naissent isolément sur les rameaux ; elles sont très grandes, mesurant jusqu'à 15 centimètres de diamètre. Dans le type de l'espèce, la teinte de ces fleurs est le bleu pâle, mais il existe de nombreuses variétés au coloris plus pâle ou plus foncé allant du blanc pur au bleu foncé ou violacé. Dans les variétés à fleurs simples, le nombre des divisions de la fleur (dans les Clématites, ces divisions sont des sépales et non des pétales comme on serait tenté de le croire) est de 8, mais ce nombre peut être considérablement dépassé dans les variétés à fleurs doubles (voir fig. 2, var. *Sophia flore pleno*).

Cette espèce et ses variétés fleurit en juin-juillet ; elle donne généralement une seconde floraison en automne.

Emplois.

La *Clématite à grandes fleurs* et ses variétés sont des plantes grimpantes superbes que l'on cultive pour la garniture des tonnelles, des
treillages, des murs, des troncs d'arbres, etc.

Culture. — Multiplication.

La *Clématite à grandes fleurs* est rustique sous le climat de Paris;
dans les régions froides, il est nécessaire de la couvrir de paille pendant l'hiver; elle prospère dans tous les sols pourvu qu'ils soient
profonds et sans excès d'humidité. Les tiges en sont très grêles et
doivent être maintenues à l'aide de tuteurs ou palissées sur les sur-
faces qu'elles sont destinées à garnir. Il est nécessaire, chaque printemps,
d'enlever les parties mortes, les brindilles et les vieilles feuilles pour ne
conserver que les branches les plus vigoureuses. Multiplication par
graines qu'il faut semer peu après leur maturité, car elles perdent rapidement leur faculté germinative, ou par greffe en fente sur racines
d'espèces vigoureuses comme *Cl. Flammula, Vitalba, viticella,* etc.

Le genre *Clematis* renferme un grand nombre d'autres espèces ornementales, notamment :

C. lanuginosa Lindl. Chine. Voisine de la précédente dont elle diffère
par ses tiges moins élevées; les feuilles en général non divisées, celles
qui avoisinent les fleurs à 3 folioles; ces feuilles, arrondies et en forme
de cœur à la base, sont velues-laineuses. Les fleurs, plus grandes que
celles du *Cl. patens,* dépassent parfois 20 centimètres de diamètre.

C. Fortunei Morren. Japon. Rappelle le *Cl. lanuginosa.* Feuilles à
3 folioles coriaces, glabres à la face supérieure, un peu velues en-dessous,
en forme de cœur à la base. Fleurs très grandes ayant de nombreux
sépales disposés sur 4-6 rangs.

C. florida Thunb. Japon. Tige de 3-4 mètres. Feuilles à 3 ou 9 folioles
ovales, velues sur les deux faces. Fleurs très grandes, simples ou doubles, blanchâtres. Un peu plus délicate que les précédentes, cette espèce
ne prospère, sous le climat de Paris, que si elle est plantée à exposition
chaude.

C. Flammula L. (Clématite odorante). Europe méridionale. Tige de 5
à 6 mètres de hauteur. Fleurs en bouquets, petites, blanches, exhalant
une odeur très agréable. Fleurit en août-septembre. Espèce très répandue, très rustique.

C. Vitalba L. (Clématite commune, Herbe aux gueux). Indigène.
Plante de grandes dimensions. (Voir *Masclef, Atlas, pl. 1.*)

Fleurs en bouquets, petites, blanchâtres. Aux fleurs succèdent des
fruits surmontés de prolongements plumeux dont l'ensemble constitue
d'élégantes houppes soyeuses.

C. Viticella L. Espagne. Tiges élevées. Feuilles à 9-12 folioles ; celles qui avoisinent les fleurs, non divisées ou seulement à 3 folioles. Fleurs de 2 à 4 centimètres de diamètre, d'un bleu plus ou moins foncé ou violettes. Plante très vigoureuse et très rustique.

Pour les autres espèces, que le cadre de ce livre ne nous permet pas de citer, voir Mouillefert, *Traité des Arbres et Arbrisseaux*.

Pl. 2. — COLOMBINE PLUMEUSE
THALICTRUM AQUILEGIFOLIUM L.

Synonyme français : **Pigamon à feuilles d'Ancolie.**

Indigène.

Description.

Les *Thalictrum* ont pour caractères distinctifs : des feuilles alternes, pas de corolle, un calice à 4-5 sépales, des carpelles contenant un seul ovule. Ce sont des plantes vivaces.

Le *T. aquilegifolium* atteint de 1 mètre à 1 m. 50 de hauteur ; les feuilles, alternes, glabres, sont divisées en 9 folioles. Les fleurs en bouquets serrés, sont ornementales par leurs nombreuses étamines, roses, purpurines ou blanches selon les variétés. Fleurit de mai en juillet.

Emplois. — Culture. — Multiplication.

Ornement des plates-bandes et des rocailles. Plante très rustique, affectionnant les sols frais et prospérant surtout à exposition un peu ombragée. Multiplication par division des touffes, au printemps, ou par graines qu'on sème d'avril en juin.

Pl. 3. — ANÉMONE DES FLEURISTES
ANEMONE CORONARIA L.

Patrie : France méridionale.

Description.

Plante vivace à souche tubéreuse. Feuilles très divisées. Tiges florales de 20 à 50 centimètres de hauteur, portant chacune une seule fleur, dressée, accompagnée d'une collerette de folioles non pétiolées. Pas de corolle. Calice à 5-8 sépales ayant l'aspect de pétales, grands et larges. Fleur très belle, simple, double ou pleine, rouge, bleue, violette, lilas, jaune ou blanche, présentant des teintes uniformes ou associées en panachures. Fleurit en avril-juin.

Emplois.

L'*Anémone des fleuristes* est beaucoup moins cultivée qu'elle ne l'était autrefois ; elle est cependant précieuse pour l'ornement des parterres au printemps ; on peut en faire de charmantes corbeilles, des bordures.

Culture. — Multiplication.

Très rustique, cette plante prospère dans tous les sols dits de jardins, c'est-à-dire améliorés par la culture, divisés (*ameublis*) ; elle ne redoute que l'humidité excessive. Un mélange de terre franche, de terreau de feuilles et de terreau de couche bien décomposé est ce qui lui convient le mieux. Le fumier frais ne doit jamais être employé. Dans le midi de la France on peut laisser les Anémones en place.

Sous le climat de Paris, la plantation des souches tubéreuses ou *pattes*, se fait du 15 septembre à la fin d'octobre ; plus au nord on peut planter au printemps, mais il est cependant préférable, même dans ce cas, de mettre les *pattes* en place à l'automne et d'abriter la plantation, pendant l'hiver, avec de la paille ou une couche de feuilles sèches qu'on enlève dès le retour des beaux jours.

L'espace à ménager entre les *pattes* est en moyenne de 15 centimètres, un peu plus, un peu moins selon leur volume. On plantera plus profondément en sol léger qu'en terre forte sans cependant dépasser 7 à 8 centimètres.

Lorsque le printemps est sec, on peut arroser si le besoin s'en fait sentir ; mais les arrosages doivent cesser après la floraison. A partir de ce moment, la végétation se ralentit, les feuilles jaunissent peu à peu, au fur et à mesure que les pattes se développent pour arriver à maturité, ce qui a lieu lorsque la partie aérienne de la plante est entièrement desséchée. A ce moment, on procède à l'arrachage des pattes qu'on laisse se ressuyer à l'air et à l'ombre et que l'on serre ensuite dans un local sec et aéré pour les conserver jusqu'au moment de la plantation. La multiplication se fait soit par graines qu'on sème en juin-juillet (la floraison des plantes ainsi obtenues n'a lieu qu'au bout de trois ou quatre ans) ; soit par fragmentation des pattes au moment de la plantation : on peut, dans ce dernier cas, diviser la souche en autant de parties qu'il y a de ramifications pourvues d'un bourgeon terminal.

Pl. 4. — ANÉMONE DES JARDINS

ANEMONE HORTENSIS L.

Patrie : France méridionale.

Description.

Plante vivace, à souche tubéreuse, voisine de la précédente dont elle se distingue surtout par les feuilles de la base seulement à 3-5 lobes larges, dentés, au lieu d'être très divisées.

On en distingue plusieurs variétés que certains auteurs ont considérées comme des espèces particulières :

1° *Anémone étoilée* (Anemone stellata Lamk.). Fleur à 8-10 sépales longs et étroits, atténués aux deux extrémités, obtus au sommet, de couleur lilas ou rose avec une tache blanche à la base.

2° *Anémone éclatante* (Anemone fulgens). Fleur à 8-10 sépales, grands, obovales, en forme de coin à la base, élargis au sommet, de couleur rouge écarlate.

3° *Anémone œil de paon* (Anemone pavonina DC.). Fleur à sépales très nombreux, très étroits, très aigus, de couleur rouge écarlate.

Les emplois et la culture de l'*Anémone des jardins* et de ses variétés sont les mêmes que ceux de l'*A. des fleuristes* (voir p. 4).

EXPLICATION DE LA PLANCHE 4.

1. Souche tubéreuse (patte) munie de feuilles.
2. Fleur coupée dont on a enlevé les sépales. Au centre, l'axe portant de nombreux carpelles formant une masse globuleuse ; autour, les étamines.

Pl. 5. — HÉPATIQUE

ANEMONE HEPATICA L.

SYNONYMES FRANÇAIS : **Anémone hépatique, Herbe de la Trinité.**
SYNONYME LATIN : **Hepatica triloba Chaix.**

Indigène. Régions subalpines.

Description.

Petite plante vivace de 10 à 15 centimètres de hauteur, à feuilles naissant toutes de la souche ; ces feuilles, à 3 lobes presque égaux, d'un vert foncé et luisant en-dessus, sont souvent rougeâtres à la face inférieure. Les fleurs, bleues, roses ou blanches, simples ou doubles, apparaissant avant les feuilles nouvelles, en mars-avril, sont portées sur un pédoncule court, muni, un peu au-dessous d'elles, d'une collerette (involucre) de 3 folioles, simulant un calice. Pas de corolle. Calice à 6-9 sépales colorés, plus nombreux dans les variétés à fleurs doubles.

Emplois.

L'*Hépatique* est l'une des premières plantes qui fleurissent dans nos parterres lorsque les rigueurs de l'hiver cessent de se faire sentir ; elle est en outre très ornementale, ses élégantes fleurs, d'une grande fraîcheur de coloris, étant produites en très grand nombre. La taille peu élevée de la plante permet d'en constituer de ravissantes petites corbeilles, des bordures, etc.

Culture. — Multiplication.

L'*Hépatique* prospère dans tous les sols de jardins, pourvu qu'ils ne soient pas trop secs, et à toutes les expositions. Multiplication par division des touffes, en automne.

Le genre *Anémone* comprend encore d'autres espèces ornementales ; nous citerons entre autres :

L'*A. du Japon* (A. japonica Sieb. et Zucc.). Japon. Superbe plante vivace à souche traçante, à tige haute de 50 à 60 centimètres, rameuse au sommet et portant d'abondantes fleurs de 6 à 8 centimètres de diamètre, à sépales nombreux, rouges, rose carminé ou blanches. Fleurit en août-octobre. Cette plante est des plus recommandables pour l'ornement des plates-bandes. On la multiplie par division des touffes au printemps. Une variété, considérée comme espèce distincte par Decaisne, qui lui a donné le nom d'*A. elegans,* ne diffère du type que par la tige plus élevée, le feuillage plus ample, un peu pubescent et les sépales plus arrondis. C'est à cette variété que se rattache la plante désignée sous le nom d'*Honorine Jobert*, remarquable par sa vigueur excessive et dont les fleurs sont très grandes, d'un blanc pur.

Pl. 6. — RENONCULE DES FLEURISTES

RANUNCULUS ASIATICUS L.

Synonymes français : Renoncule de Perse. Renoncule des jardins.
Synonymes latins : Ranunculus orientalis Hort.; R. africanus Hort.

Patrie : Orient.

Description.

Plante vivace à racines tubéreuses, réunies en faisceau (griffe). Elle possède deux sortes de feuilles : celles de la base pétiolées, presque entières ou peu divisées ; celles qui naissent sur la tige florale à pétiole très court, découpées en nombreuses lanières étroites. La tige florale, haute de 20 à 30 centimètres est quelquefois un peu rameuse au sommet et les ramifications portent des fleurs constituées par un calice à 5 sépales concaves, 5 pétales arrondis, de nombreuses étamines et un grand nombre de carpelles insérés sur un axe conique (voir fig. 1).

La floraison a lieu de mai à juillet, mais on peut l'avancer ou la retarder en variant l'époque de la plantation.

Emplois. — Culture. — Multiplication.

Ce que nous avons dit à propos de l'*Anémone des fleuristes* (voir p. 4), est applicable aux *Renoncules de Perse*, avec cette différence toutefois, que celles-ci ont une grande supériorité sur celle-là au point de vue de l'ornement des parterres. Leur port est plus élégant; leurs coloris plus francs et plus variés. Il en existe un nombre considérable de variétés à fleurs doubles ou pleines parmi lesquelles on distingue une race particulière à fleurs plus grandes, en forme de Pivoine (*Renoncules turques, Renoncules Pivoine*).

Parmi les coloris que présente cette plante, on remarque le blanc pur, le rose, le rouge écarlate, le violet, le cramoisi, le jaune, l'olive, l'orangé, le brun, le violet noirâtre, avec toutes les nuances intermédiaires. Ces fleurs peuvent être unicolores ou panachées, striées, flammées, bordées d'une nuance secondaire.

Comme pour les *Anémones*, il suffit de donner aux *Renoncules* une terre fraiche, substantielle, mélangée de terreau très décomposé, s'égouttant bien et d'éviter de planter à exposition très ensoleillée ainsi que dans les endroits couverts. La plantation des *griffes* se fait à l'automne dans le midi de la France, en février-mars, sous le climat de Paris, sauf dans les terrains légers et chauds où on peut la faire plus tôt. On enterre les griffes à une profondeur de 4 centimètres environ, en les espaçant de 10 centimètres en tous sens.

La multiplication des *Renoncules des fleuristes* se fait, soit au moment de l'arrachage, à l'aide des jeunes griffes qui se développent à la place des anciennes, soit par graines qu'on sème à l'automne ou au printemps en terre légère, en pots ou en terrines conservées l'hiver sous châssis. La floraison des plantes ainsi obtenues a lieu au bout de trois ans, quelquefois dès la deuxième année.

Parmi les autres espèces du genre *Ranunculus* cultivées comme plantes ornementales, on peut citer les variétés à fleurs pleines des *Ranunculus acris*, *bulbosus* et *repens*, plantes indigènes, vivaces, bien connues sous le nom de *Boutons d'or*, qui croissent dans tous les terrains sauf dans ceux qui sont très arides et à toutes les expositions. Leur rusticité est absolue. La variété à fleurs pleines du *R. aconitifolius* (*Bouton d'argent*), est une belle plante vivace, indigène, alpine, de 50 centimètres de hauteur, à fleurs nombreuses, d'un blanc pur, affectionnant les terrains frais et les expositions ombragées.

Pl. 7. — SOUCI D'EAU

CALTHA PALUSTRIS L.

Synonymes français : **Populage, Cocusseau.**

Indigène.

Description.

Plante vivace, glabre, à feuilles en forme de cœur ou de rein. Tige florale plus ou moins élevée, pouvant atteindre 40 centimètres, ramifiée et portant une seule fleur sur chacune de ses ramifications. Ces fleurs, qui mesurent 3 à 4 centimètres de diamètre, sont d'un beau jaune doré ; elles sont dépourvues de corolle et doivent leur éclat aux 5 sépales qui ont l'aspect de pétales ; il existe des variétés à fleurs doubles et pleines, très ornementales, dans lesquelles le nombre de ces pièces devient considérable. Les carpelles (jeunes fruits, fig. 2) sont au nombre de 5-10 ; ils sont entourés de nombreuses étamines. Les graines sont disposées sur deux rangs dans chaque fruit (fig. 3). Fleurit en avril-juin.

Emplois. — Culture. — Multiplication.

Cette belle plante convient à l'ornementation dans tous les terrains poreux et humides ; elle prospère surtout plantée au bord des rivières et des pièces d'eau ou en baquets à demi immergés dans les aquariums. Rusticité absolue. Multiplication par division des touffes au printemps.

Pl. 8. — NIGELLE D'ESPAGNE

NIGELLA HISPANICA L.

Patrie : Europe méridionale.

Description.

Plante annuelle d'environ 60 centimètres de hauteur, à feuilles finement découpées. Les fleurs, de 4 à 5 centimètres de diamètre, ont un calice à sépales ayant l'aspect de pétales ; la corolle est réduite à des pétales très petits (fig. 2), à 2 lèvres : la lèvre extérieure à 2 lobes arrondis surmontés d'un filet renflé au sommet, la lèvre interne plus étroite, non renflée, très allongée. Les étamines sont nombreuses. Les carpelles, de 8 à 10, se soudent jusqu'au sommet, pour constituer le fruit qui est surmonté des styles allongés. Graine lisse. Dans le type de l'espèce la fleur est d'un bleu clair ; il en existe des variétés à fleurs blanches et à fleurs bleu purpurin. La floraison a lieu en juin, juillet ou plus tard, selon l'époque du semis.

Emplois. — Culture. — Multiplication.

Cette plante est ornementale par son élégant feuillage et ses fleurs nombreuses ; elle convient à l'ornement des plates-bandes ; sa culture n'exige aucuns soins particuliers. Semer en place de mars en mai, puis éclaircir de manière à laisser un intervalle d'environ 20 centimètres entre les pieds.

Une autre espèce de *Nigella* est fréquemment cultivée dans les jardins ; c'est le *N. damascena* L. (Nigelle de Damas, Nigelle bleue, Cheveux de Vénus, Patte d'Araignée), de la région méditerranéenne ; elle diffère de la précédente : par les fleurs, accompagnées d'un involucre (collerette) de folioles très finement découpées ; par les lobes de la lèvre externe des pétales non surmontés d'une pointe renflée au sommet ; par les feuilles plus divisées ; par le fruit vésiculeux ; par la graine, ridée transversalement. Cette espèce fleurit à la même époque que la précédente ; ses fleurs sont d'un bleu très pâle ; il en existe une variété à fleurs blanches et une à fleurs doubles. Emplois et culture de la *Nigelle d'Espagne*.

EXPLICATION DE LA PLANCHE 8.

1. Fleur coupée montrant à l'extérieur les sépales, larges, colorés, puis les pétales, les étamines et au centre les carpelles.

2. Pétale détaché.

3. Graine de grandeur naturelle et grossie.

4. Germination.

Pl. 9. — ANCOLIES

AQUILEGIA L.

Description.

Ce genre comprend une cinquantaine d'espèces originaires des régions froides et montagneuses de l'hémisphère boréal. Ce sont des plantes vivaces, presque toutes ornementales, dont les caractères spécifiques ne sont pas toujours d'une fixité absolue. Les *Aquilegia* se distinguent, dans les Renonculacées, par leur fleur à calice composé de 5 sépales ayant l'aspect de pétales, la corolle à 5 pétales en forme de cornet, prolongés inférieurement en éperon, fixés entre les sépales par le bord du limbe taillé obliquement. Les capsules au nombre de 5 sont un peu soudées entre elles à la base; elles contiennent des graines disposées sur deux rangs.

Parmi les espèces les plus répandues dans les jardins on peut citer :

A. alpina L. Indigène. Plante de 20 à 30 centimètres de hauteur. Fleurs très grandes d'un bleu superbe. (Voir *Masclef*, *Atlas*, *pl. 14*.)

A. canadensis L. Amérique septentrionale. Plante de 30 à 40 centimètres. Fleurs petites, rouge brique. Var. *californica*, à fleurs grandes, rouge écarlate.

A. chrysantha A. Gray (figure B). Amérique septentrionale. Plante dépassant parfois 1 mètre. Fleurs jaune citron. Éperons très longs.

A. cærulea James. Amérique septentrionale. Plante de 50 centimètres à 1 mètre. Fleurs très grandes, à sépales bleu foncé, à pétales bleu pâle, presque blancs, prolongés en long éperon déjeté extérieurement.

A. formosa Fisch. (figure C). Des régions boréales. Plante de 30 à 40 centimètres, à sépales rouge vermillon, à pétales rouges avec la partie évasée du cornet jaune verdâtre.

A. sibirica L. Sibérie. Plante atteignant au plus 40 centimètres, à fleurs bleues. Variété à fleurs doubles.

A. vulgaris L. (figure A) (Clochette). Indigène. Plante de 75 centimètres à 1 mètre de hauteur à tige portant de 3 à 7 fleurs, pendantes, bleues dans le type de l'espèce, blanches, violettes ou roses, unicolores ou panachées, simples ou doubles selon les variétés, qui sont nombreuses. Dans les *Ancolies* à fleurs doubles les pétales sont : soit en forme de cornets qui s'emboîtent les uns dans les autres, *Ancolies capuchonnées;* soit plans et étalés, *Ancolies étoilées*.

Emplois. — Culture. — Multiplication.

Les espèces énumérées ci-dessus, leurs variétés, les hybrides et les métis qui ont été obtenus par leur croisement, sont des plantes de pleine terre ornementales au plus haut degré et qui conviennent à la décoration des plates-bandes, des rocailles. Leur floraison a lieu en mai-juillet. Elles prospèrent dans tous les terrains bien que les sols légers et frais leur plaisent plus particulièrement. Elles affectionnent les expositions mi-ombragées. Multiplication par division des touffes ou par graines qu'on sème dès la maturité.

Pl. 10. — A. PIED D'ALOUETTE DES JARDINS

DELPHINIUM AJACIS L.

Europe australe.

B. PIED D'ALOUETTE A BOUQUETS

DELPHINIUM ORIENTALE Gay.

SYNONYMES LATINS : **D. ornatum Bouché; D. consolida Hort., non Linné.**

Patrie : Europe orientale.

Description.

Le genre *Delphinium* est caractérisé par des fleurs à 5 sépales colorés ayant l'aspect de pétales, le supérieur prolongé en éperon; une corolle à 4 pétales parfois réduits à un seul : les deux supérieurs prolongés en éperons inclus dans celui du calice. Le fruit est constitué par 1-5 capsules non soudées entre elles, contenant des graines disposées sur deux rangs.

Les deux espèces figurées sur cette planche sont des plantes annuelles atteignant l'une et l'autre environ 1 mètre de hauteur, mais dont il existe des variétés naines. Elles fleurissent en juin-juillet au plus tard, selon l'époque du semis. Toutes les deux présentent de nombreuses variétés à fleurs simples ou doubles, unicolores ou panachées dans lesquelles on observe le bleu, le violet, le rose, le cuivré et le blanc avec des nuances intermédiaires; dans la première espèce, les fleurs sont disposées en grappe serrée, généralement simple, tandis que l'inflorescence est très ramifiée et plus légère dans la seconde.

Emplois. — Culture. — Multiplication.

Les *Pieds d'Alouette* annuels sont très répandus dans les jardins, la deuxième espèce surtout, qui croît sans soins et se ressème même naturellement. On les emploie à la décoration des plates-bandes. Les variétés naines et doubles de la première peuvent servir à former des bordures. Ces plantes supportent mal le repiquage, aussi est-il nécessaire de les semer en place, en mars-avril. Au moment de l'éclaircissage, laisser un intervalle de 30 à 50 centimètres entre les pieds, selon le développement que les variétés en culture sont susceptibles de prendre.

Pl. 11. — PIED D'ALOUETTE VIVACE HYBRIDE

Description.

On cultive sous ce nom un certain nombre de plantes vivaces superbes, issues par variation ou par hybridation de plusieurs espèces, notamment des *Delphinium elatum* L., Indigène; *formosum* Boiss. et Huet, d'Arménie; *grandiflorum* L., de Sibérie.

Leur tige, dressée, plus ou moins rameuse, atteint de 1 à 2 mètres de hauteur; les ramifications portent de longs épis de fleurs, simples ou doubles, de dimensions variables, souvent très grandes, mesurant jusqu'à 4 centimètres de diamètre, présentant tous les tons du bleu et du violet parfois avec des nuances métalliques; les pétales sont blancs ou brunâtres, velus, veloutés. Leur floraison a lieu de juin en août.

Emplois. — Culture. — Multiplication.

Les *Pieds d'Alouette vivaces hybrides* sont certainement au nombre des plus belles plantes de pleine terre. Ils conviennent à l'ornementation des grandes plates-bandes, et leurs rameaux fleuris sont précieux pour la confection des bouquets. Ils sont d'une absolue rusticité et ne redoutent que les sols où l'humidité est excessive. On les multiplie par division des touffes et par graines qu'on sème au printemps et à l'automne.

On cultive quelquefois aussi le *Delphinium nudicaule* Torr. et Gray, de la Californie, espèce vivace, de 30 à 50 centimètres de hauteur, assez délicate, mais recherchée pour ses fleurs d'un rouge écarlate; le *D. cashmirianum* Royle, de l'Himalaya, espèce également vivace, à tiges atteignant environ 1 mètre de hauteur. Les fleurs, qu'elle produit en abondance, sont d'un violet bleuâtre; elles se distinguent nettement de celles des espèces précédentes par les sépales qui se rapprochent par le sommet de manière à constituer une sorte de casque.

Pl. 12. — ACONIT A FLEURS PANACHÉES

ACONITUM VARIEGATUM L.

Synonyme français : **Aconit bicolore.**
Synonyme latin : **Aconitum hebegynum DC.**

Patrie : Europe.

Description.

Le genre *Aconit* est caractérisé par des fleurs à calice formé de 5 sépales colorés, ayant l'aspect de pétales; le supérieur en forme de casque recouvrant la corolle. Celle-ci à 5 pétales très petits, irréguliers : les deux supérieurs allongés, étroits, se terminant au sommet en cornet éperonné; les trois inférieurs de dimensions plus réduites, en forme de languette, ou nuls. Les capsules au nombre de 3-5 sont libres et contiennent des graines disposées sur deux rangs. Ce sont des plantes vivaces, en général vénéneuses.

L'espèce figurée est une des plus belles du genre. Les tiges, ramifiées au sommet, dépassent souvent 1 mètre de hauteur; elles portent de nombreuses fleurs blanches à sépales striés et bordés de bleu, d'un très bel effet. La floraison a lieu en juillet-août.

Emplois. — Culture. — Multiplication.

Ornement des plates-bandes. Plante très rustique, affectionnant surtout les sols frais et profonds. Multiplication par division des touffes.

D'autres espèces d'Aconit sont aussi cultivées comme plantes ornementales, notamment :

Aconitum Napellus L. (Aconit Napel, Casque de Jupiter, Char de Vénus). Indigène. Plante de 1 mètre et plus de hauteur, à feuilles très découpées, d'un vert foncé, à fleurs d'un bleu intense, disposées en longue grappe compacte, dressée. Variété à fleurs blanches. (Voir *Masclef, Atlas, pl. 15.*)

Aconitum paniculatum Lamk. Alpes. Tige élevée, ramifiée au sommet; à feuilles moins finement découpées que celles de l'espèce précédente et à fleurs bleu pâle.

Pl. 13. — PIVOINE DE CHINE

PÆONIA ALBIFLORA Pallas.

i SYNONYME FRANÇAIS : **Pivoine odorante.**
SYNONYMES LATINS : **Pæonia edulis Salisb.; P. fragrans Anders.; P. sinensis Poit.**

Patrie : Chine.

Description.

Le genre *Pivoine* se distingue des autres Renonculacées par ses fleurs régulières, à 5 sépales persistants, à 5 ou à un plus grand nombre de pétales; par son fruit formé de 2-5 carpelles à une loge contenant plusieurs graines.

La *Pivoine de Chine* est l'une de nos plus belles plantes vivaces de pleine terre; c'est, après la Pivoine en arbre, l'espèce la plus ornementale du genre. Elle forme des touffes volumineuses atteignant jusqu'à 1 mètre de hauteur sur autant de largeur. On la distingue facilement des autres espèces par ses tiges ramifiées au sommet et portant de 2 à 4 et quelquefois 5 fleurs, alors que les fleurs naissent isolément dans

les autres sortes de Pivoines. Ces fleurs, qui ont de 10 à 15 centimètres
de diamètre exhalent une agréable odeur rappelant celle de la Rose;
elles sont d'un blanc rosé dans le type de l'espèce, que nous figurons,
mais il existe de nombreuses variétés dans lesquelles on observe différents tons du jaune, du rose, le rouge cramoisi, le pourpre, le pourpre
violacé : les unes unicolores, les autres panachées. Dans ces variétés,
il en est à fleurs simples et d'autres à fleurs doubles ou pleines, à
pétales entiers ou frangés. Leur floraison a lieu en mai-juin.

Emplois. — Culture. — Multiplication.

La *Pivoine de Chine* est précieuse pour la décoration des jardins; on
la plante soit dans les plates-bandes ou les massifs, soit en touffes isolées
sur les pelouses où elle produit un effet superbe. Elle est d'une rusticité
absolue et prospère dans tous les terrains et à toutes les expositions.
Multiplication par division des souches en ayant soin que les tubercules
détachés soient munis de bourgeons au collet, soit par graines que l'on
sème dès leur maturité.

Pl. 14. — PIVOINE EN ARBRE

PÆONIA MOUTAN L.

Synonyme latin : **P. papaveracea Andr.**

Patrie : Chine et Japon.

Description.

Contrairement aux autres Pivoines, qui sont herbacées, cette espèce
a des tiges ligneuses atteignant 1 mètre ou plus, formant un buisson de
fortes dimensions. Les fleurs, les plus grandes du genre, ont souvent un
diamètre double de celles de la Pivoine officinale. Ces fleurs, simples,
doubles ou pleines, varient comme couleur, du rose lilacé au blanc pur
et au pourpre violacé. Il en existe un grand nombre de variétés. Sous le
climat de Paris, leur floraison a lieu en avril-juin.

Emplois.

Cette magnifique plante a les mêmes emplois que l'espèce précédente,
mais elle produit un effet plus grandiose au moment de la floraison. On
peut, comme elle, la planter au centre des grandes plates-bandes, dans
les massifs ou en faire des groupes isolés sur les pelouses.

Culture.

Les *Pivoines en arbre* prospèrent dans les sols les plus variés; cependant elles affectionnent les terrains substantiels et frais sans excès
d'humidité. Elles sont rustiques même au nord de Paris, mais il arrive
fréquemment que les gelées tardives du mois d'avril atteignent plus ou

moins les jeunes pousses qui se développent de bonne heure et détériorent plus ou moins les boutons à fleurs ; aussi est-il prudent à cette époque, sous le climat de Paris, d'abriter les touffes, pendant la nuit, en les couvrant de paillassons que l'on maintient à l'aide de piquets.

Multiplication.

On multiplie les *Pivoines en arbre* par la division des touffes, par bouturage des jeunes pousses ou par greffe en fente que l'on fait en juillet-août, sous verre, sur tubercules de *Pivoine de Chine* de préférence ou de *Pivoine officinale*. (Voir Ch. Ballet, *L'art de greffer*, p. 330.)

Pl. 15. — PIVOINE FEMELLE

PÆONIA OFFICINALIS Retz.

Synonymes français : **Pivoine officinale, Péone, Pivoine des jardins.**
Synonyme latin : **Pæonia fœmina L.**

Patrie : Europe méridionale.

Description.

Plante vivace de 75 centimètres de hauteur, à feuilles glabres, d'un vert sombre. Fleurs rouges. Variété à fleurs pleines. Fleurit en mai.

Emplois. — Culture. — Multiplication.

La *Pivoine femelle* ou *officinale* à fleurs pleines est l'une de nos plantes vivaces de pleine terre les plus populaires. On en connaît des variétés à fleurs blanches, roses, rouges, pourpres, etc. Elle est d'une rusticité complète. Les emplois, la culture et la multiplication de cette espèce sont les mêmes que ceux de la *Pivoine de Chine* (voir p. 13).

Pl. 16. — PIVOINE ADONIS

PÆONIA TENUIFOLIA L.

Synonyme français : **Pivoine à feuilles menues.**

Patrie : Sibérie.

Description.

Plante vivace de 50 à 75 centimètres de hauteur, à feuillage très finement découpé, ce qui permet de distinguer facilement cette espèce de toutes les autres. La fleur, de 6 à 7 centimètres de diamètre, est rouge pourpre ou rouge cramoisi. Il en existe des variétés à fleurs pleines. Fleurit en avril-mai.

Emplois. — Culture. — Multiplication.

La *Pivoine Adonis* est remarquable par son feuillage finement découpé, extrêmement élégant. Les emplois, la culture et la multiplication de cette espèce sont les mêmes que ceux de la *Pivoine de Chine* (voir p. 13).

On cultive encore dans les jardins les espèces suivantes :

Pæonia corallina Retz. (Syn. : P. mascula L.). (Pivoine mâle). Europe, Asie mineure. Plante de 50 à 60 centimètres, glabre, à fleurs mesurant 8 à 10 centimètres de diamètre, de couleur rose carminé. Fleurit en mai.

Pæonia paradoxa Anders. (Syn. : P. peregrina Mill.). (Pivoine paradoxale). Europe australe. Plante d'environ 75 centimètres de hauteur, à feuilles velues et glauques en-dessous, à fleur de 10 centimètres de diamètre, d'un rouge foncé dans le type, mais présentant des coloris divers dans un certain nombre de variétés simples ou doubles, avec les pétales plus ou moins larges, tantôt entiers, tantôt frangés. La *Pivoine paradoxale* et ses variétés est très recherchée pour l'ornement des jardins.

Parmi les autres espèces, nous citerons encore le *P. Wittmanniana* Hartwiss, du Caucase, espèce vivace à grandes fleurs de couleur jaune paille.

Il existe, dans la famille des Renonculacées, un certain nombre de genres qui renferment des espèces ornementales non figurées dans cet ouvrage. Nous pouvons citer comme étant de ce nombre :

Les Adonis L., plantes à feuilles très divisées. Deux espèces sont quelquefois cultivées pour leurs fleurs : L'une, l'*A. autumnalis* L. (Goutte de sang) est indigène ; c'est une plante annuelle d'environ 50 centimètres de hauteur, à petites fleurs couleur rouge sang, se montrant en mai-juin. On la sème en place, de mars en mai. La seconde espèce est l'*A. vernalis* L. (Adonide printanière). Plante vivace indigène, d'environ 25 centimètres de hauteur, donnant en mars-avril de grandes fleurs d'un jaune pâle. Ornement des plates-bandes et des rocailles. Multiplication par division des touffes ou par graines qu'on sème en mai-juin.

Les Trollius L., dont une espèce, le *T. europæus* L. (Boule d'or), est une plante vivace, indigène, de 30 à 40 centimètres de hauteur, à feuilles alternes, divisées en 5 lobes palmés, dentés, à fleurs grandes et globuleuses, de couleur jaune d'or. Une autre espèce, le *T. caucasicus* Stev., du Caucase, a les divisions externes des fleurs d'un jaune orangé tandis que les intérieures sont d'un jaune d'or. Ces deux plantes sont rustiques et conviennent à l'ornement des plates-bandes et des rocailles. Elles affectionnent les sols un peu frais.

Les Helleborus L. dont une espèce l'*H. niger* L. (Voir *Masclef, Atlas, pl. 13.*) est une plante indigène très répandue dans les jardins sous le nom de *Rose de Noël*. Elle est vivace, à feuilles persistantes, à 7 lobes disposés en éventail; à tiges florales de 20 à 30 centimètres de hauteur, portant de 1 à 5 fleurs larges de 5 à 10 centimètres, d'un blanc rosé et ayant une longue durée. Cette plante, très rustique, fleurit selon la température et l'exposition, de décembre en février-mars ; elle est très ornementale et souvent recherchée pour l'ornement des parterres. On la multiplie par division des touffes, en septembre-octobre.

On cultive sous le nom d'*Hellébores hybrides* des plantes qui ont le grand mérite de fleurir dès que les grands froids cessent de se faire sentir, en février-mars, et qui présentent des coloris assez variés, tels que le blanc pur, le rose, le rose lilacé, le violet purpurin, le gris ardoisé, etc., parfois avec des ponctuations d'une couleur secondaire qui tranche sur le fond de la fleur. Ces plantes sont le produit du croisement de diverses espèces peu répandues dans les jardins, notamment des *H. guttatus* Al. Br., du Caucase ; *orientalis* Gars., de l'Europe orientale ; *abschasicus* Al. Braun, du Caucase ; *purpurascens* Willd., de Hongrie ; *colchicus* Regel ; *antiquorum* Al. Braun. (Emplois et multiplication de la Rose de Noël.)

Les Eranthis Salisb. dont une espèce, l'*E. hyemalis* Salisb. (Hellébo-rine), est une petite plante vivace, tubéreuse, indigène, dépassant à peine 10 centimètres, à feuilles presque rondes, découpées en lobes profondément divisés. Comme les *Hellébores*, cette plante est recherchée pour sa floraison précoce ; c'est en effet en février-mars qu'elle montre ses fleurs, larges de deux centimètres, d'un jaune d'or. Associée à des plantes qui fleurissent à la même époque : *Perce-neige, Scille de Sibérie*, elle convient à constituer de petites corbeilles, des bordures. Elle est très rustique et prospère surtout en sols légers. On la multiplie par division des souches, à l'automne, ou par graines qu'on sème dès leur maturité.

FAMILLE DES NYMPHÉACÉES

⌂ **Pl. 17. — NÉNUPHAR ROUGE.**

NYMPHÆA RUBRA Roxb.

Patrie : Inde.

Description.

Plante vivace aquatique, à feuilles nageantes, dentées sur les bords ; à fleurs grandes et d'un rouge carminé brillant. Le calice est à 4 ou 5 sépales ; les pétales sont au nombre de 16 à 28 ; les étamines, très nombreuses, ont le filet aplati, les extérieures sont presque transformées en pétales ; l'ovaire est sphérique.

Culture.

Cette superbe espèce doit être cultivée en aquarium dont l'eau est chauffée artificiellement ou dans les bassins des serres tempérées. On plante les rhizomes en sol argilo-siliceux additionné d'engrais, de manière à ce qu'ils soient à 10 ou 15 centimètres de la surface liquide. L'eau employée doit être très pure, de l'eau de pluie, par exemple. Cette eau, pendant la période d'arrêt de végétation de la plante, c'est-à-dire en hiver, doit être maintenue à une température de 12 degrés centigrades pour être portée à 20 pendant la végétation. La floraison a lieu en juillet-août. On multiplie la plante par division des rhizomes au moment du rempotage ou de la replantation, c'est-à-dire en mars, ou par graines.

Il existe un grand nombre d'autres espèces ornementales dans le genre *Nymphæa*. Nous citerons comme espèce de serres, le *N. cœrulea* Savigny (Nénuphar bleu), de l'Afrique tropicale, superbe espèce à fleurs bleues, dont la culture est la même que celle du *N. rouge*.

Quelques espèces sont rustiques, entre autres :

Le *N. alba* L. (Nénuphar blanc, Lis des étangs). Plante indigène aux grandes et ravissantes fleurs d'un blanc pur, s'épanouissant de mai en août. Variété à fleurs roses. (*N. Caspary*.) (Voir *Masclef, Atlas, pl. 19.*)

Le *N. odorata* Ait. de l'Amérique septentrionale à pétales plus étroits que le précédent, blancs, odorants. Variété à fleurs roses, très belle.

Ces deux plantes sont précieuses pour orner les pièces d'eau ; au printemps on place leurs rhizomes en bac, dans des paniers ou dans le sol même du bassin, de manière à ce qu'ils soient recouverts d'une couche d'eau épaisse de 50 centimètres à 1 mètre. Multiplication par division des rhizomes et par graines.

M. Latour Marliac s'est attaché à l'obtention de nouvelles variétés de Nymphéas rustiques en sélectionnant les espèces ci-dessus et en les croisant avec les *N. tuberosa* et *flava*, de l'Amérique du Nord, moins répandus. Il a obtenu ainsi toute une série de plantes nouvelles présentant des coloris variés : jaune soufre dans le *Marliacea chromatella;* rouge carminé dans le *Laydekeri*, etc. La culture de ces superbes plantes est la même que celle indiquée plus haut pour les espèces rustiques.

A la famille des Nymphéacées appartiennent aussi les genres *Nuphar, Euryale* et *Victoria* qui ont des représentants dans les cultures.

Le genre *Nuphar* comprend plusieurs espèces, une notamment, le *N. luteum* Smith (Nénuphar jaune), qui croît communément dans les cours d'eau et les mares de toute la France, et que l'on emploie pour l'ornementation des pièces d'eau à l'air libre. Son feuillage rappelle celui du *Nymphæa alba* quoique plus épais et plus coriace ; les fleurs beaucoup plus petites, sont simples, d'un jaune foncé. (Voir *Masclef,* |*Atlas, pl. 20.*)

Le genre *Euryale* a une espèce, l'*E. ferox* Salisbury, qui croît dans les lacs, aux environs de l'embouchure du Gange. Cette plante est hérissée d'aiguillons ; les feuilles, qui mesurent jusqu'à 1 mètre de diamètre, ont la face inférieure bleu pourpré, relevée de nervures proéminentes formant un réseau. Les fleurs, petites, sont bleuâtres. Cette plante annuelle exige la serre chaude.

Le genre *Victoria* est célèbre comme renfermant la plus majestueuse des plantes aquatiques : la *V. regia* Lindl., qui croît dans l'Amérique tropicale, notamment dans la rivière Colombie où elle abonde. C'est une plante annuelle dont les feuilles peuvent atteindre jusqu'à 2 mètres de diamètre et sont relevées sur le bord, vertes à la face supérieure, rouge sang en-dessous. Les fleurs sont blanches et rappellent celles du *Nymphæa alba* comme forme, mais en beaucoup plus grand.

Les *Euryale* et *Victoria* sont cultivées comme plantes curieuses dans les grands aquariums de serre chaude. Le public peut les admirer dans les serres du Muséum d'histoire naturelle.

FAMILLE DES NELOMBONÉES

⌂ Pl. 18. — NÉLOMBO

NELUMBIUM SPECIOSUM Willd.

SYNONYMES FRANÇAIS : **Fève d'Égypte, Lis rose des Égyptiens, Lotus des Égyptiens.**
SYNONYME LATIN : **Nelumbo nucifera Gærtn.**

Patrie : Asie méridionale.

Description.

Cette plante aquatique, l'une des plus belles connues, est vivace; elle est originaire de l'Asie et a été introduite en Égypte où elle était très répandue dans l'antiquité et d'où elle a disparu. Les Égyptiens firent souvent figurer ses fleurs et ses fruits sur leurs monuments. Aux Indes, en Chine et au Japon, c'est aussi une fleur sacrée.

D'une tige souterraine naissent des feuilles, les unes flottantes, planes, comme celles d'un *Nymphæa*, les autres à bords relevés, ayant la forme d'une coupe, s'élevant jusqu'à 50 et 75 centimètres au-dessus de la surface de l'eau. Ces feuilles sont munies de fines aspérités et l'eau roule sur elles comme de petits globules de cristal.

La fleur s'élève au-dessus de l'eau; elle est large d'environ 25 centimètres et formée d'une vingtaine de pétales d'un rose superbe, qui entourent de nombreuses étamines (fig. 2) au centre desquelles est situé l'ovaire, en forme de cône renversé, à face supérieure plane, munie d'une vingtaine d'alvéoles (fig. 2) contenant les ovules. Cet ovaire, devenu fruit, représente assez bien une pomme d'arrosoir percée de gros trous.

Les *turions* (jeunes bourgeons qui se développent sur les rhizomes) et les graines du *Nélombo* sont alimentaires. On peut consulter à ce

sujet le *Potager d'un curieux*, par A. Paillieux et D. Bois, 2° édition,
p: 374.

Culture. — Multiplication.

Cette plante n'est pas rustique sous le climat de Paris, mais elle supporte parfaitement le plein air dans la région de l'Olivier où elle est
fréquemment cultivée pour l'ornementation des pièces d'eau. Sous le
climat de Paris, on arrive à la conserver et à la faire fleurir en la plantant
dans des bassins peu profonds dans lesquels l'eau peut s'échauffer
facilement et que l'on couvre de châssis pendant l'hiver pour garantir les
plantes du froid et au printemps pour en activer la végétation. La plantation des tiges souterraines (rhizomes) se fait en juin, soit dans le sol
artificiel du fond du bassin, soit en baquets que l'on plonge au fond de
l'eau. Multiplication par graines que l'on sème dès la maturité ou par
division des rhizomes.

FAMILLE DES PAPAVÉRACÉES

Pl. 19. — PAVOT A BRACTÉES

PAPAVER BRACTEATUM Lindl.

Patrie : Caucase.

Description.

Superbe plante vivace formant d'énormes touffes atteignant 75 centimètres à 1 mètre de hauteur. Les tiges florales, non ramifiées et poilues,
portent chacune une fleur de très grandes dimensions (15 centimètres
de diamètre), d'un rouge écarlate éclatant avec une tache noire à la
base de chaque pétale. Fleurit en mai-juin. On a obtenu récemment, par
le croisement de cette plante avec le *P. somniferum* et le *P. orientale*,
des hybrides qui présentent un certain nombre de variétés intéressantes comme coloris.

Emplois. — Culture. — Multiplication.

Le *Pavot à bractées* peut être planté dans les grandes plates-bandes,
dans les pelouses ou en touffes isolées, il produit un effet splendide au
moment de la floraison qui malheureusement est de courte durée. Il
prospère dans tous les terrains, pourvu qu'ils soient exempts d'excès
d'humidité. La multiplication par division des touffes en est difficile car il
ne supporte guère la transplantation; aussi doit-on plutôt préférer la
reproduction par graines qu'on sème en mai-juin, dans de petits pots,
de manière à pouvoir dépoter facilement les jeunes plantes sans briser
la motte, et les mettre en place sans toucher aux racines, en septembre-
octobre.

Une espèce voisine, le *Pavot d'Orient* (Papaver orientale L.), d'Arménie, ne diffère de la précédente que par ses dimensions un peu plus réduites, les tiges florales non munies au sommet de petites feuilles ou *bractées*, les fleurs plus petites, de couleur rouge brique ou vermillon et les pétales sans tache noire à la base. Un peu moins ornementale que la précédente, cette espèce est cependant fort belle. Même culture.

Un autre Pavot vivace et rustique est le *Pavot safrané* (Papaver croceum Ledeb.), de la Sibérie. C'est une petite plante à feuilles très découpées, poilues ; les tiges florales, de 20 à 30 centimètres de hauteur, portent chacune une fleur de la grandeur d'un *Coquelicot*, de couleur jaune orangé. Il en existe des variétés à fleurs jaune soufre, blanches ou rougeâtres, simples ou doubles. Ornement des plates-bandes et des rocailles. Multiplication par graines.

Pl. 20. — PAVOT DES JARDINS

PAPAVER SOMNIFERUM L.

Patrie : Orient.

Description.

Majestueuse plante annuelle à tige simple ou rameuse atteignant 1 mètre à 1 m. 50 de hauteur, portant des fleurs de 12 à 15 centimètres de diamètre, simples, doubles ou pleines, à pétales entiers ou frangés présentant les coloris les plus divers et comprenant tous les tons du rouge et du violet, depuis les nuances les plus foncées jusqu'au blanc pur, quelquefois associées dans la même fleur et formant des panachures plus ou moins bizarres. La floraison a lieu en juin-juillet.

Emplois. — Culture. — Multiplication.

Le *Pavot des jardins* est très répandu ; malheureusement, le peu de durée de ses fleurs ne permet pas de l'employer à la formation de massifs et ce n'est guère que dans les grandes plates-bandes ou dans les parties un peu isolées des jardins qu'il est possible de l'admettre, malgré sa beauté.

C'est à cette espèce que se rattache comme variété, le *Pavot à œillette*, dont on extrait l'huile comestible bien connue sous le nom d'*huile d'œillette, huile blanche*. Une autre variété est cultivée pour la production de capsules (têtes de Pavot) que l'on emploie en médecine et qui, incisées lorsqu'elles sont encore vertes, laissent écouler un suc laiteux qui s'épaissit à l'air et constitue, après certaines préparations, l'*opium* du commerce.

Les Pavots ne supportent pas la transplantation ; on doit les semer sur place en mars-avril. Au moment de l'éclaircissage, on laisse un intervalle de 30 à 50 centimètres entre les pieds. Un certain nombre de variétés se reproduisent fidèlement par le semis.

A côté des Pavots annuels se place le *Coquelicot* (Papaver Rhœas L.) dont il existe des variétés à fleurs doubles aux coloris les plus divers. Ces belles plantes fleurissent en mai-juin. On les sème en place de février en avril.

Pl. 21. — ESCHSCHOLTZIA DE CALIFORNIE

ESCHSCHOLTZIA CALIFORNICA Cham.

SYNONYME FRANÇAIS : **Californie.**
SYNONYMES LATINS : **Eschscholtzia crocea Benth, Chryseis californica Lindl.**

Patrie : Californie.

Description.

Plante annuelle de 40 à 50 centimètres de hauteur, à feuilles très finement découpées, d'un vert glauque, à fleurs d'un jaune d'or, rappelant comme forme et comme dimension celles d'un Coquelicot; le fruit est long, étroit, de 6 à 8 centimètres de longueur et s'ouvre en deux valves (fig. 3). Variétés à fleurs simples et doubles, de couleur blanche ou rose. Fleurit tout l'été.

Emplois. — Culture. — Multiplication.

Cette plante, très ornementale, convient à la décoration des plates-bandes, des corbeilles, etc. Elle prospère dans tous les terrains, même dans le sable, au bord de la mer et en plein soleil. Comme la plupart des Papavéracées elle supporte mal le repiquage, aussi est-il préférable de la semer en place. Le semis se fait en mars-avril.

Pl. 22. — ARGÉMONE A GRANDES FLEURS

ARGEMONE GRANDIFLORA Sweet.

SYNONYME FRANÇAIS : **Pavot épineux.**
SYNONYME LATIN : **Argemone mexicana L., var. grandiflora.**

Patrie : Mexique.

Description.

Plante annuelle d'environ 1 mètre de hauteur, à feuilles épineuses sur le fond vert desquelles tranchent les nervures qui sont blanchâtres. Les fleurs, qui rappellent celles du Coquelicot, sont d'un blanc pur. Le fruit est une capsule oblongue, épineuse, s'ouvrant par des valves. Fleurit de juin en août.

Emplois. — Culture. — Multiplication.

L'*Argémone à grandes fleurs* est ornementale par son feuillage et par ses fleurs; on peut l'employer à la décoration des plates-bandes en terrains légers et à exposition ensoleillée. On doit la semer en place en mars-avril. Au moment de l'éclaircissage, on supprime les plantes en excès pour laisser un intervalle de 40 centimètres entre les pieds conservés.

Citons encore comme appartenant à la famille des Papavéracées, le genre BOCCONIA, dont une espèce, le *B. cordata* Willd. (Syn. : Macleya cordata R. Br.), de la Chine, est une grande plante vivace de 1 m. 50 à 2 mètres de hauteur formant des touffes superbes au feuillage glauque, élégamment découpé, et dont les fleurs, petites, d'un blanc rosé, réunies en grand nombre, forment d'immenses inflorescences ramifiées, pyramidales, d'un fort bel aspect. Cette plante est surtout précieuse pour former des groupes isolés sur les pelouses ; elle est très rustique. Multiplication par division des touffes.

FAMILLE DES FUMARIACÉES

Pl. 23. — CŒUR DE JEANNETTE

DIELYTRA SPECTABILIS DC.

SYNONYMES FRANÇAIS : **Cœur de Marie, Diclytra de Chine.**
SYNONYMES LATINS : **Diclytra spectabilis Hort., Dicentra spectabilis Borkh.**

Patrie : Chine.

Description.

Superbe plante vivace à feuillage élégamment découpé, d'un vert un peu glauque, formant de fortes touffes de 50 à 75 centimètres de hauteur. Les fleurs, très nombreuses, forment de longues grappes qui s'infléchissent gracieusement sous leur poids ; elles sont pendantes et d'une forme bizarre, rappelant celle d'un cœur, d'une délicate couleur rose. Fleurit de mai en juillet.

Emplois. — Culture. — Multiplication.

Il s'agit là de l'une de nos plus belles plantes vivaces de jardins ; aussi est-elle très répandue. On l'emploie principalement pour la décoration des plates-bandes. Les sols perméables et un peu frais sont ceux qui lui conviennent le mieux ; elle prospère à toutes les expositions. Sa rusticité est à toute épreuve. On la multiplie par division des touffes au printemps.

D'autres espèces de *Dielytra* sont ornementales, mais à un degré moindre ; on peut citer parmi elles le *D. eximia* DC. et le *formosa* DC., de l'Amérique septentrionale, plantes vivaces de 20 à 30 centimètres de hauteur, à fleurs roses plus petites et beaucoup moins nombreuses que celles de l'espèce précédente.

La famille des Fumariacées comprend aussi le genre CORYDALLIS DC., dont quelques espèces sont cultivées comme plantes vivaces ornementales sous le nom de *Fumeterres*. L'une de ces espèces, le *C. lutea* DC. (Fumeterre jaune) est indigène, elle croît fréquemment sur les vieux murs où elle forme des touffes de 20 à 30 centimètres de hauteur, au feuillage finement découpé, très élégant, émaillé pendant tout l'été de nombreuses petites fleurs jaune d'or. On peut l'utiliser pour orner les plates-bandes, former des bordures ; elle convient surtout à la décoration des rocailles et des vieux murs. Une variété à fleurs d'un blanc jaunâtre (*C. ochroleuca* Koch) peut être utilisée de même. Multiplication par division des touffes.

Les Fumeterres *bulbeuse* et *tubéreuse* appartiennent aussi à ce genre. La première espèce, le *Corydallis bulbosa* DC. (Syn. : C. solida Smith). (Voir *Masclef, Atlas, pl. 25*.) a les fleurs roses; la seconde, le *C. tuberosa* DC. (Syn. : C. cava Schweigg), a les fleurs blanches. Toutes les deux sont de petites plantes vivaces indigènes ne dépassant pas 15 centimètres de hauteur, ayant le grand mérite de fleurir dès mars-avril. On peut les cultiver dans les plates-bandes, les rocailles, en former des bordures, etc. Multiplication par division des touffes.

FAMILLE DES CRUCIFÈRES

Pl. 24. — GIROFLÉE QUARANTAINE

MATTHIOLA ANNUA Sweet.

SYNONYME FRANÇAIS : **Quarantaine.**

Patrie : Europe méridionale.

Description.

La plupart des botanistes considèrent le *M. annua* comme étant une simple variété du *M. incana*. Ces deux plantes ne diffèrent l'une de l'autre que par un caractère peu important : dans le premier cas, la plante est annuelle, à tige herbacée ; dans le second, elle est bisannuelle, avec la tige ligneuse à la base.

Plante velue, blanchâtre, d'environ 30 centimètres de hauteur, à tige rameuse au sommet. Les fleurs, en grappes allongées, sont odorantes, simples, doubles ou pleines, de coloris très variés allant du blanc jusqu'aux nuances les plus foncées, du violet, du rouge et du jaune avec des tons intermédiaires.

On distingue plusieurs races de Quarantaines : les *Q. anglaises* ou d'*Erfurt* dont la tige centrale entourée de ses ramifications secondaires plus courtes, donnent aux plantes un aspect pyramidal ; les *Q. naines* ou *lilliputiennes ;* les *Q. à grandes fleurs ;* les *Q. parisiennes,* plantes robustes, à rameaux très allongés et à grandes fleurs ; les *Q. cocardeau,* plantes pyramidales à tige centrale très allongée, très fournie, à feuilles grandes, cloquées ; les *Q. Empereur,* à rameaux presque de même longueur, courts, compacts, à grandes fleurs, etc.

Emplois. — Culture. — Multiplication.

Les *Giroflées Quarantaines* sont très recherchées pour l'ornementation des jardins, soit qu'on les fasse figurer dans les plates-bandes, soit qu'on en forme des corbeilles ou des bordures. On les cultive fréquemment en pots pour la décoration des balcons et des fenêtres. Une terre un peu argileuse et sableuse additionnée de terreau bien décomposé leur convient tout particulièrement. On les multiplie par graines que l'on sème en juin-juillet pour obtenir des plantes pouvant fleurir en mars-avril suivant. Les jeunes plantes, repiquées en pots, sont hivernées sous châssis. On peut aussi les semer en février-mars sur couche, repiquer sur couche et mettre en place en mai-juin ; on jouit ainsi d'une floraison l'année même, mais elle est moins belle. On récolte les graines sur des plantes à fleurs semi-pleines, les fleurs pleines ne fructifiant pas. On évalue à 60 pour 100 le nombre des plantes ainsi obtenues qui néanmoins sont à fleurs pleines.

D'autres espèces appartenant au genre *Matthiola* sont également répandues dans les jardins, notamment :

Le *Matthiola incana* R. Br. (Giroflée des jardins, Giroflée d'hiver, Giroflée blanchâtre, Giroflée grosse espèce). Europe méridionale. Cette plante ne diffère de la précédente que par sa tige ligneuse à la base, bisannuelle et même parfois vivace au lieu d'être annuelle. Cette tige, haute de 50 centimètres et plus, est ramifiée, à rameaux secondaires dressés. Les fleurs, qui se succèdent pendant une partie de la belle saison, sont en grappes courtes et denses, elles sont violettes dans le type de l'espèce, mais il existe des variétés rouges, roses ou blanches, simples, doubles ou pleines.

Cette espèce doit être semée en mai-juin, en pépinière, à exposition chaude ; on repique les jeunes plantes, puis un mois ou un mois et demi après on les met en pots. Ces plantes doivent être hivernées sous châssis ou dans une pièce abritée du froid, aérée et bien éclairée. Mêmes emplois que l'espèce précédente. La plantation à demeure a lieu en avril-mai, à moins qu'on ne veuille conserver les plantes en pots pour la garniture des balcons et des fenêtres.

Le *Matthiola græca* Sweet (Giroflée grecque, Kiris), Orient. Certains botanistes rattachent cette plante, comme variété, au *Matthiola incana* dont elle ne diffère que par les feuilles, glabres, d'un vert brillant, au lieu d'être velues et grisâtres. C'est une plante annuelle ou bisannuelle, à tige rameuse, à fleurs simples, doubles ou pleines, violettes, écarlates, jaunes ou blanches. Emplois des autres espèces. Culture et multiplication comme pour le *M. incana*.

Le *Matthiola fenestralis* R. Br. (Giroflée Cocardeau, Cocardeau, Giroflée fenestrelle ou Giroflée des fenêtres) Europe méridionale, orientale. Cette espèce est bisannuelle. La tige, ligneuse à la base, est simple au lieu d'être rameuse comme celle des espèces précédentes ; elle atteint 50 centimètres de hauteur et plus. Les feuilles, cotonneuses, blanchâtres, sont rapprochées, un peu ovales, amples. Les fleurs, disposées en épi terminal, unique, très allongé, sont grandes, simples, doubles ou pleines, de couleur rose carminé, pourpré ou cramoisi. Cette espèce se cultive comme le *M. incana ;* malheureusement les variétés à fleurs pleines ne sont reproduites par le semis que dans une très faible proportion.

Pl. 25. — GIROFLÉE JAUNE

CHEIRANTHUS CHEIRI L.

Synonymes français : **Ravenelle, Violier jaune, Violier des murailles, Giroflée des murailles.**

Indigène.

Description.

Plante vivace, à tige ligneuse à la base, de 50 à 60 centimètres de hauteur, ramifiée, à feuilles glabres, munies seulement de quelques poils. Les fleurs, grandes, jaunes dans le type de l'espèce, sont odorantes, en grappes plus ou moins denses selon les variétés. Le fruit, étroit, allongé, est tétragone (fig. 2 et 3), ce qui distingue surtout les *Cheiranthus* des *Matthiola* ou *Giroflées* vraies, qui ont le fruit cylindrique. Nombreuses variétés à fleurs simples, doubles ou pleines, de couleur jaune pur, brune, violette, avec toutes les nuances intermédiaires, unicolores ou panachées. Une variété à fleurs pleines, d'un jaune pur, est bien connue, sous le nom de *Rameau d'or*. Fleurit de mars en mai.

Emplois.

La Giroflée jaune est précieuse pour l'ornementation des jardins où elle est d'ailleurs très répandue. On la plante dans les plates-bandes ; on en fait de charmantes corbeilles ; enfin, dans les villes, on la cultive en pots, pour la décoration des balcons et des fenêtres.

Culture. — Multiplication.

A l'état sauvage, cette plante croit sur les vieilles murailles où elle trouve une somme de chaleur assez considérable, concentrée par les pierres, aussi n'est-il pas étonnant qu'elle soit un peu délicate lorsqu'on veut la cultiver en pleine terre. Elle ne prospère en effet que dans les sols légers, s'égouttant bien et à exposition ensoleillée. Sous le climat de Paris, il est même nécessaire de l'abriter pendant l'hiver, soit sous châssis, soit en couvrant de paillassons les plantations faites en automne.

On en sème les graines en mai-juin, en plein air, en pépinière ; on repique en juillet et on plante à demeure en octobre-novembre, en février-mars si l'on veut hiverner les jeunes plantes sous châssis. Les variétés à fleurs pleines ne produisent pas de graines et se multiplient par le bouturage des rameaux, sous cloche, ou à l'air libre, à l'ombre. Cette opération se fait pendant l'été.

Pl. 26. — AUBRIÉTIE DELTOÏDE

AUBRIETIA DELTOIDEA DC.

Synonymes français : **Alysse deltoïde, Petit bleu.**
Synonyme latin : **Alyssum deltoideum L.**

Patrie : Région méditerranéenne orientale.

Description.

Petite plante gazonnante, vivace, de 5 à 10 centimètres de hauteur, à rameaux couchés sur le sol, terminés par de petites rosettes de feuilles un peu velues. Les fleurs, petites, ont un calice muni de deux renflements ou bosses, à la base ; les pétales sont entiers ; les étamines ont les filets dilatés en aile ; le fruit est court (silicule) (fig. 2), dressé. Fleurit de mars en juin.

Emplois.

Cette charmante petite plante constitue d'excellentes bordures, des gazons, des tapis dans les jardins ; on l'emploie aussi quelquefois, en la plantant à l'automne, pour former de petites corbeilles qui se couvrent de fleurs dès que les rigueurs de l'hiver cessent de se faire sentir.

Culture. — Multiplication.

L'Aubriétie vient dans tous les terrains et à toutes les expositions ; elle est d'une rusticité à toute épreuve ; cependant c'est dans les sols légers et à exposition ensoleillée qu'elle donne les meilleurs résultats. On la multiplie par division des touffes ou par semis.

D'autres espèces d'*Aubrietia*, moins répandues, sont des plus recommandables ; nous citerons entre autres : l'*A. purpurea* DC., à fleurs plus grandes, purpurines ; l'*A. Leitchlini* Hort., également à fleurs plus grandes, rose purpurin.

Pl. 27 A. — CORBEILLE D'OR

ALYSSUM SAXATILE L.

Synonymes français : **Alysse Corbeille d'or, Alysse des rochers.**

Patrie : Europe orientale.

Description.

Plante vivace d'environ 25 centimètres de hauteur, à souche parfois ligneuse ; à feuilles allongées, étroites, velues, blanchâtres. Les fleurs, à calice non bossu à la base (fig. 3), ont les pétales échancrés. Ces fleurs, petites, produites en nombre considérable, sont réunies en bouquets (grappes plus ou moins rameuses) à l'extrémité des rameaux. Le fruit est petit, arrondi (fig. 4). Fleurit en avril-mai. Il en existe une variété à feuilles panachées, plus délicate et moins floribonde que le type de l'espèce.

Emplois.

La *Corbeille d'or* est certainement l'une de nos plus jolies plantes vivaces de pleine terre à floraison printanière. Elle est très répandue dans les jardins où elle sert à l'ornementation des plates-bandes et surtout à la confection de bordures qui, à un certain moment, donnent une note éclatante par la quantité de fleurs d'un jaune d'or superbe qu'elles produisent.

Culture. — Multiplication.

Cette plante est d'une rusticité absolue ; elle croit dans tous les sols et à toutes les expositions ; cependant elle affectionne particulièrement les terrains secs et les endroits ensoleillés. On la multiplie par division des touffes en août-septembre ou bien par graines qu'on sème en pépinière en mai-juillet. On repique les jeunes plantes lorsqu'elles sont munies de quelques feuilles et l'on plante à demeure à l'automne ou en février-mars.

Pl. 27 B. — ALYSSE ODORANTE

ALYSSUM MARITIMUM Lamk.

SYNONYMES FRANÇAIS : **Alysse maritime, Corbeille d'argent.**
SYNONYMES LATINS : **Koniga maritima R. Br.; Lobularia maritima Desv.; Alyssum odoratum Hort.; Alyssum Benthami Hort.**

Patrie : France méridionale.

Description.

Plante vivace d'environ 25 centimètres de hauteur, très rameuse, à feuilles d'un vert cendré. Les fleurs sont petites, blanches, odorantes, groupées en grappes d'abord compactes, puis allongées. Le fruit est ovale, enveloppé dans sa moitié inférieure par le calice persistant. Fleurit en mai-juillet ou juillet-octobre, selon l'époque du semis. Variété à feuilles panachées de jaune et de vert.

Emplois. — Culture.

L'*Alysse odorante* est une plante précieuse pour la décoration des jardins en terrains secs et très ensoleillés ; elle prospère même dans les sols les plus sablonneux, au bord de la mer. Elle donne également d'excellents résultats dans les sols ordinaires. On l'emploie à la garniture des plates-bandes ; mais elle est surtout recherchée pour former des bordures. La variété à feuilles panachées, plus basse, convient tout particulièrement à ce dernier usage ; on l'utilise aussi en *mosaïculture* (association de plantes pour former des dessins géométriques multicolores).

Multiplication.

On multiplie cette plante : 1° par graines qu'on sème, soit en septembre en pépinière, à bonne exposition, pour mettre en place en mars-avril ; soit en mars-avril en place ; dans le premier cas, il est nécessaire, sous le climat de Paris, d'abriter les jeunes plantes en les couvrant de châssis ou de paillassons pendant l'hiver ; 2° par boutures que l'on fait à l'automne et que l'on hiverne sous châssis ou en serre. C'est ainsi que l'on reproduit la variété à feuilles panachées qui donne peu de graines et qui est plus délicate que le type de l'espèce.

Pl. 28. — MONNOYÈRE

LUNARIA BIENNIS Mœnch.

SYNONYMES FRANÇAIS : **Lunaire bisannuelle, Lunaire annuelle, Monnaie du pape, Herbe aux écus, Médaille de Judas.**
SYNONYMES LATINS : **Lunaria annua L.; L. inodora Lamk.**

Patrie : Europe.

Description.

Plante bisannuelle atteignant de 75 centimètres à 1 mètre de hauteur, à feuilles ovales, en forme de cœur à la base, rétrécies au sommet, dentées, rudes ; à fleurs peu grandes, rose violacé, réunies en grappes à l'extrémité de la tige centrale et des ramifications secondaires dont l'ensemble a une forme pyramidale. A ces fleurs succèdent des fruits (fig. 3) elliptiques arrondis, aplatis, qui, lorsque les valves sont enlevées, montrent une cloison centrale d'un blanc satiné. Ces fruits privés de leurs valves sont fréquemment employés pour la confection des bouquets perpétuels. Fleurit en mai-juin.

Emplois.

Cette belle plante est commune dans les jardins. On l'emploie à l'ornementation des plates-bandes. Nous avons indiqué ci-dessus l'emploi que l'on fait de ses fruits débarrassés de leurs valves.

Culture. — Multiplication.

La *Monnoyère* prospère dans tous les terrains et à toutes les expositions ; elle affectionne cependant les sols légèrement compacts et frais et les expositions un peu ombragées. On doit en semer les graines en juin-juillet, en pépinière, repiquer en pépinière et planter à demeure à l'automne en laissant un intervalle de 50 centimètres entre les pieds.

Pl. 29. — GIROFLÉE DE MAHON

MALCOLMIA MARITIMA R. Br.

Synonyme français : **Julienne de Mahon.**
Synonyme latin : **Hesperis maritima Lamk.**

Patrie : Europe.

Description.

Le genre *Malcolmia* diffère du genre *Hesperis* par les fleurs à stigmate fendu en deux lames allongées (fig. 1) au lieu de présenter deux lames courtes et obtuses (pl. 30, fig. 2).

La *Giroflée de Mahon* est une plante annuelle d'environ 25 centimètres de hauteur, à tige très rameuse, à rameaux étalés couchés. Les feuilles, d'un vert cendré, sont peu nombreuses. Les fleurs, en grappes flexueuses, sont d'abord d'un rose carminé et deviennent d'un rose violacé dans un état plus avancé. Il en existe une variété à fleurs blanches. Fleurit au printemps, en été ou à l'automne, selon l'époque du semis.

Emplois.

Cette plante est très répandue dans les jardins. On en fait de charmantes bordures et elle convient aussi à orner les plates-bandes, former des corbeilles et à la culture en potées. Elle est précieuse par la rapidité de sa croissance, sa rusticité et sa floribondité.

Culture. — Multiplication.

La *Giroflée de Mahon* prospère dans tous les terrains et à toutes les expositions. C'est une des rares plantes que l'on peut cultiver dans les sols les plus arides. Sous ce rapport, elle rend de très grands services pour la garniture des jardins sablonneux au bord de la mer. On doit en semer les graines : 1° en septembre, en place ou en pépinière, pour repiquer à bonne exposition avant l'hiver et mettre en place en mars, en espaçant les pieds de 20 centimètres : dans ce cas la floraison a lieu de mai en juillet ; 2° en mars-avril, en place, pour obtenir des fleurs en juillet-août ; 3° en juin, pour avoir une floraison à l'arrière-saison.

Pl. 30. — JULIENNE DES JARDINS

HESPERIS MATRONALIS L.

Synonyme français : **Julienne des dames.**

Indigène.

Description.

Voir planche 29 le caractère qui distingue le genre *Hesperis* du genre *Malcomia*.

La *Julienne des jardins* est une belle plante vivace d'environ 1 mètre de hauteur, à tige rameuse. Les fleurs, blanches ou rose violacé, sont groupées en grappes allongées au sommet des rameaux dont l'ensemble a une forme pyramidale. Le fruit est allongé, cylindrique. Fleurit en mai-juillet. Variétés à fleurs simples, doubles ou pleines, blanches, rose pâle, purpurines ou violettes.

Emplois.

Cette plante est propre à la décoration des plates-bandes. Les variétés à fleurs pleines sont particulièrement recherchées.

Culture. — Multiplication.

Bien qu'elle prospère dans tous les terrains et à toutes les expositions, la *Julienne des jardins* affectionne surtout les sols profonds, un peu compacts et frais et une exposition ombragée. On peut la transplanter même peu avant la floraison sans grand préjudice, ce qui permet de la conserver en pépinière pour ne la faire figurer dans les parterres qu'au moment où elle peut y produire tout son effet ornemental. On multiplie cette plante par division des touffes ou à l'automne par bouturage des rameaux qui se développent dans le cours de l'été. On peut aussi reproduire les variétés simples par graines qu'on sème en mai-juin en pépinière.

Pl. 31. — THLASPI DE GIBRALTAR

IBERIS GIBRALTARICA L.

Patrie : Espagne.

Description.

Le genre *Iberis* est caractérisé par des fleurs à pétales de dimensions inégales (fig. 1), un fruit n'ayant qu'une graine dans chaque loge (voir pl. 32, fig. 5), etc.

Le *Thlaspi de Gibraltar* est une plante vivace à tige ligneuse à la base, rameuse, de 30 à 40 centimètres de hauteur, à rameaux dressés. Les fleurs, très grandes pour le genre, sont groupées en grappes déprimées au sommet des ramifications ; elles sont d'un blanc lilacé ou presque blanches. Fleurit en juin-juillet et dès le printemps si la température du local dans lequel on l'a hiverné est suffisamment élevée.

Emplois.

Cette plante convient à la décoration des plates-bandes ; elle se prête très bien à la culture en pots et peut, grâce à cela, servir à la garniture des appartements et des serres où ses fleurs commencent à se montrer dès la fin de l'hiver.

Culture. — Multiplication.

Le *Thlaspi de Gibraltar* est rustique dans le midi et dans le sud-ouest de la France, mais il est nécessaire de l'abriter soit sous châssis soit en serre froide pendant l'hiver sous le climat de Paris. On le multiplie par boutures faites au printemps ou par graines que l'on sème en juillet-septembre.

Parmi les autres espèces vivaces appartenant au genre *Iberis* on peut citer : l'*I. semperflorens* L., de l'Europe méridionale, qui rappelle le précédent par ses dimensions, mais à feuilles glabres au lieu d'être poilues sur les bords et à fleur d'un blanc pur. Culture et multiplication du *T. de Gibraltar*.

Une autre espèce, beaucoup plus répandue, est l'*I. sempervirens* L. (Corbeille d'argent, Thlaspi et Téraspic vivace ou toujours vert), de l'Europe méridionale. C'est une plante de 20 à 30 centimètres de hauteur, à tiges très rameuses formant des touffes basses, très denses, à feuilles étroites, persistantes, à fleurs abondantes, en bouquets aplatis, blanches, s'épanouissant d'avril à juin. Le *Thlaspi toujours vert* est d'une rusticité à toute épreuve ; il prospère dans tous les terrains et à toutes les expositions. C'est avec la *Corbeille d'or* (Alyssum saxatile), l'une des plantes les plus cultivées dans les jardins pour la formation de bordures très résistantes et très ornementales que l'on peut tondre après la floraison. Multiplication par division des touffes, par boutures ou par graines que l'on sème de mai à juin, en pépinière.

Pl. 32 A. — THLASPI LILAS

IBERIS UMBELLATA L.

Synonymes français : Thlaspi en ombelle, Thlaspi violet, Téraspic.

Patrie : Europe méridionale.

Description.

Plante annuelle d'environ 30 centimètres de hauteur, à feuilles étroites allongées, rétrécies aux deux extrémités, glabres, celles de la base un peu dentées, les supérieures non dentées ; à fleurs violettes, purpurines ou blanches, formant des bouquets (ombelles) qui ne s'allongent point pendant la floraison. Le fruit (fig. 5), est muni sur les côtés de deux larges ailes terminées en pointes écartées. Fleurit de juin en août. Il existe de nombreuses variétés de cette plante qui diffèrent par la stature et par la couleur des fleurs.

Emplois. — Multiplication.

Le *Thlaspi lilas* est une plante de jardins très anciennement cultivée ; on l'emploie à la décoration des plates-bandes et des corbeilles. Il se prête très bien à la culture en pots. On le multiplie par graines qu'on sème en pépinière dès le mois de mars et successivement jusqu'en mai pour avoir des plantes en fleurs pendant tout l'été.

Pl. 32. B. — THLASPI BLANC

IBERIS AMARA L.

Indigène.

Description.

Cette espèce est annuelle comme la précédente, dont elle diffère par les feuilles du sommet de la tige un peu dentées et les fleurs disposées en grappes qui s'allongent pendant la floraison. Fleurs blanches. Il en existe une variété désignée sous le nom de *Thlaspi Julienne* (Iberis hesperidi-flora Hort.) qui présente des fleurs plus grandes, disposées en grappes volumineuses, longues et cylindriques. Emplois et culture du *Thlaspi lilas* (voir ci-dessus).

On cultive quelquefois encore une autre espèce appartenant à ce genre : l'*Iberis pinnata* L., plante indigène, annuelle comme les précédentes, à fleurs en ombelle et à feuilles très divisées. Les fleurs en sont blanches. Emplois et culture du *Thlaspi lilas*.

En dehors des plantes figurées dans cet Atlas, la famille des Crucifères comprend encore un certain nombre de genres qui ont des représentants dans nos jardins. Citons notamment :

Le genre Barbarea, dont une espèce, l'*Herbe de Sainte-Barbe* (Barbarea vulgaris R. Br., Erysimum Barbarea L.), plante de nos prés, présente une variété à fleurs doubles, de couleur jaune pâle, et une variété à feuilles panachées, qui ne sont pas sans mérite. Ce sont des plantes vivaces très rustiques qu'on multiplie par divisions des touffes. (Voir *Masclef, Atlas, pl. 31.*)

Le genre Arabis, dont une espèce, l'*Arabette des Alpes, Arabette printanière, Corbeille d'argent* (Arabis alpina L.), est très répandue dans les jardins. Cette plante croît dans les montagnes de l'Europe. Elle est gazonnante ; ses tiges, rampantes, sont garnies de feuilles velues blanchâtres. Ses fleurs, très abondantes, blanches, sont disposées en grappes d'abord déprimées, mais qui s'allongent pendant la floraison qui a lieu d'avril en juillet. Il existe une variété à feuilles panachées plus délicate que le type de l'espèce. Cette plante est propre à l'ornementation des plates-bandes, des rocailles, etc. Elle est d'une rusticité complète et prospère dans tous les terrains et à toutes les expositions, même dans les sols les plus arides, dans les jardins sablonneux des bords de la mer. On la multiplie par division des touffes après la floraison, ou par graines qu'on sème d'avril en juillet, en pépinière.

Une autre espèce, l'*Arabette des sables* (Arabis arenosa Scop.), indigène, annuelle, est moins connue ; sa tige, à ramifications grêles, porte des feuilles très découpées. Ses fleurs, d'un rose pâle, se montrent en avril-mai, en grappes d'abord déprimées et compactes, puis allongées. Le principal mérite de cette espèce est de croître même dans les sols les plus sablonneux. On doit en semer les graines en août-septembre, en pépinière, pour planter à demeure en octobre.

Le genre ERYSIMUM, dont une espèce, le *Vélar de Perofski, Giroflée de Perofski* (Erysimum Perofskianum Fisch. et Mey.), du Caucase, est une charmante plante annuelle trop peu connue. Sa tige, d'environ 50 centimètres de hauteur, porte des ramifications grêles, terminées par des grappes de fleurs qui rappellent un peu celles de la Giroflée jaune, mais qui sont d'un jaune safrané d'un puissant effet. Fleurit de mai en août. Multiplication par graines que l'on sème successivement de mars en mai, en place.

Le genre BRASSICA ou *Chou*. Certaines variétés de *Chou* (Brassica oleracea L.) à feuilles frisées et panachées de rouge, de blanc et de lilas, sont très ornementales et peuvent servir à la décoration des jardins, des orangeries et des serres froides pendant l'hiver. Ces plantes doivent être semées en avril-mai. C'est de novembre à février que les Choux d'ornement sont dans toute leur beauté.

Le genre ÆTHIONEMA, dont deux espèces, les *Æ. coridifolium* DC. et *grandiflorum* Boiss. et Hohen., sont d'élégants petits arbustes originaires, le premier du Liban, le second du Caucase. Leur taille varie entre 10 et 20 centimètres ; leur feuillage est glauque ; leurs fleurs en grappes terminales sont d'un beau rose. Ce sont de ravissantes plantes de rocailles qui ont besoin pour prospérer d'être cultivées en sol léger et à exposition ensoleillée ; elles fleurissent en mai-juin. On les multiplie par graines.

A côté de la famille des Crucifères se place la famille des *Capparidées*, à laquelle appartient le CAPRIER (Capparis spinosa L.), sur lequel on trouvera des renseignements dans l'ouvrage de M. P. Mouillefert : *Traité des Arbres et Arbrisseaux*. Un genre de cette famille mérite de prendre place dans cet ouvrage ; nous voulons parler du genre CLEOME.

Deux espèces du genre CLEOME méritent surtout d'être cultivées dans les jardins ; ce sont : 1° le *Cleome speciosissima* Deppe, du Mexique, plante annuelle de 1 mètre et plus de hauteur, à tige non épineuse portant des feuilles à 3-7 folioles ; à fleurs d'un beau rose ; 2° le *Cl. spinosa* Jacq. (non Sims), espèce annuelle originaire de l'Amérique méridionale, à tige dépassant 1 mètre de hauteur, portant des feuilles à 5-7 folioles, celles qui accompagnent les fleurs non divisées, à fleurs d'un blanc rosé, en longues grappes terminales. Ces plantes fleurissent de juillet en octobre. On les sème en mars-avril sur couche et on les met en place en mai.

FAMILLE DES RÉSÉDACÉES

Pl. 33. — RÉSÉDA

RESEDA ODORATA L.

SYNONYMES FRANÇAIS : **Mignonnette, Herbe d'amour.**

Patrie : Afrique septentrionale.

Description.

Le Réséda est une plante vivace dans son pays d'origine, mais on le cultive comme plante annuelle. Dans le type de l'espèce, les rameaux sont grêles, étalés sur le sol, puis relevés à leur extrémité et ne dépassent pas 25 centimètres de hauteur, mais il en existe des variétés à tiges dressées très robustes, qui donnent à la plante une forme pyramidale bien caractérisée. Les feuilles sont entières ou à trois lobes. Les fleurs, dont l'odeur, si particulière et si agréable, est un des principaux mérites, sont disposées en grappe conique qui s'allonge pendant la floraison ; elles ont 6 sépales verts, 6 pétales dont les deux supérieurs sont munis sur le dos d'un appendice à 9-11 lanières blanches, couleur sur laquelle se détachent les étamines qui ont des anthères rougeâtres (fig. 1 et 2). Le fruit (fig. 3) est une capsule ouverte au sommet. Fleurit pendant toute la belle saison. Variétés à port robuste, à grandes fleurs en épis plus allongés et plus denses.

Emplois.

Les emplois de cette plante, l'une de nos fleurs les plus populaires, sont bien connus : pendant la belle saison, il n'est pas un jardin, pas un balcon, pas une fenêtre sans quelques pieds de Réséda qui embaument l'air autour d'eux. C'est aussi l'une des fleurs les plus employées pour la confection des bouquets ; et lorsque les frimas en arrêtent la production dans nos régions du centre, c'est à la Provence que les fleuristes s'adressent pour satisfaire à l'immense consommation qui s'en fait dans les grandes villes. Hyères, Ollioules et Nice se livrent à ce commerce et, d'après M. le docteur Sauvaigo, une seule de ces localités peut semer chaque année jusqu'à 80 et 100 kilos de graines. Un hectare planté en Réséda donne par saison un revenu de 10 à 15.000 francs.

Culture. — Multiplication.

Le Réséda prospère en tous terrains et à toutes expositions ; cependant il affectionne les sols légers, riches en humus et les expositions ensoleillées. Pour en obtenir la floraison pendant l'été, semer les graines de mai en juin, de préférence en place, car il supporte mal le repiquage.

FAMILLE DES VIOLARIÉES

Pl. 34. — VIOLETTE DE PARME

VIOLA ODORATA L., var. PARMENSIS

Indigène.

Description.

La Violette odorante (Viola odorata), type de la variété figurée sur
cette planche, est une plante vivace, un peu velue, à tiges latérales
couchées, s'enracinant de place en place pour donner naissance à de
jeunes plantes fleurissant seulement l'année qui suit leur développement.
Les feuilles sont longuement ovales, en forme de cœur à la base, accompagnées de stipules s'atténuant en pointe. Les fleurs sont très odorantes,
violettes ou blanches, mais il en existe de nombreuses variétés à fleurs
simples ou pleines, purpurines ou roses, unicolores ou panachées. Ces
fleurs ont 5 sépales ovales oblongs, obtus ; 5 pétales : les quatre supérieurs
entiers ; l'inférieur échancré, les deux latéraux fortement barbus. Les
variétés qui sont sorties de cette plante ont été divisées en plusieurs
catégories.

1° *Violettes non remontantes*, type de l'espèce ; coloris variés.

2° *Violettes des quatre saisons* (V. odorata, var. semperflorens), plantes
caractérisées par l'aptitude qu'elles ont de fleurir pendant presque toute
la durée de l'année : pendant tout le printemps, en automne à partir de
septembre et pendant tout l'hiver aux expositions chaudes et surtout
sous châssis pour la production des fleurs coupées. A cette catégorie
appartiennent des variétés à fleurs simples ou pleines, de coloris divers ;
mais il en est quelques-unes qui priment les autres par des mérites qui
les font apprécier à divers points de vue. De ce nombre sont : la variété
le *Czar*, dont les fleurs simples, d'un violet foncé, sont un tiers plus
grandes que celles de la V. ordinaire ; la V. *Reine Victoria*, à fleurs aussi
grandes que celles de la précédente, mais à pétales arrondis ; la Violette
Luxonne, variété vigoureuse à fleurs portées sur de longs pédoncules, ce
qui les rend précieuses pour la confection des bouquets, plus grandes
encore que celle de la variété le *Czar*, et d'une couleur plus pâle. C'est
cette dernière variété que l'on cultive dans le Midi pour la fleur coupée,
pendant l'hiver.

3° *Violette de Parme* (V. odorata, var. parmensis). Cette variété se
distingue des précédentes par le feuillage plus petit, d'un vert brillant ;
par ses fleurs à plus longs pédoncules et beaucoup plus amples, plus
pleines, d'un bleu pâle, grisâtre, exhalant une odeur très spéciale. La
Violette de Parme est aussi plus délicate que les variétés ci-dessus
énumérées.

Emplois.

La Violette est une des plantes de jardins les plus aimées : non seulement on aime à la posséder lorsqu'on dispose du plus petit espace de terrain, ne serait-ce que d'une caisse à fleurs sur une fenêtre, mais on sait avec quelle ardeur les habitants des grandes cités et même ceux des campagnes, parcourent les bois et les champs, au moment de sa floraison, pour en faire des bouquets.

Grâce aux Violettes des quatre saisons, nos jardins et les fleuristes peuvent nous offrir cette charmante fleur pendant la plus grande partie de l'année. Lorsqu'arrive l'hiver, c'est la Provence qui l'expédie par wagons entiers, dans les pays du Nord. De novembre à mars, la Provence et la Ligurie vendent la Violette pour le commerce de la fleur coupée, de 6 à 20 francs le kilog. Pendant la belle saison, les environs de Paris, principalement la région de Sceaux, en produisent d'énormes quantités.

La Violette de Parme est surtout cultivée dans les Alpes maritimes ; ses fleurs coupées se conservent très longtemps et sont très recherchées pour la confection des bouquets. C'est la variété la plus cultivée en pots pour la décoration des fenêtres et des appartements.

La culture de la Violette pour la production de l'essence est aujourd'hui très répandue en Provence et en Ligurie. On livre les fleurs fraîches aux parfumeurs qui en retirent, par macération, une essence des plus suaves. C'est la Violette de Parme qui est la plus recherchée pour cet emploi industriel. On évalue à environ 100.000 kilogrammes la quantité de Violettes que le département des Alpes-Maritimes produit à lui seul chaque année.

Culture. — Multiplication.

La Violette prospère dans tous les terrains et à toutes les expositions ; elle ne semble redouter que les sols d'une aridité excessive ou très humides. Une exposition demi ombragée ou ombragée lui convient plus particulièrement. La *Violette de Parme*, plus délicate que les autres variétés, devra être cultivée en terrain sain, s'égouttant bien et à exposition abritée : sous le climat de Paris, il est même nécessaire de la couvrir de paille ou de feuilles sèches pendant l'hiver ou mieux encore de la rentrer sous châssis. Les Violettes se multiplient par division des touffes.

Parmi les autres espèces vivaces du genre *Viola*, on peut citer comme étant les plus ornementales : le *V. calcarata* L., de l'Europe centrale, à fleurs très grandes, ayant l'aspect d'une Pensée, de couleur violet pourpré, munies d'un éperon grêle de la longueur de la corolle ; le *V. cornuta* L., Pyrénées, Espagne, à fleurs très grandes, ayant l'aspect d'une Pensée d'un bleu lilacé, à pétales plus étroits que ceux de la précédente espèce, munie d'un long éperon grêle, relevé. Ornement des plates-bandes et des rocailles. Culture et multiplication du *V. odorata*.

Pl. 35. — PENSÉE

VIOLA TRICOLOR L., var. MAXIMA

Synonymes latins : **V. tricolor, var. hortensis**; **V. tricolor, var. grandiflora**;
V. altaica Ker., var.

Indigène.

Description.

Plante annuelle, bisannuelle ou vivace, d'environ 20 centimètres de
hauteur, à rameaux couchés, à feuilles ovales, accompagnées de deux
grandes stipules à bords profondément découpés. La fleur se compose
d'un calice à 5 sépales inégaux ; de 5 pétales : l'inférieur large, échancré,
prolongé en éperon obtus ; les 4 pétales supérieurs dressés, se recouvrant
par les bords, avec les 2 latéraux munis à la base d'une brosse de poils ;
de 5 étamines à anthères appliquées sur l'ovaire, fixées du côté interne
des filets dilatés qui se prolongent au-dessus d'elles en membrane sèche.
L'ovaire est à une seule loge ; le fruit est une capsule contenant de nombreuses graines ; elle s'ouvre par 3 valves.

La *Pensée* présente un nombre considérable de variétés différant par
les dimensions de la fleur, à laquelle les horticulteurs sont parvenus,
dans certains cas, à donner une apparence symétrique, et par le coloris
qui a parcouru toute la gamme des teintes, avec des contrastes multipliés
par des panachures, des bordures, etc.

On n'est pas d'accord sur son origine. Certains auteurs croient devoir
la rattacher spécifiquement au *V. altaica*, dont elle ne serait qu'une modification. D'autres, au contraire, ne voient en elle qu'une variété à
grandes fleurs de la petite Violette tricolore de nos champs. Quoi qu'il en
soit, il est certain qu'on trouve dans les variétés les moins perfectionnées
de cette plante, des intermédiaires qui militent en faveur de la seconde
opinion.

Emplois.

La Pensée est certainement l'une des plantes les plus populaires. La
facilité de sa culture, l'éclat de ses fleurs produites en nombre considérable pendant un temps très long, la placent au premier rang dans nos
plantes ornementales. Ses emplois sont des plus variés. Dans les jardins,
elle orne les plates-bandes ; constitue à elle seule des corbeilles unicolores
ou de plusieurs couleurs, de toute beauté. On la rencontre également
plantée dans lés caisses sur les balcons et les fenêtres. Enfin, elle se prête
admirablement à la culture en pots.

Culture. — Multiplication.

La *Pensée* prospère dans tous les terrains et à toutes les expositions ;
elle ne redoute que les sols humides à l'excès et l'ombre épaisse. Les

engrais favorisent le développement des fleurs. On doit en semer les graines de préférence en juillet-août, en terre humeuse et à bonne exposition. On repique en pépinière, lorsque le plant a quelques feuilles, et l'on met en place avant l'hiver ou au printemps, en laissant un intervalle de 30 centimètres entre les pieds. On peut aussi semer en place ou en pépinière en mars-avril, mais les fleurs obtenues dans ce dernier cas sont moins grandes. Les variétés de choix que l'on craindrait de ne pas voir reproduire par le semis peuvent être multipliées par boutures ou à l'aide des drageons qui naissent au collet des plantes à la fin de l'été.

FAMILLE DES CARYOPHYLLÉES

Pl. 36. — ŒILLET D'AMOUR

GYPSOPHILA ELEGANS M. Bieb.

SYNONYMES FRANÇAIS : **Gypsophile élégante, Brouillard.**

Patrie : Caucase.

Description.

Plante annuelle de 75 centimètres de hauteur, glabre, très rameuse, à rameaux grêles portant de nombreuses petites fleurs blanches à calice en cloche, non entouré d'écailles, à 5 sépales ; corolle à 5 pétales, sans appendices formant couronne à la gorge de la fleur ; 10 étamines ; 2 styles. Le fruit est une capsule sans cloisons, à 4 valves. Graine en forme de rein, portant de nombreuses rugosités. Fleurit de juin en août.

Emplois.

Cette plante est recherchée surtout pour la légèreté de ses inflorescences à rameaux extrêmement déliés, produisant le plus gracieux effet dans les bouquets et dans les plates-bandes, où elles s'associent admirablement avec des plantes à port compact. On en fait aussi de charmantes potées.

Culture. — Multiplication.

La *Gypsophile* élégante prospère dans tous les sols dits de jardin. On la multiplie par graines que l'on sème en place en avril-mai.

Une autre *Gypsophile* annuelle peut être cultivée comme la précédente, c'est le *Gypsophila viscosa* Murr., qui se distingue aisément par ses tiges visqueuses au toucher, par ses fleurs plus petites, d'un blanc rosé. Même culture.

Ce genre renferme plusieurs espèces vivantes, dont une, le *G. paniculata* L., de la Sibérie, connue aussi sous le nom d'*Œillet d'amour* et de *Brouillard*. Les inflorescences de cette plante sont d'une légèreté incomparable, beaucoup plus finement déliées que celles du *G. elegans*. Cette espèce, à très petites fleurs blanches, est employée en quantités considérables par les fleuristes pour donner de la légèreté aux bouquets ; on les fait entrer aussi dans la composition des bouquets perpétuels. Multiplication par graines qu'on sème en avril-juin et par division des touffes. Cette plante très rustique forme de volumineuses touffes qui produisent un bel effet dans les grandes plates-bandes.

Pl. 37. — ŒILLET DE POÈTE

DIANTHUS BARBATUS L.

Synonymes français : Œillet barbu, Jalousie, Bouquet parfait.

Indigène.

Description.

Le genre Œillet (Dianthus) est caractérisé par des fleurs entourées d'écailles à leur base (fig. 1), à calice tubuleux, à 5 dents ; une corolle à 5 pétales, sans appendices formant couronne à la gorge ; 10 étamines ; 2 styles grêles.

L'espèce figurée sur cette planche est une plante vivace de 30 à 50 centimètres de hauteur, à fleurs très nombreuses, rapprochées en bouquets denses à l'extrémité des rameaux, accompagnées de feuilles florales très étroites qui les dépassent parfois. Ces fleurs, sans odeur, sont roses, ponctuées de blanc ou tout à fait blanches dans le type de l'espèce, mais les coloris sont extrèmement divers selon les variétés ; on y rencontre, en effet, toutes les nuances du rouge, allant jusqu'au cramoisi noirâtre et au violet. Les fleurs sont toujours striées, ou munies de ponctuations disposées en couronne, d'une couleur qui tranche sur celle du fond et qui forme parfois de brillants contrastes. Il existe aussi des Œ. de poète à fleurs doubles.

Emplois.

L'*Œillet de poète* est une de nos vieilles plantes ornementales les plus répandues ; on l'emploie à la décoration des plates-bandes, à la formation de corbeilles et de bordures en associant les coloris pour obtenir d'agréables contrastes.

Culture. — Multiplication.

Cette plante prospère dans tous les sols et à toutes les expositions. Elle est d'une rusticité à toute épreuve ; mais, comme les vieux pieds ont une tendance à se dégarnir à la base, il est rare qu'on la conserve plusieurs années. On préfère la traiter comme plante bisannuelle pour avoir des pieds bien garnis de feuillage. On en sème les graines en juin-juillet. On repique en pépinière et l'on met en place à l'automne en espaçant les pieds de 50 centimètres. Les variétés à fleurs pleines ou celles qu'on craindrait de ne pas voir se reproduire fidèlement par le semis, se multiplient par division des touffes ou par boutures après la floraison.

Pl. 38. — ŒILLET DES FLEURISTES

DIANTHUS CARYOPHYLLUS L.

SYNONYMES FRANÇAIS : Œillet des Jardins, Œillet à ratafia, Œillet girofle, Œillet Grenadin.

Indigène.

Description.

Plante vivace dont le type sauvage croît sur les vieux châteaux et les ruines des provinces de l'Ouest. C'est une plante de 40 à 75 centimètres de hauteur, glauque, à souche ligneuse émettant des jets couchés, nus à la base, couronnés par une rosette de feuilles longues et très étroites, se prolongeant en tiges fleuries dressées. Les fleurs terminales exhalent une forte odeur de girofle. Dans la culture, on a fait produire à cette plante un nombre considérable de variétés; les fleurs simples ont donné des fleurs doubles ou pleines aux coloris les plus variés, dans lesquels on observe toutes les teintes, depuis le blanc pur jusqu'au pourpre foncé et presque noir en passant par les tons roses, rouges, violets, et les couleurs jaunes, ardoisées, qui se mêlent en se superposant pour donner naissance à d'élégantes panachures et mouchetures. La forme des pétales a elle-même varié; dans certaines fleurs ils sont entiers; dans d'autres ils sont frangés.

· En se basant sur les différences qu'on observe dans la forme et dans la couleur des fleurs, on divise les Œillets en groupes dont voici les principaux :

ŒILLETS DE FANTAISIE, à fleurs doubles ou pleines, à pétales entiers ou dentés, présentant des couleurs diversement associées : maculés, poudrés ou striés de couleurs variées, soit sur un fond toujours blanc (*Œ. anglais*); soit sur un fond jaune pur (*Œ. avranchins*); soit sur fond jaune saumoné (*Œ. saxons*); soit enfin sur fond ardoisé ou lie de vin (*Œ. allemands*).

ŒILLETS FLAMANDS, à fleurs très régulières, doubles ou pleines, à pétales entiers, larges, arrondis, présentant une couleur de fond blanc pur sur laquelle se détachent soit des bandes unicolores (*Œ. flamands proprement dits*); soit des bandes de plusieurs couleurs (*Œ. bizarres*).

ŒILLETS REMONTANTS, ou à floraison perpétuelle, qui comprennent des variétés des catégories précédentes ayant ce caractère particulier de fleurir pendant toute l'année. C'est à ce groupe que se rattachent les *Œ. Marguerite, Tige de fer*, dont le pédoncule robuste supporte les fleurs les plus lourdes sans se briser.

Emplois.

Nous n'entreprendrons pas de décrire ici les variétés de l'*Œillet*, ce qui serait sortir du cadre que nous nous sommes tracé. Le nombre en est considérable. Ces plantes superbes, certainement au nombre des plus belles de nos jardins, ont des emplois multiples. C'est ainsi qu'elles peuvent servir à décorer les plates-bandes, à former des corbeilles, etc. Cultivées en pots, elles constituent l'un des plus beaux ornements des fenêtres et des balcons. C'est aussi l'une des fleurs les plus recherchées pour la confection des bouquets, et une industrie s'est créée aux environs de Toulon et de Nice pour la production des fleurs d'Œillet pendant l'hiver. Ces localités en expédient d'énormes quantités dans les villes du Nord pendant toute la saison froide et en retirent un bon bénéfice ; on évalue, en effet, de 5000 à 6000 francs le rendement d'un hectare cultivé en Œillet.

Culture.

L'*Œillet des fleuristes* prospère surtout dans les sols argilo-siliceux additionnés de terreau ou de fumier bien consommé; les terres compactes et humides ne lui conviennent pas. On doit le cultiver de préférence à exposition très aérée et ensoleillée. Dans le nord de la France et déjà sous le climat de Paris il est indispensable de l'abriter l'hiver, non pas tant pour le préserver du froid que pour le garantir de l'humidité excessive, qu'il redoute par-dessus tout. Dans ces régions, on le tient de préférence en pots que l'on rentre sous châssis ou en serre froide, à l'entrée de l'hiver. Dans les environs de Nice, on cultive l'Œillet remontant en pleine terre, sous abris mobiles pleins ou vitrés, pour la production des fleurs pendant l'hiver.

Multiplication.

La multiplication de l'*Œillet des fleuristes* se fait par semis, par boutures et par marcottes. Le semis est surtout employé en vue de l'obtention de variétés nouvelles, car les graines ne reproduisent pas les variétés dont elles sont issues et donnent toujours une très grande proportion de plantes à fleurs médiocres. Le bouturage se fait pendant toute l'année avec les jeunes rameaux feuillés que l'on coupe près d'un nœud, que l'on pique en terre légère, à mi-ombre, et que l'on recouvre de cloches. Le marcottage consiste à coucher dans le sol les rameaux latéraux, en pratiquant une incision longitudinale de 2 à 3 centimètres de long dans la partie courbée, pour favoriser le développement des racines. On peut aussi marcotter les rameaux les plus éloignés du sol en les entourant de cornets de plomb laminé très mince, que l'on emplit de terre. On détache les marcottes de la plante mère, lorsqu'elles sont bien enracinées.

Pl. 39. — ŒILLET DE CHINE
DIANTHUS SINENSIS L.

Patrie : Chine.

Description.

Plante annuelle, parfois bisannuelle, de 10 à 30 centimètres de hauteur, à tiges garnies jusqu'au sommet de feuilles allongées, étroites, un peu glauques. Les fleurs, inodores, nombreuses, de grandes dimensions, sont accompagnées de feuilles florales qui dépassent la longueur du calice, tandis qu'elles sont très courtes, réduites à l'état d'écailles dans l'*Œillet des fleuristes*. Ces fleurs ont les pétales dentés ou frangés unicolores, ou ponctués, striés, chamarrés, avec des couleurs parfois très éclatantes, allant du blanc au rouge le plus intense et au brun noirâtre, en passant par les tons les plus délicats du rose, s'associant pour constituer des dessins bizarres d'une élégance extrême. Il existe des variétés à fleurs doubles et pleines; d'autres à port trapu et compact, etc. Fleurit tout l'été.

Emplois.

L'*Œillet de Chine* est une des plantes annuelles les plus recherchées pour l'agrément des parterres. On l'emploie à l'ornementation des plates-bandes; on en forme des corbeilles; on fait, avec les variétés naines surtout, d'élégantes bordures; enfin on peut le cultiver en pots pour la garniture des fenêtres et des balcons.

Culture. — Multiplication.

L'*Œillet de Chine* prospère dans tous les sols et à toutes les expositions. Il est d'une grande rusticité et n'exige pour ainsi dire pas de soins. On doit en semer les graines : 1° en avril, sur couche, pour repiquer en plein air, à bonne exposition et planter à demeure en mai; 2° en avril-mai, en pépinière à l'air libre, pour repiquer en place en mai-juin. L'espace à ménager entre les plantes doit être proportionné aux dimensions qu'elles sont susceptibles d'atteindre. On compte 15 centimètres pour les variétés naines, 25 pour les plus élevées. On peut reproduire par le bouturage les plantes à fleurs pleines qui ne donnent pas de graines.

Pl. 40. — ŒILLET MIGNARDISE
DIANTHUS PLUMARIUS L.

SYNONYMES FRANÇAIS : **Mignardise, Œillet musqué.**

Patrie : Europe, Asie boréale.

Description.

Plante vivace d'environ 25 centimètres de hauteur, formant des touffes compactes. Les rameaux, couchés, puis redressés à leur extrémité, portent des feuilles longues et étroites, glauques. Les fleurs sont produites en nombre considérable; elles sont très agréablement odorantes. Cette espèce a donné naissance à plusieurs variétés à fleurs simples, doubles ou pleines, à pétales entiers ou frangés, blancs, roses ou purpurins, unicolores ou munis à la base, dans la partie moyenne ou au sommet, de taches de couleurs diverses constituant suivant les cas, par leur ensemble, un œil ou une couronne qui tranche sur la couleur de fond de la fleur. On distingue deux races principales de Mignardise : les *M. d'Écosse*, à grandes fleurs, à pétales frangés, d'un blanc rosé avec le centre purpurin; les *M. anglaises*, à fleurs plus grandes que celles de la race précédente, à pétales entiers, présentant des couleurs variées, sur fond blanc. Fleurit en juin-juillet.

Emplois.

Les *Mignardises* sont des plantes recherchées pour l'ornement des plates-bandes, la formation des corbeilles, etc.; mais c'est surtout comme plantes de bordures qu'elles sont cultivées; les classiques *Mignardises* à fleurs blanches et à fleurs purpurines sont toujours, sous ce rapport, au nombre des plus précieuses.

Culture. — Multiplication.

Les *Mignardises* prospèrent dans tous les terrains, mais c'est surtout dans les sols légers, à exposition ensoleillée, qu'elles réussissent le mieux. On les multiplie par division des touffes ou par marcottes.

Le genre *Œillet* (Dianthus) renferme un grand nombre d'autres espèces qui pourraient prendre place dans les jardins comme plantes ornementales.

Une plante très méritante et que nous ne pouvons passer sous silence est l'*Œillet flon* (Dianthus semperflorens Hort.). C'est une plante vivace, d'origine horticole, et qu'on suppose être issue du croisement du *D. sinensis* par une autre espèce. Quoi qu'il en soit, il a de réelles qualités ornementales et est fréquemment cultivé dans les jardins. C'est une plante rameuse, à tiges minces, raides, atteignant 30 à 40 centimètres de hauteur, à fleurs blanches, roses ou saumonées, unicolores, striées ou pointillées de rose. Elle fleurit pendant tout l'été. L'*Œillet flon* est une excellente plante de plates-bandes, très rustique. On le multiplie par division des touffes.

Pl. 41. — SILÈNE A BOUQUETS

SILENE ARMERIA L.

Indigène.

Description.

Le genre *Silene* est caractérisé par des fleurs à calice tubuleux, en cloche ou enflé, à 5 dents, muni de nervures (fig. 1), 5 pétales, munis ou non d'appendices (fig. 3) dont l'ensemble constitue une couronne; un onglet (partie inférieure et rétrécie du pétale) (fig. 3) non pourvu de bandelettes ailées; 10 étamines; un ovaire à une loge, ordinairement surmonté de 3 styles (fig. 2). Le fruit est une capsule, avec ou sans cloisons, s'ouvrant au sommet par six dents ou valves.

L'espèce figurée est une plante annuelle, d'environ 50 centimètres de hauteur, glabre, à feuilles de la base larges; à tige rameuse au sommet et à ramifications portant de nombreuses fleurs disposées en bouquets denses. Ces fleurs ont le calice allongé; des pétales échancrés, munis d'appendices formant une couronne à la gorge; elles sont roses ou blanches. Les graines sont striées. Fleurit de juin en août.

Emplois.

Cette espèce est cultivée depuis fort longtemps dans les jardins. Sa rusticité, la facilité de sa culture, l'abondance de ses fleurs en font une des plantes annuelles d'ornement les plus précieuses. On l'emploie pour garnir les plates-bandes. On en fait aussi de charmantes potées.

Culture. — Multiplication.

Cette plante croît dans tous les terrains et à toutes les expositions. C'est même l'une des rares espèces que l'on puisse cultiver dans les jardins sablonneux des bords de la mer. On en sème les graines, en place, en avril-mai. Elle se ressème souvent naturellement.

A côté de la *Silène à bouquets* se place la *Silène d'Orient* (Silene compacta Bieb.), plante annuelle originaire d'Orient, à inflorescence beaucoup plus volumineuse et à pétales non échancrés, de couleur rose carminé. Cette plante qu'il ne faut pas confondre avec le Silene compacta des horticulteurs, qui n'est qu'une variété de la *Silène pendante*, rappelle beaucoup la précédente, tout en lui étant supérieure au point de vue ornemental; elle est malheureusement plus délicate et ne prospère que dans les terrains un peu frais.

Pl. 42. — SILÈNE PENDANTE

SILENE PENDULA L.

Patrie : Europe méridionale et orientale, Asie Mineure.

Description.

Plante annuelle très rameuse, à rameaux couchés sur le sol, puis redressés à leur extrémité, atteignant 10 à 25 centimètres de hauteur, selon les variétés. Ces tiges, vertes ou rougeâtres, portent des feuilles un peu velues, vertes ou rougeâtres dans une variété (var. Bonnetti).

Les fleurs naissent aux aisselles des feuilles de l'extrémité des rameaux; elles sont nombreuses, dressées, puis pendantes après la floraison. Il en existe des variétés à fleurs blanches, roses ou rouge vif; d'autres ont les fleurs doubles, enfin il en est qui diffèrent par la taille plus ou moins élevée ou par le port compact (en touffes denses, arrondies) (*Silene pendula*, var. *compacta*).

Emplois.

La *Silène pendante*, de culture facile, est des plus précieuses pour orner les parterres au printemps et en été; on en fait des corbeilles, des bordures; elle entre dans la composition des plates-bandes, etc.

Culture. — Multiplication.

Cette plante, très rustique, prospère dans tous les sols de jardins; mais cependant, les terrains divisés, s'égouttant bien, et une exposition aérée, ensoleillée, lui conviennent plus particulièrement. On en sème les graines : 1° de juillet en septembre, en pépinière, pour repiquer et planter à demeure avant l'hiver ou au printemps en espaçant les pieds de 20 centimètres en tous sens; les plantes obtenues ainsi fleurissent d'avril à juin; 2° en mars-avril, pour obtenir une floraison en juillet-août.

Pl. 43. — LYCHNIDE ÉCLATANTE

LYCHNIS FULGENS Fisch.

SYNONYMES LATINS : **Lychnis grandiflora** Jacq.; **L. Bungeana** Fisch.; **L. Sieboldii** Van Houtte; **L. Haageana** Hort.

Patrie : Sibérie, Chine et Japon.

Description.

Le genre *Lychnis* est caractérisé par des fleurs à calice enflé ou tubuleux, relevé de 10 nervures et à 5 dents; 5 pétales à onglet (partie inférieure amincie) (voir planche 41 f. 3) très étroit, à partie supérieure élargie (limbe), étalée, échancrée ou profondément découpée, munie le plus souvent d'appendices dont l'ensemble forme une couronne; 10 étamines; un ovaire à une loge, surmonté de 5, rarement 4 ou 3 styles. Le fruit est une capsule qui s'ouvre au sommet par des valves en nombre égal ou double de celui des styles.

L'espèce figurée sur cette planche est une plante vivace de 20 à 30 centimètres de hauteur, velue, grisâtre, à feuilles embrassant la tige. Les fleurs sont réunies en nombre variable, jusqu'à 10, en bouquets terminaux. Dans le type de l'espèce, les fleurs sont d'un rouge écarlate velouté superbe; mais il existe dans certaines variétés, qui ont été considérées comme espèces distinctes par certains auteurs, une grande diversité de coloris; dans la *Lychnide de Haage* (L. Haageana Hort.; L. Bungeana Fisch.) les fleurs sont rouge orangé, blanches, blanc jaunâtre, saumonées ou roses; la *Lychnide à grandes fleurs* (L. grandiflora Jacq.) a les fleurs rouge vermillon; la *Lychnide de Siebold* (L. Sieboldii Van Houtte) les a d'un blanc pur. Toutes ces plantes ne diffèrent au point de vue scientifique que par des caractères peu importants et très variables comme le degré de villosité (abondance plus ou moins grande de poils fins et courts), le nombre des fleurs dans les inflorescences, les dimensions des pétales simplement échancrés ou plus ou moins découpés. Fleurit de juin en août.

Emplois. — Culture. — Multiplication.

Ces *Lychnis* sont de très belles plantes propres à l'ornementation des plates-bandes et des rocailles; elles sont très cultivées en Chine et au Japon où elles ont produit un grand nombre de variétés. Malheureusement, elles sont un peu délicates sous le climat de Paris et il est nécessaire de les abriter l'hiver en les couvrant de cloches, de paille ou de feuilles sèches. Elles redoutent surtout l'excès d'humidité. On peut, par mesure de prudence, en rentrer quelques pieds sous châssis ou mieux en serre froide.

On les multiplie par division des touffes ou par graines que l'on sème en mai-juin en pots. On repique les jeunes plantes qui seront abritées pendant l'hiver pour les mettre en place au printemps suivant.

Pl. 44. — COQUELOURDE DES JARDINS

LYCHNIS CORONARIA Lamk.

SYNONYMES FRANÇAIS : **Œillet de Dieu, Passe-fleur.**
SYNONYME LATIN : **Agrostemma coronaria L.**

Patrie : Europe méridionale.

Description.

Plante vivace, velue, cotonneuse, argentée, de 40 à 75 centimètres de hauteur; fleurs solitaires à l'extrémité de longs pédoncules, à pétales entiers, rose purpurin ou blanches. Fleurit en juin-juillet.

Emplois.

La *Coquelourde des jardins* est surtout employée à la décoration des plates-bandes, cultivée en pieds isolés ou en touffes.

Culture. — Multiplication.

Plante très rustique prospérant dans tous les sols de jardins. On la multiplie par graines qu'on sème en mai-juin en plein air. On repique en pépinière et l'on met en place en automne ou au printemps en espaçant les pieds de 50 centimètres.

On peut encore citer parmi les espèces ornementales du genre *Lychnis* et au nombre des plus répandues dans les jardins :

La *Lychnide* ou *Coquelourde Fleur de Jupiter* (Lychnis Flos Jovis L.), des Alpes, plante vivace rappelant quelque peu la précédente, mais à fleurs disposées en bouquets denses à l'extrémité des rameaux au lieu d'être solitaires, à pétales échancrés, d'un rose pâle. Fleurit en mai-juin. Culture et emplois de l'espèce précédente.

La *Lychnide* ou *Coquelourde Rose-du-Ciel* (Lychnis Cœli-Rosa Desv.) (Synonymes : Agrostemma Cœli-Rosa L.; Viscaria Cœli-Rosa DC.; Eudianthe Cœli-Rosa Rchb.; Viscaria elegans Hort; Viscaria oculata; Lychnis oculata Backh.), plante annuelle originaire de l'Europe méridionale, d'environ 50 centimètres de hauteur, à rameaux dressés portant des fleurs solitaires à l'extrémité des pédoncules. Ces fleurs, très nombreuses et d'un beau rose, mesurent environ 2 centimètres de diamètre. Variétés à fleurs lilas et à fleurs blanches. Fleurit en juin-juillet. Cette espèce est l'une de nos plus jolies plantes annuelles; cultivée en touffes dans les plates-bandes ou en potées elle produit le plus charmant effet. On en sème la graine en avril-mai, en place ou en pépinière.

La *Lychnide Croix de Jérusalem* (L. chalcedonica L.) (Synonymes français : Croix de Jérusalem, Croix de Malte). Plante vivace originaire du Japon, à tiges poilues, dressées, hautes de 75 centimètres à 1 mètre; à fleurs nombreuses, réunies en bouquets compacts à l'extrémité des rameaux. Ces fleurs ont les pétales échancrés et disposés de telle façon qu'ils simulent une croix de chevalier de Malte; elles sont d'un rouge écarlate dans le type de l'espèce, blanches, de couleur de chair ou roses, simples ou doubles dans les variétés qui en sont issues. La *Croix de Jérusalem* est une excellente plante vivace d'ornement, très rustique et qui convient à la décoration des plates-bandes. On la multiplie par division des touffes ou par graines qu'on sème en mai-juin en pépinière, pour repiquer et mettre en place à l'automne ou au printemps.

La *Lychnide visqueuse* (Œillet de Janséniste, Bourbonnaise) (Lychnis Viscaria L.; Viscaria vulgaris Rochl.). Plante vivace indigène, visqueuse, à feuilles réunies en touffe basse, de laquelle naissent des tiges florales qui se ramifient au sommet pour porter des grappes lâches de fleurs d'un rose purpurin ou blanches. Une variété à fleurs pleines est surtout très ornementale. Elle est d'une grande rusticité et prospère dans tous les sols de jardins. On l'emploie à la décoration des plates-bandes. Multiplication par division des touffes.

La *Lychnide fleur de Coucou* (Lampette, Œillet des prés) (Lychnis Flos-Cuculi L.) plante vivace, indigène, glabre, haute de 40 à 50 centimètres, à feuilles en rosette courte, à tiges dressées, rameuses, portant des fleurs à pétales profondément découpés, frangés, roses. Une variété à fleurs doubles est très ornementale. Elle est très rustique, mais prospère surtout dans les terrains frais, un peu ombragés. Fleurit en juin-juillet.

Multiplication par division des touffes. (Voir *Masclef, Atlas, pl. 48.*)

La *Lychnide Compagnon rose* (Lychnis diurna Sibth.; L. sylvestris Hoppe), plante vivace indigène à rameaux nombreux atteignant environ 50 centimètres de hauteur; ayant quelque peu l'aspect de la Silène pendante. Les fleurs, d'un rose purpurin ou blanches, s'épanouissent de mai en juillet-août. Des variétés à fleurs pleines sont surtout recherchées pour l'ornementation des plates-bandes à exposition mi-ombragée. Multiplication par division des touffes. (Voir *Masclef, Atlas, pl. 47.*)

La famille des Caryophyllées renferme encore, en dehors des plantes dont il vient d'être question, un certain nombre d'espèces ornementales appartenant aux genres *Saponaria* et *Cerastium*.

Le genre *Saponaria* est bien connu par une espèce très répandue dans les jardins : la *Saponaire officinale* (Saponaria officinalis L.), plante vivace indigène, d'une rusticité à toute épreuve, croissant dans tous les terrains, secs ou humides; elle est même un peu envahissante. Une variété à fleurs pleines, d'un rose pâle, convient à la décoration des plates-bandes.

On peut citer dans le même genre, la *Saponaire de Calabre* (Saponaria calabrica Guss.), petite plante annuelle originaire de la Calabre, à tiges couchées, atteignant au plus 20 centimètres de hauteur, très ramifiées, formant des touffes denses qui se couvrent d'un nombre considérable de petites fleurs roses, blanches ou rouges. Cette espèce fleurit de mai en août selon l'époque du semis. On en fait d'élégantes bordures, des corbeilles, etc. Semer les graines de mois en mois, en place ou en pépinière, pour repiquer à demeure.

La *Saponaire à feuilles de Basilic* (Saponaria ocimoides L.), plante vivace des Alpes, formant un gazon dense, élevé de quelques centimètres au-dessus du sol, se couvrant de fleurs rose vif depuis le mois de mai jusqu'en juin-juillet. Cette espèce convient à la décoration des rocailles ou à la confection de bordures. Multiplication par division des touffes.

Le genre *Cerastium* renferme un certain nombre d'espèces formant des touffes très basses, au feuillage cotonneux argenté, propres à former des bordures très résistantes dans les terrains arides et en plein soleil. Non seulement ces plantes sont ornementales par leur feuillage, mais elles se couvrent en mai-juin d'un nombre considérable de petites fleurs blanches d'un bel effet. Les *C. grandiflorum* Waldst. et Kit.; *tomentosum* L.; *Biebersteinii* DC., de l'Europe orientale, sont les espèces les plus répandues. On les désigne sous le nom d'*Argentines*.

FAMILLE DES PORTULACÉES

Pl. 45. — POURPIER A GRANDES FLEURS

PORTULACA GRANDIFLORA Lindl.

Patrie : Brésil.

Description.

Plante vivace, mais habituellement cultivée comme plante annuelle, à tiges charnues, couchées, puis redressées, atteignant de 10 à 15 centimètres de hauteur, rameuses, portant des feuilles épaisses, cylindriques. Les fleurs, qui sont produites en grand nombre à l'extrémité des rameaux, mesurent de 3 à 4 centimètres de diamètre ; elles présentent comme coloris les nuances les plus brillantes et les plus variées allant du blanc au rouge le plus intense, au jaune, à l'orangé et au violet. Il en existe des variétés à fleurs doubles et à fleurs pleines. Fleurit de juin en août.

Emplois. — Culture.

Le *Pourpier à grandes fleurs* est l'une de nos plus jolies plantes annuelles ; sa faible stature permet de l'employer à la formation d'élégantes petites corbeilles ou à constituer des bordures ; mais il faut tenir compte, lorsqu'on l'utilise, qu'il n'est vraiment beau et floribond qu'aux expositions les plus ensoleillées. On en fait aussi de charmantes potées.

Multiplication.

Semer sur place ou en pépinière en avril-mai ; dans le dernier cas, repiquer à demeure dès que le plant est muni de quelques feuilles. On reproduit les variétés à fleurs doubles en bouturant les rameaux, qui s'enracinent avec facilité. On peut conserver l'hiver les plantes ainsi obtenues, en les rentrant en serre, sur une tablette exposée à la lumière vive, mais le moindre excès d'humidité peut les détruire.

Pl. 46. — CALANDRINIE A FLEURS EN OMBELLES

CALANDRINIA UMBELLATA DC.

Synonyme latin : **Talinum umbellatum Ruiz et Pav.**

Patrie : Chili.

Description.

Le genre *Calandrinia* se distingue des *Portulaca* par la fleur à ovaire libre ou supérieur dans le premier cas (fig. 1), tandis qu'il est presque inférieur dans le second (voir pl. 45, fig. 1).

Le *Calandrinia umbellata* est une plante vivace à tiges étalées puis redressées, atteignant 10 à 15 centimètres de hauteur, garnies de feuilles longues et très étroites, terminées par des bouquets de fleurs d'un carmin violacé éclatant. Fleurit de juin à septembre.

Emplois. — Culture. — Multiplication.

Cette belle plante convient à l'ornementation des plates-bandes ; elle est malheureusement un peu délicate sous le climat de Paris. L'humidité de nos hivers lui étant très préjudiciable, il est nécessaire dans cette région de l'abriter avec des feuilles sèches ou des cloches pendant la mauvaise saison. On la multiplie par graines qu'on sème en place en mars-avril.

D'autres espèces de *Calandrinia* peuvent figurer au nombre de nos belles plantes de jardins. On peut citer entre autres :

Le *Calandrinia grandiflora* Lindl. (Synonyme : C glauca Schrad), du Chili ; plante vivace, cultivée comme annuelle, dont les tiges hautes de 30 à 40 centimètres portent des feuilles larges, en forme de spatule, glauques, et de grandes fleurs de couleur carmin violacé, disposées en longues grappes. Ces fleurs se succèdent sur la plante pendant tout l'été. On peut l'employer à la décoration des plates-bandes en terrain léger et à exposition ensoleillée. Semer les graines en place en avril-mai.

Les *Calandrinia Menziesii* Hook. et Arn. (Syn. : C. speciosa Lindl.) et *discolor* Schrad (Syn. : C. speciosa Lehm., C. Lindleyana Hort.), la première originaire de la Californie, la seconde du Chili, rappellent le *C. grandiflora*. Leurs grandes fleurs, larges de 3 à 4 centimètres et plus, d'un rose violacé, sont très ornementales. Mêmes emplois. Même culture.

FAMILLE DES HYPÉRICINÉES

Pl. 47. — MILLEPERTUIS A GRAND CALICE

HYPERICUM CALYCINUM L.

Synonyme français : **Millepertuis à grandes fleurs.**

Patrie : Caucase.

Description.

Plante vivace à souche ligneuse traçante, à tiges couchées ne dépassant pas 25 à 30 centimètres de hauteur, portant des feuilles persistantes, ovales, d'un vert foncé. Les fleurs, très grandes, d'un jaune d'or superbe, naissent à l'extrémité des rameaux. Fleurit de juillet en septembre.

Emplois.

Ce beau Millepertuis convient à l'ornementation des plates-bandes et des rocailles ; mais il est surtout précieux pour former des bordures toujours vertes qui se couvrent de fleurs à un moment donné.

Culture. — Multiplication.

Le *Millepertuis à grand calice* prospère dans tous les terrains, même dans les sols arides et aux expositions les plus variées ; cependant, c'est dans les situations aérées et bien ensoleillées qu'il produit tout l'effet qu'on peut en attendre. On le multiplie par division des touffes au printemps.

Le genre *Hypericum* renferme d'autres espèces ornementales ; mais comme ce sont des arbrisseaux nous renvoyons à l'ouvrage de M. P. Mouillefert : *Traité des Arbres et Arbrisseaux*, où on les trouvera décrits.

FAMILLE DES TERNSTROEMIACÉES

⌂ Pl. 48. — CAMELLIA

CAMELLIA JAPONICA L.

Patrie : Japon et Chine.

Description.

Le *Camellia* est un arbre si fréquemment cultivé en pots pour l'ornementation des appartements, que nous avons pour lui dérogé à la règle que nous nous sommes imposé, de n'admettre dans ce livre que des plantes herbacées, annuelles ou vivaces et non ligneuses.

Le *Camellia* est un petit arbre ne dépassant pas 10 mètres de hauteur, à feuilles persistantes, coriaces, ovales, atténuées aux deux extrémités, dentées. Les fleurs, à 5-6 sépales inégaux, à pétales se recouvrant par les bords et à étamines en nombre indéfini, sont rouges dans le type de l'espèce, mais il en existe un nombre considérable de variétés à fleurs doubles ou pleines dans lesquelles on observe une très grande diversité de coloris avec des teintes uniformes ou des associations de couleurs en stries, ponctuations et panachures diverses. Fleurit en avril-mai.

On reproche au *Camellia* d'être une fleur trop régulière et inodore. On le compare à la Rose et on le trouve naturellement inférieur sous bon nombre de rapports. Il a cependant de grands mérites.

L'arbre par lui-même est fort beau par son feuillage ample, persistant et d'un vert brillant ; il fleurit en outre en hiver, époque où les fleurs sont toujours rares, ce qui les fait rechercher comme parures de bal et de soirées, pour les bouquets, les couronnes funéraires, etc. Le Camellia a en outre l'avantage de rester longtemps sans se faner. Sa durée est grande dans les bouquets.

Contrairement à ce que font certaines personnes, qui ne mettent qu'un seul *l* à Camellia ; il faut écrire ce mot avec deux *l*. C'est la latinisation du nom du jésuite *Kamel*, qui a introduit la plante du Japon en Europe vers 1739. Les deux premières plantes furent vendues en Angleterre pour une somme considérable, mais on les mit en serre et on les fit mourir en voulant leur donner trop de soins.

Ce n'est que plus tard qu'un horticulteur, nommé Gordon, qui avait reconnu les mérites du Camellia, réussit à s'en procurer un pied qu'il planta en orangerie et qui servit à propager l'espèce.

Emplois. — Culture. — Multiplication.

Dans le midi de la France, cet arbre redoute le mistral et les ardeurs du soleil ; sous le climat de Paris il souffre du froid et l'abri de la serre lui est nécessaire. C'est dans l'ouest de la France, en remontant le littoral, jusqu'à Cherbourg, qu'il prospère le mieux. Dans cette région, il supporte les hivers sans souffrir et fleurit abondamment en plein air. Dans nos provinces du centre, de l'est et du nord, on le cultive, soit en pleine terre, soit en caisse, soit en pots dans les orangeries bien éclairées ou de préférence en serres froides. Lorsqu'on peut disposer pour ces plantes, de serres spéciales pour la culture en pleine terre, on dispose les vitrages de manière à pouvoir les enlever à l'aide de châssis mobiles, pour mettre les plantes à l'air vers le mois de juin ou juillet. Des claies disposées à la place des châssis donnent une ombre bienfaisante tout en laissant circuler l'air indispensable à la bonne végétation. Les plantes, en pots ou en caisses, doivent être sorties des serres également en juin-juillet et placées dans une situation ombragée mais aérée, pour n'être rentrées sous abri que dans le courant d'octobre, époque à laquelle les serres à vitrage mobile doivent être recouvertes. L'époque du rempotage précède un peu celle de la sortie. On emploie à cet effet un mélange de terre de bruyère sablonneuse et de terreau de feuilles. La température des serres à *Camellia* ne doit pas être supérieure à 7 ou 8 degrés pendant l'hiver, sauf au moment de la floraison et du développement des bourgeons où on peut l'élever de quelques degrés.

Le *Camellia* redoute la sécheresse aussi bien dans le sol que dans l'air, mais l'excès d'humidité lui serait préjudiciable en hiver. Les arrosages et les bassinages doivent lui être prodigués surtout au moment de la pousse. L'air est indispensable à son bon développement, aussi ne doit-on pas négliger d'aérer largement les serres chaque fois que la température extérieure le permet. On reproduit les variétés à fleurs doubles et pleines en les greffant sur des Camellias à fleurs simples.

FAMILLE DES MALVACÉES

Pl. 49 A. — **MAUVE FLEURIE**

LAVATERA TRIMESTRIS L.

Synonyme français : **Lavaterie à grandes fleurs.**

Patrie : Europe méridionale.

Description.

Le genre *Lavatera* ne diffère des Mauves (*Malva*) que par les fleurs munies d'un calicule (petites feuilles florales dont l'ensemble constitue comme un second calice situé au-dessous du calice vrai) naissant du pédoncule, et dont les trois feuilles qui le composent sont soudées entre elles presque jusqu'au sommet au lieu d'être libres (fig. 2).

Le *Lavatera trimestris* ou Mauve fleurie est une plante annuelle de 30 centimètres à 1 mètre de hauteur, glabre, à feuilles d'un vert gai. La tige, rameuse au sommet, porte de nombreuses fleurs, de 5 à 6 centimètres de diamètre, roses, avec veines plus foncées, ou blanches. Fleurit de juillet en septembre.

Emplois. — Culture. — Multiplication.

La *Mauve fleurie* est une des plantes annuelles d'ornement des plus recommandables. Ses grandes et belles fleurs se succèdent sans interruption pendant une longue durée. Cette plante peut servir à décorer les plates-bandes, à orner les corbeilles, etc. Elle a le grand mérite d'être d'une rusticité à toute épreuve et de prospérer même dans les sols les plus arides. C'est une des rares espèces que l'on peut cultiver dans les jardins sablonneux des bords de la mer. On doit en semer les graines en avril-mai, en place, puis éclaircir de manière à ménager un espace de 25 centimètres entre les pieds conservés.

Pl. 49 B. — **MALOPE A GRANDE FLEUR**

MALOPE TRIFIDA Cav., var. GRANDIFLORA

Synonyme latin : **Malope grandiflora Hort.**

Patrie : Espagne méridionale.

Description.

Le genre *Malope* diffère des *Lavatera* par le calicule (voir ci-dessus la description de cet organe) qui naît aussi du pédoncule, mais dont les 3 feuilles sont libres (non soudées), en forme de cœur à la base, et par les graines (carpelles) réunies en masse globuleuse au lieu d'être disposées en cercle autour de l'axe central.

Cette superbe plante à fleurs roses, rouges ou blanches, rappelle beaucoup la précédente. Ses emplois, la culture et la multiplication sont ceux qui ont été indiqués ci-dessus.

Pl. 50. — KETMIE ROSE

HIBISCUS ROSEUS Thore.

Patrie : France, Espagne.

(*La plante figurée sous le nom d'*HIBISCUS MILITARIS *est l'*HIBISCUS ROSEUS.)

Description.

Le genre *Hibiscus* est caractérisé par un fruit (capsule) à plusieurs loges qui s'ouvrent en deux valves à la maturité et qui contiennent plusieurs graines, tandis que dans les genres précédents, le fruit (carpelle) ne renferme qu'une seule graine ; le calicule (voir la description de ce mot, page 53) est constitué par 10-12 folioles étroites, soudées entre elles par la base.

La *Ketmie rose* est une plante vivace dépassant 1 mètre de hauteur, à feuilles blanches, velues à la face inférieure, grandes, ovales, terminées en pointe, dentées, les inférieures en forme de cœur à la base. Les fleurs, qui naissent à l'aisselle des feuilles de l'extrémité des rameaux, mesurent environ un décimètre de diamètre et sont de couleur rose-pâle. Fleurit en septembre-octobre.

Emplois. — Culture. — Multiplication

Cette grande et superbe plante forme d'énormes touffes qui produisent un effet très ornemental dans les grands jardins, soit qu'on les dispose dans les plates-bandes, soit qu'on les plante en groupes isolés sur les pelouses. Elle ne fleurit que très tardivement sous le climat de Paris et gèle quelquefois lorsque les hivers sont rigoureux, aussi est-ce dans les régions du sud et de l'ouest de la France, qu'on la voit dans tout son éclat. Multiplication par division des touffes.

A côté de cette espèce se place la *Ketmie militaire* (Hibiscus militaris Cav.), de l'Amérique septentrionale, qui a les mêmes mérites et qui n'en diffère que par ses feuilles à trois lobes, glabres sur les deux faces et ses fleurs un peu moins grandes, d'un rose foncé. Même culture et même emploi.

La *Ketmie des marais* (Hibiscus palustris L.), de l'Amérique septentrionale, a les feuilles à trois lobes, velues blanchâtres en-dessous et les fleurs d'un blanc légèrement teinté de rose. Mêmes emplois, même culture.

⌂ Pl. 51. — HIBISCUS ROSE DE CHINE

HIBISCUS ROSA-SINENSIS L.

Patrie : Chine méridionale.

Description.

Arbrisseau de 3 à 4 mètres de hauteur, mais généralement de taille plus basse dans les cultures où on le maintient planté en pots pour pouvoir l'abriter l'hiver en serre ou en orangerie. Les feuilles sont brillantes, d'un vert intense, dentées, persistantes. Les fleurs, très grandes, mesurant plus de 10 centimètres de diamètre, sont largement ouvertes et d'un rouge éclatant. Fleurit pendant tout l'été.

Emplois. — Culture. — Multiplication.

Cet arbrisseau, certainement l'un des plus beaux de nos jardins, est rustique dans le midi de la France. Sous le climat de Paris, on l'emploie à l'ornementation des parterres, dans les plates-bandes ou en caisses, en le sortant en plein air du 15 mai au 1er juin, pour le rentrer en serre froide ou en orangerie vers le 15 octobre; cultivé en serre tempérée il continue à fleurir pendant l'hiver. On le multiplie par boutures faites en serre chaude ou sous châssis.

Au même genre appartient la *Ketmie vésiculeuse* (Hibiscus Trionum L. Synonyme : H. vesicarius Cav.), plante annuelle originaire de l'Europe méridionale et de l'Afrique septentrionale, à tiges poilues atteignant environ 50 centimètres de hauteur, portant des feuilles à trois lobes et terminées par des bouquets de fleurs à calice qui se développe pendant la maturation du fruit pour devenir enflé en forme de vessie membraneuse avec des nervures très apparentes par transparence. La fleur, en forme de cloche d'environ 5 centimètres de diamètre, est jaune avec une tache pourpre à la base des pétales. Fleurit en juillet-août-septembre. Ornement des plates-bandes. On doit en semer les graines en place en avril-mai.

On trouvera, dans l'ouvrage de M. Mouillefert, *Traité des Arbres et Arbrisseaux*, des renseignements sur une autre espèce de *Ketmie*, la *Mauve en arbre* (Hibiscus syriacus) qui est certainement l'un de nos plus beaux arbrisseaux de plein air.

EXPLICATION DE LA PLANCHE 51.

1. Fleur coupée longitudinalement.

⌂ Pl. 52. — ABUTILON HYBRIDE

ABUTILON VENOSO ✕ STRIATUM Hort.

Origine horticole.

Les *Abutilon* diffèrent des *Hibiscus* par leur fleur dépourvue de calicule, la colonne staminale (fig. 1) couverte d'anthères jusqu'au sommet, tandis que dans les *Hibiscus* les anthères ne couvrent que les côtés ; le fruit (capsule) formé de plusieurs coques contenant une seule graine, s'ouvrant au sommet.

Ce genre renferme plusieurs espèces ornementales, dont quelques-unes méritent de prendre place dans cet ouvrage, nous citerons notamment :

L'*A. arboreum* L., du Pérou, sous-arbrisseau de 2 mètres de hauteur à feuilles velues, aux fleurs grandes, blanches ou jaune pâle.

L'*A. striatum* Dicks., du Brésil méridional, à fleurs solitaires, en cloches pendantes, jaunes, avec des veines pourpres disposées en réseau sur les pétales. C'est un arbrisseau glabre, à feuilles pétiolées en forme de cœur, à 3-5 ou 7 lobes atténués en pointe et dentés.

L'*A. venosum* Morren, de l'Amérique méridionale. Arbrisseau à rameaux allongés, grêles, à feuilles profondément découpées en nombreux lobes, ayant un peu l'aspect des feuilles de Vigne, à fleurs solitaires, rappelant celles de l'espèce précédente, mais plus grandes, rouges, orangé veinées de rouge, ponceau.

Emplois. — Culture. — Multiplication.

Ces trois espèces sont rustiques dans le midi de la France où elles fleurissent toute l'année. Sous le climat de Paris il est indispensable de les abriter en serre froide ou en serre tempérée pendant l'hiver, mais on peut les livrer à la pleine terre pendant l'été, du 1er juin au 15 octobre ; elles forment, dans ces conditions, des buissons qui se couvrent de fleurs surtout lorsque les plantes sont dans un sol profond, riche en engrais, et qu'on leur prodigue des arrosages abondants. On doit naturellement les relever de pleine terre en motte, pour les encaisser ou les empoter avant de les rentrer sous abri. Ces plantes se multiplient facilement de boutures faites en juillet, sur couche tiède, à l'étouffée.

Les *Abutilon striatum* et *venosum*, croisés par les horticulteurs, ont produit de nombreux hybrides dont quelques-uns très remarquables. La plante figurée sur cette planche est une variété qui a cette origine. Il en est d'autres à fleurs blanches, à fleurs doubles, etc. Mais l'une des plus répandues, et que l'on voit figurer fréquemment dans les squares des grandes villes, est l'*Abutilon*, désigné sous le nom de *Thompsoni*, et qui est remarquable par ses feuilles fortement panachées de jaune sur fond vert pâle.

EXPLICATION DE LA PLANCHE 52.

1. Fleur coupée longitudinalement.

Pl. 53. — ROSE-TRÉMIÈRE

ALTHÆA ROSEA L.

SYNONYME LATIN : **Alcea rosea L.**
SYNONYMES FRANÇAIS : **Alcée rose, Passe-Rose.**

Patrie : Syrie.

Description.

Le genre *Althæa* diffère des *Mauves* (Malva) par les fleurs à **calicule** naissant du pédoncule au lieu d'être soudé avec le calice, à 6-9 folioles soudées entre elles dans une grande partie de leur longueur.

La Rose-Trémière est une plante vivace, mais considérée en culture comme bisannuelle ; sa tige, de 1 m. 50 à 2 m. 50 de hauteur, porte des feuilles en forme de cœur, quelquefois lobées. Ses fleurs, à très court pédoncule, forment une longue grappe en forme d'épi ; elles mesurent parfois jusqu'à 10 centimètres de diamètre. Dans les nombreuses variétés cultivées, elles sont simples, doubles ou pleines, avec des coloris présentant la plus grande diversité, variant du blanc pur au jaune, au rouge, en passant par tous les tons du rose, au violet et au brun presque noir avec tous les intermédiaires que peuvent produire les combinaisons de ces couleurs qui s'associent parfois en panachures. Fleurit en juillet-août.

Emplois. — Culture. — Multiplication.

La Rose-Trémière est l'une de nos plus belles plantes de jardins ; on la fait figurer dans les grandes plates-bandes, dans les massifs ou en groupes isolés sur les pelouses. Prospère surtout dans les sols légers ou tout au moins non humides à l'excès. Dans nos provinces méridionales, elle est franchement vivace, mais sous le climat de Paris, il est préférable de la traiter comme plante bisannuelle et d'en semer les graines en juin, à bonne exposition, pour repiquer en pépinière et mettre en place en mars en ayant soin de lever les plantes en motte. Lorsque les tiges florales se développent, il est nécessaire de les maintenir à l'aide de tuteurs. Les variétés à fleurs pleines, qui ne produisent pas de graines, peuvent être reproduites soit par division des pieds, par boutures ou par greffe en fente sur racines de variétés à fleurs simples, opérations qui se font à l'automne.

EXPLICATION DE LA PLANCHE 53.

1. Colonne staminifère entourant le pistil dont les stigmates sont apparents au sommet.
2. Graine.
3. Germination.

Parmi les autres Malvacées ornementales non figurées dans ce livre, on peut citer :

Le genre Palava, dont une espèce, le *P. flexuosa* Mast. (du Pérou), est une plante annuelle d'environ 25 centimètres de hauteur à tige très rameuse, produisant en abondance des fleurs larges d'environ 2 centimètres, de couleur rose violacé. Ornement des plates-bandes. Semer en avril-mai en pépinière ou en place.

Le genre Mauve (Malva), qui comprend plusieurs espèces :

La *Mauve à feuilles crispées* ou *Mauve frisée* (Malva crispa L.), espèce annuelle, originaire de la Syrie, atteignant de 1 à 2 mètres de hauteur, cultivée pour son feuillage à bords élégamment crispés.

La *Mauve d'Alger* (Malva mauritiana L.), de l'Afrique septentrionale, plante annuelle dépassant 1 mètre de hauteur, rappelant la grande Mauve sauvage, mais à fleurs plus grandes, mesurant environ 3 centimètres de diamètre, d'un blanc rosé, veinées de pourpre violacé, lilas ou violettes.

Les graines de ces deux espèces doivent être semées en avril-mai en place ou en pépinière.

La *Mauve musquée* (Malva moschata L.), plante vivace indigène, d'environ 50 centimètres de hauteur, à feuilles très profondément découpées, à fleurs en bouquets terminaux, de couleur rose pâle.

Le genre Callirhoe qui comprend :

Le *C. involucrata* A. Gray, du Texas, plante vivace à tiges couchées portant de grandes fleurs carmin violacé avec centre blanc. Fleurit de juillet à octobre. Cette belle plante est malheureusement un peu délicate, aussi est-il nécessaire de la traiter comme plante annuelle en la ressemant en mars sur couche, pour la mettre en place en mai.

Le *C. pedata* A. Gray, plante annuelle de l'Arkansas, à tiges dressées, de 75 centimètres à 1 mètre de hauteur, portant de juin en octobre de belles fleurs carmin violacé avec centre blanc. Ornement des plates-bandes. Même culture.

Le genre Sidalcea qui comprend :

S. candida Gray, plante vivace des Montagnes rocheuses, à tige d'environ 75 centimètres de hauteur, portant de nombreuses fleurs blanches en grappe formant épi.

S. malvæflora Gray, espèce à fleurs roses également très élégantes.

Ces deux plantes fleurissent en juin-juillet, prospèrent surtout dans les sols légers, elles sont rustiques et conviennent à l'ornementation des plates-bandes. On les multiplie par division des touffes ou par graines qu'on sème en avril-mai.

A côté des Malvacées se place la famille des Tiliacées qui comprend un genre ayant un représentant bien connu dans les jardins : le *Sparmannia africana* L., du Cap, arbrisseau très répandu dans le midi de la France où il résiste à la chaleur et à la sécheresse, mais qui exige la serre froide ou l'orangerie sous le climat de Paris. Cultivé en pot, il forme des buissons de 1 à 2 mètres de hauteur à feuilles molles, velues, persistantes en forme de cœur à la base. Ses fleurs, très abondantes, simples ou doubles, sont blanches, avec de nombreuses étamines pourpres. Ces fleurs se succèdent pendant presque toute l'année. Culture facile. Multiplication par boutures à l'étouffée.

FAMILLE DES LINÉES

Pl. 54. — LIN A FLEURS ROUGES

LINUM GRANDIFLORUM Desf.

Synonyme français : **Lin à grandes fleurs.**

Patrie : Algérie.

Description.

Plante annuelle, glabre, d'environ 25 centimètres de hauteur, à feuilles étroites, resserrées aux deux bouts ; à fleurs très grandes pour le genre, mesurant environ 3 centimètres de diamètre, d'un rouge éclatant, nuancées de stries noires, rayonnantes dans le bas. Variété à fleurs d'un rose lilacé. Fleurit en juin-juillet-août.

Emplois. — Culture. — Multiplication.

Cette superbe plante annuelle convient à l'ornementation des plates-bandes ; on peut aussi la cultiver en pots. Elle prospère surtout dans les sols légers, à exposition ensoleillée. On doit en semer les graines, en place, en avril-mai, puis éclaircir pour laisser un espace de 15 centimètres entre les pieds conservés. Supporte mal le repiquage.

Une autre espèce de *Lin* est également cultivée pour l'ornementation des jardins : c'est le *Lin vivace* ou *de Sibérie* (Linum perenne L.), plante vivace originaire de la Sibérie, dont les tiges atteignent environ 40 centimètres de hauteur et portent à l'extrémité de leurs ramifications des bouquets de fleurs rappelant celles du *Lin ordinaire* par leurs dimensions ; de couleur bleu ciel avec des stries plus foncées. Cette plante fleurit en mai-juin ; elle est très rustique et convient à l'ornementation des plates-bandes où la couleur bleue est toujours assez rare. On multiplie cette jolie plante par division des touffes ou mieux par graines, qu'on sème en pépinière en mai-juin, pour repiquer et mettre en place au printemps en espaçant les pieds d'environ 50 centimètres.

EXPLICATION DE LA PLANCHE 54.

1. Fleur coupée longitudinalement.
2. Graine de grandeur naturelle et grossie.
3. Germination.

FAMILLE DES GÉRANIACÉES

Pl. 55. — GÉRANIUM A LARGES PÉTALES

GERANIUM PLATYPETALUM Fisch. et Mey.

SYNONYME LATIN : **Geranium ibericum Cav., var.**

Patrie : Caucase.

Description.

Les *Geranium* vrais sont caractérisés par un calice à 5 sépales non bossus ni éperonnés ; 5 pétales égaux ; 10 étamines ordinairement toutes fertiles.

L'espèce figurée sur cette planche est une plante vivace d'environ 50 centimètres de hauteur, à tiges rameuses formant touffe. Ses feuilles sont longuement petiolées, à 5-7 lobes subdivisés et dentés. Ses fleurs, d'environ 3 centimètres de diamètre, sont d'un bleu violacé superbe, trop terne sur la planche ; elles sont très nombreuses et se succèdent pendant un temps relativement long, en mai-juin.

Emplois. — Culture. — Multiplication.

Cette espèce est certainement la plus belle et la plus rustique du genre ; elle est très répandue dans les jardins où on l'emploie à la décoration des plates-bandes ; elle prospère dans tous les terrains et à toutes les expositions. On la multiplie par division des touffes.

Le genre *Geranium* comprend un grand nombre d'espèces dont quelques-unes sont également propres à l'ornementation des jardins. On peut citer entre autres : le *Geranium d'Arménie* (Geranium armenum Boiss.), espèce d'Orient, vivace, d'environ 60 centimètres de hauteur, à fleurs mesurant 4 centimètres de diamètre, d'un rouge violacé brillant ; le *G. cendré* (G. cinereum Cav.) des Pyrénées, petite plante de 10 à 15 centimètres de hauteur, à grandes fleurs rouge pâle, veinées de plus foncé ; le *G. d'Endres* (G. Endressi Gay), des Pyrénées, plante indigène voisine du *G. palustre*, le premier à grandes fleurs roses, le second à fleurs purpurines ; le *G. d'Ibérie* (G. ibericum Cav.), de la Géorgie, type auquel se rattache l'espèce figurée sur cette planche, à grandes fleurs d'un bleu violacé ; le *G. à grosses racines* (G. macrorrhizum L.), de l'Europe orientale, à fleurs carminées ; le *G. des prés* (G. pratense L.), indigène, à grandes fleurs bleu purpurin ; le *G. sanguin* (G. sanguineum L.) et sa var. le *G. de Lancastre* (G. sanguineum, var. lancastriense), plantes indigènes, la première d'environ 30 centimètres de hauteur, la seconde ne dépassant pas 15 centimètres ; toutes les deux à fleurs grandes, carmin-pourpré. Toutes ces espèces se cultivent comme le *G. à larges pétales*.

EXPLICATION DE LA PLANCHE 55.

1. Fleur coupée longitudinalement.

⌂ **Pl. 56. — PÉLARGONIUM A CORBEILLES**

PELARGONIUM ZONALE Willd.

Synonyme français : **Géranium.**

Origine horticole.

On distingue les *Pelargonium* des *Geranium* vrais par les fleurs irrégulières au lieu d'être régulières ; le calice à sépale postérieur **prolongé**
en éperon soudé avec le pédicelle (queue de la fleur) (fig. 4).

Parmi les 150 ou 200 espèces qui appartiennent à ce genre, il en est de
fort ornementales, mais un petit nombre seulement sont couramment
cultivées dans les jardins. Parmi celles-ci, il en est deux surtout qui réunissent, on peut le dire, toutes les qualités que l'on rencontre dans une
plante ornementale : facilité de culture; fleurs éclatantes, superbes,
produites en quantité considérable et sans interruption; multiplication
facile, etc. Aucune autre plante ne peut leur être comparée sous ce rapport. Ce sont :

Le *Pelargonium inquinans* Ait., de l'Ile Sainte-Hélène et du Cap de
Bonne-Espérance. Plante à tige herbacée, ligneuse à la base, rameuse,
formant buisson, pouvant atteindre plus d'un mètre de hauteur, à feuilles
en forme de rein, vertes, avec une zone plus ou moins accentuée, brunâtre dans leur partie médiane, à odeur aromatique. Les fleurs, réunies
en ombelles au nombre d'une vingtaine et plus, sont presque régulières,
ont les pétales arrondis au sommet et sont d'un rouge écarlate très vif
dans le type de l'espèce; mais il en existe de nombreuses variétés, à coloris allant du blanc au carminé et au rouge en passant par tous les tons
du rose et du rouge.

Le *Pelargonium zonale* Willd., du Cap de Bonne-Espérance, à tige
moins élevée que celle de l'espèce précédente, à feuilles moins grandes,
mais ayant également une zone médiane brune, plus ou moins accentuée;
ses fleurs diffèrent de celles du *P. inquinans* par leurs pétales étroits,
allongés, écartés les uns des autres et formant deux groupes : l'un supérieur, de deux pétales ; l'autre inférieur de trois. Les fleurs sont rose
carminé.

On a obtenu de ces deux plantes, soit par hybridation, soit par sélection, toutes les variétés cultivées sous le nom de *Géranium à corbeilles.*
Fleurit toute l'année.

Emplois.

Cette plante, très connue sous le nom incorrect de *Géranium,* figure
dans tous les jardins, grands et petits, dont elle constitue certainement
le plus brillant ornement pendant toute la durée de la belle saison. On en
fait des corbeilles et des bordures ravissantes, constamment couvertes
de fleurs et ne nécessitant pour ainsi dire pas de soins. Cultivée en pots,

c'est aussi l'une des plantes les plus précieuses pour orner les fenêtres et les balcons. Il en existe un nombre considérable de variétés, les unes ont le feuillage vert, zoné ou diversement panaché ; les autres, à fleurs simples ou doubles, plus ou moins grandes, présentent les coloris les plus divers et d'un éclat parfois incomparable.

Culture. — Multiplication.

Les *Pélargonium à corbeilles* peuvent vivre en plein air pendant toute l'année sur le littoral de la Provence ; dans les autres parties de la France ils exigent d'être abrités en serre froide pendant l'hiver. Bien qu'ils soient peu difficiles sur la nature du sol, ils préfèrent cependant les terres substantielles et ils prospèrent d'autant mieux qu'ils sont cultivés à une exposition plus ensoleillée et aérée. On les multiplie en août-septembre par boutures. On choisit à cet effet des rameaux sains, aoûtés, de 8 à 10 centimètres de longueur, que l'on coupe net un peu au-dessous du point d'insertion d'une feuille que l'on détache du rameau ; ces boutures sont placées dans de petits godets, en terre additionnée de terreau, et on les met sous châssis à froid, en les ombrant jusqu'à ce qu'elles aient émis des racines. En septembre-octobre on rempote dans des vases plus grands, et les plantes sont alors rentrées en serre froide et placées le plus près possible du vitrage pour passer l'hiver presque sans arrosements. Après un nouveau rempotage fait en mars-avril, il ne reste plus, lorsque la végétation devient plus active, qu'à pincer les plantes pour leur faire prendre une bonne forme. La plantation en plein air s'effectue du 15 mai au 15 juin. Il est nécessaire de relever en pots dans la première quinzaine d'octobre les exemplaires que l'on désire conserver ; mais en général, il est préférable de renouveler chaque année, par le bouturage, les vieilles plantes qu'on laisse en place jusqu'à ce qu'elles soient détruites par la gelée.

EXPLICATION DE LA PLANCHE 56.

1, 2, 3. Variétés diverses.

4. Fleur coupée, à gauche le sépale est prolongé en éperon soudé avec le pédicule.

⌂ Pl. 57. — PÉLARGONIUM A FEUILLES DE LIERRE

PELARGONIUM LATERIPES L'Hérit.

SYNONYME FRANÇAIS : **Géranium à feuilles de Lierre.**
SYNONYMES LATINS : **Pelargonium peltatum Ait., P. hederæfolium Hort.**

Patrie : Cap de Bonne-Espérance.

Description.

Plante à tige ligneuse à la base, à rameaux grêles, couchés sur le sol ou retombants, portant des feuilles glabres, luisantes, à 5 lobes. Les fleurs, en bouquets, sont grandes, irrégulières, avec les 3 pétales inférieurs plus petits que les 2 supérieurs. Il en existe de nombreuses variétés, à fleurs simples, doubles ou pleines, présentant, comme coloris, tous les tons du rose, du rouge se dégradant jusqu'au blanc, des teintes violettes, etc. Fleurit toute l'année.

Emplois.

Cette plante ravissante peut être utilisée comme les *Pélargonium à corbeilles* pour la décoration des plates-bandes et la composition des corbeilles; mais elle est surtout précieuse pour orner les vases sur piédestal dans les jardins, les piliers des grilles de clôture, les vases suspendus dans les appartements, les caisses des fenêtres et des balcons, d'où ses larges rameaux fleuris retombent avec une élégance incomparable. C'est certainement la plante par excellence pour ces emplois.

Culture. — Multiplication.

La culture et la multiplication sont identiques à celles indiquées pour le *Pélargonium à corbeilles* (voir pl. 56).

 EXPLICATION DE LA PLANCHE 57.

1. Fleur coupée longitudinalement.

🏛 Pl. 58. — PÉLARGONIUM PUANT

PELARGONIUM GRAVEOLENS L'Hérit.

SYNONYME FRANÇAIS : **Géranium puant.**

Patrie : Cap de Bonne-Espérance.

Description.

Arbuste buissonnant de 1 mètre et plus de hauteur, à feuilles velues, profondément découpées en 7 lobes dentés, à odeur forte. Ses fleurs, peu grandes, sont groupées en bouquets à l'extrémité des pédoncules; elles sont purpurines avec des stries au centre.

Emplois. — Culture. — Multiplication.

Le type de cette espèce n'est pas très ornemental, mais il en existe une variété à feuillage panaché fréquemment cultivée et qui produit un bon effet, associée à d'autres plantes dans les plates-bandes ou dans les corbeilles. Culture et multiplication du *Pélargonium à corbeilles*.

Le *Pélargonium puant* est souvent confondu dans les jardins avec le *Géranium Rosat* (Pélargonium capitatum Ait.), plante qui en diffère très notablement par ses feuilles arrondies, parfois à 5 lobes peu profonds, très crépues, exhalant une odeur de Rose lorsqu'on les froisse. Sur le littoral de la Provence et en Algérie, le *Géranium Rosat* est l'objet d'importantes cultures pour la production de l'huile essentielle qu'on tire de ses feuilles et qu'on utilise en parfumerie pour falsifier l'essence de Rose de qualité inférieure. Mille kilogrammes de feuilles donnent, dit-on, de 500 à 800 grammes d'essence d'une valeur de 60 à 100 francs le kilogramme, tandis que l'essence de Rose vraie se vend de 1200 à 1500 francs le kilogramme.

⌂ Pl. 59. — PÉLARGONIUM A GRANDES FLEURS

PELARGONIUM GRANDIFLORUM Willd.

Synonyme français : **Pélargonium des fleuristes.**

Patrie : Cap de Bonne-Espérance.

Description.

Plante à tige ligneuse à la base, dressée, rameuse, de 50 à 75 centimètres de hauteur, en forme de buisson; à feuilles arrondies plus ou moins divisées, dentées, un peu velues; à fleurs les plus grandes du genre, dont le diamètre varie entre 3 et 5 centimètres, réunies en bouquets de 5 à 15 à l'extrémité des pédoncules. Ces fleurs, de couleur rose carminé strié de pourpre, dans le type de l'espèce, présentent une grande diversité de forme et de coloris. Les horticulteurs, principalement en Angleterre, se sont attachés à les perfectionner par des croisements et la sélection, et sont arrivés à produire un nombre considérable de variétés à fleurs simples, doubles ou pleines, plus ou moins largement ouvertes, parfois très grandes, dont les teintes, dans certains cas, vives et tranchées, produisent beaucoup d'effet.

On divise les *Pélargonium à grandes fleurs* en trois catégories qui sont les suivantes : 1° Diadematum, variétés à corolles très amples, largement ouvertes et de forme arrondie, dans lesquelles les stries des trois pétales inférieurs se sont élargies pour former une macule sur le milieu de chacun d'eux; 2° P. a cinq macules, catégorie qui comprend des variétés dont chaque pétale porte au centre une macule de couleur différente ou plus foncée en couleur que le contour; 3° P. de fantaisie ou nains, dont le port est ramassé, et qui n'ont pas besoin d'être maintenus par des tuteurs. Les plantes qui appartiennent à ce groupe, ont des fleurs relativement petites, mais nombreuses, avec des coloris généralement tendres, roses ou rosés, liserés de blanc, avec ou sans macules.

Emplois. — Culture. — Multiplication.

Plus délicate que le *Pélargonium à corbeilles* et à floraison moins prolongée, cette espèce est surtout cultivée en pot pour orner les serres froides et les appartements. Prospère surtout en terreau ou terre de bruyère additionnée de terre argileuse, à exposition éclairée et aérée. Multiplication par boutures, en juillet-août (voir Pélargonium à corbeilles, pl. 56.) Arroser peu l'hiver. Tailler court après la floraison pour avoir des plantes naines et ramifiées.

EXPLICATION DE LA PLANCHE 59.
1. Fleur coupée longitudinalement.

Pl. 60. — CAPUCINE

TROPÆOLUM MAJUS L.

Synonyme français : **Grande Capucine.**

Patrie : Pérou.

Description.

Plante annuelle grimpante, pouvant atteindre 2 à 3 mètres de hauteur, à saveur de cresson, à feuilles d'un vert pâle, arrondies ; à fleurs grandes, de forme irrégulière, prolongées inférieurement en long éperon, jaunes, orangées, rougeâtres ou brunes avec des variétés presque blanches, rosées, mouchetées de brun sur fond jaune, etc. Il en existe aussi des blanches à fleurs doubles et à feuilles panachées.

Emplois. — Culture. — Multiplication.

La grande Capucine est une des plantes d'ornement des plus populaires, recherchée pour la garniture des balcons, des fenêtres, des treillages, des murs, etc. Elle prospère dans tous les terrains et à toutes les expositions bien qu'elle affectionne plus particulièrement les endroits aérés et ensoleillés. On en sème les graines en mars-avril, soit en place, soit en pépinières pour repiquer à demeure, les jeunes plantes supportant, sans souffrir, la transplantation. Des arrosages abondants sont nécessaires pendant l'été.

Une plante désignée comme espèce particulière sous le nom de *Capucine petite* (Tropæolum minus L.) est originaire du Pérou. On doit la rattacher comme variété à l'espèce précédente dont elle ne diffère que par la taille beaucoup moins élevée (elle ne grimpe pas), ne dépassant guère 50 centimètres et par les fleurs moins grandes. En raison de ses dimensions cette plante peut être employée à l'ornementation des plates-bandes, à former des corbeilles, etc.

EXPLICATION DE LA PLANCHE 60.
1. Fleur coupée longitudinalement.
2. Graine avec germination.

Pl. 61. — CAPUCINE DES CANARIES

TROPÆOLUM PEREGRINUM Jacq.

Synonyme français : **Capucine voyageuse.**
Synonyme latin : **Tropæolum aduncum Smith.**

Patrie : Mexique.

Description.

Plante annuelle, à tiges pouvant atteindre 3 mètres de hauteur, à feuilles d'un vert pâle, très différentes de la *Capucine ordinaire*, divisées profondément en 5-7 lobes arrondis à l'extrémité, celles du sommet seulement à 3 lobes. Les fleurs, peu grandes, d'un jaune pâle, sont aussi très différentes de celles de l'espèce précédente ; les pétales sont profondément découpés, frangés, surtout les deux supérieurs, beaucoup plus développés que les autres. Fleurit tout l'été.

Emplois. — Culture. — Multiplication.

Cette belle Capucine a les mêmes emplois que la Capucine ordinaire. On la cultive et la multiplie par les mêmes procédés (voir planche 60).

Une espèce de ce genre mérite encore d'être signalée : c'est le *Tropæolum Lobbianum* Hook., de la Colombie, plante vivace, velue, atteignant 4 ou 5 mètres de hauteur et même davantage, à fleurs un peu frangées et d'une brillante couleur rouge écarlate. La *Capucine de Lobb* est rustique dans le midi de la France ; sous le climat de Paris, elle ne résiste pas aux hivers. Il est nécessaire de la bouturer à l'automne et de conserver en serre froide ou sous châssis les jeunes plantes qu'on met en place au printemps.

Cette espèce a, dit-on, donné par croisement avec la *Grande Capucine* une série de variétés aujourd'hui répandues dans les jardins sous le nom de *Capucines hybrides de Lobb*, plantes un peu velues d'une végétation puissante, à fleurs abondantes et brillamment colorées. Ces variétés peuvent être multipliées par boutures comme la *Capucine de Lobb*.

EXPLICATION DE LA PLANCHE 61.

1. Fleur coupée longitudinalement.

⌂ Pl. 62. — OXALIDE FLORIBONDE

OXALIS FLORIBUNDA Link et Otto.

Patrie : Cap de Bonne-Espérance.

Description.

Plante vivace d'environ 30 centimètres de hauteur, formant touffe ; à feuilles ressemblant à celles du Trèfle, acides comme celles de l'Oseille, à fleurs extrèmement abondantes, se succédant pendant tout l'été, disposées en bouquets à l'extrémité des pédoncules, d'un rose pâle avec des stries plus foncées sur les pétales. Variété à fleurs blanches.

Emplois.

Cette charmante plante peut être employée à l'ornement des plates-bandes, à former des bordures, etc., elle se prête admirablement à la culture en pots.

Culture. — Multiplication.

L'*Oxalide floribonde* prospère surtout dans les terrains secs, à exposition ensoleillée. Elle résiste parfaitement aux hivers dans le midi de la France, mais sous le climat de Paris il est nécessaire de la rentrer sous châssis ou serre froide ou en orangerie à exposition éclairée pour lui faire passer la mauvaise saison. On la multiplie par division des touffes ou par graines.

Explication de la Planche 62.

1. Fleur coupée longitudinalement.

Le genre *Oxalis* renferme d'autres espèces ornementales. On peut citer entre autres :

L'*Oxalide à fleurs roses* (Oxalis rosea Jacq.), du Chili, espèce annuelle d'environ 20 centimètres de hauteur, à petites feuilles et à fleurs également de petites dimensions, mais très abondantes, roses, blanches dans une variété. Semer d'avril en juin, en place.

L'*Oxalide à feuilles pourpres* (Oxalis corniculata L., var. atropurpurea) (Synonyme : Oxalis tropæoloides Hort.), très petite plante vivace ne dépassant pas 10 centimètres de hauteur, dont le principal mérite réside dans le feuillage coloré en pourpre brun, sur lequel se détachent des fleurs très petites d'un jaune d'or.

L'*Oxalide de Deppe* (Oxalis Deppei Sweet) du Mexique, plante vivace à racine tubéreuse, couronnée de petits bulbes écailleux, à feuilles plus grandes que celles des espèces citées ci-dessus, formant des touffes de 15 à 20 centimètres de hauteur, au-dessus desquelles s'élèvent les pédoncules terminés par des bouquets de 10 à 15 fleurs assez grandes, de couleur rouge cuivré. Cette espèce fleurit de juin en août. Elle convient pour former des bordures. On la multiplie à l'aide des bulbes qui se développent sur le tubercule. Ces bulbes, arrachés vers le 15 octobre, doivent être conservés en lieu sec et à l'abri du froid jusqu'au mois de mai, époque à laquelle on en opère la plantation.

FAMILLE DES BALSAMINÉES

Pl. 63. — **BALSAMINE DE ROYLE**

IMPATIENS ROYLEI Walp.

Patrie : Inde.

Description.

Plante annuelle pouvant atteindre 2 mètres de hauteur, à tige creuse, très robuste, munie de racines aériennes aux nœuds inférieurs, rameuse au sommet; feuilles généralement disposées trois par trois autour de la tige, allongées, peu larges, s'amincissant aux deux bouts, munies sur le pétiole de longues glandes rougeâtres; fleurs rappelant par leur forme celles de la *Balsamine ordinaire,* à fleurs simples, prolongées en éperon court, verdâtre. Variétés à fleurs roses et à fleurs rose pâle. Fleurit de juillet en octobre.

Emplois. — Culture. — Multiplication.

Cette plante, à croissance rapide et d'un très grand développement, est recherchée pour orner les grandes plates-bandes, pour combler les vides dans les massifs, etc. Elle est précieuse sous ce rapport. Ses fleurs abondantes, se succédant pendant une longue période de temps, sont d'ailleurs très ornementales. On doit semer les graines de cette plante en avril-mai, en place ou en pépinière pour repiquer à demeure en mai-juin.

EXPLICATION DE LA PLANCHE 63.

1. Fleur coupée longitudinalement.
2. Fleur dont on a séparé les sépales et les pétales.

C'est au genre *Impatiens* qu'appartient la BALSAMINE (Impatiens Balsamina L.) (Synonyme latin : Balsamina hortensis DC.), espèce annuelle originaire de l'Asie tropicale, et qui est certainement l'une des plantes de jardin les plus populaires. La *Balsamine* est connue de tous; il n'est pas nécessaire d'en donner ici la description; il suffit de rappeler qu'il en existe un grand nombre de variétés, à fleurs simples, doubles ou pleines, présentant les coloris les plus variés dans lesquels on observe le blanc, tous les tons du rose, du rouge, du violet, en teintes uniformes ou associées en panachures. La Balsamine est précieuse à divers titres. Il n'est pas, en effet, de plante plus rustique et de culture plus facile; cultivée dans les plates-bandes ou dans les corbeilles, dans les caisses des balcons et des fenêtres, ou en pots, elle donne toujours d'excellents résultats dans tous les terrains comme à toutes les expositions, aussi bien à l'ombre que dans les situations ensoleillées. Fleurit de juin en octobre. On doit en semer les graines en avril-mai, en pépinière à bonne exposition; repi-

quer à bonne exposition et mettre en place en juin en espaçant les pieds
de 30 à 40 centimètres, selon les dimensions que doivent atteindre les
variétés en culture.

FAMILLE DES RUTACÉES

Pl. 64. — FRAXINELLE

DICTAMNUS ALBUS L.

Indigène.

Description.

Plante vivace de 50 centimètres à 1 mètre de hauteur, à feuilles composées, formées de folioles ovales disposées par paires comme celles du
Frêne. Les fleurs, en grappe allongée, terminale, glanduleuse ont un
calice à sépales étroits, 5 sépales inégaux, 10 étamines penchées vers le
bas. Les fleurs sont grandes, roses, veinées de rose foncé. Il en existe
une variété à fleurs blanches (Dictamnus Fraxinella Pers.). Fleurit en juin-
juillet.

Emplois.

La Fraxinelle convient à la décoration des plates-bandes. La plante
entière exhale une odeur aromatique due à une essence volatile que dis-
tillent les glandes dont elle est couverte, essence que l'on peut, dit-on,
enflammer par un temps chaud et calme en introduisant dans l'air qui
l'environne une allumette ou une bougie allumée.

Culture. — Multiplication.

Cette plante prospère dans tous les terrains. Elle est d'une rusticité
absolue. On la multiplie par division des touffes au printemps, ou par
graines qu'on doit semer dès leur maturité. La floraison n'a lieu que la
troisième année après le semis.

Explication de la Planche 64.

1. Fleur coupée longitudinalement.

Pl. 65. — ORANGER

CITRUS AURANTIUM L.

Patrie : Asie méridionale.

L'Oranger est un des rares arbres que nous ayons admis dans cet ouvrage. Il est si répandu dans les cultures pour l'ornement des jardins
d'hiver, des orangeries et des appartements qu'il était impossible de le
passer sous silence.

Cultivé comme arbre fruitier dans tous les pays chauds et dans l'hémisphère boréal, un peu au delà du 43° degré de latitude. Il caractérise, en France, une région nommée *zone de l'Oranger*, bande étroite du littoral de la Provence, qui s'étend de Toulon à Menton.

Description.

L'Oranger atteint de 8 à 15 mètres de hauteur. C'est l'un des arbres les plus précieux que l'on connaisse. Il a donné naissance à un grand nombre de variétés présentant, dans chaque cas, des caractères particuliers (nous ne parlons pas ici, bien entendu, du *Mandarinier* et autres *Citrus* qui constituent des espèces distinctes).

La fleur fournit, par distillation, l'eau de fleur d'Oranger; quant au fruit, il donne lieu à un commerce considérable.

Les îles de la Méditerranée, le sud de l'Italie et de l'Espagne, le Portugal, la Grèce et les Açores, etc., sont les principaux centres de production de l'Orange, en Europe. L'Algérie en récolte aussi d'énormes quantités; il existe, notamment aux environs de Blidah, des orangeries qui, en 1887, s'étendaient déjà sur plus de 400 hectares et produisaient plus de 500 millions de fruits (Oranges et Mandarines). En Amérique, les Florides et la Californie se livrent aussi à la culture en grand de l'Oranger. Dans ces régions la floraison a lieu d'avril à juin et la récolte des fruits se fait d'octobre à avril. Un arbre produit en moyenne de 400 à 600 fruits, mais il n'est pas rare de voir la production atteindre 1000 fruits et même davantage. On greffe l'Oranger sur franc ou sur Bigaradier, ce qui permet de reproduire les variétés les meilleures et d'avancer la fructification de l'arbre, qui n'entre en plein rapport que lorsqu'il a de vingt à vingt-cinq ans. Bien cultivé, l'Oranger peut vivre pendant plusieurs siècles.

Culture. — Multiplication.

L'Oranger n'est pas seulement cultivé pour son fruit : c'est un arbre d'ornement très recherché pour la beauté de son port et de son feuillage, ainsi que pour le délicieux parfum de ses fleurs. Dans les parties de l'Europe où il ne supporte pas le plein air, on le rentre à l'abri du froid, pendant la mauvaise saison, soit en serre froide, soit en orangerie, sorte de bâtiment qui, justement, doit son nom à la destination à laquelle il est réservé et qui est constitué par une construction allongée de l'est à l'ouest, dont la façade nord est un mur plein, tandis que celle qui regarde le midi est garnie de grandes baies vitrées, de manière à avoir un excellent éclairage et à permettre d'aérer largement lorsque la température extérieure le permet. Dans une orangerie, on ne chauffe guère que par les grands froids pour empêcher la température de descendre au-dessous de zéro, mais de manière à ce qu'elle ne s'élève pas au delà de 5 à 6 degrés.

Les Orangers en pots ou en caisses prospèrent surtout en terre franche additionnée d'environ un tiers de terreau. Des arrosements fréquents sont nécessaires pendant l'été; mais en hiver il ne faut arroser qu'avec modération et seulement pour empêcher le dessèchement du sol.

Pour renseignements complémentaires et la description des variétés, voir Mouillefert, *Traité des Arbres et Arbrisseaux.*

EXPLICATION DE LA PLANCHE 65.

1. Fleur dont on a détaché les pétales.
2. Étamines soudées par les filets.
3. Pistil.
4. Fruit.

Deux tribus de la famille des *Rutacées*, les *Diosmées* et les *Boroniées*, comprennent plusieurs genres riches en espèces ornementales, mais qui, toutes, sont des plantes de serre froide ou de serre tempérée, propres aussi, dans certains cas, à orner les appartements. De ce nombre sont les *Diosma*, petits arbustes originaires du Cap de Bonne-Espérance ayant l'aspect de Bruyères; les *Boronia*, arbrisseaux d'Australie, à feuilles simples ou composées, à fleurs rouges, blanches ou purpurines, peu grandes, mais produites en abondance et, de ce fait, très ornementales; les *Crowea*, arbrisseaux australiens à fleurs nombreuses, relativement grandes et d'un beau rose; les *Correa*, arbrisseaux australiens à fleurs tubuleuses, souvent pendantes, blanches, jaunes ou rouges, très élégantes.

La famille des *Célastrinées*, que nous ne pouvons citer ici que pour mémoire, renferme plusieurs genres qui intéressent l'horticulture, mais qui ne comprennent que des arbres ou des arbrisseaux. C'est à cette famille qu'appartiennent les *Fusains* (Evonymus), dont une espèce, le *Fusain du Japon* (E. japonicus Thunb.), du Japon, a produit de nombreuses variétés à feuilles plus ou moins grandes, vertes ou panachées, répandues dans tous les jardins grâce à leur rusticité et à la facilité de leur culture. Pour cette espèce et ses congénères, voir Mouillefert, *Traité des Arbres et Arbrisseaux.*

FAMILLE DES RHAMNÉES

Pl. 66. — PHYLICA FAUSSE-BRUYÈRE

PHYLICA ERICOIDES

Patrie : Cap de Bonne-Espérance.

Description

Arbuste buissonnant ne dépassant pas 1 mètre de hauteur, ayant tout à fait l'aspect d'une Bruyère et dont l'extrémité de tous les rameaux porte des bouquets de petites fleurs verdâtres dont les divisions sont cotonneuses, blanchâtres extérieurement.

Emplois. — Culture. — Multiplication.

Ce petit arbuste est fréquemment cultivé en pots pour la garniture des serres froides et des appartements. Les fleuristes parisiens le vendent couramment sous le nom de *Bruyère du Cap*. Il a le mérite de durer long-temps fleuri. Sa culture est la même que celle des Bruyères, décrite p. 210. On le multiplie par bouture de rameaux demi-herbacés, en serre.

EXPLICATION DE LA PLANCHE 66.

1. Rameau florifère détaché.
2. Fleur entière.
3. Fleur coupée longitudinalement.

La famille des *Ampélidées* mérite aussi une petite place dans cet ouvrage, bien qu'elle ne renferme que des plantes d'ornement ligneuses. C'est en effet à ce groupe végétal que se rattachent les *Vignes* (Vitis); les *Vignes vierges* comprenant la *Vigne vierge ordinaire* (Ampelopsis quinque-folia Michx.) de l'Amérique septentrionale, et la *Vigne vierge de Veitch* (Ampelopsis tricuspidata Sieb. et Zucc., var Veitchi), du Japon; plantes grimpantes des plus répandues et précieuses pour la décoration des jardins, des balcons et des fenêtres. La dernière espèce est encore relati-vement peu connue; elle a sur sa congénère le mérite de se plaquer davantage sur les murs, et ses feuilles d'un vert gai, teintées ou bordées de rose, ont une plus longue durée, à l'automne. Ces plantes prospèrent dans tous les terrains, et les expositions même ombragées. (Pour d'autres détails, voir Mouillefert, *Traité des Arbres et Arbrisseaux*.)

FAMILLE DES LÉGUMINEUSES

Pl. 67. — BAPTISIA DE LA CAROLINE

BAPTISIA AUSTRALIS R. Br.

SYNONYME LATIN : **Podalyria australis Vent.**

Patrie : Caroline.

Description.

Genre de la tribu des Papilionacées, sous-tribu des Podalyriées, carac-térisée par les étamines libres ou très peu soudées entr'elles à la base, la gousse non articulée.

Le *Baptisia australis* est une plante vivace de 75 centimètres à 1 mètre de hauteur, à feuilles à trois folioles allongées étroites, atténuées aux deux bouts, à fleurs disposées en longues grappes terminales rappelant quelque peu celles des Lupins et d'un beau bleu. Le fruit est une gousse enflée. Fleurit en juin-juillet.

Emplois. — Culture. — Multiplication.

Cette belle plante convient à la décoration des plates-bandes ; elle est d'une rusticité absolue et prospère surtout dans les sols légers et profonds. On la multiplie par division des touffes ; mais comme ce procédé ne donne pas toujours de bons résultats, il est préférable de semer les graines, qu'elle produit en grand nombre, au printemps, pour repiquer et mettre en place lorsque les plantes ont acquis un développement suffisant. La floraison des plantes obtenues de semis n'a lieu qu'au bout de trois ou quatre ans.

EXPLICATION DE LA PLANCHE 67.

1. Fleur coupée longitudinalement.

⌂ Pl. 68. — GENÊT ÉLÉGANT

GENISTA CANARIENSIS L., var. ELEGANS

SYNONYME FRANÇAIS : **Cytise élégant.**
SYNONYMES LATINS : **Genista Spachiana Webb., Cytisus elegans Hort., C. racemosus Hort.**

Patrie : Canaries.

Description.

Arbrisseau pouvant atteindre 1 à 2 mètres de hauteur, mais dépassant rarement 50 à 75 centimètres lorsqu'il est cultivé en pots, tel qu'on le voit habituellement figurer sur les marchés ; à petites feuilles à trois folioles velues grisâtres, à fleurs agréablement odorantes, produites en nombre considérable pendant un temps très long, d'un jaune d'or. Fleurit de mars en mai.

Emplois. — Culture. — Multiplication.

Le *Genêt élégant* est très recherché pour la décoration des fenêtres et des appartements. Dans le midi de la France, c'est un excellent arbrisseau de plein air. Sous le climat de Paris, il exige d'être abrité l'hiver en serre froide, en orangerie ou en appartement bien éclairés. Dans ces conditions il fleurit de mars en mai.

C'est l'une des plantes que les horticulteurs *forcent*, c'est-à-dire soumettent à une température élevée pendant l'hiver, pour avancer la floraison et approvisionner les fleuristes des grandes villes. Grâce à ce mode de culture, le *Genêt élégant* figure dans les boutiques des fleuristes pendant toute la durée de l'hiver.

Cet arbrisseau est d'une culture facile ; on le multiplie par le bouturage des jeunes rameaux, en serre et sous cloche. Il supporte parfaitement la taille et il est possible de lui faire prendre les formes les plus diverses : de buisson, de boule sur tige unique, etc.

EXPLICATION DE LA PLANCHE 68.

1. Fleur entière.

2. Fleur coupée longitudinalement.

3. Fleur vue de face montrant : au sommet, l'étendard ; en bas et au centre, la carène ; sur les côtés, les ailes.

Pl. 69. — GALÉGA

GALEGA OFFICINALIS L.

SYNONYMES FRANÇAIS : **Galéga officinal, Rue de Chèvre.**

Patrie : Europe méridionale.

Description.

Plante vivace de 1 mètre à 1 m. 50 de hauteur, glabre, formant buisson ; à feuilles composées, ayant 5 à 8 paires de folioles, ovales allongées, terminées par une pointe assez longue. Les fleurs sont disposées en grappes qui naissent aux aisselles des feuilles du sommet des tiges. Ces fleurs sont d'un bleu pâle, blanches dans une variété. Les fruits sont des gousses presque cylindriques, bosselées. Fleurit de juin en août.

Emplois. — Culture. — Multiplication.

Cette plante convient à l'ornementation des grandes plates-bandes et des massifs dans les jardins paysagers. Ses inflorescences coupées se conservent longtemps dans les bouquets. Très rustique, elle prospère dans tous les terrains et à toutes les expositions. On la multiplie par division des touffes ou par graines qu'on doit semer de mars en mai.

Une espèce voisine, le *Galéga d'Orient* (Galega orientalis L.) est quelquefois cultivée comme plante ornementale bien qu'elle soit moins robuste et moins rustique que la précédente. Elle est de dimension un peu plus réduite ; ses feuilles sont plus largement ovales ; ses fleurs sont d'un bleu violacé.

EXPLICATION DE LA PLANCHE 69.

1. Fleur détachée.

2. Fleur coupée longitudinalement.

Pl. 70. — GLYCINE

WISTARIA SINENSIS DC.

SYNONYME FRANÇAIS : **Glycine de Chine.**

Patrie : Chine septentrionale.

Description.

La *Glycine* est un arbre grimpant si répandu dans les jardins qu'il était impossible de ne pas l'admettre dans cet ouvrage. C'est encore une exception à la règle que nous nous sommes imposé.

La Glycine est une grande liane dont les tiges peuvent atteindre 12 ou 15 mètres de longueur; à feuilles composées ayant une dizaine de paires de folioles d'un vert pâle. Ses fleurs, réunies en longues grappes pendantes, sont d'un bleu lilacé superbe, et sont produites en nombre si considérable que la plante entière disparaît sous les fleurs en avril-mai, époque de la floraison. Une seconde floraison moins abondante a lieu à l'automne. Il en existe une variété à fleurs branches, et une autre à fleurs doubles.

Emplois. — Culture. — Multiplication.

La *Glycine* convient à la décoration des façades de maisons, des grilles de clôture, des murs, etc. Elle prospère dans tous les terrains et à toutes les expositions; seuls, les sols humides à l'excès lui sont défavorables. On la multiplie par le marcottage des tiges de la base de la plante.

EXPLICATION DE LA PLANCHE 70.

1. Fleur coupée longitudinalement.

Une autre espèce, la *Glycine d'Amérique* (Wistaria frutescens DC.) peut être cultivée comme la précédente mais elle est moins ornementale; sa floraison a lieu à l'automne; les fleurs en sont violettes, en grappes très allongées et grêles. Elle est un peu plus délicate et on devra la planter de préférence à exposition chaude et abritée.

Pl. 71. — SAINFOIN D'ESPAGNE

HEDYSARUM CORONARIUM L.

SYNONYME FRANÇAIS : **Sulla**.

Patrie : Europe méridionale.

Description.

Plante vivace de 50 centimètres à 1 mètre de hauteur; à tiges dressées, ramifiées, formant touffe; à feuilles composées, ayant de 4 à 7 paires de folioles elliptiques, pubescentes à la face inférieure, vertes en dessus; à fleurs mesurant environ 2 centimètres, d'un rouge carminé brillant, réunies en grappes denses; à gousses petites, articulées, aplaties, épineuses. Variété à fleurs blanches. Fleurit en juin-juillet.

Emplois. — Culture. — Multiplication.

Le Sainfoin d'Espagne est une plante assez ornementale, propre à décorer les plates-bandes en terrains frais mais s'égouttant bien; elle préfère les expositions aérées et ensoleillées à toutes autres. Elle est très rustique dans le midi de la France; mais sous le climat de Paris elle est souvent détruite par le froid ou par l'excès d'humidité, aussi est-il prudent d'abriter les touffes avec de la paille ou des feuilles sèches pour leur faire passer la mauvaise saison. On doit en semer les graines de mai en août, en pépinière, à bonne exposition ; repiquer en pépinière et mettre en place à l'automne ou au printemps, dans le cas où le plant ne serait pas suffisamment développé.

EXPLICATION DE LA PLANCHE 71.

1. Fleur détachée.
2. Fleur coupée longitudinalement.

Pl. 72. — POIS DE SENTEUR

LATHYRUS ODORATUS L.

SYNONYME FRANÇAIS : **Gesse odorante, Pois fleur, Pois à odeur.**

Patrie : Europe méridionale.

Description.

Plante annuelle, grimpante, de 1 m. 50 à 2 m. 50 de hauteur, velue à fleurs de grandes dimensions, très agréablement parfumées, réunies en grappes dressées naissant aux aisselles des feuilles. Ces fleurs, roses, rouges, violettes, brunes, blanches ou panachées selon les variétés, sont très ornementales et s'épanouissent de juillet en octobre. La floraison a lieu successivement selon l'époque à laquelle les graines ont été semées.

Emplois. — Culture. — Multiplication.

Le *Pois de senteur* est l'une des plantes grimpantes les plus populaires, on le trouve dans tous les jardins et c'est l'une des espèces les plus répandues pour orner les balcons et les fenêtres. Dans les jardins on l'emploie fréquemment à garnir la base des arbrisseaux et des arbres, des murs, des treillages, etc. Il prospère dans tous les terrains et à toutes les expositions. On doit en semer les graines, de préférence en place, de mars en mai ou en septembre-octobre. On ne peut le repiquer avec chances de succès que dans le jeune âge.

Une autre espèce de *Gesse*, le *Pois vivace* (Pois à bouquets, Gesse à larges feuilles) (Lathyrus latifolius L.), plante vivace de la France méridionale est aussi une plante d'ornement très estimée. Ses tiges, grimpantes, relevées sur les angles de membranes vertes ou ailes, atteignent 1 m. 50 à 2 mètres de hauteur. Le feuillage est plus ample et plus dense que celui de l'espèce précédente. Ses fleurs inodores forment de gros bouquets aux aisselles des feuilles ; elles sont d'un beau carmin violacé, roses ou blanches, et s'épanouissent en juillet-septembre. Cette superbe plante convient à orner les treillages, la base des arbres, des murs, etc. On peut aussi la cultiver dans les grandes plates-bandes en maintenant ses tiges par des tuteurs. Multiplication par division des touffes ou par graines qu'on sème en avril-mai.

La *Gesse à grandes fleurs* (Lathyrus grandiflorus Sibth. et Smith), de l'Italie et de la Grèce, est aussi une belle plante vivace à fleurs plus grandes que celles du *Pois vivace*, inodores comme elles, mais en grappes peu fournies et beaucoup moins abondantes. Cette espèce est peu répandue. Les emplois et la culture sont les mêmes que pour l'espèce ci-dessus.

⌂ Pl. 73. — ERYTHRINE CRÊTE DE COQ

ERYTHRINA CRISTA GALLI L.

Patrie : Brésil.

Description.

Les *Erythrines* sont des arbrisseaux ou des arbres épineux qui, dans leur pays d'origine, atteignent parfois de grandes dimensions. L'espèce figurée sur cette planche reste à l'état d'arbuste de 1 mètre à 2 mètres sous le climat de Paris. Sa souche et la base de ses tiges deviennent ligneuses; elle est armée d'aiguillons robustes. Ses feuilles sont à trois folioles; elles sont glabres, caduques. Ses fleurs, grandes, en longues grappes, d'une couleur rouge ponceau éclatante, sont très ornementales et s'épanouissent à la fin de l'été et en automne.

Emplois. — Culture. — Multiplication.

Cette plante superbe est rustique dans la région de l'Oranger. Sous le climat de Paris on la fait entrer dans l'ornementation des plates-bandes et des corbeilles, en la plantant en plein air du 15 mai au 1er juin. On relève les souches vers le 15 octobre, après avoir supprimé tous les rameaux non aoûtés (non lignifiés) qui pourriraient pendant l'hiver, puis on les rentre, comme les tubercules de Dahlia, dans un local sec et aéré où on leur fait passer la mauvaise saison enterrés dans du sable ou de la terre sèche. On ne doit pas chauffer le conservatoire; il suffit que la température n'y descende pas au-dessous de zéro. Multiplication par boutures faites au printemps avec les jeunes pousses, sur couche chaude et sous cloche.

EXPLICATION DE LA PLANCHE 73.

1. Fleur coupée longitudinalement.

D'autres espèces d'*Erythrines* sont aussi dans les cultures, entre autres l'*E. herbacée* (Erythrina herbacea L.), de la Caroline méridionale et de la Floride, dont la souche seule devient ligneuse et dont les fleurs, rouge écarlate, disposées 3 par 3 aux aisselles des feuilles qui terminent les rameaux, forment une longue grappe feuillée; l' *E. Corail* (*Erythrina Corallodendron* L.), des Antilles, espèce arborescente, épineuse, à grandes fleurs rouge écarlate; l'*E. à fleurs couleur de chair* (Erythrina carnea Ait), du Mexique, arbrisseau à fleurs carnées; l'*E. des Caffres* (E. caffra Thunb.), de l'Afrique australe, à fleurs rouge écarlate, etc.

⌂ Pl. 74. — SENSITIVE

MIMOSA PUDICA L.

Patrie : Brésil.

Description.

La Sensitive est plutôt une plante de fantaisie qu'on cultive par curiosité, qu'une plante vraiment ornementale. C'est un petit arbuste vivace en serre, d'environ 50 centimètres de hauteur, atteignant au maximum 1 mètre. Les feuilles sont formées de quatre folioles divergentes qui sont divisées elles-mêmes en folioles très nombreuses, petites, disposées par paires. Les fleurs sont extrêmement petites, et forment des glomérules arrondis roses ou rose-lilacé à l'extrémité de pédoncules qui naissent aux aisselles des feuilles supérieures. Fleurit à la fin de l'été.

Emplois.

La Sensitive est souvent cultivée en pots sur les fenêtres ou dans les appartements pour la curieuse particularité que présentent ses feuilles. Les pétales et les folioles articulés s'abaissent au plus léger attouchement, pour se redresser et reprendre leur position normale après un certain temps de repos.

Malgré les patientes recherches des savants, notamment de Paul Bert, on ne connaît encore que très imparfaitement le mécanisme de ce phénomène.

Culture. — Multiplication.

Sous le climat de Paris, la *Sensitive* ne peut supporter le plein air que pendant la saison chaude. On peut lui faire passer les hivers en l'abritant en serre tempérée; mais on préfère ordinairement la renouveler chaque année en en semant les graines sur couche au mois d'avril. Cette plante prospère surtout en terre légère et dans une atmosphère chaude et humide. Les courants d'air et les brusques variations de température lui sont très préjudiciables.

EXPLICATION DE LA PLANCHE 74.

1. Feuille abaissée après attouchement. La feuille tout entière s'est abaissée ser la tige par la flexion du pétiole qui est comme articulé au point où il s'attache sur le rameau; les folioles se sont rapprochées l'une contre l'autre.

2. Bouton à fleur, détaché de l'inflorescence, accompagné d'une feuille florale (bractée).

3. Fleur entière.

4. Fleur coupée longitudinalement.

En dehors des genres figurés dans l'atlas, et énumérés ci-dessus, la famille des *Légumineuses* renferme encore beaucoup d'autres plantes ornementales, en laissant de côté les arbres et arbrisseaux et les plantes qui exigent constamment la serre ; ces deux catégories de plantes comprennent un nombre considérable d'espèces et sont traitées dans des ouvrages spéciaux. En nous en tenant aux plantes de pleine terre ou d'appartements il nous reste encore à citer :

Les Lupins (Lupinus), plantes annuelles ou vivaces à tiges dressées ou ascendantes, à feuilles longuement pétiolées, composées de folioles disposées comme les doigts dans une main (digitées). Au nombre des espèces les plus répandues on peut comprendre : le *Lupin velu, Lupin grand bleu* (Lupinus hirsutus L.) de la région méditerranéenne, plante annuelle très velue, d'environ 50 centimètres de hauteur, à fleurs bleues, blanches ou roses dans des variétés, formant des épis de 10 à 12 centimètres de largeur ; la graine est grosse, aplatie, chagrinée veloutée, jaunâtre, mouchetée de brun rougeâtre ; fleurit en juillet-août ; ornement des plates-bandes ; le *Lupin changeant* (Lupinus mutabilis Sweet), Nouvelle-Grenade, certainement la plus belle espèce du genre ; plante annuelle, glabre, d'environ 1 mètre de hauteur, à fleurs odorantes en épi dense, de 20 à 25 centimètres de long, celles de la base d'un bleu violacé avec l'étendard blanc jaunâtre pointillé de rouge, celles du sommet presque blanches ; une variété nommée *Lupin de Cruikshanks*, très cultivée pour la fleur coupée pour bouquets, a les fleurs odorantes, blanches et jaunâtre rosé, passant au violet ; fleurit en juillet-septembre ; le *Lupin nain* (Lupinus nanus Dougl.), de la Californie, petite plante annuelle d'environ 25 centimètres de hauteur, à fleurs en épis longs de 8 à 10 centimètres, blanches et bleues ; variétés à fleurs bleues et rougeâtres ; fleurit en juin-juillet ; le *Lupin vivace* (Lupinus polyphyllus Lindl.), de la Californie, espèce vivace de 75 centimètres à 1 mètre de hauteur, à fleurs bleues, disposées en épis nombreux atteignant jusqu'à 50 centimètres de longueur ; variété à fleurs blanches ; fleurit en août ; superbe plante.

Les Lupins sont de fort belles plantes, mais qui ne peuvent prospérer que dans les terrains non calcaires ; on en sème les graines en place, en avril-mai.

Les Clianthus, sous-arbrisseaux d'Australie et de la Nouvelle-Zélande, d'environ 2 mètres de hauteur, à feuilles ayant un grand nombre de paires de folioles velues blanchâtres et dont les fleurs très brillantes et très grandes sont certainement au nombre des plus belles de la famille. Il en existe deux espèces : le *C. puniceus* Soland, presque glabre à fleurs en grappes pendantes, rouge ponceau, et le *C. Dampieri* Cunn., velu soyeux, à grandes fleurs rouges avec une macule brun violacé. Le C. puniceus est rustique dans le midi de la France. Tous les deux réclament un sol sain, car ils redoutent beaucoup l'humidité ; on les sème sur couche en février-mars ou en mai. Dans ce premier cas la floraison a lieu en mai, dans le second en août.

Les Haricots (Phaseolus), dont une espèce, le *Haricot d'Espagne, Haricot écarlate* (Phaseolus multiflorus L.; Ph. coccineus Lamk.) est une des plantes grimpantes d'ornement les plus populaires. Cette espèce est originaire de l'Amérique méridionale; elle est vivace dans son pays d'origine, mais est toujours cultivée comme plante annuelle dans les jardins. Les tiges peuvent atteindre 3 mètres de hauteur. Les fleurs extrêmement nombreuses, sont disposées en grappes aux aisselles des feuilles; elles sont rouge écarlate, blanches ou tricolores, blanches et rouges dans deux variétés. La graine est un gros haricot de couleur lilas marbré de brun; dans les variétés citées ci-dessus, il est ou blanc ou lilas pâle marbré de brun jaunâtre. Cette plante est cultivée dans tous les jardins, sur les balcons et les fenêtres, partout où l'on désire obtenir un rideau de verdure, garnir une tonnelle, un treillage, etc.; elle croit avec vigueur dans tous les sols et à toutes les expositions. Fleurit tout l'été. On en sème les graines en place ou en pépinière en mai. (Voir *Masclef, Atlas, pl. 84.*)

Les Doliques, dont une espèce, le *Dolique d'Égypte, Lablab à fleurs violettes* (Dolichos Lablab L., Lablab vulgaris Savi), originaire de l'Inde, est une plante grimpante annuelle ayant le port du Haricot d'Espagne dont elle peut atteindre les dimensions. Les fleurs en sont violettes et se montrent seulement à la fin de l'été et en automne. On en sème les graines en mai.

Les Casses (Cassia) qui sont en général des arbrisseaux et sous-arbrisseaux de serre, mais dont une espèce, la *Casse de Maryland* (Cassia Marylandica L.), de l'Amérique septentrionale, est une plante vivace de 1 mètre à 1 m. 50 de hauteur, formant buisson, rustique sous le climat de Paris où elle donne en août-septembre de nombreuses fleurs d'un jaune foncé. Une autre espèce, la *Casse corymbifère* (Cassia corymbosa Lamk.) est rustique dans le midi de la France où elle forme un arbrisseau qui se couvre de fleurs d'un jaune brillant. Cette dernière plante est quelquefois employée pour l'ornement des plates-bandes pendant la belle saison, sous le climat de Paris. On doit alors la rentrer en serre froide pendant l'hiver pour la planter en plein air fin mai ou dans les premiers jours de juin.

Nous citons seulement pour mémoire les Acacia qu'il ne faut pas confondre avec le *Robinier* de la même famille, nommé couramment, mais incorrectement Acacia. Les *Acacia* vrais sont plus connus sous le nom impropre de Mimosa; ils sont précieux pour l'ornement des jardins dans la région de l'Oranger. On trouvera sur eux d'amples détails dans Mouillefert, *Traité des Arbres et Arbrisseaux.*

FAMILLE DES ROSACÉES

Pl. 75. — FILIPENDULE.

SPIRÆA FILIPENDULA L.

Indigène.

Description.

Plante vivace à racines dont les fibres sont renflées çà et là de tubercules ovoïdes. Les feuilles, disposées en rosette, sont découpées en 15-20 segments inégaux, finement divisés. La tige florale, peu feuillée, atteint de 30 à 50 centimètres de hauteur ; elle porte, au sommet, des fleurs disposées en bouquet à ramifications d'inégale longueur. Les fleurs, nombreuses, sont d'un blanc rosé. Dans le type de l'espèce, le calice est à 5 sépales, la corolle à 5 pétales ; les étamines, nombreuses, sont plus courtes que les pétales. Variétés à fleurs doubles, présentant un nombre variable de pétales et à fleurs pleines. Fleurit en juin-juillet.

Emplois. — Culture. — Multiplication.

La *Filipendule* à fleurs pleines, beaucoup plus ornementale que le type de l'espèce, est une de nos plus belles plantes vivaces de jardins ; on l'emploie surtout à la décoration des plates-bandes. Les sols légers et sablonneux lui sont particulièrement favorables. On la multiplie par division des touffes au printemps.

EXPLICATION DE LA PLANCHE 75.

1. Fleur entière détachée.
2. Fleur coupée.

Le genre *Spirée* comprend un grand nombre d'arbrisseaux rustiques très recherchés pour l'ornementation des jardins ; il renferme aussi quelques espèces herbacées qui ne sont pas sans mérite. De ce nombre sont : la *Spirée Barbe de bouc* (Spiræa Aruncus L.), plante vivace indigène, de 1 m. 50 à 2 mètres de hauteur, en forte touffe, à feuilles grandes formées de segments ovales, dentés, à fleurs petites, blanches, en petits épis cylindriques dont l'ensemble constitue d'amples et superbes gerbes terminales. Cette plante, très rustique, fleurit en juillet-août ; elle prospère surtout dans les sols frais, à exposition ombragée. Elle produit surtout un bel effet plantée en groupes isolés sur les pelouses. Multiplication par division des touffes.

Une autre espèce intéressante est la *Spirée lobée* (Spiræa lobata Murr.), plante vivace de l'Amérique septentrionale, atteignant 1 mètre et plus de hauteur, à feuilles rappelant celles de la *Reine des prés* et à fleurs très nombreuses, roses, disposées en bouquets terminaux à ramifications d'inégale longueur. Fleurit en juin-juillet. Prospère surtout en terrains frais, à l'ombre.

LES ROSIERS

Les *Rosiers* sont des arbrisseaux et à ce titre ne devraient pas figurer dans cet ouvrage, mais il est difficile de concevoir un parterre sans Rosiers et ce livre nous eut semblé incomplet si quelques pages n'y avaient été consacrées à la fleur de prédilection de nos jardins.

La Rose a été de tous temps considérée comme la Reine des fleurs, et aucune plante n'a excité à un si haut degré le lyrisme des poètes. Il ne faudrait pas croire, cependant, que la Rose chantée par nos pères était la même que celle que nous cultivons aujourd'hui. Il existait bien, dans les anciennes variétés cultivées, des Roses remarquables par leur forme et leur coloris, mais elles n'étaient pas remontantes, raison pour laquelle elles ont été absolument abandonnées. Nos Roses modernes sont issues d'un certain nombre d'espèces dont l'introduction en Europe, au moins pour quelques-unes, est relativement récente. C'est ainsi que la *Rose du Bengale* n'a été apportée chez nous qu'au commencement du siècle. La *Rose multiflore*, introduite en Angleterre en 1800, ne fut cultivée en France qu'à partir de 1820. La *Rose Thé* est apparue vers 1810 et ce n'est qu'à partir de 1830 que les premières variétés intéressantes en furent obtenues. La *Rose de l'Ile Bourbon* introduite en 1820 ne commença à être vraiment appréciée qu'en 1831 lorsque certaines variétés vraiment remarquables commencèrent à en sortir. Quant aux *Roses hybrides remontantes*, obtenues par les croisements entre les anciennes variétés et celles désignées ci-dessus, elles ne firent leur apparition qu'en 1837. Les plantes de cette série, remarquablement perfectionnée, fleurissent deux fois l'année.

Pour la culture des Rosiers, voir page 94.

Pl. 76. — ROSIER RUGUEUX

ROSA RUGOSA Thunb.

Patrie : Japon.

Description.

L'espèce figurée sur cette planche est un arbrisseau buissonnant pouvant atteindre 1 m. 50 de hauteur, fleurissant en juin, ornemental, non seulement par ses fleurs, mais aussi par son feuillage simple et brillant et par ses fruits, globuleux, très gros, rouges à la maturité qui a lieu à l'automne. Ce *Rosier*, bien que n'ayant pas la valeur ornementale d'un grand nombre de variétés, même des plus répandues dans la culture, est cependant précieux pour la décoration des grands jardins soit qu'on le plante dans les larges plates-bandes, en groupes isolés dans les pelouses ou bien associé à d'autres arbrisseaux dans les massifs. Variété à fleurs blanches, simple. Cette espèce et sa variété le *Rosa Kamtschatica* Vent. a produit par variation ou par hybridation avec des variétés de la section *indica* et le *Rosa semperflorens*, des variétés à fleurs simples, doubles ou pleines, de coloris divers, qui ont le mérite de donner une floraison abondante et soutenue. Le *Rosa Iwara*, à fleurs blanches, est le résultat du croisement du *R. rugosa* par le *multiflora*.

Pl. 77. — ROSIER GLOIRE DE DIJON

ROSA INDICA Lindl., var.

Roses Thé.

Description.

La variété figurée ici représente une de nos plus belles races de *Roses*, les *Roses Thé* qui ont eu pour origine le Rosa indica, espèce introduite de la Chine en 1789, mais qui ne s'est répandue dans les jardins qu'en 1810. Le *Rosa indica*, croisé avec des variétés appartenant à toutes les autres catégories de Roses, a donné naissance à de nombreuses variétés qui tantôt s'éloignent, tantôt se rapprochent plus ou moins de l'un des parents qui leur ont donné naissance, aussi est-il difficile de donner des caractères précis permettant de distinguer *toujours facilement* ces plantes. Les principaux caractères des *Rosiers Thé*, c'est d'avoir des rameaux peu nombreux, lisses, sans soies ni glandes, à écorce vert sombre ou quelquefois teintée de rouge vineux; des aiguillons épars, rouges, crochus et comprimés à la base; des feuilles généralement à 3-5 rarement 7 folioles allongées, distantes, épaisses, d'un vert foncé luisant; des stipules frangées, bordées de poils, glanduleuses; des fleurs souvent en bouquets de 5 à 7, portées sur de longs et faibles pédoncules; un calice ventru, brusquement élargi à la base, glabre et glauque; des pétales larges, ceux du centre formant cœur, présentant des coloris variant entre le rouge vif, le rose pâle, le blanc et le jaune; le fruit est très gros, globuleux, rouge sombre, puis noirâtre, non surmonté du calice qui se détache avant la maturité. Le caractère le plus constant des *Roses Thé*, c'est leur odeur spéciale qu'on a comparée à celle du *Thé*.

Les *Rosiers Thé* sont très en faveur; leurs fleurs, de forme légère, gracieuses, commencent à se montrer un peu plus tardivement que les *R. hybrides remontants*, mais se succèdent sans interruption pendant toute l'arrière-saison jusqu'aux gelées. Ces plantes sont malheureusement délicates sous le climat de Paris et gèlent souvent lorsqu'elles sont cultivées en tige, c'est-à-dire greffées en tête sur églantier. Au contraire, cultivées franches de pied, en touffes basses, il est très facile de les abriter contre la gelée en les buttant pour l'hiver.

La variété figurée sur cette planche est l'une des plus célèbres de ce

groupe; elle a donné naissance à un grand nombre d'autres variétés. Elle
a été obtenue en 1853, par M. Jacotot, de Dijon, et fut exposée pour la
première fois à Paris en juin 1852 et elle obtint la grande médaille d'or
donnée par la Société d'Horticulture au nom des dames patronnesses de
cette Société. C'est un arbrisseau extrêmement vigoureux à tiges grimpantes atteignant de très grandes dimensions, ce qui rend la plante
propre à garnir les façades de maisons, les hauts treillages, etc. Les
fleurs extrêmement nombreuses, se succèdent sans interruption sur la
plante; elles sont très grandes, mesurant jusqu'à 10 centimètres de diamètre, très pleines et d'un jaune transparent avec le revers des pétales
saumoné. L'odeur en est très suave.

Pl. 78. — ROSE SAFRANO

SYNONYME FRANÇAIS : **Rose de Nice.**

Description.

Encore une variété de *Rose* appartenant au groupe des *Thés*. La fleur
est moyenne, de forme parfaite à l'état de bouton à demi épanoui qui
est jaune saumoné ; elle est plus pâle, presque blanche lorsque l'épanouissement est complet.

Cette variété est l'une de celles qui est le plus abondamment cultivée
en Provence pour le commerce de la fleur coupée en hiver. Elle est d'une
production constante et supporte bien les longs voyages. Tout le littoral
méditerranéen depuis Hyères, Cannes, Nice, jusqu'au delà de San-Remo,
se livre à la culture des Rosiers pour la fleur coupée en hiver, dont il a
presque seul le monopole de l'exportation. D'après M. le Dr Sauvaigo, le
produit net annuel d'un hectare peut être évalué de 4000 à 6000 francs
pour les Rosiers de plein air et de 8000 à 10.000 pour ceux élevés en for-
ceries. Sur les lieux de production, la Rose ordinaire se paie à Nice de
0 fr. 20 à 1 franc la douzaine; la Rose d'élite de 1 à 8 francs.

Pl. 79. — ROSE LA FRANCE

Description.

Cette variété est certainement l'un des plus beaux hybrides issus des
Roses Thé; elle a été obtenue en 1867, par M. Guillot fils. Ses fleurs, solitaires ou par bouquets de 3-5, sont larges de 8 à 10 centimètres, globuleuses, pleines, à pétales de la circonférence larges roulés extérieurement;
ceux du centre plus petits forment souvent un cœur au centre de la fleur.
Les pétales sont rose pâle, lilacés extérieurement, satinés argentés sur la
face supérieure. Cette belle variété est rustique et très floribonde.

Le nombre des variétés de *Roses Thé* est considérable. C'est à ce
groupe qu'appartient la *Rose maréchal Niel* obtenue par M. Pradel, en

1864. Splendide variété malheureusement délicate et fleurissant mal en plein air. Elle est l'objet d'importantes cultures en serre pour la production des fleurs coupées qui se vendent en abondance pendant l'hiver. Cette *Rose* est l'une des plus belles connues. Sa forme est parfaite, d'un jaune d'or superbe, et son parfum est délicieux.

Pl. 80. — ROSE SOUVENIR DE LA MALMAISON

ROSA INDICA Lindl., var.

Roses de l'Ile Bourbon.

Description.

Les variétés qui constituent le groupe désigné sous le nom de *Roses de l'Ile Bourbon* sont issues du *Rosa indica*. Cette espèce, introduite à l'île Bourbon par les voyageurs qui y relâchaient en revenant de la Chine, fut cultivée dans cette île. En 1817, M. Bréon, directeur au Jardin de botanique, l'observa; il en envoya des graines à M. Jacques, jardinier en chef du château de Neuilly, qui les sema et obtint des plantes qui constituèrent un nouveau type de Roses.

Les plantes de ce groupe sont des arbrisseaux généralement vigoureux à tête plus dense que celles des *Thés* et des *Bengales*; les rameaux sont plus gros, raides, quelques-uns s'élevant au-dessus des autres jusqu'à la hauteur de 1 m. 30. Les rameaux courts, terminés par une fleur, les autres par des bouquets de 3 à 7. L'écorce est épaisse, lisse et verte; les aiguillons peu nombreux, rougeâtres, robustes, recourbés au sommet. Les feuilles sont arrondies à la base et pointues au sommet; elles sont d'un vert brillant à la face supérieure, plus pâles en dessous. La couleur des fleurs varie du rouge pourpre foncé au rose pâle et au blanc pur, il en est qui ont une teinte jaune pâle. Ces fleurs peu ou point odorantes varient beaucoup comme forme. La floraison a lieu tardivement et dure jusqu'aux gelées. Comme les *Rosiers Thés*, les *Rosiers Ile Bourbon* sont délicats sous le climat de Paris; on doit les cultiver de préférence francs de pied, en touffes basses, pour pouvoir les butter et les garantir de la gelée.

La Rose *Souvenir de la Malmaison* est une variété de toute beauté, elle est malheureusement souvent atteinte par les fortes gelées. La plante est à rameaux vigoureux, à fleurs jaunes rougeâtres. Les pédoncules, courts, fléchissent sous le poids de la fleur qui mesure 8 à 9 centimètres de diamètre, est très pleine, en forme de coupe, aplatie, à pétales extérieurs larges, concaves, ceux du centre plus petits. Le bouton très bien fait est rose carné; la fleur épanouie est blanc saumoné à centre rose pâle teinté de rose violacé.

Pl. 81. — ROSE POMPON DE BOURGOGNE

ROSA GALLICA L., var. CENTIFOLIA, sous-variété.

Roses cent-feuilles.

Description.

Le *Rosa gallica*, cultivé dans la plus haute antiquité, est originaire de l'Europe, de l'Asie Mineure, de l'Arménie et de la Transcaucasie. M. Crépin, le savant directeur du Jardin botanique de Bruxelles, qui a fait des Roses une étude très approfondie, caractérise cette espèce de la manière suivante : « Styles libres inclus au lieu d'être saillants (comme dans le R. indica), à stigmates recouvrant l'orifice du réceptacle (dont les bords sont ordinairement dépassés par les poils tapissant l'intérieur); sépales réfléchis après l'anthèse (moment de l'épanouissement), caducs avant la maturité du réceptacle (du fruit), les extérieurs appendiculés latéralement; inflorescence uniflore avec ou sans bractées, rarement pluriflore et à bractées étroites; stipules adnées (adhérentes au pétiole dans la plus grande partie de leur longueur), les supérieures non dilatées; feuilles moyennes des ramuscules florifères 3-folioles; tiges dressées; aiguillons ordinairement crochus entremêlés d'acicules (aiguillons fins en forme d'aiguille) et de glandes pédicellées. » Cette espèce a produit de nombreuses variétés parmi lesquelles le *R. centifolia* est l'une des plus anciennes.

Les *Rosa Gallica* ou *Roses de Provins* sont des arbrisseaux touffus, très rustiques, fleurissant en juin-juillet. C'est la Rose la plus anciennement cultivée, et parmi les nombreuses variétés auxquelles elle a donné naissance, il en est qui sont vraiment très remarquables par leur forme et par leur coloris. Ces Roses ont malheureusement le défaut de ne fleurir qu'une fois dans l'année. C'est la raison pour laquelle on les a abandonnées en leur préférant les variétés remontantes obtenues dans le cours de ce siècle. Les Roses panachées ne se rencontrent guère que dans ce groupe.

Un sous-groupe du *Rosa gallica* est constitué par les *Roses cent-feuilles* (Rosa centifolia L.), arbrisseaux peu élevés à rameaux grêles, à écorce vert pâle couverte de nombreux aiguillons recourbés et entremêlés de soies glanduleuses, à feuilles vert pâle, gaufrées. Les fleurs, à odeur très suave, ordinairement penchées, très pleines, glanduleuses, renferment un nombre considérable de variétés très rustiques, malheureusement non remontantes et par conséquent délaissées. C'est à ce groupe que se rattache la *Rose Pompon de Bourgogne* trouvée à l'état sauvage sur une montagne des environs de Dijon en 1735, cultivée pour bordures dans les jardins, et dont les fleurs se vendent en petits bouquets en quantité considérable dans les grandes villes sous le nom de *Rose de Mai*.

Ces fleurs, très petites, sont inodores. Il ne faut pas confondre cette Rose pompon avec la *Rose pompon* vraie (Rosa Lawrenceana) qui est une variété de *Rose Bengale* (R. semperflorens).

C'est encore au groupe des *cent-feuilles* qu'appartiennent les *Roses moussues* ou *mousseuses*.

Les *Roses de Damas*, dont on ne cultive maintenant qu'un très petit nombre de variétés, entre autres *Madame Hardy*, grande Rose blanc pur, se rattachent aussi au *Rosa gallica*.

« La plupart des auteurs, dit M. Crépin, ont considéré le *R. damascena* Mill. comme un type distinct qu'ils ont compris dans la section des *Gallicæ*, mais on a tout lieu de penser que cette Rose est un hybride, dont l'un des ascendants est le *R. gallica* et l'autre le *R. canina*. »

Le *Rosa alba* L., qui a produit aussi des variétés autrefois cultivées, mais abandonnées aujourd'hui parce qu'elles ne sont pas remontantes, serait d'après le même auteur un autre hybride des *R. gallica* et *canina*.

Pl. 82. — ROSE MULTIFLORE

ROSA MULTIFLORA Thunb.

SYNONYME LATIN : **Rosa polyantha Sieb. et Zucc.**

Patrie : Asie.

Description.

Arbrisseau originaire de la Chine et du Japon, à tiges grimpantes pouvant atteindre 4 à 5 mètres de longueur, à rameaux grêles, flexibles, lisses, munis d'aiguillons crochus réunis par deux au-dessous de l'insertion des feuilles (fig. 2). Ses feuilles, ordinairement à 7 folioles, velues des deux côtés, sont accompagnées de stipules adhérentes au pétiole dans presque toute leur longueur et profondément incisées (fig. 2), caractère qui se retrouve dans tous les types issus de cette espèce. Les fleurs en bouquets très fournis sont petites, blanches ou roses, simples, doubles ou pleines. Les styles, velus, sont soudés en une colonne (fig. 1). Le fruit, en forme de toupie, est rouge clair, non couronné par les folioles du calice qui tombent avant sa maturité.

Cette espèce est recherchée pour garnir les façades de maisons, les tonnelles, les murs ; elle a donné naissance à plusieurs hybrides horticoles, les *Rosa polyantha*, entre autres, qui, selon M. Crépin, ne seraient que le résultat du croisement de cette espèce avec l'une ou l'autre variété de la section *Indicæ*. Croisée avec le *R. gallica*, elle a produit diverses variétés, notamment la *Rose de la Grifferaie*.

Pl. 83. — ROSE BENGALE CRAMOISI SUPÉRIEUR

ROSA SEMPERFLORENS Curtis.

SYNONYME LATIN : Rosa diversifolia Vent.

Patrie : Chine.

Description.

Le *Rosa semperflorens* est spécifiquement peu distinct du *R. indica* auquel certains auteurs le réunissent. Au point de vue horticole ces deux plantes méritent d'être séparées. Les *Rosiers du Bengale* ou *Rosiers perpétuels* forment un buisson un peu étalé, à rameaux droits, glabres, munis de rares aiguillons recourbés. Les feuilles, à 3-5 folioles planes, dentées en scie, sont d'un vert foncé souvent teinté de pourpre noir, ainsi que les jeunes pousses. Les fleurs solitaires ou naissant par 2 ou 3, doubles ou pleines, sont de moyenne grandeur et varient comme couleur, du rose pâle au rouge cramoisi; elles sont sans odeur; leur tube du calice est glabre et les folioles qui le surmontent, infléchies après la floraison, se détachent de bonne heure. Au dire de Lindley, ce Rosier est le seul qui perde ses étamines en même temps que ses pétales, ce qui le distinguerait du *Rosa indica* (Roses Thé). D'après ce même botaniste, le *Rosier Bengale* type n'a guère qu'une quinzaine d'ovaires dans chaque fleur, tandis que le *Rosa indica* en a de 40 à 50.

La *Rose Bengale* introduite de Chine en Angleterre en 1780 par Ker, botaniste voyageur anglais, fut apportée en 1800 au Jardin des Plantes de Paris. De nombreuses variétés en furent obtenues mais ont été peu à peu abandonnées, ce qui paraît être dû à leur peu de rusticité, aux faibles dimensions de leurs fleurs et à leur manque d'odeur. Quelques-unes cependant, et notamment la variété figurée sur cette planche, sont encore très répandues et servent à former des massifs et des corbeilles qui fleurissent pendant toute l'année. Il est nécessaire de les cultiver franches de pied en petits buissons qu'on butte aux approches de l'hiver. Dans le midi de la France les *Rosiers Bengale* sont très rustiques; ils y donnent une floraison abondante et ininterrompue.

Pl. 84. — ROSE CAPUCINE

ROSA LUTEA Mill., var. PUNICEA

SYNONYMES LATINS : Rosa punicea Mill.; R. bicolor Jacq.

Patrie : Asie Mineure, Arménie et Perse.

Description.

Le *Rosa lutea* (*R. Eglanteria* L.) est un buisson de 1 à 2 mètres, à rameaux grêles luisants, d'un brun fauve, portant des aiguillons rares, inégaux, droits, non entremêlés de soies. Les feuilles à 5-9 folioles sont ovales, doublement dentées, glabres, luisantes et d'un vert foncé au-dessus, un peu velues, parfois visqueuses en dessous. Les fleurs, nombreuses, solitaires, grandes, simples, sont jaunes dans le type de l'espèce, elles ont une odeur que l'on a comparée à celle de la punaise. Une variété à fleurs pleines, *Persiani Yellow*, d'un jaune d'or, inodore, est très répandue dans les jardins. Une autre variété est très remarquable par ses grandes fleurs simples, jaunes extérieurement et revêtant à l'intérieur une teinte rouge capucine mordoré plus ou moins vif.

Ces Rosiers sont rustiques et se cultivent francs de pied en buissons que l'on taille peu.

Le *Rosa sulphurea* Ait., de l'Asie Mineure, de l'Arménie et de la Perse, que certains auteurs ont confondu à tort avec l'espèce précédente, est cultivé en Europe depuis le xvie siècle. C'est un buisson de 1 m. 50 à 2 mètres de hauteur, à rameaux brun roux portant des aiguillons épais, inégaux, entremêlés de soies. Les feuilles ont de 5 à 9 folioles vert terne au-dessus, un peu glauques en dessous, à dents simples. Les fleurs, grandes, pleines, sont d'un beau jaune citron mais s'épanouissent mal. Ce Rosier ne remonte pas, il est assez rustique et doit être peu taillé.

Pl. 85. — ROSE WILLIAM ALLEN RICHARDSON

Roses Noisette.

Origine horticole.

On suppose que les *Rosiers de Noisette* sont le produit d'un croisement entre le *Rosier Thé* (R. indica) ou le *R. de Bengale* (R. semperflorens), avec le *Rosier musqué* (R. moschata). Quoi qu'il en soit, la plante qui a donné naissance à cette belle catégorie de Rosiers, a été obtenue de semis, en Amérique, par un Français, Philippe Noisette, qui l'envoya en France en 1814.

Les *Rosiers Noisette* sont des arbrisseaux vigoureux qui, dans certains cas, rappellent beaucoup les Rosiers Thé. Leurs rameaux élancés, parfois presque grimpants, ont l'écorce lisse, vert foncé ou violacé. Les aiguillons, plus nombreux que sur les *Bengales* et les *Thés,* sont épars, crochus, forts, violets. Les feuilles, à 5-9 folioles, très étoffées, sont glabres, luisantes au-dessus, un peu blanchâtres en dessous, simplement et finement dentées. Les fleurs, grandes ou moyennes, sont solitaires ou disposées en bouquets plus ou moins fournis; elles sont d'une bonne forme, les pétales de la circonférence échancrés, ceux du centre entiers, présentant comme coloris tous les tons, depuis le blanc pur jusqu'au carmin foncé et au jaune de chrome.

Les *Rosiers de Noisette*, comme les Thés et les Bengales, jouissent de la propriété de fleurir d'une manière continue pendant toute la belle saison;

ils sont assez rustiques, mais il est cependant prudent de les butter pour les garantir du froid. Sous le climat de Paris il est pour cela préférable de les cultiver francs de pied, en touffes, que greffés sur tige.

La *Rose William Allen Richardson*, obtenue par Mme Vve Ducker en 1878 et figurée sur cette planche, est une des variétés de *Rose Noisette* les plus remarquables par son coloris jaune safran. La plante est très vigoureuse, à tiges longues et grimpantes. Les fleurs naissent en bouquets aux extrémités des rameaux.

Pl. 86. — ROSE MOUSSEUSE COMMUNE

Roses cent-feuilles moussues.
Rosa gallica L., var. centifolia muscosa.

Origine horticole.

Les *Roses moussues* ou *mousseuses* se rattachent aux *Roses cent-feuilles* décrites au texte de la pl. 81, dont elles ne diffèrent que par la transformation des poils du calice et souvent même du pédoncule et du pétiole en une sorte de mousse touffue, verdâtre ou rougeâtre, qui donnent aux fleurs un aspect tout particulier. On prétend que c'est en Angleterre qu'ont pris naissance les *Rosiers moussus;* leur origine n'est pas bien connue.

Les *Roses mousseuses* ou *moussues* sont très recherchées à l'état de boutons à demi épanouis pour la confection des bouquets. Il en existe un très grand nombre de variétés blanches, roses ou rouges, qui ont le grand inconvénient de n'être pas remontantes. Ce sont des plantes très rustiques.

La *Rose mousseuse commune*, figurée sur cette planche, est l'une des variétés le plus abondamment cultivée aux environs de Paris pour la production de fleurs coupées destinées à la confection des bouquets.

Pl. 87. — ROSE BARONNE ADOLPHE DE ROTHSCHILD

Rose hybride remontante.

Origine horticole.

Les *Rosiers hybrides remontants* ont été obtenus par les horticulteurs, et sont le produit du croisement du *Rosa indica* (Rosier Thé) ou du *Rosa semperflorens* (Rosier du Bengale) avec le *Rosa gallica* (Roses de Provins, de Damas, Cent-feuilles, etc.); ils présentent un mélange si confus de caractères qu'il est souvent impossible de retrouver ceux des plantes qui leur ont donné naissance; cependant, ils ont un caractère commun, qu'on retrouve toujours, c'est la présence sur la tige et les rameaux d'aiguillons plus ou moins robustes, crochus ou arqués, entremêlés d'aiguillons fins en aiguille et de glandes à petits pédicules.

Ces Rosiers sont aujourd'hui les plus recherchés et les plus populaires ; il en existe un nombre incalculable de variétés, dont les fleurs, délicieusement parfumées, présentent les formes les plus parfaites et les coloris les plus agréables. Ce qui constitue les principaux mérites des plantes de cette catégorie c'est qu'elles remontent franchement, c'est-à-dire fleurissent une première fois en juin, puis il se développe à la base des pédoncules, sur les rameaux qui ont fleuri, d'autres rameaux qui donnent une seconde floraison fin août. Les *Rosiers hybrides remontants* ont en outre sur les *Rosiers Thés et de Bengale* l'avantage d'être d'une grande rusticité, au moins la plupart d'entre eux.

Les premières variétés de cette race n'étaient pas très belles, on les désignait sous le nom de *Rosiers Portland*, en l'honneur de la duchesse de Portland qui avait, en Angleterre, une collection de Roses célèbre vers la fin du siècle dernier.

La variété *Baronne Adolphe de Rothschild*, obtenue par Pernet, en 1868, qui appartient à ce groupe, est l'une des plus belles Roses connues. La planche 87 ne peut en donner qu'une idée assez imparfaite. Il est vrai que rien n'est plus difficile à rendre en dessin et en couleurs que les Roses. La fleur en est très grande, d'une forme parfaite, presque pleine d'une teinte rose carné extrêmement délicat nuancé de blanc. Dans toutes les expositions et dans tous les concours cette Rose est toujours au premier rang parmi les plus belles. La plante est vigoureuse et très rustique.

Pl. 88. — ROSE GÉNÉRAL JACQUEMINOT

Rose hybride remontante.

Description.

Comme la précédente, cette variété est l'une des Roses les plus belles. Elle appartient aussi au groupe des *Hybrides remontantes*. C'est la Rose par excellence, et il n'est pas de jardin, petit ou grand, où elle ne soit cultivée. Elle est non seulement remarquable par ses fleurs d'une forme élégante et parfaite, d'un coloris rouge velouté éblouissant, mais encore c'est l'une des variétés qui fleurissent le plus abondamment au printemps et à l'automne. La plante, très vigoureuse, est aussi d'une grande rusticité.

Au nombre des espèces de Roses non figurées dans cet Atlas et dont il n'a pas été question dans la revue qui vient d'être faite, on peut citer encore comme étant cultivés dans les jardins :

Le *Rosier pimprenelle* (Rosa pimpinellifolia L.), de l'Europe et de l'Asie, petit arbuste de 50 centimètres à 1 mètre de hauteur à rameaux couverts d'aiguillons très fins, à folioles arrondies, à fleurs petites, blanches ou

jaunâtres, ayant donné naissance à un certain nombre de variétés horticoles à fleurs pleines.

Le *Rosier des Alpes* (Rosa alpina L.), arbrisseau de 2 à 3 mètres, à
tiges pourpre brun munies d'un très petit nombre d'aiguillons, à feuilles
accompagnées de stipules très amples, dilatées au sommet. Cette espèce
a fourni plusieurs variétés horticoles dont une bien connue comme Rosier
grimpant sous le nom de *Rose de Boursault* et que l'on croit être le produit de son croisement avec un Rosier Thé.

Le *Rosier Cannelle* (Rosa cinnamomea L.), de l'Europe et du nord de
l'Asie, arbrisseau de 2 mètres à tiges robustes luisantes, brunes, à rameaux florifères sans aiguillons, les autres à aiguillons entremêlés de
soies, à feuillage glauque; à fleurs petites, simples ou doubles, rouge
pâle à odeur spéciale, à petits fruits ronds, de la grosseur d'un pois. La
variété à fleurs doubles cultivée depuis plusieurs siècles est connue dans
certaines provinces sous le nom de *Rose du Saint-Sacrement*.

Le *Rosier des Chiens, Églantier* (Rosa canina L.), de l'Europe, du nord
de l'Afrique et de l'Asie occidentale, très commun en France dans les
haies et les bois et recherché comme sujet pour la greffe des variétés que
l'on désire cultiver *sur tiges*. (Voir *Masclef. Atlas, pl. 106*.)

Le *Rosier rouillé, Églantier rouge* (Rosa rubiginosa L.), de l'Europe,
également recherché comme sujet pour la greffe.

Le *Rosier bractéolé* (Rosa bracteata Wendl.), de la Chine méridionale et
de Formose, espèce remarquable par les fleurs accompagnées de bractées
(feuilles florales) et par ses grandes fleurs blanches à très nombreuses
étamines. Cette espèce n'est rustique que dans le midi de l'Europe, mais
elle est fréquemment cultivée en pots pour les marchés aux fleurs de
Paris. Il en est sorti par croisement avec une autre espèce (M. Crépin
pense que c'est la *R. moschata*) une variété horticole à tiges grimpantes
pouvant atteindre une grande hauteur, et une variété nommée *Maria
Leonida* dont le second parent serait peut-être une variété de Rose Thé.

A côté de cette espèce se place le *Rosier involucré* (Rosa cliniphylla
Thory, Rosa involucrata Roxb.), de l'Inde, qui exige aussi un climat
chaud; croisée avec le *R. moschata*, cette espèce a donné naissance au
R. Lyellii Lindl. Cet hybride, dit M. Crépin, est cultivé en Europe sous
divers noms et entre autres sous ceux de *cliniphylla plena* et *cliniphylla
duplex*. Par son croisement avec le *R. berberifolia* Pall., il a produit le
Rosa Hardyi Paxt., si curieux par ses fleurs jaunes, maculées de pourpre
à la base de chaque pétale. Cette plante devenue rare existe dans la belle
collection de Roses du Muséum d'histoire naturelle de Paris.

Le *Rosier microphylle* (Rosa microphylla Roxb.), de la Chine et du
Japon, buisson compact à rameaux armés d'aiguillons au-dessous des
feuilles; celles-ci à 5-9 folioles très petites, arrondies, d'un vert brillant,
tout à fait glabres. Le calice est sphérique et complètement couvert d'aiguillons fins et serrés, ce qui a fait donner à cette plante le nom de **Rosier**

châtaigne. Comme les Rosiers bractéolé et involucré, cette espèce ne supporte pas nos hivers du climat de Paris ; mais elle croît admirablement dans le Midi et dans nos provinces de l'Ouest.

Le *Rosier Ayrshire* (hybride issu du Rosa arvensis Huds., qui est une plante commune en France). Superbe arbrisseau grimpant à tiges pouvant atteindre jusqu'à 10 mètres de longueur, d'une très grande rusticité et qui a produit des variétés à fleurs doubles ou pleines, odorantes, blanches, rose pâle et carminées.

Le *Rosier toujours vert* (Rosa sempervirens L.), de l'Europe et du nord de l'Afrique, arbrisseau à tiges grimpantes de plusieurs mètres de longueur, à aiguillons un peu crochus, à feuilles persistantes, glabres, luisantes, à fleurs moyennes en bouquets, blanches et odorantes. Il en existe des variétés estimées à fleurs pleines, blanches ou rose pâle.

Le *Rosier musqué* ou *muscat* (Rosa moschata Herrm., R. Brunonii Lindl.), de l'Asie et de l'Abyssinie, mais naturalisé en Espagne et dans le Roussillon. Arbrisseau de 2 à 3 mètres à rameaux dressés, robustes, armés de forts aiguillons crochus, à feuilles à 5-7 folioles finement dentées, glabres et un peu chagrinées en dessus, glauques en dessous. Les fleurs, simples ou doubles, en bouquets, généralement au nombre de 7, sont blanches, très parfumées. Le fruit est petit, rouge à la maturité. Cet arbrisseau est cultivé à Tunis, en Roumélie, dans les Balkans et dans le midi de la France pour la production de l'essence de Roses.

Le *Rosier à feuilles de Ronce* (Rosa setigera Michx. ; R. rubifolia R. Br.), de l'Amérique du Nord, arbrisseau grimpant à longues tiges munies d'aiguillons très courts, à feuilles à 3-5 folioles ovales, dentées en scie, à fleurs solitaires ou en bouquets, doubles ou pleines, blanches, carnées ou rose pâle. Les Rosiers grimpants *Beauté des prairies* et *Belle de Baltimore* appartiennent à cette espèce. Ce sont des plantes vigoureuses et très rustiques.

Le *Rosier de Banks* (Rosa Banksiæ R. Br.), de la Chine. Arbrisseau d'une grande vigueur à tiges pouvant atteindre 10 à 15 mètres de hauteur, et couvrant des arbres et des maisons entières dans le midi de la France. Cette espèce se distingue facilement à ses tiges dépourvues d'aiguillons, vertes et lisses ; à ses feuilles à 3-5 folioles étroites, luisantes, persistantes, d'un vert foncé ; à ses rameaux flexibles et retombants portant un nombre considérable de petites fleurs en bouquets, simples ou doubles, blanches ou jaune pâle, à odeur de violette. Cette espèce si belle dans le midi de la France, est sensible au froid sous le climat de Paris ; elle n'y réussit qu'à une bonne exposition et en ayant soin de la couvrir de paillassons pendant l'hiver.

Emplois.

Les emplois des Rosiers sont extrêmement variés. Les variétés à longues tiges grimpantes comme *Gloire de Dijon*, les *Ayrshire*, certaines

Roses de Noisette, etc., conviennent à orner les tonnelles, les façades de maisons, les treillages, etc., tandis que d'autres de faible végétation sont excellentes pour la culture en pots, pour l'ornementation des appartements et des fenêtres. Mais, c'est surtout comme plantes de parterres que les Rosiers sont précieux et il n'est pas un jardin, si petit qu'il soit, qui ne contienne un massif ou une corbeille de Rosiers.

Pour les bouquets et pour les jardins, la Rose est la reine des fleurs, elle a la grâce, la durée, et un parfum d'une suavité incomparable. Nous avons vu plus haut que certaines variétés donnent lieu dans le midi de la France à des cultures spéciales considérables faites en vue d'approvisionner les régions septentrionales pendant l'hiver. (Voir *Rose Safrano*, page 84.)

Une autre industrie importante, à laquelle a donné lieu la Rose est la production de l'essence de Rose, parfum d'un prix si élevé qu'il est presque impossible de le trouver pur dans le commerce tant il donne lieu à des falsifications. C'est surtout dans les Balkans et en Tunisie qu'on se livre à la culture de la Rose pour l'industrie des parfums. En Algérie, en Ligurie et dans le midi de la France, à Nice et à Grasse, la Rose est également cultivée comme plante à parfum. Les Roses qui sont les plus recherchées à cet effet sont les *Roses cent-feuilles, de Damas* et la *Rose musquée*. D'après M. le Dr Sauvaigo, en Provence, chaque pied vigoureux de Rosier donne en moyenne 200 à 300 grammes de fleurs qui sont vendues depuis 0,50 jusqu'à 2 fr. 50 le kilogramme. Mille kilogrammes de pétales rendent 60 à 150 grammes d'essence. L'essence pure se vend, prix moyen, de 1200 à 1600 francs le kilogramme. La culture du Rosier rapporte de 600 à 900 francs nets par hectare dans les Alpes-Maritimes.

On falsifie l'essence de Roses avec l'essence de *Géranium Rosat* (voir p. 63) et de *Citronelle* (Andropagon Schoenanthus L.), Graminée cultivée en grand dans l'Inde.

Culture.

Les Rosiers cent-feuilles et les hybrides remontants sont, à quelques exceptions près, ceux qui résistent le mieux à nos hivers, sous le climat de Paris. Ces derniers moins rustiques peuvent cependant supporter jusqu'à 18 et même 20 degrés au-dessous de zéro.

La première floraison a lieu en juin et celle d'automne est d'autant plus belle qu'on a enlevé avec plus de soin les fleurs fanées pour empêcher la fructification qui fatigue les plantes. La suppression des fleurs doit être faite avec soin en ayant soin de ne couper que la partie du pédoncule située immédiatement au-dessous du point d'attache de la fleur, car les rameaux qui donnent la seconde floraison naissent dans le voisinage immédiat des fleurs et on en empêcherait le développement en supprimant la partie des rameaux qui renferment les bourgeons encore invisibles.

En raison de leur rusticité les variétés appartenant aux groupes ci-dessus peuvent être cultivées franches de pied en touffes basses aussi bien que greffées sur haute tige. Ils se prêtent à toutes les formes.

Les Rosiers du Bengale, les Thés, les Rosiers de l'Ile Bourbon, les Rosiers de Noisette ne comprennent que des plantes délicates, qu'une température de 10 degrés au-dessous de zéro suffit à anéantir. Aussi arrive-t-il souvent que leurs parties aériennes se trouvent détruites, même dans les hivers ordinaires. C'est donc une faute de les cultiver greffés sur tige, à moins de les abriter en les emmaillottant avec de la paille ou du foin, ce qui ne suffit pas toujours.

La forme qui convient à ces Rosiers est la forme basse. On les cultivera donc francs de pied, en touffes que l'on pourra couvrir de paille ou de terre pour les garantir du froid. La floraison de ces Rosiers commence après celle des hybrides remontants, mais se prolonge jusqu'aux premières gelées.

La culture des Rosiers est possible dans tous les jardins; cependant on peut dire que les sols profonds, frais et fertiles, sont ceux qui conviennent le mieux à ces arbrisseaux qui aiment en outre une exposition aérée et qui préfèrent une vive lumière à une situation ombragée. La meilleure époque pour la plantation est le mois de novembre, avant les grands froids. Cependant, pour les variétés délicates, il est préférable de ne faire cette opération qu'au mois de février.

Pour obtenir des Rosiers tout l'effet que l'on peut en attendre, il est nécessaire de les soumettre chaque année à une taille raisonnée. Cette opération se pratique en mars; elle a pour but principal, tout en donnant une forme aussi agréable que possible aux plantes, de favoriser le développement de rameaux nouveaux, nombreux et bien constitués, les fleurs ne se montrant que sur des rameaux nouveaux. La règle générale est de tailler au-dessus du troisième ou du quatrième bourgeon (œil) en comptant à partir du point d'insertion des rameaux sur les branches principales ou de charpente; cependant, il est nécessaire de tailler plus longs les rameaux des variétés à végétation vigoureuse, et plus courts ceux des variétés à faible développement.

Multiplication.

Lorsqu'il s'agit de Rosiers francs de pied, c'est-à-dire obtenus par semis, division des touffes ou par boutures, cultivés en touffes ou basses tiges, la multiplication peut se faire en détachant des touffes des pousses munies de racines qui reprennent avec facilité.

Le semis n'est employé que par les Rosiéristes en vue de l'obtention de variétés nouvelles.

Un autre mode de multiplication très usité est le bouturage; il donne d'excellents résultats pour certaines variétés mais non pour toutes. C'est aux mois de septembre-octobre lorsque les rameaux sont suffisamment lignifiés que l'on fait les boutures. On choisit à cet effet les brindilles ayant fleuri, les pousses vigoureuses émettant plus difficilement des racines, et on conserve autant que possible l'empattement (talon) au point d'attache du rameau sur la branche. On supprime la partie supérieure de ce rameau auquel on ne laisse que trois feuilles et une longueur d'environ 10 centimètres, puis on coupe les feuilles de manière à ce qu'il ne subsiste qu'environ la moitié de la terminale et seulement le pétiole (queue) de celles de la base. Ainsi préparés, les fragments de rameaux sont piqués en terre à exposition ensoleillée, dans un sol bien travaillé additionné de terreau ; on les abrite avec des cloches que l'on couvre de paille dans les premiers jours pour garantir les plantations contre les ardeurs du soleil. Au bout de vingt jours, on soulève légèrement les cloches pour donner un peu d'air aux boutures dont l'enracinement commence et se poursuivra toute la durée de l'hiver. Lorsque les froids surviennent, on abaisse les cloches, on les couvre de feuilles sèches ou de paille et il ne reste plus qu'à attendre le printemps pour mettre en place les plantes ainsi obtenues.

Un autre procédé de multiplication fréquemment employé consiste à greffer soit sur tige soit sur collet ou tronçons de racines les variétés des jardins sur l'*Églantier*, sur *Rosa polyantha*, *Rosa Manettii* ou *Rose multiflore de la Grifferaie*, suivant que l'on veut obtenir des Rosiers haute tige ou des Rosiers basse tige.

C'est d'octobre en mars, mais plutôt à l'automne, que les Rosiéristes pratiquent la greffe en fente des Rosiers sur collet ou tronçons de racines d'Églantier ou de Rose polyantha. Ils choisissent pour cela des racines bien saines qu'ils coupent en tronçons de 8 à 10 centimètres de longueur et munies de petites racines (radicelles) à la partie inférieure et une portion d'écorce lisse au sommet, de manière à ce qu'on puisse y placer le greffon, partie de rameau munie de deux yeux appartenant à la variété à multiplier que l'on introduit dans une fente pratiquée comme pour la greffe en fente ordinaire, en ayant soin de bien mettre en contact les sèves du sujet et du greffon. Il ne reste ensuite qu'à ligaturer avec du fil de Bretagne et à enduire les plaies avec du mastic à greffer ou de la poix. Les racines doivent rester le moins longtemps possible à l'air ; on les dispose dans des coffres, sous châssis, dans du sable humide, le dernier œil du greffon seul hors du sol. Dans les temps froids, les châssis doivent être couverts de paillassons et les coffres entourés de feuilles sèches ou de fumier.

La greffe en écusson se pratique surtout en vue d'obtenir des Rosiers-tiges. On obtient ainsi des arbrisseaux à rameaux réunis en tête au sommet d'une tige unique d'environ 1 m. 50 de hauteur et qui, outre le mérite de présenter les fleurs plus à la portée des regards, ont surtout celui de ne pas encombrer les plates-bandes en permettant la culture d'autres plantes au-dessous d'eux.

La greffe en écusson peut se pratiquer en juin ; on lui donne alors le nom de greffe à œil poussant parce que l'écusson se développe dans le cours de l'été. On obtient ainsi immédiatement des rameaux, mais d'une végétation généralement faible et qui résistent rarement si l'hiver qui suit est un tant soit peu rigoureux. Aussi préfère-t-on avec raison ne greffer qu'à la fin de l'été, du 15 juillet à la fin de septembre. La greffe est dite alors à œil dormant parce que l'écusson reste à l'état de vie latente pendant tout l'hiver et ne se développe qu'au printemps suivant. Les rameaux obtenus dans ce cas sont vigoureux, car il n'y a pas à craindre qu'ils soient arrêtés dans leur croissance par la sécheresse, comme cela arrive presque toujours dans le premier cas, et qu'ils ont le temps de se lignifier (de s'aoûter) pour supporter la saison froide.

A l'entrée de l'hiver, du mois de novembre à la première quinzaine de décembre, on fait sa provision d'Églantiers qu'on choisit bien droits, de la grosseur du doigt, de 80 centimètres à 1 mètre de hauteur, à écorce lisse, verte striée de gris. Ces Églantiers seront plantés immédiatement après avoir été habillés, c'est-à-dire débarrassés à l'aide d'une scie ou d'un sécateur de la partie inférieure de la racine qui forme chicot pour ne conserver que les jeunes racines. On favorisera la reprise des plants en les plongeant tout entiers dans un mélange d'argile et de bouse de vache.

Greffe en écusson.

Au printemps suivant, ces Églantiers émettent des pousses qu'on supprime pour ne conserver que les trois plus belles sur lesquelles doit se pratiquer la greffe, en temps opportun, du 15 juillet au 15 septembre, mais seulement lorsque ces plants sont bien en sève, c'est-à-dire lorsqu'on peut facilement détacher l'écorce du bois.

Pour pratiquer l'écussonnage, on prend un lambeau d'écorce muni d'un œil (écusson) sur un rameau de la variété à reproduire, pour l'introduire sous l'écorce du sujet. Il ne faut pas croire que le choix de l'œil est sans importance. C'est au contraire une chose essentielle. On le choisira bien constitué, d'un développement moyen, de préférence sur un rameau ayant porté des fleurs aussi parfaites que possible.

On coupe alors la feuille qui accompagne l'œil choisi, de manière à ne lui conserver que la queue ou pétiole, puis, à l'aide d'un greffoir ou d'un canif bien aiguisé, on le détache du rameau en appliquant la lame de l'instrument à un centimètre au-dessus de lui et en la dirigeant de manière à la faire glisser parallèlement entre le bois et l'écorce jusqu'à un centimètre au-dessous. On obtient ainsi une languette d'écorce qu'il serait préférable d'avoir sans bois à l'intérieur, mais qui présente cependant toutes les garanties de succès désirables lorsque la portion de bois enlevée est telle qu'une bonne partie de la face interne de l'écorce se trouve à nu. L'essentiel est que le tissu qui se trouve immédiatement situé sous l'œil soit intact.

On tient entre les lèvres, par le pétiole, l'écusson ainsi détaché, de manière à avoir les mains libres, puis rapidement, on pratique sur le rameau de l'Églantier, dans une partie lisse et aussi rapprochée que possible de la tige principale, une double incision en forme de T de dimensions correspondantes à celles de l'écusson. On soulève les deux portions d'écorce qui se trouvent ainsi séparées et on glisse dessous, par en haut, l'écusson, de manière à ce que l'œil se trouve situé entre les deux lèvres. Il ne reste plus qu'à fixer le tout avec une ligature en laine ou en Raphia en ayant soin de laisser l'œil de l'écusson à découvert.

Au bout de huit jours on sait si la greffe a réussi ou non. Dans le premier cas le pétiole de l'écusson se détache et tombe de lui-même; dans le second, il se dessèche et reste adhérent.

Il est préférable de poser les écussons sur les rameaux de l'année; cependant on peut aussi greffer sur la tige principale. Généralement on pose deux écussons sur un même sujet en les disposant sur deux rameaux opposés, ce qui rend plus rapide la formation de la charpente de l'arbrisseau.

Au mois de février qui suit l'écussonnage on enlève la ligature qui a servi à fixer l'écusson, puis on taille les rameaux greffés de manière à ne laisser qu'un œil au-dessus de chaque greffe. Les écussons se développent bientôt. Lorsqu'ils ont atteint une longueur de 25 centimètres on supprime la pousse née des yeux situés au-dessus d'eux pour attirer la sève, mais qui sont désormais inutiles, puis on maintient les rameaux à l'aide de tuteurs pour éviter qu'ils ne se décollent ou ne se brisent.

En décembre les Rosiers greffés l'année précédente peuvent être arrachés pour être plantés définitivement dans les plates-bandes ou dans les massifs et on les soumet au traitement qui convient à la variété à laquelle ils appartiennent.

Pl. 89. — POTENTILLE DES JARDINS

POTENTILLA ATROSANGUINEA Lodd.

Synonyme latin : **Potentilla argyrophylla Wall.**

Patrie : Himalaya.

Description.

Ce genre est caractérisé par des fleurs ayant un calice à 5 divisions; accompagné d'un calicule (sorte de second calice) formé de feuilles florales, aussi à 5 divisions; 5 pétales arrondis ou en cœur renversé;

20 étamines ou plus; les styles latéraux, courts, caducs. Les fruits (carpelles) sont nombreux, secs, réunis en tète sur un réceptacle convexe, poilu, non charnu.

L'espèce figurée est une plante vivace de 40 à 60 centimètres de hauteur, velue, soyeuse; à feuilles divisées en trois lobes, blanchâtres à la face inférieure. Les fleurs, portées sur une tige ramifiée, à ramifications grêles, mesurent 3 centimètres et plus de diamètre; elles sont comme veloutées et d'une belle couleur rouge sang. Cette plante a donné naissance, par variation ou par croisement avec une espèce à fleurs jaunes, à toute une série de variétés de fleurs plus grandes, simples, doubles ou pleines, unicolores, jaune pâle, jaune d'or, orangé, rouge écarlate ou rouge brun ou panachées, sur fond jaune. Fleurit en juin-juillet.

Emplois. — Culture. — Multiplication.

La Potentille des jardins et ses belles variétés, se plaisent dans les sols un peu frais; on les emploie à l'ornementation des plates-bandes. Dans le nord de la France, il est nécessaire de couvrir les touffes de paille ou de feuilles sèches dans les hivers rigoureux. Multiplication par division des touffes au printemps et aussi par graines que l'on sème en avril-mai, pour repiquer à mi-ombre et mettre en place au printemps suivant.

Une autre espèce vivace ornementale, la *Potentille du Nepaul* (Potentilla nepalensis Hook.), de l'Himalaya, se distingue de la précédente par ses feuilles à 5-7 lobes. Les fleurs en sont rouge carmin, larges d'environ 2 centimètres 1/2. Même culture.

Pl. 90. — BENOITE ÉCARLATE

GEUM CHILOENSE Balb.

SYNONYME LATIN : **Geum coccineum Lindl. (non Sibth. et Smith).**

Patrie : Chili.

Description.

Les Benoites (Geum) sont caractérisés par des fleurs à calice à 5 divisions, muni d'un calicule (sorte de second calice formé de feuilles ovales), également à 5 divisions; 5 pétales arrondis; 20 étamines au plus. Les styles terminaux s'accroissent après la floraison; ils persistent sur le fruit. Les fruits (carpelles) (fig. 2), secs, poilus, sont groupés en tête globuleuse sur un réceptacle cylindrique ou conique (fig. 1), sec.

Le *Benoite écarlate* est une plante vivace, velue, d'environ 50 centimètres de hauteur, à feuilles de la base grandes, divisées en nombreux lobes amples et inégalement découpés. La tige dressée, rameuse dans la partie supérieure, porte de nombreuses fleurs terminales, larges de

3 centimètres et plus, et d'un rouge écarlate très vif. Fleurit de mai en
avril.

Emplois. — Culture. — Multiplication.

Cette plante est ornementale par ses fleurs nombreuses, d'un coloris
éclatant; on l'emploie à la décoration des plates-bandes. Elle craint les
hivers rigoureux et surtout les excès d'humidité; il est donc prudent,
sous le climat de Paris et dans le nord de la France, d'en abriter quelques
pieds sous cloche ou sous châssis. Multiplication par division des touffes
ou par graines que l'on sème au printemps.

Cette espèce est quelquefois désignée dans les jardins sous le nom de
Geum coccineum qui appartient à une autre espèce (G. coccineum Sibth.
et Smith), plante originaire de la Grèce et du Caucase, qui se distingue
de la précédente par ses dimensions moindres, sa tige florale presque
simple, les feuilles de la base à 4-6 petits lobes, au lieu de 10-12 grands;
les fleurs rouge vermillon au lieu d'être rouge écarlate.

EXPLICATION DE LA PLANCHE 90.

1. Fleur coupée.
2. Carpelle (jeune fruit).

On peut encore citer comme plante de jardin, appartenant à la
famille des Rosacées, le *Fraisier des Indes* (Fragaria indica Andr.) du
Népaul, plante vivace émettant de nombreux rejets très allongés, à fleurs
jaunes auxquelles succèdent tout l'été une quantité de petits fruits
rouges, à peine charnus, enveloppés par le calice persistant, à larges
sépales. C'est une plante rustique, propre à la garniture des vases suspendus. Multiplication par division des touffes.

FAMILLE DES SAXIFRAGÉES

Pl. 91. — SAXIFRAGE DE LA CHINE

SAXIFRAGA SARMENTOSA L.

Patrie : Chine et Japon.

Description.

Plante vivace de 25 à 30 centimètres de hauteur, dont les feuilles
très ornementales, arrondies, dentées, sont rougeâtres à la face inférieure,
d'un vert sombre avec les nervures blanc argenté à la face supérieure.
De la touffe principale naissent des rejets en forme de fils, nombreux,
terminés par des petites plantes, qui elles-mêmes émettent des rejets
semblables dont l'ensemble produit un effet très ornemental, surtout
lorsqu'ils retombent autour d'un vase suspendu. Les fleurs, nombreuses,

forment une grappe dressée, à ramifications d'inégale longueur ; elles sont constituées par des pétales inégaux ; les 3 supérieurs très petits, rougeâtres, les 2 inférieurs très développés par rapport aux autres, d'un blanc pur. Fleurit de juin en août.

Emplois. — Culture. — Multiplication.

La *Saxifrage de Chine* est une ravissante petite plante propre à l'ornementation des plates-bandes en plein air, surtout dans les sols légers et à mi-ombre ; mais elle est principalement recherchée pour la décoration des jardinières et des vases suspendus dans les appartements, des rocailles dans les jardins d'hiver, etc., et on peut dire que c'est la plante par excellence pour ces arrangements. Elle forme de belles touffes, autour desquelles retombent de nombreux et élégants filets, portant des rosettes de feuilles d'un aspect à la fois très original et très ornemental. Multiplication des plus facile, par séparation des rejets enracinés.

Une variété de cette espèce, la *Saxifrage tricolore* (Saxifraga tricolor Sieb.), à feuilles panachées de rose, de blanc jaunâtre et de vert, est plus délicate et exige la serre froide sous le climat de Paris.

EXPLICATION DE LA PLANCHE 91.

1. Fleur coupée.

Pl. 92 A. — SAXIFRAGE DÉSESPOIR DES PEINTRES

SAXIFRAGA UMBROSA L.

Patrie : Pyrénées.

Description.

Plante vivace, d'environ 15 centimètres de hauteur, à feuilles persistantes, disposées en rosettes, coriaces, d'un vert foncé, luisantes à la face supérieure, entourées d'un rebord cartilagineux, fortement dentées, atténuées en pétiole laineux. Les fleurs, en grappe composée, dressée, sont petites, blanches, à pétales marqués de points rouges et jaunes. Fleurit en mai-juin.

Emplois. — Culture. — Multiplication.

L'une des plantes vivaces d'ornement les plus répandues, ornementation des plates-bandes et des rocailles. On en fait de très jolies bordures. Prospère dans tous les sols de jardins, à la condition qu'ils ne soient pas d'une humidité excessive. Affectionne les expositions un peu ombragées. Multiplication par division des touffes.

EXPLICATION DE LA PLANCHE 92 A.

1. Fleur détachée.
2. Pistil coupé longitudinalement.

Pl. 92 B. — SAXIFRAGE DE HUET

SAXIFRAGA HUETII Boiss.

Patrie : Asie Mineure.

Description.

Petite plante annuelle ne dépassant pas 10 centimètres de hauteur, à tiges couchées, portant des feuilles charnues, arrondies, d'un vert brillant, et de nombreuses petites fleurs jaunes. Fleurit de mai en août.

Emplois. — Culture. — Multiplication.

Le principal mérite de cette petite *Saxifrage* est de commencer à fleurir de très bonne heure, au printemps; on peut l'employer à former des tapis, des bordures, de petites corbeilles, à orner les rocailles, etc. On en fait de jolies potées. Prospère surtout en sol léger et frais, à mi-ombre. Semer en septembre-octobre. Se ressème naturellement sous le climat de Paris.

Pl. 93. — SAXIFRAGE DE SIBÉRIE.

SAXIFRAGA CRASSIFOLIA L.

SYNONYME FRANÇAIS : **Saxifrage à feuilles épaisses.**
SYNONYMES LATINS : **Bergenia bifolia Mœnch.; Megasea crassifolia Haw.**

Patrie : Sibérie.

Description.

Plante vivace, d'environ 30 centimètres de hauteur à souche épaisse, à grande feuilles persistantes, ovales allongées, épaisses, glabres, coriaces, d'un vert foncé, à dents lâches et obtuses, à pétioles entiers, dilatés et membraneux à la base. Fleurs penchées, d'un rose purpurin, disposées en bouquet dense à l'extrémité des pédoncules, à pétales ovales allongés. Fleurit de mars en mai.

Emplois. — Culture. — Multiplication.

Cette belle *Saxifrage* est l'une des plantes vivaces les plus répandues dans les jardins, où elle fleurit au premier printemps; on l'emploie à la décoration des plates-bandes, à la formation de bordures, etc. Elle prospère dans tous les terrains et à toutes les expositions. On la multiplie par division des touffes.

EXPLICATION DE LA PLANCHE 93.

1. Fleur coupée.
2. Pistil.

À côté de cette espèce, s'en rangent un certain nombre d'autres, également très ornementales, notamment :

La *Saxifrage à feuilles en cœur* (Saxifraga cordifolia Haw.), de la Sibérie, plante de 30 centimètres de hauteur, différant de la précédente par ses feuilles en cœur, arrondies, ondulées et dentelées, à pétiole non membraneux comme les précédentes. Les feuilles de cette espèce sont glabres et les fleurs de couleur rose pâle sont groupées en bouquet à ramifications étalées au lieu d'être en bouquet dense.

La *Saxifrage ligulée* (Saxifraga ligulata Wall.), du Népaul, qui se distingue des deux précédentes par ses feuilles ovales, un peu en cœur, très ciliées au lieu d'être glabres, ondulées, à pétiole muni de chaque côté d'une membrane formant une sorte de gaine frangée, tandis que dans le *S. crassifolia*, cette membrane est entière et que le pétiole de *S. cordifolia* n'est pas dilaté. Les fleurs de la *Saxifrage ligulée* sont en outre disposées comme celles de la Saxifrage à feuilles en cœur, en bouquet à ramifications étalées; elles sont grandes et d'un rose foncé. Emplois et culture de la Saxifrage de Sibérie, même époque de floraison.

Le genre *Saxifrage* renferme un nombre considérable d'espèces dont quelques-unes sont employées à la décoration des rocailles. Au nombre des plus ornementales on peut citer : la *Saxifrage pyramidale* (Saxifraga Cotyledon L.), des Alpes et des Pyrénées, à feuilles longues de 8 à 10 centimètres, en rosette serrée, et dont les fleurs, assez grandes, blanches, sont réunies en grand nombre, en grappe ramifiée dressée, de forme pyramidale, de 50 ou 60 centimètres de hauteur; la *Saxifrage Aizoon* (Saxifraga Aizoon Jacq.), des Alpes, petite plante à fleurs d'un blanc jaunâtre.

Une espèce beaucoup plus répandue dans les jardins est la *Saxifrage moussue* (Saxifraga hypnoides L.). Cette plante, originaire des montagnes de l'Auvergne et de la France méridionale, est très employée sous le nom de *Gazon Turc* pour former des tapis verts et des bordures de toute beauté dans les parties fraîches et ombragées des jardins. C'est une plante très basse, à racines rampantes, entrelacées, gazonnantes, portant des bourgeons compacts aux aisselles des feuilles; à feuilles des rosettes découpées en 3-5 lanières. Celles de la tige florifères, 3 lanières ou entières, toutes ces feuilles aigües, terminées en pointe. La tige florale, de 10 à 20 centimètres de hauteur, porte 5-9 fleurs blanches en grappes à ramifications d'inégale longueur. Multiplication par division des touffes.

Une autre *Saxifrage*, souvent confondue avec la précédente et cultivée aussi sous le nom de *Gazon Turc*, est la *Saxifraga sponhemica* Gmel., qui croît spontanément dans le Jura, et qui ne diffère de la *Saxifrage moussue* que par les tiges rampantes, ne portant pas de bourgeons compacts aux aisselles des feuilles.

Pl. 94. — HORTENSIA

¡HYDRANGEA HORTENSIA Sieb.

SYNONYME FRANÇAIS : **Rose du Japon.**

Patrie : Japon.

Description.

Arbrisseau de 1 à 2 mètres de hauteur, formant des touffes denses, à feuilles persistantes amples, ovales aiguës, dentées, d'un vert gai, glabres sur les deux faces. Les fleurs, dans le type de l'espèce, sont : les unes fertiles (fig. 1), occupant le centre d'un large corymbe; les autres stériles, disposées à la circonférence. Les premières ont un calice adhérent à l'ovaire, à 4-5 dents; une corolle à 4-5 pétales; 8-10 étamines; un ovaire infère à 2 loges, surmonté de 2-3 styles. Les secondes, à corolle et à organes sexuels rudimentaires, constituées par le calice dont les sépales, considérablement agrandis, sont ovales arrondis, très entiers, de couleur rose, lilacé, pourpre violacé ou bleuâtres. Dans une variété, toutes les fleurs sont devenues stériles et forment par leur ensemble, une inflorescence en boule, d'un volume considérable, très ornementale et d'une très longue durée; une autre variété a les feuilles panachées. Fleurit tout l'été jusqu'aux gelées.

Emplois. — Culture. — Multiplication.

L'Hortensia résiste assez bien aux hivers, sous le climat de Paris, lorsqu'il est planté dans un lieu abrité du nord et si l'on prend la précaution de couvrir les touffes de paille ou de feuilles sèches; dans le midi de la France l'atmosphère est trop brûlante; dans cette région on doit le planter dans les endroits les moins secs et à mi-ombre; c'est surtout dans l'ouest, en remontant les côtes de l'Océan et de la Manche, qu'on le voit prendre en pleine terre un développement vraiment superbe. Dans ces régions, il forme des buissons énormes ayant plus de 2 mètres de hauteur et qui sont couverts de ces volumineuses boules de fleurs pendant toute la belle saison; on le plante alors au voisinage des habitations, dans les cours, en massifs, dans les parterres, en touffes isolées sur les pelouses, etc. C'est la plante la plus belle que l'on puisse cultiver dans ces conditions. Sous le climat de Paris, et à plus forte raison plus au nord, ses dimensions sont beaucoup moindres, et c'est surtout en pots ou en caisses qu'on doit le cultiver dans ces régions, de manière à pouvoir l'abriter en serre froide, ou en orangerie, ou en appartement pendant l'hiver. La culture de l'*Hortensia* en pots, pour la garniture des appartements et des fenêtres, se fait d'ailleurs sur une vaste échelle aux environs des grandes villes.

L'*Hortensia* prospère dans tous les sols, pourvu qu'ils soient perméables, sains, frais et additionnés de terreau; il demande des arrosages fréquents pendant l'été; lorsqu'il est cultivé en pots, un rempotage annuel pour le renouvellement de la terre est nécessaire.

La multiplication se fait par séparation des drageons enracinés qui se développent autour des touffes ou par boutures, prises sur le jeune bois, dans le courant de mai, et que l'on place en terre de bruyère, sous cloche et à mi-ombre.

EXPLICATION DE LA PLANCHE 94.

1. Fleur fertile détachée.
2. Pistil coupé longitudinalement.

Pl. 95. — DEUTZIA GRÊLE

DEUTZIA GRACILIS Sieb. et Zucc.

Patrie : Japon.

Description.

Les *Deutzia* sont des arbrisseaux voisins des *Seringats*, dont ils se distinguent par les étamines, au nombre de 10, au lieu de 20-40, à filets (fig. 3), dilatés et à trois dents, au lieu d'être plans et en forme d'alène.

L'espèce qui est figurée sur la planche 95 est un arbuste de 1 mètre à 1 m. 50 de hauteur formant buisson, à feuilles d'un vert gai, à fleurs d'un blanc pur, formant de nombreuses grappes. Fleurit en mai-juin. Variété à fleurs pleines.

Emplois. — Culture. — Multiplication.

C'est comme plante d'appartement que cette espèce figure dans ce recueil, car elle n'offre pas un intérêt de premier ordre comme plante de pleine terre sous le climat de Paris.

Dès la fin de l'hiver et au printemps, c'est une des plantes que l'on voit figurer couramment chez les fleuristes de Paris. A cet effet, les horticulteurs relèvent de pleine terre, au printemps, des pieds qu'ils mettent en pots et qu'ils laissent en plein air pendant l'été et l'automne, pour *les forcer*, c'est-à-dire hâter leur floraison, en les rentrant en serre et en les soumettant à une température élevée (10 à 12 degrés); on arrive ainsi à obtenir des fleurs en janvier-février. Rentrés simplement en serre froide ou en orangerie, les *Deutzia gracilis* sont en fleurs au mois de mars ou avril. On multiplie cette plante par boutures de rameaux latéraux, munis d'un talon, dans du sable, sous cloche et sous châssis. Le bouturage se fait au printemps.

EXPLICATION DE LA PLANCHE 95.

1. Fleur détachée.
2. Fleur coupée.
3. Étamine montrant le filet dilaté, tridenté au sommet.
4. Pistil.

Pl. 96. — HOTÉIA

HOTEIA JAPONICA Morren et Decne.

SYNONYME FRANÇAIS : **Reine des prés.**
SYNONYME LATIN : **Astilbe Japonica A. Gray.**

Patrie : Japon.

Description.

Plante vivace de 40 à 50 centimètres de hauteur, à feuilles élégantes et légères, formées de 9 ou 12 folioles dentées, à pétioles poilus aux nœuds; à fleurs très petites, blanches, formant une grappe rameuse dressée. Ces fleurs ont un calice à 5, rarement à 4 divisions ovales; 4-6 pétales, 10 étamines, un ovaire à 2 loges, surmonté de 2 styles. Fleurit en juin-juillet, en plein air.

Emplois. — Culture. — Multiplication.

Cette belle plante est rustique sous le climat de Paris, et convient à l'ornementation des plates-bandes en terre légère et à mi-ombre; mais c'est surtout cultivée en pots, pour l'ornement des appartements, des fenêtres et des jardins d'hiver qu'elle est recherchée. C'est une des espèces que les horticulteurs parisiens *forcent*, c'est-à-dire soumettent à une température élevée, pour en avancer la floraison, qui commence alors dès la fin de l'hiver. Elle s'accommode parfaitement de la culture en serre froide. Multiplication par division des touffes.

EXPLICATION DE LA PLANCHE 96.

1. Fleur coupée.

———

Parmi les autres plantes ornementales de la famille des Saxifragées, on peut citer encore :

La *Tiarelle à feuilles en cœur* (Tiarella cordifolia L.), de l'Amérique septentrionale; plante vivace, d'environ 20 centimètres de hauteur, formant touffe, à feuilles en forme de cœur, à fleurs petites, blanches, sur lesquelles se détachent les étamines à anthères rouges. Ces fleurs forment des grappes dressées, d'un aspect très léger. Fleurit en mai. Ornement des plates-bandes en terre légère, situation un peu ombragée. Multiplication par division des touffes.

La *Heuchère à fleurs couleur de sang* (Heuchera sanguinea Engelm.), du Nouveau Mexique, plante vivace, à peu près de la taille de la précédente, à feuilles arrondies, glabres, d'un vert foncé, à fleurs nombreuses, d'une brillante couleur rouge sang, disposées en grappes dressées. Cette ravissante petite plante est relativement d'introduction récente, elle est encore peu répandue; elle convient à la décoration des plates-bandes en terre légère, et à la garniture des rocailles. Multiplication par division des touffes.

———

FAMILLE DES CRASSULACÉES

⌂ Pl. 97. — CRASSULE ÉCARLATE

ROCHEA COCCINEA DC.

Synonyme latin : **Crassula coccinea Haw.**

Patrie : Afrique australe.

Description.

Le genre *Rochea* diffère des *Crassula* par les fleurs à pétales soudés en long tube, libres seulement au sommet qui est étalé, au lieu d'être tout à fait libres ou seulement soudés entre eux à la base.

Le *Rochea coccinea*, la plus belle espèce du genre, est un sous-arbrisseau de consistance charnue, de 50 à 75 centimètres de hauteur, à tige garnie de feuilles entières, épaisses, disposées sur quatre rangs, à fleurs abondantes, d'un rouge écarlate extrêmement brillant, réunies en bouquets terminaux. Juin-septembre.

Emplois. — Culture. — Multiplication.

La *Crassule écarlate* est l'une des plantes grasses à fleurs les plus belles et les plus recherchées pour la décoration des appartements et des fenêtres. Ses fleurs ont une très longue durée. On doit la cultiver de préférence en terre sableuse ou légère, en pots bien drainés. En hiver il est nécessaire de l'abriter en serre froide ou dans un local bien éclairé et très aéré, en l'arrosant légèrement, de loin en loin, depuis le moment où la floraison est passée jusqu'à l'époque où la plante entre en végétation ; il est nécessaire de ne pas laisser les racines se dessécher, tout en évitant avec soin l'excès d'humidité qui serait des plus préjudiciables. La multiplication se fait par bouture de rameaux que l'on débarrasse des feuilles de la base et que l'on plante en terre de bruyère additionnée de sable, en serre tempérée sous cloche si on opère au printemps ; à l'air libre, en plein soleil, si on bouture en été. Il est nécessaire de n'arroser que très peu ou même pas du tout avant l'émission des racines.

A côté de cette espèce se place le *Rochea versicolor* DC. (*Crassula versicolor* Lodd.), de l'Afrique australe (Cap de Bonne-Espérance). C'est également une plante superbe qui a beaucoup de points de ressemblance avec la *Crassule écarlate* et qui peut se cultiver de même. Les fleurs en sont roses, rouges, rouge jaunâtre ou blanches.

EXPLICATION DE LA PLANCHE 97.

1. **Fleur coupée.**

⌂ **Pl. 98. — ROCHÉA** (*on prononce ROKÉA*)

CRASSULA FALCATA Willd.

Synonyme latin : **Rochea falcata DC.**

Patrie : Afrique australe.

Description.

Les *Crassula* sont des plantes vivaces ou sous-ligneuses, rarement annuelles, à feuilles opposées, charnues, entières, à fleurs généralement petites disposées en bouquets. Ces fleurs sont formées d'un calice profondément divisé en 5 parties ; de 5 pétales lobés ou unis à la base ; de 5 étamines plus courtes que les pétales ; de 5 carpelles libres, à une loge, et renfermant un grand nombre d'ovules.

L'espèce figurée sur la planche 98 est une superbe plante de 1 mètre et plus de hauteur, à feuilles épaisses, glauques, courbées en forme de faux ; à fleurs petites mais extrêmement nombreuses et constituant un ample bouquet terminal d'un brillant rouge cramoisi, sur lequel se détachent de nombreuses petites étamines de couleur jaune d'or.

Emplois. — Culture. — Multiplication.

Comme la *Crassule écarlate*, le *Rochea* est fréquemment cultivé comme plante d'appartement. C'est l'une des plantes grasses ornementales le plus communément vendue par les fleuristes parisiens. La culture de cette plante est identiquement la même que celle indiquée pour la *Crassule écarlate*.

EXPLICATION DE LA PLANCHE 98.

1. Fleur détachée.
2. Fleur coupée.

⌂ **Pl. 99. — ÉCHÉVÉRIE A FEUILLES RÉTUSES**

ECHEVERIA RETUSA Lindl.

Synonyme latin : **Cotyledon retusa Baker.**

Patrie : Mexique.

Description.

Les *Echeveria* (on prononce *Ékevéria*) ont été rattachés au genre *Cotyledon* par MM. Bentham et Hooker ; ils sont caractérisés par des fleurs à calice souvent foliacé ; à 5 lobes généralement plus longs que le tube de la corolle ; celle-ci en forme de grelot, divisée plus ou moins profondément en 5 lobes, cylindrique ou anguleuse, 10 étamines ; 5 carpelles libres surmontés de styles s'atténuant en pointe.

L'*Échévérie à feuilles rétuses* est une plante vivace d'environ 40 centimètres de hauteur à branches dressées, rameuses ; à feuilles glauques allongées en forme de spatule, groupées en rosettes peu denses. Les tiges florales, robustes, sont feuillées jusqu'au sommet; elles portent de nombreuses fleurs qui sont d'un beau rouge écarlate. Fleurit de novembre en avril.

Emplois. — Culture. — Multiplication.

Cette espèce et sa variété *grandiflora* est une fort belle plante rustique dans le midi de la France, mais qui exige la serre froide en hiver sous le climat de Paris. Elle est cultivée en assez grande abondance et se vend couramment chez les fleuristes parisiens pour la décoration des appartements. On la multiplie par bouture que l'on fait en mars, en détachant des pousses que l'on plante en terre de bruyère, en serre tempérée.

EXPLICATION DE LA PLANCHE 99.

1. Fleur détachée.
2. Fleur coupée.

⌂ Pl. 100. — ECHEVERIA SECUNDA Booth.

SYNONYME LATIN : Cotyledon secunda Baker.

Patrie : Mexique.

Description.

Cette espèce rappelle une Joubarbe par ses feuilles disposées en rosettes régulières, glauques. Ses tiges florales ne sont pas feuillées, elles portent des fleurs disposées en grappes peu fournies d'abord penchées ; les fleurs sont rouges dans leur partie inférieure et de couleur jaune d'or au sommet. Variété *glauca* à feuillage très glauque. Fleurit pendant toute la belle saison.

Emplois. — Culture. — Multiplication.

L'*Echeveria secunda* et sa variété *glauca* est très recherchée pour l'ornementation des jardins. Sa taille peu élevée, la régularité de ses formes en font une des plantes les plus précieuses pour la *mosaïculture* (arrangement de plantes de coloris variés en dessins géométriques). On l'emploie aussi, cultivée en pots, à la décoration des appartements. Cette espèce n'est pas rustique sous le climat de Paris, mais il suffit de la rentrer sous châssis pour lui faire passer la mauvaise saison. On la multiplie à l'aide des rejets que produisent les vieilles rosettes.

EXPLICATION DE LA PLANCHE 100.

1. Fleur coupée.
2. Coupe transversale de l'ovaire.

Pl. 101. — ORPIN BRILLANT

SEDUM FABARIUM Ch. Lem. (non Koch.)

Synonyme latin : **Sedum spectabile Boreau.**

Patrie inconnue. (Japon ?)

Description.

Le genre *Sedum* est caractérisé par des fleurs ayant un calice à 5-6-8 divisions ; une corolle à 4-6-8 pétales libres ; 8-12, rarement 12-14 étamines ; 5, rarement 4-6-8 carpelles.

L'Orpin brillant est une plante vivace d'environ 40 centimètres de hauteur ; à feuilles glauques, amples, charnues, dentées ; à fleurs extrêmement nombreuses disposées en large bouquet à l'extrémité des tiges. Ces fleurs, peu grandes, sont roses ou rose carminé ; elles s'épanouissent d'août en octobre. Il en existe une variété à feuilles panachées.

Emplois. — Culture. — Multiplication.

Cette plante est très répandue dans les jardins, où elle sert à la décoration des plates-bandes ; on la cultive aussi en pots, pour l'ornementation des fenêtres et des appartements. Elle est d'une rusticité à toute épreuve et prospère dans tous les sols et à toutes les expositions. On la multiplie facilement par division des touffes.

Explication de la Planche 101.

1. Fleur détachée.
2. Fleur coupée.

Pl. 102 A. — ORPIN DE SIEBOLD.

SEDUM SIEBOLDII Sweet.

Patrie : Japon.

Description.

Plante vivace de 15 à 20 centimètres de hauteur, à tiges couchées portant des feuilles disposées par trois, arrondies, dentées, atténuées à la base, glauques, souvent teintées de rose à l'automne ; à fleurs en bouquets denses, arrondis ; ces fleurs peu grandes, roses, s'épanouissent en septembre-octobre. Il en existe une variété à feuilles panachées de blanc jaunâtre et de vert.

Emplois. — Culture. — Multiplication.

L'Orpin de Siebold peut être cultivé en plein air pour garniture de rocailles, bordures, etc. ; mais il est prudent de l'abriter l'hiver sous une couche de feuilles sèches ou de paille. Cultivé en pots, il se prête à la décoration des serres froides et des appartements ; ses rameaux couchés, retombants, le font surtout rechercher pour orner les vases suspendus. Il en existe une variété à feuilles jaunes, bordées de vert, très ornementale, mais plus délicate. Multiplication par division des touffes et par **boutures** qui s'enracinent facilement.

EXPLICATION DE LA PLANCHE 102 A.

1. Fleur coupée.

⌂ Pl. 102 B. — ORPIN SARMENTEUX

SEDUM SARMENTOSUM Bunge.

Patrie : Chine septentrionale.

Description.

Plante vivace de 10 à 15 centimètres de hauteur, glauque, à tiges souvent teintées de rose, à feuilles très étroites, atténuées aux deux extrémités, bordées de blanc de chaque côté. Les fleurs, petites, jaunes, ne sont pas ornementales.

Emplois. — Culture. — Multiplication.

Sous le climat de Paris, l'Orpin sarmenteux ne résiste pas toujours à nos hivers, aussi est-ce seulement dans les provinces méridionales qu'on peut le cultiver à demeure en plein air. Par contre, il est très recherché pour la garniture temporaire de nos parterres, soit pour former des bordures, soit pour associer aux plantes molles dans les corbeilles, pendant la durée de la belle saison. On l'abrite sous châssis ou en serre froide pendant l'hiver. Multiplication par division des touffes ou par boutures.

Le genre *Sedum* renferme un grand nombre d'espèces ornementales convenant le plus souvent à la décoration des rocailles ; il en est cependant quelques-unes qui méritent une place dans les plates-bandes ou qui peuvent servir à former des bordures fort jolies. De ce nombre sont :

Le *S. cœruleum* Vahl. (Syn. : *S. azureum* Desf.), espèce annuelle originaire de l'Europe méridionale, ne dépassant pas 10 centimètres de hauteur, à tige rameuse portant de nombreuses petites fleurs d'un bleu tendre. Fleurit tout l'été. Cette petite plante convient surtout à la culture en pots en plein soleil ; on doit en semer les graines de mars en mai.

Le *S. pulchellum* Michx., de l'Amérique septentrionale, plante vivace de 15 centimètres de hauteur, à tiges couchées, à feuilles cylindriques, à fleurs petites, roses, disposées au sommet des tiges florales en inflorescence rameuse formant une étoile à branches inégales. Fleurit en août-septembre. Bordures.

Le *S. spurium* Bieb., du Caucase, espèce vivace de 10 à 15 centimètres de hauteur, à tiges couchées portant des feuilles planes, arrondies, dentées, à fleurs roses, rose carminé dans une variété, disposées en bouquets terminaux. Bordures.

Le *S. daryphyllum* L. (*S. glaucum* Lamk.), petite plante vivace, indigène, atteignant à peine 10 centimètres de hauteur, à feuilles nombreuses, globuleuses, glauques. Elle est souvent employée en *mosaïculture* (arrangement de plantes de coloris différents en dessins géométriques). Fleurs blanches. Elle est d'une rusticité à toute épreuve.

Le *S. sexangulare* L., indigène, à peu près de même taille, mais à feuilles cylindriques vertes, et à fleurs jaunes, peut être utilisé comme l'espèce précédente, ainsi du reste que le vulgaire *Sedum âcre* L. ou *Orpin brûlant*, si commun sur les vieilles murailles. (Voir *Masclef, Atlas, pl. 123.*)

Pl. 103. — JOUBARBE TOILE D'ARAIGNÉE

SEMPERVIVUM ARACHNOIDEUM L.

Patrie : Indigène (Alpes, Pyrénées, Auvergne, Cévennes).

Description.

Les *Sempervivum* ou *Joubarbes* sont caractérisés par des fleurs ayant un calice à 6-20 divisions ; une corolle à 6-20 pétales libres ou un peu soudés entre eux à la base ; des étamines en nombre double ou rarement en nombre égal à celui des pétales ; 6-20 carpelles. Ce sont des plantes vivaces à feuilles charnues disposées en rosettes.

La *Joubarbe toile d'araignée* est une plante très basse en touffes denses constituées par de petites rosettes de feuilles de 2 à 3 centimètres de diamètre très serrées ; ces feuilles sont couvertes d'un duvet blanc et reliées entre elles par de nombreux fils semblables à une toile d'araignée. Les tiges florales, de 10 à 20 centimètres de hauteur, émettent un grand nombre de rosettes ; elles sont rameuses au sommet et portent des fleurs rose carminé. Fleurit en juillet-août.

Emplois. — Culture. — Multiplication.

Cette plante est propre à l'ornementation des rocailles ; on l'emploie aussi très couramment en *mosaïculture*, c'est-à-dire associée à d'autres plantes grasses de coloris différents pour en former des dessins géométriques. Elle est surtout jolie en plein soleil ; on la multiplie par séparation des rosettes qui sont émises en grand nombre à la base des tiges florales.

EXPLICATION DE LA PLANCHE 103.

1. Fleur coupée.

La plupart des espèces de Joubarbes peuvent servir à la garniture des rocailles ; l'une d'entre elles, la *Joubarbe des toits*, Sempervivum tectorum L. (Voir *Masclef, Atlas, pl. 124.*), nommée aussi *Artichaut des toits*, est l'une des plus répandues dans les jardins. Les feuilles, vertes ou rougeâtres, sont disposées en rosettes qui atteignent 10 centimètres et plus de diamètre. La tige florale, de 30 à 40 centimètres de hauteur, porte des fleurs relativement grandes, roses. On la plante souvent sur les toits de chaume, les vieilles murailles, les ruines où elle forme de larges touffes d'un bon effet. Comme la *Joubarbe toile d'araignée*, elle est aussi employée en mosaïculture.

FAMILLE DES MYRTACÉES

⌂ Pl. 104. — MYRTE

MYRTUS COMMUNIS L.

Patrie : Europe méditerranéenne.

Description.

Le Myrte commun est un petit arbre de 7 à 8 mètres de hauteur, qui croît sur les collines et dans les bois de notre littoral méditerranéen. Ses feuilles petites, persistantes, aromatiques, d'un vert brillant, sont très ornementales. Ses fleurs, blanches, agréablement parfumées, sont aussi fort élégantes. Il n'est donc pas étonnant de voir cet arbuste employé de tout temps pour la décoration des jardins. Il fleurit en mai-juin.

Emplois. — Culture. — Multiplication.

En dehors du midi de la France et des provinces de l'ouest, le Myrte exige l'orangerie. A l'état de jeune plante on le cultive en pots pour la décoration des appartements. Plus développé on le met en caisses. On le multiplie par graines que l'on sème dès leur maturité, par séparations des rejetons qui naissent autour des vieux pieds ou par marcotte.

La famille des Myrtacées comprend plusieurs genres qui fournissent aux jardins du midi de la France des arbres et des arbrisseaux d'une grande beauté, notamment les *Eucalyptus*, les *Callistemon*, les *Calothamnus*, les *Melaleuca*, etc. Pour ces genres ; voir Mouillefert, *Traité des Arbres et Arbrisseaux*.

A côté des *Myrtacées* se place la famille des Mélastomacées, que nous ne citons que pour mémoire, car elle ne comprend que des plantes de serres qui exigent en général une haute température et qui ne sont guère susceptibles d'être utilisées dans la décoration des jardins ou des appartements. Parmi les genres qui la composent, il en est dont les représentants figurent au premier rang comme plantes ornementales de serres. De ce nombre sont : les *Pleroma, Chætogastra, Medinilla, Cyanophyllum*

Bertolonia, Eriocnema, Sonerila, Monochsetum, pour lesquels nous ren-voyons le lecteur aux ouvrages spéciaux.

EXPLICATION DE LA PLANCHE 104.

1. Fleur coupée.

FAMILLE DES GRANATÉES

⌂ Pl. 105. — GRENADIER

PUNICA GRANATUM L.

Patrie : Inconnue. (Orient?)

Description.

Grand arbrisseau naturalisé au nord de la Méditerranée depuis les temps les plus anciens; très répandu dans toute l'Europe méridionale et commun dans la France méditerranéenne où on le trouve sur certains points retourné à l'état sauvage. Dans ces régions il forme des buissons ou de petits arbres, un peu épineux, de 3 à 4 mètres de hauteur. Ses feuilles, glabres et luisantes, sont caduques. Ses fleurs, de couleur rouge écarlate, blanches ou jaunes, simples ou doubles selon les variétés, sont grandes et très ornementales. Une variété naine (Punica nana) diffère du type de l'espèce par ses dimensions plus réduites. Fleurit en automne. Le fruit, gros, arrondi, rougeâtre à la maturité est couronné au sommet par le calice persistant; il renferme à l'intérieur des graines entourées d'une pulpe de couleur rose, légèrement acidulée.

Emplois.

Dans le sud de l'Europe, le Grenadier est cultivé comme arbre fruitier; il en existe plusieurs variétés. Le fruit bien connu sous le nom de Gre-nade, se conserve difficilement; une variété, la Grenade douce est surtout estimée.

Sous le climat de Paris, cet arbre exige l'orangerie et c'est comme arbrisseau d'ornement qu'on le voit figurer dans les jardins, ainsi que l'Oranger; on le cultive en caisses que l'on hiverne dans un local abrité de la gelée et suffisamment éclairé; on le laisse en plein air pendant la belle saison, c'est-à-dire du 1er juin au 15 octobre. Le *Grenadier nain* est quelquefois cultivé à l'air libre, mais il exige une situation très abritée et chaude. Il est prudent de le couvrir de feuilles sèches ou de paille pen-dant l'hiver.

Culture. — Multiplication.

Le Grenadier prospère surtout dans les sols un peu frais et aux expo-sitions les plus ensoleillées. Dans le midi de la France on le taille peu ou point. Les fruits sont récoltés dans la seconde quinzaine de septembre.

On multiplie cet arbre par graines, par boutures, par marcottes, par séparation des drageons et par la greffe. Pour renseignements plus complets, voir P. Mouillefert, *Traité des Arbres et Arbrisseaux.*

FAMILLE DES LYTHRARIÉES

⌂ **Pl. 106. — CUPHÉA A LARGE ÉPERON**

CUPHEA PLATYCENTRA Benth.

Synonyme latin : **Cuphea ignea A. DC.**

Patrie : Mexique.

Description.

Petit arbuste de 30 à 40 centimètres de hauteur, en forme de **buisson** touffu, étalé, à feuilles ovales, atténuées aux deux extrémités, d'un vert foncé à la face supérieure, plus pâles en dessous. Les fleurs naissent aux aisselles des feuilles; elles n'ont pas de corolle, sont constituées par un long calice tubuleux, brillamment coloré en rouge et bordé de violet noirâtre au sommet qui s'épanouit en 5 lobes courts, prolongés en corne en arrière, sillonné de côtes longitudinales et inséré obliquement sur le pédoncule et à extrémité inférieure prolongée en éperon. Les étamines sont au nombre de 12; l'ovaire inséré sur l'axe qui se prolonge inférieurement dans l'éperon est très allongé, pyramidal; il supporte un style plus long que le calice. Fleurit pendant toute l'année.

Emplois. — Culture. — Multiplication.

Le *Cuphéa à large éperon* n'est pas rustique sous le climat de **Paris.** Dans cette région il exige d'être abrité en serre froide pendant l'hiver. On le cultive fréquemment dans les jardins pour la garniture des corbeilles et des plates-bandes, soit en pots pour la décoration des fenêtres et des appartements. Sa floraison ininterrompue pendant toute la belle saison, ses fleurs d'un coloris éclatant, le rendent très gracieux pour ces derniers emplois. On le sort en plein air vers le 1er juin et on le remise en serre froide dans la première quinzaine d'octobre. La multiplication est facile par boutures que l'on peut faire au printemps sur couche et sous cloche en se servant des rameaux de vieux pieds conservés sous abri, soit mieux encore pendant tout le cours de l'été, à froid. Ce dernier procédé permet de ne conserver pendant l'hiver que de jeunes plantes occupant peu de place.

Explication de la Planche 106.

1. Fleur entière.
2. Fleur coupée.

D'autres espèces de *Cuphea* sont parfois cultivées dans les jardins, entre autres : le *C. silenoides* Nees, du Mexique, plante annuelle à tiges rameuses dressées, de 40 centimètres de hauteur, à fleurs formées d'un calice rouge pourpré, et d'une corolle dont 4 pétales supérieurs insérés entre les dents du calice, et 2 inférieurs beaucoup plus développés, bruns. Le *C. lanceolata* Ait., du Mexique, plante annuelle rappelant assez la précédente, mais à calice violet pâle et à pétales roses, rougeâtres ou coccinés. Ces deux plantes doivent être semées sur couche en mars-avril et mises en place fin mai.

Les *C. strigulosa* H. B. (Syn. : C. pubiflora Benth.) et *miniata* A. Brongt., petits arbustes mexicains dont le port rappelle celui du *C. platycentra* pourraient être cultivées comme cette espèce. Le premier a le calice rougeâtre à la base, jaunâtre au sommet, et les pétales rouge violacé ; le second a le calice d'un violet terne et les pétales rouge écarlate.

C'est à la famille des Lythrariées qu'appartient le *Lagerstrœmia indica* L., arbrisseau originaire de la Chine et de l'Asie tropicale, de 4 à 5 mètres de hauteur, qui, dans le midi de la France, résiste aux froids les plus rigoureux et dont les ravissantes fleurs roses, violacées ou lilas masquent complètement le feuillage au moment de la floraison. Sous le climat de Paris et plus au nord, cette plante exige l'orangerie ou la serre froide. La culture à lui appliquer est celle des Grenadiers. On peut aussi le cultiver en pleine terre en serre tempérée.

Le genre *Lythrum*, de la même famille, comprend le *Salicaire* (Lythrum Salicaria L.), plante vivace indigène qui croît sur le bord des eaux et dont les longs épis de fleurs rose violacé ne sont pas sans mérite ornemental. Une autre espèce du même genre, le *Lythrum virgatum* L., de l'Europe orientale, est une plante vivace plus grêle, à fleurs d'un rose violacé, très nombreuses. C'est une élégante espèce propre à la décoration des plates-bandes et qu'on multiplie par division des touffes. Fleurit de juin en août.

FAMILLE DES ONAGRARIÉES

Pl. 107. — CLARKIE GENTILLE

CLARKIA PULCHELLA Pursh.

Patrie : Californie.

Description.

Le genre *Clarkia* est caractérisé par des feuilles alternes ; des fleurs axillaires ou en grappe terminale à calice tubuleux, à 4 angles, un peu prolongé au-dessus de l'ovaire, à 4 divisions pendantes ; à 4 pétales entiers ou à 3 lobes ; 8 étamines, un ovaire à 4 loges contenant des graines nues (non ailées).

La *Clarkie gentille* est une plante annuelle d'environ 40 centimètres de hauteur, à feuilles étroites allongées, atténuées au sommet, entières. Les fleurs à pétales, à 3 lobes en croix, sont roses dans le type de l'espèce, mais il existe des variétés dans lesquelles elles sont blanches ou roses bordées de blanc, simples ou doubles. Fleurit de juin en septembre.

Emplois. — Culture. — Multiplication.

Cette jolie plante annuelle convient à la décoration des plates-bandes et à la culture en potées ; elle affectionne surtout les sols légers et les expositions ensoleillées. Elle supporte mal le repiquage, aussi est-il nécessaire d'en semer les graines en place. Le semis se fait de mars en mai sous le climat de Paris. Dans les régions à hiver doux on peut semer en septembre et obtenir alors une floraison plus hâtive.

EXPLICATION DE LA PLANCHE 107.

1. Fleur coupée.
2. Étamine.
3. Ovaire coupé transversalement, montrant les 4 loges.
4. Graine de grandeur naturelle et grossie.
5. Germination.

Une autre espèce de ce genre, la *Clarkie élégante* (Clarkia elegans Dougl.), également de Californie, est aussi répandue dans les jardins. La tige rameuse atteint environ 60 centimètres de hauteur ; les feuilles ovales allongées sont un peu dentées ; les fleurs ont les pétales entiers, arrondis, de couleur rose violacé. Il en existe des variétés à fleurs couleur de chair, violettes ou blanches, simples ou doubles. Ces fleurs sont disposées en longues grappes effilées, dressées ; même culture et mêmes emplois que l'espèce précédente.

Pl. 108 A. — ŒNOTHÈRE ÉLÉGANTE

ŒNOTHERA SPECIOSA Nutt.

SYNONYME FRANÇAIS : **Onagre élégante**.

Patrie : Amérique septentrionale.

Description.

Le genre *Œnothera* est caractérisé par des feuilles alternes ; des fleurs ayant un calice à tube, à 4 angles, prolongé au-dessus du calice en tube cylindrique qui se divise au sommet en 4 lobes pendants, 4 pétales, 8 étamines, un ovaire à 4 loges.

L'*Œnothère élégante* est une plante vivace d'environ 60 centimètres de hauteur, à feuilles allongées, atténuées aux deux extrémités, profondément et irrégulièrement dentées ; les fleurs de 6 à 8 centimètres de diamètre sont penchées avant l'épanouissement, puis dressées ; elles exhalent une agréable odeur ; d'abord blanches elles se colorent en rose pâle vers la fin de l'épanouissement. Fleurit en juillet-septembre.

Emplois. — Culture. — Multiplication.

Cette plante, remarquable par ses grandes et belles fleurs qui se succèdent pendant un temps très long, ne se tient malheureusement pas très bien ; ses tiges grêles se déjettent en tous sens et donnent à la plante un aspect peu agréable. Aussi est-il nécessaire de la cultiver dans les plates-bandes au milieu d'autres plantes qui la maintiennent. Elle prospère surtout dans les sols légers ou sains, à exposition aérée. Multiplication par division des touffes.

Pl. 108 B. — ŒNOTHÈRE A GROS FRUIT

ŒNOTHERA MACROCARPA Pursh.

SYNONYME FRANÇAIS : **Onagre à gros fruit.**

Patrie : Amérique septentrionale.

Description.

Plante vivace à rameaux rougeâtres couchés puis redressés à l'extrémité, ne dépassant pas 30 centimètres de hauteur, portant des feuilles allongées, entières. Les fleurs larges de 8 à 10 centimètres sont d'une couleur jaune d'or : elles s'épanouissent de juillet en septembre.

Emplois. — Culture. — Multiplication.

Cette espèce affectionne les sols légers et les expositions ensoleillées ; elle est propre à orner les plates-bandes ou à former des bordures. On la multiplie par division des touffes.

Le genre *Œnothera* renferme un bon nombre d'autres espèces ornementales, entre autres l'*Œ. biennis* L. (Onagre commune), (Voir *Masclef, Atlas, pl. 116.*) plante indigène, bisannuelle, de 1 m. 50 à 2 mètres de hauteur, dont les fleurs de 5 à 6 centimètres de large, agréablement odorantes, forment de longues grappes feuillées dressées à l'extrémité des rameaux. Fleurit en juin-juillet.

Une espèce voisine de la précédente, dont elle n'est sans doute qu'une variété, l'*Œ. grandiflora* Willd. (Syn. : *Œ. suaveolens* Desf.), Onagre à grandes fleurs ou odorante, n'en diffère que par ses fleurs mesurant 8 à 9 centimètres de diamètre, exhalant une agréable odeur qui rappelle celle de la fleur d'Oranger. Dans une autre espèce ou variété, l'*Œ. Lamarckiana* Ser. (Œnothera grandiflora Lamarck, non Willd.), la tige au lieu d'être simple, se ramifie en candélabre dès la base ; les fleurs, peu odorantes, ont 6 à 8 centimètres de diamètre. Ces trois plantes conviennent à l'ornement des grands jardins, isolées sur les pelouses, plantées dans les massifs ou dans les grandes plates-bandes. On doit en semer les graines en septembre, en place ou en pépinière pour repiquer à demeure au printemps.

On cultive quelquefois aussi les *OE. taraxacifolia* Sweet (OE. **acaulis** Cav.), bisannuelle du Chili, à fleurs jaunes; *tetraptera* Cav., espèce annuelle du Mexique, à fleurs blanc rosé; *Drummondii* Hook., du **Texas**, annuelle à fleurs jaune pâle.

Pl. 109. — GODÉTIE LADY ALBEMARLE

ŒNOTHERA AMOENA Lehm., var.

SYNONYMES LATINS : **Godetia amœna G. Don.**; **G. rubicunda Lindl.**
Œnothera rubicunda Hook. et Arn.

Patrie : Californie.

Description.

L'ancien genre *Godetia* a été rattaché comme section au genre *OEnothera*, dont il ne diffère que par le tube du calice peu prolongé au-dessus de l'ovaire et le stigmate à lobes plus courts.

L'*OEnothera amœna* est une plante annuelle, rameuse, d'environ 60 centimètres de hauteur, à feuilles étroites allongées, un peu dentées. Les fleurs grandes, en forme de coupe, sont de couleur rouge violacé avec une macule pourpre à la base de chaque pétale dans le type de l'espèce, et disposées aux aisselles des feuilles ; elles constituent de longs épis feuillés, dressés. Cette plante a donné naissance à de nombreuses variétés à fleurs parfois très grandes, simples ou doubles, carmin vif, rose ou blanc carné. Une variété l'*OE. Whitneyi* (G. Whitneyi Hort.) se distingue par son port trapu et ses fleurs très grandes, mesurant jusqu'à 6 centimètres de diamètre. A cette plante se rattachent des variétés très belles ; celle qui est figurée sur cette planche la *Godétie Lady Albemarle* est au premier rang, ses fleurs sont d'un rouge violacé satiné du plus brillant éclat. Dans la variété *Duc de Fife.* les fleurs sont un peu plus grandes et d'un coloris plus intense. Les variétés *Duchesse de Fife* et *Duchesse d'Albany* ont les fleurs blanches. Dans une autre variété, le *G. Lindleyana* Spach (Œnothera Lindleyana Dougl.), la plante est plus ramifiée et plus basse. Fleurit de juin en août.

Emplois. — Culture. — Multiplication.

Les Godéties et surtout les variétés appartenant au groupe des *Whitneyi* sont les plantes annuelles les plus belles que l'on puisse cultiver. On les emploie à la décoration des plates-bandes et des corbeilles; cultivées en pots elles sont précieuses pour l'ornement des appartements et des fenêtres. Elles prospèrent surtout en terrains légers bien fumés. On doit en semer les graines en place ou en pépinière, en avril-mai, puis éclaircir en évitant de déranger les racines des pieds conservés, ou repiquer en laissant à chaque plante une petite motte de terre et en espaçant les pieds d'environ 20 centimètres en tous sens. Dans les régions à hiver doux, on peut semer au mois de septembre pour avoir une floraison plus hâtive.

⌂ Pl. 110 A. — FUCHSIA A FLEURS GLOBULEUSES
(*Prononcer FUXIA*)

FUCHSIA GLOBOSA Lindl.

Patrie : Mexique.

Description.

Le genre *Fuchsia* comprend des arbrisseaux et des arbustes à feuilles simples opposées, quelquefois étagées par 3 ou 4 sur les tiges, rarement alternes; à fleurs régulières, généralement pendantes. Ces fleurs ont un calice plus ou moins longuement tubuleux, coloré, divisé au sommet en 4 lobes; une corolle de 4 pétales; 8 étamines et un ovaire inférieur, à 4 loges.

Il existe un grand nombre d'espèces de Fuchsia, qui pourraient être cultivées pour l'ornementation des jardins. On divise les espèces cultivées en deux groupes principaux : les *Fuchsia bréviflores*, à lobes du calice plus longs que la partie tubuleuse; les *Fuchsia longiflores*, à lobes du calice 2 ou 3 fois moins longs que la partie tubuleuse.

Le *Fuchsia à fleurs globuleuses* est l'une des espèces les plus répandues du groupe des *Fuchsia bréviflores;* c'est un arbrisseau qui atteint 2 mètres et plus de hauteur, mais que l'on cultive ordinairement sous forme de buisson bas. Les feuilles en sont glabres, ovales, rétrécies au sommet, dentées. Les fleurs, pendantes, sont globuleuses, à l'état de bouton; dans le type de l'espèce, elles ont le calice rouge, dépassant peu ou égalant les pétales qui sont violets. Fleurit pendant toute la durée de la belle saison.

Emplois. — Culture. — Multiplication.

Le *Fuchsia à fleurs globuleuses* a donné naissance à un certain nombre de variétés; mais comme cela arrive pour tous les genres qui renferment de nombreuses espèces cultivées, susceptibles de s'hybrider entre elles, les variétés naturelles de Fuchsia sont en nombre si considérable et si modifiées que, dans l'immense majorité des cas, il est impossible de les rattacher sûrement à leurs types originels. Quoi qu'il en soit, cette espèce est l'une de celles qui ont le plus contribué à la création des *Fuchsia* de jardins, actuellement connus; de même que dans les genres du même groupe, elle est rustique dans le sud-ouest de la France, où elle forme des buissons qui se couvrent de fleurs; il en est de même en remontant le littoral de l'Océan et de la Manche. Jusqu'à Cherbourg, on le voit cultiver encore comme plante en pleine terre. L'atmosphère sèche du midi de la France est plus favorable à sa végétation.

Sous le climat de Paris et plus au nord, les *Fuchsia* exigent l'abri de la serre froide pendant l'hiver. On les sort des abris vitrés dans la seconde quinzaine de mai, pour les planter dans les plates-bandes, dans les massifs ou dans les corbeilles, ou même pour les laisser en pots, destinés à orner les balcons et les fenêtres. C'est dans les sols légers, riches en engrais et à exposition un peu ombragée, qu'ils donnent les meilleurs résultats. Des arrosages fréquents et copieux leur sont nécessaires. Vers le 15 octobre, les plantes en pots et celles de pleine terre, relevées et empotées, doivent être rentrées en serre, ou dans un local bien éclairé, aéré et abrité du froid. En février-mars, on rempote dans des vases proportionnés à la vigueur des plantes qui, pendant la végétation, doivent être soumises à des pincements destinés à leur faire prendre une forme agréable. On doit cesser les pincements vers le 15 mai.

Les *Fuchsia* se multiplient, avec la plus grande facilité, de boutures qui, faites à la fin de l'hiver, sur couche, sont enracinées au bout de quinze jours. Pendant l'été, les boutures peuvent être faites à l'air libre, sous cloche. On choisit pour le bouturage des pousses de 10 à 15 centimètres de long, prises parmi les plus vigoureuses.

⌂ Pl. 110 B. — FUCHSIA GRÊLE

FUCHSIA GRACILIS Lindl.

Patrie : Chili.

Description.

Comme l'espèce précédente, le *Fuchsia grêle* appartient à la section des *Fuchsia bréviflores*. Il se distingue des autres plantes du même groupe par ses rameaux très grêles, ses feuilles étroites; ses fleurs très effilées ont le calice rouge écarlate, à divisions étroites, beaucoup plus longues que les pétales qui sont violets.

Emplois. — Culture. — Multiplication.

Le *Fuchsia grêle* est une plante extrêmement élégante, qui, dans le sud-ouest de la France, forme d'énormes buissons de 2 à 3 mètres de hauteur, qui, pendant toute la belle saison, se couvrent littéralement de fleurs. Sous le climat de Paris, cette espèce réclame les mêmes soins que le *Fuchsia à fleurs globuleuses*.

A ce groupe des *Fuchsia bréviflores* se rattache le *F. macrostemma* Ruiz. et Pav. (Synonyme : F. magellanica Lamk.), dont il existe plusieurs variétés, et que certains auteurs considèrent même comme le type de l'espèce du *F. gracilis*.

Les *Fuchsia bréviflores* ont, par variation, hybridation et métissage, donné naissance à une foule de variétés horticoles, que le cadre de cet ouvrage ne nous permet pas de citer. Les variations ont porté sur la forme et le coloris des fleurs, qui sont tantôt pendantes ou dressées (Fuchsia erecta), simples, doubles ou pleines, de dimensions plus ou moins grandes. Comme coloris, le calice et la corolle varient chacun dans leur sens, en présentant parfois des teintes qui se rapprochent, mais qui, dans d'autres cas, s'éloignent ou passent alternativement de l'une à l'autre de ces parties de la fleur. C'est ainsi qu'on observe des variétés à calice rouge et à pétales blancs, et d'autres à calice blanc et à pétales rouges. La couleur du calice peut présenter des couleurs roses, rouges, carminées, jaune pâle et blanches; la corolle, ces mêmes couleurs et en plus le violet. Les pétales sont soit unicolores, soit panachés.

⌂ Pl. 111. — FUCHSIA ÉCLATANT

FUCHSIA FULGENS Moç. et Sessé.

Patrie : Mexique.

Description.

Cette espèce de *Fuchsia* est la plus répandue du groupe des *longiflores*, qui ont pour caractère, ainsi que nous l'avons dit précédemment, d'avoir le tube du calice 2 ou 3 fois plus long que les lobes ou sépales.

Le *Fuchsia fulgens* est une plante de 1 à 2 mètres de hauteur, mais de taille généralement moins élevée dans les jardins. Ses feuilles en sont ovales, rétrécies au sommet, finement dentées, glabres. Ses fleurs, en bouquets denses, sont pendantes, de couleur rouge écarlate.

Emplois. — Culture. — Multiplication.

Cette belle plante peut être utilisée comme les espèces précédentes. Les procédés de culture et de multiplication qui lui sont applicables, sont ceux qui sont indiqués pour le *Fuchsia à fleurs globuleuses* (voir pl. 110).

EXPLICATION DE LA PLANCHE 111.

1. Fleur coupée.

⌂ Pl. 112. — GAURA DE LINDHEIMER

GAURA LINDHEIMERI Engelm. et Gray.

Patrie : Texas.

Description.

Les *Gaura* sont caractérisés par des fleurs ayant un calice à tube en forme de cône renversé ou allongé, à 3 ou 4 angles, divisé au sommet en 3-4 lobes ou sépales retombants, 3-4 pétales égaux ou inégaux; 6-8 étamines, un ovaire à 4, rarement 3 loges, contenant chacune un ovule. Le fruit ne s'ouvre pas à la maturité, il est à 3 ou 4 angles, coriace, à une seule loge contenant une graine.

Le *Gaura de Lindheimer* est une plante vivace, de 1 mètre à 1 m. 50 de hauteur, à feuilles allongées, étroites, à tige rameuse, dont les ramifications larges et grêles portent de longues grappes de fleurs, d'environ 4 centimètres de diamètre, à 4 pétales, blanches ou purpurines. Fleurit pendant tout l'été.

Emplois.

Cette plante est très répandue dans les jardins où on l'emploie, associée à d'autres plantes, à la décoration des plates-bandes, des massifs et des corbeilles, auxquels ses rameaux fleuris, d'une légèreté incomparable, donnent une grande élégance.

Culture. — Multiplication.

Sous le climat de Paris, le *Gaura Lindheimeri* n'est pas absolument rustique, aussi le cultive-t-on généralement comme plante bisannuelle. On en sème les graines de mai en juillet; on repique, puis on abrite les jeunes plantes sous châssis ou en serre froide, pendant l'hiver, pour les planter en plein air en mai. On peut aussi conserver les vieux pieds en les relevant de pleine terre à l'automne, pour les mettre en pots et les hiverner sous abri vitré.

EXPLICATION DE LA PLANCHE 112.

1. Fleur entière.
2. Fleur coupée longitudinalement.

On peut encore citer parmi les genres de la famille des *Onagrariées*, qui ont des représentants dans un bon nombre de jardins : les EPILOBIUM, genre caractérisé par les graines dont le sommet porte de longues soies, et dont trois espèces sont ornementales, savoir : *E. rosmarinifolium* Hœncke, plante de 60 centimètres de hauteur, à feuilles très étroites, à fleurs roses en épi lâche; l'*E. spicatum* Lamk. (Voir *Masclef, Atlas, pl. 124.*) (Osier fleuri, Laurier de Saint Antoine), plante de 1 mètre à 1 m. 50 de hauteur, à feuilles droites, allongées, à fleurs roses, en longs épis dressés; l'*E. hirsutum* L., à feuilles plus larges que celles des deux précédents, velues, à fleurs roses. Ces trois plantes sont vivaces, indigènes, et par conséquent très rustiques. Les deux premières conviennent à la décoration des grandes plates-bandes, la troisième des sols humides, et surtout du bord des pièces d'eau. Elles fleurissent en juillet-août. On les multiplie par division des touffes. Un autre genre, le genre *Eucharidium*, rappelle beaucoup les *Clarkia*, dont il se distingue par ses fleurs à 4 étamines, au lieu de 8. Les trois espèces connues sont originaires de la Californie : *E. Breweri* A. Gray, *concinnum* Fisch. et Mey., et *grandiflorum* Fisch. et Mey. Ce sont des plantes annuelles d'environ 20 centimètres de hauteur, ayant les mêmes emplois que les *Clarkia*. On les cultive comme ces plantes.

FAMILLE DES LOASÉES

Pl. 113. — LOASA A FLEURS ROUGE BRIQUE

LOASA LATERITIA Gill. et Hook.

SYNONYMES LATINS : **Cajophora lateritia Benth.; Loasa aurantiaca Hort.**

Patrie : Chili.

Description.

Les *Loasa* sont caractérisés par des fleurs à calice tubuleux, ovoïde ou presque globuleux, divisé au sommet en 5 lobes (sépales); une corolle à 5 pétales, en forme de capuchon; de nombreuses étamines disposées en 5 faisceaux, plus 2-5 écailles alternant avec les pétales et 10 staminodes (étamines rudimentaires); 3-5 placentas fixés sur la paroi de l'ovaire. Le fruit est une capsule droite ou tordue, s'ouvrant par 5-10 valves.

Le *Loasa lateritia* est une plante vivace à tiges grimpantes, atteignant 2 ou 3 mètres de hauteur, couverte de poils brûlants, comme ceux de l'ortie. Ses feuilles sont opposées, profondément et irrégulièrement découpées, dentées. Ses fleurs, de couleur rouge brique, d'environ 3 centimètres de diamètre, naissent aux aisselles des feuilles. Fleurit de juin à octobre.

Emplois. — Culture. — Multiplication.

Cette plante peut servir aux multiples emplois des plantes grimpantes de petites dimensions; elle est curieuse et très ornementale. On doit la cultiver de préférence en sols légers et fertiles, à exposition chaude. On la traite généralement comme plante annuelle, et en semant les graines sur couche en mars, pour repiquer et mettre en place à partir du 15 mai. Relevée de pleine terre et mise en pots vers le 15 octobre, on peut la rentrer en serre froide ou en orangerie, pour lui faire passer l'hiver à l'abri de la gelée.

Les *Loasa picta* Hook., du Pérou, et *vulcanica* Ed. André, de la Nouvelle Grenade, sont des plantes annuelles d'environ 1 mètre de hauteur, non grimpantes, couvertes de poils brûlants, ornementales par leurs fleurs blanches, panachées de rouge. On peut les employer à l'ornementation des plates-bandes. On en sème les graines sur couche, en mars, comme celles de l'espèce précédente.

EXPLICATION DE LA PLANCHE 113.

1. Fleur coupée.
2. Graine de grandeur naturelle et grossie.
3. Germination.

Pl. 114. — MENTZÉLIE DE LINDLEY

MENTZELIA LINDLEYI Torr. et Gray.

SYNONYME FRANÇAIS : **Bartonie dorée.**
SYNONYME LATIN : **Bartonia aurea Lindl.**

Patrie : Californie.

Description.

Le genre *Mentzelia* diffère surtout des *Loasa* par des fleurs à pétales généralement plans, dépourvues d'écailles alternant avec ces pétales, et par l'absence de staminodes (étamines avortées), ou leur présence en nombre indéfini. Le fruit est une capsule cylindrique ou en massue, non tordue. Ses poils ne sont pas urticants.

Le *M. Lindleyi* est une ravissante plante annuelle, de 50 à 75 centimètres de hauteur, à rameaux étalés, portant des feuilles larges, très découpées. Ses fleurs naissent aux aisselles des feuilles ; elles sont larges de 6 centimètres, bien ouvertes, d'un brillant jaune d'or avec des étamines nombreuses, formant une houppe dorée. Fleurit tout l'été.

Emplois. — Culture. — Multiplication.

La *Mentzélie de Lindley* est une fort belle plante, qui fleurit abondamment pendant un long temps ; elle est propre surtout à orner les plates-bandes en sol léger et à exposition ensoleillée. On doit en semer les graines en avril-mai, en place, car elle ne supporte pas le repiquage.

FAMILLE DES PASSIFLORÉES

Pl. 115. — FLEUR DE LA PASSION

PASSIFLORA CŒRULEA L.

SYNONYME FRANÇAIS : **Passiflore bleue.**

Patrie : Brésil et Pérou.

Description.

Le genre *Passiflora* est caractérisé par des fleurs régulières, ayant un calice à tube court, concave, divisé au sommet en 4-5 lobes ou sépales, souvent colorés, et se confondant comme forme et comme dimensions avec 4-5 pétales, qui alternent avec eux. Au centre de la fleur se dresse

un support très allongé (gynophore), au sommet duquel est disposé
l'ovaire, surmonté de 3 styles. Au-dessous, on observe 3 ou 4 étamines à
anthères vacillantes. Au sommet du tube du calice naissent une ou deux
couronnes, de nombreux filaments ou collerettes colorées, souvent
rayonnantes, très variables de forme; on en voit parfois jusqu'à 5, de
grandeur différente. Le fruit est une baie à une loge contenant des
graines disposées sur les placentas situés sur ses parois.

Le nom de fleur de la Passion, donné aux *Passiflores*, vient de la ressemblance entre certaines parties de la fleur et les instruments de la
Passion (collerettes de filaments colorés : *couronne* d'épines; les étamines : *marteaux;* les stigmates : *clous*).

L'espèce figurée sur cette planche, à tiges grimpantes ligneuses,
pouvant atteindre 5 mètres et plus de hauteur, a les feuilles persistantes,
profondément découpées et d'un vert foncé. Les fleurs, qui mesurent de
7 à 8 centimètres de diamètre, sont blanches, bleu pâle, violettes ou
roses, selon les variétés. Les fruits, très décoratifs, sont de la grosseur
d'un petit œuf de poule et d'un jaune orangé. Fleurit tout l'été. Fruits à
l'automne.

Emplois.

Cette espèce est la seule de tout le genre *Passiflore*, — si riche en
plantes superbes, mais exigeant la serre — que l'on puisse cultiver à
l'air libre, dans le centre de la France, et encore à la condition qu'elle
soit plantée le long d'un mur exposé au midi. Dans le midi de la France,
dans l'ouest, et même en remontant le littoral de l'Océan et de la Manche
jusqu'à Cherbourg, cette plante devient un véritable arbre, croissant
avec vigueur, et qui, en quelques années, couvre de ses guirlandes les
tonnelles, les murs, les treillages. Dans ces régions, la Passiflore bleue
se couvre à l'automne d'un grand nombre de fruits très décoratifs.

Culture. — Multiplication.

La *Passiflore bleue* prospère surtout dans les sols profonds et sains,
à exposition ensoleillée. On la multiplie par graines, par marcottes, par
boutures et par division des touffes. On reproduit les variétés par la
greffe sur le type de l'espèce.

EXPLICATION DE LA PLANCHE 115.
1. Fleur coupée.

Sur le littoral de la Provence, on peut aussi cultiver en plein air quelques espèces des régions chaudes, comme le *Passiflora racemosa* Brot.,
du Brésil, à fleurs rouge purpurin, le *P. Actinia* Hook., du Brésil, à
fleurs blanches, teintées de bleu et de brun.

Le genre *Tacsonia*, qui diffère du *Passiflora* par ses fleurs ayant un
calice à tube très long, comprend aussi de nombreuses espèces ornementales de serres, dont un petit nombre sont parfois cultivées à très

bonne exposition, dans les jardins du littoral de la Provence. De ce nombre sont les *T. manicata* Juss. (*T.* ignea Hort.), plante robuste à fleurs rouges; les *T. exoniensis* Mast., *Van Volxemi* Funk., et *mollissima* H. B. K.

Non loin des *Passiflorées* se place la famille des CUCURBITACÉES, dont quelques représentants, appartenant aux genres *Cucurbita*, *Lagenaria* et *Momordica*, figurent parfois dans les jardins comme plantes d'ornement.

Au premier rang se placent les *Gourdes* ou *Calebasses de Pèlerin* (Lagenaria vulgaris Ser.), plante grimpante, répandue dans toutes les régions tropicales, à odeur de musc, dont les tiges, atteignant jusqu'à 3 mètres de hauteur, portent des feuilles très amples, ovales, arrondies, en forme de cœur à la base. Les fleurs sont blanches, les unes mâles, les autres femelles. Le fruit, qui est la partie recherchée de la plante, est d'abord charnu et plein; il devient ligneux, creux et capable de se conserver indéfiniment. Ce fruit, très variable de forme, a tantôt la forme d'une bouteille à deux panses (c'est la gourde ou calebasse de pèlerin proprement dite); il peut être enfin déprimé, en forme de poire à poudre, de massue, etc. La gourde est souvent employée à garnir les tonnelles, les treillages, etc. On en sème les graines en avril sur couche, pour mettre en place en mai; soit dans le courant de mai, à bonne exposition et en sol fortement fumé.

Après les *Gourdes*, les *Coloquinelles* (Cucurbita Pepo L., var.) sont les Cucurbitacées les plus recherchées pour l'ornement des jardins. Leurs tiges peuvent atteindre 3 à 4 mètres de longueur, et garnissent rapidement les tonnelles et les treillages. Les fleurs sont jaunes, et rappellent celles des Courges. Le principal mérite ornemental de ces plantes réside dans le fruit, qui affecte les formes les plus variées, avec une grande diversité dans le coloris. C'est ainsi qu'il en est dont la forme rappelle celle d'une Poire, d'une Pomme, d'une Orange, de grosseur différente, avec l'écorce lisse ou relevée de verrues; tantôt de couleur uniforme, blancs, jaunes, verts; dans d'autres cas, rayés longitudinalement ou transversalement de vert ou de jaune sur fond blanc, jaune ou vert. Culture des *Gourdes*.

Les *Momordica* sont aussi des plantes grimpantes ornementales; deux espèces : le *M. Charantia* L. (Momordique à feuilles de Vigne), et le *M. Balsamina* L. (Pomme de merveille), sont des plantes grimpantes, de 1 m 50 à 2 mètres de hauteur, qui croissent dans toutes les régions tropicales. Les feuilles divisées, comme celles de la Vigne, sont d'un beau vert. Les fleurs, les unes mâles, les autres femelles, sont petites, jaunes. La partie ornementale de ces plantes est le fruit, long de 12 à 15 centimètres dans la première espèce, beaucoup plus petit dans la seconde; couvert dans ces deux cas de tubercules, disposés en crêtes longitudinales. Ce fruit devient d'un beau jaune orangé à la maturité, et s'ouvre, tout en restant sur la plante, laissant voir à l'intérieur une pulpe rouge écarlate, qui enveloppe des graines aplaties, bigarrées, échancrées sur les côtés. Culture des *Gourdes*.

FAMILLE DES BÉGONIACÉES

⌂ Pl. 116. — BÉGONIA ROI

BEGONIA REX J. Ptz.

Patrie : Assam.

Description.

Le *Begonia Rex* est certainement l'une des plantes à feuillage ornemental les plus recherchées pour la décoration des serres et des appartements. La tige en est très courte, presque nulle; les feuilles, obliquement ovales, en forme de cœur à la base, rétrécies au sommet, sont très grandes; elles mesurent fréquemment 40 centimètres de long sur 30 de large; dans le type de l'espèce, elles sont groupées, dentées, poilues, d'un rose carminé à la face inférieure, d'un vert noirâtre métallique à la face supérieure, avec une bande large et irrégulière d'un blanc argenté satiné, formant une zone circulaire qui sépare le centre de la feuille de son bord. Les fleurs, en grappe lâche, sont grandes, roses.

Le *Begonia Rex* a produit par variation, par hybridation et par métissage, un nombre considérable de variétés qui présentent une grande diversité dans le coloris du feuillage. La forme même du feuillage a été modifiée.

Emplois.

Le *Begonia Rex* est, nous l'avons déjà dit, une des plus belles plantes à feuillage ornemental que l'on puisse cultiver dans les serres tempérées, où on doit éviter de les exposer en plein soleil. Il est d'une vigueur et d'une résistance telle, qu'il peut être classé parmi les plantes qui supportent le mieux la culture dans les appartements.

Culture.

Le *Begonia Rex* est d'une culture facile; une serre tempérée ou chaude, c'est-à-dire ayant une température de 8 à 12 degrés, dans le premier cas, 15 à 20 dans le second, pendant l'hiver, lui conviennent à merveille. On doit le planter en pots bien drainés, en terre de bruyère ou légère, additionnée de terreau. Des rempotages fréquents sont nécessaires. On doit éviter de l'exposer à l'action directe du soleil. Des arrosages fréquents et abondants sont indispensables pendant la végétation, mais il est nécessaire de les réduire beaucoup pendant la période de repos, de manière à empêcher seulement les souches de se dessécher. En arrosant, il faut éviter de laisser tomber de l'eau sur les feuilles, qui pourrissent à son contact.

Multiplication.

La multiplication de cette espèce de *Begonia*, comme de toutes celles qui sont dépourvues de tiges, se fait de deux manières : par graines et par boutures de feuilles. On sème les graines dès qu'elles sont mûres, sur de la terre de bruyère humide, en pots que l'on couvre d'une plaque de verre, et que l'on met en serre chaude à une température de 20 à 24 degrés. Pour bouturer les feuilles, on détache de la plante des feuilles dont on applique la face inférieure sur le sol humide d'une terrine ou d'une tablette en serre chaude, pendant l'hiver ou en serre ordinaire pendant l'été. Les bourgeons se développent au bout de peu de temps et constituent de jeunes plantes, qu'il suffit alors de détacher et d'empoter séparément. En pratiquant des incisions sur les grosses nervures des feuilles, on provoque le développement d'un nombre plus considérable d'individus.

EXPLICATION DE LA PLANCHE 116.

1. Fleur mâle, coupée longitudinalement.
2. Fleur femelle, coupée longitudinalement.

⌂ Pl. 117. — BÉGONIA A FLEURS DE FUCHSIA

BEGONIA FUCHSIOIDES Hook.

Patrie : Nouvelle Grenade.

Description.

Plante de 50 centimètres à 1 mètre et plus de hauteur, à tige glabre, charnue, teintée de rouge, portant de nombreuses feuilles disposées sur deux rangs; petites, glabres, ovales allongées, dentées, d'un vert foncé. Les fleurs, les unes mâles, les autres femelles, d'un rouge écarlate vif, sont disposées en grappes pendantes, naissant des aisselles des feuilles supérieures. Fleurit pendant tout l'été en plein air, et l'hiver en serre.

Emplois.

Cette espèce de *Begonia* est recherchée pour la décoration des serres chaudes. Elle est également précieuse pour orner les parterres pendant la belle saison, où on l'emploie à former des corbeilles, des bordures, etc.

Culture. — Multiplication.

Pour la culture et la multiplication de cette espèce voir *Begonia toujours fleuri*, p. 130.

EXPLICATION DE LA PLANCHE 117.

1. Fleur mâle, à l'état de bouton.
2. Fleur mâle, épanouie.
3. Fleur femelle, coupée longitudinalement.

⌂ Pl. 118. — BÉGONIA TOUJOURS EN FLEURS

BEGONIA SEMPERFLORENS Link et Otto.

Patrie : Brésil.

Description.

Plante vivace de 20 à 40 centimètres de hauteur, à tige charnue, ramifiée, formant touffe, à feuilles amples, ovales arrondies, un peu dentées, d'un vert brillant. Les fleurs, très nombreuses, naissent par bouquets de 2-10 aux aisselles des feuilles supérieures ; elles sont blanches, blanc rosé, rose vif ou rouges, selon les variétés, dont le feuillage est parfois jaunâtre ou bronzé. Fleurit pendant toute l'année.

Emplois.

Ce *Begonia* est l'une des plantes les plus précieuses pour former des corbeilles et des bordures dans les parties ombragées des jardins. Sa floraison est extrêmement abondante et ininterrompue.

Culture. — Multiplication.

Cette plante vient dans tous les terrains, mais elle affectionne surtout les sols légers, riches en engrais et un peu frais. Elle supporte mal le plein soleil, où d'autres plantes plus ornementales, les *Pélargonium à corbeilles*, par exemple, viennent à merveille ; mais, par contre, prend un développement superbe aux expositions ombragées, très défavorables aux *Pélargonium*, et au plus grand nombre des plantes de nos jardins. On multiplie le *Begonia toujours en fleurs* par graines que l'on sème en février-mars en serre ou sur couche, et plus fréquemment par boutures que l'on fait en été, comme celles des *Pélargonium à corbeilles*, et que l'on conserve comme elles, sous châssis ou en serre froide pendant l'hiver, pour planter en plein air vers le 15 mai.

⌂ Pl. 119. — BÉGONIA TUBERCULEUX

HYBRIDE HORTICOLE

SYNONYME FRANÇAIS : **Bégonia tubéreux.**

Description.

Il existe un certain nombre d'espèces de *Begonia* à tubercules, mais le nom de Bégonia tuberculeux, dans son emploi le plus courant, s'appli-

que surtout aux variétés, aux hybrides et aux métis d'espèces à tubercu-
les et dont l'ensemble constitue un des plus beaux ornements de nos
jardins. Les principales espèces qui leur ont donné naissance sont les
B. *boliviensis* A. DC., de la Bolivie; *Davisii* Hook., du Pérou; *Dregei*
Otto et Dietr., de l'Afrique australe; *Fraebeli* A. DC., de l'Ecuador;
Pearcei Hook., de Bolivie; *rosæflora* Hook., du Pérou; *Veitchi* Hook., du
Pérou. Les *Bégonias tuberculeux* sont des plantes vivaces par leur racine,
qui ressemble assez à un petit tubercule de pomme de terre. Leur tige
est charnue et atteint de 20 à 35 centimètres de hauteur, selon les variétés.
Leur feuillage est épais, d'un vert brillant. Les fleurs, les unes mâles
(fig. 1), les autres femelles (fig. 2), atteignent parfois des dimensions
absolument extraordinaires. On en voit dans les Expositions d'horticulture
qui mesurent jusqu'à 20 centimètres de diamètre. Ces fleurs présentent
des coloris variés, parmi lesquels on observe surtout le rouge foncé, le
rouge pâle, le rose, le jaune orangé, le jaune pur et le blanc. Elles sont
tantôt penchées, tantôt au contraire dressées et se présentent alors dans
les meilleures conditions pour que l'on puisse jouir de toute leur beauté.
Il en existe des variétés à fleurs pleines d'une durée beaucoup plus
grande que les fleurs simples.

Fleurit du milieu de l'été à la fin de l'automne.

Emplois.

Les *Bégonias tuberculeux* ont des qualités telles qu'on peut presque les
mettre en parallèle avec les *Pélargonium à corbeilles (Géranium)*. Il est
évident qu'ils ne présentent pas une aussi grande diversité de coloris,
mais on y rencontre des tons presque aussi brillants et par contre des
fleurs beaucoup plus grandes.

Le tempérament de ces plantes est tel, d'ailleurs, qu'elles se complè-
tent l'une l'autre pour l'ornementation de nos jardins; la première ne
prospérant que dans les situations ombragées, la seconde exigeant une
exposition ensoleillée pour briller de tout son éclat. Dans ces conditions,
elles répondent l'une et l'autre à un besoin différent, de sorte que, même
l'une ayant un mérite inférieur à l'autre, elles n'en seraient pas moins
toutes les deux fort recherchées.

Culture.

La culture des *Bégonias tuberculeux* est simple et facile. Lorsqu'on
possède des tubercules, soit qu'ils proviennent des cultures de l'année
précédente, soit qu'on les ait achetés chez les marchands grainiers, qui
en tiennent tous à la disposition des amateurs, il suffit, au mois d'avril,
de les placer dans de petits pots, de les mettre sous châssis et de les arroser pour les faire entrer en végétation. Fin mai ou dans les premiers
jours de juin, on opère la plantation en plein air, en ayant soin de ne pas
toucher aux racines.

Nous avons dit plus haut que les *Bégonias tuberculeux* ne prospèrent qu'à une exposition ombragée ; il ne faudrait pas croire cependant qu'ils donneraient de bons résultats si on les cultivait tout à fait à l'ombre, surtout sous des arbres touffus où l'air ferait défaut. Il y a naturellement, comme en toutes choses, un juste milieu à observer.

Le terrain qui convient le mieux à ces plantes est le sable additionné de terreau de feuilles, entretenu frais par des arrosages fréquents.

Dans ces conditions, les plantes croissent vigoureusement, commencent à fleurir dès le mois de juillet et durent dans toute leur beauté jusqu'aux premières gelées du mois d'octobre. Lorsque ce moment est arrivé, on procède à l'arrachage en laissant adhérer un peu de terre aux tubercules, puis les plantes sont disposées, telles quelles, sur des planches, dans un endroit sec, à l'abri de la gelée, et elles se conserveront ainsi jusqu'au mois d'avril suivant.

Multiplication.

On peut multiplier les *Bégonias tuberculeux* soit par graines soit par boutures. Dans le premier cas, on sème les graines de février en mai, en terre de bruyère, en serre ou sur couche ; on repique plusieurs fois les jeunes plantes et l'on plante en pleine terre en juin. On peut aussi semer sous châssis froid dans les premiers jours de juillet. En maintenant sous châssis les plantes obtenues, après les avoir repiquées dans de petits pots, on obtient à l'automne des tubercules bien développés qu'on peut traiter comme des tubercules adultes et qui donnent une abondante floraison l'année suivante.

Pour le bouturage, on coupe les jeunes pousses qui se développent sur les tubercules au moment de la mise en végétation. Ces pousses doivent être munies d'un œil à la base. On les plante dans du sable pur et en serre, à une température de 18 à 20 degrés. Tant qu'elles ne sont pas enracinées, il est essentiel de ne les arroser que modérément, afin qu'elles ne soient pas atteintes par la pourriture. Lorsqu'elles sont munies de racines on les met dans de petits pots, et les jeunes plantes ainsi obtenues doivent ensuite être traitées comme celles que l'on obtient en semant les graines de février en mai.

En dehors des espèces que nous venons de passer en revue et de certaines autres cultivées surtout comme plantes de serres, le genre *Begonia* renferme d'autres plantes ornementales ordinairement cultivées dans les jardins. De ce nombre sont : le *B. ascatiensis* Webb, plante de 50 à 75 centimètres de hauteur, à petites feuilles ovales vert foncé, bordées de brun, et à fleurs rouges en bouquets d'une douzaine aux aisselles des feuilles ; le *B. fruticosa* A. DC. (Synonyme : *B. castaneifolia* Schott), du Brésil, plante de 30 à 60 centimètres de hauteur, à feuilles ovales allongées, de 4 à 5 centimètres de long sur 3 de large, d'un vert brillant, à fleurs nombreuses rose pâle, larges de 2 à 3 centimètres, groupées par 4-6 aux aisselles des feuilles ; le *B. Schmidtii* Regel, du Brésil, plante naine, très ramifiée, velue, à fleurs blanc rosé.

Toutes ces espèces ont les mêmes emplois que le *B. toujours en fleurs* (B. semperflorens) et exigent la même culture.

Une autre espèce, le *B. Evansiana* Andr. (Synonyme : B. discolor Blume), de la Chine et du Japon, est une plante tubéreuse, glabre, à feuilles ovales, rétrécies au sommet, dont l'un des côtés est plus développé que l'autre, anguleuses et dentées, rouges en dessous, vertes à la face supérieure. Les fleurs sont blanches ou blanc rosé, disposées en bouquets dépassant beaucoup les feuilles. Cette espèce, très répandue, a produit d'intéressants hybrides, notamment par le croisement avec le B. Rex. Culture des *Bégonias tubereux*.

Le *B. heracleifolia* Cham. et Schlecht., du Mexique, est une plante à tige courte et rampante, à grandes feuilles vert sombre avec les nervures vert clair, palmées, à 7-9 lobes profondément et irrégulièrement dentés, à pétiole robuste hérissé de longs poils. Les fleurs assez grandes constituent de grandes inflorescences rameuses dépassant beaucoup les feuilles ; elles sont roses. Cette espèce est recherchée pour former des corbeilles. On la plante en plein air dans les derniers jours de juin, et on la rentre en serre tempérée vers le 15 octobre.

FAMILLE DES CACTÉES

⌂ **Pl. 120 A. — MAMILLAIRE PETITE**

MAMILLARIA PUSILLA Sweet.

Patrie : Amérique. (Antilles?)

Description.

Les *Mamillaires*, détachées de l'ancien genre *Cactus*, sont des plantes grasses à tige globuleuse, cylindrique ou anguleuse, simple ou rameuse, chargée de tubercules en forme de mamelles, cylindriques ou polyédriques dont le sommet est terminé par une petite partie circulaire, garnie de duvet cotonneux accompagné d'aiguillons semblables ou dissemblables. Les fleurs naissent dans les aisselles des tubercules ; elles sont ordinairement disposées circulairement autour de la portion supérieure de la tige.

L'espèce figurée sur cette planche est une des plantes les plus réduites du genre. Ses tiges sont multiples, globuleuses, formant des touffes hémisphériques ; les mamelons sont petits, cylindriques et portent au sommet, entremêlés à un duvet très court, 4-6 aiguillons petits, droits, blancs ou dorés, et 12-20 autres extérieurs blancs, très fins, semblables à des poils. Ses fleurs, abondantes, se montrent de mai en juin ; elles sont jaunes ; il leur succède de petits fruits rouges d'un effet très ornemental.

Emplois.

Comme la plupart des espèces de ce genre, la *Mamillaire petite* est surtout cultivée comme curiosité ; elle figure fréquemment chez les fleuristes parisiens, cultivée en petits pots rouges.

Culture. — Multiplication.

Les *Mamillaires*, comme un grand nombre de Cactées, sont des plantes peu délicates, qu'à défaut de jardin et de serre froide, on peut cultiver sur les balcons et les fenêtres pendant la belle saison, c'est-à-dire à partir du 1ᵉʳ juin, pour les rentrer en appartement avant les grandes pluies d'automne et les premières gelées. La pièce destinée à hiverner ces plantes doit être située en plein midi ; on dispose les pots sur des tablettes ou des gradins, de manière à en tenir le plus grand nombre aussi près que possible de la lumière. Cette pièce peut ne pas être chauffée par les temps doux, mais il est nécessaire d'en maintenir la température à quelques degrés au-dessus de zéro pendant les grands froids, en évitant de se servir pour le chauffage de poêles ou d'appareils exhalant des gaz délétères. Il est nécessaire aussi de retourner de temps à autre les plantes dans le sens opposé pour éviter qu'elles ne se déjettent, en se développant, du côté où vient la lumière. Les Cactées exigent beaucoup d'air, aussi est-il indispensable d'ouvrir la ou les fenêtres chaque fois que la température extérieure le permet. Les arrosages doivent être nuls ou presque nuls pendant l'hiver, mais distribués de manière à maintenir le sol relativement humide ; pendant l'été il est nécessaire d'ajouter à ce propos qu'il est utile d'employer pour les arrosages de l'eau aussi pure que possible et à la température de la pièce où se trouvent les plantes. Les vases en terre rouge doivent être proscrits, les pots en terre bien poreuse leur seront toujours préférés. Ces vases devront être soigneusement drainés. La multiplication des Cactées se fait soit par graines, soit par le bouturage des tiges ou des rejetons qui s'enracinent facilement, et dans certains cas par la greffe, ainsi que nous le verrons plus loin.

⌂ **Pl. 120 B. — MAMILLAIRE ROSE**

MAMILLARIA RHODANTHA Link et Otto.

Patrie : Mexique.

Description.

Cette espèce possède une tige allongée, presque cylindrique, devenant souvent bifurquée avec l'âge, garnie de poils laineux et de poils raides entre les mamelons qui sont coniques, couronnés par 16-20 aiguillons extérieurs très ténus, en forme de soies, et 6-7 aiguillons intérieurs raidis, blancs ou jaunâtres, noirs à la pointe. Les fleurs, relativement grandes, nombreuses, sont roses et se succèdent pendant tout l'été.

Pour emplois, culture et multiplication, voir *Mamillaire petite*, p. 133.

La plus grande partie des *Mamillaires* pourraient figurer dans les collections d'amateurs de plantes grasses. MM. Bentham et Hooker, dans leur *Genera plantarum*, évaluent à près de trois cents le nombre des espèces de ce genre qui ont été décrites par les botanistes, c'est dire que nous ne pouvons entreprendre même leur simple énumération. Parmi les plus cultivées on peut citer : *M. longimamma* DC.; *uberiformis* Zucc.; *Odieriana* Lem.; *sphacelata* Mart.; *dolichocentra* Lem.; *polythele* Mart.; *crocidata* Lem.; *polyedra* Mart.; *pymocephala* Scheidw.; *gladiata* Mart.; *magnimamma* Haw.; *centricima* Lem.; *cirrhifera* Mart.; *fulvispina* Haw., qui sont toutes originaires du Mexique.

⌂ Pl. 121. — CIERGE FLAGELLIFORME

CEREUS FLAGELLIFORMIS Mill.

SYNONYMES FRANÇAIS : **Cierge queue de Souris, Serpentaire.**

Patrie : Brésil.

Description.

Le genre *Cereus*, l'un des plus importants de la famille des Cactées, est très difficile à définir, car il se rattache par les transitions de quelques-uns de ses caractères à des genres voisins, tels que les *Echinocereus*, *Echinopsis*, *Pilocereus* et *Phyllocactus*, que certains auteurs, et notamment MM. Bentham et Hooker, y rattachent pour ne former qu'un seul genre. Ainsi compris, le genre est caractérisé par des fleurs à calice longuement prolongé en tube au-dessus de l'ovaire, à divisions (sépales) nombreuses, sur plusieurs rangs; les extérieures en forme d'écailles, les internes allongées, ayant l'aspect de pétales. Les pétales, très nombreux et également disposés sur plusieurs rangs, recourbés, étalés, sont un peu plus longs que les sépales Les étamines, très nombreuses, sont disposées sur plusieurs rangs, ont les filets à peu près libres et presque aussi longs que la partie du tube du calice située au-dessus de l'ovaire. Celui-ci est inférieur (infère), garni d'écailles et surmonté d'un style divisé au sommet en 5 ou en nombre indéfini de lobes. Le fruit est une baie charnue à pulpe succulente parsemée de petites graines noires ou brunes.

Pour nous conformer aux habitudes et aussi pour ne pas sortir du cadre de ce livre, qui avant tout doit être écrit au point de vue horticole, nous examinerons le genre en en distrayant les *Echinopsis*, *Pilocereus* et *Phyllocactus* que nous considérerons comme genres distincts.

Les *Cereus* peuvent se diviser en trois groupes :

1° Les ECHINOCEREUS à tige basse, à ovaire épineux, à stigmate vert émeraude et à graines couvertes de petites aspérités : cette section comprend des espèces nombreuses, souvent remarquables par les dimensions et le brillant coloris de leurs fleurs. A ce groupe appartiennent le *C. acifer* Otto, à fleurs rouges; *C. cinerascens* DC., à fleurs rose violacé ; *C. pectinatus* Engelm., à fleurs rose pâle; *C. pentalophus* DC., à fleurs roses; etc.

2° Les CIERGES COLUMNAIRES, à tige droite, arborescente : comme les *C. peruvianus* Haw., à tige de 10 à 15 mètres de haut sur 10 à 20 centimètres de diamètre, d'un vert foncé, à 5-8 côtes, à fleurs nocturnes, blanches, de 15 centimètres de longueur sur 12 de diamètre ; une variété de cette espèce, le *C. peruvianus* var. *monstruosus*, est très répandue dans les cultures sous le nom de *Rocher*, qui rappelle la forme bizarre et monstrueuse de sa tige ramifiée irrégulièrement en forme de rocher; le *C. Jamacaru* Salm, du nord du Brésil et du Vénézuéla, à tige glauque de 4-5 mètres de hauteur sur 15 centimètres de diamètre, à 4-5 côtes et à angles profonds, à fleurs blanches, nocturnes, etc.

3° Les CIERGES RAMPANTS OU GRIMPANTS, section qui renferme les espèces les plus répandues pour leurs grandes et belles fleurs, et au nombre desquelles on peut citer :

Le *Cierge flagelliforme*, figuré planche 121, originaire du Mexique, et remarquable par sa tige rampante, très rameuse, à rameaux cylindriques, grêles, d'environ 2 centimètres de diamètre, à 10-12 côtes peu saillantes, relevées de tubercules et garnies d'aiguillons courts non piquants, bruns ou jaunâtres. Les fleurs très nombreuses ont les pétales en collerettes étagées d'un rose violacé superbe.

Cette espèce est l'une des plus cultivées ; elle est très recherchée pour la garniture des vases suspendus ; ses longs rameaux retombants la rendent très propre à cet usage. Il en existe plusieurs variétés.

C'est encore à ce groupe qu'appartiennent :

Le *C. grandiflorus* Haw., des Antilles et du Mexique, à tige grimpante très longue, rameuse, munie de racines aériennes, d'environ 2 centimètres de diamètre, à 5-7 côtes peu marquées, à fleurs nocturnes de 20 centimètres de long, exhalant l'odeur de la Vanille, et dont il existe des variétés et des hybrides à fleurs rouges.

Le *C. nycticalus* Link, du Mexique, à tige rampante, allongée rameuse, d'environ 3 centimètres de diamètre, à 4 angles arrondis. Les fleurs de cette espèce sont encore plus grandes que celles de l'espèce précédente, dont elles ont le coloris ; elles mesurent jusqu'à 25 centimètres de longueur et ont un diamètre égal.

Le *C. serpentinus* Lagasca, du Mexique, à tige presque dressée peu rameuse, cylindrique cannelée, à grande fleur blanche, nocturne.

Le *C. speciosissimus* DC., du Mexique, à tiges presque dressées, très rameuses, relevées de 3 ou 4 côtes comprimées. Les fleurs en sont de toute beauté, diurnes; elles mesurent 15 centimètres de diamètre et sont d'un brillant carminé violacé avec des reflets métalliques bleuâtres. Cette espèce a donné naissance à de nombreux hybrides par son croisement avec certains *Phyllocactus*.

Le *C. triangularis* Haw., du Mexique, à tige grimpante relevée de 3 côtes comprimées formant 2 angles profonds et un troisième presque plan. La fleur est nocturne, blanche et mesure jusqu'à 30 centimètres de longueur sur autant de diamètre.

Sous le climat de Paris, les grandes espèces citées ci-dessus ne peuvent être cultivées que dans les serres, les espèces de faibles dimensions s'accommodent de la culture indiquée à l'article *Mamillaire*, p. 133. ·

Le *C. peruvianis* et sa variété *monstruosus, speciosissimus, grandiflorus* sont cultivées en plein air dans le midi de la France.

⌂ Pl. 122. — PHYLLOCACTE PHYLLANTHOÏDE, var.

PHYLLOCACTUS PHYLLANTHOIDES DC., var.

Patrie : Mexique.

Description.

Les *Phyllocactus*, très voisins des *Cereus*, se distinguent surtout de ces derniers par les articles de la tige, très aplatis, ailés, en forme de feuille, et des *Epiphyllum* par le tube du calice, généralement long, très grêle, et des étamines d'inégale longueur. Il en existe une douzaine d'espèces parmi lesquelles on peut citer comme étant les plus répandues :

Le *P. Ackermanni* Walp., du Mexique, l'un des plus anciennement cultivés, mais toujours l'un de ceux qui donnent la plus abondante floraison. Les fleurs sont peut-être moins grandes que celles de certaines autres espèces ou variétés; elles ont les pétales atténués en pointe et d'un rouge écarlate satiné.

Le *P. anguliger* Lem., du Mexique, très distinct par ses feuilles découpées sur les côtes en profondes crénelures anguleuses. Les fleurs en sont d'un blanc pur.

Le *P. phyllanthoïdes* Link, du Mexique, à tige très ramifiée, à articles aplatis et très larges, les jeunes triangulaires. Les fleurs, extrêmement nombreuses et se succédant pendant un long temps, mesurent de 10 à 12 centimètres de diamètre; elles sont roses, striées de blanc et souvent teintées de rouge foncé.

Cette dernière espèce, de même que le *C. Ackermanni*, croisée avec le *Cereus grandiflorus*, a donné naissance à un nombre considérable d'hybrides, à très grandes fleurs aux coloris les plus brillants et les plus variés, trop peu répandus dans les jardins. La variété figurée sur cette planche est un de ces hybrides, dont rien n'égale la splendeur.

Emplois. — Culture. — Multiplication.

Les *Phyllocactus*, surtout l'*Ackermanni*, le *Phyllanthoides* et leurs hybrides, sont des plantes de serre froide qui supportent parfaitement le plein air à exposition ensoleillée pendant l'été ; on les cultive en pots pour la décoration des appartements et des fenêtres. La culture indiquée pl. 120 A. leur convient parfaitement, si l'on ne possède pas de serre pour les rentrer l'hiver. On les multiplie facilement par boutures ou par greffes sur *Cereus*.

EXPLICATION DE LA PLANCHE 122.

1. Fleur coupée longitudinalement.

⌂ Pl. 123. — EPIPHYLLUM A FEUILLES TRONQUÉES, var.

EPIPHYLLUM TRUNCATUM Haw., var.

Patrie : Brésil.

Description.

Les *Epiphyllum* diffèrent des *Cereus* par leur tige à articles très aplatis, en forme de feuilles ; des *Phyllocactus* par leur tube calicinal, court, les pétales groupés de manière à former une sorte de long tube.

Les trois espèces les plus répandues sont :

L'*E. truncatum* Haw., sous-arbrisseau à rameaux retombants atteignant de 50 à 75 centimètres de hauteur, qui se couvrent de fleurs longues d'environ 7 centimètres, naissant par 1-2 au sommet des articles de la tige. Les articles de la base sont ligneux et arrondis ; ceux du sommet, très aplatis, semblables à des feuilles, ont les bords crénelés, dentés, et le sommet tronqué et poilu. Dans le type de l'espèce les fleurs sont rouge cramoisi foncé avec la gorge blanche ; mais il en existe de nombreuses variétés à fleurs rouge cocciné ou orangées.

L'*E. Russelianum* Hook., du Brésil, ressemble au précédent par son port, mais il s'en distingue par ses rameaux plus grêles, ses articles beaucoup moins tronqués, presque obtus au sommet, qui est sans poils, bordés de dents plus obtuses. Les fleurs sont roses.

Ces deux espèces ont été croisées et ont donné naissance à des hybrides de coloris variés, désignés habituellement sous le nom d'*Epiphyllum truncatum* hybrides.

Un hybride curieux est celui qui est connu sous le nom d'*E. Gærtneri ;* il a le port de l'*E. truncatum*, dont il se distingue par les articles munis de poils jaunâtres au sommet et par les fleurs rouge écarlate, nuancé de violet.

Parmi les variétés ou hybrides d'*Epiphyllum*, qu'il ne faut pas confondre avec les *Phyllocactus*, comme on le fait quelquefois, bien qu'il s'agisse de plantes très différentes comme port et comme dimensions de fleurs, il en existe à fleurs violettes, rouge carminé, saumonées, blanches, roses, orangées, etc.

Emplois.

Les *Epiphyllum truncatum*, *Russelianum*, leurs hybrides et leurs variétés sont les plantes grasses les plus recherchées pour la décoration des appartements et des serres. En les cultivant dans des serres à température plus ou moins élevée, les horticulteurs arrivent à les faire figurer chez les fleuristes pendant toute la durée de l'hiver, depuis novembre jusqu'à mars. Rien n'est plus beau que ces petites plantes très ramifiées dont les tiges disparaissent complètement dans le nombre des fleurs.

Culture. — Multiplication.

Les *Epiphyllum* sont des plantes de serre tempérée, mais elles vivent très bien dans les appartements, dans les conditions indiquées pl. 120 A, à la condition toutefois de leur donner plus de chaleur et des arrosements en rapport avec le degré d'activité de leur végétation.

On peut multiplier les *Epiphyllum* par boutures, mais les plantes obtenues alors sont très basses ; pour avoir des plantes ayant un port agréable, on les greffe sur *Cereus* ou sur *Pereskia Bleo*, en se servant de sujets de 20 à 40 centimètres de hauteur.

EXPLICATION DE LA PLANCHE 123.

1. Fleur coupée longitudinalement.

Pl. 124. — RAQUETTE

OPUNTIA VULGARIS Mill.

SYNONYME FRANÇAIS : **Nopal.**

Patrie : Amérique septentrionale. (Naturalisé dans le midi de l'Europe.)

Description.

Les *Opuntia* sont caractérisés par des fleurs sans tube calicinal ; les sépales et les pétales naissent directement au-dessus de l'ovaire. Ces divisions sont nombreuses et disposées sur plusieurs rangs. Les étamines, en nombre indéfini, sont plus courtes que les pétales. Le fruit est une grosse baie épineuse.

L'espèce figurée pl. 124 est une plante vivace, très ramifiée, à rameaux couchés sur le sol, formant de larges touffes, constituées par des rameaux à articulations aplaties, ovales allongées, longues de 7 à 8 centimètres, larges de 5 à 6 ; à grandes fleurs jaune pâle, s'épanouissant de juin à septembre.

Emplois. — Culture.

Cette espèce, la plus rustique du genre — avec l'*O. Rafinesquiana* Engelm. qui a les articles plus allongés et moins aplatis — peut être cultivée en plein air, même sous le climat de Paris, à la condition de la planter en sol léger, à exposition abritée et très chaude. Elle est surtout recherchée à titre de curiosité : on l'emploie à la décoration des rocailles.

Multiplication.

On multiplie facilement la *Raquette* par bouturage des articles détachés des pieds mères et que l'on met en pots quelques jours après les avoir coupés. Ils émettent plus rapidement des racines lorsqu'ils sont légèrement flétris.

C'est à ce genre qu'appartient la *Figue de Barbarie, Opuntia Ficus indica* Mill., si répandu dans toute la région méditerranéenne et en Algérie, bien qu'il soit originaire de l'Amérique. Quelques espèces appartenant à ce même genre sont parfois cultivées par les amateurs de plantes grasses. On peut citer notamment les *O. cylindrica* DC., du Pérou, *microdasys* Pfeiff., du Mexique, qui sont de serre tempérée et que l'on peut soumettre au traitement indiqué pl. 120 A.

EXPLICATION DE LA PLANCHE 124.

1. Fleur coupée longitudinalement.

En dehors des plantes que nous venons de passer en revue, la famille des *Cactées* renferme encore des genres dont certaines espèces figurent dans les collections de plantes ornementales.

Citons notamment :

Les *Pilocereus*, qui diffèrent surtout des vrais *Cereus* par le tube du calice plus court, la tige cylindrique couverte soit dans toute sa longueur, soit seulement au sommet, de longs poils blancs ou gris, ce qui a fait donner à l'un d'eux, le plus répandu, le nom de *Cierge Tête de vieillard* (*Pilocereus senilis*). C'est une grande et forte plante, presque arborescente à l'état adulte, assez délicate, et qui exige plus de chaleur que les Cactées en général ; elle redoute beaucoup l'humidité.

Les *Echinocactus*, à tube du calice ample et évasé en cloche, à ovaire et à baie couverte d'écailles. Ce sont des plantes généralement globuleuses ou ovoïdes, parfois de dimensions colossales. Il en existe beaucoup d'espèces parmi lesquelles on peut citer comme étant du nombre des plus connues : l'*E. cornigerus* DC., de l'Amérique centrale, à fleurs pourpres ; l'*E. crispatus* DC., du Mexique, à fleurs blanches striées de pourpre ; l'*E. electracanthus* Lem., du Mexique, à fleurs jaunes ; *E. Ottonis* Link et Otto, du Mexique, à fleurs jaunes ; *E. pectiniferus* Lem., du Mexique, à fleurs rose carminé ; *E. myriostigma* Salm-Dyck, du Mexique, espèce curieuse par sa tige plus large que haute, de 12 centimètres de diamètre environ, à cinq grosses côtes d'un vert glauque, avec de fines ponctuations blanches. Les fleurs en sont petites, jaunes.

Ce sont des plantes de serre tempérée ou de serre froide.

Les *Echinopsis*, qui rappellent les Cereus par leurs fleurs à calice longuement tubuleux, et les *Echinocactus* par leur tige globuleuse relevée de côtes épineuses, et dont les espèces les plus intéressantes sont : l'*E. Eyriesii* Link et Otto, à grande fleur blanche à odeur de fleur d'oranger; l'*E. multiplex* Pfeiff. et Otto, à tiges nombreuses, agglomérées en masse sphérique, à fleurs blanches de 20 à 25 centimètres de longueur, odorantes, blanches, roses ou carminées selon les variétés ; l'*E. Pentlandi* Salm-Dyck, à fleurs jaune orangé, blanches, roses, rouges, saumonées et violacées selon les variétés ; l'*E. Zuccariniana* Pfeiff. et Otto, à fleurs blanches ou roses, ayant l'odeur du jasmin, etc., qui sont des plantes de culture facile, très recherchées.

FAMILLE DES MÉSEMBRYANTHÉMÉES

⌂ **Pl. 125** A. — **FICOÏDE VIOLETTE**

MESEMBRYANTHEMUM VIOLACEUM DC.

B. — **FICOÏDE HÉRISSÉE DE PETITES POINTES**

M. ECHINATUM Lamk.

C. — **FICOÏDE A FEUILLES EN FORME DE NACELLE**

M. CYMBIFOLIUM Haw.

Patrie : Cap de Bonne-Espérance.

Description.

Le genre *Mesembryanthemum* (Ficoïde) comprend environ 300 espèces qui, à part quelques rares exceptions, habitent le Cap de Bonne-Espérance. Quelques espèces croissent dans la région méditerranéenne, quelques autres en Australie et en Nouvelle-Zélande.

Ce sont des plantes grasses généralement demi-ligneuses, constituant de petits arbustes buissonnants, dressés et ramifiés. Ce sont rarement des plantes complètement herbacées, vivaces, et les espèces annuelles sont très peu nombreuses. Leurs feuilles, presque toujours opposées, charnues, présentent une diversité extraordinaire dans les formes; elles peuvent être planes, trigones, en forme de nacelle, cylindriques, ovoïdes, courtes ou allongées, en pointe ou obtuses, entières ou dentées, lisses ou hérissées de poils ou de piquants, vertes ou glauques, nombreuses ou réduites à un très petit nombre, et constituant à elles seules une plante minuscule dépourvue de tige. Les fleurs, qui ont l'aspect de fleurs (capitules) de Composées (Aster et autres genres), sont plus ou moins grandes ; leurs nombreux pétales rayonnants peuvent être blancs, roses, rouges, carminés, pourpres, jaunes ou orangés. Certaines espèces donnent à profusion des fleurs absolument éblouissantes.

1. — Espèces vivaces ou Arbustes.

Parmi les espèces vivaces ou demi-ligneuses les plus répandues, on peut citer :

M. acinaciforme L., plante à tiges couchées, à feuilles trigones, en forme de cimeterre, à fleurs solitaires, terminales, grandes, mesurant 5 centimètres de diamètre, à pétales nombreux, rose violacé.

M. blandum Haw., arbuste à feuilles trigones, à grandes fleurs d'abord blanches puis roses.

M. coccineum Haw., arbuste à feuilles cylindriques trigones, un peu glauques, à fleurs rouge écarlate.

M. cordifolium L., à rameaux couchés, très allongés, portant des feuilles en forme de cœur relativement peu épaisses, à petites fleurs roses. Cette espèce, et surtout sa variété à feuilles panachées de blanc et de vert, est très répandue et recherchée pour former des bordures, garnir les vases suspendus. On l'emploie aussi en mosaïculture en l'associant à des plantes basses pour former des dessins géométriques dans les corbeilles.

M. cymbifolium Haw. (espèce figurée pl. 125 C), arbuste à feuilles trigones, en forme de nacelle.

M. deltoides L., charmant arbuste peu élevé, très ramifié, à feuilles petites, nombreuses, blanchâtres, trigones avec de larges échancrures sur les bords ; les fleurs en sont d'un beau rose pâle.

M. dolabriforme L., plante à tige courte ou nulle, à feuilles anguleuses, rappelant la forme de la *doloire* des tonnelliers, glauques, échancrées, disposées en croix, à fleurs jaunes.

M. edule L., plante à tiges couchées, anguleuses, portant des feuilles assez longues, épaisses, anguleuses, trigones ; fleurs grandes, rouges. Cette espèce est naturalisée dans le midi de la France et en Bretagne, sur les murs de Roscoff et de l'île de Batz.

M. echinatum Lamk. C'est l'espèce figurée pl. 125 B. Petit arbuste dressé, rameux, à feuilles ovoïdes-allongées, hérissées de petites pointes, à fleurs jaune pâle.

M. floribundum Haw., arbuste rameux, à feuilles cylindriques, à fleurs formées de nombreux pétales rouge pâle, blancs à la base.

M. formosum Haw., arbuste bas, à feuilles trigones, à fleurs pourpres disposées en bouquets de trois.

M. inclaudens Haw., arbuste très répandu, à feuilles courtes, trigones, d'un vert rougeâtre, à fleurs odorantes, rose violacé ou rouges.

M. linguiforme L., plante à tige presque nulle, à feuilles épaisses, longues, en forme de langue, à fleurs solitaires, grandes et jaunes.

M. micans L., arbuste à feuilles cylindriques, à fleurs jaune safran, avec le centre jaune brunâtre.

M. spectabile Haw., superbe arbuste de 30 centimètres de hauteur à feuilles nombreuses, trigones, glauques, à très belles fleurs, larges de 5 centimètres et d'un rouge éclatant.

M. violaceum DC. (espèce figurée pl. 125 A), charmant arbuste de 50 à 60 centimètres de hauteur, à feuilles glauques, petites, presque cylindriques, rugueuses, à fleurs très nombreuses carmin violacé.

2. — Espèces annuelles.

Les espèces annuelles les plus ornementales sont :

M. capitatum Haw., plante de 10 centimètres de hauteur, à feuilles en rosette, celles du centre dressées, celles de la circonférence étalées, toutes allongées, trigones; fleurs jaune d'or.

M. crystallinum L., naturalisée en Provence, bien connue sous le nom de *Glaciale*, à tiges couchées, à feuilles amples, ovales, couvertes, comme du reste toutes les autres parties de la plante, de mamelons transparents, cristallins, qui la font paraitre comme couverte de glace. Les fleurs, insignifiantes, sont blanches.

M. pomeridianum L., plante de 10 à 15 centimètres de hauteur, à feuilles épaisses, allongées, poilues sur les bords; à fleurs de 4 centimètres de diamètre, jaune d'or.

M. tricolor Willd., plante à tige rameuse portant des feuilles allongées, étroites; à fleurs larges de 3 centimètres ayant les pétales roses ou blancs, les étamines violettes et les stigmates rouge carminé.

Emplois. — Culture. — Multiplication.

Les *Ficoïdes* sont des plantes remarquables par la diversité, la singularité de leur feuillage persistant et la beauté de leurs fleurs qui ont souvent le plus vif éclat. Elles sont toutes rustiques dans le midi de la France où elles sont extrèmement précieuses par leur résistance à la sécheresse. Dans cette région on les emploie à former des bordures, à orner les vases, les suspensions, les plates-bandes, les rocailles même aux expositions les plus ensoleillées; c'est même cette situation qui leur convient le mieux et certaines espèces donnent une profusion de fleurs d'un coloris si éblouissant que l'œil ne peut les contempler sans fatigue.

Sous le climat de Paris, les espèces demi-ligneuses ne peuvent être cultivées qu'en pots; on les sort à l'air libre dans la seconde quinzaine de mai pour les rentrer vers le 15 octobre, soit en serre froide, soit dans des pièces très éclairées où la température se maintient au-dessus de zéro par les plus grands froids. Pendant l'été ces plantes doivent être placées en plein soleil et arrosées fréquemment. Pendant l'hiver les arrosages doivent être nuls ou presque nuls. On doit les cultiver de préférence en terre légère, siliceuse.

Toutes ces espèces se multiplient très facilement par boutures que l'on fait dans le courant de l'été sur couche dans le centre de la France, ou en pleine terre à mi-ombre dans les régions méridionales.

Les espèces annuelles sont plutôt cultivées en pots qu'en pleine terre; la petitesse de leur taille et le peu d'éclat de leurs fleurs ne permet pas de les employer à la décoration des parterres. On en sème les graines en mars-avril, sur couche ou en plein air fin mai.

FAMILLE DES ARALIACÉES

⌂ Pl. 126. — ARALIA DU JAPON

FATSIA JAPONICA Dcne et Planchon.

SYNONYME LATIN : **Aralia Sieboldi Hort.**

Patrie : Japon.

Description.

Arbrisseau de 1 à 2 mètres de hauteur, à grandes feuilles persistantes, coriaces, profondément lobées, d'un vert brillant. Fleurs petites, verdâtres, sans aucun intérêt comme valeur décorative.

Emplois. — Culture. — Multiplication.

L'*Aralia du Japon* est l'une des plantes les plus recherchées pour la garniture des appartements; il supporte très bien la culture en pots et les conditions défavorables inhérentes à un tel milieu où l'absence d'air et de lumière, l'atmosphère viciée, la poussière, les variations brusques de température sont autant de causes qui s'opposent au développement de la plupart des plantes.

Dans le midi de la France et même dans le sud-ouest, l'*Aralia du Japon* est d'une rusticité absolue et on l'emploie à former des massifs, des groupes isolés sur les pelouses, etc.

Sous le climat de Paris on le fait souvent figurer dans les corbeilles en plein air; on le plante dans la seconde quinzaine de mai pour le relever et le rentrer en pots, en orangerie ou en serre froide, vers le 15 octobre. Prospère surtout en sols légers, riches en engrais. On le propage par boutures qui s'enracinent facilement.

Sous le nom d'*Aralia nymphæifolia* Hort., on cultive comme plante d'appartement un petit arbre de 2 à 4 mètres de hauteur à grandes feuilles persistantes, ovales-arrondies entières, d'un vert brillant. Cette plante aussi vigoureuse que la précédente est également très ornementale. Elle est rustique dans le midi de la France. On la multiplie par boutures.

Le genre *Aralia* et quelques genres voisins, comme les *Griselinia, Sciadophyllum, Oreopanax*, renferment un grand nombre d'arbrisseaux d'ornement; quelques-uns sont rustiques dans le midi de la France, d'autres sont des plantes de serre chaude parfois de premier ordre. C'est aussi à cette famille qu'appartient le *Lierre* (Hedera Helix L.). (Voir *Masclef, Atlas, pl. 48.*)

————

A côté des *Araliacées* il convient de citer la famille des *Ombellifères* peu riche en plantes ornementales. Quelques genres méritent cependant une mention, entre autres :

Le genre *Trachymene*, dont une espèce, le *T. cœrulea* Grah. (Syn. : Didiscus cœruleus Hook., Hugelia cœrulea Rchb.), de l'Australie, est une plante annuelle d'environ 60 centimètres de hauteur, à fleurs de couleur bleu pâle, en élégantes ombelles. On en sème les graines en mars-avril en pots et sur couche, ou en avril-mai en plein air. Cette plante craint l'humidité et convient surtout à la culture en pots, ou en plein air en sol léger, bien drainé.

Le genre *Eryngium* (Panicaut), qui renferme plusieurs espèces vivaces originaires du Brésil, remarquables par leurs longues feuilles étroites, épineuses sur les bords, constituant d'énormes touffes dont l'aspect rappelle celui des *Pandanus* et de certaines *Broméliacées*. De ce nombre sont les *E. bromiliæfolium* Delar., *eburneum* Decaisne, *pandanifolium* Cham. et Schlecht., *Serra* Cham. et Schlecht. Ces plantes résistent mal à nos hivers du climat de Paris; mais elles sont absolument rustiques dans nos provinces méridionales, du sud-ouest et de l'ouest. Dans ces régions, elles forment des touffes très décoratives qui produisent un bel effet sur les pelouses. Les tiges florales, rameuses, atteignent 2 mètres à 2 m. 50 de hauteur.

Le genre *Astrantia*, dont une espèce, l'*A. major* L., est une plante de nos montagnes, à feuilles découpées en lobes étroits, disposés en éventail, à tige florale haute de 50 centimètres, portant de nombreuses ombelles de petites fleurs blanches, roses ou purpurines, chacune de ces ombelles étant entourée d'une large collerette blanc rosé. Plante rustique propre à orner les plates-bandes. Multiplication par division des touffes.

Le genre *Ferula* dont deux espèces sont surtout ornementales : les *F. communis* L., de l'Europe méridionale, et *tingitana* L., de l'Afrique septentrionale. Ce sont de grandes plantes vivaces, superbes, très rustiques, à feuilles amples très finement découpées dans la première espèce, à lanières un peu plus larges et luisantes dans la seconde, formant dans les deux cas des touffes denses de 1 mètre à 1 m. 50 de hauteur sur

autant de largeur qui, isolées dans les pelouses, produisent un effet extrêmement décoratif. La tige florale atteint souvent plus de 2 mètres de
hauteur ; les fleurs sont jaunes. Les *Férules* ont une racine pivotante et
se transplantent difficilement. On doit en semer les graines de mars en
juin en plein air en pépinière ; la mise en place doit se faire lorsque les
plantes sont encore peu développées.

Le genre *Heracleum* (Berce), qui renferme plusieurs espèces vivaces,
très rustiques, dont les feuilles amples, gigantesques, forment des touffes
d'un port majestueux. Au premier rang parmi ces plantes on peut citer :
l'*H. pubescens* Bieb., du Caucase. La tige florale de cette espèce atteint 2
à 3 mètres de hauteur et porte d'énormes ombelles de fleurs blanches ;
celle du centre mesure jusqu'à 40 centimètres de diamètre ; l'*H. persicum*
Desf., de la Perse, de même taille que la précédente et ayant à peu près
le même aspect.

Non loin des *Ombellifères* se place la famille des *Cornées* qui renferme le genre *Aucuba* bien connu par une espèce l'*A. japonica* Thunb.,
arbrisseau japonais très répandu dans les jardins. (Voir P. Mouillefert,
Traité des Arbres et Arbrisseaux.)

FAMILLE DES RUBIACÉES

⌂ Pl. 127. — BOUVARDIA A LONGUES FLEURS

BOUVARDIA LONGIFLORA H. B. K.

Patrie : Mexique.

Description.

Les *Bouvardia* sont des arbustes à feuilles opposées ou étagées trois
par trois ou quatre par quatre sur les tiges. Les fleurs, en bouquets terminaux ont un calice à quatre divisions persistantes, une corolle à tube
très long, divisée au sommet en quatre lobes courts. Les étamines sont au
nombre de quatre. Le fruit est une capsule à deux loges renfermant de
nombreuses petites graines.

Le *Bouvardia à longues fleurs* est une des espèces les plus cultivées.
Les feuilles en sont opposées, glabres, entières ; les fleurs, très longuement tubuleuses, sont blanches et rappellent en grand la fleur du Jasmin
dont elles ont l'odeur. La corolle est glabre. Il en existe de très belles
variétés, notamment : *Humboldti corymbosa, Jasminiflora, Davidsoni*
(Vrelandi) à inflorescences plus fournies ; *Alfred Neuner*, à fleurs
doubles.

Une autre espèce, le *B. triphylla* Salisb. (Syn. : B. coccinea Lamk.,
B. splendens Hook.), également du Mexique, a les feuilles un peu poilues,

étagées trois par trois sur les tiges. Les fleurs, un peu velues, sont d'un rouge éclatant et groupées en gros bouquets.

Emplois.

Les espèces ci-dessus, leurs variétés et les hybrides auxquelles elles ont donné naissance, soit par croisement entre elles ou avec d'autres espèces, sont des arbrisseaux bas et buissonnants, très décoratifs, donnant une floraison très abondante en automne et pendant l'hiver. Ils sont précieux pour l'ornementation des serres et des appartements. Il en existe des variétés à fleurs simples ou doubles, blanches, roses, rouge écarlate, rouge vermillon ou rouge cramoisi.

Culture. — Multiplication.

On sort les pots de *Bouvardia* pour les exposer à l'air libre ou les planter dans une situation chaude dans la seconde quinzaine de mai. En septembre les plantes cultivées en pleine terre doivent être relevées et rentrées dans une serre tempérée ou froide, chaude si on désire avoir une floraison plus hâtive. Avant de soumettre les plantes à une température élevée il est nécessaire de les cultiver dans une atmosphère moins chaude et d'attendre qu'elles prennent bien possession des pots dans lesquels elles sont plantées. On les multiplie par boutures faites en mars avec les rameaux de consistance semi-ligneuse, sur couche chaude et sous châssis.

EXPLICATION DE LA PLANCHE 127.

1. Fleur séparée.
2. Fleur coupée longitudinalement.

Pl. 128 A. — ASPÉRULE A FLEURS BLEUES

ASPERULA ORIENTALIS Boiss. et Hoh.

SYNONYME LATIN : **Asperula azurea Jaub. et Spach.**

Patrie : Orient.

Description.

Plante annuelle à tige dressée, rameuse, à feuilles étagées par 6-8 sur la tige, un peu rudes sur les bords, étroites, obtuses au sommet. Les fleurs naissent en bouquets à l'extrémité des tiges, entourées de feuilles florales (involucre) plus courtes que les fleurs, étroites, dont les bords sont munis de longs cils. Ces fleurs sont bleues, à tube quatre fois plus long que les lobes étalés du sommet. Fleurit en juin-juillet.

Emplois. — Culture. — Multiplication.

Cette petite plante, de 20 à 30 centimètres de hauteur, peut être cultivée en touffes dans les plates-bandes ou mieux en pots. On doit en semer les graines en avril-mai, en plein air ou sous châssis.

EXPLICATION DE LA PLANCHE 128 A.

1. Fleur détachée accompagnée d'une feuille de l'involucre.
2. Fleur coupée longitudinalement.
3. Graine de grandeur naturelle et grossie.
4. Germination.

A ce même genre se rattache l'*Aspérule odorante* (Asperula odorata L.), (Voir *Masclef, Atlas. pl. 155.*) connue aussi sous le nom de *Petit Muguet.* C'est une plante vivace, indigène, d'environ 20 centimètres de hauteur, dont les petites fleurs blanches à pétales en croix naissent en bouquets à l'extrémité des tiges. Cette plante est très répandue dans les jardins où elle prospère à merveille dans les parties fraiches et ombragées. Les fleurs se montrent en mai et sont agréablement odorantes surtout à l'état sec. L'Aspérule odorante peut être plantée en touffes dans les plates-bandes ou en bordures. On la multiplie par division des touffes.

Pl. 128 B. — CROISETTE A LONG STYLE

PHUOPSIS STYLOSA Boiss.

SYNONYME LATIN : **Crucianella stylosa Trin.**

Patrie : Orient.

Description.

Plante vivace de 30 à 40 centimètres de hauteur, à tiges couchées formant une touffe dense, à feuilles petites, allongées étroites, poilues, étagées par 8 ou 9 sur les tiges. Les fleurs, roses ou purpurines, sont réunies en bouquets arrondis, la corolle est longuement dépassée par le style bifide au sommet.

Emplois. — Culture. — Multiplication.

La *Croisette à long style* est d'une rusticité à toute épreuve ; elle convient à l'ornementation des plates-bandes et pour former des bordures dans tous les sols et à toutes les expositions à la condition qu'elles soient aérées et éclairées. Multiplication par division des touffes.

EXPLICATION DE LA PLANCHE 128 B.

5. Fleurs détachées.
6. Fleur entière.
7. Fleur coupée longitudinalement.

C'est à la famille des Rubiacées qu'appartiennent le *Caféier* (Coffea arabica), les *Quinquinas* (Cinchona), les *Ixora*, les *Gardenia*. Ces deux derniers genres renferment des plantes de serre bien connues pour la splendeur de leurs fleurs. Le *Gardenia florida* L., du Japon, est un petit arbrisseau toujours vert que l'on cultive en pots et que l'on peut soumettre à une température élevée pour en obtenir la floraison hâtive. Il est fréquemment cultivé sur le littoral de la Provence aux expositions chaudes et abritées des vents de la mer.

FAMILLE DES VALÉRIANÉES

Pl. 129. — VALÉRIANE A GROSSES TIGES

CENTRANTHUS MACROSIPHON Boiss.

Patrie : Espagne.

Description.

Plante annuelle de 30 à 40 centimètres de hauteur, glabre, à grosse tige creuse, portant des feuilles ovales allongées, irrégulièrement dentées et plus ou moins profondément découpées. Les fleurs sont petites, mais naissent en énormes bouquets à l'extrémité des ramifications de la tige; elles sont roses, couleur de chair ou blanches selon les variétés. Ces fleurs ont une corolle tubuleuse à 4-5 lobes, à tube prolongé en éperon à la base. Une seule étamine. Le fruit est couronné par une aigrette. Fleurit en juin-juillet.

Emplois. — Culture. — Multiplication.

La *Valériane à grosses tiges* convient à l'ornementation des plates-bandes et des corbeilles; les variétés naines forment de jolies bordures. On doit en semer les graines en mars-avril, en plein air, pour repiquer en place en mai.

EXPLICATION DE LA PLANCHE 129.

1. Fleurs détachées.
2. Fleur entière.
3. Fleur coupée longitudinalement.
4. Graine de grandeur naturelle et grossie.
5. Germination.

Une espèce de ce genre beaucoup plus répandue que la précédente est le *Centranthus ruber* DC., nommé vulgairement *Valériane rouge* ou *Barbe de Jupiter.* C'est une plante vivace indigène commune dans le midi de la France et çà et là sur les vieux murs. Ses tiges, rameuses. creuses, atteignent environ 50 centimètres de hauteur et portent des feuilles ovales ou ovales-allongées, entières. Les fleurs en gros bouquets sont rouges, roses ou blanches. Cette plante fleurit pendant toute la belle saison et croît sans soins particuliers dans tous les sols et à toutes les expositions. On peut l'employer à l'ornementation des plates-bandes, des rocailles, des ruines, etc. On la multiplie par division des touffes, ou par graines que l'on sème à l'automne ou au printemps, en pépinière ou en place.

FAMILLE DES DIPSACÉES

Pl. 130. — SCABIEUSE VIVACE

SCABIOSA CAUCASICA M. Bieb.

Patrie : Caucase.

Description.

Plante vivace à feuilles de la base entières, ovales-allongées, formant des touffes peu élevées du centre desquelles naissent des tiges florales de 50 à 75 centimètres de hauteur, un peu rameuses, accompagnées de feuilles découpées en segments étroits et longs. Les inflorescences très grandes mesurent 8 centimètres de diamètre, elles sont d'un beau bleu lilacé pâle et présentent au centre des petites fleurs régulières (fig. 2) et à la périphérie des fleurs beaucoup plus grandes dont les trois pétales extérieurs sont très développés. Fleurit de juin en août.

Emplois. — Culture. — Multiplication.

La *Scabieuse vivace* est une fort belle plante, propre à la décoration des plates-bandes et des rocailles. Elle est très rustique et prospère dans les sols sains et légers. On la multiplie par division des touffes ou par graines semées en pots au printemps.

EXPLICATION DE LA PLANCHE 130.

1. Fleur de la périphérie du capitule (inflorescence).
2. Fleur entière du centre du capitule.
3. Fleur du centre du capitule coupée longitudinalement.

C'est au genre *Scabiosa* qu'appartient la *Fleur des veuves* ou *Scabieuse des jardins* (Scabiosa atropurpurea Desf.), plante annuelle originaire de l'Europe méridionale, atteignant de 75 centimètres à 1 mètre de hauteur, à feuilles irrégulièrement divisées ou dentées, un peu velues. Dans le type de l'espèce, le capitule (vulgairement la fleur) est d'un pourpre noirâtre foncé, velouté, dégageant une odeur de fourmi, mais il en existe un grand nombre de variétés qui diffèrent non seulement par le coloris allant du blanc pur au rose, au violet et au rouge brique, en passant par toutes les nuances intermédiaires, mais encore par la dimension des capitules dans lesquelles les fleurs du centre peuvent atteindre la grandeur de celles de la périphérie pour constituer une sorte de fleur pleine. Il existe enfin des variétés naines.

La *Scabieuse des jardins* et ses variétés est l'une des plantes annuelles les plus recherchées pour l'ornementation des parterres; elles fleurissent pendant presque tout l'été et prospèrent dans tous les sols, surtout dans ceux qui sont légers ou bien divisés. On en sème les graines soit en août septembre, en pépinière à bonne exposition pour planter, soit en avril, soit en avril-mai en pépinière ou en place.

FAMILLE DES COMPOSÉES

⌂ Pl. 131. — AGÉRATE BLEU

AGERATUM CŒRULEUM Desf.

Synonymes français : **Agératum du Mexique, Célestine bleue.**
Synonymes latins : **Ageratum mexicanum Sims.; A. conyzoides L.**

Patrie : Mexique.

Description.

Les *Ageratum* sont des plantes vivaces, demi-ligneuses, à feuilles de la base opposées, les supérieures alternes, les capitules (agrégation de fleurs, sans pédoncules, insérées sur une partie élargie qui termine le pédoncule (*réceptacle*) et dont l'ensemble est entouré par une collerette de feuilles florales (*bractées*) à l'état d'écailles et constituant ce qu'on nomme l'*involucre*), les capitules, disons-nous, sont groupés en bouquets denses ou lâches; ils sont de petites dimensions. Les fleurs (fig. 1 et 2), très petites, sont hermaphrodites, tubuleuses. Le fruit (vulgairement graine) est anguleux, à cinq côtés saillants, surmonté d'une aigrette en couronne dentée (fig. 2).

L'*Agérate bleu* est une plante rameuse dès la base, de 40 à 50 centimètres de hauteur, velue, à feuilles ovales, à petits capitules bleu gris de lin, se succédant sans interruption depuis le mois de juin jusqu'à la fin d'octobre. Il en existe des variétés à fleurs bleu foncé, bleu pâle, blanches, des variétés naines, compactes, etc.

Emplois.

Cette plante est très employée dans les jardins pour la garniture des plates-bandes et des corbeilles; c'est l'une des plantes les plus recherchées pour former des bordures à floraison soutenue. On la cultive aussi en pots pour la décoration des balcons et des fenêtres.

Culture. — Multiplication.

L'*Agérate bleu* est d'autant plus précieux pour l'ornementation des jardins qu'il prospère dans tous les sols, même les plus arides, et à toutes les expositions. On le multiplie par graines que l'on sème sur couche en mars, pour repiquer sur couche et mettre en place en juin. Lorsque l'on tient à avoir des plantes de végétation très uniforme ou qui rappellent certains caractères que le semis reproduit mal (variétés naines, par exemple), on doit préférer le bouturage comme procédé de multiplication. Les boutures se font en mai sur couche, ou en serre avec des pousses prises sur de vieux pieds, relevés de pleine terre à l'automne et qui ont été hivernés en serre froide. On peut aussi faire les boutures à l'automne et les conserver en serre froide ou sous châssis pendant la mauvaise saison, pour les planter en plein air fin mai ou commencement de juin.

EXPLICATION DE LA PLANCHE 131.

1. Capitule coupé longitudinalement, montrant les fleurs groupées au sommet du pédoncule sur une partie dilatée (réceptacle) et entourées par des *bractées* constituant l'involucre (enveloppe de la fleur composée).

2. Fleur détachée.

3. Fleur coupée longitudinalement.

4. Graine de grandeur naturelle et grossie.

5. Germination.

Pl. 132. — VERGE D'OR DU CANADA

SOLIDAGO CANADENSIS L.

SYNONYME FRANÇAIS : **Gerbe d'or du Canada.**

Patrie : Amérique septentrionale.

Description.

Les *Solidago* sont caractérisés par des capitules à involucre ovoïde (voir l'explication de ces deux mots, p. 151) formés de plusieurs rangs de feuilles florales (bractées de l'involucre) (fig. 1), à fleurs de la circonférence femelles (fig. 4), sur un seul rang, munies d'une ligule (vulgairement pétale), celles du centre hermaphrodites, à corolle tubuleuse et à 5 dents (fig. 3). Les fruits, vulgairement graines, sont cylindriques, rétrécis aux deux extrémités, munis de côtes et couronnés au sommet par une aigrette à poils ciliés, disposés sur un seul rang.

La *Verge d'or du Canada* est une plante vivace de 1 mètre à 1 m. 50 de hauteur, légèrement velue, à feuilles allongées-étroites, rétrécies au sommet, inégalement dentées. Les capitules sont disposés au sommet de la tige en grappes unilatérales et d'inégale longueur dont l'ensemble constitue une véritable gerbe arquée et oblique. Ces capitules sont jaunes et se montrent de juillet en septembre.

Emplois. — Culture. — Multiplication.

La *Verge d'or du Canada* est d'une rusticité à toute épreuve et croît dans tous les terrains et à toutes les expositions ; elle est très répandue dans les grands jardins où on l'emploie à la décoration des plates-bandes. On la multiplie par division des touffes.

Explication de la Planche 132.

1. Capitule détaché de l'inflorescence.
2. Capitule coupé longitudinalement.
3. Fleur du centre du capitule (hermaphrodite).
4. Fleur de la périphérie du capitule (femelle).

———

D'autres espèces de *Solidago* pourraient être cultivées comme plantes d'ornement. On les trouvera décrites dans les ouvrages spéciaux.

Pl. 133. — BRACHYCOMÉ A FEUILLES D'IBÉRIS

BRACHYCOME IBERIDIFOLIA Benth.

Patrie : Australie.

Description.

Le genre *Brachycome* est très voisin des *Pâquerettes* (Bellis) dont il se distingue surtout par son *involucre* (pour ce mot voir p. 151) à feuilles florales (bractées), sèches ou membraneuses sur les bords au lieu d'être foliacées. Ce sont des plantes à feuilles alternes (celles de la base) entières, dentées ou découpées. Les capitules (vulgairement fleurs) ont les fleurs de la circonférence (fig. 3) femelles et stériles, en une ou deux séries, ligulées, celles du centre du capitule (disque) hermaphrodites (fig. 2). Les fruits (vulgairement graines) sont comprimés latéralement et surmontés d'une aigrette constituée par un anneau de soies fines, ou nulle.

Le *B. à feuilles d'Ibéris* est une plante annuelle d'environ 25 centimètres de hauteur, à tige rameuse, à feuilles découpées en longues lanières étroites, à capitules nombreux, de 3 à 3 centimètres et demi de diamètre, de couleur bleu foncé, avec la partie centrale (disque) rouge brun. Il existe des variétés à fleurs blanches, roses ou bicolores, bleues avec une couronne blanche à la base des ligules. Fleurit pendant l'été.

Emplois. — Culture. — Multiplication.

Cette plante élégante convient à l'ornementation des plates-bandes en sols légers et à bonne exposition. On la multiplie par graines que l'on sème soit sur couche en mars pour repiquer et mettre en place en mai, soit en pleine terre et en place en avril-mai.

Explication de la Planche 133.

1. Capitule coupé longitudinalement.
2. Fleur du disque ou centre du capitule (hermaphrodite).
3. Fleur de la périphérie (femelle) munie de sa languette ou *ligule*.
4. Germination.

Pl. 134 A. — ASTER ŒIL DU CHRIST

ASTER AMELLUS L.

Indigène.

Description.

Les *Aster* sont en général des plantes vivaces, parfois ligneuses, à feuilles alternes caractérisées par des capitules (vulgairement fleurs) composés de deux sortes de fleurs, celles de la périphérie femelles (fig. 1), munies d'une languette (ligulées); celles du *disque* (centre du capitule) hermaphrodites, tubuleuses. L'*involucre* (pour la signification de ce mot, voir p. 151) est formé de feuilles florales (bractées) vertes, disposées sur plusieurs rangs se recouvrant comme les tuiles d'un toit. Les fruits (vulgairement graines) sont comprimés, surmontés d'une aigrette persistante formée de poils inégaux et rudes.

Il en existe plus de 200 espèces, parmi lesquelles il en est un grand nombre d'ornementales. Ainsi compris, ce genre renferme les *Bistia*, les *Galalella*, les *Calimeris*, que certains auteurs séparent en autant de genres distincts.

L'*Aster Œil du Christ* est une des espèces les plus cultivées dans les jardins. C'est une plante vivace de 50 à 75 centimètres de hauteur, dressée, très feuillée, à feuilles ovales allongées, un peu coriaces, rudes sur les deux faces. Les capitules (vulgairement fleurs) mesurent de 3 à 4 centimètres de diamètre, ils ont les fleurs ligulées bleu violacé, celles du disque jaunes, dans une variété (A. bessarabicus Bernh., A. amelloides Besser) les tiges sont plus élevées et les capitules plus grands que dans le type de l'espèce. Fleurit de juillet en septembre.

Pour les emplois, la culture et la multiplication, voir p. 156.

EXPLICATION DE LA PLANCHE 134 A.

1. Fleur ligulée (femelle).
2. Fleur du disque (hermaphrodite).

Pl. 134 B. — ASTER DE LA NOUVELLE ANGLETERRE

ASTER NOVÆ-ANGLIÆ L.

Patrie : Amérique septentrionale.

Description.

Plante vivace de 2 mètres de hauteur couverte de poils raides, à base des feuilles embrassant la tige, à capitules très grands, en bouquets lâches ayant les fleurs de la périphérie bleu violacé, ceux du disque jaune safran. Fleurit en septembre-octobre.

Pour les emplois, la culture et la multiplication, voir p. 156.

Pl. 134 C. — ASTER ROSE

ASTER NOVÆ-ANGLIÆ L., var. ROSEUS

Synonyme latin : **Aster roseus Desf.**

Patrie : Amérique septentrionale.

Description.

Diffère du précédent par ses capitules à fleurs de la périphérie roses et à fleurs du disque purpurines.

Pour emplois, culture et multiplication, voir p. 156.

Pl. 135 A. — ASTER VERSICOLORE

ASTER VERSICOLOR Willd.

Patrie : Amérique septentrionale.

Description.

Plante vivace glabre de 1 m. 50 de hauteur, à feuilles ovales allongées, rétrécies au sommet, à base embrassant un peu la tige, à capitules (vulgairement fleurs) nombreux en longues grappes rameuses, grands, d'abord d'un blanc rosé, puis roses et enfin violet foncé, avec le disque jaune. Très belle espèce fleurissant en août-septembre.

Pour les emplois, la culture et la multiplication, voir p. 156.

Explication de la Planche 135 A.

1. Capitule coupé longitudinalement.
2. Fleur de la périphérie.
3. Fleur du disque.

Pl. 135 B. — ASTER TRÈS REMARQUABLE

ASTER FORMOSISSIMUS Hort.

Patrie ignorée.

Description.

Plante vivace à tiges dépassant 1 mètre de hauteur, rameuses, à ramifications dressées, à feuilles embrassant un peu la tige, ovales-allongées, celles des rameaux florifères petites et très nombreuses, à capitules (vulgairement fleurs) en grappe longue et pyramidale, à fleurs de la circonférence bleu lilacé et à fleurs du disque d'abord jaunes, puis purpurines. L'une des plus belles espèces. Fleurit en septembre-octobre.

Pour les emplois, la culture et la multiplication, voir p. 156.

EXPLICATION DE LA PLANCHE 135 B.

4. Capitule coupé longitudinalement.
5. Fleur de la périphérie.
6. Fleur du disque.

Pl. 136 A. — ASTER MULTIFLORE

ASTER MULTIFLORUS Ait.

Patrie : Amérique septentrionale.

Description.

Plante vivace de 1 mètre de hauteur, finement velue, à feuilles très étroites, celles des rameaux florifères recourbées ; à capitules petits, très nombreux, disposés en longues grappes rameuses et denses. Les bractées de l'involucre sont recourbées au sommet (fig. 1); les fleurs de la périphérie sont blanches et celles du disque jaunes. Espèce très élégante dont les rameaux fleuris sont très recherchés pour la confection des bouquets. Fleurit en octobre.

Pour emplois, culture et multiplication, voir pl. 136 B.

EXPLICATION DE LA PLANCHE 136 A.

1. Capitule coupé longitudinalement.
2. Fleur de la périphérie.
3. Fleur du disque.

Pl. 136 B. — ASTER TURBINELLÉ

ASTER TURBINELLUS Lindl.

Patrie : Amérique septentrionale.

Description.

Plante vivace, glabre, de 1 mètre de hauteur, à tiges raides se divisant au sommet en ramifications effilées, à feuilles inférieures ovales-allongées diminuant de grandeur à mesure qu'elles sont insérées plus haut sur les tiges, pour devenir très étroites et aiguës sur les rameaux florifères. Les capitules, en forme de cône renversé à la base, sont portés sur des rameaux longs et grêles constituant une ample gerbe. Les bractées de l'involucre sont appliquées sur le capitule. Les fleurs de la périphérie sont rose violacé et celles du disque jaunes. Fleurit en octobre.

EXPLICATION DE LA PLANCHE 136 B.

4. Capitule coupé longitudinalement.
5. Fleur du disque.
6. Fleur de la périphérie.

Parmi les autres espèces d'Aster les plus répandues dans les jardins on peut citer :

L'*A. acris* L. (Syn. : Galatella acris F. Schultz, Galatella hyssopifolia Nees, G. punctata Nees). Plante vivace qui habite le littoral de la Provence, à tiges de 40 à 50 centimètres de hauteur, dressées, raides portant des feuilles étroites, rudes sur les bords, celles des rameaux florifères très petites, aiguës, à capitules (vulgairement fleurs) abondants, au sommet de nombreuses ramifications qui constituent un ample bouquet. Les capitules de cette espèce présentent la particularité d'avoir les fleurs de la périphérie stériles, à style et à stigmates nuls ou rudimentaires. Ces fleurs sont bleu lilacé, celles du disque sont jaunes. Fleurit en août-septembre.

L'*A. alpinus* L., du Jura, du Dauphiné, des Cévennes et des Pyrénées. Plante vivace de 10 à 20 centimètres de hauteur, à feuilles velues, celles de la base en forme de spatule, celles du sommet des tiges étroites, à capitules solitaires au sommet des tiges, grands (3 à 4 centimètres de diamètre), bleu violacé pâle à disque jaune puis purpurin ; variété à fleurs blanches.

L'*A. cæspitosus* L., de l'Amérique septentrionale, vivace de 30 à 40 centimètres de hauteur, glabre, à tiges peu rameuses, à capitules en amples bouquets, d'un lilas très pâle devenant plus foncé. Fleurit en août-septembre.

L'*A. cordifolius* Michx., de l'Amérique septentrionale, vivace, de 60 centimètres de hauteur, glabre, à feuilles de la base étroites-allongées, celles des rameaux florifères en forme d'écailles, étalées, à capitules petits, en grappes rameuses, d'un rose pâle.

L'*A. diffusus* Ait. (Syn. : A. pendulus Ait., A. horizontalis Desf.), de l'Amérique septentrionale, plante de 60 à 80 centimètres de hauteur, à très nombreuses ramifications grêles, disposées horizontalement ou pendantes, à feuilles de la base peu larges et dont la dimension va en décroissant jusqu'aux rameaux florifères ; les capitules très petits sont disposés en grappes très ramifiées, étalées, ils sont d'abord blancs puis purpurins. Cette espèce est d'une extrême floribondité et ses rameaux fleuris sont très recherchés pour la confection des bouquets. Fleurit en septembre-octobre.

L'*A. ericoïdes* L. (non Lamk.) (Syn. : A. Reversii Hort., A. tenuifolius Lamk., non L.), de l'Amérique septentrionale, vivace, de 40 à 50 centimètres de hauteur, glabre, à tiges grêles, à feuilles très étroites, à capitules très petits, blancs. Fleurit en septembre-octobre.

L'*A. floribundus* Nutt., de l'Amérique septentrionale, vivace, plante de 1 m. 30 de hauteur, à feuilles allongées-étroites, à base embrassant la tige, rudes sur les bords, à capitules nombreux, très amples, bleu pâle avec le disque jaune, réunies en grappes presque simples. Fleurit en août-septembre.

L'*A. grandiflorus* L., de l'Amérique septentrionale, vivace, de 60 centimètres à 1 mètre de hauteur, un peu velu, rameux, à feuilles petites, penchées, à capitules grands sur de longs pédoncules, formant un bouquet peu fourni, à fleurs de la périphérie bleu violacé, celles du disque jaunes puis purpurinées. Belle espèce fleurissant en octobre.

L'*A. Novi-Belgii* L. (Syn. : A. brunalis Nees, A. lævigatus Lamk.), de l'Amérique septentrionale, plante glabre, de 1 mètre de hauteur, à feuilles allongées, peu larges, rétrécies au sommet, à capitules en grappe, bleu violacé. Fleurit en août-septembre.

L'*A. pyrenæus* DC., plante des Pyrénées, vivace, de 50 à 75 centimètres de hauteur, très feuillée, poilue, à feuilles étroites à base embrassant la tige, à capitules grands en bouquets, à fleurs de la périphérie bleu lilacé, celles du disque jaunes. Fleurit de juin en août.

L'*A. tenuifolius* L. (non Lamk.), de l'Amérique septentrionale, plante de 1 mètre de hauteur, glabre, à tiges grêles, à feuilles étroites, à capitules bleu violacé, à disque jaune, solitaires à l'extrémité des ramifications effilées, formant des grappes rameuses.

L'*A. Tradescanti* L., de l'Amérique septentrionale, plante de 1 mètre à 1 m. 50 de hauteur, presque glabre, à tige très rameuse et à ramifications étalées d'un seul côté, à feuilles étroites, bordées de poils raides, à capitules petits mais très nombreux, d'abord blancs puis purpurins. Espèce très florifère et très élégante. Fleurit en octobre.

Emplois des Aster.

Les *Aster* sont des plantes précieuses pour la décoration des jardins, à l'automne ; les grandes espèces peuvent prendre place dans les massifs en mélange avec les arbustes, alors que celles d'une taille moins élevée sont toutes désignées pour la décoration des plates-bandes. Les rameaux fleuris ont une longue durée dans les bouquets, et ce n'est pas l'un des moindres mérites de ces plantes de pouvoir fournir des fleurs à profusion, dans une saison où elles commencent à devenir rares.

Culture. — Multiplication.

Les *Aster* sont des plantes d'une rusticité à toute épreuve qui croissent avec vigueur dans tous les terrains et à toutes les expositions, bien qu'ils affectionnent plus particulièrement des sols bien divisés et frais, sans excès d'humidité et une situation un peu ombragée. Tous ceux qui sont énumérés ci-dessus viennent pour ainsi dire sans soins et se multiplient avec la plus grande facilité, par division des touffes.

Pl. 137. — REINE MARGUERITE

CALLISTEPHUS SINENSIS Nees.

Patrie : Chine, Japon.

Description.

Le genre *Callistephus* est caractérisé par des capitules (vulgairement fleurs) comprenant deux sortes de fleurs ; celles de la périphérie, femelles, munies d'une ligule (vulgairement pétale), disposées sur 1 ou 2 rangs ; celles du disque (centre de la fleur) tubuleuses, hermaphrodites ; les feuilles florales qui entourent le capitule, disposées sur 3 ou 4 rangs sont les extérieures foliacées, les intérieures membraneuses et sèches. Les fruits (vulgairement graines) sont comprimés, couronnés d'une aigrette à deux rangées de poils, les extérieurs courts, en couronne, les intérieurs longs, caduques.

La Reine Marguerite, seule espèce du genre, est une plante annuelle de taille très variable, selon les nombreuses variétés cultivées, allant de 15 à 80 centimètres environ. Les capitules solitaires à l'extrémité des rameaux peuvent atteindre jusqu'à 10 à 12 centimètres de diamètre. Dans le type de l'espèce, les fleurs extérieures seules sont munies de languettes planes (ligules) (vulgairement pétales) qui sont colorées en rose ; celles du disque (centre du capitule) sont jaunes. Mais la culture a produit des modifications profondes : non seulement toutes les fleurs du capitule peuvent être ligulées (fleurs pleines), mais les ligules (pétales) peuvent être de dimensions diverses, planes ou tuyautées, etc. La couleur a également beaucoup varié ; il existe en effet dans ces fleurs toutes les teintes comprises entre le blanc, le bleu, le pourpre, le rouge et le jaune pâle. Ces couleurs peuvent être uniformes ou associées pour produire dans la même fleur (capitule) un cercle extérieur d'une tonalité différente (Reines Marguerites couronnées). Le port de la plante, la forme des capitules et des ligules ont fait diviser les *Reines Marguerites* en un certain nombre de groupes dont voici les principaux :

Reines Marguerites, à rameaux fastigiés (*Pyramidales*) ou étalés, susceptibles d'atteindre des dimensions plus ou moins grandes (*Géantes, Naines*) ; capitules en boule, ligules au dedans recourbées (*R. M. Pivoines*) ; capitules grands, ligules larges recourbées en dehors (*R. M. Chrysanthèmes*) ; ligules planes, recourbées en dehors, se recouvrant comme les tuiles d'un toit (*R. M. Imbriquées*) ; capitules petits, demi-sphériques (*R. M. Pompons*) ; capitules très petits, bombés (*R. M. Renoncules*) ; capitules à fleurs de la circonférence ligulées, à fleurs du centre tuyautées (*R. M. Anémones*), etc.

Leur floraison a lieu pendant tout l'été successivement selon l'époque des semis.

Emplois.

La *Reine Marguerite* est l'une des plantes annuelles les plus populaires ; on la trouve dans tous les jardins où on l'utilise pour la décoration des plates-bandes, pour former des corbeilles en les associant par tailles et par couleurs ; les variétés naines sont dans ce cas précieuses pour constituer des bordures.

Ces plantes sont également très employées pour la décoration des balcons et des fenêtres, soit qu'on les plante dans des caisses, soit qu'on les cultive en pots. Leurs fleurs coupées ont une longue durée dans les bouquets, aussi sont-elles très recherchées par les fleuristes des grandes villes.

Culture. — Multiplication.

La *Reine Marguerite* prospère surtout dans les sols légers, riches en engrais bien décomposés, à exposition ensoleillée. Une humidité excessive lui est préjudiciable.

On la multiplie par graines que l'on sème : 1° sur couche et sous châssis en mars-avril ; repiquer 15 ou 20 jours après la levée en sol fertile et à bonne exposition abritée, puis dans la seconde quinzaine d'avril, faire un nouveau repiquage en levant les plantes en motte et en laissant entre elles un écartement en rapport avec leur développement ; mettre en place fin mai et commencement de juin ; 2° en plein air, d'avril en mai, en sol fertile et à exposition ensoleillée : repiquer dès que les plantes sont munies de deux à quatre feuilles en espaçant les pieds de 20 à 25 centimètres ; repiquer une seconde fois, trois semaines après, en ménageant un espace plus grand entre les plantes que l'on met en place en juin, de préférence par un temps pluvieux ou couvert. La distance à réserver entre les pieds au moment de la plantation définitive varie nécessairement selon le développement que les variétés sont susceptibles d'acquérir. On compte 25 centimètres pour les variétés naines et 45 centimètres pour les plus robustes.

Pl. 138. — PAQUERETTE

BELLIS PERENNIS L.

Indigène.

Description.

La *Pâquerette* est une plante trop commune pour qu'il soit nécessaire d'en donner la description. On sait qu'elle est vivace et qu'avec les fleurs sa taille ne dépasse guère 10 à 12 centimètres. Introduite dans les jardins la charmante plante sauvage, dont les fleurs émaillent si agréablement nos prés et nos gazons, a produit des variétés d'un grand mérite horticole. Dans certains cas, en effet, toutes les fleurs des capitules sont devenues ligulées (fleurs pleines) et ces ligules, normalement planes, se sont enroulées en cornet (Pâquerettes tuyautées). Dans une variété désignée sous le nom de *Mère de famille*, les capitules engendrent d'autres capitules, plus petits qui les entourent comme des satellites. Le coloris, lui aussi, a varié et l'on possède des fleurs avec des tons rouges, roses, ou tout à fait blanches, unicolores ou panachées. Il existe même une variété à feuilles panachées de vert et de jaune d'or, mais elle est un peu délicate. Fleurit de mars en juin.

Emplois.

Les *Pâquerettes* doubles ou pleines sont très répandues dans les jardins où on les emploie à former soit d'élégantes corbeilles, d'une ou de plusieurs couleurs, soit en bordures. Ces plantes sont également des plus recherchées pour la décoration des balcons et des fenêtres, soit qu'on les plante dans des caisses, soit qu'on les cultive en pots.

Culture. — Multiplication.

La *Pâquerette* améliorée par la culture est moins rustique que le type sauvage, aussi dans les hivers rigoureux est-il prudent de couvrir les plantations soit de paille, soit de feuilles sèches. On la reproduit par division des touffes en septembre ou au printemps, seul procédé de multiplication applicable aux *Pâquerettes fleuries* qui ne donnent pas de graines. Les *Pâquerettes* doubles ou semi-doubles peuvent en outre être reproduites par graines que l'on sème en plein air, en pépinière au printemps. Dans les deux cas la plantation à demeure se fait en octobre-novembre.

Pl. 139. — ÉRIGÉRON ÉLÉGANT

ERIGERON SPECIOSUM DC.

Patrie : Californie.

Description.

Les *Erigeron* qu'à première vue on pourrait prendre pour des *Aster* se distinguent surtout de ces derniers par les capitules (vulgairement fleurs) entourés de ligules (vulgairement pétales) en nombre beaucoup plus considérable et beaucoup plus étroites.

L'*E. élégant* est une belle plante vivace d'environ 75 centimètres de hauteur, à grands capitules (vulgairement fleurs) bleu violacé se montrant de juin en juillet.

Emplois. — Culture. — Multiplication.

L'*Erigeron élégant* est d'une rusticité absolue. Ses emplois, sa culture et sa multiplication sont les mêmes que ceux indiqués pour les Aster, voir p. 156.

EXPLICATION DE LA PLANCHE 139.

1. Capitule coupé longitudinalement.
2. Fleur de la périphérie (ligulée).
3. Fleur du disque (centre du capitule).

L'*Erigeron glabellum* Nutt., de l'Amérique septentrionale, rappelle le précédent par ses fleurs, mais en diffère par sa taille beaucoup moins élevée, ne dépassant pas 50 centimètres, particularité qui le rend précieux comme plante pour bordures.

L'*Erigeron aurantiacum* Regel, du Turkestan, est aussi une espèce fort intéressante. Ses tiges atteignent environ 20 centimètres de hauteur; ses grands capitules, qui se succèdent pendant l'été, mesurent environ

4 centimètres de diamètre et sont d'un jaune orangé superbe. Emplois et culture des Aster, voir pl. 136 B.

L'*Erigeron mucronatus* DC. (Syn. : Villadinia triloba DC.), du Mexique, est une plante vivace à tiges nombreuses, très grêles, ramifiées, atteignant 25 centimètres de hauteur, portant de petites feuilles ovales, rétrécies à la base, à 3 dents au sommet. Les capitules, petits, rappellent ceux de la Marguerite et sont d'un blanc rosé. Ils sont produits en nombre considérable pendant toute la belle saison. Cette petite plante s'est naturalisée sur les murs de Brest. Sous le climat de Paris elle exige d'être abritée en serre froide ou sous châssis pendant l'hiver. Elle est recherchée pour orner les plates-bandes ou former des bordures aux expositions aérées et ensoleillées. On la multiplie par boutures faites à la fin de l'été ou par graines que l'on sème en mars-avril sur couche, pour mettre en place fin mai.

Pl. 140. — RHODANTHE DE MANGLES

RHODANTHE MANGLESII Lindl.

Synonymes latins : **Helichrysum Manglesii H. Bn.; Helipterum Manglesii F. Muell.**

Patrie : Australie.

Description.

Le genre *Rhodanthe* est voisin des *Helichrysum*, auxquels certains auteurs le rattachent; il s'en distingue par l'aigrette des fruits (fig. 1), dont les soies sont plumeuses de la base au sommet, tandis qu'ils le sont au sommet seulement dans le dernier genre. Les fruits (vulgairement graines) sont en outre velus, soyeux, au lieu d'être glabres.

La *Rhodanthe de Mangles* est la seule espèce du genre. C'est une plante annuelle d'environ 25 centimètres de hauteur, à tiges grêles, dressées, ramifiées, portant des feuilles glauques dont la base embrasse la tige. Les capitules (fleurs), un peu penchés, sont entourés d'écailles nombreuses, membraneuses et sèches, disposées sur plusieurs rangs; les inférieures d'un blanc satiné, les supérieures d'un rose superbe, couleur qui s'harmonise agréablement avec celle du disque (partie centrale du capitule) qui est d'un jaune d'or.

Emplois.

La *Rhodanthe de Mangles* est l'une des plantes annuelles que les fleuristes vendent cultivées en pots pour la décoration des appartements et des fenêtres. Comme les Immortelles, ses capitules (vulgairement fleurs), desséchés à l'ombre, conservent leur couleur et peuvent servir à la confection de bouquets perpétuels.

Culture. — Multiplication.

La *Rhodanthe de Mangles* supporte mal les cultures en pleine terre, sous le climat de Paris ; on doit de préférence la cultiver en pots, ou terre légère, sableuse, bien drainée. On en sème les graines sous châssis, en mars-avril, on repique les jeunes plantes en pots en les espaçant de 2 à 4 centimètres, de manière à obtenir des touffes bien garnies.

EXPLICATION DE LA PLANCHE 140.

1. Fleur.
2. Fruit de grandeur naturelle et grossi.

Pl. 141. — IMMORTELLE ROSE

ACROCLINIUM ROSEUM Hook.

SYNONYMES LATINS : **Helipterum roseum Benth.; Helichrysum roseum H. Bn.**

Patrie : Australie.

Description.

Genre très voisin des *Helichrysum* et des *Rhodanthe*. Comme les Rhodanthe il se distingue des *Helichrysum* par les soies de l'aigrette, plumeuses de la base au sommet, et par le fruit (vulgairement graine) velu, soyeux ; il diffère des *Rhodanthe* par la présence de nombreuses fleurs stériles au centre du disque (partie centrale du capitule).

L'*Immortelle rose* est une plante annuelle de 30 à 40 centimètres de hauteur, à tiges rameuses, surtout à la base, garnies dans toute leur longueur de petites feuilles allongées étroites, glauques. Les capitules, d'environ 2 centimètres de diamètre, d'abord penchés, puis dressés, rappellent ceux de la *Rhodanthe;* ils sont entourés de nombreuses écailles membraneuses et sèches, d'un beau rose satiné avec le disque jaune d'or. Variétés à capitules doubles, roses ou blancs. Fleurit de juillet en août.

Emplois. — Culture. — Multiplication.

Cette ravissante plante peut être cultivée en pleine terre pour la garniture des plates-bandes et des corbeilles. Elle réclame un sol léger, sablonneux, additionné d'engrais bien décomposés, dégouttant bien, et une exposition ensoleillée. Elle est aussi très recherchée, cultivée en pots, pour la décoration des appartements, des fenêtres et des balcons. Les fleurs séchées avec soin conservent leur brillant coloris et peuvent entrer dans la composition des bouquets perpétuels. On en sème les graines : 1° en mars-avril sur couche, pour repiquer sur couche et mettre en place fin mai ; 2° en avril, en pépinière à bonne exposition.

EXPLICATION DE LA PLANCHE 141.

1. Capitule coupé longitudinalement.
2. Fleur entière.
3. La même, coupée longitudinalement.
4. Fruit de grandeur naturelle et grossi.
5. Germination.

Pl. 142. — IMMORTELLE A BRACTÉES

HELICHRYSUM BRACTEATUM Willd.

SYNONYME LATIN : **Helichrysum macranthum Benth.**

Patrie : Australie.

Description.

Les *Helichrysum* sont des plantes herbacées ou ligneuses, souvent velues, laineuses, à feuilles alternes, caractérisées par des capitules (vulgairement fleurs) à fleurs toutes tubuleuses (fig. 1), celles de la périphérie, femelles, sur un seul rang; celles du centre, hermaphrodites (fig. 3). Ces capitules sont entourés d'écailles (fig. 2), membraneuses et sèches, planes, disposées sur plusieurs rangs, non étalées en étoile à la maturité, et se recouvrant comme les tuiles d'un toit. Les fruits (vulgairement graines) (fig. 4) sont un peu cylindriques, glabres, couronnés par une aigrette à soies disposées sur un seul rang, quelquefois barbelées au sommet, mais jamais plumeuses dans leur partie inférieure.

L'Immortelle à bractées est une plante annuelle de 50 centimètres à 1 mètre de hauteur, à tiges dressées, raides, à feuilles revêtues de poils courts. Les capitules (vulgairement fleurs) sont solitaires à l'extrémité des rameaux; ils mesurent de 3 à 4 centimètres de diamètre et sont entourés d'écailles florales (bractées de l'involucre) luisantes, jaunes dans le type de l'espèce; jaune orangé, blanches et nacrées, rose carminé, violettes, saumoné ou jaune cuivré, selon les variétés, dont les capitules peuvent en outre présenter un nombre considérable d'écailles florales (variétés doubles). Il existe aussi des variétés naines. Fleurit de juin en octobre.

Emplois. — Culture. — Multiplication.

Par leur bonne tenue et leur abondante floraison, les *Immortelles à bractées* sont des plantes de jardins d'une grande valeur, très répandues et propres à orner les plates-bandes et les corbeilles. Elles conviennent également à la culture en pots pour la décoration des balcons et des fenêtres. Leurs capitules, séchés avec soin, conservent leurs couleurs et sont très recherchés pour la confection des bouquets perpétuels.

Ces plantes prospèrent surtout dans les sols légers et aux expositions ensoleillées. On en sème les graines en mars-avril sur couche ou en plein air à exposition chaude et abritée, pour repiquer en place en mai en espaçant les plantes d'environ 50 centimètres.

EXPLICATION DE LA PLANCHE 142.

1. Capitule coupé longitudinalement.
2. Bractée de l'involucre.
3. Fleur.
4. Fruit de grandeur naturelle et grossi.
5. Germination.

Une espèce vivace du même genre, l'*Immortelle à bouquets* (Helichrysum orientale Gærtn., Gnaphalium orientale L.), plante originaire de l'Archipel et de l'Asie Mineure, est l'objet d'importantes cultures en Provence; ses petits capitules jaunes sont employés à la fabrication des bouquets et des couronnes funéraires et donnent lieu à un important commerce d'exportation.

Cette plante est trop délicate pour pouvoir être cultivée aux environs de Paris; c'est à partir de 1815 que la culture industrielle s'en est répandue dans le midi de la France, et c'est dans les terrains secs et caillouteux, aux expositions abritées et tournées vers le midi, d'Ollioules, Bandols, Saint-Nazaire, puis Toulon, qu'elle donne les meilleurs résultats. Elle fleurit de juin à août, mais on récolte les capitules avant leur complet développement pour les faire sécher à l'ombre, la tête en bas, dans une pièce aérée.

On multiplie la plante en séparant des vieilles touffes les jeunes rejetons qu'elles émettent, lesquelles commencent à donner une floraison abondante la deuxième année seulement, pour continuer à fournir des récoltes pendant huit à dix ans.

En pleine production un pied peut atteindre 1 mètre de diamètre au maximum et donner 150 à 200 tiges florales.

D'après M. le docteur Sauvaigo, le produit net de cette culture serait de 250 à 300 francs par hectare.

Pl. 143. — ZINNIA ÉLÉGANT

ZINNIA ELEGANS Jacq.

Patrie : Mexique.

Description.

Le genre *Zinnia* est caractérisé par des feuilles opposées, le capitule à deux sortes de fleurs : celles de la périphérie munies de ligules (vulgairement pétales) fertiles, disposées sur un seul rang; celles du disque (centre du capitule) hermaphrodites, également fertiles. Le *réceptacle* (partie dilatée du pédoncule sur laquelle sont fixées les fleurs), d'abord conique, s'allonge beaucoup et devient cylindrique. Les fruits (vulgairement graines) sont ovales-allongés, aplatis, anguleux, et couronnés, au moins les intérieurs, par 3 arêtes.

Le *Zinnia élégant* est une plante annuelle de 70 à 75 centimètres de hauteur, à tiges dressées, à feuilles ovales-allongées, à capitules (vulgairement fleurs) très grands, atteignant de 6 à 8 et même 10 centimètres de diamètre. Dans les variétés à *fleurs simples* (à fleurs de la périphérie du capitule seules pourvues de ligules (vulgairement pétales), le réceptacle s'élève en cône au centre et peut atteindre 3 à 4 centimètres de hauteur; mais il existe des variétés à *fleurs pleines* (à fleurs du capitule toutes ligulées) dans lesquelles la fleur est devenue bombée, régulière. Les variétés pleines de *Zinnia* sont des plantes d'un grand mérite, surtout lorsqu'elles présentent des coloris bien francs, ce qui n'arrive pas toujours ; on y observe des teintes rouge cocciné, roses, carminées, pourpres, écarlates, orangées, jaunes et blanches. Il existe aussi des variétés à capitules très petits, larges de 4 à 5 centimètres, très pleins (*Z. pompon* et *Z. Lilliput*), il en existe également de naines. Fleurit de juin en octobre.

Emplois. — Culture. — Multiplication.

Les *Zinnia élégant* à fleurs pleines sont des plantes très belles, très recherchées pour former des corbeilles et pour orner les plates-bandes. Les variétés naines sont particulièrement propres à faire des bordures. Ils fleurissent abondamment pendant toute la belle saison.

Bien qu'affectionnant les terrains légers et fertiles et une exposition ensoleillée, les Zinnias prospèrent cependant dans tous les sols de jardin, à la condition qu'ils ne soient pas humides à l'excès et qu'ils soient placés en situation aérée. On les multiplie par graines que l'on sème en avril-mai en plein air, en sol fertile et à bonne exposition. On repique en pépinière et l'on met en place en mai, en laissant un intervalle de 50 centimètres entre les pieds.

EXPLICATION DE LA PLANCHE 143.

1. Fruit (vulgairement graine).
2. Germination.

Le *Zinnia Haageana* Rgl. (*Z. Giesbrechtii* Verl.), du Mexique, est une plante annuelle de 30-40 centimètres de hauteur à rameaux couchés et à capitules jaune orangé, simples, parfois employée à former des bordures.

Pl. 144. — SOLEIL A FEUILLES ARGENTÉES

HELIANTHUS ARGOPHYLLUS A. Gray.

Patrie : Texas.

Description.

Les *Helianthus* ou Soleils sont des plantes annuelles ou vivaces, à feuilles opposées ou alternes. Les capitules (vulgairement fleurs), généralement grands, souvent très grands, ont deux sortes de fleurs : celles de la périphérie (fig. 2) irrégulières, ligulées; celles du disque (centre du capitule) hermaphrodites et fertiles (fig. 3). Le capitule est entouré de feuilles florales (bractées), amples et foliacées, disposées en deux ou plusieurs séries. Le réceptacle (partie élargie du pédoncule, sur laquelle s'insèrent les fleurs) est plan ou convexe et muni d'écailles, aux aisselles desquelles naissent les fleurs qui sont enveloppées par elles à la base (fig. 3). Le fruit (vulgairement graine), ovale, allongé (fig. 4), est couronné dans le jeune âge (fig. 3), de deux arêtes rigides qui tombent avant la maturité.

Le *Soleil à feuilles argentées* est une plante annuelle, qui rappelle quelque peu le *Soleil commun* ou *Grand Tournesol*, dont il diffère par ses tiges moins élevées, dépassant rarement 2 mètres de hauteur ; ses feuilles, couvertes d'un abondant duvet blanc argenté et soyeux; ses capitules un peu plus petits, mais plus nombreux, à fleurs de la périphérie jaunes et à disque purpurin noirâtre, velouté. Variété à fleurs (capitules) pleines. Fleurit en août-septembre.

Emplois. — Culture. — Multiplication.

Cette plante est précieuse pour la décoration des grands jardins, cultivée en massifs, en pieds isolés ou associée à d'autres plantes dans le centre des grandes plates-bandes. Elle affectionne les sols légers et fertiles et les expositions ensoleillées, ou dans tous les cas aérés. On en sème les graines, en plein air, en avril-mai, pour repiquer en place en mai-juin, en laissant un espace de 50 centimètres entre les pieds.

EXPLICATION DE LA PLANCHE 144.

1. Germination.
2. Fleur de la périphérie.
3. Fleur du disque à l'aisselle d'une écaille de l'involucre.
4. Graine.

———

Le genre *Helianthus* comprend encore plusieurs espèces ornementales, parmi lesquelles on peut citer comme étant les plus importantes :

L'*H. annuus* L. (Soleil, Tournesol, Grand Soleil, Grand Tournesol), du Pérou, plante annuelle très populaire, que l'on rencontre dans tous les jardins. La tige peut atteindre 2 à 4 mètres de hauteur; elle porte un feuillage ample, abondant, et au sommet d'énormes capitules qui mesurent jusqu'à 40 centimètres de diamètre, et dont les fleurs de la circonférence sont jaunes; celles du disque sont brunes. Il en est sorti plusieurs variétés, les unes à tige ramifiée, d'autres à tige simple, portant un seul capitule, de dimensions énormes; dans d'autres cas, les capitules sont doubles ou pleins, caractère dû aux fleurs qui sont toutes, soit munies de ligules (vulgairement pétales), soit devenues longuement tubuleuses, ce qui rend la fleur régulière et lui donne une forme sphérique. Il existe enfin des variétés naines, à feuilles panachées, etc. Emplois et culture de l'espèce précédente.

L'*H. multiflorus* L. (Soleil vivace), de l'Amérique septentrionale, plante vivace, de 1 mètre à 1 m. 25 de hauteur, formant des touffes compactes, à capitules nombreux, de 8 à 10 centimètres de diamètre, jaunes, avec le disque d'un brun jaunâtre. Une variété à fleurs (capitules) pleines, est très répandue dans les jardins. C'est une superbe plante d'une rusticité absolue, qui s'accommode de tous les terrains et de toutes les expositions, surtout celles bien aérées. On la multiplie par division des touffes.

L'*H. lætiflorus* Pers., de l'Amérique septentrionale, plante vivace de 2 mètres de hauteur, à fleurs (capitules) larges de 8 à 10 centimètres, simples, mais à très longs pétales (ligules), d'un beau jaune, naissant en grand nombre au sommet de ramifications grêles, dressées et portées sur de longs pédoncules, ce qui les rend précieuses pour la confection des bouquets. Cette plante forme de véritables gerbes de fleurs d'un grand effet. Fleurit en août-septembre. Multiplication par division des touffes.

L'*H. orgyalis* DC., de l'Amérique septentrionale, plante vivace de 2 m. 50 de hauteur, à tiges garnies de feuilles nombreuses, longues et étroites, recourbées en dehors, ce qui donne à la plante un aspect tout spécial. Les capitules, longuement pédonculés, sont plus petits que ceux de l'espèce précédente; ils sont disposés au nombre de 5-7 en grappe allongée. Fleurit en septembre-octobre. Multiplication par division des touffes.

L'*H. rigidus* Desf. (Harpalium rigidum Cass.), de l'Amérique septentrionale, plante vivace de 1 mètre à 1 m. 50 de hauteur, à tige couverte de poils raides, à feuilles un peu blanchâtres, à rameaux nus au sommet, portant chacun un seul capitule large, d'environ 8 centimètres, à ligules jaunes et à disque brun. Cette espèce diffère des précédentes par les feuilles florales qui enveloppent le capitule, obtuses, non foliacées au sommet, et par les fruits (achaines), couronnés de 6 écailles, 2 en forme d'arêtes, 4 très courtes. Cette belle plante fleurit en août-septembre et convient à la décoration de plates-bandes en sols profonds et frais, à bonne exposition. On la multiplie comme les espèces précédentes.

C'est à ce genre qu'appartient le *Topinambour* (H. tuberosus L.).

Pl. 145. — CORÉOPSIS ÉLÉGANT

COREOPSIS TINCTORIA Nutt.

Synonyme latin : **Calliopsis tinctoria DC.**

Patrie : **Amérique septentrionale.**

Description.

Le genre *Coreopsis* comprend des plantes à feuilles opposées, rarement alternes. Les capitules sont formés de deux sortes de fleurs : celles de la périphérie stériles (fig. 2), munies de ligules (vulgairement pétales), celles du disque (centre du capitule), hermaphrodites, tubuleuses, fertiles ou stériles au centre. Les feuilles florales (bractées) qui entourent le capitule sont de deux sortes, celles de la base (les extérieures) petites, herbacées, souvent étalées; celles du sommet (les inté-

rieures) grandes, membraneuses, soudées entre elles par la base,
presque égales. Le fruit (vulgairement graine) est aplati, à bords ailés
ou ciliés.

Le *Coréopsis élégant* est l'une des plantes annuelles d'ornement les
plus répandues dans les jardins; elle est glabre, sa tige, haute d'environ
75 centimètres, très rameuse, dressée, porte des feuilles divisées en nombreux segments fins et allongés. Les capitules, de 3 à 4 centimètres de
diamètre, sont produits en grand nombre et sont portés sur de longs
pédoncules. Elles ont le disque jaune, brun ou pourpre noir, et les
ligules larges, à sommet découpé en trois lobes, jaunes avec une macule
mordorée ou pourpre brun à leur base. Le fruit est tronqué au sommet,
sans aigrette. Il existe des variétés à ligules jaunes, marbrées de brun
(C. marmorata) ou entièrement brunes; il en est aussi de naines. Fleurit
tout l'été.

Emplois. — Culture. — Multiplication.

Le *Coréopsis élégant* est très recherché pour la décoration des plates-
bandes et des corbeilles; il donne en abondance, et pendant toute la
belle saison, des fleurs qui tranchent sur les plantes qui les environnent
par l'éclat de leur coloris. Cette espèce est d'autant plus précieuse qu'elle
prospère dans tous les terrains et à toutes les expositions. On en sème
les graines de mars en mai, en place ou en pépinière, pour repiquer à
demeure en mai-juin.

EXPLICATION DE LA PLANCHE 145.

1. Capitule coupé longitudinalement.
2. Fleur de la périphérie (fleur ligulée) et fleur du disque (fleur tubuleuse).

Le genre *Coreopsis* renferme d'autres espèces ornementales, entre
autres :

Le *C. Atkinsoniana* Dougl. (Calliopsis Atkinsoniana Rchb.), de l'Amérique septentrionale, espèce qui rappelle la précédente par son port, et
dont elle se distingue par ses fruits lisses, au lieu d'être couverts de
petites aspérités, bordés d'une aile courte.

Le *C. auriculata* Hook. et Arn., de l'Amérique du nord, espèce vivace
de 50 centimètres de hauteur, à feuilles de la base opposées, les unes
indivises, les autres à 3 lobes peu larges et allongés, avec le lobe médian
3-4 fois plus grand que les latéraux. Les capitules sont jaunes. Les fruits
presque orbiculaires ailés, couronnés par 2 arêtes très courtes. Ornement des plates-bandes. Multiplication par division des touffes.

Le *C. coronata* Hook., du Texas, espèce annuelle, glabre, à feuilles entières, en forme de spatule ou ovales, ou à 3-5 divisions profondes; les
écailles de l'involucre sont ciliées, les ligules à 5 dents, jaunes avec une
tache pourpre à la base. Les fruits sont ovales, courbés, étroitement
ailés, terminés par 2-3 dents pointues.

Le *C. diversifolia* DC. (Calliopsis Drummondii Torr. et Gray), espèce annuelle un peu velue, d'environ 40 centimètres de hauteur, à rameaux couchés, à feuilles, les unes entières, les autres à 3-5 grands lobes, ovales ou ovales allongés; les fleurs (capitules) larges de 3 centimètres ont les pétales (ligules) à 5 dents et d'un beau jaune foncé. Les fruits, glabres ou rugueux, sont nus au sommet ou couronnés de deux dents courtes. Cette belle espèce fleurit abondamment de juillet en septembre, et est très recherchée comme plante de bordure.

Culture du *C. tinctoria* (Coréopsis élégant), voir ci-dessus.

Le *C. lanceolata* L., de la Caroline, plante vivace de 50 centimètres de hauteur, à feuilles opposées, entières, ovales-allongées, à grands capitules jaune d'or. Fleurit en juin-juillet. Ornement des plates-bandes. Multiplication par division des touffes.

Le *C. maritima* Hook. (Leptosyne maritima A. Gray), de la Californie, plante annuelle, qui diffère de toutes les précédentes, par les fleurs de la périphérie du capitule fertiles, au lieu d'être stériles. C'est une plante glabre, un peu charnue, très rameuse, haute d'environ 75 centimètres, à feuilles alternes découpées en nombreux lobes, longs et étroits, à capitules longuement pédonculés, de 5 centimètres de diamètre, à ligules (pétales) larges, d'un beau jaune. Cette plante croît vigoureusement dans les sols légers, fertiles et à exposition ensoleillée. Elle fleurit en juillet-août. On en sème les graines en mars-avril, sur couche, ou en avril-mai, en plein air.

Pl. 146. — DAHLIA

DAHLIA VARIABILIS Desf.

Patrie : Mexique.

Description.

Le genre *Dahlia* est trop connu pour qu'il soit nécessaire de le décrire; ses caractères botaniques sont d'ailleurs ceux du genre Coreopsis, dont il ne diffère guère que par les styles des fleurs hermaphrodites (du centre du capitule) terminés par des prolongements étroits, au lieu d'être en forme de pinceau ou tronqués, et par les feuilles florales extérieures du capitule très grandes, foliacées, au lieu d'être très courtes.

Le *Dahlia variabilis* est une plante vivace, à racines tubéreuses réunies en faisceau, à tige épaisse, rameuse, pouvant atteindre 1 m. 50 de hauteur, portant des feuilles opposées, divisées en folioles plus ou moins distinctes. Dans le type sauvage de l'espèce, les fleurs de la périphérie du capitule sont munies de ligules (pétales) d'un rouge sombre, tandis que celles du disque (partie centrale du capitule) sont tubuleuses et jaunes; ces capitules, de très grandes dimensions, peuvent atteindre jusqu'à 15 centimètres de diamètre.

C'est Thouin, professeur de culture au Muséum, qui a reçu vers l'année 1800, les premiers Dahlias cultivés en France, et qui lui ont été envoyés par l'abbé Cavanilles. Depuis cette époque, la plante a été bien modifiée par la culture; des capitules plus grands ont été obtenus; dans ces capitules, les fleurs sont devenues parfois toutes ligulées, et ces ligules elles-mêmes ont affecté des formes diverses et des coloris très variés, dans lesquels on observe des tons jaunes, orangés, roses, rouges, violets, pourpre noirâtre, blanc pur, avec de nombreuses nuances intermédiaires et des panachures, produisant parfois de curieux contrastes.

Ces variétés de *Dahlia* se groupent en plusieurs catégories : les *D. à fleurs simples*, que nous figurons et qui représentent le type de l'espèce; les *D. doubles à grandes fleurs;* les *D. doubles Lilliput* ou *D. Pompon*, à petits capitules; enfin les *D. à fleurs de Cactus*, doubles, mais à ligules planes, au lieu d'être tuyautées, comme dans les Dahlias à grandes fleurs. Les *Dahlias Cactus* se subdivisent en deux groupes : 1° les *D. Cactus* vrais à ligules étroites, pointues au sommet et dressées; 2° les *D. décoratifs* à ligules non pointues, plutôt infléchies que dressées, ce qui donne au capitule une forme plus aplatie. Il existe aussi des variétés naines, très précieuses pour la garniture des plates-bandes. Les *Dahlias* fleurissent de la fin de juillet en octobre.

Emplois.

Le Dahlia est précieux pour l'ornement des jardins, grâce à sa rapide croissance et à l'abondance de sa floraison. Les variétés à grandes fleurs pleines, très recherchées autrefois, ont, dans ces dernières années, cédé le pas aux variétés à fleurs simples plus légères, se prêtant mieux à la confection des bouquets. Les *D. à fleurs de Cactus*, d'obtention relativement récente, commencent à jouir d'une certaine faveur; leurs capitules sont plus gracieux que ceux des anciennes variétés. Les variétés naines sont précieuses pour l'ornementation des plates-bandes, la formation de bordures ou de corbeilles et pour la culture en pots, qui se pratique de plus en plus.

Culture. — Multiplication.

Le Dahlia, pour prospérer, exige un sol fertile et des arrosages copieux. Pour les variétés à grand développement, il est nécessaire de maintenir les tiges à l'aide de tuteurs.

C'est en novembre, lorsque les premiers froids ont détruit les tiges, dont on ne laisse subsister que la partie inférieure, sur une longueur d'environ 20 centimètres, qu'on procède à l'arrachage des *Dahlias*. Cette opération doit se faire, autant que possible, par un temps sec, en évitant de séparer et de blesser les tubercules, qu'on laisse ressuyer pendant quelques heures à l'air libre. Ces tubercules, autour de leur tige commune, sont ensuite rentrés dans un local : sous-sol, cellier, etc., ni trop

sec, ni trop humide, à l'abri du froid; on peut les enterrer dans du sable
ou de la terre saine, mais ils se conservent également bien à nu, simplement posés sur le sol.

En mars-avril, on sort les souches pour les placer sur couche, sous
châssis, afin de les faire entrer en végétation. Des bourgeons se développent et il ne reste plus qu'à diviser les tubercules en autant de portions qu'il y a de pousses, et à effectuer la plantation en plein air, opération qui, dans le centre de la France, se fait du 15 mai au 1er juin. Il
est utile de faire observer que les tubercules détachés de la souche et
non munis d'une portion du collet, ne peuvent émettre de bourgeons, et
sont par conséquent impropres à la culture.

Quelques personnes plantent les souches sans les mettre préalablement en végétation, mais le résultat qu'on obtient dans ce cas est
moins satisfaisant. On doit alors faire des trous que l'on remplit avec de
la terre, mélangée d'un tiers de fumier bien décomposé pour y planter
les souches.

On peut aussi multiplier les Dahlias en bouturant les pousses qui
naissent sur les tubercules mis en végétation; ce procédé est employé
surtout par les horticulteurs qui ont besoin d'une abondante reproduction. Ces mêmes pousses peuvent également être greffées en fente
sur tubercules coupés transversalement; mais on se sert rarement de ce
mode de multiplication.

On ne sème les graines du Dahlia qu'en vue d'obtenir des variétés
nouvelles.

Pl. 147. — COSMOS BIPINNÉ

COSMOS BIPINNATUS Cav.

Patrie : Mexique.

Description.

Le genre *Cosmos* est très voisin du *Dahlia*, dont il se distingue scientifiquement par les feuilles florales (bractées) qui entourent le capitule
(vulgairement fleur), également sur deux rangs; celles du rang extérieur, moins foliacées, striées, et aussi par les fruits (vulgairement
graines) (fig. 4), qui ont le sommet prolongé en bec, au lieu d'être
arrondi.

Le *Cosmos bipinné* est une plante annuelle, de 1 mètre à 1 m. 50 de
hauteur, à feuilles élégamment divisées en nombreux segments filiformes allongés. Les capitules ont l'aspect d'un petit Dahlia simple, et
mesurent 5 à 6 centimètres de diamètre; dans le type de l'espèce, les
ligules (vulgairement pétales) sont carmin violacé, mais il existe des
variétés purpurines, roses et blanches. Fleurit de juillet en octobre.

Emplois. — Culture. — Multiplication.

Cette plante est ornementale par son feuillage finement découpé, et par ses fleurs abondantes, au coloris franc et frais. On l'emploie à la décoration des corbeilles et des plates-bandes. On en sème les graines en avril, à bonne exposition et en sol fertile, pour repiquer en place fin mai ou commencement de juin.

EXPLICATION DE LA PLANCHE 147.

1. Capitule coupé longitudinalement.
2. Fleur de la périphérie, ligulée, stérile.
3. Fleur du disque, tubuleuse, hermaphrodite, fertile.
4. Fruit (vulgairement graine) de grandeur naturelle et grossi.
5. Germination.

Pl. 148 A. — ŒILLET D'INDE

TAGETES PATULA L.

Patrie : Mexique.

Description.

Les *Tagetes* sont des plantes à odeur aromatique, très forte, à feuilles opposées, les capitules (vulgairement fleurs) ont des fleurs de deux sortes; celles de la périphérie femelles, disposées sur un seul rang, et munies d'une ligule (vulgairement pétale); celles du centre hermaphrodites, tubuleuses, fertiles. Les feuilles florales qui entourent le capitule (bractées de l'involucre) sont disposées sur un seul rang et sont soudées entre elles jusqu'au sommet, de manière à former une gaine cylindrique. Le fruit (vulgairement graine) est long et très étroit, aplati, rétréci à la base et couronné d'une aigrette, formée de 5 ou 6 écailles, terminées en arête.

L'*Œillet d'Inde* est une plante annuelle, dont la taille varie depuis 20 centimètres (variétés naines), jusqu'à 60 centimètres. Les feuilles sont découpées en lobes, disposés de chaque côté de la nervure médiane comme les pennes d'une plume. Ces lobes sont dentés. Les capitules, produits en grand nombre, et solitaires à l'extrémité de chaque pédoncule, mesurent de 3 à 4 centimètres de diamètre ; ils prennent une certaine diversité comme forme et comme coloris. Certaines variétés, en effet, ont les fleurs toutes ligulées (fleurs pleines), à ligules planes ou tuyautées; il en est d'une seule couleur, jaune pâle, jaune orangé, jaune cuivré ou jaune brun; d'autres ont le capitule à centre de couleur plus foncée; dans d'autres cas, ce sont les ligules qui sont bordées, de manière à former dans les variétés tuyautées, un réseau qui se détache sur le reste de la fleur, ou à constituer dans les variétés à ligules planes, des bandes qui rayonnent du centre à la circonférence, et dont l'ensemble figure une étoile. Il existe enfin des variétés naines. Fleurit de juillet jusqu'aux gelées.

Emplois. — Culture. — Multiplication.

L'*Œillet d'Inde*, malgré son odeur peu agréable, est l'une des plantes annuelles les plus répandues dans les jardins; il a en effet des qualités de premier ordre. Il fleurit abondamment pendant toute la belle saison jusqu'aux gelées. Ses fleurs ont un très vif éclat, et enfin il n'existe pas de plante plus résistante et plus facile à cultiver. Elle prospère dans tous les terrains et à toutes les expositions, quoique préférant les sols fertiles et les situations aérées et chaudes. Elle se transplante sans en souffrir trop, même au moment de la floraison, ce qui permet de faire d'excellentes associations comme taille et comme coloris, dans les corbeilles. Ce sont des plantes précieuses pour ces dernières raisons. On les emploie à orner les plates-bandes, les corbeilles. Elles sont aussi très recherchées pour la culture sur les fenêtres et les balcons. On en sème les graines en plein air, en avril-mai, pour mettre en place avant la floraison et en levant les plantes en motte.

EXPLICATION DE LA PLANCHE 148 A.

1. Capitule coupé longitudinalement.
2. Fleur du disque un peu développée en cornet.
3. Fleur du disque.

Pl. 148 B. — TAGÈTE MOUCHETÉE

TAGETES SIGNATA Bartl.

Patrie : Mexique.

Description.

Cette espèce diffère de la précédente par ses tiges plus grêles, très rameuses, les feuilles à folioles plus étroites et plus dentées, les capitules beaucoup plus petits, mais en nombre considérable, ayant seulement 4 ou 5 ligules (vulgairement pétales), jaune orangé, tachées de purpurin à la base. Dans la variété *pumila*, les touffes formées par les tiges sont beaucoup plus basses et plus compactes, de 30 à 35 centimètres de hauteur. Fleurit pendant toute la belle saison jusqu'aux gelées.

Emplois. — Culture. — Multiplication.

La *Tagète mouchetée* est une plante très recherchée pour l'ornementation des jardins; sa taille peu élevée, l'élégance de son feuillage finement découpé, ses fleurs extrêmement abondantes se succédant sans interruption, de juillet jusqu'aux gelées, la placent au rang des espèces les plus précieuses pour orner les plates-bandes, et surtout pour former des bordures. On en fait aussi de charmantes potées. Culture et multiplication de l'*Œillet d'Inde*, pl. précédente.

Pl. 149. — ROSE D'INDE

TAGETES ERECTA L.

Patrie : Mexique.

Description.

Cette espèce diffère de l'Œillet d'Inde par sa taille plus élevée; les tiges peuvent en effet atteindre 1 mètre de hauteur. Les capitules sont portés sur un pédoncule renflé au sommet; ils sont beaucoup plus grands et peuvent mesurer 6 à 7 centimètres de diamètre. Dans les variétés à fleurs pleines, les seules cultivées comme plantes ornementales, ils ont une forme bombée. Leur couleur peut être le jaune orangé ou le jaune citron.

Emplois. — Culture. — Multiplication.

La Rose d'Inde est une fort belle plante qui fleurit abondamment pendant tout l'été; elle convient à l'ornementation des plates-bandes et des corbeilles. La culture et la multiplication ne diffèrent pas de celles de l'Œillet d'Inde (voir pl. 148 A).

Explication de la Planche 149.

1. Fleur de la périphérie du capitule, ligulée.
2. Fleur du disque, tubuleuse, fertile.

Le *Tagetes lucida* Car., également du Mexique, est une espèce vivace méritante, dressée, à tiges en touffe de 30 centimètres de hauteur, à feuilles non découpées, peu larges, rétrécies aux deux extrémités. Les capitules en sont petits, seulement à 3 ligules (vulgairement **pétales**), mais ils sont groupés en nombre considérable, en bouquets qui terminent les rameaux. On peut la cultiver dans les plates-bandes, ou en faire de charmantes bordures. Fleurit tout l'été et l'automne jusqu'aux gelées.

Cette espèce n'est pas rustique sous le climat de Paris, et il est nécessaire de relever à l'automne des pieds que l'on conservera l'hiver sous châssis, pour les diviser au printemps. On peut aussi bouturer les jeunes rameaux à l'automne ou au printemps. Enfin, on reproduit les **plantes** par graines, qu'on sème en août-septembre.

Pl. 150. — GAILLARDE PEINTE

GAILLARDIA PICTA Sweet.

SYNONYMES LATINS : **Gaillardia Drummondii DC.; G. pulchella Fouger.**

Patrie : Texas.

Description.

Les *Gaillardia* sont des plantes annuelles ou vivaces, à feuilles alternes, à capitules (vulgairement fleurs) formés de deux sortes de fleurs : celles de la périphérie munies de ligules (vulgairement pétales); celles du disque (centre de la fleur) tubuleuses. Les feuilles florales qui entourent le capitule (bractées de l'involucre) sont disposées sur 1 ou 2 rangs. Le style des fleurs hermaphrodites a les divisions couvertes de pointes aiguës. Les fruits (vulgairement graines) sont velus, soyeux, couronnés par une aigrette formée de 6-10 écailles, larges à la base et rétrécies en longue pointe au sommet.

La *Gaillarde peinte* est une plante vivace de 30 à 40 centimètres de hauteur, un peu velue, rameuse, à feuilles peu larges, allongées, les unes irrégulièrement dentées, les autres entières. Les capitules, portés sur de longs pédoncules, peuvent atteindre jusqu'à 8 centimètres de diamètre; ils ont le disque d'abord orangé, puis pourpre brun, et les ligules purpurines à la base et jaunes au sommet. Il existe plusieurs variétés, à capitules de dimensions plus ou moins grandes : *Grandiflora*, ou de coloris divers ; mais l'une des plus caractérisées est celle qui est désignée sous le nom de *Lorenziana* et qui est figurée sur la planche 150. Dans cette variété les capitules ne sont pas pourvus de ligules (pétales); mais les fleurs de la périphérie sont longuement développées en cornet. Dans les variétés très doubles, toutes celles du disque se développent de même et donnent à l'ensemble l'aspect d'une énorme inflorescence de *Scabieuse*. Cette série si distincte, comprend aussi des coloris variés, comprenant le pourpre brun foncé, bordé de jaune, le saumoné, le rouge, le jaune, le jaune pâle presque blanc, etc. Fleurit de juillet en septembre.

Emplois. — Culture. — Multiplication.

La *Gaillarde peinte* et ses variétés est une très belle plante de jardins qui convient à la décoration des plates-bandes et des corbeilles. Elle affectionne les sols légers. On la conserve difficilement d'une année à l'autre, en pleine terre, sous le climat de Paris, car elle n'est pas très rustique. On préfère la traiter comme plante annuelle et en semer les graines en avril sur couche, pour repiquer sur couche et mettre en place fin mai. Dans les régions plus privilégiées sous le rapport du climat, on reproduit la plante par division des touffes.

EXPLICATION DE LA PLANCHE 150.

1. Capitule coupé longitudinalement; il n'y a pas de ligules; les fleurs de la périphérie sont développées en cornet.

2. Fleurs détachées.

———

Ce genre renferme encore deux espèces qui sont très recherchées comme plantes vivaces d'ornement. Ce sont les *G. aristata* Pursh. et *lanceolata* Michx., également originaires de l'Amérique septentrionale. Ce sont des plantes d'environ 50 centimètres de hauteur; à capitules larges d'environ 5 centimètres, jaunes, cerclés de pourpre brun autour du disque qui est purpurin dans la première espèce; à ligules entièrement jaunes, dans la seconde. Ces deux plantes sont plus rustiques que la *Gaillarde peinte*, et résistent aux hivers du climat parisien; il est cependant prudent de les couvrir de paille ou de feuilles sèches pendant les grands froids. On les multiplie par division des touffes ou par graines.

Pl. 151. — CHRYSANTHÈME TRICOLORE

CHRYSANTHEMUM CARINATUM Schousb.

SYNONYME FRANÇAIS : **Chrysanthème à carène.**

Patrie : Maroc.

Description.

Les *Chrysanthemum* sont des plantes annuelles, vivaces ou un peu ligneuses, à feuilles alternes entières ou plus ou moins divisées, à capitules (vulgairement fleurs) constitués par des fleurs de deux sortes : celles de la périphérie femelles, sur un rang, munies d'une ligule (vulgairement pétale); celles du disque (centre de la fleur), tubuleuses, hermaphrodites; les feuilles florales qui entourent le capitule (bractées de l'involucre) sont disposées sur plusieurs rangs; elles sont larges et appliquées les unes contre les autres. Les fruits (vulgairement graines) sont de deux sortes : ceux de la périphérie du capitule triangulaires ou à 3 ailes dont deux latérales et une tournée vers le centre, plus saillante; ceux du disque comprimés ou cylindriques, non couronnés par une aigrette, ou à aigrette formée de petites écailles disposées en couronne.

Le *Chrysanthème tricolore* est une plante annuelle, rameuse, glabre, de 50 à 75 centimètres de hauteur, à feuilles un peu charnues, divisées de chaque côté en lobes qui se divisent eux-mêmes en segments étroits; à capitules naissant isolément sur les pédoncules, mesurant jusqu'à 6 centimètres de diamètre, entourés de feuilles florales (bractées de l'involucre) dont les bords sont relevés et sont en forme de nacelle. Le fruit est couronné d'une aigrette membraneuse, dentée. Dans le type de l'espèce, les ligules sont blanches au sommet, jaunes à la base, le disque est brun;

mais il existe des variétés à disque jaune et à ligules entièrement blanches, jaunes ou brunes; d'autres, qui constituent une race désignée sous le nom de *Chrysanthèmes de Burridge*, ont le disque pourpre noir et les ligules blanc pur au sommet, purpurines dans la partie médiane et jaunes à la base (c'est cette variété qui est figurée sur la planche 151). Le *C. de Burridge* présente lui aussi des variations dans le coloris. Enfin il existe des variétés à fleurs (capitules) doubles ou pleines, des variétés naines, etc. Fleurit de juillet en août.

Emplois. — Culture. — Multiplication.

Le *C. tricolore* ou *C. à carène* est l'une de nos plus belles plantes annuelles; elle est propre à l'ornementation des plates-bandes et l'on en fait de jolies potées; elle affectionne les sols fertiles et les expositions chaudes et aérées. On doit en semer les graines en avril-mai, en plein air, en place ou en pépinière, pour, dans ce dernier cas, repiquer à demeure fin mai.

EXPLICATION DE LA PLANCHE 151.

1. Capitule coupé longitudinalement.
2. Fleur de la périphérie (ligulée).
3. Fleur du disque (tubuleuse).
4. Germination.

⌂ Pl. 152 A et B. — CHRYSANTHÈME FRUTESCENT

CHRYSANTHEMUM FRUTESCENS L.

SYNONYMES FRANÇAIS : **Anthémis, Marguerite en arbre.**

Patrie : Canaries.

Description.

Espèce à tige ligneuse à la base, très ramifiée et formant un buisson arrondi pouvant atteindre 1 m. 50 et même 2 mètres de hauteur sur autant de diamètre. Les feuilles en sont glabres, un peu charnues, découpées en lanières nombreuses, très étroites, dentées, celles des extrémités à 3 dents ou entières. Les capitules (vulgairement fleurs), qui rappellent ceux de la grande *Marguerite des prés*, sont portés sur de longs pédoncules rameux. Fleurit toute l'année. Variété à fleurs jaunes : *Étoile d'or*, pl. 152 B. Une autre variété désignée sous le nom de *C. fœniculaceum* (C. fœniculaceum DC.) a les feuilles à lanières plus dictinctes, longues et très ténues, généralement entières.

Emplois. — Culture.

Le *Chrysanthème frutescent* est très rustique dans le midi de la France et il est d'autant plus précieux qu'il est peu difficile sur la qualité du sol et qu'il supporte sans souffrir les grandes sécheresses; néanmoins les sols fertiles et des arrosages ne sont pas sans favoriser considérablement son développement. Dans cette région, les variétés à fleurs blanches et celle à fleurs jaunes sont soumises à une culture spéciale pour obtenir, de décembre jusqu'au printemps, des fleurs qui sont expédiées dans les villes du nord pour la confection des bouquets.

Sous le climat de Paris, le *Chrysanthème frutescent* ne peut être cultivé en plein air que pendant la belle saison; il exige l'abri de l'orangerie ou de la serre froide pendant l'hiver. Il est néanmoins très recherché pour la décoration des jardins et c'est l'une des plantes les plus fréquemment employées avec les *Pélargoniums*, pour la composition des corbeilles et la garniture des plates-bandes. Il se prête aussi admirablement à la culture en pots, aussi le voit-on couramment vendre par les fleuristes pour l'ornementation des appartements, des fenêtres et des balcons.

Multiplication.

Les *Chrysanthèmes frutescents* peuvent être facilement multipliés par boutures que l'on fait avec l'extrémité herbacée des rameaux, pendant l'été, sous châssis ou sous cloche.

EXPLICATION DE LA PLANCHE 152 A ET B.

1. Capitule coupé longitudinalement.
2. Fleur de la périphérie (ligulée).
3. Fleur du disque (tubuleuse).

———

Une espèce voisine de la précédente, le *Chrysanthemum grandiflorum* Willd., également originaire des Canaries, est aussi très répandu dans les jardins. Ses emplois sont les mêmes. Il se distingue par ses feuilles planes à lanières plus larges, rétrécies en forme de coin à la base et terminées en pointe très fine et raide au sommet, ainsi que par ses pédoncules non rameux ou qui le sont très peu.

Le genre *Chrysanthemum* renferme une autre espèce très répandue dans les jardins, le *C. coronarium* L. (Chrysanthème des jardins), plante annuelle, originaire de l'Europe méridionale, rappelant par son port le *C. tricolore*, mais à feuilles florales (bractées de l'involucre) non relevées sur les bords, et à fruits sans couronne. Cette plante a les mêmes emplois que le *C. tricolore*, mais elle est beaucoup plus robuste et vient sans soins dans tous les sols et à peu près à toutes les expositions. Il en existe des variétés à fleurs (capitules) doubles ou pleines, jaune d'or ou jaune très pâle, presque blanches; des variétés naines plus propres à la culture en pots. On en sème les graines soit en septembre-octobre en pépinière pour planter à demeure en avril-mai, soit en avril-mai également en pépinière pour repiquer en place fin mai.

Pl. 153. — PYRÈTHRE ROSE

PYRETHRUM CARNEUM Bieb.

Synonymes latins : **Chrysanthemum coccineum Sims, var. coronapifolium;
P. roseum Lindl. (non M. Bieb.); Chrysanthemum coccineum Sims.**

Patrie : Caucase.

Description.

Le genre *Pyrethrum* est très voisin des *Chrysanthemum* auxquels un grand nombre d'auteurs le réunissent et dont il diffère surtout par les fruits d'une seule sorte dans le capitule, tous anguleux, non ailés, nus au sommet ou couronnés d'un rebord membraneux parfois denté.

Le *Pyrèthre rose* est une plante vivace de 40 à 60 centimètres de hauteur, en touffes, à feuillage abondant, finement divisé et découpé comme celui de la *Millefeuille;* à tige raide, peu rameuse, dont les rameaux se terminent par de grands capitules (vulgairement fleurs) atteignant les dimensions d'une Reine Marguerite de grandeur moyenne, à disque (partie centrale du capitule) jaune et à ligules (vulgairement pétales) rose lilacé, rouges, carminés ou blancs, selon les variétés. Il existe aussi des variétés à fleurs (capitules) doubles ou pleines avec des ligules larges, ou étroites, planes ou tuyautées. Fleurit en mai-juin.

Emplois. — Culture. — Multiplication.

Cette espèce et sa congénère, le *Pyrethrum roseum* M. Bieb. (non Lindl.), Chrysanthemum coccineum Willd., qui en diffère seulement par les feuilles à lobes subdivisés en segments étroits, profondément dentés; cette espèce, disons-nous, est l'une de nos plantes vivaces ornementales les plus méritantes. Elle convient à former des corbeilles et surtout à orner les plates-bandes. Non seulement elle est d'une rusticité absolue, mais elle est à peu près indifférente sur la nature du terrain et de l'exposition. On la multiplie par division des touffes. Ce sont les fleurs de cette plante et celles du *Pyrethrum rigidum*, qui, pulvérisées, constituent la *Poudre insecticide de Pyrèthre* ou *Poudre de Perse.*

Pl. 154, 155, 156. — CHRYSANTHÈMES D'AUTOMNE

PYRETHRUM SINENSE Sab., var.

Synonymes latins : **Chrysanthemum indicum L.; C. japonicum Thunb.;
C. sinense Sabine; Pyrethrum indicum Cass.**

Patrie : Japon.

Description.

Les *Chrysanthèmes* d'automne sont issus de deux plantes considérées comme distinctes par certains auteurs : le *Pyrethrum sinense* à feuilles coriaces, un peu glauques, à capitules (vulgairement fleurs) amples, d'un diamètre encore plus considérable dans la variété *japonicum*; et le *P. indicum* Cass., à feuilles molles, ovales, profondément divisées en lobes irréguliers et dentés, à capitules petits (Chrysanthèmes pompons).

C'est en 1789 que les premiers pieds furent introduits de la Chine en Angleterre. En 1790, M. Blanchard, négociant à Marseille, apporta la plante en France. Jusqu'en 1827 il n'en fut pour ainsi dire plus question. C'est alors qu'un officier français, le capitaine Bernet, de Toulouse, secondé par son jardinier Pertuzès commença à en faire des semis et obtint des variétés qui attirèrent l'attention. Jusqu'en 1862, les plantes qui furent mises au commerce par les chercheurs de nouveautés, étaient à fleurs régulières; les types dits *japonais*, maintenant si recherchés, ne furent introduits qu'à cette date par Robert Fortune.

Si l'on examine les innombrables variétés de *Chrysanthèmes* aujourd'hui cultivées dans les jardins, on remarque que les unes ont les fleurs (capitules) simples, c'est-à-dire n'ayant que les fleurs de la périphérie munies de ligules, tandis que d'autres, dites doubles, ont les fleurs du disque toutes ou en partie ligulées. Si on examine les choses de plus près, on peut remarquer que les ligules sont, soit planes, soit creusées en nacelle; de même longueur, plus ou moins larges, étalées (*Ch. à fleurs régulières*); infléchies et recourbées en dehors (*Ch. récurvés*), ou relevées et recourbées en dedans (*Ch. incurvés*); plus longues, de dimensions irrégulières et déjetées en tous sens (*Ch. japonais*); très courtes, arrondies et disposées en cocarde (*Ch. pompons*, pl. 156).

Les ligules peuvent aussi être entières ou plus ou moins dentées, ou découpées; soit glabres, soit velues et constituant alors des variétés recherchées sous le nom de *Ch. plumeux*. Dans certains cas, ces ligules sont entièrement tubuleuses comme dans *Gloire rayonnante*, mais il en est d'autres où elles sont tubuleuses dans leur partie inférieure et plus ou moins longuement étalées au sommet. Dans un groupe désigné sous le nom de *Ch. alvéolés* ou *à fleurs d'Anémone*, les fleurs du centre du capitule subissent un certain développement, mais restent tubuleuses et beaucoup plus courtes que les fleurs ligulées du pourtour.

Emplois.

Lorsque les premiers abaissements de la température se font sentir dans le courant du mois d'octobre, la plupart des plantes qui servent à l'ornementation des jardins : *Pélargoniums*, *Dahlias*, *Fuchsias*, *Héliotropes*, *Chrysanthèmes frutescents*, *Bégonias* se trouvent détruites.

La fin de l'automne, qui est l'époque à laquelle la plupart des fleurs disparaissent des jardins, est au contraire celle de l'entrée en scène du Chrysanthème. Il commence à fleurir en octobre, mais c'est surtout en novembre qu'il prodigue avec le plus d'abondance ses ravissants panaches et cela se prolonge jusqu'assez avant dans l'hiver, lorsque le temps est favorable, c'est-à-dire lorsqu'il ne neige pas et lorsque le thermomètre ne descend pas au delà de 3 ou 4 degrés au-dessous de zéro.

Grâce à lui, au lieu d'être complètement dépourvus de fleurs et d'avoir ce triste aspect qu'ils doivent, hélas ! conserver pendant les longs mois de l'hiver, nos jardins peuvent être brillamment ornés et nous donner la douce illusion d'une prolongation de la belle saison. Grâce à lui aussi, nos appartements garnis de bouquets superbes deviennent une plus agréable retraite lorsque le mauvais temps nous oblige à y chercher un abri ; car le Chrysanthème est la fleur par excellence pour les bouquets : on en forme des gerbes aux couleurs s'harmonisant à merveille, il n'est pas d'autre fleur qui se conserve aussi longtemps dans l'eau.

On ne connaissait guère autrefois en fait de *Chrysanthèmes* que les variétés à petites fleurs régulières, *fleurs de la Toussaint*, jaunes, rose violacé ou jaune acajou qui n'étaient guère employées qu'à orner les tombes dans les cimetières ; mais depuis l'introduction des variétés à grandes fleurs, on a marché à grands pas dans l'amélioration de cette plante devenue à la mode et pour laquelle des expositions spéciales ouvertes chaque année attirent un nombre considérable de visiteurs. Actuellement, c'est par milliers que l'on compte les variétés et nos horticulteurs sont loin d'avoir dit leur dernier mot. De plus au Muséum d'histoire naturelle, il en existe une collection superbe comprenant plus de mille variétés. Depuis le Chrysanthème pompon, aux fleurs petites et régulières, jusqu'au Chrysanthème japonais, aux longues ligules ébouriffées, si élégants, on trouve toutes les variations imaginables comme formes et des combinaisons de couleurs extraordinaires, souvent d'une richesse inouïe.

Aujourd'hui le Chrysanthème a pris une grande importance pour la décoration automnale des jardins ; il est d'autant plus recherché qu'il est possible de le transplanter lorsqu'il commence à fleurir, ce qui permet de l'employer à orner les corbeilles lorsque les plantes délicates qui les composent se trouvent détruites par les premiers abaissements de la température. Il suffit pour cela de mettre en réserve dans une partie peu en vue du jardin un nombre de plantes en rapport avec l'espace à garnir et choisies dans les variétés à port trapu qui se prêtent le mieux à cet usage. Le Muséum a commencé à donner l'exemple de cette manière d'utiliser le Chrysanthème.

Le seul inconvénient que présente cette plante c'est que, dans la région de Paris, sa floraison se trouve quelquefois anéantie avant d'avoir donné tout ce qu'on en attendait. Cela arrive malheureusement quelquefois lorsque de grands froids surviennent de bonne heure, mais cependant on peut dire que généralement la floraison s'effectue dans d'excellentes conditions. Sous notre climat, déjà un peu rigoureux pour cette plante, les variétés tardives doivent être réservées pour la serre froide et le jardin d'hiver dont elles peuvent constituer d'ailleurs un des plus beaux ornements pendant la plus grande partie de la mauvaise saison.

En 1888, on vit apparaître, dans les expositions, des fleurs de Chrysanthèmes de dimensions extraordinaires, qui produisirent une véritable sensation. Il ne faudrait pas croire, comme on se le figure quelquefois, que ces fleurs énormes qui décorent les boutiques de nos fleuristes parisiens soient une production normale et ce serait s'exposer à de graves désillusions que de cultiver par les procédés habituels, dans son jardin, les variétés qui leur donnent naissance, avec l'espoir d'obtenir des fleurs de semblables dimensions.

Évidemment certaines variétés sont plus favorables que d'autres à cette production ; mais il ne faut pas oublier qu'on ne peut l'obtenir qu'en serre froide bien éclairée. Les plantes sont mises en pots dans un sol substantiel et on ne laisse sur chacune d'elles qu'un petit nombre de tiges choisies parmi les plus vigoureuses ; puis, lorsque les boutons à fleurs se montrent, on les supprime pour ne laisser sur chaque tige que le bouton terminal. Pour activer le développement, on prodigue des engrais liquides. Les plantes ainsi cultivées atteignent souvent 2 mètres et plus de hauteur ; leurs tiges dégarnies de feuilles à la base et ne portant chacune qu'une seule fleur sont loin d'avoir un aspect élégant. Aussi comprend-on qu'il ne peut s'agir là que d'une culture commerciale en vue de la production de fleurs pour bouquets. Il faut reconnaître que les fleurs ainsi obtenues, en outre de leurs dimensions extraordinaires (il en est qui atteignent 25 centimètres de diamètre), ont un coloris plus frais et plus brillant que celles récoltées sur des pieds de même variété cultivés en plein air.

Culture. — Multiplication.

Bien que le *Chrysanthème* soit vivace il est nécessaire, si l'on veut avoir de belles et abondantes fleurs, de renouveler les touffes chaque année. A cet effet on les morcelle soit vers le 15 novembre, soit en avril et chaque éclat enraciné peut constituer une plante. Lorsque la multiplication se fait avant l'hiver, les éclats sont mis dans de petits pots et hivernés sous châssis ; pour la pratiquer au printemps, il est nécessaire d'abriter les touffes de paille ou de feuilles sèches ; les éclats peuvent alors être plantés en pépinière où ils restent jusqu'à ce qu'on ait à les utiliser. On peut aussi bouturer l'extrémité des jeunes pousses herbacées qu'on pique en terre légère, en pleine terre et qu'on couvre d'une cloche. Dans les régions à climat doux comme nos provinces méridionales et celles de l'ouest, soumises à la bienfaisante influence du Gulf Stream, le *Chrysanthème* est d'une rusticité absolue. Pour obtenir des plantes plus trapues, il est utile de soumettre les tiges à des pincements, généralement deux, mais il importe de ne plus toucher aux tiges après le 15 juin.

Deux autres espèces appartenant au genre *Pyrethrum* sont très répandues dans les jardins : l'une est le *Pyrèthre maricaire* (Pyrethrum Parthenium L., Matricaria Parthenium L.), d'Europe, l'autre la *Matricaire mandiane* (Pyrethrum parthenifolium Willd.; Chrysanthemum præaltum Vent.; Matricaria præalta Poir.), de l'Arménie, du Caucase et de la Perse. Ces deux plantes sont vivaces, de 50 à 75 centimètres de hauteur, à feuilles molles, très découpées, à capitules en bouquets lâches. La seconde espèce diffère de la première par ses feuilles à divisions plus découpées, ses capitules plus longuement pédonculés formant des bouquets plus denses, les lignes plus longues que le disque au lieu d'être d'égale longueur.

La première de ces espèces a donné naissance à des variétés très communément cultivées : le *Pyrèthre doré* et le *Pyrèthre à feuilles de Selaginelle*, remarquables par leurs feuilles d'un jaune d'or. Ces deux plantes sont précieuses pour obtenir des contrastes de couleurs dans les corbeilles; elles sont aussi très recherchées pour former des bordures car elles supportent on ne peut mieux les tontes répétées ce qui permet de les maintenir très régulières; elles sont d'une rusticité absolue et prospèrent dans tous les sols et à toutes les expositions. On les multiplie par graines ou par division des touffes.

La seconde espèce a donné naissance à trois variétés également très répandues, l'une à capitules entièrement ligulés (multiplex), une autre à capitules entièrement formés de fleurs longuement tubuleuses (flosculosa), la dernière à fleurs de la circonférence du disque ligulées, et à celles du disque tubuleuses (eximia). Il en existe aussi une variété à fleurs frisées. Cette plante et ses variétés est d'une absolue rusticité et est employée pour la garniture des plates-bandes. Elle croît sans soins, et fleurit pendant toute la belle saison.

On pourrait citer encore d'autres espèces ornementales entre autres : le *Pyrèthre de Tchihatchef* (Pyrethrum Tchihatchewii Boiss.), de l'Asie Mineure, plante vivace gazonnante de 6 à 7 centimètres de hauteur, à feuillage très découpé et d'un beau vert et à fleurs blanches larges de 2 à 3 centimètres. Cette espèce est surtout propre à former des gazons et des tapis dans les parties les plus arides des jardins, en endroits en pente abrupte, etc.

Le *Pyrethrum lacustre*, plante vivace très robuste, rappelant la grande Marguerite des prés, mais à fleurs beaucoup plus grandes. Espèce rustique qui affectionne les sols frais, etc.

Pl. 157. — DORONIC DU CAUCASE

DORONICUM CAUCASICUM M. Bieb.

Patrie : Europe orientale et Asie Mineure.

Description.

Les *Doronicum* sont des plantes à feuilles alternes voisines des *Arnica* qui ont les feuilles opposées, et des *Senecio* dont elles se distinguent surtout par les feuilles florales (bractées de l'involucre) planes, membraneuses au lieu d'être étroites et en forme de carène ou relevées de trois nervures; ces feuilles florales sont, dans les *Doronicum*, disposées sur deux ou trois rangs, se recouvrant comme les tuiles d'un toit, tandis que dans les *Senecio* elles sont sur deux rangs, celles du rang inférieur simulant généralement un petit calice (calicule).

Le *Doronic du Caucase* est une espèce vivace, glabre, de 35 à 40 centimètres de hauteur, à feuilles de la base pétiolées, arrondies et en forme de cœur, dentées sur les bords. Les capitules, de 4 à 5 centimètres de diamètre, sont de couleur jaune avec le disque (partie centrale) jaune orangé. Fleurit en avril-mai.

Emplois. — Culture. — Multiplication.

Cette plante est précieuse pour l'ornementation des parterres au printemps, à une époque à laquelle les fleurs sont encore rares. Les capitules d'un beau jaune, tranchent agréablement sur les fleurs blanches de la *Corbeille d'argent* (Arabis alpina) et les fleurs rose purpurin des *Saxifrages de Sibérie*. On l'emploie à la formation des corbeilles ou à la garniture des plates-bandes. On peut la planter en corbeilles au mois d'octobre, puis l'arracher après la floraison pour laisser la place à d'autres plantes. Les vieilles souches sont alors mises dans une partie réservée du jardin où on les conserve jusqu'à l'automne suivant. Le Doronic du Caucase prospère dans tous les terrains et à toutes les expositions; il est d'une rusticité absolue. On le multiplie par division des touffes.

EXPLICATION DE LA PLANCHE 157.

1. Fleur de la circonférence du capitule (ligulée).
2. Fleur du disque (tubuleuse).

On cultive parfois une autre espèce du même genre : l'*Herbe aux Panthères* (Doronicum Pardalianches Willd.), plante vivace, velue, à tiges plus élevées, à floraison plus tardive (mai-juillet) et à capitules jaune pâle.

⌂ Pl. 158. — CINÉRAIRE

SENECIO CRUENTUS DC.

SYNONYME FRANÇAIS : **Cinéraire des Canaries.**
SYNONYME LATIN : **Cineraria cruenta L'Hérit.**

Patrie : Canaries.

Description.

Le genre Seneçon (Senecio) comprend environ 900 espèces. Ce sont des plantes annuelles, bisannuelles, vivaces ou ligneuses, à feuilles alternes, à capitules (vulgairement fleurs) entourés par des feuilles florales (bractées de l'involucre) disposées sur un seul rang et soudées entre elles par la base; plus généralement sur deux rangs: celui de la base formé de bractées réduites à l'état d'écailles et constituant comme une sorte de petit calice (calicule). Le capitule renferme des fleurs le plus souvent de deux sortes : celles de la périphérie munies d'une ligule (vulgairement pétale) et alors femelles, ou toutes tubuleuses et hermaphrodites. Les fleurs tubuleuses ont les stigmates tronqués, velus seulement au sommet. Les fruits sont munis de côtes; tous sont couronnés d'une aigrette formée de poils disposés sur plusieurs rangs.

La *Cinéraire* appartient à une section du genre, les *Cineraria*, caractérisés par le capitule dépourvu de calicule. C'est une plante vivace d'environ 50 centimètres de hauteur, rameuse, à grandes feuilles en forme de cœur souvent teintées de pourpre en dessous; à capitules d'environ 5 centimètres de diamètre, très nombreux, formant une large inflorescence. Ces capitules ont de 10 à 15 ligules (vulgairement pétales) de couleur pourpre velouté dans le type de l'espèce, mais il existe de nombreuses variétés qui présentent tous les tons du rose, du carmin, du pourpre, du violet et du bleu, ainsi que la couleur blanche. Dans certains cas, les ligules sont incolores, mais ils peuvent être bicolores ou même tricolores par l'association du blanc à une ou deux des nuances ci-dessus. Le disque est jaune, bleuâtre ou pourpre sombre. Il existe aussi des variétés à fleurs pleines, des variétés naines, d'autres à grandes feuilles atteignant jusqu'à 6 centimètres de diamètre. Fleurit en hiver et au printemps.

Emplois. — Culture. — Multiplication.

La *Cinéraire* est une plante très répandue, précieuse pour la décoration des appartements pendant l'hiver et au printemps, et aussi très recherchée pour garnir les serres froides, former des corbeilles dans les jardins d'hiver, etc. Ses fleurs s'épanouissent normalement de février à mai, mais, à l'aide de semis précoces, on obtient des plantes qui fleurissent dès le mois de décembre. La multiplication se fait par graines, par boutures ou par séparation des pousses qui se développent à la base des tiges et que l'on met en pots pour les hiverner en serre ou sous châssis. Ce dernier procédé est surtout employé pour reproduire les variétés à fleurs doubles qui ne donnent pas de graines ou celles que l'on craindrait de ne pas voir se reproduire exactement par le semis.

On sème les graines de mai jusqu'à la fin d'août en serre froide ou sous châssis, en terre légère humeuse; on recouvre à peine les graines et on tient le sol légèrement humide. Lorsque les jeunes plantes ont deux feuilles on les repique en terrines en les espaçant de 3 centimètres; on les place ensuite à mi-ombre en serre froide bien aérée et sous châssis. Lorsqu'elles ont six feuilles on les repique séparément dans de petits pots de 4 centimètres de diamètre puis on les rempote successivement ensuite, selon le développement, dans des pots de plus en plus grands (15 à 25 centimètres), bien drainés, en terre composée de terreau bien décomposé, additionné de terre franche et de terre de bruyère. En été les pots sont placés à mi-ombre; à l'entrée de l'hiver on les rentre sous châssis ou mieux en serre froide bien éclairée. Après la floraison, les Cinéraires peuvent être rempotées et mises en plein air pendant l'été, pour les rentrer sous abri vitré l'hiver. On doit les arroser avec ménagement car elles redoutent l'excès d'humidité.

Le genre Seneçon renferme encore deux plantes d'ornement très méritantes.

La *Cinéraire maritime* (Senecio Cineraria DC.; Cineraria maritima L.), originaire du midi de la France, plante de 30 à 60 centimètres de hauteur, rameuse, à tiges ligneuses à la base, à feuilles très découpées, blanches, cotonneuses, à capitules jaunes sans valeur ornementale, munis d'un calicule à 3-5 écailles tellement réduites qu'elles se perdent dans le duvet laineux. Cette espèce est employée dans les jardins à constituer des associations de plantes ou des bordures, sa couleur d'un blanc pur faisant contraste avec les teintes des autres plantes. Sous le climat de Paris il est nécessaire de couvrir les touffes de feuilles sèches ou de paille, ou pour plus de sûreté, de rentrer sous châssis en serre froide ou en orangerie des plantes relevées de pleine terre et mises en pots, sur lesquelles on coupe des boutures au printemps. On peut aussi multiplier la *Cinéraire maritime* par graines qu'on sème en mai-juin, en plein air et en pépinière, pour repiquer en pots, hiverner sous châssis et mettre en place en mai.

Le *Seneçon d'Afrique*, *Seneçon de l'Inde*, *S. élégant* (Senecio elegans L.), plante vivace originaire de l'Afrique australe, à tiges rameuses, atteignant environ 50 centimètres de hauteur, portant des feuilles charnues, irrégulièrement découpées, comme rongées. Les capitules sont petits mais forment, à l'extrémité des rameaux, des bouquets d'un bel effet; dans le type de l'espèce ils ont le disque jaune et les ligules pourpres. Il existe des variétés à fleurs doubles, blanches, carnées, roses, rouges ou violettes, beaucoup plus belles, que l'on peut faire figurer dans les corbeilles et dans les plates-bandes. Dans le midi de la France, cette plante est rustique, mais sous le climat de Paris il est nécessaire de l'hiverner sous châssis ou en serre. On préfère la traiter comme plante annuelle et on sème les graines en mars-avril, sur couche, et en avril-mai en plein air, à bonne exposition, pour repiquer en place en mai-juin.

EXPLICATION DE LA PLANCHE 158.

1. Capitule coupé longitudinalement.
2. Fleur du disque non épanouie.
3. Fleur du disque épanouie.
4. Fleur du disque coupée longitudinalement.

Pl. 159. — CACALIE ÉCARLATE

EMILIA SAGITTATA DC.

Synonymes latins : **Cacalia coccinea Sims; C. sagittata Vahl.;
C. sonchifolia Hort. (non L.); Emilia flammea Cass.; E. coccinea Sweet.**

Patrie : Inde, Philippines.

Description.

Le genre *Emilia* est rattaché par certains auteurs aux Seneçons
(Senecio) dont il se distingue par ses capitules formés d'une seule sorte
de fleurs, toutes tubuleuses, sans ligules (vulgairement pétales) et par les
feuilles florales (bractées de l'involucre) disposées sur un seul rang.

Le *Cacalie écarlate* est une plante annuelle d'environ 50 centimètres
de hauteur, à feuilles alternes, celles de la tige embrassantes à la base.
Ses capitules, par bouquets de 3-7 aux extrémités des rameaux, ont les
fleurs plus longues que les bractées de l'involucre; celles de la périphérie
courbées en dehors. Ces fleurs sont d'un rouge cocciné dans le type de
l'espèce; elles sont jaunes dans une variété. Fleurit tout l'été.

Emplois. — Culture. — Multiplication.

Cette plante est surtout remarquable par le brillant coloris de ses
fleurs qui se succèdent en grande abondance depuis juillet jusqu'en
septembre; on l'emploie à la décoration des plates-bandes. On doit en
semer les graines du 15 avril à la fin de mai, en pépinière ou en place.

EXPLICATION DE LA PLANCHE 159.

A. variété à fleurs coccinées; B. variété à fleurs jaunes.

1 A et 2 B. Capitules coupés longitudinalement.
3 A. Fleur de la périphérie.
4 B. Fleur du centre du capitule.
5. Fruit (vulgairement graine).
6. Germination.

Pl. 160. — SOUCI

CALENDULA OFFICINALIS L.

Patrie : Europe méridionale.

Description.

Le genre *Calendula* est caractérisé par des capitules (vulgairement
fleurs) entourés de feuilles florales (bractées de l'involucre) distinctes,
égales, disposées sur deux rangs; à fleurs de la périphérie femelles,
pourvues de ligules (vulgairement pétales) fertiles, disposées sur deux
ou trois rangs, à fleurs du disque (centre du capitule) tubuleuses, mâles

ou hermaphrodites, stériles. Les fruits sont dissemblables, plus ou moins arqués, armés de pointes sur le dos, et dépourvus d'aigrette.

Le *Souci des jardins* est une plante annuelle de 30 à 40 centimètres de hauteur, exhalant une odeur aromatique. Les feuilles en sont ovales-allongées. Les capitules, très grands, pouvant atteindre jusqu'à 10 centimètres de diamètre, sont d'un jaune orangé vif avec le disque noir dans le type de l'espèce, mais il existe des variétés jaune pâle et de coloris plus foncé. Le *Souci* a aussi doublé par le développement des fleurs du disque ou ligules. Dans la variété *Météore*, les capitules sont grands, doubles, et les ligules sont parcourues longitudinalement par des bandes oranges et saumonées. Dans la variété *Le Proust*, les ligules ont l'extrémité un peu frangée et bordée de pourpre brun, et leur coloris varie du jaune serin rosé au chamois abricoté. Dans une autre variété nommée *Souci mère de famille, Souci prolifère*, il naît à la base des capitules plus petits qui les entourent comme des satellites. Fleurit pendant tout l'été.

Emplois. — Culture. — Multiplication.

Le *Souci* est l'une des plantes les plus vulgaires de nos jardins. Aussi en apprécie-t-on généralement peu les mérites. Il en existe cependant de fort belles variétés remarquables autant par les dimensions des capitules que par l'intensité de leur coloris. Si l'on ajoute que le Souci vient sans soins dans tous les terrains et à toutes les expositions, qu'il fleurit abondamment pendant tout l'été, on reconnaîtra qu'il peut rendre de grands services dans l'ornementation des parterres : garniture des plates-bandes et des corbeilles. On en sème les graines de mars en mai en pépinière pour repiquer en place successivement, de manière à prolonger la floraison.

EXPLICATION DE LA PLANCHE 160.

1. Capitule coupé longitudinalement.
2. Fleur de la périphérie du capitule (ligulée).
3. Fruit (vulgairement graine).

⌂ Pl. 161. — GAZANIE REMARQUABLE

GAZANIA SPLENDENS Hort.

Patrie : Cap de Bonne-Espérance.

Description.

Les *Gazania* sont caractérisés par des capitules (vulgairement fleurs) à feuilles florales (bractées de l'involucre) disposées en plusieurs séries, très appliquées l'une contre l'autre dans leur partie inférieure mais dont l'extrémité est libre et étalée, un peu épineuse. Les fleurs sont de deux sortes : celles de la périphérie, sur un seul rang, neutres, munies d'une ligule (vulgairement pétale); celles du disque (centre du capitule) tubuleuses, hermaphrodites, fertiles. Le fruit est velu et couronné d'une aigrette à soies disposées sur un rang.

La *Gazanie remarquable* est une plante vivace de 20 centimètres de hauteur, à tiges couchées sur le sol, portant des feuilles allongées, en forme de spatule, glabres et vertes en dessus, blanches cotonneuses en dessous, sauf sur la nervure médiane. Les capitules, de la grandeur de ceux du *Souci des jardins* ont le disque jaune et les ligules (pétales) d'un beau jaune orangé, portant à la base une large macule brune au centre de laquelle en est une autre d'un blanc nacré. Fleurit tout l'été.

Emplois. — Culture. — Multiplication.

Cette belle plante supporte le plein air dans le midi de la France, à la condition d'être un peu abritée l'hiver. Sous le climat de Paris, elle exige d'être rentrée en serre froide ou sous châssis pendant la mauvaise saison. Elle convient surtout à former des bordures en plein soleil; et, dans ces conditions, ses fleurs sont absolument éblouissantes; on en fait aussi de jolies corbeilles mais toujours en plein soleil, seule exposition où les fleurs s'épanouissent bien et brillent de tout leur éclat. On la multiplie par bouturage des rameaux pendant l'été, ou par division des vieux pieds. La plantation en plein air sous le climat de Paris a lieu fin mai ou dans les premiers jours de juin et la rentrée sous abris vitrés dans la première quinzaine d'octobre.

EXPLICATION DE LA PLANCHE 161.

1. Capitule coupé longitudinalement.
2. Fleur de la périphérie (ligulée).
3. Fleur du disque (tubuleuse).

Le genre *Gazania* renferme plusieurs autres espèces ornementales utilisables comme la précédente, tels sont les *G. Pavonia* Ait.; *pinnata* Less. (Syn. : G. speciosa Less.); *rigens* Mœnch et *uniflora* Sims, tous originaires du Cap de Bonne-Espérance.

Pl. 162. — BLEUET VIVACE

CENTAUREA MONTANA L.

SYNONYMES FRANÇAIS : **Centaurée des montagnes; Barbeau vivace.**

Indigène.

Description.

Les Centaurées sont des plantes annuelles ou vivaces, à feuilles alternes. Les capitules (vulgairement fleurs), de dimensions variables, sont entourés de feuilles florales (bractées de l'involucre) disposées sur plusieurs rangs, appliquées les unes contre les autres et ordinairement ter-

minées par un appendice membraneux et sec ou épineux. Les fleurs sont
de deux sortes : celles de la périphérie, sur un seul rang, très développées, neutres, rayonnantes; celles du disque (partie centrale du capitule)
hermaphrodites, fertiles. Les fruits, ovales-allongés, sont comprimés latéralement : ils sont généralement lisses et munis de côtes très peu saillantes, munis d'une aigrette formée de soies et de paillettes variables
pour la forme et pour la situation.

La *Centaurée de montagne* est une plante vivace de 20 à 40 centimètres
de hauteur, à tige peu rameuse, ailée, portant des feuilles molles un peu
blanchâtres sur les deux faces. Les capitules, assez grands, ont les fleurs
de la circonférence très développées, rayonnantes, bleues; celles du
disque purpurines. Variétés à fleurs lilas, roses et blanches. Fleurit de
mai en juillet.

Emplois. — Culture. — Multiplication.

Plante très répandue dans les jardins où on l'emploie à la décoration
des plates-bandes et des rocailles. Elle est d'une rusticité à toute épreuve
et prospère dans tous les terrains et à toutes les expositions. Elle affectionne les sols frais mais s'égouttant bien. Multiplication par division des
touffes à l'automne ou en février-mars.

EXPLICATION DE LA PLANCHE 162.

1. Capitule coupé longitudinalement.
2. Fleur de la périphérie.
3. Fleur du disque.

———

Le genre Centaurée comprend plus de quatre cents espèces parmi
lesquelles il s'en trouve un bon nombre qui pourraient servir à l'ornementation des jardins. Quelques-unes sont très répandues et d'un mérite tel
que nous ne pouvons les passer sous silence. Nous citerons entre autres :

Le *Centaurea americana* Nutt., du midi des États-Unis, belle plante
annuelle de 1 mètre de hauteur à très gros capitules rose lilacé. Convient
à orner les plates-bandes.

Le *C. babylonica* L., de l'Asie Mineure, grande plante vivace, blanche
cotonneuse, de 2 mètres de hauteur, à feuilles amples; à tiges ailées portant de nombreux capitules jaunes et formant un gigantesque épi. Cette
espèce, par son grand développement, convient à former des touffes
isolées sur les pelouses.

Le *C. Cineraria* L. (Syn. : C. candidissima Lamk.), de l'Europe et de
l'Afrique septentrionale, plante vivace d'environ 25 centimètres de hauteur, à tiges ligneuses à la base, entièrement couvertes d'un duvet cotonneux, d'une blancheur remarquable. Les feuilles sont découpées de chaque
côté en segments obtus. Les capitules, sans valeur ornementale, sont
jaunes ou purpurins. Cette espèce a les mêmes emplois que le *Cinéraire
maritime* (Senecio Cineraria), voir p. 187. Comme cette plante, elle est

rustique dans le midi de la France, mais exige l'abri de châssis ou de serre froide pendant l'hiver. Les procédés de multiplication sont ceux indiqués à l'article qui vient d'être cité.

Le *C. Clementei* Boiss., du Maroc, plante vivace ayant le même port et les mêmes dimensions que la précédente, ses capitules sont jaunes. Les emplois que l'on en peut faire et les procédés de multiplication sont ceux indiqués pour le *Cinéraire maritime*, voir p. 187.

Le *C. Cyanus* L., Centaurée Barbeau, Bleuet, Bluet, Casse-lunettes. Le Bleuet est trop connu pour qu'il soit nécessaire de le décrire. Il en existe de nombreuses variétés à fleurs (capitules) bleues, violettes, roses ou blanches, simples ou doubles, incolores ou panachées. Ce sont d'assez jolies plantes, bien qu'un peu grêles, propres à orner les plates-bandes aux expositions aérées. On en sème les graines de mars en mai en place ou en pépinière.

Le *C. gymnocarpa* Moris, de l'Italie méridionale, plante vivace de 60 centimètres de hauteur, couverte d'un duvet cotonneux argenté comme les *C. Cineraria, Clementei* et *ragusina;* les feuilles sont beaucoup plus divisées que celles de ces espèces et les divisions en sont très étroites. Les capitules purpurins, sont sans valeur ornementale. Cette plante, bien qu'un peu plus rustique que la *Cinéraire maritime*, est trop délicate pour supporter sans abri les hivers de la région parisienne ; aussi est-il nécessaire de la traiter comme cette dernière espèce dont elle a les emplois. (Voir p. 187.)

Le *C. macrocephala* Willd., du Caucase, plante vivace de 80 centimètres de hauteur, à tiges non ramifiées portant à leur extrémité un très gros capitule, d'environ 9 centimètres de diamètre, de couleur jaune. Espèce rustique, propre à orner les grandes plates-bandes et que l'on multiplie par division des touffes.

Le *C. moschata* L. (Syn. : Amberboa moschata DC.) Ambrette musquée, d'Orient, plante annuelle de 50 à 60 centimètres de hauteur, à capitules d'un violet purpurin et à odeur formique. Variété à capitules blancs.

Dans la variété *Amberboi* (C. Amberboi Mill.; Amberboa odorata DC.), Ambrette jaune, Barbeau jaune, les capitules sont d'un jaune citron. Ces deux plantes fleurissent en juillet-août. On en sème les graines d'avril en mai en place ou en pépinière.

Le *C. ragusina* L., de la Dalmatie et de la Crète, plante vivace de 50 à 60 centimètres de hauteur, à capitules jaune purpurin, sans valeur ornementale, mais à feuillage cotonneux argenté comme celui de la *Cinéraire maritime*. Les emplois et la culture sont ceux de cette plante, voir p. 187.

Pl. 163. — IMMORTELLE ANNUELLE
XERANTHEMUM ANNUUM L.

SYNONYME FRANÇAIS : **Immortelle de Belleville.**
SYNONYME LATIN : **Xeranthemum radiatum Lamk.**

Patrie : Europe méridionale.

Description.

Le genre *Xeranthemum* est caractérisé par des capitules entourés de feuilles florales (bractées de l'involucre), à l'état d'écailles membraneuses et sèches, disposées sur plusieurs rangs, se recouvrant comme les tuiles d'un toit, et dont les intérieures sont parfois colorées et rayonnantes ; à fleurs de la périphérie neutres, à deux lèvres ; à fleurs du centre hermaphrodites et à 5 dents, régulières. Les filets des étamines sont complètement libres, non soudés à la corolle. Les fruits (vulgairement graines) sont allongés, comprimés d'avant en arrière, poilus, soyeux et couronnés d'une aigrette formée d'un rang de paillettes, terminées en une soie raide.

L'*Immortelle annuelle* est une plante annuelle de 50 à 75 centimètres de hauteur, à feuilles entières, velues, blanchâtres, longues et étroites. Les capitules, portés sur de longs pédoncules, ont les écailles de l'involucre glabres, les extérieures pâles, les intérieures beaucoup plus grandes, purpurines, rayonnantes. Les fleurs, très nombreuses, sont purpurines. Variétés à fleurs simples ou doubles, violettes, roses ou blanches. Fleurit de juin en octobre, selon l'époque du semis.

Emplois. — Culture. — Multiplication.

L'*Immortelle annuelle* et ses variétés est une très jolie plante, propre à la décoration des plates-bandes ; elle prospère surtout dans les sols légers à bonne exposition. Les capitules, coupés et séchés avec soin comme ceux des autres *Immortelles* (voir Helichrysum orientale, p. 165), conservent très longtemps leur couleur et conviennent à former des bouquets perpétuels. On sème les graines de cette plante d'avril en juin, en place ou en pépinière.

EXPLICATION DE LA PLANCHE 163.

1. Capitule coupé longitudinalement.
2. Bractée de l'involucre (écaille intérieure).
3. Fleur du centre du capitule.

La famille des Composées, l'une des plus importantes du règne végétal, puisqu'elle comprend près de 800 genres et environ 12.000 espèces répandues dans toutes les parties du globe, comprend, en dehors des types qui sont figurés dans cet Atlas, un grand nombre d'autres plantes ornementales que l'on rencontre dans les serres et dans les jardins. Parmi ces dernières, les unes sont, soit des plantes de rocailles, et il ne peut être ici question que des espèces les plus importantes, soit des plantes pouvant contribuer à la décoration des parterres et des appartements : celles-ci nous arrêteront un peu plus. En prenant l'ordre des genres tel qu'il a été suivi dans ce livre, nous trouvons :

Le genre VERNONIA, caractérisé par des capitules à fleurs d'une seule sorte, toutes régulières, tubuleuses, à anthères en forme de fer de flèche ou munies d'un appendice à la base ; à fruits relevés de côtes et couronnés d'une aigrette.

Les *V. eminens* Bisch., *novæboracensis* Willd. et *præalta* Willd., sont de grandes plantes vivaces originaires de l'Amérique septentrionale, atteignant 2 mètres de hauteur, à capitules pourpre violacé, en bouquets terminant les tiges. Ces plantes sont rustiques, propres à la décoration des grandes plates-bandes. Elles fleurissent en septembre-octobre. On les multiplie par division des touffes.

Le genre STEVIA, qui diffère des *Ageratum*, voir p. 151, par les capitules ayant seulement 5-6 bractées à l'involucre au lieu d'en avoir 2 ou 3 rangs. Les capitules ne renferment que 5 fleurs. Les espèces les plus cultivées sont : le *S. purpurea* Pers. et le *S. serrata* Cav. ; plantes vivaces originaires du Mexique, ayant de 50 à 75 centimètres de hauteur ; la première à fleurs purpurines, la seconde à fleurs blanches réunies en élégants bouquets et s'épanouissant de juillet à octobre. Ces deux plantes sont propres à orner les plates-bandes. Leurs fleurs coupées sont recherchées pour la confection des bouquets. Dans le midi de la France, elles sont d'une rusticité absolue : mais sous le climat de Paris il est nécessaire de rentrer les plantes sous châssis ou en serre froide pendant l'hiver, à moins que l'on traite ces espèces comme des plantes annuelles en les ressemant tous les ans en mars-avril sur couche, pour les mettre en place en mai-juin.

Le genre LIATRIS, qui comprend des plantes à capitules ayant un involucre formé de plusieurs rangs de bractées et à fleurs d'une seule forme, toutes tubuleuses. Les fruits sont relevés de 10 côtes et couronnés par une aigrette à poils barbelés ou plumeux, disposés en 1 ou 2 séries. Plusieurs espèces mériteraient d'être plus répandues qu'elles ne l'ont été jusqu'à ce jour ; parmi les plus ornementales et les plus connues on peut citer les *L. pycnostachya* Michx. et *spicata* Willd. Ce sont deux plantes vivaces de l'Amérique du Nord, à tiges pouvant atteindre 1 mètre dans le premier cas, 50 centimètres dans le second. Les feuilles sont nombreuses, étroites, et garnissent la partie inférieure des tiges qui ne sont pas ramifiées et dont le sommet porte, sur une grande longueur, des fleurs rouge pourpré formant de superbes épis. Ces deux plantes sont propres à orner les plates-bandes en terrains frais et fertiles. Il est prudent, sous le climat de Paris, de couvrir les touffes de paille ou de feuilles sèches pendant l'hiver.

Le genre CHARIÆIS, du groupe des Aster, à capitules formés de fleurs de deux sortes : celles de la périphérie femelles, celles du disque hermaphrodites, à fruits couronnés d'une aigrette dont les soies sont plumeuses. La seule espèce connue est le *C. heterophylla* Cass. (Syn. : Kaulfussia amelloides Nees), plante annuelle, originaire du Cap de Bonne-Espérance, d'environ 25 centimètres de hauteur, à capitules rappelant ceux de la petite Marguerite, mais bleus. Il en existe des variétés bleu noirâtre et rose violacé. Fleurit l'été. Cette petite plante sert à orner les plates-bandes. On en fait de jolies bordures ; elle est propre surtour à la culture en pots. On en sème les graines sur couche de mars au 15 avril, en plein air et en place en avril-mai.

Le genre ANTENNARIA, caractérisé par des capitules dioïques, c'est-à-dire les uns mâles, les autres femelles, à fleurs toutes tubuleuses ; les femelles filiformes, les mâles tubuleuses ; à bractées de l'involucre disposées sur plusieurs rangs, membraneuses et sèches, souvent rayonnantes. Une espèce, l'*A. margaritacea* L., originaire de l'Amérique du Nord, est bien connue sous les noms d'*Immortelle blanche, Immortelle de Virginie, Bouton d'argent*. C'est une plante vivace d'environ 50 centimètres de hauteur, à souche très traçante ; à tiges et à feuilles blanches-laineuses, et à capitules un peu plus petits que ceux de l'*Immortelle d'Orient*, en bouquets, avec les écailles de l'involucre d'un blanc nacré, et les fleurs jaunes puis brunâtres. Cette espèce est surtout cultivée sur les tombes. Elle prospère dans les terrains les plus arides et aux expositions les plus ensoleillées. On la multiplie par division des touffes.

Le genre PODOLEPIS, caractérisé par des capitules à bractées de l'involucre disposées en plusieurs séries, membraneuses et sèches, surtout les intérieures ; à fleurs de deux sortes : celles de la périphérie femelles, ligulées ; celles du disque hermaphrodites, tubuleuses. Les fruits sont couronnés d'une aigrette à soies simples ou barbelées, un peu soudées entre elles à la base. Ce genre renferme plusieurs espèces, notamment les *P. aristata* Benth. (Syn. : P. chrysanta Endl.) et *gracilis* Grah., plantes de l'Australie, de 40 à 50 centimètres de hauteur, la première à capitules jaune d'or, la seconde à capitules roses. Ces plantes rappellent l'*Immortelle rose* (Acroclinium roseum), on peut les employer comme elle et leur appliquer la même culture, voir p. 163.

Le genre INULA, caractérisé par des capitules à involucre garni de plusieurs rangs de bractées ; à fleurs de deux sortes : celles de la périphérie femelles, stériles, sur un seul rang, ligulées ; celles du disque régulières, tubuleuses, hermaphrodites. Les anthères sont pourvues à la base de deux appendices filiformes. Les fruits sont cylindriques, relevés de côtes et couronnés par une aigrette formée d'un seul rang de poils faiblement plumeux. Une espèce, l'*I. glandulosa* Willd., Aunée glanduleuse, originaire du Caucase, est une belle plante vivace de 60 centimètres de hauteur, à tiges feuillues portant des capitules de très grandes dimensions, atteignant plus de 12 centimètres de diamètre, et d'un jaune d'or. Elle est rustique et convient à la décoration des plates-bandes. Multiplication par division des touffes.

Le genre Buphthalmum, caractérisé par des capitules à bractées de l'involucre disposées sur un petit nombre de rangs ; à fleurs de deux sortes : celles de la circonférence femelles, sur 1 ou 2 rangs ; celles du disque hermaphrodites. Le réceptacle (partie dilatée du pédoncule sur laquelle sont portées les fleurs dans le capitule) est convexe et muni d'écailles qui enveloppent les fleurs. Une espèce, le *B. cordifolium* Waldst. et Kit. (Syn. : Telekia cordifolia DC. ; T. speciosa Baumg. ; Buphthalmum speciosum Schreb.), de la Hongrie, est une grande plante vivace, rustique, de 1 m. 20 de hauteur, à feuilles amples, en forme de cœur, et à gros capitules atteignant jusqu'à 8 centimètres de diamètre, jaunes. Ornement des grands jardins. Multiplication par division des touffes.

Le genre Sanvitalia, voisin des *Zinnia*, dont il se distingue par le réceptacle (partie dilatée du pédoncule sur laquelle sont portées les fleurs dans le capitule) presque plat, au lieu d'être conique ; les fleurs du disque fertiles. Les feuilles sont opposées et les capitules solitaires sur les pédoncules. Une espèce, le *S. procumbens* Lamk., est une plante annuelle, originaire du Mexique, à tiges couchées, de 10 à 20 centimètres de hauteur, à capitules d'environ 2 centimètres de diamètre, mais très nombreux et se succédant pendant une longue période de temps. Ces capitules ont le disque brun et les ligules jaunes, il en existe une variété à fleurs (capitules) doubles, jaunes, plus ornementale que le type de l'espèce. On en fait de charmantes bordures qui fleurissent de juin jusqu'en septembre-octobre. Le semis des graines doit se pratiquer en avril, sur couche ou en plein air, à bonne exposition, pour repiquer et mettre en place fin mai.

Le genre Rudbeckia, caractérisé par des capitules à involucre formé de bractées disposées sur 2-4 rangs ; à fleurs de 2 sortes : celles de la périphérie neutres, ligulées, stériles ; celles du disque tubuleuses, hermaphrodites et fertiles. Le réceptacle (partie dilatée du pédoncule sur laquelle sont fixées les fleurs dans le capitule) est conique ou en forme de colonne : il est muni d'écailles concaves qui enveloppent la fleur du disque. Les anthères n'ont pas d'appendice à la base. Les fruits sont dépourvus d'aigrettes ou simplement munis d'une courte couronne dentée. Ce genre comprend plusieurs belles espèces, notamment : *R. amplexicaulis* Vahl. (Syn. : Dracopis amplexicaulis Cass.), plante annuelle du Mexique, de 50 centimètres à 1 mètre de hauteur, à capitules d'environ 5 centimètres de diamètre, à ligules jaune orangé et à disque pourpre brun, s'allongeant en cône pendant la floraison. Fleurit en été. Ornement des plates-bandes. Semer les graines en mars-avril sur couche, en avril-mai en plein air. Le *R. Drummondii* Hook. (Syn. : Obeliscaria pulcherrima DC. ; Lepachys columnaris Torr. et Gray), plante vivace du Mexique, d'environ 50 centimètres de hauteur, à feuilles très profondément et très finement divisées ; à capitules portés sur de longs pédoncules, ayant un petit nombre de ligules pendantes, jaune pâle à la base et au sommet, avec une macule pourpre brun dans la partie moyenne. Le disque très allongé, en forme de cylindre, de 3 centimètres et plus de longueur. Cette espèce ne résiste pas à nos hivers ; on doit en semer les graines en mars, sur couche, pour repiquer sur couche et planter en sol léger et fertile à bonne exposition, fin mai. Le *R. purpurea* L. (Syn. : Echinacea purpurea Mœnch.), plante vivace de l'Amérique septentrionale, d'environ 75 centimètres de hauteur, à feuilles ovales-allongées, atténuées en pointe au sommet. Les capitules en sont grands, dépassant 10 centimètres de diamètre, avec le disque très gros, ovoïde, purpurin, et les ligules pendantes, d'un rose plus ou moins foncé. Cette belle plante fleurit en août-septembre. Elle convient à la garniture des plates-bandes. On la multiplie par division des touffes. Le *R. speciosa* Wender, de l'Amérique septentrionale, plante vivace ayant le port de la précédente, mais ne dépassant pas 40 centimètres de hauteur, et à grands capitules constitués par un disque conique, pourpre noir, et des ligules d'un superbe jaune orangé. Cette superbe espèce fleurit de juillet en octobre. Elle convient à la décoration des plates-bandes. On la multiplie par division des touffes.

Le genre PODACHŒNIUM, qui renferme une espèce répandue dans les jardins sous le nom de *Ferdinanda eminens* Lag., et de *Cosmophyllum cacaliæfolium* C. Koch, mais qui est en réalité le *Podachœnium paniculatum* Benth. C'est une grande plante ligneuse, presque arborescente, originaire du Guatémala, qui est surtout cultivée pour la facilité qu'elle a de prendre rapidement de grandes dimensions, ce qui permet de l'utiliser dans la confection de grands massifs. La tige, dès la première année, atteint 3 ou 4 mètres de hauteur et même plus. Les feuilles, très amples, mesurent de 30 à 40 centimètres en tous sens. Le *Podachœnium paniculatum* fleurit et fructifie dans le midi de la France. Sous le climat de Paris, on le conserve en serre tempérée pendant l'hiver, pour le planter en plein air fin mai et le rentrer dans la première quinzaine d'octobre. On le multiplie par boutures de pousses prises sur les vieux pieds hivernés en serre.

Le genre PALAFOXIA, qui comprend deux espèces, les *P. Hookeriana* Torr. et Gray, et *texana* DC., plantes annuelles du Texas et du Mexique, d'environ 50 centimètres de hauteur, à capitules nombreux, mais de couleur un peu terne, rose pourpré dans la première espèce, rose grisâtre dans la seconde. Ornement des plates-bandes. Semer en avril, sur couche pour mettre en place fin mai.

Le genre HELENIUM, de la même tribu que les Helicanthus, caractérisé par des capitules à involucre muni de 1 ou 2 rangs de bractées : à fleurs de deux sortes : celles de la périphérie ligulées, fertiles, stériles ou neutres ; celles du disque tubuleuses, hermaphrodites, fertiles. Les anthères sont en forme de fer de flèche. Le fruit est muni de côtes et couronné d'une aigrette à 4-8 écailles membraneuses, dentées ou bordées de cils. Le réceptacle est convexe, sans écailles. On cultive parfois : l'*H. autumnale* L., l'*H. tenuifolium* Nutt., plantes vivaces rustiques, originaires de l'Amérique du Nord; à fleurs jaunes assez ornementales, abondantes. La première de 1 mètre à 1 m. 50 de hauteur, à feuilles peu larges, allongées, atténuées aux deux extrémités; la seconde d'environ 50 centimètres, à feuilles longues et très étroites.

Le genre ACHILLEA qui renferme une espèce bien connue comme bulbe de nos champs : la *Millefeuille* (Achillea Millefolium L.), plante vivace dont il existe une variété à fleurs rouges et une à fleurs roses, très ornementales, propres à orner les plates-bandes. Ce même genre renferme encore : l'*A. Filipendulina* Lamk., d'Orient, plante de 1 mètre à 1 m. 50 de hauteur, à feuilles plus grandes que celles de la Millefeuille, un peu velues, à fleurs d'un jaune d'or brillant, formant de vastes bouquets aplatis qui se montrent de juillet en octobre. Cette plante superbe convient à orner les plates-bandes. Elle est très rustique. L'*A. ægyptiaca* L., qui rappelle la précédente avec des dimensions moindres et des fleurs d'un jaune plus pâle. L'*A. Ptarmica* L. (Ptarmica vulgaris DC.), Herbe à éternuer, Bouton d'argent, plante vivace indigène, dont une variété à fleurs doubles, d'un blanc satiné, est très ornementale et fréquemment cultivée pour la décoration des plates-bandes.

Le genre ANTHEMIS, caractérisé par des capitules à involucre muni de bractées disposées sur plusieurs rangs, à bords membraneux et secs ; à fleurs de deux sortes : celles de la périphérie ligulées, femelles, sur un seul rang ; celles du disque hermaphrodites, fertiles. Le réceptacle est convexe et muni d'écailles membraneuses transparentes ou raides, souvent terminées par des arêtes et entremêlées aux fleurs. C'est à ce genre qu'appartient la *Camomille Romaine* (Anthemis nobilis L.), plante vivace indigène, de 15 à 20 centimètres de hauteur, dont une variété à fleurs doubles est souvent cultivée pour les usages médicaux, tout en étant assez ornementale.

Le genre CLADANTHUS, qui ne diffère des Anthemis que par les capitules accompagnés à la base de feuilles florales formant une collerette à divisions nombreuses, longues et fines, et par les tiges qui se développent par bifurcations successives et régulières.

Une seule espèce constitue ce genre. C'est le *C. prolifer* DC. (Syn. Anthemis arabica L.), plante annuelle du sud de l'Espagne, atteignant 50 centimètres de hauteur, remarquable par ses tiges bifurquées portant des feuilles élégamment découpées et des capitules d'un jaune orangé vif. Ornement des plates-bandes. Semer en plein air, en place ou en pépinière en avril-mai.

Le genre MATRICARIA (Matricaire), qui diffère surtout du *Chrysanthemum* par ses fruits (vulgairement graines) munis de 3-5 côtes sur la face intérieure et sans côtes sur la face dorsale, au lieu d'être munis de 5-10 côtes sur toute la périphérie. Une espèce, le *Matricaria inodora* L., herbe bisannuelle indigène, a donné naissance à des variétés à fleurs doubles ou pleines d'un blanc pur, très ornementales. Ce sont des plantes à rameaux couchés, ne dépassant pas 20 à 30 centimètres de hauteur ; à feuilles nombreuses et finement découpées, d'un beau vert ; à fleurs très nombreuses et d'une longue durée, se succédant de juin en septembre. On multiplie les variétés doubles, les seules intéressantes, par graines et surtout par boutures des rameaux stériles, faites à l'automne sous cloche ou sous châssis. La mise en place a lieu en mars-avril.

Le genre TANACETUM, qui comprend une herbe vivace indigène, la *Tanaisie commune* (Tanacetum vulgare L.), plante de 50 à 75 centimètres de hauteur, dont une variété à feuilles crépues, est quelquefois cultivée dans les jardins. Son feuillage, très découpé, ondulé, crépu, est vraiment très ornemental et rappelle celui de certaines Fougères. Les capitules, en forme de petits disques jaunes, forment de vastes bouquets aux extrémités des tiges. La Tanaisie entière est amère comme l'absinthe. Cette plante est d'une rusticité à toute épreuve ; elle croît sans soins dans tous les terrains et à toutes les expositions. (Voir *Masclef, Atlas, pl. 179.*)

Le genre TUSSILAGO, dont une espèce, le *T. fragrans* Vill. (Syn. : Nardosmia fragrans Reich.), connue sous le nom d'Héliotrope d'hiver, est fréquemment cultivée en raison de l'époque de sa floraison. Les feuilles rappellent celles du *Pas d'âne* (Tussilago farfara) ; toutes naissent de la souche rampante : elles sont arrondies, en forme de cœur à la base, et naissent lorsque les fleurs sont passées, en mars-avril. Les capitules, d'un blanc lilacé ou purpurin, dégagent une délicieuse odeur d'héliotrope ; elles sont disposées en grappes formant des épis denses, allongés, d'environ 25 centimètres de hauteur et s'épanouissent en décembre-février. Cette plante prospère surtout dans les sols un peu frais et aux expositions ombragées.

Le genre DIMORPHOTECA, qui ne diffère du *Calendula* que par ses fruits droits au lieu d'être arqués. Une espèce, le *Souci des pluies, Souci hygrométrique, Souci pluvial* (D. pluvialis Mœnch.), est cultivée pour la particularité que présentent ses capitules, de s'épanouir lorsque le temps est beau et de se fermer dès que le soleil se trouve masqué par des nuages. C'est une plante annuelle originaire du Cap de Bonne-Espérance, d'environ 30 centimètres de hauteur, rameuse, à capitules larges de 5 à 6 centimètres, formés d'un disque jaune cerclé de pourpre violacé et entouré de ligules blanches à la face supérieure, purpurines en dessous. Il en existe une variété à fleurs doubles restant constamment ouvertes. Fleurit en juillet-août. On en sème les graines, en place, en avril-mai.

Le genre VENIDIUM, qui diffère du *Gazania* par l'involucre à écailles non soudées à la base, non épineuses au sommet ; les plus intérieures largement membraneuses et sèches au sommet. Les fruits sont glabres, munis de 2-3 côtes dorsales souvent développées en ailes ; ils sont dépourvus d'aigrette ou portent seulement une couronne formée de très petites écailles. Une espèce, le *Venidium calendulaceum* Less., est une plante annuelle du Cap de Bonne-Espérance, quelquefois cultivée dans les jardins. Elle forme une touffe d'environ 25 centimètres de hauteur. Les tiges, couchées sur le sol, portent des feuilles poilues, irrégulièrement découpées sur les bords. Les capitules rappellent ceux du *Souci* simple; ils ont le disque jaune et brun et les ligules d'un jaune orangé vif. Cette plante fleurit abondamment de juin en septembre. L'exposition en plein soleil lui est nécessaire. Semer sur couche en avril, ou en plein air, du 15 avril à la fin de mai, en place ou en pépinière.

Le genre ECHINOPS, qui comprend de grandes plantes vivaces très rustiques, semblables à des Chardons et dont les capitules sont en forme de boule, avec les fleurs saillantes comme les pointes d'un hérisson. L'espèce la plus répandue est l'*E. ruthenicus* Fisch., plante de 1 mètre de hauteur, à feuilles épineuses profondément découpées et à capitules d'un beau bleu. Fleurit en juillet-août. Cette plante convient à orner les parties accidentées des grands jardins et les larges plates-bandes. Elle croît sans soins. Les capitules desséchés avec quelques précautions conservent leur couleur bleue et peuvent servir à la confection des bouquets perpétuels. Multiplication par division des touffes.

Le genre ONOPORDON, grands Chardons à feuilles velues blanchâtres d'un beau port. L'*O. arabicum* L., plante bisannuelle de 2 mètres à 2 m. 50 de hauteur, est surtout recherchée pour orner les parties accidentées des grands jardins, isolée sur les pelouses. On en sème les graines de juillet en septembre, pour repiquer en place avant l'hiver.

Le genre SILYBUM, grands Chardons, dont deux espèces : le *S. Marianum* L., Chardon Marie, Chardon argenté, indigène, et le *S. eburneum* Coss. et Dur., d'Algérie, sont des plantes bisannuelles de 1 m. 50 de hauteur, à feuilles amples, épineuses sur les bords, d'un vert brillant avec des marbrures blanches, très ornementales. Ces deux plantes doivent être semées en juillet-août en place. La seconde espèce, plus délicate, doit être semée de préférence en avril, sur couche, pour être mise en place fin mai.

Le genre CARTHAMUS, caractérisé par des capitules à involucre formé de trois sortes de bractées, les extérieures foliacées, étalées; les moyennes dressées, terminées en pointe épineuse sur les bords, les intérieures entières, piquantes. Les fleurs sont d'une seule sorte, toutes longuement tubuleuses, jamais bleues. Une espèce, le *C. tinctorius* L., Safran bâtard, Graine de Perroquet, est une plante annuelle de 60 à 75 centimètres de hauteur, à feuilles ovales, embrassant la tige par leur base; les capitules, qui rappellent ceux d'une Centaurée, sont d'un beau rouge safrané. Ils se montrent en août-septembre. Cette plante est quelquefois cultivée dans les jardins; on doit la semer en place en avril-mai. Les fleurs du *Carthame* servent à falsifier le vrai Safran.

Le genre CATANANCHE, caractérisé par des capitules à involucre formé de bractées disposées sur plusieurs rangs, longuement membraneuses et sèches, d'aspect nacré; à fleurs d'une seule sorte, toutes ligulées. Une espèce, le *C. cœrulea* L., Cupidone bleue, originaire de la France méridionale, est une jolie plante vivace de 50 centimètres de hauteur, à capitules nombreux, longuement pédonculés, bleus, à centre purpurin et à involucre blanc argenté. Fleurit de juin à octobre. Ornement des plantes-bandes en sol léger et à exposition chaude. Multiplication par graines qu'on sème en mars sur couche pour mettre en place fin mai.

Le genre HIERACIUM, caractérisé par des capitules formés d'une seule sorte de fleurs, toutes ligulées ; l'involucre à bractées étroites, herbacées ; à fruits cylindriques rétrécis à la base, tronqués au sommet, relevés de 10 côtes et couronnés par une aigrette fragile. Une espèce, l'*Il. aurantiacum* L., Epervière orangée, plante vivace originaire des Alpes, est vraiment ornementale. Ses tiges rampantes sont très envahissantes ; elles portent des feuilles ovales-allongées, poilues. Les tiges florales, hautes de 20 à 40 centimètres, sont terminées par des bouquets de 5-10 petits capitules, rouge orangé vif, d'un bel effet. Ornement des plates-bandes et des rocailles. Multiplication par division des touffes.

FAMILLE DES CAMPANULACÉES

Pl. 164. — CARILLON

CAMPANULA MEDIUM L.

SYNONYME FRANÇAIS : **Violette marine.**

Patrie : Europe méridionale.

Description.

Le genre *Campanula* comprend environ 250 espèces répandues dans tout l'hémisphère boréal. Ce sont des plantes vivaces ou annuelles, laiteuses, à fleurs bleues, violettes, blanches, rarement roses, ayant un calice à 5 divisions profondes, dont les lobes sont quelquefois dilatés en appendices ; une corolle en forme de cloche ou de coupe, rarement tubuleuse, à 5 divisions ; 5 étamines à filets non soudés à la corolle et à anthères libres ; un ovaire inférieur, c'est-à-dire situé au-dessous de la fleur (voir fig. 1), à 3-5 loges, surmonté d'un style à 3-5 divisions au sommet. Le fruit est une capsule couronnée par les lobes du calice. Ses graines sont petites, nombreuses dans chaque loge.

La *Campanule Carillon* est une plante bisannuelle de 50 à 75 centimètres de hauteur, couverte de poils rudes ; à tige simple, dans la partie inférieure, dressée, se divisant au sommet en nombreuses ramifications, terminées par de grosses fleurs longues de 4 à 5 centimètres et larges de 3 centimètres, peu ouvertes, dont l'ensemble constitue une grande inflorescence pyramidale. Les bords des lobes du calice sont munis d'appendices qui pendent sur l'ovaire et le recouvrent complètement. Dans le type de l'espèce les fleurs sont bleues, mais il existe des variétés à fleurs simples ou doubles, roses, blanches, blanches striées de violet. Il en est enfin dans lesquelles le calice a pris un développement considérable et s'est coloré de manière à prendre l'aspect d'une double corolle (var. Calycanthema) tout en restant plan. Fleurit en mai-juillet.

Emplois. — Culture. — Multiplication.

Cette superbe plante est très répandue dans les jardins ; on l'emploie à la décoration des plates-bandes et des corbeilles. Elle est très recherchée pour sa floraison abondante et brillante et pour sa rusticité. Les sols légers et une exposition ensoleillée lui sont surtout favorables. C'est l'une des plantes que l'on peut cultiver dans les jardins au bord de la mer. On la multiplie par graines, que l'on sème en avril-mai, en pépinière, pour repiquer en pépinière et mettre en place à l'automne ou au printemps en laissant un intervalle de 50 centimètres entre les pieds.

EXPLICATION DE LA PLANCHE 164.

1. Fleur coupée longitudinalement montrant à la base l'ovaire et les appendices du calice qui le recouvrent.
2. Germination.
3. Graine de grandeur naturelle et grossie.

Pl. 165. — PYRAMIDALE

CAMPANULA PYRAMIDALIS L.

Patrie : Europe méridionale.

Description.

Plante vivace de 1 à 2 mètres de hauteur, glabre, à tige abondamment garnie de feuilles dans sa moitié inférieure, portant dans la partie supérieure un nombre considérable de petites ramifications dressées, couvertes de fleurs dont l'ensemble forme une gigantesque grappe resserrée en forme d'épi. Ces fleurs, réunies par centaines sur une même plante, sont largement ouvertes en forme de coupe, d'un bleu clair dans le type de l'espèce, blanches dans une variété. Fleurit en juillet-octobre.

Emplois. — Culture. — Multiplication.

La *Campanule pyramidale* ou simplement la Pyramidale, est cultivée depuis très longtemps dans les jardins. Elle convient à la décoration des plates-bandes en sol léger et à exposition chaude, mais réussit mieux dans les rocailles et les vieux murs un peu humides, où elle produit un très bel effet. On la cultive aussi fréquemment en pots pour l'ornementation des fenêtres et des balcons, mais il est nécessaire dans ce cas que le sol dans lequel elle est plantée soit parfaitement drainé. Sa tige florale

doit être maintenue à l'aide de tuteurs ou de treillages. On la multiplie par graines qu'on sème en avril-mai; on repique le jeune plant et
l'on met en place à l'automne ou au printemps. Dans les vieux murs on
sème directement en place.

EXPLICATION DE LA PLANCHE 165.

1. Fleur coupée longitudinalement avant l'épanouissement (les étamines sont
dressées autour du style).

2. Fleur coupée longitudinalement après l'épanouissement (les étamines sont
affaissées après l'émission du pollen).

Pl. 166. — CLOCHE

CAMPANULA PERSICIFOLIA L.

SYNONYMES FRANÇAIS : **Campanule à feuilles de Pêcher ; C. des jardins.**

Indigène.

Description.

Plante vivace à racine rampante, grêle, à feuilles un peu jaunes,
glabres, luisantes, longues et étroites, bordées de petites dents écartées;
à tige simple, dressée, s'élevant à 40-50 centimètres, portant au sommet
des fleurs larges de 3 à 4 centimètres, en forme de coupe, disposées en
longue grappe, de couleur bleu pâle ou blanche. Il en existe une variété
à fleurs doubles, présentant l'aspect d'une cocarde par suite de la présence
de plusieurs corolles, emboîtées les unes dans les autres, et une variété à
fleurs dites *couronnées* dans laquelle le calice accru et coloré a pris l'aspect d'une corolle, quoique de taille plus réduite. Fleurit en juin-juillet.

Emplois. — Culture. — Multiplication.

Cette *Campanule* est cultivée depuis très longtemps dans les jardins.
C'est une des plantes vivaces les plus employées pour l'ornementation
des plates-bandes. Elle est d'une rusticité absolue et prospère dans tous
les sols et aux expositions ombragées. On la multiplie par division des
touffes.

EXPLICATION DE LA PLANCHE 166.

1. Fleur coupée longitudinalement.

———

On pourrait citer un grand nombre d'espèces de *Campanules* qui mériteraient d'être cultivées pour la beauté de leurs fleurs, surtout si on vou-
lait comprendre dans cette liste les espèces alpines propres à la décoration des rocailles. Pour rester dans le cadre de ce livre, nous nous
bornerons à passer en revue celles qui sont le plus répandues et qui conviennent le mieux à la garniture des parterres. De ce nombre sont :

Le *C. carpathica* Jacq., de la Hongrie, plante vivace de 25 à 30 centimètres de hauteur, glabre; à tiges grêles, nombreuses, peu rameuses, en touffe dense; à feuilles ovales-arrondies, dentées; à fleurs grandes, presque dressées, en forme de coupe, d'environ 5 centimètres de diamètre, bleues ou blanches. Cette espèce est remarquable par sa taille peu élevée, et par sa floraison extrêmement abondante qui commence en juin pour durer jusqu'en septembre. C'est une plante précieuse pour former des bordures en plein soleil ou à mi-ombre; multiplication par division des touffes.

Le *C. fragilis* Cyrillo, de l'Italie méridionale, plante vivace à tiges nombreuses, grêles, retombantes, ne dépassant pas 15 centimètres de hauteur et portant de nombreuses fleurs en forme de coupe, larges et d'un bleu clair. Cette ravissante espèce est particulièrement propre à la garniture des suspensions. On en fait de très belles potées; elle est malheureusement un peu délicate sous le climat de Paris, où elle réclame l'abri du châssis ou au moins d'une couverture de paille pour l'hiver.

Le *C. glomerata* L., indigène, plante vivace d'environ 50 centimètres de hauteur, à feuilles ovales-allongées, rétrécies aux extrémités. Les fleurs sont réunies aux extrémités des rameaux et forment un bouquet dense; elles sont d'un bleu violacé, simples ou doubles. Dans la var. *speciosa* (C. speciosa Horn., non Pourr.) les fleurs sont plus grandes. C'est l'une de nos bonnes plantes vivaces de plates-bandes. Fleurit en mai-juin.

Le *C. grandiflora* Jacq. (Syn. : Platycodon grandiflorus DC.), du Japon, plante vivace de 40 à 50 centimètres de hauteur, à tige peu rameuse, garnie dans toute sa longueur de feuilles ovales, rétrécies en pointe aux extrémités, dentées, à fleurs très grandes, largement ouvertes en coupe, atteignant 6 à 7 centimètres de diamètre, d'un bleu foncé, vernissé, disposées en petit nombre, en grappe lâche à l'extrémité des tiges. Il en existe des variétés à fleurs blanches, à fleurs doubles, naines (Mariesii). Fleurit en juin-août. Une variété qui a été considérée comme espèce distincte sous le nom de *Platycodon autumnale* Dene, de la Chine et du Japon, diffère du type de l'espèce par sa tige plus rameuse, ses fleurs un peu plus petites, s'épanouissant en août-octobre. Ces plantes sont fort belles et conviennent à la décoration des plates-bandes. On les multiplie par division des touffes et par graines.

Le *C. grandis* Fisch. (Campanule élevée, Grande Campanule), de la Sibérie, est une belle plante vivace, rustique, formant de larges touffes, à feuilles longues et étroites, en rosettes; à tige d'environ 75 centimètres de hauteur, portant des fleurs grandes, largement ouvertes, de 3 à 4 centimètres de diamètre, d'un violet bleuâtre, disposées en grappe de 20 à 30 centimètres de longueur. Variétés à fleurs blanches et à fleurs pleines. Cette plante remarquable est un des plus beaux ornements des plates-bandes; on peut la cultiver dans les jardins du bord de la mer. Fleurit en juin-juillet. Multiplication par division des touffes ou par graines.

Le *C. lactiflora* M. Bieb., du Caucase, plante vivace à tige atteignant environ 50 centimètres de hauteur, feuillée dans toute sa longueur, à grandes fleurs d'un bleu pâle réunies en longue grappe terminale. Fleurit en juin-août. Emplois et culture de l'espèce précédente.

Le *C. latifolia* L., de l'Europe et de l'Asie, plante vivace à feuilles larges ovales-allongées, rétrécies aux extrémités, inégalement dentées ; à tiges de 50 à 60 centimètres de hauteur, feuillées dans toute leur longueur ; à fleurs dressées, grandes, tubuleuses, de 4 à 5 centimètres de longueur, divisées dans leur tiers supérieur en 5 lobes, poilus sur les bords. Fleurs bleu foncé, blanches dans une variété. Dans la variété *macrantha* (C. macrantha Fisch.), la fleur, d'un bleu violacé, atteint jusqu'à 6 centimètres de longueur. Superbes plantes de plates-bandes, très rustiques, ayant le grand mérite de prospérer aux expositions ombragées.

Le *C. nobilis* Lindl., Campanule de Chine, plante de l'Asie orientale, vivace, demi-rustique sous le climat de Paris où elle exige d'être plantée en sol léger à exposition mi-ombragée, et d'être abritée avec une couverture de paille pendant l'hiver. Les tiges, de 30 à 40 centimètres de hauteur, portent des feuilles ovales-allongées, rétrécies aux extrémités, et, au sommet, de grandes fleurs tubuleuses, rouge violacé, pendantes, atteignant jusqu'à 5 centimètres de longueur sur 4 de largeur. Variété à fleurs blanches. Belle espèce très distincte.

Le *C. pelviformis* Lamk., de Crète, espèce voisine du C. carpathica, mais à fleurs très évasées, aplaties et d'un blanc lilacé. Fleurit en juin-septembre.

Le *C. rotundifolia* L., indigène, petite plante vivace, gazonnante, à tiges grêles, à feuilles de la base arrondies, celles des tiges florales larges et étroites ; les fleurs, en petites clochettes bleues ou blanches, sont peu grandes, mais se montrent en grand nombre à la fois. Cette espèce est très rustique et est propre à orner les parties arides des jardins où elle forme de ravissants tapis fleuris.

Le *C. Speculum* L. (Syn. : Specularia speculum A. DC., Primatocarpus Speculum L'Hérit.) (Miroir de Vénus). Indigène, plante annuelle, rameuse, de 20 à 30 centimètres de hauteur, à feuilles étroites-allongées, à fleurs en grappes terminales, en coupe, larges d'environ 2 centimètres, et d'un bleu violacé vif. Variété à fleurs blanches, à fleurs purpurines et à fleurs doubles. Fleurit de juin en août. Ornement des plates-bandes et des corbeilles. Semer en pépinière en septembre ou en avril-juin.

Le *C. turbinata* Schott., de la Transylvanie, plante vivace, très voisine du *C. carpathica* dont elle n'est qu'une variété distincte par ses feuilles de la base presque triangulaires, et à tiges ne dépassant guère 8 à 10 centimètres de hauteur. Les fleurs, bleu violacé, sont larges de 3 centimètres et sont produites en quantité considérable pendant tout l'été. Espèce précieuse pour former des bordures en sol léger et frais.

On trouve encore quelquefois dans les jardins d'autres espèces vivaces comme le *C. rapunculoides* L. (Fausse Raiponce) et *Trachelium* L. (Campanule gantelée, Gant de Notre-Dame), plantes indigènes, qui croissent dans les endroits ombragés, mais qui sont moins ornementales que celles citées ci-dessus.

La famille des Campanulacées renferme encore un genre qui comprend une plante des plus recherchées.

Le genre TRACHELIUM, qui se distingue des *Campanula* par ses fleurs petites, à long tube filiforme, réunies en nombre considérable en vaste ombelle. Le *T. cœruleum* L., de l'Afrique, du nord de l'Espagne et de l'Italie, est une plante vivace de 30 centimètres à 1 mètre de hauteur, à tiges rameuses, à feuilles ovales-allongées, dentées. Les fleurs, en bouquets légers et nombreux, sont d'un bleu violacé dans le type de l'espèce, blanches dans une variété et s'épanouissent en juin-juillet. Cette jolie plante peut être cultivée en touffes dans les plates-bandes, en sols légers et à exposition ensoleillée, mais elle est surtout recherchée pour la culture en pots pour l'ornementation des appartements et des fenêtres. On en sème les graines en juin-juillet en pots, à mi-ombre; on repique en pots qu'on hiverne sous châssis et l'on rempote ou l'on plante à demeure en plein air. On peut aussi multiplier les Trachelium par le bouturage des rameaux ou des racines, au printemps et sur couche.

FAMILLE DES LOBÉLIACÉES

⌂ Pl. 167 A. — LOBÉLIE ÉRINE

LOBELIA ERINUS L.

Patrie : Cap de Bonne-Espérance.

Description.

Les *Lobelia* sont des plantes à ovaire situé au-dessous de la fleur qui est irrégulière; le calice est à 5 divisions, la corolle tubuleuse, à tube fendu longitudinalement, et à 2 lèvres : la lèvre supérieure à deux divisions, l'inférieure à trois divisions. Les étamines, non soudées à la corolle, sont soudées entre elles par les filets et les anthères, de manière à former un tube que traverse le style. Le fruit est une capsule à 2 loges contenant des graines petites et très nombreuses.

Le *Lobélie Érine* est une plante vivace de 8 à 15 centimètres de hauteur, selon les variétés, touffue, à tiges très grêles, portant des feuilles étroites, allongées; à fleurs petites, mais extrêmement nombreuses, en grappes, d'un beau bleu, avec une tache blanche au centre. Dans la culture, on a obtenu de nombreuses variétés de cette plante, à port plus nain ou plus compact, à fleurs plus ou moins grandes, allant du bleu pâle au bleu indigo, blanches, purpurines ou presque roses, unicolores ou panachées, simples ou doubles, à tiges et à feuillage verts ou d'un brun rougeâtre. Fleurit abondamment de juin jusqu'aux premières gelées.

Emplois. — Culture. — Multiplication.

Cette ravissante petite plante est des plus précieuses pour la formation des bordures et pour la mosaïculture (association de plantes de couleurs variées en dessins géométriques). Elle est également très recherchée pour la culture en pots et pour l'ornementation des balcons et des fenêtres. La belle couleur bleue de ses fleurs, rare dans le règne végétal, n'est pas l'un de ses moindres mérites. Le *Lobélie Érine* n'est pas rustique sous le climat de Paris ; il est nécessaire d'hiverner en serre froide ou sous châssis des pieds de choix, que l'on divise ou sur lesquels on coupe des boutures au printemps pour obtenir une multiplication. Les rameaux coupés, mis en petits godets, sur couche chaude, ne tardent pas à s'enraciner. On peut aussi traiter le *Lobélie Érine* comme plante annuelle et en semer les graines en mars-avril sur couche, pour mettre en place fin mai.

Explication de la Planche 167 A.

1. Fleur coupée longitudinalement.
2. Partie supérieure du style entourée par les étamines soudées en tube.
3. Germination.
4. Graine de grandeur naturelle et grossie.

———

A côté du *Lobelia Erinus* se place le *L. ramosa* Benth., d'Australie, qui a les mêmes emplois, mais qui est moins recherché.

Pl. 167 B. — ISOTOMA AXILLAIRE

ISOTOMA AXILLARIS Lindl.

Patrie : Australie.

Description.

Les *Isotoma* diffèrent des *Lobelia* par la corolle, régulière ou à lobes peu irréguliers, et ne formant pas deux lèvres, à tube non fendu ou brièvement fendu au sommet au lieu de l'être jusqu'à la base ; à étamines attachées dans la partie supérieure du tube de la corolle.

L'*Isotoma axillaire* est une plante vivace de 20 à 25 centimètres de hauteur, à feuilles nombreuses, profondément déchiquetées sur les bords ; à fleurs longuement tubuleuses, de 3 à 4 centimètres de longueur, d'un bleu violacé pâle, avec le tube blanchâtre. Fleurit de juillet jusqu'aux gelées.

Emplois. — Culture. — Multiplication.

Cette petite plante est propre à former des bordures et à décorer les petites corbeilles. On peut l'utiliser comme le *Lobélie Érine*, mais elle est beaucoup moins ornementale. On doit la cultiver de préférence en sols légers et à exposition ensoleillée. Les procédés de multiplication indiqués pour le *Lobélie Érine* lui sont applicables (voir pl. 167 A).

Pl. 168. — LOBÉLIE CARDINALE

LOBELIA CARDINALIS L.

Synonyme français : **Lobélie écarlate.**

Patrie : Caroline.

Description.

Pour les caractères du genre *Lobelia*, voir pl. 167 A.

La *Lobélie cardinale* est une plante vivace de 75 centimètres à 1 mètre de hauteur, très finement velue; à feuilles environ 4 fois aussi longues que larges, rétrécies aux extrémités, irrégulièrement dentées; à fleurs de 2 à 3 centimètres de longueur, d'un rouge écarlate brillant, disposées en longues grappes presque unilatérales, accompagnées de feuilles florales dentées; les inférieures plus longues que les pédicelles (queues des fleurs), les supérieures plus courtes. Fleurit de juillet en octobre.

Emplois. — Culture. — Multiplication.

Cette superbe plante est propre à orner les plates-bandes et les corbeilles, surtout en sol frais et fertile et à exposition un peu ombragée. Sous le climat de Paris elle n'est que demi-rustique, aussi est-il nécessaire de la couvrir de paille ou de feuilles sèches ou mieux encore de la rentrer sous châssis pendant l'hiver. On la multiplie par division des touffes ou par graines que l'on sème en avril-mai en pots et sous châssis pour repiquer et conserver à mi-ombre pendant l'été, abriter de nouveau l'hiver et mettre en place au printemps suivant.

Explication de la Planche 168.

1. Fleur détachée.
2. Fleur coupée longitudinalement.
3. Partie supérieure du pistil dégagée de l'enveloppe formée par les étamines soudées en tube.

———

A côté de la *Lobélie cardinale* se place :

La *Lobélie éclatante* (Lobelia fulgens Willd.) (Syn.: L.splendens Willd.), plante vivace du Mexique, d'environ 1 mètre de hauteur, glabre, rougeâtre, à feuilles plus étroites que celles de l'espèce précédente; à fleurs plus grandes d'un rouge éclatant, velouté, en longues grappes et accompagnées de feuilles florales deux ou trois fois plus longues que les pédicelles (queues des fleurs). Culture et emploi de l'espèce précédente.

La *Lobélie bleue*, Cardinale bleue (Lobelia syphilitica L.), plante vivace de la Caroline, de 50 à 75 centimètres de hauteur, à feuilles ovales-allongées, rétrécies aux extrémités, presque glabres; à fleurs grandes, d'un bleu violacé pâle, à calice poilu au lieu d'être glabre comme dans les espèces précédentes et à divisions moitié plus courtes que le tube de la corolle, au lieu d'être presque de la même longueur; à feuilles florales plus larges, deux fois plus longues que les pédicelles.Variétés à fleurs violettes, roses, blanches.

Les trois *Lobélies* énumérées ci-dessus, croisées entre elles, ont donné naissance à toute une série d'hybrides remarquables par la diversité du coloris des fleurs qui présentent les teintes bleues, roses, violettes, rouge amarante, rouge grenat, blanches, etc. Ce sont de fort belles plantes que dans le centre de la France l'on peut conserver sous châssis, l'hiver, et livrer à la pleine terre pendant la belle saison pour en former d'élégantes corbeilles ou en orner les plates-bandes. Dans l'ouest elles supportent parfaitement le plein air.

La famille des *Lobéliacées* comprend encore le genre DOWNINGIA par le calice à tube allongé étroit au lieu d'être hémisphérique, à tube de la corolle entier au lieu d'être fendu; la capsule allongée, étroite au lieu d'être courte et élargie. A ce genre appartiennent les *D. elegans* Torr. (Syn. : Clintonia elegans Dougl.) et *pulchella* Torr. (Syn. : Clintonia pulchella Lindl.), petites plantes annuelles, originaires de la partie occidentale de l'Amérique septentrionale; à tiges couchées sur le sol, atteignant à peine 15 centimètres de hauteur, à feuilles inférieures ovales, les supérieures ovales-allongées. Les fleurs, qui naissent aux aisselles des feuilles florales, sont disposées en grappes lâches. Dans la première espèce, la corolle est à peu près de même longueur que les divisions du calice; dans la seconde elle est plus longue; dans le *D. elegans,* la lèvre supérieure est fendue profondément en deux lobes; l'inférieure est divisée en trois lobes égaux, tandis que dans le *D. pulchella,* la lèvre supérieure est divisée en deux lobes divergents et l'inférieure en trois lobes dont le central plus grand que les latéraux. Dans la première espèce les fleurs sont bleu pâle avec le centre de la lèvre inférieure maculé de jaune pâle. Dans la seconde, les fleurs sont bleues avec le centre de la lèvre inférieure blanc, muni de deux grandes taches jaunes d'or et de trois points d'un violet velouté. Ces plantes fleurissent de juin en août. Le *D. pulchella* est le plus recherché. Ces plantes peuvent former d'élégantes bordures en terre légère et à mi-ombre, mais elles sont surtout propres à la culture en pots et en suspensions. On en sème les graines en avril-mai, sous châssis.

FAMILLE DES ÉRICACÉES

⌂ Pl. 169. — BRUYÈRE DE WILMORE

ERICA WILMOREANA Knowl. et West.

Patrie : Cap de Bonne-Espérance.

Description.

Les *Bruyères* (Erica) sont des plantes à ovaire situé au-dessus de la corolle (ovaire supère), à pétales soudés en une corolle à quatre dents, de forme variable, en coupe, en grelot, ou tubuleuse, à étamines ordinairement au nombre de huit, plus rarement de 6-7, ayant les filets libres ou parfois un peu soudés entre eux, terminés par des anthères à deux loges, quelquefois munies à leur point d'insertion d'appendices en forme de cornes. L'ovaire est à quatre ou plus rarement à huit loges. Le fruit est une capsule sèche s'ouvrant en quatre valves. Ce genre renferme environ 450 espèces, la plupart originaires du Cap de Bonne-Espérance et qui sont, presque toutes, des plantes très ornementales.

La *Bruyère de Wilmore* est une plante d'environ 50 centimètres de hauteur, touffue, de forme pyramidale, à rameaux un peu velus laineux, à feuilles fines et longues, dressées, étagées par quatre sur les rameaux; à fleurs tubuleuses, cylindriques, longues, roses et blanches, disposées en grosses et longues grappes pyramidales. Fleurit l'hiver.

Emplois.

Cette belle plante est l'une des Bruyères les plus cultivées pour la décoration des serres froides, des jardins d'hiver et des appartements. La durée de sa floraison est longue et se prolonge d'autant plus que les fleurs conservent à peu près leur couleur en se desséchant.

Culture. — Multiplication.

Comme toutes les *Bruyères* du Cap, cette espèce doit être cultivée en serre, très éclairée et très aérée, à une température aussi égale que possible, de 3 ou 4 degrés seulement supérieure à zéro par les grands froids. La terre qui leur convient le mieux est la terre dite de bruyère, ou à défaut, un mélange de terreau, de feuilles et de sable siliceux; elle redoute le calcaire. Les arrosages doivent être modérés et faits de préférence avec de l'eau de pluie ou de l'eau aussi peu calcaire que possible. Deux rempotages dans l'année peuvent suffire; on les fait habituellement au moment de la rentrée en serre, l'autre à la fin de l'hiver. On doit le faire en pots proportionnés à la dimension des plantes. C'est après la floraison que l'on doit soumettre les Bruyères à la taille de manière à provoquer le développement de jeunes rameaux plus florifères. Une question importante est de drainer avec soin les pots pour éviter la stagnation de l'eau des arrosages qui amènerait rapidement la pourriture des racines. Pendant l'été, du 1er juin au 15 octobre, les plantes sont exposées en plein air, en situation aussi ensoleillée que possible. Dans la première quinzaine d'octobre, les Bruyères doivent être rentrées en serre ; naturellement on doit faire la rentrée plus tôt lorsqu'on désire une floraison hâtive.

On pourrait multiplier les *Bruyères* par graines, mais la plupart des espèces de serre en donnent rarement de bonnes ; le procédé de reproduction le plus simple est le bouturage de l'extrémité la plus tendre des rameaux, au printemps et dans la serre à multiplication.

Explication de la Planche 169.

1. Fleur détachée.
2. Fleur coupée longitudinalement.
3. Pistil et étamines.

Pl. 170. — BRUYÈRE A ANTHÈRES NOIRES

ERICA MELANTHERA L.

Patrie : Cap de Bonne-Espérance.

Description.

Arbuste de 30 à 50 centimètres de hauteur, à feuilles étagées par trois sur les rameaux, fines, munies d'un sillon à la face inférieure (fig. 1), glabres, luisantes, longues de 2 à 5 millimètres, un peu poilues dans le jeune âge ; sépales plus longs que larges, obtus au sommet ; fleurs ordinairement réunies par trois au sommet des rameaux, en forme de cloche, longues de 3 à 5 millimètres, blanches ; les anthères, plus longues que larges, sont dépourvues de cornes à la base ; elles sont d'un brun noirâtre.

Emplois. — Culture. — Multiplication.

Comme l'espèce précédente.

Explication de la Planche 170.

1. Feuille détachée.
2. Fleur détachée.
3. Fleur coupée longitudinalement.

———

Le genre Bruyère renferme, comme nous l'avons dit plus haut, un nombre considérable d'espèces qui, pour la plupart, pourraient être cultivées comme plantes ornementales. Dans ce nombre, il en est qui sont originaires de régions tempérées et qui servent à l'ornementation des jardins, en plein air. Nous laissons celles-là de côté parce qu'il s'agit d'arbustes de plein air, en renvoyant aux ouvrages spéciaux. Quant aux Bruyères dites du Cap, si recherchées pour la décoration des serres froides et des appartements, nous nous restreindrons à ne signaler que celles qui sont constamment cultivées. De ce nombre sont :

La *Bruyère de Bowie* (Eric Bowieana Lodd.). Arbuste à rameaux dressés peu nombreux, à feuilles étalées, glabres, d'un vert bleuâtre, raides, étagées par quatre; à fleurs pendantes, cylindriques et rétrécies à la gorge, atteignant 2 centimètres de longueur, d'un blanc mat et réunies au sommet des rameaux. Fleurit en novembre-décembre.

La *Bruyère cubique* (E. cubica L.). Arbuste nain, arrondi, à feuilles très petites, glabres, d'un vert bleuâtre et luisant, étagées par quatre; à fleurs nombreuses, en bouquets à l'extrémité des rameaux; à calice très grand; à corolle en forme de cloche, courte et très ouverte, et d'un violet foncé. Fleurit en juillet-août.

La *Bruyère grêle* (E. gracilis Salisb.). Petit arbuste buissonnant, très ramifié, à feuilles ténues, dressées le long des rameaux, triangulaires; à fleurs extrêmement nombreuses, petites, en forme de grelot, d'un rose violacé; groupées quatre par quatre en ombelles terminales. Fleurit à la fin de l'automne et au commencement de l'hiver.

La *Bruyère de Linnée* (E. Linneana Andrews), bel arbuste à rameaux allongés, presque simples, portant des feuilles étagées par quatre, nombreuses, dressées, fines, bordées de cils; à fleurs légèrement velues, nombreuses, tubuleuses, coniques, de couleur blanc nacré au sommet, d'un rose devenant rouge à la base, par bouquets de 1 à 5 et formant une longue grappe à l'extrémité des rameaux. Cette espèce, l'une des plus belles et des plus cultivées, a produit plusieurs variétés; elle fleurit pendant la fin de l'hiver et au printemps.

La *Bruyère gibbeuse* (E. mammosa Linn.), plante dressée, de 50 centimètres de hauteur, à feuilles glabres, étagées par trois; à fleurs cylindriques, un peu enflées, marquées de quatre petites fossettes à la base, longues de 1 à 2 centimètres, pendantes, de couleur rose vif, rouge, violacée ou blanche selon les variétés, disposées en longs épis.

La *Bruyère de Masson* (E. Massoni L.). Arbuste à tige dressée, simple à la base, rameuse au sommet; à feuilles étagées par quatre, dressées, allongées, étroites, bordées de cils, très denses sur les rameaux. Les fleurs, tubuleuses, légèrement arquées, sont visqueuses, longues de 2 centimètres à 2 centimètres et demi, d'un rouge écarlate à la base, rouge orangé au sommet. Elles sont disposées en longue grappe terminale feuillée. Cette espèce a donné naissance à un grand nombre de variétés et de sous-variétés. Les plus importantes sont :

La *Bruyère cylindrique* (E. Massoni L., var. cylindrica; Syn. : E. cylindrica Andr.), à fleurs rouge vif, s'épanouissant en avril-mai.

La *Bruyère translucide* (E. Massoni L., var. translucens; E. translucens Andrews), belle plante à fleurs rouge écarlate vif, s'épanouissant en mars-avril.

La *Bruyère monadelphe* (E. monadelpha Hort., non Andrews). Arbuste dressé, glabre, à feuilles étagées par trois, dressées, triangulaires; à fleurs tubuleuses coniques, d'un rouge vif, longues de 1 centimètre et demi à 2 centimètres, disposées en épis à l'extrémité des rameaux. Fleurit en août-octobre.

La *Bruyère à fleurs de campanule* (E. persoluta L.). Arbuste vigoureux, touffu, à rameaux grêles; à feuilles très petites, courtes, étagées par quatre et espacées sur les tiges; à fleurs très nombreuses, petites, en forme de cloche, longues de 2 à 3 millimètres, un peu pendantes, blanches ou rose vif selon les variétés. Cette espèce est très répandue, c'est l'une des plus cultivées chez les fleuristes parisiens. Fleurit de mars en mai.

La *Bruyère élégante* (E. præstans Andrews). Petit buisson compact à feuilles d'un vert foncé luisant, étagées par quatre; à fleurs sessiles, longues d'environ 1 centimètre, enflées à la base, à divisions amples et étalées, d'un blanc légèrement rosé, comme nacré, à étamines rouges. Ces fleurs, disposées par 2-6 à l'extrémité des rameaux, s'épanouissent en avril-mai. La variété *mirabilis* est surtout recherchée.

La *Bruyère pyramidale* (E. pyramidalis Ait.). Arbuste pyramidal à port de sapin en miniature, à feuilles étagées par quatre, raides, fines, étalées à angle droit; à fleurs tubuleuses, en forme de cône renversé, légèrement velues, longues de 1 centimètre, roses à la base, blanches au sommet, réunies par groupes de quatre dont l'ensemble constitue de gros épis coniques. Les étamines en sont brunes. Cette espèce fleurit d'octobre à janvier; c'est l'une des Bruyères les plus cultivées. Elle a donné naissance à plusieurs variétés, notamment : à la *B. campanulée* (E. pyramidalis, var. campanulata), à feuilles peu nombreuses, à fleurs en pyramide lâche, à tube blanc carné et à divisions rose purpurin; à la *B. d'hiver* (E. pyramidalis, var. hyemalis; Syn. : E. hyemalis Hort.), l'une des plus cultivées et que l'on confond souvent avec l'*E. Wilmoreana.*

La *Bruyère un peu rude* (E. scabriuscula Lodd.). Arbuste robuste, très ramifié, formant d'élégants petits buissons qui se couvrent de fleurs; à feuilles très courtes, étagées par quatre, étalées, fines, velues, glanduleuses; à fleurs un peu odorantes, très nombreuses, en forme de grelot, de 4 millimètres de longueur sur 2-3 de largeur, glabres, de couleur blanche. Fleurit de novembre à janvier.

La *Bruyère couleur de soufre* (E. sulphurea Andrews). Arbuste pyramidal à petites feuilles dressées; à fleurs tubuleuses, longues, arquées, à divisions étalées, de couleur jaune soufre, disposées en gros épis cylindriques. Fleurit en septembre-octobre.

La *Bruyère à fleur en tube* (E. tubiflora Willd.). Arbuste velu laineux, pyramidal, vigoureux, à rameaux effilés; à feuilles étagées par quatre, planes ou à bords enroulés; à fleurs solitaires, tubuleuses, pendantes, longues de 2 à 3 centimètres, arquées, un peu velues, d'un rouge sombre et disposées à l'extrémité des rameaux. Fleurit abondamment de mars en mai.

La *Bruyère ventrue* (E. ventricosa Thunb.). Arbuste nain, compact, à feuilles étagées par quatre, étroites, poilues sur les bords, étalées; à fleurs nombreuses, en forme de grelot allongé, conique, ventrues à la base, longues de 1 à 2 centimètres, blanches, luisantes, disposées en sorte d'ombelles à l'extrémité des rameaux. Les anthères sont munies à la base d'appendices en forme de cornes. La variété *porcellana*, à pédicules pourpres, à fleurs d'un blanc rosé, luisantes à l'extérieur, pourpres à l'intérieur, est l'une des plus curieuses et des plus jolies plantes de ce groupe. Fleurit de mai en juillet.

La *Bruyère vêtue* (E. vestita Thunb.). Arbuste à feuilles un peu velues, allongées, étroites; à fleurs tubuleuses, un peu enflées au sommet, légèrement velues, longues de 2 centimètres à 2 centimètres et demi, de couleur rose, rouge orangé, rouge cocciné ou blanche, selon les variétés, disposées en épis denses à l'extrémité des rameaux. Fleurit en juin-juillet.

⌂ Pl. 171. — AZALÉE DE L'INDE

AZALEA INDICA L.

Synonyme latin : **Rhododendron indicum Sweet.**

Patrie : Chine et Japon.

Description.

Nous avons conservé pour cette plante le nom ancien d'*Azalée* sous lequel elle est connue de tout le monde, bien qu'elle doive être scientifiquement rattachée aux *Rhododendrons*.

Les botanistes ne sont pas d'accord au sujet de l'Azalée de l'Inde qui, ainsi que toutes les plantes largement répandues dans les jardins et depuis longtemps cultivées, a donné naissance à de nombreuses variétés. Avant d'arriver en Europe elle était cultivée en Chine depuis un temps immémorial et elle avait même été introduite dans l'Inde, ce qui explique l'erreur que fit Linné en donnant le nom d'*Azalea indica* à une plante qui était étrangère à cette région. Parmi les nombreuses variétés qui vinrent enrichir nos jardins, on crut observer des caractères spécifiques distincts, et M. Planchon vit dans les plantes que Linné avait englobées sous une même appellation, la confusion de quatre espèces qu'il désigna sous les noms de *A. Breynii, Kæmpferi, Simsii* et *Thunbergi.* D'autres botanistes ont cru attribuer l'origine des *Azalea indica* à une quinzaine de types spécifiques, d'ailleurs très mal définis. Ces prétendues espèces sont si douteuses que l'on en revient aujourd'hui à l'opinion de Linné.

L'*Azalea indica* a été introduite en Hollande en 1680; perdue dans les cultures, elle fut réintroduite de Batavia vers 1768 et c'est sur cette plante que Linné établit son espèce. En 1810 et en 1819 de nouveaux types furent apportés de la Chine en Angleterre et furent bientôt suivis par d'autres qui, par des semis et des croisements, ne tardèrent pas à donner naissance au nombre considérable de variétés aujourd'hui cultivées.

Les *Azalées de l'Inde* sont de petits arbustes buissonnants toujours pourvus de feuilles, dont toutes les parties sont revêtues de poils soyeux, généralement couchés; à feuilles ovales-allongées, rétrécies aux extrémités. Les fleurs, naissant par 1-3 à l'extrémité des rameaux, sont portées sur de courts pédoncules; elles ont un calice à cinq divisions de dimensions variables; une corolle en cloche très évasée, à tube court; des étamines dont le nombre varie entre cinq et dix. Comme nous l'avons dit plus haut, cette espèce a donné naissance à de nombreuses variétés à fleurs plus ou moins grandes, simples, doubles ou pleines, présentant les couleurs les plus variées avec toutes les teintes comprises entre le blanc, le rose, le rouge le plus foncé et le plus éclatant, et le violet, teintes tantôt associées pour produire un coloris uniforme, tantôt produisant au contraire de brillantes panachures.

Emplois.

Les *Azalées de l'Inde* sont des plantes de serre froide, de jardins d'hiver et d'appartements, non seulement précieuses et recherchées pour l'abondance, l'éclat et la durée de leur floraison, mais aussi parce que leurs dimensions réduites, la possibilité de leur faire prendre par la taille des formes favorables à la culture en pots, la facilité avec laquelle on peut hâter ou retarder la floraison par la culture à une température plus ou moins élevée, floraison que l'on peut obtenir depuis le commencement de l'hiver jusqu'en avril-mai, sont autant de qualités de premier ordre qu'on ne trouve réunies dans aucune autre plante. On peut encore noter comme un mérite l'absence d'odeur chez les fleurs, car on sait que les plantes au parfum le plus délicat et le plus subtil en plein air, sont souvent incultivables dans l'atmosphère confinée des appartements, où l'odeur même la plus faible et la plus agréable ne tarde pas à devenir intolérable. La durée de la floraison d'une Azalée est d'environ un mois, temps pendant lequel les fleurs s'épanouissent successivement.

Culture. — Multiplication (1).

Les *Azalées* exigent beaucoup d'air et de lumière; aussi, dans les appartements, est-il nécessaire de les placer aussi près que possible des vitrages et tourner de temps à autre les pots de manière à ce que les différentes parties de la plante soient successivement exposées au jour : on conserve ainsi la forme régulière de ces arbustes. On sait, en effet, que les

1. Pour la culture et la multiplication des Azalées, voir l'ouvrage de M. Léon Duval, *Les Azalées*.

végétaux cultivés dans un endroit éclairé d'un seul côté dirigent toujours leurs rameaux vers le point d'où vient la lumière.

Les *Azalées* redoutent l'excès de chaleur qui en provoque l'étiolement et fait tomber prématurément les fleurs. Une température de 12 à 15 degrés ne doit pas être dépassée au moment de la floraison ; avant l'entrée en végétation 5 degrés au-dessus de zéro suffisent. Ce qu'elles redoutent par-dessus tout, ce sont les brusques variations de température, aussi doit-on éviter, lorsque le froid sévit au dehors, d'ouvrir les fenêtres des appartements avant d'avoir transporté les plantes qu'ils renferment dans d'autres pièces, hors des atteintes du froid. Pendant toute la durée de la végétation et jusqu'à la fin de la floraison on doit donner de fréquents et copieux arrosages.

Lorsque les dernières fleurs sont tombées, on taille les plantes, on supprime les racines décomposées pour mettre à nu celles qui sont saines et l'on rempote avec de la terre de bruyère, dans des pots proportionnés à leurs dimensions et dont le fond doit être garni d'un bon drainage en tessons, de manière à faciliter l'écoulement de l'eau des arrosages qui, en séjournant déterminerait la pourriture des racines. Après le rempotage, les plantes sont placées à mi-ombre et ne doivent plus recevoir que des arrosages modérés. Au 15 mai, on peut les sortir en plein air en les plaçant dans un endroit abrité des rayons directs du soleil et les laisser dans ces conditions jusqu'au commencement d'octobre, époque à laquelle on les rentre soit en serre, soit en appartement, où elles prépareront leur floraison.

On multiplie le plus habituellement ces plantes par le bouturage qui se fait avec l'extrémité des rameaux, en choisissant de préférence des parties grêles, bien conformées et un peu aoûtées. Le bouturage se fait soit en août-septembre, dans du sable, sur la tablette d'une serre froide et sous cloche ou sous châssis, soit en janvier et février en serre tempérée, à l'étouffée. On peut aussi les greffer en août, en placage, en fente ou en demi-fente, en plaçant les plantes ainsi préparées sous châssis dans la serre à multiplication, à une température de 15 à 18 degrés.

Le genre *Rhododendron* auquel les botanistes modernes réunissent les *Azalea* renferme un grand nombre d'espèces ornementales de plein air et de serres ; mais ce sont là des arbrisseaux et comme tels nous les laissons de côté, ne faisant d'exception que pour les *Azalées de l'Inde* qui sont des plantes d'appartement trop répandues pour que nous puissions les passer sous silence.

A la famille des Ericacées se rattachent encore plusieurs genres qui ont de beaux représentants dans les jardins comme les *Clethra*, les *Kalmia*, les *Andromeda*, pour lesquels nous renvoyons à l'ouvrage de M. Mouillefert : *Traité des Arbres et Arbrisseaux.*

FAMILLE DES ÉPACRIDÉES

⌂ Pl. 172. — ÉPACRIDE DÉPRIMÉE

EPACRIS IMPRESSA Labill.

SYNONYMES LATINS : **Epacris campanulata Lodd.; E. nivalis Lodd.**

Patrie : Australie.

Description.

Les *Epacris* rappellent à ce point les Bruyères par leur port, qu'on les confond souvent avec ces dernières, dont il est cependant facile de les distinguer par l'examen des anthères qui n'ont qu'une seule loge au lieu de deux. Ce sont en outre des plantes australiennes, tandis que la majeure partie des Bruyères exotiques sont originaires du Cap de Bonne-Espérance. Leurs tiges sont aussi moins ramifiées; leur feuillage plus raide, à sommet souvent terminé en pointe épineuse.

L'*Épacride déprimée* est l'une des espèces les plus rustiques du genre. C'est un arbuste pouvant atteindre 1 mètre de hauteur, à rameaux un peu velus, à feuilles sans pétiole, étalées, ovales-allongées, rétrécies aux extrémités, à pédicules trois fois plus courts que le calice; à fleurs étalées ou un peu pendantes, tubuleuses, formées d'un calice trois fois plus court que la corolle; celle-ci marquée de cinq dépressions à la base, rose, rose-foncé, rouge ou jaunâtre selon les variétés. Fleurit d'avril en juin.

Emplois. — Culture. — Multiplication.

Comme les Bruyères du Cap (Voir pl. 169).

EXPLICATION DE LA PLANCHE 172.

1 et 3. Fleurs détachées.
2 et 4. Fleurs coupées longitudinalement.

———

Le genre *Epacris* comprend plusieurs autres espèces ornementales, plus ou moins répandues dans les serres. De ce nombre sont :

L'*Épacride à fleur de Jacinthe* (E. hyacinthiflora W. C. Smith), arbuste de 1 m. 50 de hauteur, à rameaux allongés; à feuilles ovales, piquantes; à grandes fleurs tubuleuses, blanches, nombreuses. S'épanouit en mars-avril.

L'*Épacride à longue fleur* (E. longiflora Cavan.; Syn. : E. grandiflora Willd.), à rameaux velus, à feuilles en forme de cœur, planes, étalées, longues de 10 millimètres sur 5 de large, à fleurs pendantes, cylindriques, de 2 à 3 centimètres de longueur, quatre fois plus larges que le calice, rouge ponceau à la base, jaunâtre au sommet. Fleurit en mars-avril.

L'*Epacride des marais* (E. paludosa R. Br.), à rameaux finement velus, à feuilles allongées, étroites, atténuées aux extrémités, piquantes; à
fleurs tubuleuses, courtes, formées d'une corolle de même longueur que
les divisions du calice, blanches ou roses, disposées en épi ovale, s'épanouissant de mars en juin.

L'*Epacride pourprée* (E. purpurascens R. Br., Syn.: E. pungens Sims);
arbuste de 1 mètre, à rameaux un peu velus, dégarnis de feuilles par intervalles; celles-ci en forme de cœur, prolongées en pointe épineuse; à
fleurs tubuleuses en forme d'entonnoir, d'abord purpurines puis blanches,
munies d'une petite pointe sur chaque lobe de la corolle. L'une des
espèces les plus répandues. Fleurit de janvier en mars.

FAMILLE DES PLOMBAGINÉES

Pl. 173. — STATICÉ A LARGES FEUILLES

STATICE LATIFOLIA Smith.

Patrie : Russie méridionale.

Description.

Le genre *Statice* est caractérisé par les fleurs dont le calice est
pourvu de 5 angles, et divisé en 5-10 sépales; la corolle à pétales libres
ou soudés en anneau ou en tube à la base; les étamines insérées à la
base de la corolle; les styles glabres, libres ou soudés seulement à la
base; les stigmates filiformes; l'inflorescence rameuse; les épillets
(fig. 1, 2, 3), munis de 3 feuilles florales, à l'état de petites écailles et
disposés en épis sur les rameaux de l'inflorescence.

Le *Staticé à larges feuilles* est une plante vivace de 40 à 50 centimètres de hauteur, un peu velue, à poils étoilés, à feuilles amples, en
rosette large et étalée sur le sol, ovales, allongées, rétrécies en pétiole, à
la base; à fleurs petites, de couleur bleu violacé, disposées en inflorescence très ample et très rameuse, d'une légèreté incomparable. Ces
fleurs, solitaires ou réunies par deux en épillets, sont accompagnées de
3 bractées glabres, d'inégales dimensions; l'intérieur beaucoup plus
grand que l'extérieur (voir fig. 1 et 2); elles ont le calice blanc. Fleurit
en juin-juillet.

Emplois. — Culture. — Multiplication.

Le *Staticé à larges feuilles* est une des plantes vivaces rustiques les
plus recherchées pour la décoration des plates-bandes dans les jardins;
on le cultive fréquemment aussi en pots pour la garniture des appartements et des fenêtres. Les inflorescences séchées conservent longtemps leur couleur, ce qui permet de les employer à la confection des

bouquets perpétuels. Cette belle plante prospère dans tous les sols dits de jardin; mais elle affectionne surtout les terrains siliceux et les expositions ensoleillées. On la multiplie par division des touffes, ou mieux, par graines que l'on sème en avril-mai, en pots, pour repiquer en pépinière et mettre en place au printemps suivant.

EXPLICATION DE LA PLANCHE 173.

1. Épillet avec une fleur sur le point de s'épanouir.
2. Épillet avec une fleur épanouie.
3. Coupe longitudinale de l'épillet : fleur épanouie et, sur le côté droit, fleur à l'état rudimentaire.

———

Parmi les autres espèces vivaces, ornementales que fournit le genre *Statice*, on peut citer : le *S. elata* Fisch., de la Russie australe, voisin du précédent, à feuilles terminées en petite pointe; à rameaux de l'inflorescence triangulaires et poilus, à bractées des épillets presque de même longueur, ne dépassant pas le tube du calice, terminées par une petite pointe piquante; fleurs bleues, en juillet-août. Le *S. Gmelini* Willd., de l'Europe orientale, qui diffère des précédents par ses feuilles glabres, obtuses, très courtement pétiolées; par ses épillets rapprochés en épis plus denses, à bractées inférieures presque de même longueur; la troisième deux fois plus longue, par le calice poilu sur les côtes. Fleurs bleues. Fleurit de juin en août. Le *S. Limonium* L., indigène, à fleurs lilas avec le calice membraneux, blanc nuancé de bleu. Le *S. tatarica* L., de Tartarie, de dimensions plus réduites, à fleurs roses ou rougeâtres, en inflorescence moins ample. Le *S. speciosa* L., de la Russie, à rameaux de l'inflorescence triangulaires. Fleurs roses, en épillets de 3-4 groupés en épis denses, accompagnées de bractées obtuses, plus longues que le tube du calice.

Pl. 174. — GAZON D'OLYMPE

ARMERIA MARITIMA Willd.

SYNONYMES FRANÇAIS : **Gazon d'Espagne; Gazon de Hollande.**
SYNONYMES LATINS : **Statice Armeria Smith; S. maritima Mill.**

Indigène.

Description.

Les *Armeria* diffèrent des *Statice* par le calice, muni de côtes; les styles plumeux, au lieu d'être glabres; la tige florale simple, portant des épillets à une seule bractée, au lieu de trois (fig. 2 et 3), réunis en tête, au lieu de former une inflorescence rameuse plus ou moins ample.

Le *Gazon d'Olympe* est une petite plante vivace, de 10 à 15 centimètres de hauteur, très gazonnante, qui croît au bord de la mer. La souche en est très rameuse et donne naissance à des feuilles persistantes, planes, glabres ou un peu velues, longues et étroites, nombreuses et très serrées ; les fleurs, en inflorescence hémisphérique, sont entourées de feuilles florales (bractées), disposées sur 3 ou 4 rangs ; les extérieures ovales, membraneuses, sèches et fauves aux bords. Dans le type de l'espèce, les fleurs sont lilas, mais il existe des variétés à fleurs roses, rouges et blanches. Fleurit de mai en août.

Emplois. — Culture. — Multiplication.

Le *Gazon d'Olympe* est une plante précieuse pour former des bordures et des gazons dans tous les sols sablonneux, et même dans le sable presque pur des bords de la mer. Son feuillage, toujours vert, forme un fin gazon serré ; ses fleurs ont un agréable coloris, et sont produites en nombre considérable et sans interruption pendant une partie de l'été. On le multiplie par division des touffes. On plante généralement les pieds à 15 centimètres de distance les uns des autres, et l'on replante la bordure tous les trois ou quatre ans, pour les avoir bien régulières.

EXPLICATION DE LA PLANCHE 174.

1. Capitule coupé transversalement.
2. Épillet détaché du capitule.
3. Fleur et bractée unique.
4. Fleur coupée longitudinalement, montrant les styles plumeux.

D'autres espèces d'*Armeria* sont d'élégantes plantes, mais plus particulièrement propres à la décoration des rocailles.

Pl. 175. — DENTELAIRE DE LADY LARPENT

CERATOSTIGMA PLUMBAGINOIDES Bunge.

SYNONYMES LATINS : **Plumbago Larpentæ Lindl.; Valoradia plumbaginoides Boiss.**

Patrie : Chine septentrionale.

Description.

Le genre *Ceratostigma* se distingue des *Plumbago* par le calice non glanduleux ; les étamines soudées à la corolle jusque vers le milieu du tube, au lieu d'être libres, etc.

La *Dentelaire de Lady Larpent* est une plante vivace, traçante, formant des touffes denses de 30 centimètres de hauteur. Les tiges, d'abord couchées et à extrémité dressée, sont rameuses dans leur partie supérieure et portent des bouquets de fleurs assez grandes, et d'un superbe bleu foncé, couleur très rare dans le règne végétal. Fleurit sans interruption de septembre jusqu'aux premières gelées.

Emplois. — Culture. — Multiplication.

Cette belle plante, trop peu répandue, prospère surtout dans les sols siliceux, à mi-ombre; on peut en faire de charmantes bordures, des tapis, etc. On la multiplie par division des touffes.

EXPLICATION DE LA PLANCHE 175.

1. Fleur détachée.
2. Fleur coupée longitudinalement.

A côté de ce genre se placent les *Plumbago*, plantes à tiges rameuses, feuillées, à fleurs disposées en épis, accompagnées chacune de 3 bractées, à calice glanduleux, à corolle à tube étroit, brusquement dilaté au sommet en forme de coupe large, peu profonde; à étamines libres, insérées sous l'ovaire, à styles soudés jusqu'au sommet, à stigmates filiformes. Une espèce, le *Plumbago capensis* Thunb., du Cap de Bonne-Espérance, est un arbrisseau grimpant qui, dans le midi de la France, peut être cultivé en plein air, aux expositions chaudes et abritées, où ses longues tiges de 7 à 8 mètres de hauteur, se couvrent d'un nombre considérable de fleurs d'un bleu d'azur. Sous le climat de Paris, il est surtout employé à la décoration des murs des serres froides et des jardins d'hiver. On l'utilise cependant, en le dressant sur tige basse, pour l'ornementation des plates-bandes et des corbeilles, du 1er juin au 15 octobre, en l'hivernant en serre. On le multiplie facilement de boutures.

FAMILLE DES PRIMULACÉES

⌂ Pl. 176. — PRIMEVÈRE A GRANDE FLEUR

PRIMULA GRANDIFLORA Lamk.

SYNONYMES FRANÇAIS : **Promenolle; Pomerolle.**
SYNONYMES LATINS : **Primula acaulis Jacq.; P. vulgaris Huds.; P. veris L., var. acaulis.**

Indigène.

Description.

Les *Primula* sont des plantes vivaces à feuilles naissant toutes dans le voisinage de la racine (radicales), et disposées en rosette; à tige florale simple et dépourvue de feuilles, portant le plus souvent des fleurs groupées en une sorte d'ombelle; à fleurs rarement solitaires. Ces fleurs ont un calice tubuleux, souvent renflé, à 5 divisions; une corolle à tube cylindrique et étroit, enflé près de la gorge, se dilatant brusquement au sommet en 5 lobes étalés, plans, entiers ou découpés; 5 étamines attachées au tube de la corolle, un ovaire presque globuleux.

Le fruit est une capsule ovoïde, s'ouvrant au sommet par 5 valves, contenant de nombreuses graines.

La *Primevère à grandes fleurs* est une plante d'environ 15 centimètres de hauteur, à feuilles ovales-allongées, longuement rétrécies à la base en pétiole ailé. Les fleurs, très grandes, sont portées isolément sur des pédicelles grêles, poilus, qui naissent directement de la souche; à calice pentagonal, à dents égalant presque le tube, à corolle pincée à la gorge, à divisions planes, égalant environ 2 fois la longueur du tube. La capsule égale la longueur du tube du calice, qui est étroitement appliqué sur elle. Dans le type de l'espèce, les fleurs sont jaune pâle, rarement blanches ou d'un violet pâle. Il en existe des variétés horticoles à fleurs simples, doubles ou pleines, jaunes, rouges, roses, carnées, violettes, lilas ou blanches. Fleurit de mars en mai.

Emplois. — Culture. — Multiplication.

Cette plante est très recherchée pour la décoration des jardins, pour la beauté de ses fleurs qui s'épanouissent en grand nombre et successivement, à une époque où les parterres sont presque sans parure. Elle convient à l'ornementation des plates-bandes, et surtout à la formation de bordures. D'une rusticité à toute épreuve, elle prospère dans tous les sols dits de jardins, quoiqu'elle affectionne cependant les terrains frais et les expositions un peu ombragées. On la multiplie facilement par division des touffes ou par graines. Les pieds doivent être plantés à 20 centimètres de distance les uns des autres.

EXPLICATION DE LA PLANCHE 176.

1. Fleur coupée longitudinalement.

Pl. 177. — PRIMEVÈRE DES JARDINS

PRIMULA VARIABILIS Goupil.

SYNONYME FRANÇAIS : **Primerole.**
SYNONYME LATIN : **Primula officinalis $\times$ grandiflora.**

Indigène.

Description.

Cette plante est probablement un hybride de l'espèce précédente et du *Primula officinalis* ou Coucou, au milieu desquels elle croît à l'état sauvage, et dont elle a emprunté les caractères. Les fleurs, d'un tiers plus petites que celles de la *Primevère à grandes fleurs*, sont généralement disposées en bouquet, à l'extrémité d'un pédoncule commun, plus long que les feuilles (comme le P. officinalis); mais le pédoncule est parfois très court, et les fleurs semblent naître directement de la souche, comme dans le *P. grandiflora*. La capsule est plus courte que le tube du calice, évasé et non appliqué sur elle.

Cette plante a donné naissance à une multitude de variétés, les unes à fleurs simples, les autres à calice coloré, ayant l'aspect d'une corolle, ce qui donne l'illusion de deux corolles emboîtées l'une dans l'autre. Elle n'a pas, comme la précédente, donné naissance à des variétés pleines. Le coloris de cette Primevère est beaucoup plus variable que celui de la *Primevère à grandes fleurs;* on y observe toutes les teintes : du jaune se dégradant jusqu'au blanc, du rouge et du violet, s'associant soit pour produire des couleurs uniformes, intermédiaires, cuivrées, mordorées, saumonées, brunes, pourpre noir, amarantes, lilas, etc., soit pour former des panachures, des stries, des mouchetures ou des dessins à dispositions régulières, concentriquées, tranchant l'une sur l'autre. Fleurit de mars en mai.

Emplois. — Culture. — Multiplication.

Comme la précédente.

EXPLICATION DE LA PLANCHE 177.

1. Fleur coupée longitudinalement, montrant les étamines insérées au sommet du tube de la corolle et le style court.

2. Fleur coupée longitudinalement, montrant les étamines insérées dans la partie inférieure du tube de la corolle, cas auquel répond généralement l'élongation du style. Dimorphisme dont Darwin a montré l'importance au point de vue de la fécondation croisée.

Pl. 178. — OREILLE D'OURS

PRIMULA AURICULA L.

SYNONYME FRANÇAIS : **Auricule.**

Indigène.

Description.

Espèce bien distincte des précédentes par le calice arrondi et non anguleux, 2 ou 3 fois plus court que le tube de la corolle, au lieu d'être presque de même longueur. C'est une plante à feuilles épaisses, ovales-allongées, glabres ou parsemées de poils courts, ou farineuses, dentées ou entières; à fleurs réunies par 2-20 en ombelles, sur un pédoncule commun de 10 à 15 centimètres de longueur, dépassant beaucoup les feuilles, à pédicelles d'inégale longueur; ces fleurs sont d'un jaune d'or, dans le type de l'espèce; mais, par la culture, leur coloris a varié considérablement, et elles ont pris tous les tons du jaune, du pourpre et du marron, avec des nuances bleuâtres : ces diverses teintes associées deux ou trois ensemble et disposées en cercles concentriques. On divise ces variétés en quatre catégories :

Les *Auricules pures* ou *ordinaires* unicolores, jaune, mordoré, brun, pourpre, violet ou blanchâtre, avec le centre de la fleur blanc.

Les *A. ombrées* ou *liégeoises*, à deux couleurs, disposées en cercles concentriques, et plus ou moins tranchées, avec le centre de la fleur blanc ou jaune.

Les *A. anglaises* ou *poudrées*, multicolores et comme poudrées de poussière glauque, à centre de la fleur blanc.

Les *A. doubles*, présentant deux ou un plus grand nombre de corolles emboîtées les unes dans les autres. Ce sont les variétés les plus délicates, et pour cela les moins recherchées.

Les Auricules fleurissent en avril-mai.

Emplois.

L'*Auricule* est une des plantes qui ont le plus excité l'enthousiasme des amateurs; elle est un peu délaissée en France, mais elle a encore des admirateurs fervents, surtout en Angleterre, où on en cultive un grand nombre de variétés. On peut la cultiver en pleine terre dans les rocailles, en sol léger et à exposition ensoleillée; mais c'est surtout la culture en pots qui lui convient, et elle convient tout particulièrement, dans ces conditions, à l'ornementation des fenêtres et des balcons.

Culture. — Multiplication.

Sous le climat de Paris, l'Auricule redoute les grands froids, et surtout l'excès d'humidité, aussi ne convient-elle, dans les jardins, qu'à orner les parties très abritées et chaudes, en sol substantiel, mais parfaitement drainé; elle peut, au contraire, donner les meilleurs résultats tenue en pots, dans un compost formé de terreau, de terre de jardin et de sable, car il est alors facile de le rentrer sous châssis ou en serre froide, ou dans un local aéré et bien éclairé pour lui faire passer l'hiver. On le multiplie par division des touffes, après la floraison, ou par graines semées dès la maturité. Le rempotage est fait en juin-juillet.

EXPLICATION DE LA PLANCHE 178.

1. Fleur coupée longitudinalement.

⌂ Pl. 179. — PRIMEVÈRE DU JAPON

PRIMULA JAPONICA A. Gray.

Patrie : Japon.

Description.

Superbe plante à feuilles amples, ovales-allongées, d'un vert pâle, inégalement dentées. La tige florale, qui peut atteindre jusqu'à 75 centimètres de hauteur, porte des fleurs disposées par 5-20, en étages qui se superposent; la même hampe peut porter à la fois 4 à 8 étages : ceux de la partie inférieure en fruits; ceux de la partie moyenne en fleurs; ceux du sommet en boutons. Ces fleurs, larges de 2 centimètres, présentent une grande diversité de couleurs ; elles peuvent être rouge violacé comme dans le type de l'espèce, blanches, carnées, roses, lilas, rouges ou rouge cuivré, avec le centre jaune ou rouge ; il existe aussi des variétés panachées. Fleurit en mai-juillet.

Emplois.

Cette belle plante, d'introduction relativement récente, est encore peu répandue ; elle est propre à orner les plates-bandes et les corbeilles en terrain frais et fertile, et à exposition un peu ombragée.

Culture. — Multiplication.

Sous le climat de Paris, cette espèce n'est pas absolument rustique. Elle ne supporte pas toujours les grands froids, aussi est-il nécessaire de l'abriter sous cloche, sous châssis ou en serre froide. On la multiplie par division des vieux pieds, ou mieux par graines, qu'on sème en février-mars ou à l'automne. Les jeunes plantes obtenues sont repiquées en pots, conservées sous châssis et mises en place au printemps suivant.

EXPLICATION DE LA PLANCHE 179.

1. Fleur coupée longitudinalement.

⌂ Pl. 180. — PRIMEVÈRE DE CHINE

PRIMULA SINENSIS Lindl.

SYNONYME LATIN : **Primula prænitens Ker.**

Patrie : Chine.

Description.

Cette Primevère diffère notablement des précédentes. C'est une plante comme elles, à feuilles en forme de cœur, découpées en 7-9 lobes inégalement dentés. La tige florale, haute de 15 à 30 centimètres, porte des fleurs qui peuvent atteindre jusqu'à 5 centimètres de diamètre, réunies au nombre de 8 à 12, en étages qui se superposent, et au nombre de 2 ou 3, en formant une ample ombelle. Ces fleurs ont le calice enflé, conique, de même longueur que le tube de la corolle ; dans le type de l'espèce, elles sont d'un rose plus ou moins foncé. La culture a fait naître une quantité de variétés, présentant comme couleurs tous les tons compris entre le blanc, le rose, le rouge et le rouge violacé, et des intermédiaires tels que le cuivré et le bleuâtre. Les fleurs ont également été modifiées dans leurs dimensions et dans la forme de leurs pétales : elles peuvent être simples ou doubles, à pétales presque entiers, et plans ou ondulés sur les bords et finement découpés (*Primevère frangée*). Enfin, il n'est pas jusqu'au feuillage qui, lui aussi, n'ait subi des modifications : dans la race *filicifolia*, il s'est allongé et découpé pour prendre l'aspect de celui d'une Fougère. La Primevère de Chine fleurit de décembre à avril.

Emplois. — Culture. — Multiplication.

La *Primevère de Chine* est trop délicate pour être cultivée en pleine terre, sous le climat de Paris; mais c'est certainement l'une des plantes les plus précieuses pour décorer les appartements, les serres froides, les jardins d'hiver; aussi est-elle cultivée sur une large échelle par les horticulteurs qui approvisionnent les marchés des grandes villes. On conserve rarement les vieux pieds, qui donnent des fleurs peu abondantes et de petite dimension ; on préfère élever chaque année de jeunes plantes qu'on obtient par graines, semées de mai en juillet en pots, en serre ou sous châssis, à mi-ombre. Le sol qui leur convient le mieux, est un mélange de terre franche légère, de sable et de terreau de feuilles, ou à défaut, de la terre de jardin légère, additionnée de terreau très décomposé. On repique les jeunes plantes dès qu'elles sont munies de quelques feuilles, dans de petits pots, remplacés successivement par de plus grands, au moment des rempotages, qui se font lorsque le besoin s'en fait sentir. En été, les arrosages doivent être modérés, et il faut éviter de répandre de l'eau sur les feuilles. Les plantes doivent être tenues aussi près que possible des vitrages. On multiplie les variétés à fleurs pleines par division des pieds, après la floraison.

EXPLICATION DE LA PLANCHE 180.

1. Fleur coupée longitudinalement.

———

Le genre *Primula* renferme un grand nombre d'espèces propres à la décoration des rocailles, telles que les *P. capitata* Hook., de l'Himalaya, ravissante espèce à fleurs petites, d'un blanc violacé, réunies en tête globuleuse; le *P. cortusoides* L., de la Sibérie et du Japon, à fleurs assez grandes, et groupées par 5-15 en ombelles, de couleur rose, blanche, lilacée ou rouge, avec des variétés panachées; le *P. marginata* Curt., des Alpes, à souche épaisse, à fleurs violettes, disposées par 5-7 en ombelles; le *P. rosea* Royle, de l'Himalaya, superbe espèce formant des touffes de 7 à 8 centimètres, à fleurs rose vif, en ombelles, etc. Toutes ces espèces sont malheureusement, comme la plupart des plantes alpines, un peu délicates sous le climat de Paris, et exigent l'abri des châssis pendant l'hiver.

Une autre espèce, le *P. obconica* Hance (Syn.: P. poculiformis Hook.), de la Chine, a pris rapidement une grande place dans nos serres; les feuilles en sont ovales allongées, velues; les tiges florales produites en grand nombre, de 15 à 20 centimètres de hauteur, portent des bouquets de 15-20 fleurs, longuement tubuleuses, à calice très développé, en forme de cône renversé, à corolle mesurant jusqu'à 2 centimètres de diamètre, rose pâle ou lilacé, ayant une longue durée et se succédant sans interruption de novembre à juin. Cette plante précieuse a les mêmes emplois que la *Primevère de Chine*. On la cultive de même. On pourrait la multiplier par division des touffes après la floraison. Dans le midi de la France, elle passe l'hiver en pleine terre, lorsqu'elle est plantée dans un endroit bien abrité.

🏠 Pl. 181. — CYCLAMEN DE PERSE

CYCLAMEN PERSICUM Mill.

SYNONYMES LATINS : **C. latifolium Sibth. et Sm.; C. aleppicum Fisch.**

Patrie : Asie Mineure et Grèce.

Description.

Les Cyclamen sont des plantes vivaces, tubéreuses, à feuilles naissant toutes directement du tubercule; à pédoncules portant une seule fleur penchée. Les fleurs ont un calice à 5 divisions; une corolle à tube court et globuleux, divisée au-dessus en 5 pétales longs et ramenés en arrière de la fleur. Le fruit est une capsule globuleuse, s'ouvrant par 5 valves.

Le *Cyclamen de Perse* se distingue facilement de toutes les autres espèces du genre par ce fait qu'il est le seul dont les pédoncules ne se roulent pas en spirale après la floraison. C'est une plante de 15 à 20 centimètres de hauteur, à tubercule gros; les feuilles en forme de cœur, marbrées de vert clair en dessus, rougeâtres en dessous. Les fleurs, grandes, inodores, rose pâle dans le type de l'espèce, ont, par la culture, donné naissance à des coloris extrêmement variés dans lesquels on observe le blanc, le rose pâle, le rose lilacé, le rose vif, le rouge vif et le pourpre noir, en teintes uniformes ou associées en panachures ou striées se détachant sur un fond de couleur différente. Fleurit de janvier à mai avec une longue durée.

Emplois.

Le *Cyclamen de Perse* est rustique dans le midi de la France et peut être livré à la pleine terre. Sous le climat de Paris il exige la serre froide, et c'est l'une des plantes les plus précieuses pour la décoration des jardins d'hiver et des appartements. A l'aide de la culture forcée, les fleuristes l'obtiennent en fleurs pendant l'hiver à une époque où les fleurs sont recherchées et rares. Une floraison abondante, de longue durée, des coloris brillants, l'absence d'odeur sont des qualités qui, jointes à la précédente, justifient la vogue croissante de cette belle plante.

Culture. — Multiplication.

Les tubercules de *Cyclamen* sont facilement endommagés par l'humidité, surtout pendant l'arrêt de la végétation. Il est nécessaire, lorsque la floraison est achevée, de les tirer du sol comme les bulbes de Tulipes et de Jacinthes ou de les conserver dans de la terre, mais complètement à sec pendant toute la saison du repos. Lorsqu'arrive le mois de septembre, on plante ces tubercules en pots, bien drainés, dans un compost formé de terreau, de feuilles ou de terre de bruyère, additionné de sable calcaire. Les tubercules doivent être plantés en partie hors de terre de manière à ce que leur tiers inférieur soit seul en contact avec le sol. Les pots sont placés sur couche et sous châssis, ou en serre près du vitrage; on arrose régulièrement, et on maintient la température élevée jusqu'à ce que les feuilles et les boutons à fleurs soient développés. A ce moment on aère et, lorsque les plantes sont un peu durcies, on les transporte dans un endroit frais et bien aéré (serre froide, jardin d'hiver) pour les y faire fleurir. On multiplie le *Cyclamen de Perse* par graines semées dès la maturité. Les plantes ainsi obtenues fleurissent quinze à dix-huit mois après le semis.

EXPLICATION DE LA PLANCHE 181.

1. Fleur coupée longitudinalement.

Le genre *Cyclamen* renferme plusieurs autres espèces ornementales notamment :

Le *C. Coum* Mill., de Grèce et d'Orient, à petit tubercule donnant naissance à des feuilles petites, maculées, se montrant avant les fleurs et durant longtemps après la floraison. Les fleurs en sont petites, carminées, très odorantes et s'épanouissent en janvier-mars. Variétés à fleurs blanches.

Le *C. europæum* L. (Pain de pourceau, Violette des Alpes), espèce qui croît dans nos montagnes du Jura, dans certaines parties de l'Europe méridionale et en Asie Mineure, à feuilles en forme de rein ou de haricot, d'un vert foncé, lustré, maculé de vert pâle à la face supérieure, pourpre violacé en dessous, persistant toute l'année. Les fleurs, de moyennes dimensions, sont carminées et dégagent une odeur pénétrante, très agréable; elles s'épanouissent en août-octobre. Variété à fleurs blanches.

Le *C. neapolitanum* Ten. (Syn. : C. hederæfolium Ait.), espèce originaire de l'Europe méridionale, à feuilles triangulaires, rappelant comme forme celles du Lierre, à face supérieure maculée de vert pâle, sur un fond vert foncé, à face inférieure rougeâtre, se développant après les fleurs qui sont grandes, rose pâle avec le centre plus foncé. Ces fleurs sont inodores et s'épanouissent de septembre à novembre. Variété à fleurs blanches.

Ces diverses espèces prospèrent surtout en position abritée, à mi-ombre, en sol léger et sain, calcaire additionné de terreau de feuilles. On en fait des bordures ravissantes.

Parmi les autres genres de la famille des Primulacées qui ont des représentants dans les jardins on peut citer :

Les Androsace, les Cortusa, les Soldanella, qui sont des plantes alpines propres à la décoration des rocailles et dont nous ne pouvons parler pour ne pas sortir du cadre de ce livre.

Le genre Dodecatheon, qui comprend une espèce : le *D. Meadia* L. (Syn. : D. integrifolium Michx., D. Jeffreyi Hort.), (Gyroselle), plante vivace originaire de l'Amérique septentrionale, à feuilles molles, amples, entières, à tige florale simple, haute de 30 à 60 centimètres, portant au sommet 5 à 8 fleurs pendantes, réunies en ombelle. Ces fleurs ont les pétales déjetés en arrière comme ceux du Cyclamen. La corolle est rose, rose lilacé ou blanche, à tube très court avec une tache jaune d'or au centre. Fleurit en mai-juin. Cette charmante plante prospère en sol léger et spongieux ; le terreau de feuilles additionné d'un peu de terre franche lui convient particulièrement ; on doit la planter à exposition un peu ombragée. Multiplication par division des touffes et par graines.

Le genre Lysimachia caractérisé par des fleurs à calice et à corolle à 5 divisions, cette dernière en forme de cloche ou très ouverte, presque plane mais à pétales non déjetés en arrière. Les étamines au nombre de 5 sont souvent accompagnées de 5 filets stériles. La capsule, à 5-10 valves, s'ouvre au sommet par 5-10 dents. Les espèces suivantes : *L. ciliata* L., de l'Amérique septentrionale, de 50 centimètres de hauteur, à feuilles en forme de cœur, à fleurs jaune pâle, naissant en juillet-août, aux aisselles des feuilles supérieures ; *L. Ephemerum* L., de l'Europe méridionale, glauque, à feuilles allongées-étroites, rétrécies aux extrémités, à fleurs petites, blanches, nombreuses, en grappes dressées en forme d'épi, s'épanouit en juin-septembre ; le *L. punctata* L., de l'Europe centrale, de 75 centimètres à 1 mètre, à fleurs jaune vif, nombreuses, disposées en bouquet ample et lâche, s'épanouit de mai en août, sont des plantes vivaces rustiques propres à orner les plates-bandes bien que n'étant pas d'une grande beauté.

Le *L. Nummularia* L., petite plante vivace, indigène, à tiges couchées sur le sol, où elles s'enracinent de place en place en émettant de nombreux rejets, à feuilles entières et arrondies, convient pour les suspensions et les parties fraîches et ombragées des rocailles. Les fleurs relativement grandes et de couleur jaune d'or sont très élégantes. Fleurit en juin-septembre. Multiplication par division des touffes.

Le genre Anagallis, auquel appartiennent les *mourons* rouges ou bleus (A. arvensis L.), renferme une espèce, l'*A. linifolia* L. (Syn. : A. collina Schousb ; A. grandiflora Andr. ; A. Monelli Desf.), de l'Afrique septentrionale, plante vivace, cultivée comme annuelle, de 30 à 40 centimètres de hauteur, à fleurs nombreuses, relativement grandes, rouges, roses, lilacées ou bleues, selon les variétés qui sont vraiment très élégantes et qui se succèdent tout l'été. On peut l'employer à la décoration des plates-bandes en plein soleil. Multiplication par graines qu'on sème sur couche en février-mars, ou par boutures faites sous cloche en juillet-août et conservées l'hiver sous châssis ou en serre froide.

FAMILLE DES JASMINÉES

Pl. 182. — JASMIN COMMUN

JASMINUM OFFICINALE L.

Patrie : Inde septentrionale et Chine.

Description.

Le genre *Jasminum* est caractérisé par des fleurs à pétales soudés entre eux et à ovaire indépendant des autres parties de la fleur (libre ou supère), à calice et à corolle à 5-8 divisions; cette dernière plane et en tube allongé dans la partie inférieure; à 2 étamines. Le fruit est une baie globuleuse à une graine; il peut être composé de deux baies soudées latéralement entre elles et contient dans ce cas deux graines.

Le *Jasmin commun* est une liane buissonnante, dont les tiges grêles peuvent atteindre 4 à 5 mètres de hauteur, à rameaux verts, striés longitudinalement, à feuilles ayant 3 paires de petites folioles ovales-allongées se rétrécissant en pointe au sommet; à fleurs blanches, très odorantes, disposées en petits bouquets à l'extrémité des rameaux, ayant le tube de la corolle deux fois plus long que le calice. Fleurit de juin en septembre.

Emplois.

Le *Jasmin commun*, très rustique dans le midi de la France, est un peu délicat sous le climat de Paris où néanmoins il est fréquemment cultivé, palissé sur les murs aux expositions abritées et chaudes. C'est l'une des lianes les plus populaires et c'est à ce titre qu'elle prend place dans ce livre bien qu'appartenant à la catégorie des plantes ligneuses. En Turquie et en Égypte, cette plante est l'objet de cultures spéciales pour la fabrication de tuyaux de pipes ou de chibouks. La valeur des tiges propres à la fabrication des tuyaux de pipe est proportionnée à leur longueur qui varie de 50 centimètres à 3 mètres. Un tuyau de pipe de 5 mètres de longueur est très rare et peut valoir jusqu'à 500 francs.

Le *Jasmin commun* est aussi cultivé en Provence pour la parfumerie, mais on lui préfère le *Jasmin d'Espagne* (Jasminum grandiflorum L.), de l'Himalaya, arbrisseau de 1 m. 50 à 3 mètres de hauteur, dont les feuilles ont 4 paires de folioles et les fleurs plus grandes avec le tube de la corolle trois ou quatre fois plus long que le calice. Ces fleurs sont blanches, purpurines extérieurement et dégagent une odeur suave, mais fugace. La plante n'est cultivable en plein air que dans la région de l'Oranger.

En Provence et en Ligurie, la récolte des fleurs se fait tous les jours, de juillet en septembre. En Algérie on commence en juin pour finir en novembre. On estime que 1000 pieds de Jasmin produisent 40 à 50 kilos de fleurs.

A Grasse, d'après M. le docteur Sauvaigo, la consommation annuelle des fleurs de Jasmin est de 60 à 80.000 kilos, d'une valeur moyenne de 140.000 fr.

Culture. — Multiplication.

Le *Jasmin commun*, nous l'avons déjà dit, ne doit être cultivé, sous le climat de Paris, qu'aux expositions les plus chaudes; lorsque les tiges gèlent dans les hivers rigoureux elles repoussent rapidement du pied. Les terrains légers lui conviennent plus particulièrement sous notre climat. On le multiplie par boutures, par marcottes et par séparation des rejets enracinés.

EXPLICATION DE LA PLANCHE 182.

1. Fleur coupée longitudinalement.

FAMILLE DES OLÉACÉES

Pl. 183. — LILAS CHARLES X

SYRINGA VULGARIS L.

Patrie : Transylvanie.

Description.

Le Lilas tient une place si importante dans les jardins, que nous avons fait pour lui, ainsi que d'ailleurs pour un certain nombre d'autres plantes très recherchées, exception à la règle que nous nous sommes imposé, d'exclure de ce livre les espèces arbustives et arborescentes.

Le genre Lilas (Syringa) est caractérisé par des fleurs à pétales soudés entre eux et à ovaire indépendant des autres parties de la fleur (libre ou supère); un calice à 4 dents; une corolle à 4 divisions étalées en coupe et à partie inférieure en tube allongé; 2 étamines; un fruit (capsule) sec, presque ligneux, ovale-allongé, à 2 loges.

Le *Lilas commun* (Syringa vulgaire) est un petit arbre de 4 à 5 mètres de hauteur introduit dans l'Europe occidentale vers le milieu du xvie siècle; en 1601, il se trouvait dans la plupart des jardins de la Belgique et de l'Allemagne et aux environs de Paris. Les feuilles sont ovales-arrondies, brusquement rétrécies en pointe au sommet, en forme de cœur à la base. Les fleurs, en grappe ramifiée, serrée, de forme ovale ou pyramidale, exhalent un parfum extrêmement agréable; elles sont soit roses, soit d'un rose plus ou moins violacé ou rougeâtre, blanches, etc. Il en existe un grand nombre de variétés; les unes à fleurs simples, les autres à fleurs doubles ou pleines. Fleurit en mai. La variété *Charles X*, aux bouquets compacts, pyramidaux, d'un beau rouge violacé, est l'une des plus belles.

Emplois. — Culture. — Multiplication.

Cet arbre ou plutôt cet arbrisseau est trop connu pour qu'il soit utile de faire valoir ses mérites. Non seulement on le cultive en pleine terre pour orner les parterres et les bosquets, mais encore, planté en pots ou en caisse, il n'est pas rare de le voir figurer sur les balcons et sur les fenêtres dans les villes. Il prospère dans tous les terrains et à toutes les expositions, mais il est nécessaire de le tailler après la floraison pour enlever les fleurs passées, les gourmands et les rameaux mal conformés.

Le Lilas à fleurs blanches, vendu en si grande abondance par les fleuristes pendant l'hiver, est obtenu par la culture d'arbrisseaux enlevés de pleine terre et mis dans des serres à température élevée (30 à 35°). Les Lilas employés pour cette culture spéciale ne sont pas comme on pourrait le croire des variétés à fleurs blanches ; on a remarqué au contraire que celles à fleurs rouges ou violettes comme *Charles X*, *rouge de Marly*, etc., sont celles qui donnent les meilleurs résultats, et les fleurs que l'on en obtient sont blanches même en se développant à la lumière à la condition que la température de la serre soit suffisamment élevée (au moins 15 degrés).

EXPLICATION DE LA PLANCHE 183.

1. Fleur entière.
2. Fleur coupée longitudinalement.

Pl. 184 A. — LILAS DE PERSE

SYRINGA PERSICA L.

Patrie : Afghanistan, Thibet méridional.

Description.

Cette espèce se distingue de la précédente par ses rameaux plus grêles, flexueux ; ses feuilles plus petites, étroites-allongées, rétrécies au sommet et à la base, quelquefois profondément découpées comme c'est le cas pour la variété que nous figurons ; par ses grappes plus petites, étroites, présentant de place en place des solutions de continuité. Elle a été introduite dans l'Europe occidentale environ un demi-siècle après le *Lilas commun*.

Moins ornementale que la précédente, cette espèce est aussi beaucoup moins répandue dans les jardins. Il en existe des variétés à fleur rose violacé, roses et blanches.

EXPLICATION DE LA PLANCHE 184 A.

1. Fleur entière.
2. Fleur coupée longitudinalement.

Pl. 184 B. — LILAS VARIN

SYRINGA PERSICA L., var. DUBIA

Synonyme français : **Lilas de Rouen.**
Synonymes latins : **Syringa dubia Pers., S. rothomagensis Hort.**

Description.

Pour la plupart des auteurs, le *Lilas Varin* est un hybride du *Lilas commun* et du *Lilas de Perse;* il est, par ses caractères, exactement intermédiaire entre ces deux espèces. Il a été trouvé en 1777 dans les cultures de Varin, jardinier à Rouen. Les feuilles sont un peu plus larges que celles du *Lilas de Perse*, mais non ovales et en forme de cœur comme celles du *Lilas commun;* les grappes de fleurs sont allongées et légères, interrompues, beaucoup plus allongées que celles du *Lilas de Perse*. Il est enfin stérile comme le sont en général les hybrides. C'est une très belle plante très répandue, à fleurs d'abord violet rougeâtre, puis bleuâtres, en grappes pouvant atteindre 80 centimètres de longueur. Il en est sorti un certain nombre de variétés, notamment le *Lilas Saugé*, à fleurs carmin pourpré vif, dédié à Saugé, gendre de Varin; le *Lilas Varin à fleurs blanches;* le *Lilas de Metz*, à fleurs rose lilacé pâle; le *Lilas carné de Chine*, à fleurs blanc lilacé très pâle, cendré.

FAMILLE DES APOCYNÉES

⌂ Pl. 185. — PERVENCHE DE MADAGASCAR

VINCA ROSEA L.

Patrie : Toutes les régions tropicales.

Description.

Le genre *Pervenche* (Vinca) est caractérisé par des feuilles opposées; des fleurs formées d'un calice à 5 divisions, non glanduleux; une corolle en long tube à la base, divisée au sommet en 5 lobes amples étalés; 5 étamines; un ovaire supère, c'est-à-dire n'ayant aucune adhérence avec les autres parties de la fleur, à 2 carpelles distincts qui deviennent des sortes de gousses (follicules) cylindriques, à 2 loges, contenant chacune des graines disposées sur deux rangs.

La *Pervenche de Madagascar* est une plante vivace à tige ligneuse à la base, pouvant dépasser 1 m. 50 de hauteur, mais ayant environ 40 à 50 centimètres dans nos jardins. Les feuilles, ovales-allongées, sont légèrement velues, d'un vert lustré. Les fleurs, d'environ 4 centimètres de diamètre, sont carmin légèrement violacé. Il en existe une variété à fleurs blanches. Fleurit pendant tout l'été.

Emplois. — Culture. — Multiplication.

La *Pervenche de Madagascar* est rustique dans le midi de la France. Sous le climat de Paris, elle exige d'être abritée en serre pendant l'hiver, mais elle est surtout cultivée comme plante annuelle, ce qui dispense de conserver les vieux pieds peu satisfaisants pour l'ornementation des parterres. On l'utilise dans la composition des corbeilles, la plantation des plates-bandes, etc. Mais c'est surtout cultivée en pot, pour la garniture des appartements et des fenêtres que cette plante est recherchée. Les vieux pieds plantés en serre chaude atteignent de grandes dimensions et fleurissent pendant toute l'année. On en sème les graines sur couche, et sous châssis ou en serre en mars-avril : on repique dans de petits pots, qu'on remplace par d'autres de dimensions plus grandes, par des rempotages successifs, dans un compost formé de terreau, de feuilles ou de terre de jardin légère, additionnée de terreau de couche bien décomposé. Les plantes doivent rester en serre ou sous châssis jusqu'à fin mai, époque à laquelle on peut les mettre en plein air.

Explication de la Planche 185.

1. Fleur coupée longitudinalement.

Le genre *Vinca* renferme d'autres espèces ornementales, parmi lesquelles nous ne citerons que les deux plus répandues : le *V. major* L. (Grande Pervenche) et le *V. minor* (Petite Pervenche), plantes vivaces indigènes, à tiges stériles, rampantes ; à tiges florales denses, de 50 centimètres de hauteur dans la première espèce, de 20 centimètres de hauteur dans la seconde, à feuilles persistantes, d'un vert foncé, ovales, plus grandes dans le *V. major*, qui a aussi de grandes fleurs bleu pâle, blanches dans une variété. Les fleurs du *V. minor*, plus petites, sont bleues, blanches ou purpurines, simples ou doubles selon les variétés. Ces deux plantes fleurissent de mars en juin ; elles prospèrent surtout aux expositions ombragées et dans les sols frais. (Voir *Masclef, Atlas, pl. 217*.)

⌂ Pl. 186. — LAURIER ROSE

NERIUM OLEANDER L.

Synonyme français : **Oléandre**.

Patrie : Région méditerranéenne.

Description.

Le genre *Nerium* comprend des arbrisseaux à sève laiteuse toxique ; à fleurs régulières ayant un calice à 5 divisions ; une corolle tubuleuse dans la partie inférieure, divisée au sommet en 5 lobes étalés, ayant chacun à la base une écaille plus ou moins découpée ; 5 étamines à anthères en forme de fer de flèche, prolongées en appendice contourné et barbu ; à 2 carpelles qui deviendront plus tard deux sortes de gousses (follicules) cylindriques, contenant des graines munies d'une aigrette.

Le Laurier rose est un arbrisseau de 2 à 5 mètres de hauteur qui, dans le midi de la France, croit à l'état sauvage dans le voisinage des cours d'eau. Les feuilles longues et étroites sont étagées par 3 sur les tiges ; elles sont persistantes. Les fleurs, en bouquets terminaux, sont rose carminé dans le type sauvage ; mais la plante a produit par la culture de nombreuses variétés, dans lesquelles elles peuvent être simples, doubles ou pleines, roses, rouges, saumonées, jaunes ou blanches, unicolores ou panachées. Fleurit de juin en août.

Emplois. — Culture. — Multiplication.

Sous le climat de Paris, le Laurier rose exige d'être hiverné en orangerie ou dans un local bien éclairé, aéré et à l'abri de la gelée. Il est d'une culture facile et se prête bien à la taille, ce qui permet de l'élever en pots sous forme de buissons qui se couvrent d'une multitude de fleurs du plus brillant effet. Il est nécessaire de le rempoter tous les ans, de préférence à la fin de l'hiver, et de lui donner une terre fertile, composée de terre de jardin ou de terre franche, additionnée de terreau. En été on le placera en plein air, à exposition chaude, et des arrosages abondants devront lui être prodigués. Pendant l'hiver, les arrosages doivent être très modérés. La multiplication se fait très facilement par boutures de rameaux aoûtés. Les rameaux plongés dans l'eau s'enracinent très facilement.

FAMILLE DES ASCLÉPIADÉES

⌂ Pl. 187. — ASCLEPIAS DE CURAÇAO

ASCLEPIAS CURASSAVICA L.

Patrie : Amérique méridionale.

Description.

Les *Asclepias* sont des plantes vivaces, à fleurs régulières, dont les pétales sont soudés entre eux, et à ovaire libre ou supère (c'est-à-dire n'ayant aucune adhérence avec le calice ou la corolle). Le calice est à 5 divisions, la corolle à 5 pétales pendants. Les étamines ont les filets soudés à la base en corps qui entoure l'ovaire et qui est surmonté de 5 appendices en forme de cornet, émettant du fond de leur cavité une sorte de corne. Dans chaque anthère, qui est surmontée d'une lame membraneuse, le pollen est aggloméré en masse compacte (masses polliniques). Le fruit est une sorte de gousse (follicule), contenant de nombreuses graines munies d'une aigrette.

L'*Asclepias de Curaçao* est une plante vivace, d'environ 75 centimètres de hauteur, à fleurs rouge orangé brillant, disposées en bouquets à l'extrémité des pédoncules qui naissent aux aisselles des feuilles supérieures. Le fruit en est glabre. Fleurit toute l'année.

Emplois. — Culture. — Multiplication.

Cette plante exige la serre chaude pendant l'hiver, sous le climat de Paris; on peut l'utiliser à l'ornementation des parterres, en la plantant en plein air, en situation chaude et en sol fertile, vers le 1er juin, pour la rentrer sous abri vitré vers le 15 octobre. On la multiplie par division des touffes ou par graines qu'on sème en serre ou sur couche en mars. Les jeunes plantes commencent à fleurir l'année même du semis.

Explication de la Planche 187.

1. Fleur épanouie.

2. Fleur avant l'épanouissement (coupe longitudinale).

3. Follicule (fruit différant de la gousse en ce qu'il ne s'ouvre que par une suture ventrale).

4. Coupe transversale du follicule montrant la position des graines.

Une autre espèce, l'*Asclepias tuberosa* L., de l'Amérique septentrionale, est plus recherchée que la précédente. Ses tiges, de 60 centimètres de hauteur, sont rameuses au sommet et portent des ombelles unilatérales de fleurs rouge orangé, disposées en amples bouquets. Le fruit est un peu velu. Cette belle plante vivace, rustique, fleurit en juillet-août; elle est propre à l'ornementation des plates-bandes, surtout à mi-ombre et en sol frais. On la multiplie par graines qu'on sème d'avril en juillet, ou par division des touffes.

L'*Asclepias syriaca* (Syn.: A. Cornuti Dene), Herbe à la Ouate, de l'Amérique septentrionale, est une plante vivace, d'une rusticité à toute épreuve, mais à racines traçantes, un peu envahissantes. Ses tiges atteignent de 1 mètre à 1 m. 50 de hauteur; les feuilles ovales et amples sont cotonneuses en dessous. Les fleurs, un peu odorantes, sont d'un blanc carné et réunies en grosses ombelles; elles s'épanouissent de juillet en septembre. C'est avec les aigrettes qui couronnent les graines de cette espèce que l'on prépare les *Boules de neige de Caracas*, que les fleuristes utilisent comme les fleurs artificielles. Cette espèce convient surtout à la décoration des grands jardins. L'*Asclepias incarnata* L., de l'Amérique septentrionale, de taille un peu moindre, à feuilles glabres et à fleurs roses, doit être employée à orner les plates-bandes en sol léger et à exposition chaude.

FAMILLE DES GENTIANÉES

Pl. 188. — GENTIANE ACAULE

GENTIANA ACAULIS L.

Patrie : Montagnes de l'Europe et de la Sibérie.

Description.

Les *Gentianes* sont des plantes précieuses pour la décoration des rocailles, où leurs corolles, souvent d'un bleu intense, produisent le plus ravissant effet, mais parmi les deux cents espèces qui constituent le genre, il en est bien peu qui peuvent être considérées comme des plantes de parterre, dans le sens où ce mot est compris couramment. Ce sont plutôt des plantes d'amateurs. Nous exceptons cependant l'espèce que nous figurons et qui est assez répandue.

La *Gentiane acaule* est une plante vivace gazonnante, de 10 à 15 centimètres de hauteur, à feuilles coriaces d'un vert foncé luisant, à fleurs très grandes, dressées, en forme de cloche, mesurant 5 à 6 centimètres de long sur 4 de large, d'un bleu intense, se succédant de mai en juin.

Emplois. — Culture. — Multiplication.

La *Gentiane acaule* convient à former des bordures et des tapis, à mi-ombre, en sol léger, riche en humus. C'est une des plantes les plus recherchées pour la décoration des rocailles. On la multiplie par division des touffes au printemps, ou par graines que l'on sème dès la maturité.

EXPLICATION DE LA PLANCHE 188.

1. Fleur coupée longitudinalement.

On peut encore citer parmi les genres de la famille des Gentianées, qui renferment des espèces cultivées dans les jardins:

Le genre SABBATIA, dont une espèce, le *S. campestris* Nutt., petite plante annuelle, originaire de l'Amérique septentrionale, est très ornementale par ses fleurs nombreuses, rouge violacé, avec une étoile jaune au centre. Le *S. campestris* est malheureusement d'une culture un peu capricieuse, ce qui fait qu'on ne peut guère l'élever qu'en pots, ou en semant les graines sur couche en mars. Les pots doivent être tenus à l'abri des rayons directs du soleil et de la pluie.

Le genre *Menyanthes*, dont l'unique espèce, le *M. trifoliata* L. (Trèfle d'eau), est une plante vivace indigène, propre à orner les bords des pièces d'eau et les aquariums. Les tiges en sont rampantes. Les fleurs, qui s'épanouissent de mai en juillet, ont les pétales frangés d'un blanc délicatement teint de rose. Cette plante doit être cultivée en sol très humide, mais elle ne doit pas être submergée. (Voir *Masclef, Atlas, pl. 221.*)

Le genre LIMNANTHEMUM, qui comprend le *L. nymphoides* Hoffmgg. et Link (Syn. : Villarsia nymphoides Vent.), petite plante vivace, indigène, aquatique flottante, rappelant un *Nénuphar* en miniature, à feuilles arrondies, nageantes, à fleurs jaune d'or, larges de 5 à 6 centimètres, s'épanouissant de juin en août. Le *Limnanthemum nymphoides* convient à orner les eaux non courantes, bassins, pièces d'eau, aquariums, au fond desquels on doit le planter au printemps, soit dans la vase, soit dans des pots immergés.

FAMILLE DES POLÉMONIACÉES

Pl. 189 A. — PHLOX A FEUILLES SÉTACÉES

PHLOX SETACEA L.

Patrie : Amérique septentrionale.

Description.

Le genre *Phlox* est caractérisé par des fleurs à pétales soudés entre eux, et à ovaire supère ou libre, c'est-à-dire n'ayant aucune adhérence avec le calice et la corolle. Le calice est à 5 divisions; la corolle tubuleuse inférieurement, s'étale obliquement au sommet en 5 lobes arrondis; les étamines, au nombre de 5, sont incluses dans le tube de la corolle, sur lequel elles sont attachées à des hauteurs inégales. Le fruit est une capsule à 3 loges, contenant chacune 1-2, rarement 3-5 graines. Il s'ouvre par 3 valves.

Le *Phlox à feuilles sétacées* est une plante vivace gazonnante, ne dépassant pas 10 à 15 centimètres de hauteur, à feuilles nombreuses, serrées sur les tiges persistantes, très étroites et courtes, à fleurs en bouquets, à l'extrémité des rameaux florifères. Ces fleurs ont le tube de la corolle droit, et les pétales échancrés; elles sont d'un rose purpurin pâle, avec une couronne purpurine au centre. Variété à fleurs blanches. Fleurit en avril-mai.

A côté de cette espèce se place le *P. subulata* L., à laquelle certains auteurs rattachent la précédente à titre de variété. Le *P. subulata*, également originaire de l'Amérique septentrionale, diffère du *Ph. setacea* par ses feuilles velues sur les bords; les fleurs plus grandes, à tube de la corolle arqué.

Emplois. — Culture. — Multiplication.

Les *Phlox à feuilles sétacées* et à *feuilles subulées* sont des plantes à floraison extrêmement abondante, et qui forment de ravissantes bordures; on les emploie aussi à la décoration des rocailles. Ils prospèrent surtout dans les sols légers et sains. On les multiplie par division des touffes.

1. Fleur coupée longitudinalement.

Pl. 189 B. — PHLOX PRINTANIER

PHLOX VERNA Sweet.

Patrie : Amérique septentrionale.

Description.

Cette espèce appartient encore au groupe des Phlox vivaces, à **tiges couchées sur le sol**; elle ne dépasse pas 10 à 15 centimètres de hauteur, les feuilles en sont poilues; celles de la base ovales-allongées, celles des tiges florales étroites. Les fleurs, de 2 centimètres de diamètre, rose violacé, avec le centre plus foncé, sont réunies par 6-8 en bouquets extrêmement nombreux et d'un effet ravissant. Fleurit en avril-mai. Comme l'espèce précédente, elle convient à former des bordures à mi-ombre en sol léger. On la multiplie par division des touffes.

EXPLICATION DE LA PLANCHE 189 B.

2. Fleur coupée longitudinalement.

Pl. 190. — PHLOX DE DRUMMOND

PHLOX DRUMMONDII Hook.

Patrie : Texas.

Description.

Plante annuelle de 30 à 40 centimètres de hauteur, poilue, à tiges couchées, dressées aux extrémités, à feuilles ovales, rétrécies en pointe au sommet, celles de la base des tiges opposées, celles du sommet alternes. Les fleurs qui, dans certaines variétés, mesurent jusqu'à 2 centimètres et demi de diamètre, sont disposées en bouquets nombreux; elles ont les pétales entiers parfois prolongés chacun en une longue pointe, dont l'ensemble donne à la fleur une forme étoilée. Dans le type de l'espèce, les fleurs sont d'un beau rose purpurin; mais, par la culture, le coloris s'est modifié et a donné naissance à toutes les teintes, dans lesquelles on observe le blanc, le blanc jaunâtre, tous les tons du rose, du rouge et du violet, parfois associés en teintes intermédiaires uniformes, constituant dans d'autres cas des stries rayonnantes, des bordures, un œil central arrondi ou étoilé, qui tranchent sur un fond différent. Il existe aussi des variétés naines, d'autres à grandes fleurs, etc. Fleurit de juin en octobre, successivement, selon l'époque du semis.

Emplois.

Le *Phlox de Drummond* est certainement l'une de nos plus belles plantes annuelles d'ornement. Il est très recherché pour former des corbeilles, et ses variétés naines constituent de superbes bordures. Il est également très précieux pour la décoration des plates-bandes et pour la culture en pots, destinés à la garniture des balcons et des fenêtres.

Culture. — Multiplication.

Le *Phlox de Drummond* prospère surtout dans les sols légers, riches en engrais. On en sème les graines : 1° en septembre en pépinière, pour repiquer en pots et hiverner sous châssis; 2° en mars-avril sur couche, pour repiquer en place fin mai; 3° en avril-mai en place. On doit laisser un intervalle de 30 centimètres entre les pieds.

EXPLICATION DE LA PLANCHE 190.

1. Fleur coupée longitudinalement.
2. Graine de grandeur naturelle et grossie.
3. Germination.

Pl. 191. — PHLOX PANICULÉ

PHLOX PANICULATA L., var.

SYNONYMES LATINS : P. acuminata Pursh; P. corymbosa Hort.; P. decussata Lyon.; P. cordata Ell.; P. americana Hort.; P. scabra Sw.; P. undulata Ait.

Patrie : Amérique septentrionale.

Description.

Plante vivace, d'environ 75 centimètres de hauteur, glabre, à tiges dressées, rameuses, à feuilles ovales-allongées, rétrécies en pointe au sommet, échancrées en forme de cœur à la base; à fleurs odorantes nombreuses, formant d'énormes inflorescences de forme pyramidale. Ces fleurs ont le calice à divisions longues, prolongées en pointe fine; elles sont rouges ou rose lilacé, dans le type de l'espèce, mais il en existe de nombreuses variétés.

A côté de cette espèce se place le *P. Maculata* L. (Syn. : P. alba Mœnch; P. candida Pers.; P. carolina Walt. (non Sims, ni Lin., ni Sweet); P. longiflora Sweet; P. penduliflora Sweet; P. pyramidalis Sm.; P. reflexa Hort.; P. suaveolens Ait.; P. tardiflora Penny), qui en diffère surtout par les tiges un peu velues, scabres; les feuilles, velues, scabres en dessous; les dents du calice courtes.

Croisés entre eux, les *P. paniculata* et *maculata* ont donné naissance à un grand nombre de variétés répandues dans les jardins, sous le nom de PHLOX VIVACES HYBRIDES, dans lesquels on observe des coloris, comprenant le blanc, toutes les teintes du rose, du rouge, allant au rouge violacé, en tons uniformes ou associés en panachures, en stries rayonnantes, ou en macules formant un œil central arrondi ou une étoile à 5 rayons, se détachant l'une sur l'autre. Il existe enfin des variétés naines, d'autres à floraison hâtive ou tardive. La floraison a lieu de juin en septembre, selon les variétés.

Emplois. — Culture. — Multiplication.

Ces *Phlox* sont des plantes vivaces d'ornement de premier ordre, que l'on rencontre dans tous les jardins. On les emploie à la décoration des plates-bandes. Les variétés naines se prêtent assez bien à la culture en pots. En outre de leurs qualités exceptionnelles, comme floribondité et comme beauté, les Phlox vivaces hybrides sont du nombre des plantes les plus faciles à cultiver. Ils sont d'une rusticité à toute épreuve, et s'accommodent de tous les sols, bien que ceux qui sont légèrement compacts et frais, quoique bien divisés, leur plaisent plus particulièrement. Une exposition aérée et éclairée leur est nécessaire. On les multiplie par division des touffes au printemps, ou par graines qu'on sème dès la maturité.

EXPLICATION DE LA PLANCHE 191.

1. Fleur coupée longitudinalement.

———

Le genre *Phlox* renferme plusieurs autres espèces ornementales, parmi lesquelles on peut citer notamment : le *P. glaberrima* L. (Syn. : P. altissima Mœnch; P. revoluta Atkins; P. triflora Michx.; P. suffruticosa Willd.; P. nitida Pursh), plante vivace de l'Amérique septentrionale, de 50 à 70 centimètres de hauteur, glabre, à fleurs nombreuses, en bouquets lâches. A les mêmes emplois que les P. hybrides, mais est plus délicate. — Le *P. divaricata* L. (Syn. : P. canadensis Sweet; P. vernalis Salisb.; P. glutinosa Buckl.), de l'Amérique septentrionale, charmante espèce vivace, un peu velue, dont les tiges rameuses, de 30 à 35 centimètres de hauteur, portent des bouquets lâches de fleurs, de dimensions relativement grandes, d'un bleu pâle, à pétales profondément échancrés. Même culture que *P. verna*, pl. 189 B. — Le *P. ovata* L. (Syn.: P. carolina L.; P. latifolia Michx.), belle plante basse, à tiges dressées, de 40 à 50 centimètres de hauteur, à feuilles ovales, à grandes fleurs rose vif, en petits bouquets. Fleurit en juillet-août. Culture et emplois de *P. verna*, pl. 189 B. — Le *P. reptans* Michx. (Syn. : P. crassifolia Lodd.; P. obovata Michx.; P. stolonifera Sims), plante vivace de l'Amérique septentrionale, un peu velue, à tiges couchées, ne dépassant pas 15 centimètres de hauteur, à feuilles ovales, à fleurs bleu violacé ou bleu pâle en grappes allongées. Emploi et culture du *P. verna*, pl. 189 B.

Pl. 192. — GILIA A FLEURS D'ANDROSACE

GILIA ANDROSACEA Steud.

SYNONYME LATIN : **Leptosiphon androsaceus Benth.**

Patrie : Californie.

Description.

Les *Gilia* sont caractérisés par des fleurs qui ont le calice à 5 divisions; une corolle longuement tubuleuse ou à tube court, divisée au sommet en 5 lobes réguliers; cinq étamines, toutes insérées dans la partie supérieure du tube de la corolle, et non à des hauteurs différentes, comme dans les Phlox. Le fruit est une capsule ovoïde, s'ouvrant par 3 valves et contenant des graines petites, plus ou moins nombreuses. Les feuilles sont opposées.

Le *Gilia à fleurs d'Androsace* est une plante annuelle de 25 à 30 centimètres de hauteur, à tige rameuse, à feuilles supérieures finement divisées et bordées de poils blancs. Les fleurs, purpurines, bleues ou blanches, selon les variétés, sont disposées en bouquets, garnis extérieurement de feuilles florales (bractées) très divisées, comme les feuilles supérieures. Ces fleurs ont le tube de la corolle deux fois plus long que les lobes. Fleurit en juillet-septembre.

Emplois. — Culture. — Multiplication.

Le *Gilia à fleurs d'Androsace* peut être employé à la décoration des plates-bandes; on en fait de jolies potées. Il prospère surtout dans les sols légers et à exposition ensoleillée. On doit en semer les graines en place, en mars-avril.

EXPLICATION DE LA PLANCHE 192.

1. Fleur entière.
2. Fleur coupée longitudinalement.
3. Graine de grandeur naturelle et grossie.
4. Germination.

Pl. 193 A. — GILIA A FEUILLES DE CORONOPUS

GILIA CORONOPIFOLIA Pers.

SYNONYMES LATINS : **Ipomopsis elegans Michx.; Cantua coronopifolia Willd.;
C. elegans Poir.; C. picta Poit.**

Patrie : Amérique septentrionale.

Description.

Espèce différant de la précédente par les feuilles alternes, au lieu d'être opposées, à divisions disposées de chaque côté de la nervure médiane, comme les pennes d'une plume, au lieu de partir d'un point commun, comme les doigts d'une main ; les fleurs à tube de la corolle beaucoup moins grêle, très allongé.

C'est une plante bisannuelle de 75 centimètres à 1 m. 20 de hauteur, à tige simple ou rameuse, à rameaux dressés le long de la tige principale et portant dans leur partie supérieure des fleurs longues de 3 à 4 centimètres, très nombreuses, un peu penchées, dont l'ensemble constitue de longues grappes. Ces fleurs, rouge écarlate, rouge vif ou jaunes, ponctuées de rouge, selon les variétés, s'épanouissent de juillet en octobre, et sont très brillantes.

Emplois. — Culture. — Multiplication.

Cette belle plante est malheureusement un peu délicate ; elle redoute surtout l'excès d'humidité. On en sème les graines en août, à bonne exposition, de préférence en terre franche et un peu calcaire, mais bien perméable. A l'entrée de l'hiver, couvrir les plantes de cloches, de paille ou de feuilles bien sèches. On peut aussi semer en pots ; conserver les jeunes plantes sous châssis pendant l'hiver, pour les mettre en place en avril.

EXPLICATION DE LA PLANCHE 193 A.

1. Fleur coupée longitudinalement.

Pl. 193 B. — GILIA TRICOLORE

GILIA TRICOLOR Benth.

Patrie : Californie.

Description.

Cette plante diffère des espèces précédentes, par des feuilles alternes, à divisions disposées comme les pennes d'une plume ; par le tube de la corolle très court, ne dépassant pas le calice.

C'est une plante annuelle, de 30 centimètres de hauteur, à rameaux couchés, puis dressés, un peu velue ; à fleurs réunies par 3-6 en petits bouquets, à l'extrémité des rameaux. Il en existe des variétés à fleurs tricolores, ayant le tube de la corolle jaune, la gorge purpurine et les lobes blanc lilacé, d'autres à fleurs unicolores, roses, bleuâtres ou blanches.

Emplois. — Culture. — Multiplication.

Comme le *Gilia Androsacea*, voir p. 242.

Le genre Gilia comprend encore un bon nombre de plantes annuelles ornementales, parmi lesquelles il convient de citer plus particulièrement les suivantes, qui sont originaires de la Californie :

Le *G. capitata* Dougl., plante glabre, qui rappelle quelque peu le

G. tricolor, mais à fleurs bleues ou blanches, groupées en têtes globuleuses longuement pédonculées.

Le *G. densiflora* DC. (Syn. : Leptosiphon densiflorus Benth.), qui se distingue du *G. androsacea* dont il a les autres caractères, par la corolle d'un blanc rosé, puis bleuâtre, tout à fait blanche dans une variété, à tube plus court que les lobes.

Le *G. dianthoides* Endl. (Syn. : Fenzlia dianthiflora Benth.), petite plante de 10 à 15 centimètres de hauteur, rameuse et touffue, à feuilles nombreuses, opposées, longues et fines, mais entières, au lieu d'être divisées comme dans les espèces précédentes, ou à divisions très peu nombreuses. La corolle, à tube très court, est en forme d'entonnoir; elle a le centre blanc, avec 5 taches violet foncé, les pétales rose pâle, un peu frangés dans la partie supérieure.

Le *G. liniflora* Benth., plante de 25 centimètres de hauteur, très rameuse, à feuilles découpées en lobes extrêmement ténus, disposés comme les doigts de la main ou les rayons d'un éventail, longs de 4 à 5 centimètres. Les fleurs rappellent par leur forme et par leurs dimensions celles du Lin; elles sont blanches et s'épanouissent dans le cours de l'été.

Le *G. micrantha* Steud. (Syn. : Leptosiphon aureus Benth.; L. luteus Benth.; L. parviflorus Benth.; L. roseus Hort.; L. hybridus Hort.), plante très basse, très compacte, ne dépassant pas 10 centimètres de hauteur, à tiges très rameuses, garnies de feuilles découpées en lobes très ténus, disposés comme les doigts de la main. L'ensemble forme une sorte de fin gazon, sur lequel se détachent, pendant cinq à six semaines, un nombre considérable de petites fleurs, ayant le caractère des Leptosiphon, c'est-à-dire ceux indiqués par les *G. androsacea* et *densiflora*, de couleur extrêmement brillante, jaune pâle, jaune d'or, mordoré, aurore, saumon, orangé, rouge, rouge violacé, rose, selon les variétés. L'effet est d'autant plus beau, que les plantes sont cultivées en situation plus ensoleillée.

Tous ces Gilia sont de charmantes plantes, propres à orner les plates-bandes en sol léger et à exposition ensoleillée; on en fait de ravissantes potées. On en sème les graines, en place en avril-mai.

Pl. 194. — COLLOMIA A FLEURS ÉCARLATES

COLLOMIA COCCINEA Lehm.

Patrie : Chili.

Description.

Le genre *Collomia* se rapproche des Phlox par les étamines, insérées à des hauteurs différentes sur le tube de la corolle; il s'en distingue par les feuilles alternes au lieu d'être opposées; les fleurs, disposées en tête serrée, entourée de feuilles florales (bractées) ayant l'aspect de feuilles.

Le *Collomia coccinea* est une plante annuelle d'environ 30 centimètres de hauteur, à feuilles peu larges, entières ou irrégulièrement dentées au sommet; à fleurs mesurant un peu plus d'un demi-centimètre de diamètre, d'un rouge écarlate, disposées en bouquets terminant les tiges. Fleurit de juin en octobre, selon l'époque du semis.

Emplois. — Culture. — Multiplication.

Comme les *Gilia*, cette plante est propre à orner les plates-bandes et à la culture en pots. Elle s'accommode de tous les terrains et de toutes les expositions. On doit en semer les graines : 1° en plein air et à bonne exposition en septembre, pour repiquer en place en mars-avril; 2° en place, de mars en juin.

EXPLICATION DE LA PLANCHE 194.
1. Fleur entière.
2. Fleur coupée longitudinalement.

Le *Collomia grandiflora* Dougl., de l'Amérique septentrionale, diffère peu du précédent, mais il est moins ornemental; les fleurs en sont rouge saumoné.

Pl. 195. — VALÉRIANE GRECQUE

POLEMONIUM CŒRULEUM L.

Patrie : Europe et Asie centrale.

Description.

Ce genre est caractérisé par des fleurs à calice en forme de grelot; une corolle à tubes très courts et à pétales rapprochés et disposés en forme de cloche au lieu d'être étalés comme dans les genres voisins. Les étamines, au nombre de 5, sont insérées à la même hauteur, sur le tube de la corolle; elles ont les filets poilus à la base.

Le *P. cœruleum* est une plante vivace, glabre ou un peu velue, de 20 à 30 centimètres de hauteur, à tiges dressées, rameuses dans leur partie supérieure; à feuilles portant de chaque côté d'une nervure médiane de nombreuses folioles non pétiolées, disposées comme les pennes d'une plume; à fleurs d'environ 2 centimètres de diamètre, bleues ou blanches, nombreuses, en bouquets à l'extrémité des rameaux, à corolle deux ou trois fois plus longue que le calice. Fleurit en juin-juillet.

Emplois. — Culture. — Multiplication.

La *Valériane grecque* est une des plantes vivaces d'ornement les plus répandues; elle est d'une rusticité absolue et s'accommode de tous les terrains et de toutes les expositions. On l'emploie surtout à la décoration des plates-bandes. On la multiplie par division des touffes ou par graines qu'on sème de mai en juillet.

EXPLICATION DE LA PLANCHE 195.

1. Fleur coupée longitudinalement.

Une autre espèce, le *P. reptans* L., originaire de l'Amérique septentrionale, diffère de la précédente par ses tiges couchées, relevées aux extrémités, hautes de 15 à 20 centimètres, par ses fleurs plus petites, d'un bleu plus pâle, à corolle seulement une fois plus grande que le calice, disposées en grappes très peu fournies et lâches. Même culture. Fleurit en juin-juillet, prospère surtout en sols légers, à mi-ombre. Propre à former des bordures et à orner les rocailles.

⌂ Pl. 196. — COBÉA

COBÆA SCANDENS Cav.

Patrie : Mexique.

Description.

Le genre *Cobæa* comprend des plantes grimpantes à feuilles alternes, à feuilles portant de chaque côté d'une nervure médiane de nombreuses folioles et terminées en vrille au sommet; à calice très ample, foliacé; à corolle en forme de large cloche ; à 5 étamines insérées sur le tube de la corolle, ayant les filets courbés, puis tordus en spirale. Le fruit est une capsule presque charnue, en forme d'œuf allongé, s'ouvrant dans toute sa longueur par 3 valves et contenant des graines aplaties, largement ailées.

Le *Cobéa* commun est une plante vivace à tige ligneuse à la base, atteignant 8 à 10 mètres de hauteur, à feuilles persistantes. Les fleurs, longues de 6 à 8 centimètres, larges de 4 à 5 centimètres, naissent aux aisselles des feuilles; elles sont verdâtres dans le jeune âge et deviennent d'un violet vineux. Sous le climat de Paris la floraison a lieu de juillet jusqu'aux premières gelées.

Emplois. — Culture. — Multiplication.

Le *Cobéa* est l'une des plantes le plus fréquemment employées à Paris pour la garniture des fenêtres et des balcons; sa croissance vigoureuse et rapide, la beauté de ses fleurs, qui se succèdent pendant toute la belle saison, ne sont pas ses seuls mérites, car c'est aussi l'une des plantes qui se prêtent le mieux à la culture aux expositions les plus diverses et qui demandent le moins de soins.

Dans les jardins on l'utilise à la garniture des tonnelles, des vieux murs, des grilles et des treillages. Elle prospère avec d'autant plus de vigueur qu'elle est plantée en sol riche en engrais et que les arrosages sont plus copieux pendant l'été.

Elle est d'une rusticité absolue dans le midi de la France. Sous le climat de Paris on ne la cultive guère que comme plante annuelle. On en sème les graines sur couche en mars-avril et les jeunes plantes sont mises en place fin mai. On peut aussi marcotter et bouturer les jeunes rameaux pendant l'été et les conserver en serre pendant l'hiver.

FAMILLE DES HYDROPHYLLÉES

Pl. 197. — NÉMOPHILE REMARQUABLE

NEMOPHILA INSIGNIS Benth.

Patrie : Californie.

Description.

Le genre *Nemophila* est caractérisé par des fleurs régulières à pétales soudés entre eux; un ovaire supère ou libre, c'est-à-dire n'ayant aucune adhérence avec le calice et la corolle.

Le calice est à 5 divisions muni aux angles d'appendices retombants. La corolle, en cloche largement évasée, est à 5 divisions et porte, à la base du tube, 5 étamines. Le fruit est une capsule s'ouvrant par 2 valves.

La *Némophile remarquable* est une plante annuelle velue, à tiges couchées, rameuses, de 15 à 20 centimètres de hauteur, à feuilles alternes à bords profondément découpés en lobes dentés; à fleurs solitaires à l'extrémité de pédoncules qui naissent aux aisselles des feuilles qui sont dépassées par elles. Ces fleurs, larges de 2 à 3 centimètres, sont de couleur bleu ciel avec le centre blanc. Il en existe une variété à fleurs blanches; une à fleurs bleues bordées de blanc; une à fleurs blanches, panachées de bleu. Fleurit de juin en août.

Emplois. — Culture. — Multiplication.

Cette jolie plante annuelle est recherchée pour ses fleurs abondantes et d'un beau coloris. On l'emploie à la décoration des plates-bandes. On peut aussi la faire figurer dans les corbeilles et elle est précieuse pour la culture en pots. Elle affectionne les sols légers et une exposition aérée. On doit en semer les graines en place, de mars en juin.

EXPLICATION DE LA PLANCHE 197.

1. Fleur coupée longitudinalement.
2. Graine de grandeur naturelle et grossie.
3. Germination.

On peut encore citer dans le même genre :

Le *N. maculata* Benth. (Syn. : N. speciosa Hartw.), de la Californie, plante voisine de la précédente, mais un peu plus développée dans toutes ses parties ; à fleurs blanches munies à la base de chaque lobe d'une large tête arrondie, d'un bleu violacé.

Le *N. Menziesii* Hook. et Arn. (Syn. : N. atomaria Fisch. et Mey. ; N. auriculæflora Hort. ; N. Crambeoides Hort. ; N. discoidalis Lem.), qui diffère des précédents par les lobes de ses feuilles peu ou point dentés. Les fleurs sont, soit blanches finement pointillées de brun (var. atomaria), soit d'un pourpre noir velouté avec un œil blanc au centre et les lobes étroitement bordés de blanc (var. discoidalis).

Ces deux plantes ont les mêmes emplois que la *Némophile remarquable;* la culture en est aussi la même.

La famille des Hydrophyllées comprend encore deux genres qui ont des représentants dans les jardins. Ce sont :

Le genre PHACELIA, caractérisé par le calice à angles sans appendices ; la corolle en cloche plus ou moins évasée ou tubuleuse, souvent munie d'écailles entre les étamines qui sont au nombre de 5 et attachées à la base du tube. Le fruit est une capsule à une loge s'ouvrant par deux valves. Les espèces les plus intéressantes sont :

Le *P. campanularia* A. Gray, Californie, ravissante petite plante annuelle de 20 à 25 centimètres de hauteur, à tiges couchées, puis redressées, rameuses, à fleurs nombreuses, en cloche, d'environ 2 centimètres de diamètre, d'un bleu intense, satiné, disposées en épis à l'extrémité des rameaux. Fleurit de juin en septembre.

Le *P. bipinnatifida* Michx., Amérique septentrionale, plante annuelle, poilue, à tiges rameuses, hautes d'environ 50 centimètres, à feuilles alternes, profondément découpées de chaque côté en lobes irrégulièrement dentés. Les fleurs, très nombreuses, peu grandes, en forme de cloche, sont disposées sur deux rangs en épis contournés comme ceux de l'Héliotrope. Cette jolie plante fleurit de juillet en septembre.

Le *P. Parryi* Torr., Californie, plante annuelle de 20 à 25 centimètres de hauteur, à tiges couchées puis redressées, rameuses, à fleurs très nombreuses, à corolle d'environ 2 centimètres de diamètre, en forme de coupe, presque plane, d'un bleu violacé. Fleurit de juin en septembre.

Le *P. viscida* Torr. (Syn. : Eutoca viscida Benth. ; Cosmanthus viscidus A. DC.), Californie, plante annuelle velue, visqueuse, de 30 centimètres de hauteur, à feuilles ovales irrégulièrement dentées, à fleurs en forme de coupe presque plane d'environ 2 centimètres de diamètre, d'un bleu foncé avec le centre blanc et violacé, disposées sur 2 rangs en épis contournés au sommet comme ceux de l'Héliotrope. Fleurit de juin en septembre.

Le *P. Whitlavia* A. Gray. (Syn. : Whitlavia grandiflora Harv. ;

Whitlavia gloxinioides Hort.), de Californie, plante annuelle velue, visqueuse, d'environ 40 centimètres de hauteur, à feuilles ovales, irrégulièrement dentées, à fleurs en cloche, longues de 2 centimètres, d'un beau bleu violacé, disposées sur deux rangs en épis contournés. Dans la variété gloxinioides, le tube de la corolle est blanc et les lobes bleus. Fleurit de juin en septembre.

Tous ces Phacelia sont de jolies petites plantes propres à orner les plates-bandes, et qui se prêtent très bien à la culture en pots pour la décoration des balcons et des fenêtres. On doit en semer les graines en sol léger, en mars, sur couche et sous châssis, pour repiquer un mois après ou en avril-mai en plein air ou en place.

Le genre Wigandia auquel appartiennent des plantes de grandes dimensions, à feuillage très ample comme les W. urens H. B. K. (Syn. : W. caracasana Hort., non H. B. K.; W. macrophylla Cham. et Schlecht.), du Mexique, et le W. Vigieri Carr.; le premier à feuillage vert bronzé, le second vert grisâtre, employés dans la composition des massifs et des corbeilles et à former des groupes isolés dans les pelouses.

Ces plantes, bien qu'exigeant la serre chaude pendant l'hiver, lorsqu'on veut les voir fleurir, peuvent être cultivées comme plantes annuelles lorsqu'on désire les utiliser simplement pour leur beau feuillage. Plantées à bonne exposition, en sol riche en engrais et copieusement arrosées, il n'est pas rare de les voir atteindre 2 mètres de hauteur et porter des feuilles de 50 à 75 centimètres de long sur 30 à 40 de largeur. On doit en semer les graines en février-mars sur couche chaude ou en serre, pour repiquer et mettre en place dans les premiers jours de juin. On peut aussi conserver en serre pendant l'hiver quelques vieux pieds sur lesquels on coupe des boutures au printemps. Le bouturage se fait sur couche chaude ou en serre, à l'étouffée, avec les pousses qui sont émises en grand nombre.

FAMILLE DES BORAGINÉES

⌂ Pl. 198. — HÉLIOTROPE

HELIOTROPIUM PERUVIANUM L.

SYNONYMES LATINS : **H. arborescens L.; H. odoratum Mœnch; H. odorum Salisb.**

Patrie : Pérou.

Description.

Le genre *Heliotropium* est caractérisé par des feuilles alternes; des fleurs ayant un calice à 5 dents, à pétales soudés entre eux, constituant une corolle tubuleuse à la base, étalée au sommet en 5 lobes; à 5 étamines insérées sur le tube de la corolle. L'ovaire est supère ou libre, c'est-à-dire n'ayant aucune adhérence avec le calice et la corolle, formé de 4 carpelles. Les 4 carpelles développés constituent le fruit ; ils sont secs, à une seule loge, et contenant une seule graine ; ils sont soudés dans toute la longueur de leur angle interne à une colonne centrale formée par la base épaissie du style.

L'*Heliotropium peruvianum* est une plante vivace à tige ligneuse à la base, pouvant atteindre plus de 2 mètres de hauteur, mais qui dépasse rarement 50 à 70 centimètres dans les conditions habituelles de culture. Les tiges, divisées en rameaux étalés, portent des feuilles persistantes, ovales, rugueuses, velues. Les fleurs petites, bleu clair, bleu foncé, bleu violacé ou violet noirâtre, selon les variétés, exhalent un parfum très prononcé qui rappelle celui de la vanille ; elles sont disposées à l'extrémité des rameaux en épis contournés dont l'ensemble constitue d'amples bouquets. Fleurit pendant toute l'année.

Emplois. — Culture. — Multiplication.

Dans les parties abritées du littoral de la Provence, l'*Héliotrope* peut être cultivé en plein air en espalier, le long d'un mur exposé au midi. Dans ces conditions il fleurit pendant toute l'année et ses fleurs sont cueillies pour la confection des bouquets et pour l'industrie de la parfumerie.

Sous le climat de Paris l'*Héliotrope* est l'une des plantes de serres et de parterres les plus recherchées. C'est en outre l'une de celles qui sont le plus fréquemment cultivées en pots pour la garniture des appartements, des fenêtres et des balcons. Dans les parterres, on l'emploie à la garniture des plates-bandes, à la confection des corbeilles, etc. Il prospère en tous terrains, même dans les sols sableux du bord de la mer ; cependant il affectionne les sols fertiles et un peu frais. Une exposition aérée lui est nécessaire.

On multiplie l'*Héliotrope* par boutures que l'on fait à l'automne, sous châssis ou en serre, avec les rameaux aoûtés, ou bien au printemps, sur couche chaude à l'étouffée, avec les pousses herbacées coupées sur des vieux pieds abrités en serre. Les jeunes plantes doivent être conservées en serre froide, près des vitrages ou sous châssis jusqu'au moment de la plantation en plein air qui s'effectue fin mai ou dans les premiers jours de juin.

EXPLICATION DE LA PLANCHE 198.

1. Fleur entière.
2. Fleur coupée longitudinalement.

On peut encore citer dans le genre : l'*H. anchusoides* Poir. (Syn. : Tournefortia heliotropioides Hook.), de la République argentine, plante vivace de 30 centimètres de hauteur, à fleurs inodores ayant tout à fait l'aspect de celles de l'Héliotrope du Pérou et d'un bleu violacé. Cette plante est propre à orner les plates-bandes et fleurit de juillet en septembre. Elle supporte nos hivers du climat de Paris à la condition d'être couverte d'une couche de paille ou de feuilles sèches. On la multiplie par division des touffes.

Pl. 199. — CYNOGLOSSE PRINTANIÈRE

OMPHALODES VERNA Mœnch

Synonyme latin : **Cynoglossum Omphalodes L.**

Indigène.

Description.

Le genre *Omphalodes* est caractérisé par une corolle, à tube très court, étalée au sommet en 5 lobes amples et plans, à ouverture du tube fermée par 5 écailles ; par les graines (carpelles) au nombre de 4, aplaties, munies sur la face externe d'un rebord saillant qui leur donne l'aspect d'une petite corbeille, fixées à la base du style par leur angle dorsal.

La *Cynoglosse printanière* est une plante vivace de 5 à 15 centimètres de hauteur, à souche longuement rampante donnant naissance à des stolons couchés qui s'enracinent de place en place et portent des feuilles. Ses feuilles sont ovales, rétrécies en pointe aux deux extrémités. Les tiges sont grêles, dépourvues de feuilles dans leur partie inférieure ; elles portent des fleurs d'un bleu intense, avec les écailles du centre formant une petite étoile blanche, rappelant celle du Myosotis, mais plus grandes, réunies en grappes peu fournies. Fleurit de mars en mai.

Emplois. — Culture. — Multiplication.

Cette charmante petite plante est propre à la décoration des plates-bandes, à former des bordures ou à orner les rocailles. Elle affectionne surtout les sols frais et les expositions un peu ombragées. Elle est d'autant plus recherchée qu'elle fleurit à une époque de l'année où les jardins sont presque sans parure. On la multiplie par division des touffes à l'automne ou au printemps avant la floraison.

EXPLICATION DE LA PLANCHE 199.

1. Fleur entière.
2. Fleur coupée longitudinalement.

———

Une autre espèce du même genre est parfois cultivée dans les jardins. C'est l'*Omphalodes linifolia* Mœnch (Syn. : Cynoglossum linifolium L.), Syn. français : Cynoglosse à feuilles de Lin, Argentine, Nombril de Vénus, Corbeille d'argent ; plante annuelle de 20 à 40 centimètres de hauteur, à tige dressée, rameuse au sommet, à feuilles peu larges, rétrécies en pointe aux extrémités, à fleurs larges d'environ 1 centimètre, nombreuses, blanches ou légèrement bleuâtres, disposées en nombreuses grappes dressées. Cette élégante petite plante prospère surtout dans les sols légers ; elle est propre à orner les plates-bandes et les corbeilles. On en fait de jolies bordures et elle se prête admirablement à la culture en pots pour la décoration des balcons et des fenêtres. On en sème les graines en place, en mars-avril. La floraison a lieu de juin en septembre, selon l'époque du semis.

Pl. 200. — MYOSOTIS ALPESTRE

MYOSOTIS ALPESTRIS Schmidt

Synonyme français : **Myosotis des Alpes.**
Synonyme latin : **Myosotis sylvatica Hoffm.**

Indigène : Pâturages des Vosges, de l'Auvergne, des Pyrénées et des Alpes.

Description.

Le genre *Myosotis* est caractérisé par une corolle à tube très court, étalée au sommet en 5 lobes plans, à ouverture du tube fermée par 5 écailles ; par les graines (carpelles) au nombre de 4, ovoïdes triangulaires, fixées au réceptacle (partie dilatée du pédoncule sur laquelle s'insèrent les diverses parties de la fleur) par une base plane.

Le *Myosotis alpestre* est une plante bisannuelle de 30 à 50 centimètres de hauteur, à tiges dressées, peu rameuses, à rameaux étalés, à feuilles molles, velues, ovales-allongées, atténuées en pointe aux extrémités ; à fleurs en grappes terminales denses et enroulées au début de la floraison, à la fin lâches et très allongées. Ces fleurs, relativement grandes pour le genre, sont bleues avec les écailles du centre jaunes et 5 ou 10 lignes rayonnantes blanches disposées en étoile. Dans certaines variétés les fleurs sont blanches ou roses. Il en existe des variétés naines et compactes, d'autres à pétales plus nombreux que dans le type de l'espèce. Fleurit au printemps et en été, selon l'époque du semis.

Emplois. — Culture. — Multiplication.

Le *Myosotis alpestre* est l'une des plantes les plus précieuses pour la décoration des parterres au printemps. On en fait des corbeilles et des bordures d'une grande élégance. C'est aussi une excellente plante à cultiver en pots ou en caisses pour l'ornementation des balcons et des fenêtres.

Il est d'une rusticité absolue et vient pour ainsi dire sans soins, dans tous les terrains et à toutes les expositions.

On en sème les graines : 1° en juillet-août, en pépinière, pour repiquer en pépinière à mi-ombre et mettre en place avant l'hiver ou en février-mars, en espaçant les pieds de 30 centimètres ; la floraison a lieu dans ce cas d'avril en juin ; 2° en mars-avril en plein-air, pour avoir une floraison estivale.

EXPLICATION DE LA PLANCHE 200.

1. Fleur en bouton.
2. Fleur épanouie.
3. Fleur coupée longitudinalement.
4. Graine de grandeur naturelle et grossie.
5. Germination.

Parmi les autres espèces de *Myosotis* propres à l'ornementation des jardins, on peut citer :

Le *M. azorica* Wats., des îles Açores, plante vivace de 50 centimètres de hauteur, à fleurs très grandes bleu violacé foncé, malheureusement délicate sous le climat de Paris, où il est nécessaire de la rentrer en orangerie ou sous châssis pendant l'hiver, rustique dans le sud-ouest de la France. Multiplication par division des touffes.

Le *M. dissitiflora* Baker, de Suisse, plante bisannuelle de 20 centimètres de hauteur, presque glabre, à fleurs très grandes, de 1 centimètre de diamètre, d'abord roses, puis bleues. Mêmes emplois et même culture que le *M. alpestre*.

Le *M. palustris* With. (Myosotis, Ne m'oubliez pas), plante vivace indigène, croissant dans les marais et aux bords des eaux, à souche rampante, à tige de 20 à 25 centimètres, anguleuses; à fleurs en grappes d'abord denses et enroulées, devenant allongées et lâches, d'un bleu superbe. Cette espèce est surtout propre à orner les aquariums et les bords des pièces d'eau. Ses rameaux fleuris sont très recherchés pour la confection des bouquets. Multiplication par division des touffes. Fleurit de mai en août. (Voir *Masclef, Atlas, pl. 230*.)

La famille des Boraginées renferme encore un certain nombre d'autres genres, comprenant des espèces pouvant servir à la décoration des jardins; on peut citer notamment :

Le genre *Symphytum*, dont une espèce, le *Consoude vulgaire* (S. officinale L.), présente une variété à feuilles panachées d'un port ornemental, parfois employée à orner le bord des eaux.

Le genre *Anchusa*, qui diffère du *Myosotis* par les graines (carpelles) à base creuse, munie d'un rebord saillant, et dont les principales espèces sont : l'*A. capensis* Thunb. (*Buglosse du Cap*), plante bisannuelle originaire du Cap de Bonne-Espérance, de 40 à 50 centimètres de hauteur, couverte de poils rudes, à feuilles ovales allongées, rétrécies aux extrémités; à fleurs en épis contournés, disposées en longue inflorescence rameuse. Ces fleurs, dont la forme rappelle celle des Myosotis, sont bleues avec le centre blanc. Elles s'épanouissent de juin en septembre. Semer les graines en août-septembre; hiverner les jeunes plantes sous châssis et mettre en place au printemps.

L'*A. italica* Retz. (Buglosse d'Italie), indigène, est aussi une plante bisannuelle. Elle peut atteindre 50 centimètres à 1 mètre de hauteur. La tige dressée, rameuse au sommet, porte des fleurs très nombreuses, d'environ 1 centimètre de diamètre, de couleur bleu d'azur, disposées en grappes dont l'ensemble constitue une ample gerbe. Fleurit en mai-juillet. Semer les graines d'avril en août, repiquer en place à l'air libre avant l'hiver ou au printemps.

L'*A. sempervirens* L. (Syn. : Caryolopha sempervirens Fisch.), indigène, est une plante vivace de 30 à 60 centimètres de hauteur, à feuilles persistantes, de grandes dimensions ; à fleurs bleues, plus petites que celles des espèces précédentes et réunies en inflorescences moins grandes. Cette Buglosse n'est guère employée qu'à l'ornementation des grands jardins ; elle fleurit de mai en juillet. On la multiplie par division des touffes.

Le genre ARNEBIA, dont une espèce, la *Fleur du prophète* (A. echioïdes DC.), est une plante vivace originaire du Caucase. Ses tiges, de 20 à 30 centimètres de hauteur, en touffes, portent des feuilles ovales-allongées, rétrécies aux extrémités, et sont terminées par des grandes fleurs jaunes avec cinq taches pourpre noir, rappelant assez comme dimension, comme forme et comme couleur, celles de la Primevère officinale ou Coucou, disposées en grappes contournées. Ces fleurs s'épanouissent en mai-juillet. Cette plante prospère surtout en sol léger, à exposition ensoleillée. Elle convient à la décoration des plates-bandes et des rocailles. Multiplication par division des touffes et par graines qu'on sème en avril-mai.

FAMILLE DES CONVOLVULACÉES

Pl. 201. — VOLUBILIS

IPOMÆA PURPUREA Lamk.

SYNONYME FRANÇAIS : **Liseron pourpre.**
SYNONYME LATIN : **Pharbitis hispida Choisy.**

Patrie : Amérique méridionale.

Description.

Le genre *Ipomæa* est très voisin des *Convolvulus* dont il se distingue par l'ovaire à 2-4 loges, contenant 4 ovules, plus rarement à 3 loges et à 6 ovules, surmonté d'un style dont le stigmate est épais, globuleux ou formé de deux parties globuleuses rapprochées, au lieu d'être en deux parties distinctes filiformes. Ce genre comprend environ 300 espèces réparties dans toutes les parties chaudes du globe.

Le *Volubilis* est une plante annuelle, grimpante, pouvant atteindre 3 à 4 mètres de hauteur, à tige poilue ; à feuilles en forme de cœur, velues. Les fleurs, en forme de cloche très évasée, ou plutôt d'entonnoir, atteignant 6 centimètres de longueur sur 5 de diamètre, naissent par bouquets de 3-5 à l'extrémité de pédoncules qui se développent aux aisselles des feuilles. Ces fleurs ont les étamines moins longues que le style. L'ovaire est à 3 loges dans chacune desquelles il y a 2 ovules; sauf le cas d'avortement, le fruit contient 6 graines. Dans le type de l'espèce la couleur des fleurs est le violet foncé, mais il existe de nombreuses variétés dans lesquelles on observe le blanc, tous les tons du rose, le rouge carminé, le bleu plus ou moins violacé; ces diverses teintes isolées ou associées en stries ou panachures se détachent sur un fond plus clair ou plus foncé. Fleurit de juillet en septembre.

Emplois. — Culture. — Multiplication.

Le *Volubilis* est l'une des plantes grimpantes les plus populaires. Il a non seulement le mérite de produire en abondance des fleurs très brillantes, mais il a le mérite, non moins précieux, de croître avec vigueur et pour ainsi dire sans soins, dans tous les terrains et à toutes les expositions, même dans les jardins sableux des bords de la mer. Aussi le rencontre-t-on partout où il y a un mur, une tonnelle, un treillage à garnir. Dans les villes, c'est la plante grimpante la plus employée pour décorer les balcons et les fenêtres. On en sème les graines, en place, en mai.

EXPLICATION DE LA PLANCHE 201.

1. Fleur coupée longitudinalement.
2. Germination.
3. Graine de grandeur naturelle.

Pour les autres espèces du genre *Ipomæa*, voir p. 257.

Pl. 202. — BELLE DE JOUR

CONVOLVULUS TRICOLOR L.

SYNONYMES FRANÇAIS : **Liseron tricolore**; **L. de Portugal.**

Patrie : Europe méridionale.

Description.

Le genre *Convolvulus* est caractérisé par des feuilles alternes; des fleurs régulières, ayant un calice à 5 sépales; une corolle en forme de cloche ou d'entonnoir non divisée en lobes, mais à 5 angles et à 5 plis; 5 étamines incluses dans le tube de la corolle et sur laquelle elles sont attachées; un ovaire supère ou libre, c'est-à-dire n'ayant aucune adhérence avec le calice et la corolle, à 2 loges contenant chacune deux ovules; le fruit contient donc 4 graines. Ce genre contient environ 150 espèces, réparties dans les régions tempérées et tempérées chaudes, rares dans les régions tropicales.

La *Belle de jour* est une plante annuelle de 30 à 40 centimètres de hauteur, à tiges couchées puis redressées, velues, portant des feuilles ovales-allongées, rétrécies aux extrémités, et aux aisselles desquelles naissent les fleurs, solitaires sur des pédoncules qui se recourbent après la chute de la fleur. Ces fleurs, en forme de cloche très évasée ou d'entonnoir, mesurent jusqu'à 5 centimètres de diamètre ; elles ont la corolle bleue dans la partie supérieure, blanche dans la partie médiane et jaune au centre. Il en existe des variétés blanches ou roses, simples ou doubles. Fleurit de juin en septembre.

Emplois. — Culture. — Multiplication

La *Belle de jour* est l'une des plantes annuelles d'ornement les plus recherchées. Elle fleurit abondamment pendant presque toute la belle saison et vient, pour ainsi dire sans soins, dans tous les terrains et à toutes les expositions aérées. On l'utilise dans la décoration des plates-bandes, pour former des bordures, des corbeilles, etc. Elle supporte très mal le repiquage, aussi doit-on en semer les graines en place, en avril-mai. On éclaircit lorsque les jeunes plantes sont suffisamment développées de manière à laisser un intervalle de 30 centimètres entre les pieds.

EXPLICATION DE LA PLANCHE 202.

1. Fleur coupée longitudinalement.
2. Graine de grandeur naturelle et grossie.
3. Germination.

Le *Convolvulus althæoides* L. (Syn. : C. argyræus DC. ; C. tenuissimus Sibth. et Sm.), de la région méditerranéenne, est une plante vivace grimpante de 1 à 2 mètres de hauteur, à feuilles très diversement découpées sur le même pied, à jolies fleurs, assez grandes, roses, avec la gorge plus foncée. Elle résiste à nos hivers du climat parisien lorsqu'on prend le soin de couvrir les souches de paille ou de feuilles sèches.

Le *Convolvulus mauritanicus* Boiss., de l'Afrique septentrionale, est une jolie plante vivace à tiges sous-ligneuses à la base, couchées sur le sol, à fleurs d'environ 3 centimètres de diamètre, bleues, produites en grand nombre pendant l'été. Exige d'être abrité en serre froide ou sous châssis pendant l'hiver. Multiplication par graines et par boutures.

Pl. 203 A. — LISERON ÉCARLATE

IPOMÆA COCCINEA L.

SYNONYME FRANÇAIS : **Ipomée écarlate.**
SYNONYME LATIN : **Quamoclit coccinea Mœnch.**

Patrie : Amérique tropicale.

Description.

Pour les caractères du genre *Ipomœa*, voir p. 254.
Le *Liseron écarlate* est une plante annuelle, grimpante, atteignant 3

à 4 mètres de hauteur, à feuilles entières et en forme de cœur dans le type de l'espèce, ou à 3-5 lobes et rappelant la feuille du Lierre dans la variété *hederifolia* (Ipomæa hederifolia L.; Quamoclit hederifolia Choisy), qui est figurée sur la planche 203. Les fleurs à corolle tubuleuse et cylindrique, à tube long et étroit, sont d'un rouge écarlate brillant; elles sont réunies en bouquets lâches à l'extrémité de pédoncules plus longs que les feuilles. Fleurit de juillet en octobre.

Emplois. — Culture. — Multiplication.

Comme le *Volubilis*, voir p. 255.

Pl. 203 B. — IPOMÉE QUAMOCLIT

IPOMÆA QUAMOCLIT L.

Synonymes français : **Quamoclit commun**; **Jasmin rouge de l'Inde**; **Quamoclit cardinal.**
Synonyme latin : **Quamoclit vulgaris L.**

Patrie : Toutes les régions tropicales.

Description.

Plante annuelle, volubile, de 1 à 2 mètres de hauteur, à feuilles divisées jusqu'à la nervure médiane en lanières très étroites et parallèles; à fleurs relativement petites mais d'un rouge carminé vif. Variétés à fleurs roses et à fleurs blanches. Fleurit en août-octobre.

Emplois. — Culture. — Multiplication.

Cette espèce, très élégante par son feuillage et par ses fleurs, est malheureusement un peu délicate et ne réussit guère, sous le climat de Paris, que cultivée en sol léger à exposition ensoleillée. On en sème les graines, en place, en mai.

EXPLICATION DE LA PLANCHE 203 B.

1. Fleur coupée longitudinalement.

Le genre *Ipomæa* renferme d'autres espèces ornementales qui malheureusement ne sont pas cultivables en plein air sous le climat de Paris : telles sont l'*I. Bona-nox* L. (Calonyction Bona-nox Boj.; C. macracantholeucum Colla) et l'*I. Leari* Hook., toutes deux originaires de l'Amérique tropicale; la première à grandes fleurs de 8 centimètres de diamètre, rose lilacé ou violacé, satiné, ou blanches ; la seconde à fleurs rose violacé.

La famille des Convolvulacées comprend encore le genre Calystegia qui diffère des *Convolvulus* et des *Ipomæa* par les fleurs munies de grandes bractées (feuilles florales) en forme de cœur qui embrassent et recouvrent le calice. A ce genre appartient le *Liseron des haies* (Calystegia sepium L.), à grandes fleurs blanches, et dont il existe une variété à fleurs roses. Mais, de tous les Calystegia, l'espèce la plus recherchée pour l'ornementation des jardins est le *Liseron à fleurs doubles* (Calystegia pubescens Lindl.), de l'Inde et de la Chine. C'est une plante vivace, à tige souterraine (vulgairement racine), blanche, traçante comme celle du *Liseron des champs* (Convolvulus arvensis L.). Ses tiges aériennes, volubiles, atteignent 2 mètres de hauteur; elles portent des feuilles en forme de fer de flèche, velues. Les fleurs, nombreuses, très pleines, de couleur rose pâle ou rose vif se succèdent pendant tout l'été.

Cette charmante plante est d'une rusticité absolue; elle prospère dans tous les terrains mais affectionne surtout les sols légers et les expositions ensoleillées. On la multiplie facilement à l'aide des tiges souterraines dont le moindre fragment peut donner naissance à une plante.

FAMILLE DES SOLANÉES

⌂ Pl. 204. — AMOMUM

SOLANUM PSEUDO-CAPSICUM L.

SYNONYMES FRANÇAIS : **Oranger de Savetier, Morelle Faux-Piment.**

Patrie : Madère.

Description.

Le genre *Solanum*, auquel appartiennent la Pomme de terre et l'Aubergine, est caractérisé par des fleurs à calice à 5, plus rarement à 10 divisions étalées, persistantes, mais ne s'accroissant pas et restant appliquées sur le fruit; à corolle étalée en roue; à 5 étamines, rarement plus, dont les anthères sont étroitement rapprochées et s'ouvrent au sommet par deux ouvertures. Le fruit est une baie à deux ou rarement à un plus grand nombre de loges, contenant de nombreuses graines.

L'*Amomum* est un arbuste glabre, buissonnant, atteignant au maximum 1 m. 50 de hauteur, à feuilles persistantes, peu larges, ovales-allongées, d'un vert foncé; à fleurs petites, blanches, peu ornementales, auxquelles succèdent des baies semblables à de petites cerises, rouges ou jaunes selon les variétés. Fleurit pendant l'été.

Emplois. — Culture. — Multiplication.

Cet arbuste est rustique dans le midi de la France. Sous le climat de Paris on ne le cultive guère qu'en pots pour la décoration des fenêtres et des appartements. C'est même l'une des plantes les plus populaires pour ces usages. Dans ces conditions, elle forme de petits buissons de 40 à 50 centimètres de hauteur qui se couvrent de fruits ayant une longue durée et vraiment très décoratifs. En hiver, il est nécessaire de l'abriter en serre froide ou dans un local bien éclairé et aéré. Les arrosages, très modérés pendant la saison froide, doivent être plus abondants pendant l'été. On le multiplie par graines qu'on sème en mars-avril, sur couche, pour repiquer successivement dans des pots, de plus en plus grands, proportionnés aux dimensions des jeunes plantes qui atteignent rapidement l'état adulte.

EXPLICATION DE LA PLANCHE 204.

1. Fleur entière.
2. Fleur coupée longitudinalement.
3. Fruit coupé longitudinalement.

L'*Aubergine* (Solanum Melongena L.) est quelquefois cultivée comme curiosité pour ses fruits ovoïdes, violets, roses ou orangés. Une variété à fruits blancs, de la grosseur d'un œuf de poule, est plus particulièrement recherchée sous les noms de *Poule qui pond, Pondeuse, Plante aux œufs.* On en sème les graines sur couche, en mars-avril, et l'on plante soit en pleine terre, soit en pots, en terre fortement additionnée de terreau, fin mai ou commencement de juin.

D'autres espèces ont une valeur ornementale très grande et sont employées à la décoration des plates-bandes et des corbeilles pour la durée de la belle saison. De ce nombre sont :

Le *S. atropurpureum* Schrank, du Brésil, plante revêtue, sur toutes ses parties, de longues épines violettes de dimensions inégales, à feuilles profondément divisées en lobes aigus et dentés. Fleurs petites, jaune pâle.

Le *S. auriculatum* Ait., de l'Asie tropicale, plante cotonneuse d'un blanc jaunâtre, à feuilles ovales-allongées, amples, vertes et presque glabres à la face supérieure, à fleurs très petites, violettes.

Le *S. betaceum* Cav. (Syn. : Cyphomandra betacea Sendtn.), du Mexique, espèce à fruit comestible, dont la saveur rappelle celle de la Tomate. Les feuilles en sont très amples, entières, en forme de cœur; elles sont vertes, un peu velues sur les deux faces. La plante entière est dépourvue d'épines. Les fleurs en sont d'un blanc rosé. Les fruits, de la grosseur et de la forme d'un petit œuf, sont rouges ou jaunes. Cette espèce est rustique dans le midi de la France.

Le *S. ciliatum* Lamk. (S. aculeatissimum Jacq.), de l'Asie et de l'Amérique tropicale, plante à tige couverte de longues épines, à feuilles en forme de cœur, découpées en lobes peu profonds et bordées de poils disposés comme des cils, à fleurs petites, blanches, à fruits rouges.

Le *S. giganteum* Jacq., de l'Inde, grande plante munie d'épines courtes, cotonneuse et d'un blanc grisâtre sur toutes ses parties, à fleurs très petites, violettes, à feuilles très amples, ovales-allongées.

Le *S. laciniatum* Ait. (S. aviculare Forst.), d'Australie et de la Nouvelle-Zélande, plante vigoureuse, entièrement glabre, à tiges violacées, à feuilles profondément découpées en lobes irréguliers et étroits, à fleurs assez grandes, d'un bleu violacé, à fruits rouges, ovoïdes.

Le *S. marginatum* L., de l'Afrique tropicale, superbe plante entièrement laineuse, blanchâtre, à tiges et à feuilles garnies d'épines droites, jaunâtres, à feuilles d'abord blanches puis vertes, bordées de blanc à la face supérieure, à fleurs assez grandes, blanches.

Le *S. pyracanthum* Jacq., de l'Afrique tropicale, plante à tiges et à nervures des feuilles couvertes de longues épines rouges; les feuilles sont ovales-allongées, à bords profondément découpés; les fleurs, larges de 2 à 3 centimètres, sont d'un bleu violacé.

Le *S. quitoense* Lamk., du Pérou, plante dépourvue d'aiguillons, à fruit comestible, à feuilles très grandes, velues et comme veloutées, vertes en dessus, d'un violet pourpré en dessous, surtout dans le jeune âge.

Le *S. robustum* H. Wendl., du Brésil, superbe plante à tige et à nervure des feuilles garnie d'aiguillons, à feuilles très amples, lobées, velues, vertes, à fleurs blanches, d'environ 3 centimètres de diamètre.

Le *S. sisymbriifolium* Lamk., de l'Amérique méridionale, plante annuelle de 1 mètre de hauteur, rameuse, à feuilles découpées irrégulièrement en nombreux lobes dentés, munies, ainsi que la tige, d'aiguillons très nombreux, à fleurs nombreuses, blanches ou lilacées, auxquelles succèdent d'abondants fruits qui ont la forme, la grosseur et la couleur d'une cerise.

Le *S. Warscewiczii* Hort., Patrie?, plante robuste à tige couverte de poils roux et munie de forts aiguillons, à feuilles très amples, ovales, profondément divisées en 9 lobes qui sont eux-mêmes lobés, vertes à la face supérieure, grisâtres en dessous, à fleurs blanches, de 3 centimètres de diamètre.

Tous ces *Solanum* sont des plantes précieuses pour la décoration des grandes plates-bandes, des massifs et surtout pour former des groupes isolés sur les pelouses où elles produisent un effet superbe par la noblesse de leur port.

A part le *S. sisymbriifolium* qui est annuel, ce sont des plantes vivaces, souvent ligneuses, capables d'acquérir de grandes dimensions, mais qui exigent la serre pendant l'hiver, au moins sous le climat de Paris. Plusieurs d'entre elles sont rustiques dans le midi de la France. Sous le climat de Paris on peut les utiliser, grâce à leur végétation rapide, en les traitant comme plantes annuelles. On en sème les graines en serre ou sur couche et sous châssis en février-mars; les jeunes plantes sont rempotées successivement dans des pots de plus en plus grands, en terre riche en humus et on les livre à la pleine terre fin mai ou commencement de juin. Plantées dans un sol fertile, à exposition chaude, et copieusement arrosées pendant l'été, ces plantes atteignent rapidement une grande taille et ornent nos jardins jusqu'à ce que les premiers froids du mois d'octobre viennent les détruire.

⌂ Pl. 205. — DATURA SANGUINEA Ruiz et Pav.

SYNONYMES LATINS : Brugmansia bicolor Pers.; B. sanguinea D. Don.

Patrie : Pérou.

Description.

Le genre *Datura* est caractérisé par des fleurs à calice pentagonal, allongé, à corolle évasée en forme d'entonnoir, plissée. Le fruit est une capsule ovoïde, à 2 loges principales qui se subdivisent en 2 loges secondaires incomplètes; ce fruit s'ouvre au sommet par 4 valves.

Le *Datura sanguinea* est une plante ligneuse, de 2 à 3 mètres de hauteur. Les feuilles, ovales-allongées, ont les bords sinueux et sont velues ou poilues sur les deux faces. Les fleurs, pendantes, très grandes, longues d'environ 20 centimètres, sont d'abord jaunâtres puis se colorent en jaune orangé; la corolle est relevée de côtes longitudinales, saillantes. Ces fleurs s'épanouissent en août-septembre.

Emplois. — Culture. — Multiplication.

Le *Datura sanguinea*, de même que les autres Daturas arborescents ou *Brugmansias*, est une belle plante d'ornement, propre à la décoration des jardins d'hiver, qui peut être plantée dans les corbeilles ou en groupes isolés sur les pelouses, pendant l'été, du 1er juin au 15 octobre. On doit dans ce cas la placer à exposition chaude et abritée, car ses rameaux sont fragiles et se brisent d'autant plus facilement que ses grandes feuilles donnent beaucoup de prise au vent. Les *Daturas arborescents* se multiplient très facilement par boutures que l'on fait à la fin de l'été sur couche avec les rameaux de la dernière pousse. Ces boutures doivent être conservées en serre tempérée avec peu d'arrosements pendant l'hiver. Au printemps on les rempote dans des vases plus spacieux, en terre riche en humus et on les place en serre chaude pour activer leur végétation. Ces plantes doivent être rempotées plusieurs fois et conservées en serre chaude jusqu'au moment de les livrer à la pleine terre.

A ce groupe des Daturas arborescents appartient le *D. arborea* L. (Brugmansia candida Pers.), de l'Amérique australe. C'est une plante de 2 à 3 mètres de hauteur, à feuilles entières, un peu velues, à fleurs blanches, pendantes, très grandes, en forme d'entonnoir. Cette superbe espèce est beaucoup plus répandue que la précédente. Même emploi, même culture. Une autre espèce, le *D. suaveolens* Humb. et Bompl. (Brugmansia suaveolens G. Don), de l'Amérique australe, diffère de la précédente par ses feuilles glabres et non velues, le calice ventru et glabre au lieu d'être cylindrique, les 5 divisions de la corolle courtes au lieu de former 5 longues lanières. Mêmes emplois, même culture que le D. sanguinea.

Le genre *Datura* comprend encore un certain nombre d'espèces ornementales parmi lesquelles il importe surtout de citer :

Le *D. ceratocaula* Jacq. (Ceratocaulos daturoides Spach) (Datura cornu), Amérique méridionale. Plante annuelle d'environ 50 centimètres de hauteur, à tige peu rameuse, à feuilles ovales-allongées, à contours sinueux ou comme rongées sur les bords, velues et glauques en dessous. Les fleurs, dressées, en forme d'entonnoir, mesurent 15 centimètres de longueur, elles sont abondantes, blanches en dedans, pourprées en dehors. Le fruit est penché et non épineux. Fleurit de juillet à septembre· On doit en semer les graines en place, à exposition ensoleillée, en mars-avril.

Le *D. fastuosa* L. (Stramoine d'Égypte ; Pomme épineuse d'Égypte ; Datura d'Égypte). Régions tropicales. Plante annuelle de 50 à 75 centimètres de hauteur, a tige rameuse d'un violet pourpré, à feuilles ovales, rétrécies en pointe au sommet, un peu dentées. Les fleurs dressées, en forme d'entonnoir, mesurent de 12 à 20 centimètres de longueur; elles sont violettes extérieurement, blanches à l'intérieur et exhalent une agréable odeur. Le fruit est penché, hérissé d'épines courtes. Variétés à fleurs entièrement blanches ou violettes, simples ou doubles. Fleurit d'août en octobre. Les graines de cette espèce doivent être semées sur couche en mars-avril; on repique en pots qu'on maintient sur couche et l'on met en place fin mai. Cette belle plante est propre à l'ornementation des plates-bandes en sol léger, humeux, à exposition ensoleillée.

Le *D. Metel* L., Amérique tropicale. Plante annuelle de 75 centimètres à 1 mètre de hauteur, velue, grisâtre, à feuilles ovales, atténuées en pointe au sommet, entières ou un peu dentées. Les fleurs, de 10 à 15 centimètres de longueur, sont blanches, odorantes. Le fruit, sphérique et hérissé d'aiguillons. Emplois et culture du *D. ceratocaula*.

Le *D. meteloïdes* DC., Amérique septentrionale occidentale. Très belle plante voisine de la précédente, mais à feuilles plus allongées, plus dentées, moins velues et à fleurs plus grandes, plus évasées, d'un lilas pâle. Mêmes emplois, même culture. Fleurit d'août jusqu'aux premières gelées.

Pl. 206. — PÉTUNIAS HYBRIDES

Description.

Le genre *Petunia* est caractérisé par des fleurs à calice ayant 5 divisions à corolle en forme d'entonnoir, à tube cylindrique ou ventru au sommet, à limbe étalé, plissé, inégalement divisé en 5 lobes. Les étamines, au nombre de 5, sont attachées vers le milieu du tube de la corolle dans lequel elles sont incluses; elles sont d'inégale longueur. Le style est simple, surmonté d'un stigmate globuleux. Le fruit est une capsule à 2 loges, s'ouvrant en deux valves; il renferme de nombreuses graines.

Les *Pétunias hybrides* ont été obtenus par le croisement de deux espèces originaires de la République argentine : les *P. nyctaginiflora* Juss. et *violacea* Lindl. Ce sont des plantes vivaces, un peu visqueuses, à tiges rameuses, couchées, retombantes ou dressées, portant des feuilles ovales, velues. Dans la première espèce, les fleurs sont blanches, portées sur des pédoncules plus longs que les feuilles; le calice a les divisions ovales, obtuses; la corolle a le tube cylindrique un peu dilaté au sommet. Dans la seconde espèce, le calice a les divisions très étroites; la corolle ventrue, d'un pourpre violacé.

Il en est sorti un nombre considérable de variétés à fleurs plus ou moins amples, atteignant parfois de très grandes dimensions (12 centimètres de diamètre et plus), simples, doubles ou pleines, à corolle entière ou frangée, présentant toutes les combinaisons du blanc, du rose, du pourpre, du carmin et du violet en teintes uniformes ou se détachant sous forme de taches, de stries ou d'étoiles sur un fond plus pâle. Il existe des variétés naines, dont les tiges ne dépassent pas 25 centimètres de hauteur, tandis que, dans certaines autres, elles atteignent 75 centimètres et même davantage. Les Pétunias fleurissent abondamment pendant toute la belle saison.

Emplois. — Culture. — Multiplication.

Les *Pétunias* sont des plantes de premier ordre pour l'ornementation des jardins. On les emploie à former des corbeilles et de charmantes bordures, à garnir les plates-bandes, les caisses des balcons et des fenêtres, etc. Les variétés à tiges fermes et dressées, de taille réduite, sont mieux adaptées à la culture en pots. Les tiges longues et grêles, celles des variétés à fleurs pleines, doivent être maintenues à l'aide de tuteurs pour éviter qu'elles ne se brisent sous le poids. Les Pétunias prospèrent dans tous les terrains et à toutes les expositions; cependant, ils affectionnent plus particulièrement des sols un peu sablonneux, additionnés de terreau de couche, et les situations ensoleillées.

Bien qu'ils soient généralement cultivés comme plantes annuelles, les Pétunias sont vivaces en serres et c'est grâce à cela que l'on peut conserver les variétés à fleurs pleines qui ne produisent pas de graines, ou celles qui pourraient ne pas se reproduire identiquement par le semis.

On les multiplie par graines que l'on sème sur couche chaude, en pots, en mars-avril, pour repiquer en pots et planter à demeure fin mai; on peut aussi semer en plein air, en pépinière, en avril-mai. Il est nécessaire, dans la plantation à demeure, de réserver un espace de 40 à 60 centimètres entre les pieds, selon qu'il s'agit de variétés à faible ou à grand développement.

On multiplie aussi les Pétunias par le bouturage des rameaux herbacés ou des jeunes pousses que l'on fait sur couche ou en serre pendant l'été et de préférence au printemps.

EXPLICATION DE LA PLANCHE 206.

1. Fleur coupée longitudinalement.

⌂ Pl. 207. — NIÉREMBERGIE FRUTESCENTE

NIEREMBERGIA FRUTESCENS Durieu.

Patrie : Chili.

Description.

Les *Nierembergia* diffèrent des *Petunia* par la fleur à corolle en forme d'entonnoir, mais à tube très grêle, allongé; les étamines attachées au sommet du tube de la corolle et par conséquent dépassant longuement le tube au lieu d'y être incluses; la capsule à deux valves fendues en deux au lieu d'être entières.

La *Niérembergie frutescente* est une plante vivace de 40 à 50 centimètres de hauteur, à tiges dressées, rameuses, grêles, formant un petit buisson dense. Les feuilles sont très étroites. Les fleurs ont la partie supérieure du tube brusquement et largement évasée, en forme de cloche; elles mesurent 2 à 2 centimètres et demi de diamètre, et sont colorées en blanc lilacé très pâle avec une étoile plus foncée au centre. Fleurit abondamment de juin en octobre.

Emplois. — Culture. — Multiplication.

Cette plante est très élégante; on la recherche pour former des corbeilles, des bordures ou pour la garniture des plates-bandes pendant la durée de la belle saison. Elle affectionne les sols légers et une exposition ensoleillée. Trop délicate pour supporter nos hivers du climat de Paris, on doit la relever en pots à l'automne pour l'hiverner sous châssis ou en serre froide. On préfère plus généralement la traiter comme les Pélargoniums, et la multiplier par boutures que l'on fait en août, sur couche ou en serre, et que l'on conserve sous abri vitré jusqu'à la fin de mai, époque de la mise en place dans les parterres.

EXPLICATION DE LA PLANCHE 207.

1. Fleur coupée longitudinalement.

Une autre espèce, le *Nierembergia gracilis* Hook., de la République argentine, est aussi très ornementale; elle est caractérisée par des tiges plus grêles, plus étalées. Les fleurs sont un peu moins grandes, à corolle moins évasée, de couleur plus foncée. Cette plante se cultive comme la précédente; on en fait de jolies bordures et elle est précieuse pour orner les vases suspendus.

La famille des *Solanées* renferme un certain nombre d'autres genres qui ont des représentants dans les cultures, notamment les *Cestrum*, les *Habrothamnus* et les *Fabiana*, qui exigent la serre sous le climat de Paris.

C'est aussi à cette famille qu'appartient le genre *Nicotiana* dont une espèce célèbre, le *Nicotiana Tabacum* L., de l'Amérique méridionale, fournit le Tabac, dont les usages sont bien connus. C'est une grande plante annuelle, de 2 mètres et plus de hauteur, à feuilles très amples, de 15 à 30 centimètres de long sur 5 à 10 de large, d'un effet très décoratif. Les fleurs en forme d'entonnoir, de couleur rose, sont disposées en grandes grappes terminales, dressées; elles s'épanouissent de juillet à octobre. Le *Tabac du Maryland* (Nicotiana macrophylla Spreng.) n'est qu'une variété robuste, à feuilles très amples, tandis que le *Tabac de Virginie* (N. virginica Hort.) a les feuilles étroites. Le type généralement cultivé en Europe est le *Tabac commun* ou *Tabac de la Havane*. Le *Tabac* est souvent cultivé pour son port superbe; il convient à l'ornementation des grandes plates-bandes et à la plantation en groupes isolés sur les pelouses. Sa culture, en tant que plante industrielle, est rigoureusement interdite aux particuliers, à moins d'autorisation spéciale; cependant, par tolérance, la loi permet d'en avoir quelques pieds dans les jardins. On doit semer les graines du Tabac, en avril-mai, sur couche, ou en plein air, à bonne exposition et en sol riche en humus. On repique les jeunes plants et l'on met en place fin mai.

Le *Nicotiana alata* Link et Otto (Syn. : N. affinis Hort.), du Brésil, est une plante annuelle ou bisannuelle qui mérite de prendre place dans les jardins. Sa tige atteint environ 75 centimètres de hauteur; les feuilles en rosette à la surface du sol, sont ovales-allongées, ondulées. Les fleurs rappellent un peu celles du *Petunia nyctaginiflora;* elles sont blanches, avec la corolle longuement tubuleuse, odorantes, et s'épanouissent le soir pour rester ouvertes toute la nuit. Cette espèce convient à l'ornementation des plates-bandes; sa culture est la même que celle du Tabac commun.

FAMILLE DES SCROPHULARINÉES

Pl. 208. — SALPIGLOSSIS SINUÉ

SALPIGLOSSIS SINUATA Ruiz et Pav.

Patrie : Chili.

Description.

Le genre *Salpiglossis* constitue avec les *Schizanthus*, les *Browallia*, etc., un groupe que certains auteurs rattachent comme tribu à la famille des Solanées, réuni par d'autres à la famille des Scrophularinées. Les fleurs, irrégulières, ont un calice à 5 divisions; une corolle plissée, en forme de cloche, à partie inférieure du tube grêle, puis brusquement dilatée, à partie supérieure divisée en 5 lobes presque égaux. Les étamines sont au nombre de 4, deux plus grandes que les autres et une cinquième rudimentaire. L'ovaire est à deux loges; il devient une capsule à 2 valves contenant de nombreuses graines.

Le *Salpiglossis sinué* est une plante annuelle, glanduleuse, visqueuse, d'environ 75 centimètres de hauteur; à tige rameuse, grêle, portant des feuilles de deux sortes : celles de la base ovales-allongées, dentées ou à contour sinueux; les supérieures entières, étroites. Les fleurs, longues de 4 à 6 centimètres et d'un diamètre égal, sont disposées en grappes à l'extrémité des rameaux; elles sont remarquables par la diversité de leur coloris, tantôt uniforme, blanc, jaune, rose, rouge cramoisi, bleuâtre, violet, brun ou mordoré, tantôt formé par l'association de deux ou de plusieurs de ces teintes qui se détachent les unes sur les autres en raies, en lignes disposées en réseau, en stries ou en panachures souvent d'un brillant effet. Fleurit de juin en août.

Emplois. — Culture. — Multiplication.

Cette belle plante est un peu grêle et un peu dénudée à la base; pour ces raisons, elle doit être plantée en touffes pour produire un bon effet. On l'emploie à la décoration des plates-bandes et des petites corbeilles. Les graines doivent être semées en mars-avril, en place, en sol léger et riche en humus et à exposition ensoleillée.

EXPLICATION DE LA PLANCHE 208.

1. Graine de grandeur naturelle et grossie.
2. Germination.

Pl. 209 A. — SCHIZANTHUS A FEUILLES PINNÉES

SCHIZANTHUS PINNATUS Ruiz et Pav.

SYNONYMES LATINS : **Schizanthus poorigens Grah.; S. violaceus Hort.**

Patrie : Chili.

Description.

Le genre *Schizanthus* est caractérisé par des fleurs irrégulières, ayant un calice à 5 divisions; une corolle à tube cylindrique, à limbe étalé, à deux lèvres découpées en lobes plus ou moins profonds et inégaux. Les étamines sont au nombre de cinq : 2 grandes, parfaites, 2 plus petites, stériles, et la cinquième rudimentaire. Le fruit est une capsule s'ouvrant par des valves fendues en deux.

Le *Schizanthe à feuilles pinnées* est une plante annuelle de 50 à 75 centimètres de hauteur, velue, glanduleuse, à feuilles divisées en lobes dentés, étroits, disposés de chaque côté de la nervure médiane comme les barbes d'une plume ; à fleurs nombreuses, à tube de la corolle plus court que le calice. Ces fleurs sont violettes dans le type de l'espèce, mais il existe des variétés dans lesquelles elles sont blanches ou lilacées, nuancées, maculées ou striées de violet foncé ou de pourpre. Fleurit de juillet en septembre.

Emplois. — Culture. — Multiplication.

Cette plante intéressante convient à la décoration des plates-bandes en sol léger et à exposition ensoleillée ; on sème les graines en place en avril-mai ou en août-septembre, en pots que l'on abrite sous châssis pendant l'hiver.

EXPLICATION DE LA PLANCHE 209 A.

1. Fleur coupée longitudinalement.

Pl. 209 B. — SCHIZANTHUS A FEUILLES RÉTUSES

SCHIZANTHUS RETUSUS Hook.

Patrie : Chili.

Description.

Cette espèce diffère de la précédente par les feuilles glabres ; les fleurs plus grandes, d'un beau rose, tachées de jaune orangé, à tube de la corolle dépassant le calice ; les étamines plus longuement saillantes. Cette plante, très ornementale, a les mêmes emplois que l'espèce précédente ; la culture est la même.

Une autre espèce, le *S. Grahami* Gill. et Hook., également originaire du Chili, rappelle le *S. retusus* dont il se distingue par ses fleurs rose purpurin, lilas ou blanches, à lobe médian de la lèvre supérieure nuancé ou maculé de jaune orangé, à lèvre inférieure beaucoup plus courte. Cette jolie plante se cultive comme les précédentes.

⌂ Pl. 210. — CALCÉOLAIRE HERBACÉE

Description.

Le genre *Calceolaria* renferme des herbes ou des arbustes à feuilles opposées, étagées par groupes, rarement alternes. Les fleurs ont un calice à 4 divisions ; une corolle à tube presque nul, à deux lobes entiers, concaves, en forme de sac ou de capuchon ; le postérieur plus petit, recouvrant habituellement l'antérieur. Les étamines sont au nombre de 2, rarement de 3. Le fruit est une capsule qui s'ouvre par deux valves fendues en deux.

Les *Calcéolaires herbacées* ont été, dit-on, obtenues artificiellement

par le croisement de plusieurs espèces, notamment des *C. arachnoidea*
Grah., à fleurs purpurines ; *corymbosa* Ruiz et Pav., à fleurs jaunes; *cre-
natifolia* Cav., à fleurs jaunes, originaires du Chili. Ce sont des plantes
annuelles d'environ 50 centimètres de hauteur, à tige rameuse au sommet,
à feuilles étalées en rosette, amples, ovales ou en forme de cœur, velues,
à fleurs disposées en large inflorescence et présentant des coloris très
variés dans lesquels on observe des nuances, allant du jaune pâle presque blanc au jaune foncé, teintées de pourpre ou de rouge, sur lesquelles
se détachent des marbrures ou des ponctuations disposées en dessins
originaux. Il existe des variétés naines, d'autres présentent des fleurs
plus ou moins arrondies ou anguleuses dont les dimensions sont parfois
très grandes. Ces plantes fleurissent d'avril en juin.

Emplois.

Les Calcéolaires herbacées sont remarquables par la structure si particulière de leurs fleurs, la variété et la richesse de leurs coloris ; elles sont
très recherchées pour l'ornement des serres, des jardins d'hiver et des
appartements.

Culture. — Multiplication.

Les Calcéolaires herbacées prospèrent surtout en terre de bruyère
additionnée de terre de jardin. On les cultive comme plantes annuelles
car elles vivent rarement pendant plusieurs années. On les reproduit par
graines que l'on sème en août-septembre, en pots ou en terrines bien
drainées, remplis de terre de bruyère; vu leur extrême ténuité, les
graines ne doivent être recouvertes que d'une très légère couche de
terre tamisée, que l'on tasse un peu ensuite. Les pots et les terrines sont
alors placés à mi-ombre, en serre ou sous châssis et recouverts chacun
d'une feuille de verre. On mouille de temps en temps avec un arrosoir à
pomme fine, puis, lorsque les jeunes plantes commencent à germer, on
donne un peu d'air en soulevant la vitre qu'on enlève complètement quand
les premières feuilles sont développées. C'est alors le moment de procéder
au repiquage, qui se fait en pots ou en terrines, en espaçant les jeunes
plantes d'environ 2 centimètres en tous sens. Les plantes sont maintenues sous châssis ou en serre, le plus près possible du vitrage que l'on
couvre de claies pour donner de l'ombrage. On fait un second repiquage
avant l'hiver, en mettant cette fois une seule plante par pot de 6 à 7 centimètres de diamètre. Les plantes sont alors placées en serre tempérée ou
sous châssis et sur couche tiède, près du vitrage, et ne doivent plus être
soumises qu'à un ou deux rempotages, en vases de plus en plus grands,
selon la vigueur de leur végétation. Au printemps il est nécessaire
d'aérer longuement, lorsque la température le permet, et d'ombrer à l'aide
de claies pour soustraire les plantes à l'action directe des rayons du
soleil.

1. Fleur coupée longitudinalement.
2. Graine de grandeur naturelle et grossie.
3. Germination.

⌂ Pl. 211. — CALCÉOLAIRE LIGNEUSE

CALCEOLARIA RUGOSA Ruiz et Pav.

SYNONYME FRANÇAIS : **Calcéolaire rugueuse.**

Patrie : Chili.

Description.

Cette espèce diffère des *Calcéolaires herbacées* par sa tige ligneuse dès la base, rameuse, constituant un petit buisson de 50 à 60 centimètres de hauteur, à feuilles ovales-allongées, plus petites, rugueuses, à fleurs de dimensions beaucoup moindres, d'un jaune plus ou moins foncé, parfois nuancées de pourpre ou de brun. La variété *Triomphe de Versailles* qui est figurée sur la planche 211, a les fleurs d'un jaune éclatant. Fleurit de juin en octobre.

Emplois. — Culture. — Multiplication.

La *Calcéolaire ligneuse* et ses variétés, beaucoup plus rustique que les *C. herbacées*, est précieuse pour la décoration des jardins où on l'emploie à former des corbeilles et à garnir les plates-bandes, concurremment avec les *Pélargoniums*, les *Héliotropes*, les *Anthémis*, etc., pour la durée de la belle saison. Elle affectionne surtout les expositions un peu ombragées.

On peut la multiplier par graines, en suivant le traitement indiqué pour les *C. herbacées;* mais le procédé le plus généralement employé est le bouturage, que l'on fait en septembre, sous cloche et en serre tempérée. Les plantes ainsi obtenues sont hivernées sous châssis et en serre froide, le plus près possible du vitrage, et plantées en plein air fin mai.

1. Fleur coupée longitudinalement.

———

Par le croisement de la *Calcéolaire ligneuse* avec les *C. herbacées*, la maison Vilmorin-Andrieux et Cie a obtenu une nouvelle race de *Calcéolaires*, connus sous le nom de *Calcéolaires vivaces hybrides*, dont les fleurs, de dimensions intermédiaires, ont des coloris très variés mais moins francs que ceux des *C. herbacées*. Ces plantes ont le mérite d'être aussi robustes que les *C. ligneuses* et de donner une seconde floraison lorsqu'on a le soin de rabattre les premières tiges florales flétries.

Pl. 212. — ALONSOA A FEUILLES INCISÉES

ALONSOA INCISIFOLIA Ruiz et Pav.

SYNONYME LATIN : **Alonsoa urticifolia Steud.**

Patrie : Pérou.

Description.

Les *Alonsoa* ont pour caractères : un calice à 5 divisions ; une corolle renversée par torsion du pédicelle, à tube très court, à limbe à 5 lobes étalés, de dimensions inégales, l'antérieur (devenu postérieur par la torsion du pédicelle) beaucoup plus grand que les autres. Les étamines sont au nombre de 4. Le fruit est une capsule s'ouvrant au sommet par deux valves.

L'*Alonsoa à feuilles incisées* est vivace en serre, mais on le traite comme plante annuelle dans nos jardins. Sa tige peut atteindre de 50 à 70 centimètres de hauteur, elle est rameuse et porte des feuilles ovales-allongées, dentées en scie. Les fleurs, d'un rouge vif, ont le lobe antérieur de la corolle de 3 à 4 fois plus long que le calice, et les étamines à anthères 2 ou 3 fois plus courtes que le filet. Il existe une variété à fleurs plus grandes, de couleur vermillon rosé (A. Warscewiczii Regel). Fleurit de juin en octobre.

Emplois. — Culture. — Multiplication.

Cette plante, sans être d'une très grande valeur ornementale, mérite cependant une place dans les parterres, en raison de l'abondance et de la durée de sa floraison. Elle est surtout propre à orner les plates-bandes et les corbeilles. On la multiplie, soit par graines que l'on sème en mars-avril, sur couche, pour mettre en place fin mai, soit par boutures faites en août, conservées en serre froide ou sous châssis pendant l'hiver.

EXPLICATION DE LA PLANCHE 212.

1. Fleur entière.
2. Fleur coupée longitudinalement.

On cultive encore l'*A. acutifolia* Ruiz et Pav., à fleurs écarlates ; l'*A. linearis* Ruiz et Pav., à fleurs écarlates, brunes au centre. Ces deux espèces sont originaires du Pérou et réclament les mêmes soins que l'*Alonsoa à feuilles incisées.*

Pl. 213. — LINAIRE POURPRE

LINARIA BIPARTITA Willd.

Patrie : Afrique septentrionale.

Description.

Le genre *Linaria* est caractérisé par des fleurs à calice divisé en cinq segments étroits; une corolle en forme de gueule prolongée en éperon à la base, à lèvre supérieure dressée, à lèvre inférieure saillante, tantôt ample fermant la gorge, tantôt déprimée. Les étamines sont au nombre de quatre, deux plus grandes que les autres. Le fruit est une capsule à deux loges s'ouvrant par une ou plusieurs petites valves.

La *Linaire pourpre* est une plante annuelle de 20 à 40 centimètres de hauteur, glabre, à feuilles longues et étroites. La tige, dressée, est rameuse, sans feuilles, dans la partie supérieure. Les fleurs, portées sur des pédicelles étalés pendant la floraison, égalant 2 fois la longueur du calice, sont violettes ou violacées avec la gorge jaune; elles ont la lèvre supérieure profondément divisée en 2 parties dressées, la lèvre inférieure bossue, l'éperon grêle, un peu plus court que la corolle. Ces fleurs sont disposées en épis qui s'allongent pendant la floraison. Variétés à fleurs blanches, purpurines et roses. Fleurit de juillet en septembre.

Emplois. — Culture. — Multiplication.

Les fleurs de cette plante sont de petites dimensions, mais elles sont produites en si grand nombre et pendant un si long temps qu'elles ont une certaine valeur ornementale. La Linaire pourpre a le mérite de prospérer dans tous les sols de jardins, bien qu'elle affectionne les terrains légers. On l'emploie à la décoration des plates-bandes. Les graines doivent en être semées, en place, en avril-mai.

EXPLICATION DE LA PLANCHE 213.

1. Fleur entière.
2. Fleur coupée longitudinalement.
3. Graine de grandeur naturelle et grossie.
4. Germination.

D'autres espèces de *Linaires* sont aussi parfois cultivées dans les jardins. On peut citer comme étant de ce nombre :

Le *Linaria Cymbalaria* L. (Cymbalaire), indigène. Petite plante vivace, glabre, à tiges rampantes, retombantes, les feuilles en forme de cœur ou de rein. Les fleurs sont petites, violettes, à gorge jaune. La *Cymbalaire* est souvent cultivée dans les fentes des vieux murs humides où elle forme des touffes d'un beau vert qui produisent pendant toute l'année un grand nombre d'élégantes fleurettes.

Le *Linaria heterophylla* Desf. (Syn.: L. aparinoides Chavannes), Algérie, Sicile. Plante annuelle d'environ 50 centimètres de hauteur, glabre, à tige florale un peu velue au sommet, à feuilles étroites, longues, charnues et comme spiralées dans le bas. Les fleurs, disposées en grappes bien fournies, sont portées sur des pédicelles plus courts ou égalant le calice. La corolle, d'un jaune pâle, mesure 2 à 2 centimètres et demi de longueur, avec l'éperon. Dans la variété *spectabilis* Pomel, les fleurs sont rouge pourpré, veloutées, très ornementales. Les emplois et la culture de cette espèce sont ceux de la *Linaire pourpre*.

Le *Linaria maroccana* Hook. f., Maroc. Espèce annuelle qui diffère surtout du *L. bipartita* par ses fleurs à éperon plus allongé, les pédicelles dressés au lieu d'être étalés pendant la floraison, velus au lieu d'être glabres. Cette plante a le port et les dimensions du *L. bipartita* ; ses fleurs présentent la même diversité de coloris. Les emplois et la culture en sont les mêmes.

Le *Linaria reticulata* Desf., Algérie. Plante annuelle de 80 centimètres à 1 mètre de hauteur, qui diffère du *L. heterophylla* par sa corolle plus petite, veinée en réseau jaune ou rouge et par son inflorescence moins velue. Les emplois et la culture de cette espèce sont ceux de la *Linaire pourpre*.

⌂ Pl. 214. — MAURANDIA DE BARCLAY

MAURANDIA BARCLAYANA Lindl.

Patrie : Mexique.

Description.

Le genre *Maurandia* est caractérisé par des fleurs à calice à 5 divisions, une corolle tubuleuse, bossue à la base, un peu en forme de gueule, à lèvre supérieure à 2 lobes dressés, à lèvre inférieure à trois lobes égaux. Les étamines sont au nombre de 4, 2 plus grandes que les autres. Le fruit est une capsule ovoïde globuleuse, s'ouvrant au sommet en 5 valves et contenant de nombreuses graines, creusées de fossettes ou ridées. Ce sont des plantes volubiles.

Le *Maurandia Barclayana* est vivace dans le midi de la France, mais on ne le cultive guère que comme plante annuelle ou bisannuelle sous le climat de Paris. La tige, rameuse, glabre, grimpante, peut atteindre 4 à 5 mètres de hauteur ; elle porte des feuilles alternes, triangulaires, glabres et d'un vert brillant. Les fleurs sont solitaires sur des pédicelles qui naissent aux aisselles des feuilles ; elles sont pendantes. Le calice a les divisions étroites, longuement poilues, glanduleuses. La corolle, longue de 4 à 5 centimètres, est violet pourpre, lilas, rose ou blanche selon les variétés. Fleurit de juin-juillet jusqu'aux premières gelées.

Emplois. — Culture. — Multiplication.

Cette belle plante grimpante n'est pas aussi cultivée qu'elle mérite de l'être. Son abondant feuillage d'un vert gai, sa floraison abondante et soutenue, la rendent précieuse pour garnir les treillages, les tonnelles, les murs, les balcons et les fenêtres. Elle prospère surtout en sol léger, à exposition aérée. On doit éviter de la cultiver le long des murs exposés au midi car, dans cette situation, elle pourrait être brûlée par le soleil.

On multiplie cette plante : 1° par graines que l'on sème en automne ou en mars, sur couche, pour repiquer et conserver sous châssis ou en serre froide jusqu'au moment de la plantation en plein air, qui a lieu fin mai; 2° par boutures que l'on fait sur couche et sous cloche, à l'automne et au printemps. On peut la cultiver dans les serres froides et les jardins d'hiver où elle vit pendant plusieurs années.

EXPLICATION DE LA PLANCHE 214.

1. Fleur coupée longitudinalement.
2. Graine de grandeur naturelle et grossie.
3. Germination.

Le genre *Maurandia* comprend plusieurs autres espèces ornementales; entre autres :

Le *M. erubescens* A. Gray (Syn. : Lophospermum erubescens D. Don), Mexique. Plante vivace velue, grimpante, pouvant atteindre 3 à 4 mètres de hauteur, à feuilles en forme de cœur et triangulaires, longues de 50 à 70 centimètres. Les fleurs ont un calice à 5 lobes larges, foliacés et poilus. La corolle mesure 7 à 8 centimètres de longueur; elle est velue extérieurement, de couleur rose. Cette belle plante a les mêmes emplois que le *Maurandia de Barclay*. La culture est aussi la même.

Le *M. scandens* A. Gray (Syn. : Lophospermum scandens D. Don), Mexique, qui diffère du *M. erubescens*, dont il est très voisin, par ses feuilles moins triangulaires, plus finement velues, par ses fleurs un peu moins grandes, à calice et à corolle glabres ou presque glabres. Culture et emplois du précédent.

Le *M. semperflorens* Jacq., Mexique. Espèce très voisine du *M. Barclayana*, à fleurs un peu plus petites, ayant le calice et la corolle glabres au lieu d'être velues. La corolle est violette ou rose violacé, à tube dilaté au sommet.

Le *M. antirrhiniflora* Humb. et Bonpl., Mexique. Moins ornemental que les précédents. Il se distingue du *M. Barclayana* et du *M. semperflorens* par ses fleurs mesurant seulement 3 centimètres de longueur, pourprées, à calice et à corolle glabres mais à lèvre inférieure saillante, poilue, fermant la gorge de la fleur.

⌂ Pl. 215. — PENTSTÉMON DES JARDINS

PENTSTEMON HARTWEGII Benth.

SYNONYME LATIN : **Pentstemon gentianoides Lindl. et Hort., non Poiret.**

Patrie : Mexique.

Description.

Le genre *Pentstemon* se distingue par des feuilles opposées; des fleurs irrégulières ayant un calice à 5 divisions; une corolle à tube allongé, cylindrique ou ventru, à deux lèvres : la lèvre supérieure à deux lobes, la lèvre inférieure à 3 lobes barbus ou nus à la base. Ces fleurs ont 4 étamines fertiles, deux grandes et deux petites, plus une étamine stérile à filet dilaté en spatule au sommet. Le fruit est une capsule à 2 loges s'ouvrant par deux valves.

Le *Pentstémon des jardins* est une plante vivace de 70 centimètres à 1 mètre de hauteur, à feuilles 3 ou 4 fois plus longues que larges, se rétrécissant de la base au sommet, longues de 5 à 10 centimètres ; à fleurs écarlates ou purpurines, longues de 5 centimètres, réunies par 3 à l'extrémité de pédoncules qui naissent au sommet de rameaux, et dont l'ensemble constitue une grappe lâche, allongée. Ces fleurs ont un calice à divisions ovales-allongées ; une corolle à tube allongé, peu dilaté. Nombreuses variétés à fleurs rouges, carminées, violettes, violet bleuâtre, avec la gorge de la corolle pourpre ou blanche. Fleurit de juin jusqu'en octobre. Cette espèce, croisée avec le *P. Gentianoides* et d'autres espèces, a donné naissance à des hybrides d'un grand mérite ornemental, connus sous le nom de *Pentstémon hybrides à grandes fleurs*.

Emplois. — Culture. — Multiplication.

Cette superbe plante est demi-rustique dans le midi de la France. Sous le climat de Paris, il est nécessaire de l'abriter sous châssis ou en serre froide pendant l'hiver. On l'emploie, comme les *Pélargoniums* et les *Fuschias*, à la composition des corbeilles et à la garniture des plates-bandes pour la durée de la belle saison. Elle prospère surtout dans les sols légers, aux expositions chaudes et aérées. Comme toutes les espèces du même genre, d'ailleurs, les sols compacts et humides lui sont très défavorables. On peut la multiplier par division des touffes, mais il est préférable de la reproduire par le bouturage. On emploie à cet effet les jeunes rameaux encore herbacés, que l'on pique en terre de bruyère, en petits godets, que l'on tient à froid ou à chaud, couverts de cloches jusqu'au moment où les racines commencent à se développer. Le bouturage se fait à l'automne et les jeunes plantes ainsi obtenues doivent être conservées sous abri vitré pendant l'hiver. On peut aussi multiplier le *Pentstémon des jardins* par graines que l'on sème en juillet-août, en pépinière, en sol léger, bien terreauté et à mi-ombre. On repique en godets et l'on rentre les jeunes plantes sous châssis ou en serre froide pour leur faire passer l'hiver.

EXPLICATION DE LA PLANCHE 245.

1. Fleur coupée longitudinalement.

Le genre *Pentstemon* renferme un très grand nombre d'espèces ornementales qui ne sont pas aussi répandues qu'elles mériteraient de l'être. On peut citer entre autres :

Le *P. barbatus* Roth (Syn. : Chelone barbata Cav.) (Galane barbue), Amérique septentrionale occidentale. Les tiges, de 1 mètre de hauteur, portent des feuilles un peu glauques. Les fleurs, à corolle tubuleuse et étroite, longue de 3 centimètres, sont disposées en grappes pouvant atteindre 40 centimètres de longueur; elles sont d'un rouge écarlate brillant dans le type de l'espèce, mais il existe des variétés à fleurs roses et à fleurs blanches. La lèvre inférieure de la corolle est barbue. L'étamine stérile est garnie de longs poils blancs. Cette espèce est une excellente plante vivace, très rustique, propre à l'ornementation des plates-bandes. On la multiplie par division des touffes. Fleurit de juillet en septembre.

Le *P. campanulatus* Willd. (Syn. : P. angustifolius Lindl.; P. atro-purpureus Lodd.; P. elegans Poir.; P. pulchellus Lindl.; P. roseus G. Don), Mexique. Vivace, d'environ 50 centimètres, à fleurs en grappe allongée, unilatérale, à corolle ventrue, assez grande, rose ou car-minée. Belle espèce, floribonde et de culture assez facile. Variétés à fleurs violet bleuâtre et purpurines. (Emplois et culture du *P. Hartwegii*.)

Le *P. cordifolius* Benth., Californie. A tiges ligneuses à la base, formant un buisson de 75 centimètres à 1 mètre de hauteur; les feuilles, longues de 15 à 30 centimètres, sont ovales-arrondies. Les fleurs, d'un rouge safrané, naissent par 3-7 sur les pédoncules et constituent par leur ensemble des grappes feuillées allongées. La corolle mesure 3 centimètres de longueur; la lèvre supérieure est concave, jaune en dedans. (Emplois et culture du *P. Hartwegii*.)

Le *P. diffusus* Dougl., Amérique septentrionale occidentale. Vivace, à tiges atteignant 50 à 60 centimètres de hauteur, à feuilles inférieures ovales-allongées, les supérieures amples, ovales, en forme de cœur et embrassant la tige à la base, longues de 8 centimètres. Les fleurs, d'un violet pourpré, ne sont pas très grandes, mais naissent par bouquets denses à l'extrémité de pédoncules, dont l'ensemble constitue une longue et ample inflorescence rameuse, feuillée. Le tube de la corolle est dilaté et ample dans la partie supérieure. Variété à fleurs roses. (Culture et emplois du *P. Hartwegii*.)

Le *P. gentianoides* Poir., Mexique. Espèce très voisine du *P. Hartwegii* avec lequel il est souvent confondu et dont il ne se distingue guère que par ses fleurs violettes à tube ample, évasé, en forme de cloche, peu dilaté. (Emplois et culture du *P. Hartwegii*.)

Le *P. glaber* Pursh, Amérique septentrionale occidentale. Plante vivace, de 50 à 75 centimètres de hauteur, à fleurs très nombreuses, de 3 centimètres de longueur et disposées en grappes allongées d'un bleu violacé. (Culture et emplois du *P. Hartwegii*.)

Le *P. heterophyllus* Lindl., Amérique septentrionale occidentale. Plante de 50 à 70 centimètres de hauteur, à feuilles de la base en forme de spatule et étroites, les supérieures très étroites. Les fleurs, longues de 3 centimètres, sont solitaires sur les pédoncules et constituent des grappes effilées, simples ou rameuses, de 15 à 20 centimètres de longueur. Ces fleurs, de coloris variable, sont bleues ou d'un bleu rougeâtre. (Emplois et culture du *P. Hartwegii.*)

Le *P. Jeffreyanus* Hook. (Syn. : P. azureus Benth.), Amérique septentrionale occidentale. Superbe espèce à tiges de 40 à 50 centimètres de hauteur, à feuilles glauques, à fleurs réunies en longues grappes terminales. Ces fleurs ont la corolle évasée, d'un beau bleu d'azur qui passe au pourpre violacé à la base du tube. (Emplois et culture du *P. Hartwegii.*)

Le *P. Murrayanus* Hook., Texas. Plante glauque, d'environ 1 mètre de hauteur, à feuilles opposées sur la tige et soudées entre elles par la base, de manière à former des sortes de petites coupes dans lesquelles naissent les pédicelles des fleurs. Celles-ci, longues de 4 à 5 centimètres, sont rouge lilas ou violettes selon les variétés. Cette belle espèce se cultive comme le *P. Hartwegii*; elle est plus délicate.

Le *P. ovatus* Dougl., Orégon. Plante de 50 à 60 centimètres, à fleurs bleuâtres, longues de 2 centimètres environ. (Culture du *P. barbatus.*)

Le *P. puniceus* A. Gray., Arizona. Plante glauque de 1 mètre de hauteur, à fleurs de 2 centimètres de longueur, d'un rouge éclatant, disposées en grappes peu fournies, très allongées. (Culture du *P. Hartwegii.*)

Pl. 216. — COLLINSIE BICOLORE

COLLINSIA BICOLOR Benth.

Patrie : Californie.

Description.

Le genre *Collinsia* est caractérisé par des fleurs à calice ayant 5 divisions, une corolle penchée, à tube court, bossu en arrière, à deux lèvres : la supérieure, à 2 lobes, repliés en arrière; l'inférieure à 3 lobes, celui du milieu plié en carène et enserrant les étamines qui sont au nombre de 4, deux plus grandes que les autres; une cinquième étamine n'existe qu'à l'état rudimentaire. Le fruit est une capsule à 2 loges contenant de nombreuses graines et s'ouvrant par deux valves.

La *Collinsie bicolore* est une plante annuelle d'environ 25 centimètres de hauteur, glabre, à tige rameuse, à feuilles ovales, dentées. Les fleurs naissent par 6-10 en étages espacés sur les tiges, et constituent des grappes terminales interrompues, atteignant 10 centimètres et plus de longueur. Ces fleurs, longues de 2 centimètres, ont la lèvre inférieure rose et la lèvre supérieure blanche; elles sont portées sur des pédicelles plus courts que le calice. Il existe des variétés à fleurs blanches, rose pâle, rose violacé, multicolores et présentant alors ces diverses couleurs associées en panachures ou en marbrures. (C. marmorata Hort.) Fleurit en juillet-août.

Emplois. — Culture. — Multiplication.

La *Collinsie bicolore* est une élégante plante annuelle propre à l'ornementation des plates-bandes et qui se prête admirablement à la culture
en pots pour la décoration des appartements et des fenêtres. Elle prospère surtout dans les sols légers et fertiles. On en sème des graines de
mars en mai, en place ou en pépinière ; dans ce dernier cas, on repique
en place dès que le plant est suffisamment développé, et en ménageant un
espace de 25 centimètres entre les pieds.

EXPLICATION DE LA PLANCHE 216.

1. Fleur coupée longitudinalement.
2. Graine de grandeur naturelle et grossie.
3. Germination.

Une autre espèce appartenant à ce genre, le *C. verna* Nutt., de l'Amérique septentrionale, est une charmante plante de 20 centimètres de hauteur, à feuilles inférieures arrondies, celles de la tige ovales, les florales
étroites-allongées. Les fleurs naissent par 6, en étages espacés ; elles ont
la lèvre inférieure bleue et la lèvre supérieure blanche ; les pédicelles qui
les portent sont plus longs que le calice. Cette espèce est d'autant plus
intéressante qu'elle fleurit de mars en mai. On en sème les graines en
place en septembre-octobre, en terre légère et exposition abritée.

Pl. 217. — NYCTÉRINIE A PORT DE SÉLAGINE

ZALUZIANSKYA SELAGINOIDES Walp.

SYNONYME LATIN : **Nycterinia selaginoides Benth.**

Patrie : Afrique australe.

Description.

Le genre *Zaluzianskya* comprend des plantes à feuilles inférieures
opposées, les supérieures alternes, dentées, les florales entières ou à
peine dentées, appliquées sur le calice. Les fleurs ont un calice tubuleux,
ovoïde, à 5 dents courtes, à deux lèvres ou divisé en deux. La corolle,
persistante, a le tube allongé, fendu à la base ; elle est divisée au sommet
en 5 lobes étalés, entiers ou fortement échancrés, égaux ou presque
égaux. Les étamines sont au nombre de 4 : les antérieures saillantes, attachées au sommet du tube de la corolle et à anthères peu développées ; les postérieures plus courtes que le tube de la corolle. Le fruit est
une capsule constituant de nombreuses graines et s'ouvrant en 2 valves.

Le *Z. selaginoides* est une plante annuelle de 10 à 15 centimètres de
hauteur, velue, à tiges rameuses, couchées sur le sol. Les feuilles sont
petites ; les fleurs, très nombreuses, forment des grappes feuillées d'a-
bord courtes, mais qui s'allongent pendant la floraison. Les fleurs sont

odorantes, elles ont une corolle à tube grêle, arqué, égalant 3 fois la longueur du calice, et les divisions échancrées, étalées en étoile. Ces fleurs blanches ou d'un blanc lilacé dans le jeune âge, deviennent violettes dans un état plus avancé ; elles sont munies au centre d'une petite couronne d'abord d'un jaune orangé, puis carmin violacé. Fleurit de mai à septembre, selon l'époque du semis.

Emplois. — Culture. — Multiplication.

Cette jolie plante est remarquable par l'abondance de sa floraison et par sa taille réduite qui permet de l'employer à former de petites corbeilles ou des bordures ravissantes. On en sème les graines : 1° en septembre, en pots que l'on abrite en hiver sous châssis, pour mettre en place en avril; 2° en mars-avril, sur couche, pour repiquer et mettre en place en mai, en ménageant un espace de 30 centimètres entre les pieds. Cette plante redoute l'excès d'humidité et doit être cultivée de préférence en sol léger, à exposition chaude.

Explication de la Planche 217.

1. Fleur entière.
2. Fleur coupée longitudinalement.
3. Graine de grandeur naturelle et grossie.
4. Germination.

Pl. 218. — MIMULE ARLEQUIN

MIMULUS LUTEUS L., VARIEGATUS

Synonymes latins : **Mimulus guttatus DC.; M. variegatus Lodd.; M. speciosus Hort.; M. Smithii Lindl.**

Patrie : Chili, Californie.

Description.

Le genre *Mimulus* est caractérisé par des feuilles opposées; des fleurs à calice tubuleux, à 5 angles et à 5 dents; à corolle tubuleuse, cylindrique ou ventrue, ayant 2 lèvres : la lèvre supérieure à 2 lobes dressés ou repliés en arrière; la lèvre inférieure à 3 lobes étalés, munie souvent de bosses qui masquent l'ouverture du tube. Les étamines sont au nombre de 4, dont 2 plus grandes. Le style est divisé au sommet en 2 lamelles ovales. Le fruit est une capsule qui s'ouvre en 2 valves et qui contient de nombreuses graines.

Le *Mimulus luteus* est une plante vivace, d'environ 30 centimètres de hauteur, d'un vert gai, à peine velue. La tige, rameuse à la base, a les feuilles inférieures-ovales arrondies comme rongées sur les bords, étiolées, les supérieures ovales, en forme de cœur et embrassant la tige par la base, à nervures accentuées. Les fleurs sont solitaires sur des pédoncules plus longs que les feuilles; elles ont un calice ovale, enflé au moment de la fructification et une corolle ample à tube égalant le double de la longueur du calice. Dans le type de cette espèce les fleurs sont jaunes, mais il existe de nombreuses variétés à corolle plus ou moins ample qui présentent des coloris très divers : jaune ponctué de pourpre et de brun (M. punctatus et guttatus); à grandes fleurs jaunes, avec de larges macules et des ponctuations pourpre brun (M. variegatus et quinquevulnerus); à corolle de grandeur moyenne, jaune cuivré ou capucine et à gorge jaune (M. cupreus Regel). Cette dernière catégorie de Mimulus renferme des plantes aux coloris les plus variés, allant du cuivré au rouge orangé et au rouge cramoisi, au brun clair, au jaune pâle presque blanc, parfois rosés, uniformes, ou sur lesquels se détachent des stries, des ponctuations ou des macules d'une nuance différente. Il existe enfin des variétés naines et d'autres à fleurs doubles. Fleurit successivement pendant tout l'été, à des époques en rapport avec celles du semis.

Emplois. — Culture. — Multiplication.

Cette belle plante et ses variétés est vivace lorsqu'on l'abrite sous châssis ou en serre froide pendant l'hiver; mais on la traite plus généralement comme plante annuelle. Elle est précieuse pour l'ornementation des corbeilles et des plates-bandes, pour la formation de bordures et pour la culture en pots. Un sol frais mais bien divisé, une exposition éclairée et aérée, mais abritée des vents violents, favorisent son développement. On la multiplie par graines que l'on sème : 1° en septembre, en pots pour repiquer en pots, hiverner sous châssis ou en serre froide et mettre en place fin mai, en espaçant les pieds de 20 à 30 centimètres, selon le développement que peuvent prendre les variétés en culture; 2° en mars-avril sur couche. On peut aussi la reproduire par division des touffes ou par boutures que l'on fait à la fin de l'été.

EXPLICATION DE LA PLANCHE 218.

1. Fleur coupée longitudinalement.
2. Graine de grandeur naturelle et grossie.
3. Germination.

Le genre *Mimulus* comprend plusieurs autres espèces ornementales, peu répandues. L'une d'elles, plus particulièrement recherchée, est le *Musc, Herbe au Musc* (Mimulus moschatus Dougl.), petite plante velue, visqueuse, originaire de l'Amérique septentrionale, à peu près dépourvue de valeur ornementale, mais recherchée pour l'odeur de musc qu'elle exhale. C'est une plante vivace, à racines traçantes, à tiges rameuses ne dépassant pas 10 à 15 centimètres de hauteur, portant des feuilles de dimensions réduites, ovales, dentées. Les fleurs, d'environ 1 centimètre de longueur, sont jaunes, striées de jaune orangé. La floraison a lieu de mai en octobre. Le *Musc* vit plusieurs années dans le midi et dans l'ouest de la France. Sous le climat de Paris, il est nécessaire de l'abriter pendant l'hiver. Aussi le cultive-t-on plutôt comme plante annuelle. On en sème les graines en mars-avril, sur couche, pour mettre en place en mai, ou en mai-juin en place. On peut aussi le semer en septembre, en pots que l'on hiverne sous châssis. Cette petite plante affectionne les terrains légers, sablonneux un peu frais, additionnés de terreau, et une exposition ombragée

Pl. 219. — TORÉNIA DE FOURNIER

TORENIA FOURNIERI Lind.

Patrie : Cochinchine.

Description.

Le genre *Torenia* comprend des plantes à feuilles opposées, à fleurs formées d'un calice tubuleux, plissé ou ailé, à 5 dents ou à 2 lèvres; d'une corolle tubuleuse, cylindrique à 2 lèvres : la lèvre supérieure dressée, concave, échancrée ou plus ou moins profondément fendue; la lèvre inférieure plus grande, étalée, à 3 lobes presque égaux. Les étamines sont au nombre de 4 : 2 postérieures renfermées dans le tube de la corolle; 2 antérieures attachées au sommet du tube et saillantes. Les anthères sont rapprochées par paires adhérentes. Les filets des étamines antérieures sont munis d'appendices en forme de dents ou filiformes. Le style est terminé au sommet par deux lamelles. Le fruit est une capsule plus courte que le calice, s'ouvrant en deux valves entières et contenant de nombreuses graines.

Le *Torénia de Fournier* est une plante annuelle de 20 à 30 centimètres de hauteur, glabre, à tige rameuse, anguleuse, portant des feuilles en forme de cœur, dentées. Les fleurs, d'environ 3 centimètres de longueur, naissent une à une aux aisselles des feuilles dans les deux tiers ou les trois quarts supérieurs des tiges; elles sont d'un bleu faïence, avec la lèvre supérieure pliée en casque et la lèvre inférieure à lobes de couleur bleu violacé foncé, velouté; la gorge est jaune et le lobe médian de la lèvre inférieure porte au centre une tache de cette même couleur. Fleurit de juin en septembre.

Emplois. — Culture. — Multiplication.

Le *Torénia de Fournier* est une très jolie plante qui se prête admirablement à la culture en pots pour l'ornement des serres et des jardins d'hiver; elle convient aussi à la formation de corbeilles à mi-ombre, en plein air. On la multiplie par graines que l'on sème de février en avril, en serre ou sur couche et sous châssis; on repique les jeunes plantes dès qu'elles sont munies de 2 à 4 feuilles, puis on les met isolément dans de petits godets, pour les soumettre successivement à des rempotages en vases de plus en plus grands. Pour la culture en plein air, la mise en place doit se faire à la fin de mai. Dans les serres comme en pleine terre cette plante doit être tenue en situation un peu ombragée mais cependant éclairée et aérée.

EXPLICATION DE LA PLANCHE 219.

1. Fleur coupée longitudinalement.
2. Graine de grandeur naturelle et grossie.
3. Germination.

⌂ Pl. 220. — VÉRONIQUE DE HOOKER

VERONICA SPECIOSA Cunningh.

SYNONYME FRANÇAIS : **Véronique en arbre.**

Patrie : Nouvelle-Zélande.

Description.

Le genre *Veronica* est caractérisé par des fleurs ayant un calice à 4-5, rarement 3 divisions; une corolle à tube plus court que le calice ou le dépassant à peine, divisée au sommet en 4-5 lobes étalés : les latéraux ou les 3 inférieurs souvent plus étroits. Les étamines, au nombre de 2, sont saillantes; elles sont attachées au tube de la corolle de chaque côté des lobes latéraux. Le style est simple. Le fruit est une capsule comprimée, marquée de 2 sillons, ayant souvent la forme d'un cœur, s'ouvrant en 2 ou 4 valves et contenant un plus ou moins grand nombre de graines.

La *Véronique de Hooker* est un arbrisseau glabre de 1 à 2 mètres de hauteur, à tige rameuse formant buisson. Les feuilles, ovales-allongées, sont persistantes, entières, sans pétiole, de 5 à 8 centimètres de long sur 3 à 5 de large, épaisses et d'un vert foncé et brillant. Les fleurs sont disposées en grappes coniques, denses, dressées, longues de 5 à 8 centimètres, naissant aux aisselles des feuilles dans la partie supérieure des rameaux. La corolle a le tube plus long que le calice; elle est violette, bleuâtre, purpurine, rouge, rose ou blanche selon les variétés. Fleurit abondamment et pour ainsi dire sans interruption.

Emplois. — Culture. — Multiplication.

Les qualités ornementales de cette plante la font rechercher depuis longtemps pour la décoration des jardins. Elle est d'une rusticité absolue dans le midi et dans l'ouest de la France où on en forme des massifs, de hautes bordures, des palissades de verdure, etc. Elle est d'une culture très facile et s'accommode de tous les terrains, même les plus secs, bien qu'elle prenne plus de développement dans les sols fertiles. Toutes les expositions lui conviennent aussi, bien qu'elle préfère les situations un peu ombragées à celles qui sont très ensoleillées. Sous le climat de Paris la *Véronique de Hooker* entre dans la décoration des plates-bandes et des corbeilles pour la durée de la belle saison. Elle se prête admirablement à la culture en pots et est recherchée pour la décoration des appartements, des balcons, des fenêtres. On la met à l'air libre en mai, mais il est nécessaire de la rentrer en serre froide, en orangerie, ou dans un local quelconque, éclairé et à l'abri de la gelée, vers le milieu d'octobre. Cette belle plante se multiplie facilement par boutures de jeunes rameaux ou par graines qui sont produites en abondance. Il faut la rempoter fréquemment en évitant de blesser les racines et lui donner des arrosages copieux pendant l'été.

EXPLICATION DE LA PLANCHE 220.

1. Fleur entière.
2. Fleur coupée longitudinalement.

Au groupe des *Véroniques ligneuses* appartiennent encore :

Le *V. elliptica* Forst. (Syn. : V. decussata Soland), de la Nouvelle-Zélande et des régions magellaniques. C'est un arbrisseau glabre, pouvant atteindre 2 mètres de hauteur, à feuilles persistantes, rappelant celles du Myrte, ovales, longues de 2 à 3 centimètres et d'un centimètre de largeur, à fleurs blanches ou d'un blanc lilacé, en petits bouquets dépassant peu la longueur des feuilles.

Le *V. salicifolia* Forst., de la Nouvelle-Zélande, arbrisseau pouvant atteindre de 3 à 5 mètres de hauteur, à feuilles longues et étroites (8 à 10 centimètres de longueur sur 2 centimètres de largeur), à fleurs blanches, ou d'un blanc violacé, en grappes allongées et denses. Cette espèce diffère surtout du *V. speciosa* par ses feuilles et les divisions du calice plus étroites.

On trouve encore dans les jardins le *V. Andersonii* Lindl. et Paxt., hybride issu du *V. speciosa* et du *V. salicifolia*, à longs épis de fleurs d'abord violettes, devenant blanches en vieillissant, ce qui donne des épis bicolores.

Ces *Véroniques* ligneuses ont les emplois de la *Véronique de Hooker*. La culture en est la même.

Pl. 221. — VÉRONIQUE MARITIME

VERONICA LONGIFOLIA L.

SYNONYMES LATINS : **Veronica maritima** L.; **V. elata** Host.; **V. elatior** Ehrh.; **V. excelsa Desf.**; **V. glabra Ehrh.**; **V. hybrida Georgi**; **V. media Schrad.**; etc.

Patrie : Europe, Asie Mineure, Sibérie.

Description.

Plante vivace pouvant atteindre 1 mètre de hauteur, à tiges glabres ou un peu velues, à feuilles pétiolées, opposées ou parfois étagées par trois. Ces feuilles ovales ou ovales-allongées, rétrécies en pointe au sommet, sont finement dentées. Les fleurs forment des grappes denses, solitaires ou groupées en bouquets, elles sont bleues et ont le pédicule plus court ou dépassant à peine la longueur du calice. Variétés à fleurs blanches, à fleurs roses, à fleurs bleu foncé, en longs épis (V. subsessiles), etc. Fleurit en juin-juillet.

Emplois. — Culture. — Multiplication.

Cette belle plante est très rustique; elle est fréquemment cultivée dans les jardins pour l'ornement des plates-bandes. Elle s'accommode de tous les terrains et de toutes les expositions. On la multiplie par division des touffes.

EXPLICATION DE LA PLANCHE 221.

1. Fleur vue de côté.
2. Fleur vue de face.
3. Fleur coupée longitudinalement.

On cultive parfois dans les jardins quelques autres espèces de Véroniques vivaces, notamment :

La *Véronique blanchâtre* (V. incana L.), de l'Europe australe orientale et de l'Asie boréale. Plante de 50 à 60 centimètres de hauteur, à feuilles cotonneuses, blanches sur les 2 faces, à fleurs bleues ayant le calice laineux, plus long que le pédicelle.

La *Véronique à feuilles pennées* (V. pinnata L.), de la Sibérie. Plante de 30 à 50 centimètres de hauteur, à feuilles découpées en lobes étroits, disposées comme les barbes d'une plume le long de la nervure médiane, à fleurs en grappes grêles, solitaires ou en bouquets; ces fleurs sont bleues avec les pédicelles plus longs que le calice, celui-ci ayant la longueur du tube de la corolle.

La *Véronique en épis* (V. spicata L.). Indigène. Plante de 30 à 40 centimètres de hauteur, un peu velue, à feuilles ovales ou allongées, les supérieures dentées seulement dans leur partie inférieure. Les fleurs, bleues, sont disposées en grappes solitaires; elles ont le pédicelle beaucoup plus court que le calice.

La *Véronique bâtarde* (V. spuria L.) (Syn. : V. paniculata L.), d'Europe. Plante de 1 mètre de hauteur, glabre, un peu velue, à feuilles épaisses, opposées ou étagées par 3, allongées-étroites, dentées. Les fleurs, bleues, sont disposées en épis formant des bouquets plus ou moins lâches, garnis de petites feuilles florales (bractées), elles ont le pédicelle beaucoup plus long que le calice.

La *Véronique couchée* (V. Teucrium L., var. prostrata; V. prostrata L.). Indigène. Plante de 10 à 15 centimètres de hauteur, à tiges couchées portant des feuilles ovales-allongées, à fleurs bleu lilacé, en grappes multiflores disposées aux aisselles des feuilles. Le calice a les divisions inégales. La corolle a le tube très court.

Toutes ces Véroniques fleurissent en juin-juillet, elles sont aussi rustiques et aussi faciles à cultiver que la *Véronique maritime*. Elles sont propres à orner les plates-bandes. La dernière est une excellente plante pour bordures.

La famille des Scrophularinées renferme, en outre des plantes figurées dans cet ouvrage, un certain nombre de genres qui ont aussi des représentants dans les jardins. On peut citer notamment :

Les Verbascum, dont une espèce, le *V. phœniceum* L. (Molène pourpre), de l'Europe australe, est une plante vivace de 1 mètre de hauteur, à feuilles étalées en rosette sur le sol; à fleurs nombreuses, disposées en longues grappes dressées. Ces fleurs, assez grandes, sont purpurines, violettes, saumonées, rouge cuivré ou blanchâtres, se succédant de mai en août. La Molène pourpre affectionne les sols légers, s'égouttant bien. Sous le climat de Paris elle gèle parfois, lorsque les hivers sont rigoureux et surtout humides. Il est donc prudent d'abriter les plantes sous châssis lorsqu'on veut les conserver plusieurs années. On préfère habituellement traiter la plante comme si elle était bisannuelle. On en sème les graines d'avril en juillet en pépinière pour repiquer en pots, hiverner sous abri vitré et mettre en place en mai.

Le genre Digitalis, qui a une espèce bien connue, le *D. purpurea* L. (Digitale pourprée, D. officinale, Claquet, Doigtier, Gant de Bergère. Voir *Masclef, Atlas, pl. 245.*), plante indigène, bisannuelle, de 1 mètre à 1 m. 25 de hauteur, velue sur toutes ses parties, à feuilles ovales-allongées, disposées en rosette sur le sol; à fleurs en forme de cloche, pendantes, longues de 4 à 5 centimètres, formant une grappe unilatérale de 50 à 75 centimètres de longueur, purpurines, rose pâle ou blanches, selon les variétés.

La *Digitale pourpre* est très ornementale et convient à la décoration des plates-bandes et des corbeilles. On en sème les graines d'avril en juin, en pépinière; on repique en pépinière et l'on met en place à l'automne ou en mars en espaçant les pieds de 50 centimètres.

FAMILLE DES GESNÉRIACÉES

⌂ Pl. 222. — GLOXINIA

SINNINGIA SPECIOSA Hiern.

Synonymes latins : **Ligeria speciosa Dcne.; Gloxinia speciosa Lodd.**

Patrie : **Brésil.**

Description.

Les plantes cultivées dans les jardins sous le nom de *Gloxinia* n'ap-

partiennent pas à ce genre ; ce sont des *Sinningia*. Elles diffèrent des
Gloxinia vrais par l'ovaire qui est seulement en partie situé au-dessous
de la fleur (semi-infère), tandis qu'il est en entier au-dessous de la fleur
(infère) dans les *Gloxinia*. On observe aussi dans les *Sinningia*, entre
l'ovaire et le tube de la corolle, une couronne formée de 5 glandes, tandis
que dans les *Gloxinia*, ces glandes sont réunies entre elles et forment un
cercle ininterrompu.

Les *Sinningia* sont des plantes vivaces à souche tubéreuse, presque
sans tige, à grandes feuilles ovales. Les fleurs, en forme de cloche, sont
violacées dans le type de l'espèce, mais ont pris par la culture des coloris
extrêmement variés, dans lesquels on observe des teintes allant du blanc
au rose, au carminé et au rouge, au bleu et au bleu violacé foncé, associées parfois pour produire des tons intermédiaires ou des macules, des
stries, des ponctuations qui se détachent sur un fond plus clair ou plus
foncé. La fleur, de forme irrégulière, penchée dans les variétés primitives,
est devenue beaucoup plus grande, régulière, très ouverte et dressée.

Cette superbe plante fleurit normalement de juin en août, dans les
serres ; mais les fleuristes qui en approvisionnent les marchés en avancent
ou en retardent la floraison, par une culture appropriée, qui permet de
l'avoir en fleurs pendant presque toute l'année.

Emplois. — Culture. — Multiplication.

Dans les appartements, on doit mettre les *Gloxinia* en situation éclairée, mais non en plein soleil ; en arrosant, on doit éviter de répandre de
l'eau sur les feuilles et sur les fleurs qui se gâtent au moindre contact.

Les *Gloxinia* ne sont pas des plantes de serre chaude, comme on le
croit généralement ; leur végétation ayant lieu pendant l'été, il est possible de les cultiver dans les serres froides, dont on a sorti pour la garniture des parterres les *Géraniums, Fuchsias* et autres plantes. Fin septembre
leur végétation est arrêtée, la partie aérienne s'est flétrie et les tubercules
seuls, encore vivants, doivent être laissés à l'état de repos, c'est-à-dire
sans arrosage, en serre tempérée ou dans un local situé au midi et dont
la température ne s'abaisse pas au-dessous de + 5 à 10 degrés. En mars,
ces tubercules sont enlevés des pots dans lesquels ils ont végété l'année
précédente ; on les rempote en les enterrant très peu dans un mélange,
formé de terreau de feuilles et de terreau de couche très décomposé, employés par parties égales ; on les place sur couche tiède et sous châssis
et plus tard dans la serre, lorsque les plantes destinées aux garnitures
de plein air en sont sorties. Les arrosements doivent être très modérés
tant que les plantes ne montrent pas leurs feuilles, puis ils doivent être
répétés fréquemment. Les fleurs étant très lourdes doivent être maintenues à l'aide de tuteurs. Les *Gloxinia* se multiplient par graines que l'on
sème sur couche chaude et sous châssis ou par boutures, faites en juillet
avec les feuilles ou des portions de feuilles, qui émettent des racines à

l'extrémité de la partie du pétiole ou de la nervure médiane qui subsiste, et qui donne naissance à un petit tubercule.

La famille des Génériacées renferme un grand nombre de plantes ornementales, mais qui servent surtout à la décoration des serres. On peut citer parmi elles les *Nægelia*, les *Isoloma* (Tydæa), *Gesneria*, *Episcia* (Cyrtodeira), *Cyrtandra*, *Æschynanthus*, etc.

Le genre ACHIMENES comprend plusieurs espèces qui pourraient être cultivées comme les *Gloxinias* et dont les fleurs sont abondantes et vraiment belles. Les plus fréquemment cultivées sont :

L'*A. grandiflora* DC., du Mexique, plante tubéreuse, à corolle tubuleuse, grêle dans la partie inférieure, étalée au sommet en 5 lobes pourpres, violets, blancs ou carminés.

L'*A. patens* Benth., du Mexique, à grandes fleurs pendantes, violet pourpré, roses ou rouges.

Le genre STREPTOCARPUS a aussi plusieurs espèces fort recherchées, notamment les *S. Rexii* Lindl., *polyanthus* Hook. et *Dunii* Hook. Ce sont des plantes vivaces, originaires de l'Afrique australe qui, croisées entre elles, ont donné naissance à des hybrides connues sous le nom de *S. kewensis*, dont les fleurs, longues de 4 à 5 centimètres, de couleur mauve, pourpre ou violacée, sont réunies par bouquets de 6 à 8 sur les pédoncules. Ces plantes exigent la même culture que les *Gloxinias*.

FAMILLE DES BIGNONIACÉES

Pl. 223. — ECCRÉMOCARPE GRIMPANT

ECCREMOCARPUS SCABER Ruiz et Pav.

SYNONYME LATIN : **Calampelis scaber D. Don.**

Patrie : Chili.

Description.

Le genre *Eccremocarpus* est caractérisé par des fleurs à calice tubuleux, à 5 divisions ; une corolle tubuleuse plus ou moins ventrue, à 5 lobes courts, arrondis, recourbés. Les étamines sont au nombre de 4, deux plus longues que les autres. L'ovaire est entouré d'une couronne glanduleuse ininterrompue. Le fruit est une capsule ovale, à une loge, s'ouvrant par 2 valves, sur la partie médiane desquelles sont fixées les graines.

L'*Eccrémocarpe grimpant* est une plante vivace à tige ligneuse grimpante, pouvant atteindre 4 à 5 mètres de hauteur. Les feuilles sont divisées en nombreuses petites folioles ovales, échancrées en cœur à la base, dentées. Les fleurs, de 2 centimètres de longueur, sont réunies en grappes pendantes et sont d'un rouge orangé brillant. Elles s'épanouissent successivement pendant toute la belle saison.

Emplois. — Culture. — Multiplication.

Cette belle plante grimpante est rustique dans le midi et dans l'ouest de la France. Sous le climat de Paris elle est souvent détruite lorsque les hivers sont rigoureux. On l'emploie à garnir les murs à bonne exposition. On la multiplie par graines que l'on sème en juillet-août; on repique en godets que l'on hiverne sous châssis ou en serre froide, et l'on met en place en mai. On peut aussi semer sur couche en mars, mais les plantes ainsi obtenues ne fleurissent que vers la fin de l'été.

EXPLICATION DE LA PLANCHE 223.

1. Fleur entière.
2. Fleur coupée longitudinalement.

C'est à la famille des Bignoniacées qu'appartiennent les *Catalpa*, le Jasmin de Virginie (Tecoma), sur lesquels on trouvera des renseignements dans l'ouvrage de M. Mouillefert, *Traité des Arbres et Arbrisseaux.*

FAMILLE DES ACANTHACÉES

⌂ Pl. 224. — LIBONIA

LIBONIA FLORIBUNDA C. Koch.

SYNONYMES LATINS : **Jacobinia pauciflora Benth. et Hook.; Sericographis pauciflora Nees.**

Patrie : Brésil.

Description.

Petit arbuste à tige ramifiée dès la base, à feuilles opposées, persistantes, ovales, un peu épaisses et d'un vert foncé; à fleurs très nombreuses, tubuleuses, à deux lèvres, rouges dans leur moitié inférieure, jaunes au sommet, disposées en petites grappes, sur des pédoncules qui naissent aux aisselles des feuilles supérieures. Les étamines, au nombre de 2, sont presque aussi longues que la corolle.

Emplois. — Culture. — Multiplication.

Cette plante est remarquable par l'abondance et la durée de ses élégantes fleurs. On peut, par des pincements, lui faire prendre une forme naine, compacte, ce qui la rend précieuse pour la culture en pots. En serre tempérée, sa floraison a lieu depuis l'automne jusqu'à la fin de l'hiver. C'est l'une des plantes que les horticulteurs parisiens cultivent en grand, pour l'ornement des appartements. Elle exige beaucoup de lumière et des arrosages copieux pendant la végétation, mais modérés pendant la période de repos. On peut l'exposer à l'air libre pendant la durée de la belle saison.

EXPLICATION DE LA PLANCHE 224.

1. Fleur entière.
2. Fleur coupée longitudinalement.

———

La famille des Acanthacées comprend de nombreux genres ayant des espèces cultivées comme plantes ornementales dans les serres. On peut citer entre autres : les *Ruellia*, les *Sanchezia*, les *Eranthemum*, les *Aphelandra*, les *Justicia*, les *Adhatoda*, les *Dianthera*, les *Jacobinia*, les *Dieliptera*, les *Peristrophe*, etc.

Le genre THUNBERGIA a une espèce, le *T. alata* Bojer, de l'Afrique tropicale, recherchée comme plante grimpante annuelle pour garnir les treillages, les murs, etc., en sol léger et à exposition chaude. Les tiges atteignent environ 1 m. 50 de hauteur; ses fleurs, larges d'environ 3 centimètres, sont d'un jaune nankin avec une tache noire au centre. Il en existe des variétés à fleurs jaune orangé ou blanches. Fleurit de juin en septembre. On en sème les graines en mars-avril, sur couche, pour repiquer en godets qu'on laisse sous châssis; mettre en place dans la seconde quinzaine de mai.

Le genre ACANTHUS est bien connu. C'est à lui que se rattache l'*Acanthe* (A. mollis L.) si célèbre dans l'architecture comme ayant fourni le modèle du chapiteau corinthien. L'*A. molle* est une plante vivace originaire de l'Europe méridionale, à feuilles très amples, lobées, longues de 50 centimètres, larges de 20 à 30, formant de larges touffes d'un port très ornemental. Les fleurs sont grandes, d'un blanc lilacé, disposées en épis atteignant 50 centimètres de longueur. L'*A. épineuse* (A. spinosus L.) diffère de la précédente par ses feuilles plus découpées, épineuses. Ces deux plantes sont surtout recherchées pour former des groupes isolés sur les pelouses.

Une variété de l'*A. molle*, l'*A. de Portugal* (A. mollis L., var. latifolius; A. lusitanicus Hort.) est une superbe plante originaire du midi de l'Europe, à grandes feuilles d'un vert brillant. Plus délicate que les espèces précédentes, elle ne supporte les hivers du climat de Paris qu'à la condition de la couvrir de paille ou de feuilles sèches. Elle est surtout cultivée en pots pour l'ornementation des appartements.

C'est encore à la famille des Acanthacées qu'appartient le genre FITTONIA, plantes vivaces basses, à feuilles amples, ovales, de 10 à 12 centimètres de longueur sur 7 à 8 centimètres de large, d'un vert foncé sur lequel se détache un réseau de veines blanches dans le *F. argyroneura* E. Coemans; rouge pâle dans le *F. gigantea* Linden; d'un rouge foncé dans le *F. Verschaffelti* Coemans. Ces ravissantes plantes sont surtout recherchées pour leur feuillage. On les emploie à la décoration des serres, on en forme des bordures et des groupes. On les emploie aussi très fréquemment à la garniture des jardinières et des vases dans les appartements. Les fleurs, peu ornementales, sont accompagnées de larges feuilles florales qui sont disposées en épis quadrangulaires. Les *Fittonia* se multiplient facilement de boutures et se cultivent sans aucune difficulté en serre chaude. Elles affectionnent les endroits humides et **abrités des rayons directs du soleil.**

FAMILLE DES MYOPORINÉES

⌂ **Pl. 225. — MYOPORUM A PETITES FEUILLES**

MYOPORUM PARVIFOLIUM R. Br.

Patrie : Australie.

Description.

Arbuste buissonnant de 75 centimètres à 1 mètre de hauteur, à rameaux retombants, garnis de petites feuilles alternes charnues, de 2 à 2 centimètres et demi de longueur sur 4 millimètres de largeur, couvertes d'aspérités. Les fleurs, très nombreuses, dépassant à peine un demi-centimètre de longueur, sont blanches; elles ont un calice à 5 divisions, une corolle en forme de cloche, deux fois plus longue que le calice, à tube court, divisée en 5 lobes presque égaux, velus. Les étamines sont au nombre de 4; deux un peu plus longues que les autres. L'ovaire est à 3-4 loges et devient un petit fruit charnu contenant 3 ou 4 graines et de la grosseur d'un pois.

Emplois. — Culture. — Multiplication.

Le *Myoporum à petites feuilles* est rustique dans le midi de la France. Sous le climat de Paris il exige d'être abrité en serre froide pendant l'hiver. Il est d'une culture facile et se prête parfaitement à la culture en pots. Les fleuristes parisiens le vendent en grande quantité pour la décoration des appartements et des fenêtres. Il fleurit abondamment pendant toute la durée de la belle saison. On le multiplie aisément par boutures faites sur couche tiède, à l'automne ou au printemps.

EXPLICATION DE LA PLANCHE 225.

1. Feuille.
2. Fleur entière.
3. Fleur coupée longitudinalement.

FAMILLE DES VERBÉNACÉES

⌂ Pl. 226. — CAMARA

LANTANA CAMARA L.

Patrie : Antilles.

Description.

Arbrisseau de 1 m. 50 à 2 mètres de hauteur, à rameaux étalés, carrés, un peu velus, épineux, à feuilles opposées, ovales, rétrécies en pointe au sommet, dentées, rugueuses en dessus, blanchâtres à la face inférieure ; à fleurs naissant en bouquets de forme arrondie, à l'extrémité de pédoncules situés aux aisselles des feuilles supérieures. Ces fleurs ont un calice en forme de cloche, à 4 dents ; une corolle en forme d'entonnoir dépassant beaucoup le calice, à long tube grêle, étalée obliquement au sommet et formant deux lèvres : la lèvre supérieure entière ou échancrée, l'inférieure à trois divisions. Les étamines sont au nombre de 4, deux plus grandes que les autres. Le fruit est charnu, à deux noyaux qui se séparent à la maturité. Les fleurs, de couleur jaune orangé brillant, jaunes, blanches, roses ou pourpres, selon les variétés, se succèdent sans interruption pendant toute la durée de la belle saison.

Emplois. — Culture. — Multiplication.

Pendant longtemps on a considéré le *Lantana Camara* comme une plante de serre chaude et il était alors d'un intérêt médiocre au point de vue ornemental. Plus tard on le cultiva en serre tempérée et on l'utilisa à la garniture des jardins d'hiver.

Il ne figura ensuite dans les serres à température plus élevée que dans le but d'en obtenir une floraison plus hâtive. On obtint alors des plantes beaucoup plus élégantes, à port ramassé et se couvrant de nombreux bouquets de fleurs. L'idée de l'utiliser à la décoration des parterres, pendant la durée de la belle saison, vint ensuite et c'est vraiment pour ce dernier emploi que le *Lantana* est le plus estimé. On le plante en plein air dans la seconde quinzaine de mai, en sol riche en humus et à bonne exposition ; puis à l'automne, avant les premiers froids, c'est-à-dire vers le 15 octobre, on le relève en pots pour l'hiverner en serre tempérée dans un endroit sec et bien éclairé. Au bout de 3 ou 4 ans les plantes se déforment, deviennent trop élancées, et il est nécessaire de les renouveler par des boutures que l'on fait en août-septembre, sur couche chaude et sous cloche ou en serre.

EXPLICATION DE LA PLANCHE 226

1. Fleur entière.
2. Fleur coupée longitudinalement.
3. Fruits.

Pl. 227 A. — VERVEINE DE MIQUELON
VERBENA AUBLETIA L.

SYNONYME FRANÇAIS : **Verveine à bouquets.**

Patrie : Amérique septentrionale.

Description.

Plante annuelle de 30 à 40 centimètres de hauteur, velue, rameuse, à tiges carrées, d'abord couchées, puis dressées ; à feuilles opposées, ovales, divisées en trois lobes inégalement dentés ; à fleurs nombreuses, disposées en épis terminaux et latéraux, aplatis et un peu étalés au début de la floraison, puis devenant allongés. Ces fleurs sont accompagnées de feuilles florales (bractées) très étroites, 2 fois plus courtes que le calice ; celui-ci est tubuleux, relevé de 5 côtes formant des plis, il est terminé au sommet par 5 dents inégales et très étroites. La corolle 2 fois plus longue que le calice est en forme d'entonnoir, à tube cylindrique, ventru dans la partie supérieure, étalée obliquement au sommet et divisée en 5 lobes échancrés et formant comme deux lèvres. Les étamines sont au nombre de 4, 2 plus grandes que les autres. L'ovaire est à 4-6 loges. Le fruit est une capsule 2 fois plus courte que le calice, s'ouvrant à la maturité en 4 coques. Ses fleurs, de couleur rose ou lilacée, s'épanouissent en juillet-août.

Emplois. — Culture. — Multiplication.

La *Verveine de Miquelon* est une jolie plante propre à la décoration des plates-bandes et des corbeilles. Elle se prête bien à la culture en pots et on en fait aussi d'élégantes bordures. On en sème les graines en avril-mai, en place ou en pépinière ; dans ce dernier cas on repique le jeune plant, dès qu'il est muni de quelques feuilles, en ménageant un espace de 40 centimètres entre les pieds.

EXPLICATION DE LA PLANCHE 227 A.

1. Fleur coupée longitudinalement.
2. Graine de grandeur naturelle et grossie.
3. Germination.

Pl. 227 B. — VERVEINE DÉLICATE
VERBENA TENERA Spreng.

SYNONYME LATIN : **Verbena pulchella Sweet.**

Patrie : République Argentine.

Description.

Petit arbuste de 15 à 20 centimètres de hauteur, vivace en serre tempérée, à tiges très rameuses, couchées, puis dressées, à feuilles découpées en nombreuses lanières étroites et non dentées, à fleurs violettes, purpurines ou roses, accompagnées de feuilles florales (bractées) 2 fois plus courtes que le calice et à corolle 2 fois plus longue que celui-ci. Une variété désignée sous le nom de *Mahoneti* a les fleurs roses, à pétales bordés de blanc de chaque côté, ce qui donne à l'ensemble un aspect étoilé. Cette espèce est très ornementale et convient pour former des corbeilles et des bordures ; elle fleurit abondamment pendant tout l'été. Sa culture est la même que celle des *Verveines des jardins*, voir ci-dessous.

⌂ Pl. 228 — VERVEINES DES JARDINS

Synonyme français : **Verveines hybrides.**

Origine horticole.

Les *Verveines des jardins* sont des plantes vivaces en serre tempérée, issues par croisement de plusieurs espèces du genre *Verbena*, notamment des **V.** *chamœdryfolia* Juss., de l'Amérique tropicale ; *phlogiflora* Cham., du Brésil, *teucrioides* Gill. et Hook., du Chili, et *incisa* Hook., de Panama.

Leurs tiges, rameuses dès la base, sont couchées puis dressées aux extrémités ; elles dépassent rarement 30 centimètres de hauteur et portent des feuilles ovales-allongées, inégalement dentées. Les fleurs, agréablement parfumées, très nombreuses, forment de larges ombelles qui s'allongent pendant la floraison. Ces fleurs présentent tous les tons du rose, du carmin, du pourpre, du violet, du bleu violacé ainsi que le blanc pur ; elles sont unicolores ou panachées de ces diverses couleurs et présentent alors des marbrures, des étoiles et un œil d'une teinte qui tranche sur celle du fond. Ces superbes plantes sont divisées en plusieurs catégories : les *Verveines à fleurs à Auricule*, à fleur très grande, mesurant jusqu'à 1 centimètre de diamètre, de couleur foncée et brillante avec un œil blanc au centre ; les *Verveines italiennes*, à fleurs panachées ou striées. Les *Verveines des jardins* fleurissent à profusion depuis le mois de juin jusqu'à l'entrée de l'hiver.

Emplois. — Culture. — Multiplication.

Ces Verveines sont des plantes de premier mérite, très recherchées pour former des corbeilles et des bordures dans les parterres. Elles se plaisent aux expositions aérées et ensoleillées en terrains légers. On les multiplie soit par graines que l'on sème en mars-avril, sur couche et sous châssis, pour mettre en place dans la seconde quinzaine de mai, soit de préférence par boutures de rameaux faites à l'automne ou au printemps, avec les pousses nées sur des pieds conservés sous abri vitré. L'enracinement est rapide et les jeunes plantes obtenues par ce dernier procédé sont hivernées sous châssis ou en serre, pour être plantées au printemps en ménageant un espace de 30 centimètres entre les pieds.

EXPLICATION DE LA PLANCHE **228.**

1. Fleur entière.
2. Fleur coupée longitudinalement.
3. Style.

Parmi les autres espèces ornementales appartenant au genre *Verbena* on peut encore citer le *V. erinoides* Lamk. (Syn. : V. multifida Ruiz et Pav.), du Pérou, plante annuelle à tiges rameuses et couchées, à feuilles découpées en lanières non dentées, à fleurs bleues ou rouge violacé, disposées en épis terminaux et latéraux, accompagnées de feuilles florales (bractées) presque aussi longues que le calice; celui-ci égalant à peu près la longueur de la corolle. Culture et emplois de la Verveine de Miquelon.

La plante désignée communément sous le nom de *Verveine odorante* ou de *V. citronelle* est le *Lippia citriodora* Kunth. C'est un arbrisseau de 1 mètre à 1 m. 50 de hauteur, originaire du Chili, à feuilles longues et étroites, réunies par 3, à fleurs d'un blanc violacé, petites, insignifiantes. Cette plante est cultivée pour le parfum très développé de ses feuilles. Sous le climat de Paris, elle exige d'être hivernée en serre froide ou en orangerie. Dans le midi de la France on la cultive en plein air aux expositions chaudes et abritées, pour la production de feuilles destinées à la parfumerie.

La famille des Verbénacées comprend encore un bon nombre de plantes ornementales qui sont ou des arbrisseaux de plein air ou des plantes de serres. De ce nombre sont les *Caryopteris*, les *Clerodendron*, etc., pour lesquels nous renvoyons aux ouvrages spéciaux.

FAMILLE DES LABIÉES

⌂ Pl. 229. — COLÉUS HYBRIDES

Origine horticole.

Les *Coléus hybrides* ont été obtenus artificiellement par le croisement de deux espèces du genre Coleus, originaire de Java. Ce sont des plantes vivaces de 50 à 75 centimètres de hauteur, à tige carrée, rameuse, portant des feuilles opposées.

L'une des espèces qui leur ont donné naissance est le *C. Blumei* Benth. C'est une plante touffue à feuilles ovales, fortement dentées, vertes, présentant à la face supérieure une grande tache rouge pourpre, accompagnée généralement de taches de même couleur, mais plus petites, entourées de vert jaunâtre. La fleur, peu ornementale, est à deux lèvres : la lèvre supérieure blanche, l'inférieure bleu violacé.

L'autre espèce est le *C. Verschaffeltii* Lem.; c'est une plante beaucoup plus vigoureuse que la précédente, dont elle se distingue par ses rameaux pourprés au lieu d'être verts; les feuilles beaucoup plus grandes, plus vivement colorées, à bords largement ondulés, à base tronquée en forme de cœur, au lieu de se prolonger en se rétrécissant sur le pétiole, à sommet non prolongé en pointe. Ces feuilles sont en outre molles et veloutées au lieu d'être membraneuses et un peu raides; elles sont rouge pourpré, velouté, à l'exception de dents qui ont une couleur vert pâle.

Il existe de nombreuses variétés de *Coléus hybrides*, présentant les panachures les plus brillantes où se trouvent associées les teintes les plus diverses du rouge, du rose, du vert, du jaune, des tons violacés et pourpres, le blanc, etc.

Emplois. — Culture. — Multiplication.

Rien n'égale la richesse du coloris des *Coléus hybrides*. Ce sont des plantes de premier ordre pour la décoration des serres et des appartements. La culture en est facile. En pots on les cultivera de préférence dans un compost formé de terre de jardin et de terreau de couche ou mieux de terre fraiche, de terreau de feuilles et de terre de bruyère, employés par parties égales. En serres et en appartements la chaleur et la lumière leur sont nécessaires pendant l'hiver.

Le *C. Verschaffeltii* et certaines variétés à feuillage résistant, comme *Madame Bocher*, sont employés couramment à la composition de corbeilles ou de bordures en plein air pour la durée de la belle saison. On les plante dans les parterres fin mai ou dans les premiers jours de juin, à exposition chaude et en terre additionnée d'engrais. Des arrosages copieux leur seront donnés pendant les chaleurs. On aura soin, lorsque les plantes commenceront à se développer, d'en pincer une ou deux fois les rameaux en en supprimant le tiers ou la moitié pour les faire ramifier; on obtiendra ainsi des plantes plus trapues et mieux garnies de feuillage. Vers le 15 octobre, les Coleus doivent être relevés de pleine terre, mis en pots et rentrés en serre chaude ou tempérée chaude pour y passer l'hiver.

On multiplie facilement les *Coléus* par boutures que l'on fait au printemps, en serre chaude ou sur couche, avec les rameaux des plantes de l'année précédente conservées en serre.

⌂ Pl. 230. — SAUGE ÉCLATANTE

SALVIA SPLENDENS Ker.

Patrie : Brésil.

Description.

Arbuste glabre, d'environ 1 mètre de hauteur, à tiges carrées, rameuses, à feuilles ovales, arrondies à la base et rétrécies en pointe au sommet, dentées, à feuilles florales (bractées) rouge écarlate. Les fleurs, de même couleur, forment des grappes allongées, dressées; elles ont un calice membraneux, en forme de cloche, de couleur rouge écarlate; celle-ci, de 6 à 7 centimètres de longueur, est à 2 lèvres : la lèvre supérieure dressée, concave, en forme de casque, entière; l'inférieure étalée, à 3 lobes. Il n'existe que 2 étamines fertiles. Le style est glabre. Le fruit est composé de 4 carpelles secs, contenant chacun une seule graine et ne s'ouvrant pas à la maturité. Fleurit pendant toute la durée de la belle saison. Une variété, désignée sous le nom d'*Ingénieur Clavenad*, est plus trapue et plus florifère.

Emplois. — Culture. — Multiplication.

La *Sauge éclatante* est l'une des plantes les plus recherchées pour l'ornementation des plates-bandes et des corbeilles. Elle est rustique dans le midi de la France. On la livre au plein air dans les derniers jours de mai ou au commencement de juin, en la plaçant dans un sol riche en engrais et à exposition ensoleillée, et on lui prodigue des arrosages copieux pendant les chaleurs. Dans la première quinzaine d'octobre on la relève pour la mettre en pots et l'hiverner en serre tempérée. On la multiplie facilement par boutures que l'on fait à la fin de l'été sur couche chaude. On peut aussi la reproduire par graines que l'on sème en février-mars; on repique les jeunes plants en godets, maintenus sur couche et l'on rempote successivement dans des vases de plus en plus grands.

EXPLICATION DE LA PLANCHE 230.

1. Fleur entière.
2. Fleur coupée longitudinalement.

Le genre *Salvia* comprend près de 450 espèces dont un certain nombre sont recherchées comme plantes ornementales de serres. Quelques-unes sont rustiques dans le midi de la France et sont employées à la décoration des jardins dans cette région privilégiée. On peut citer parmi ces dernières : les *S. confertiflora* Pohl, du Brésil; *fulgens* Cav. (Syn. : cardinalis H. B. K.), du Mexique; *Gesneræflora* Lindl., de la Nouvelle-Grenade; *Grahami* Benth., du Mexique; *involucrata* Cav., du Mexique; *Rœmeriana* Scheele, du Mexique, toutes à fleurs rouges; les *S. albo-cœrulea* Lind., du Mexique; *azurea* Lamk., de l'Amérique méridionale; *Candelabrum* Boiss., d'Espagne; *farinacea* Benth., du Texas et du Mexique; *leucantha* Cav., du Mexique; *ianthina* Otto et Dietr., du Mexique; *mexicana* L., du Mexique; *patens* Cav., du Mexique, qui ont les fleurs bleues.

Quelques autres espèces sont de pleine terre sous le climat de Paris; notamment :

Le *Salvia Horminum* L., plante annuelle originaire de l'Europe méridionale, d'environ 50 centimètres de hauteur et dont le mérite ornemental réside dans les feuilles florales (bractées) qui sont colorées en violet, en rose ou en rouge, selon les variétés. Cette *Sauge* n'est pas très recherchée. On en sème les graines en avril-mai, en place ou en pépinière, à l'air libre. Elle fleurit de juin en août.

Pl. 231. — LAMIER MACULÉ

LAMIUM MACULATUM L.

Indigène.

Description.

Plante vivace de 20 à 30 centimètres de hauteur, à racines traçantes, à tiges carrées, couchées, puis dressées aux extrémités, à feuilles un peu velues, ovales, rétrécies en pointe au sommet, dentées, pourvues (au moins dans la variété recherchée pour l'ornementation des jardins) d'une ou de plusieurs taches longitudinales d'un blanc nacré, souvent teintées de rose dans les jeunes feuilles. Ses fleurs, longues d'environ 2 centimètres, sont agglomérées par étages aux aisselles des feuilles supérieures; elles sont purpurines. Le calice est muni de 5 dents étroites, bordées de poils. La corolle, à tube plus long que le calice, est courbée, étroite à la base, puis brusquement ventrue au sommet; la lèvre supérieure est voûtée en casque; l'inférieure est munie d'une seule dent, de chaque côté. Fleurit d'avril en septembre.

Emplois. — Culture. — Multiplication.

Le *Lamier maculé* est surtout cultivé pour son feuillage élégamment panaché, il est précieux pour former des bordures très résistantes, d'autant plus qu'il prospère dans tous les terrains et à toutes les expositions. On le multiplie par division des touffes.

Explication de la Planche 231.

1. Fleur coupée longitudinalement.

———

La famille des Labiées renferme un grand nombre de plantes ornementales en dehors de celles qui sont figurées ou décrites ci-dessus. Nous ne citerons que pour mémoire : le genre Ocimum, dont une espèce, le *Basilic* (Ocimum Basilicum) est souvent cultivée dans les potagers pour ses feuilles aromatiques. Les *Lavandes* (Lavandula) que l'on trouvera décrites dans le *Traité des Arbres et Arbrisseaux* de M. Mouillefert; les *Thyms* (Thymus), qui sont aussi des plantes potagères; les *Menthes* (Mentha); la *Mélisse* (Melissa officinalis), qui sont surtout des plantes officinales. (Voir *Masclef, Atlas, pl. 251, 252, 255, 258.*)

D'autres genres renferment des espèces recherchées exclusivement pour leurs qualités ornementales. De ce nombre sont :

Le genre Perilla, dont une espèce, le *Perilla nankinensis* Dcn.

(Syn. : P. arguta Benth.), de la Chine, est une plante annuelle d'environ 75 centimètres de hauteur, à feuilles rappelant assez bien celles des *Coléus* et d'un pourpre noir, métallique. Cette espèce est propre à orner les plates-bandes et à former des corbeilles. On en sème les graines en mars-avril, sur couche, pour mettre en place fin mai.

Le genre MONARDA qui comprend des plantes vivaces rustiques à tiges dressées, et dont les fleurs disposées en gros bouquets étagés sont très ornementales. L'espèce la plus répandue et la plus belle est le *Monarda didyma* L. (Syn. : M. coccinea Michx.) (Monarde coccinée, Chevelure du diable, Thé d'Oswego). Les tiges, carrées, hautes de 75 centimètres environ, portent des feuilles ovales, dentées, aromatiques. Les fleurs, longuement tubuleuses, ont le calice et la corolle d'un rouge éclatant, couleur qui se retrouve aussi sur les feuilles florales (bractées) qui accompagnent les fleurs. Une autre espèce, le *M. fistulosa* L. (Syn. : M. purpurea Pursh; M. violacea Desf.), est moins ornementale; ses fleurs, d'un rose violacé, violettes, roses ou blanches, selon les variétés, sont réunies en bouquets moins volumineux. Les *Monardes* sont de belles plantes propres à l'ornementation des plates-bandes. Elles fleurissent de juin en septembre. On les multiplie par division des touffes.

Le genre DRACOCEPHALUM dont une espèce, la *Moldavique* (D. Moldavica L.), est parfois cultivée pour ses feuilles et ses fleurs aromatiques, à odeur de Mélisse, ce qui lui vaut le nom de *Mélisse turque*. C'est une plante annuelle, à fleurs bleu violacé pâle ou blanches, peu ornementales. On sème la *Moldavique* en avril, en pépinière, pour repiquer en place en mai.

Le genre SCUTELLARIA qui renferme une espèce, le *S. alpina* L., plante vivace indigène, à fleurs bleuâtres et purpurines, propre à l'ornementation des rocailles.

Le genre BRUNELLA, dont une espèce, le *B. grandiflora* Mœnch, est une plante vivace indigène d'environ 20 centimètres de hauteur, à fleurs violet purpurin ou blanches, quelquefois cultivée dans les parties rocailleuses des jardins où on peut en faire des bordures.

Le genre PHYSOSTEGIA qui renferme de grandes plantes vivaces, originaire de l'Amérique septentrionale. L'espèce la plus connue est le *P. virginiana* Benth. (Dracocéphale de la Louisiane, Cataleptique), plante traçante de 1 mètre de hauteur, à tiges carrées, à feuilles ovales-allongées, dentées, à fleurs rose lilacé, disposées en grappe rameuse à l'extrémité des tiges. Ces fleurs présentent une singularité remarquable. Elles sont comme articulées sur leur point d'attache et on peut les déplacer de la position qu'elles occupent dans la grappe en les poussant à droite ou à gauche sans qu'elles puissent reprendre d'elles-mêmes leur position première. Cette plante fleurit en juillet-août. On la multiplie par division des touffes. On l'emploie à la décoration des grandes plates-bandes dans les jardins paysagers.

Le genre Stachys, dont une espèce, le *S. lanata* Jacq., d'Autriche, est une plante vivace d'environ 30 centimètres de hauteur, en touffes denses, à feuilles nombreuses, plus longues que larges, cotonneuses et d'un blanc argenté. Cette espèce est surtout cultivée pour former des bordures dans les parties arides des jardins. Ses fleurs sont sans valeur ornementale On la multiplie par division des touffes.

Le genre Teucrium est représenté dans les jardins par le *T. Chamædris* L. (Germandrée Petit Chêne), plante vivace indigène, à tiges couchées, d'environ 15 centimètres de hauteur, portant des feuilles persistantes ovales, dentées, d'un vert brillant; à fleurs en grappes dressées, purpurines, abondantes. La *Germandrée Petit Chêne* est surtout recherchée pour former des bordures dans les parties arides des jardins. Elle fleurit de mai en juillet. On la multiplie par division des touffes ou par graines que l'on sème au printemps.

FAMILLE DES NYCTAGINÉES

Pl. 232. — BELLE DE NUIT

MIRABILIS JALAPA L.

Synonymes français : **Merveille du Pérou, Faux-jalap.**

Patrie : Amérique tropicale.

Description.

Plante vivace à racine tubéreuse, à tiges noueuses, rameuses, atteignant de 70 centimètres à 1 mètre de hauteur, portant des feuilles opposées, ovales, en forme de cœur à la base, rétrécies en pointe au sommet, glabres ou peu velues. Les fleurs ont un involucre (feuilles florales soudées) qui a l'aspect d'un calice coloré, tubuleux, en forme d'entonnoir, que l'on pourrait prendre pour la corolle qui fait complétement défaut. Ce calice, long de 4 centimètres, est étalé au sommet en 5 lobes. Les étamines sont au nombre de 5. Le fruit (fig. 2) est à une seule loge contenant une seule graine; il ne s'ouvre pas à la maturité. Les fleurs de la *Belle-de-Nuit* s'ouvrent après le coucher du soleil et restent épanouies la nuit et la matinée suivante jusque vers 10 heures; on ne les observe ouvertes dans le milieu du jour que par les temps couverts et pluvieux. Ces fleurs sont roses dans le type de l'espèce, mais il existe des variétés rouges, jaunes, blanches, unicolores ou dans lesquelles ces couleurs sont associées en panachures. Il existe une variété à feuilles panachées et des variétés naines. Fleurit de juillet à octobre.

Emplois. — Culture. — Multiplication.

Cette plante fleurit abondamment et successivement pendant une grande partie de la belle saison ; elle est assez commune dans les jardins où on l'emploie à la décoration des plates-bandes. Sous le climat de **Paris**, elle n'est pas d'une rusticité absolue, aussi est-il nécessaire d'en relever les tubercules avant l'hiver et de les conserver, comme ceux des *Dahlias*, à l'abri du froid et de l'humidité pour les replanter au printemps. Mais il est plus simple de traiter la plante comme annuelle et de la reproduire chaque année, à l'aide de graines que l'on sème en place en mars-avril. Les pieds obtenus ainsi fleurissent à la même époque que les autres.

EXPLICATION DE LA PLANCHE 232.

1. Fleur coupée longitudinalement.
2. Fruit.
3. Germination.

———

C'est à la famille des Nyctaginées qu'appartient le *Bougainvillea spectabilis* Willd., grande liane originaire du Brésil, si employée dans le midi de la France pour orner les murailles et les façades des maisons. Cette superbe plante, à feuillage toujours vert, fleurit de février à avril. Ses fleurs sont d'un jaune clair, peu ornementales, mais elles sont accompagnées d'amples feuilles florales (bractées) d'un rouge violacé éclatant, produites en quantité considérable.

On peut encore citer, parmi les plantes ornementales de cette famille, l'*Abronia umbellata* Lamk., de la Californie, plante annuelle grimpante de 1 m. 50 de hauteur, à feuilles ovales, à fleurs petites, mais groupées en ombelles assez amples et d'un beau rose. L'*Abronia umbellata* est une jolie plante, mais elle est délicate et ne vient bien que dans les sols légers et à exposition ensoleillée ; elle fleurit de juillet en octobre, on doit en semer les graines en mars-avril, sur couche.

———

FAMILLE DES POLYGONÉES

Pl. 233. — PERSICAIRE D'ORIENT

POLYGONUM ORIENTALE L.

SYNONYMES FRANÇAIS : **Bâton de saint Jean, Cordon de Cardinal.**

Patrie : Inde, Australie, Afrique australe.

Description.

Grande plante annuelle pouvant atteindre 2 à 3 mètres de hauteur, à tige rameuse, couverte de poils courts ; à feuilles alternes, grandes, ovales, rétrécies en pointe au sommet, accompagnées à leur point d'insertion sur la tige de stipules (feuilles modifiées) formant un cylindre à bord étalé muni de poils. Les fleurs, rouges, blanches dans une variété, ne sont pas très grandes, mais elles forment de nombreux épis cylindriques, pendants, réunis en une vaste inflorescence rameuse à l'extrémité des tiges. Ces fleurs sont dépourvues de corolle; elles sont formées d'un calice coloré à 5 lobes, de 8 étamines et d'un ovaire à une seule loge. Le fruit (fig. 3) est arrondi, lisse et renferme une seule graine; il ne s'ouvre pas à la maturité. Cette plante fleurit depuis le mois de juillet jusqu'à l'entrée de l'hiver.

Emplois. — Culture. — Multiplication.

Le *Persicaire d'Orient* est une belle plante propre à la décoration des grands jardins, des larges plates-bandes et des massifs. Elle convient aussi pour former des groupes isolés sur les pelouses. Sa culture est extrêmement facile, car elle croît indifféremment dans tous les terrains et à toutes les expositions. Un sol fertile et des arrosages copieux favorisent cependant sa végétation. On la multiplie par graines que l'on sème en avril en pépinière pour repiquer en place fin mai, en espaçant les pieds d'environ 75 centimètres.

EXPLICATION DE LA PLANCHE 233.

1. Fleur entière.
2. Fleur coupée longitudinalement.
3. Fruit.
4. Germination.

———

Les *Rhubarbes* appartiennent à cette famille. Ce sont de grandes plantes vivaces à feuilles très amples atteignant de 50 centimètres à 1 mètre de largeur, selon les espèces. Les fleurs, très petites, sont verdâtres, réunies en nombre considérable en grappes rameuses, dressées, dont l'ensemble constitue une vaste inflorescence de 1 m. 50 à 2 mètres de hauteur. Ces plantes sont précieuses pour former des touffes isolées sur les pelouses; elles prospèrent surtout dans les sols profonds et frais. L'espèce la plus recherchée est la *Rhubarbe officinale* (Rheum officinale Baillon), du Thibet, dont les grandes feuilles mesurent 1 mètre de long sur autant de largeur et sont portées par des pétioles de 50 centimètres de long. Ces feuilles sont bordées de dents profondes et ont une teinte rougeâtre au début de leur développement. Les *Rheum undulatum* L. et *palmatum* L. sont quelquefois cultivés comme plantes ornementales, mais ont une valeur beaucoup moindre.

A côté des Polygonées se place la famille des *Pipéracées* à laquelle appartient le *Poivre* (Piper nigrum L.). Cette famille comprend aussi le genre PEPEROMIA, dont deux espèces, les *P. argyreia* Ed. Morren et *Sandersii* C. DC., sont des plantes de l'Amérique tropicale, recherchées pour la décoration des serres chaudes et des appartements. Leurs feuilles, de forme ovale, sont charnues, d'un blanc d'argent avec les 7 à 9 nervures bordées de vert. Ces feuilles sont portées par des pétioles rouges et forment des touffes d'un très bel aspect.

FAMILLE DES AMARANTACÉES

Pl. 234. — AMARANTE QUEUE DE RENARD

AMARANTUS CAUDATUS L.

Synonymes français : **Queue de Renard, Discipline de religieuse.**

Patrie : Inde.

Description.

Plante annuelle de 75 centimètres à 1 mètre de hauteur ; à tige anguleuse ; à feuilles alternes longuement pétiolées, ovales, rétrécies aux extrémités ; à fleurs très petites, disposées à l'extrémité des tiges en longs épis cylindriques, plus ou moins rameux, pendants, le terminal dépassant beaucoup les autres et flexueux. Ces fleurs, les unes mâles, les autres femelles ou hermaphrodites, dans la même inflorescence, sont accompagnées de 3 écailles (bractées) ; elles ont un calice un peu plus court que les écailles, à 5 divisions ; 5 ou 3 étamines ; l'ovaire est à une loge contenant un seul ovule ; il est surmonté de 2 ou 3 styles. Le fruit est ovale, terminé par 2 ou 3 petits becs ; il s'ouvre transversalement pour laisser échapper la seule graine qu'il contient. Dans le type de l'espèce, les fleurs sont de couleur rouge amarante, elles sont blanches dans une variété. La floraison a lieu de juillet en septembre.

Emplois. — Culture. — Multiplication.

L'*Amarante Queue de Renard* est une plante cultivée depuis fort longtemps pour la décoration des jardins. Sa croissance rapide, son port élégant, ses belles inflorescences d'une longue durée, la font rechercher pour former de grands massifs ou pour associer à d'autres plantes dans les plates-bandes. Elle prospère pour ainsi dire sans soins, dans tous les terrains et à toutes les expositions ; cependant elle prend un développement d'autant plus considérable, qu'elle est cultivée en sol plus fertile et qu'on lui prodigue des arrosages plus copieux pendant la période de croissance. On en sème les graines, en pépinière, en mai, pour repiquer en place fin mai ou dans les premiers jours de juin.

Explication de la Planche 234.

1. Groupe de fleurs ; celle du centre mâle, les latérales femelles.
2. Les mêmes, coupées longitudinalement.
3. Fleur femelle détachée.
4. Graine de grandeur naturelle et grossie.
5. Germination.

Pl. 235. — AMARANTE TRICOLORE

AMARANTUS MELANCHOLICUS L., var. TRICOLOR.

Synonymes latins : **Amarantus tricolor L.**; Amarantus gangeticus L., var. tricolor.

Patrie : Inde.

Description.

Cette espèce diffère de la précédente par ses fleurs, groupées en petits paquets aux aisselles des feuilles, au lieu de former des épis terminant les tiges ; de couleur verte ; à 3 sépales et à 3 étamines.

Le type de l'espèce est une plante de 50 à 70 centimètres de hauteur, à feuilles ovales-allongées ; les supérieures vertes, les inférieures pourpres à la base, rougeâtres au sommet. Cette plante a donné naissance à plusieurs variétés : la variété *ruber* a les feuilles amples, d'un rouge vif ; la variété *bicolor* (A. bicolor Nocca) a les feuilles vert pâle, panachées de jaune pâle, de rouge orangé ou de carmin ; enfin la variété *tricolor* a les feuilles rouges et à pointe jaune en naissant ; ces feuilles deviennent rouge corail à la base, violettes dans leur partie médiane, jaunes au sommet et enfin vert foncé avec la partie inférieure rouge violacé.

Emplois. — Culture. — Multiplication.

L'*Amarante tricolore* est, de toutes les variétés de l'*Amarantus melancholicus*, celle qui est la plus recherchée pour la décoration des jardins. Son feuillage, brillamment coloré, présente des teintes d'autant plus accentuées qu'elle est cultivée en situation plus ensoleillée. On l'emploie pour former des corbeilles et des bordures, de préférence dans les sols légers. Comme les autres variétés de l'*Amarantus melancholicus*, on la sème sur couche, en mars-avril ; on repique sur couche dès que le plant est muni de quelques feuilles, et l'on met en place fin mai, en ayant soin de lever les pieds avec une motte de terre.

EXPLICATION DE LA PLANCHE 235.

1. Groupe de fleurs.
2. Fleur mâle.
3. Fleur femelle.
4. Fleur femelle coupée longitudinalement.
5. Graine de grandeur naturelle et grossie.
6. Germination.

———

Le genre *Amarantus* renferme encore deux espèces très ornementales : l'*A. paniculatus* L., plante annuelle originaire de l'Inde, atteignant de 1 mètre à 1 m. 20 de hauteur, à feuilles d'un vert pâle, quelquefois pourprées sur les bords, à fleurs rougeâtres ou rouge sang de bœuf, nombreuses et disposées en gros épis serrés, dressés, formant une inflorescence rameuse, l'épi terminal raidi, les latéraux dressés autour de la tige centrale. On cultive surtout deux variétés de cette plante : l'*Amarante à feuilles rouges* (A. paniculatus, var. sanguineus ; A. sanguineus L.), à feuilles rouge sang ; l'*Amarante élégante* (A. paniculatus, var. speciosus ; A. speciosus Sims), à feuilles teintées de rouge et à gros épis formant une inflorescence très allongée. Ces plantes s'emploient et se cultivent comme l'*Amarante Queue de Renard*. L'*A. Salicifolius* Veitch, plante annuelle, originaire de l'Inde, atteignant 1 mètre de hauteur, à feuilles très longues, très étroites, retombant avec élégance, ondulées sur les bords et de couleur rouge vif. Cette espèce est remarquable par son port gracieux et la belle couleur de son feuillage. On l'emploie et on la cultive comme l'*Amarante tricolore*.

Pl. 236. — CRÊTE DE COQ

CELOSIA CRISTATA L.

Synonymes français : **Célosie Crête-de-Coq, Amarante Crête-de-Coq, Passe-velours.**

Patrie : Régions tropicales.

Description.

Le genre *Celosia* diffère des *Amarantus* par ses fleurs, hermaphrodites ; les étamines soudées à la base et formant une sorte de petite coupe ; l'ovaire renfermant plusieurs ovules au lieu d'en contenir un seul. Le fruit est ovale et s'ouvre circulairement pour laisser échapper les graines qu'il renferme.

La *Crête-de-Coq* est une plante annuelle de 50 à 60 centimètres de hauteur ; à tige dressée ; à feuilles alternes, ovales-allongées, atténuées aux extrémités. La tige est terminée par un épi floral aplati, largement dilaté, sinueux au sommet, formant une sorte de crête gigantesque sur la périphérie de laquelle sont insérées les fleurs. Cette plante a produit de nombreuses variétés à fleurs rose pâle, rose foncé, rouge sang de bœuf, jaunes ou blanches. Il en est aussi de naines ; d'autres enfin ont des crêtes énormes, qui atteignent jusqu'à 25 centimètres de largeur et 12 centimètres de hauteur.

D'autres variétés se distinguent des précédentes par la tige rameuse, terminée par des inflorescences rameuses, en grappes pyramidales, d'un aspect plumeux (Célosies à panaches, Célosies à épis plumeux). Ces belles plantes ont les fleurs roses, rouge cramoisi, rouge feu, jaunes, violettes, etc.

Emplois. — Culture. — Multiplication.

Les *Célosies à crêtes* et *à panaches* sont de superbes plantes propres à la décoration des plates-bandes, des corbeilles, etc. ; elles se prêtent admirablement à la culture en pots et sont très recherchées pour l'ornement des balcons et des fenêtres. Elles prospèrent surtout dans les sols fertiles et acquièrent un grand développement lorsqu'on leur prodigue des arrosages à l'engrais liquide. On en sème les graines sur couche, en avril; on repique en pots ou sur couche, lorsque le plant est muni de quelques feuilles, et l'on met en place, s'il y a lieu, dans la seconde quinzaine de mai.

EXPLICATION DE LA PLANCHE 236.

1. Fleur non épanouie, entourée de bractées.
2. Fleur épanouie.
3. Fleur coupée longitudinalement.
4. Graine de grandeur naturelle et grossie.
5. Germination.

⌂ Pl. 237 A. — IRÉSINÉ DE HERBST, var. à feuilles acuminées.

IRESINE HERBSTII Hook., var. ACUMINATA.

SYNONYMES LATINS : **Iresine Verschaffelti Lem., var. acuminata**; **Achyranthus Verschaffelti Lem., var. acuminata.**

Patrie : Brésil.

Description.

Arbuste buissonnant, à tiges ligneuses à la base, anguleuses, succulentes, de 40 à 50 centimètres de hauteur, colorées en rouge; à feuilles opposées, ovales, rétrécies en pointe au sommet, en forme de cœur à la base, mesurant environ 10 centimètres de longueur. Ces feuilles sont un peu charnues, et présentent un brillant coloris rouge carminé, rouge sang, rouge pourpré ou rouge cuivré, avec des reflets chatoyants et les nervures d'une teinte plus vive. Les fleurs, très petites, d'un vert jaunâtre, sont disposées en bouquets terminaux et latéraux, rameux et légers. Ces fleurs sont, les unes mâles, les autres femelles, accompagnées de petites écailles (bractées). Le calice est à 5 divisions. Les étamines sont au nombre de 5. L'ovaire renferme un seul ovule.

Emplois. — Culture. — Multiplication.

L'*Irésiné de Herbst* peut être employé comme les *Coléus* à la formation de corbeilles pour la durée de la belle saison; on doit le planter dans les derniers jours de mai ou au commencement de juin, en sol fertile et à exposition ensoleillée; lui prodiguer des arrosages copieux pendant les chaleurs et pincer les rameaux vigoureux pour les faire ramifier. Dans la première quinzaine d'octobre, on le relève de pleine terre pour le mettre en pots et l'hiverner en serre tempérée. La multiplication en est facile et se fait par le bouturage des rameaux en serre ou sur couche tiède.

Pl. 237 B. — IRESINE HERBSTII Hook., var. aureo reticulata.

Description.

Cette variété rappelle le type de l'espèce par ses feuilles échancrées au sommet, qui se trouve ainsi divisé en deux lobes arrondis; mais au lieu d'être rouges, ces feuilles sont vertes, avec les nervures jaunes. Cette belle plante a les mêmes emplois que la précédente et se cultive comme elle.

⌂ **Pl. 238 A. — ALTERNANTHÉRA**

TELANTHERA AMŒNA Regel.

Synonyme latin : **Alternanthera sessilis R. Br., var. amœna.**

Patrie : Brésil.

Description.

Petite plante vivace, à tiges rameuses, formant des touffes denses de 15 à 20 centimètres de hauteur; à feuilles opposées, ovales-allongées, rétrécies en pointe aux deux extrémités, mesurant au maximum 4 centimètres de longueur sur 2 de largeur dans la partie moyenne. Ces feuilles sont brillamment panachées et présentent, suivant les variétés, des coloris dans lesquels le vert, le brun cuivré, le rouge, le cramoisi, le rose et l'orangé s'associent et contrastent agréablement. Les fleurs sont insignifiantes, très petites, groupées en petits paquets aux aisselles des feuilles supérieures; elles sont blanchâtres, hermaphrodites, accompagnées de petites écailles (bractées et bractéoles). Le calice est à 5 divisions. Les étamines sont soudées à la base en petite coupe divisée au sommet en 10 dents : 5 portant des anthères; 5 qui alternent avec les précédentes, dépourvues d'anthères. L'ovaire est globuleux; il est à une seule loge contenant un seul ovule. Le fruit est membraneux et ne s'ouvre pas à la maturité. Dans la variété *amabilis*, les feuilles sont plus larges, vertes, panachées de rouge et de jaune.

Emplois. — Culture. — Multiplication.

Les *Alternanthera* sont au nombre des plantes vivaces, à feuillage ornemental, les plus précieuses pour la décoration des jardins. Leur taille réduite, leurs brillantes couleurs les font rechercher pour faire des bordures, et surtout pour des associations de plantes en dessins géométriques (mosaïculture). Elles se prêtent d'autant mieux à ces usages qu'elles supportent sans en souffrir les pincements et les tontes destinées à conserver la régularité et la netteté des plantations et des dessins. Leur feuillage est d'autant plus coloré qu'elles sont plantées à une exposition plus ensoleillée. Les *Alternanthera* se multiplient par boutures de ra-

meaux, faites en février-mars, et coupées sur des pieds relevés de pleine
terre à l'automne et hivernés en serre tempérée le plus près possible du
vitrage. Ces boutures se font, soit en serre chaude, à l'étouffée, soit sur
couche chaude. Lorsqu'elles sont enracinées, on les met en godets et on
les conserve sur couche et sous châssis jusqu'à la fin de mai, époque de
la plantation en plein air. Il est indispensable d'aérer les coffres vitrés
qui abritent ces plantes lorsque la température extérieure permet de le
faire.

⌂ Pl. 238 B. — TELANTHERA VERSICOLOR Regel.

SYNONYMES LATINS : **Alternanthera ficoidea Rœm. et Sch., var. versicolor;
Teleianthera ficoidea Moq. Tand., var. versicolor.**

Patrie : Brésil.

Description.

Cette espèce diffère de la précédente par ses tiges pouvant atteindre
30 centimètres de hauteur; ses feuilles plus amples, ovales, panachées
de rouge cuivré sombre passant au rose vif, de vert et de teintes métalliques. Cette belle plante a les mêmes emplois que l'espèce précédente. Sa
culture est exactement la même.

Une autre espèce d'*Alternanthera*, également cultivée dans les jardins,
est le *Telanthera Bettzichiana* Regel, du Brésil (Syn. : T. spathulata Hort.),
à feuilles panachées de vert, de rose et de brun cuivré.

Pl. 239. — AMARANTOÏDE

GOMPHRENA GLOBOSA L.

SYNONYMES FRANÇAIS : **Amarantine, Bouton de bachelier, Immortelle à bouquets,
Immortelle à boutons.**

Patrie : Inde.

Description.

Plante annuelle de 20 à 30 centimètres de hauteur, à tige rameuse
articulée; à feuilles opposées, ovales-allongées, rétrécies aux deux extrémités, un peu velues; à fleurs petites, hermaphrodites, groupées en tête
globuleuse à l'extrémité des tiges qui naissent aux aisselles des feuilles
supérieures et au sommet des tiges. Ces feuilles sont accompagnées
d'écailles (bractées); elles ont un calice plus court que les écailles latérales, à 5 sépales très aigus, velus; 5 étamines à filets soudés en tube;
un ovaire à une loge contenant un seul ovule. Dans le type de l'espèce,
l'inflorescence est d'un violet brillant; mais il existe des variétés roses,
carnées, blanches, blanc strié de violet, etc. Fleurit de juillet en septembre.

Emplois. — Culture. — Multiplication.

L'*Amarantoïde* est une jolie plante annuelle propre à la décoration des plates-bandes et des corbeilles ; elle se prête aussi très bien à la culture en pots, ce qui la fait rechercher pour orner les balcons et les fenêtres. Elle prospère surtout en sol léger, fertile, et à exposition ensoleillée. Les inflorescences, séchées avec soin, comme celles des Immortelles, conservent longtemps leur couleur et servent à former des bouquets perpétuels. On doit en semer les graines en avril, sur couche, pour repiquer sur couche et mettre en place fin mai.

Explication de la Planche 239.

1. Inflorescence coupée longitudinalement.
2. Fleur accompagnée de bractées.
3. Fleur dépourvue des bractées : à l'extérieur, les sépales ; au centre, les étamines dont les filets sont soudés en tube.
4. Fleur coupée longitudinalement.
5. Graine de grandeur naturelle et grossie.
6. Germination.

A côté de l'espèce précédente, il convient de placer le *G. Haageana* Klotzsch (Syn. : *G. aurantiaca* Dene), du Mexique, qui en diffère par ses inflorescences ovoïdes, plus grosses et d'un jaune orangé. Cette plante, plus délicate que la précédente, ne réussit bien que lorsqu'elle est en situation très chaude. A part cela, la culture est exactement la même.

Après les Amarantacées se trouve la famille des Chénopodées, peu riche en plantes ornementales. On peut cependant citer les *Belles Poirées* (Beta vulgaris L., var. cicla), quelquefois cultivées pour leurs feuilles à larges côtes rouges, roses, jaunes ou blanches d'un bel effet, et que l'on sème en pépinière en mai, pour repiquer en pépinière et mettre en place en juin. Ces plantes sont dans toute leur beauté en août-septembre.

Le *Boussingaultea baselloides* H. B. K., de Quito, appartient aussi à cette famille ; c'est une plante grimpante à souche tubéreuse, à tiges pouvant atteindre 5 à 6 mètres de hauteur, portant des feuilles alternes, en forme de cœur et ondulées, charnues, glabres et d'un vert brillant. Les fleurs, très petites, sont blanches et forment des grappes grêles, longues d'environ 8 centimètres. Cette plante est recherchée pour sa croissance rapide permettant de garnir en peu de temps de grands espaces. On doit arracher ses tubercules dans la première quinzaine d'octobre, les hiverner comme ceux des *Dahlia* et les planter en plein air à la fin de mai. Il prospère surtout aux expositions chaudes et en sol fertile.

FAMILLE DES ARTOCARPÉES

⌂ Pl. 240. — CAOUTCHOUC

FICUS ELASTICA Roxb.

Patrie : Inde.

Description.

Arbrisseau ou arbre de 2 à 8 mètres de hauteur, à suc laiteux, produi-sant un caoutchouc de qualité inférieure, rustique en Algérie et sur le littoral de la Provence, mais exigeant d'être planté à exposition chaude dans cette dernière région.

A l'état jeune, le *Caoutchouc* est l'une des plantes les plus recherchées pour l'ornementation des appartements et des serres. Son port régulier, ses grandes feuilles lustrées, d'un beau vert, lui donnent un aspect très décoratif. Il a en outre le grand mérite de pouvoir vivre dans l'atmosphère confinée et chargée de poussière de nos demeures, mortelle pour la plu-part des plantes.

Les feuilles en sont alternes, ovales-allongées, arrondies à la base, rétrécies en pointe au sommet, avec de fines ponctuations transparentes sur les bords, coriaces, glabres. Les bourgeons terminaux sont coniques, allongés, accompagnés de gaines (stipules), d'un rose plus ou moins ac-centué, se détachant lorsque les feuilles commencent à se développer.

Culture. — Multiplication.

Le *Caoutchouc* prospère surtout en terre de bruyère, en pots bien drainés. Pendant l'hiver, on doit le mettre de préférence près des vitrages ou tout au moins dans un endroit bien éclairé ; à l'ombre, les tiges s'al-longent et ne tardent pas à se dégarnir de feuilles ; dans cette saison, les arrosages doivent être très modérés, et l'on doit avoir soin de laver fré-quemment les feuilles avec une éponge douce pour enlever la poussière qui les recouvre ; pendant l'été, le *Caoutchouc* doit être mis en plein air et les arrosages doivent être d'autant plus abondants que l'activité de la végétation est plus grande. On doit le soumettre à des rempotages fré-quents, mais cette opération demande à être faite avec beaucoup de soin et de telle sorte que les racines ne se trouvent pas endommagées.

La multiplication du *Caoutchouc* se fait par bouturage de rameaux ou de feuilles munies d'un talon, en ayant soin de laisser écouler le lait con-tenu dans l'extrémité du rameau. Cette opération se fait en serre ou sur couche chaude, sous cloche.

A côté du *Caoutchouc ordinaire* se placent les *Ficus macrophylla* Desf., d'Australie, à feuilles d'un vert plus foncé, plus larges, en forme de cœur à la base, atténuées en pointe au sommet ; et le *F. rubiginosa* Desf., d'Australie, à feuilles plus petites que celles des deux espèces précédentes, ovales, d'un vert foncé à la face supérieure, couvertes d'un court duvet roux ferrugineux en dessous. Ces plantes ont les mêmes emplois que le *Caoutchouc ordinaire* et se cultivent comme lui.

Après les Artocarpées, se trouve la famille des Cannabinées, qui renferme le *Houblon* (Humulus Lupulus L.), plante vivace indigène grimpante, quelquefois cultivée pour garnir les tonnelles. Une espèce du même genre, le *Houblon du Japon* (H. japonicus Sieb. et Zucc.), est une plante annuelle, à croissance très rapide, pouvant atteindre de grandes dimensions ; son feuillage n'est pas attaqué par les pucerons à l'automne, comme celui du Houblon commun. Il en existe une variété à feuilles panachées. On en sème les graines sur place en mars-avril.

FAMILLE DES EUPHORBIACÉES

Pl. 241. — RICIN

RICINUS COMMUNIS L.

Synonyme français : **Palma Christi.**

Patrie : Régions tropicales.

Description.

Arbrisseau ou arbre pouvant atteindre 6 à 10 mètres de hauteur en serre chaude ou dans les pays tropicaux, mais cultivé comme plante annuelle et ne dépassant pas 2 à 3 mètres dans nos jardins. Sa tige, robuste, dressée, creuse, est peu ramifiée ; elle est verte, glauque ou rouge, selon les variétés. Les feuilles, plus ou moins amples, mesurent jusqu'à 75 centimètres de largeur et sont portées par des pétioles qui peuvent avoir eux-mêmes 70 à 75 centimètres de longueur. Ces feuilles sont étalées, divisées en 5-9 lobes très grands, dentés, disposés en éventail. Les fleurs sont les unes mâles, les autres femelles, disposées en grappes situées aux aisselles des feuilles supérieures ; les fleurs mâles occupant la base de l'inflorescence, les fleurs femelles placées au sommet. Les fleurs mâles ont un calice à 5 divisions et des étamines à filets très rameux, portant de nombreuses anthères ; les fleurs femelles ont un calice seulement à 3 divisions, entourant un ovaire à 3 loges contenant chacune un seul ovule, et surmonté de 5 styles roses, plumeux. Le fruit est une capsule hérissée d'épines, contenant 3 coques renfermant chacune une graine, de la grosseur d'un haricot, brillante, marbrée de noir sur un fond gris. Variétés à feuilles et à tiges vertes, glauques, pourpres et rouge sang. Fleurit de juillet en octobre.

Emplois. — Culture. — Multiplication.

Le *Ricin* est une des plantes à ample feuillage et à port ornemental les plus recherchées. La rapidité de sa croissance est telle qu'il atteint en quelques mois plusieurs mètres de hauteur, qualité précieuse qui permet de l'employer à combler les vides dans les grands massifs, à former des corbeilles, etc. C'est aussi l'une des plantes qui conviennent le mieux pour constituer des groupes isolés dans les parties accidentées des jardins et sur les pelouses. Il prospère surtout aux expositions chaudes, en sols fortement additionnés d'engrais. Des arrosages abondants favorisent son développement. On doit en semer les graines en godets sur couche, en avril-mai, rempoter en vases plus grands en mai et mettre en place fin mai ou dans les premiers jours de juin.

EXPLICATION DE LA PLANCHE 241.

1. Étamine à filet rameux, portant de nombreuses anthères.
2. Fleur femelle.
3. Ovaire coupé longitudinalement.

C'est à la famille des Euphorbiacées qu'appartient le *Buis* (Buxus sempervirens L.), pour lequel nous renvoyons à l'ouvrage de M. Mouillefert, *Traité des Arbres et Arbrisseaux*. Cette famille comprend, en outre, des plantes très recherchées pour l'ornementation des serres, notamment :

Les CROTONS (Codiæum variegatum Blume), de l'Archipel malais, arbrisseau de 1 mètre de hauteur dans les cultures, présentant de nombreuses variétés, recherchées pour leur feuillage persistant brillamment panaché, marbré ou ponctué de jaune et de rouge, sur fond vert pâle ou vert foncé. Ces feuilles sont très variables comme forme et comme ampleur; elles atteignent en moyenne 20 centimètres de longueur sur 4 à 10 centimètres de largeur. Les Crotons sont des plantes de serre chaude que l'on fait figurer parfois dans les appartements; ils exigent une atmosphère humide et beaucoup de lumière, bien qu'il soit nécessaire de les abriter des rayons ardents du soleil. On les multiplie par boutures que l'on fait dans la serre à multiplication et sous cloche en mars-avril. Le sol qui leur convient le mieux est un compost formé de parties égales de sable, de terre de bruyère et de terre franche. Les arrosages doivent être copieux pendant l'été, modérés l'hiver.

Le genre EUPHORBIA est bien connu comme renfermant un grand nombre de plantes charnues, à forme de Cactées, désignées habituellement sous le nom de *Plantes grasses;* mais en dehors de ces espèces, d'un intérêt trop spécial pour figurer dans ce livre, il en est une autre dont les mérites sont plus généralement appréciés; nous voulons parler de l'*E. pulcherrima* Willd. (Syn.: Poinsettia pulcherrima R. Grah.). C'est une plante originaire du Mexique, à tiges ligneuses à la base, atteignant 1 à 2 mètres et plus de hauteur, à feuilles ovales, plus ou moins lobées, et dont les fleurs petites et jaunâtres, réunies en bouquets à l'extrémité des tiges, sont entourées d'amples feuilles florales (bractées), dont l'ensemble forme une couronne de 30 à 40 centimètres de large et d'un rouge éblouissant. Il en existe une variété à bractées blanches. Cette superbe plante a le mérite de se conserver longtemps dans toute sa beauté ; elle exige la serre tempérée. Elle prospère surtout dans un sol formé de terre franche, de sable et de terreau de feuilles, associés par parties égales. On la multiplie par boutures que l'on fait avec les rameaux coupés au ras du vieux bois et dont on laisse couler la sève. Ces boutures se font sous cloche, dans la serre à multiplication. On doit pincer les jeunes plantes pour les faire ramifier, de manière à obtenir plusieurs inflorescences. Il ne faut cependant pas provoquer le développement de trop nombreux rameaux, car dans ce cas les inflorescences seraient de dimensions réduites.

C'est aussi à la famille des Euphorbiacées qu'appartient le genre ACALYPHA, qui comprend plusieurs plantes à feuillage ornemental, très recherchées pour l'ornementation des serres et qui pourraient être utilisées dans la décoration des parterres pour la durée de la belle saison, ainsi qu'on le fait au Muséum d'histoire naturelle. L'espèce la plus cultivée est : l'*A. Wilkesiana* Müll. Arg. (Syn. : A. tricolor Hort.), de la Polynésie.

C'est un arbrisseau peu élevé, à feuilles ovales, longues de 15 à 20 centimètres, larges de 10 à 15. Ces feuilles sont vertes, maculées de rouge et de cramoisi foncé dans la variété *macafeana :* d'abord vert jaunâtre bordées de rouge, puis vert foncé panachées de rouge, de jaune et de vert pâle dans la variété *macrophylla ;* à partie centrale vert pâle, encadrée de rouge vif dans la variété *marginata ;* vert bronzé panachées de rouge dans la variété *musaica ;* panachées de cramoisi, de vert et de brun dans la variété *triumphans*, etc.

On multiplie les *Acalypha* par boutures de jeunes rameaux, sur couche chaude et sous cloche ou dans la serre à multiplication.

FAMILLE DES CONIFÈRES

⌂ Pl. 242. — ARAUCARIA ÉLEVÉ

ARAUCARIA EXCELSA R. Br.

SYNONYME FRANÇAIS : **Pin de Norfolk.**

Patrie : **Ile Norfolk.**

Description. — Emplois. — Culture. — Multiplication.

Grand arbre pouvant atteindre 70 mètres de hauteur, à forme de pyramide, à branches régulièrement étagées, garnies de feuilles persistantes, longues de 10 à 15 centimètres, d'un vert gai. Il est rustique dans le midi de la France. A l'état jeune et cultivé en pots et en bacs, c'est l'une des plantes d'appartement et de serre froide les plus recherchées, grâce à l'élégance de son port. Il croît d'ailleurs assez bien dans les appartements malgré les conditions défavorables qu'ils présentent (sécheresse de l'atmosphère, température trop basse ou trop élevée, poussière, etc.). Il en existe plusieurs variétés très recommandables.

L'*Araucaria excelsa* est d'une culture relativement facile; il ne paraît redouter surtout que l'excès d'humidité et la poussière qui s'accumulerait rapidement entre les feuilles si l'on n'avait le soin de les laver fréquemment ou de les exposer à la pluie lorsque la température extérieure le permet.

On doit prendre de grandes précautions pour ne pas briser l'extrémité des rameaux et surtout de la tige centrale. On doit aussi avoir le soin de retourner de temps en temps les plantes cultivées en appartement, de manière à exposer successivement toutes les parties vers la source de la lumière, afin qu'elles ne se trouvent pas déjetées.

L'*Araucaria* élevé peut être mis en plein air pendant l'été, mais de préférence, à l'ombre. C'est une plante de serre froide, sous le climat de Paris; il est donc nécessaire que la température des appartements dans lesquels on le cultive ne soit pas excessive; on doit aussi le placer dans une situation bien éclairée.

La multiplication de cette espèce se fait par graines que l'on sème dans la serre à multiplication, ou par le bouturage du rameau terminal, les branches latérales ne donnant jamais des plantes absolument droites.

Plusieurs autres espèces d'*Araucaria* sont recherchées pour la décoration des jardins dans la région de l'Oranger; l'un d'entre eux, l'*A. imbricata* Ruiz et Pav., du Chili, est même rustique dans l'ouest de la France; mais ces arbres ne présentent que peu d'intérêt au point de vue qui nous occupe.

C'est à la famille des Conifères que se rattachent les Pins, les Sapins, les Cèdres, les Genévriers, les Thuyas, etc., si précieux pour la plantation des parcs. On trouvera tous ces arbres décrits dans le *Traité des Arbres et Arbrisseaux*, de M. Mouillefert.

A côté des Conifères se place la famille des *Cycadées* dont l'un des genres, le genre Cycas comprend plusieurs espèces très recherchées comme plantes de serre : le *Cycas revoluta* Thunb., notamment. C'est un arbre originaire du Japon, à aspect de Fougère, à tronc de 2 à 3 mètres de hauteur, couronné par des feuilles gracieusement inclinées, à divisions très nombreuses, disposées de chaque côté de la nervure médiane comme les barbes d'une plume, à folioles vert foncé, étroites, à bords enroulés en dessous. Cet arbre est rustique dans le midi de la France; sous le climat de Paris, il est souvent cultivé en pots ou en bacs pour la décoration des appartements.

FAMILLE DES ORCHIDÉES

⌂ **Pl. 243. A. — MASDEVALLIA HARRYANA Rchb. f.**

Patrie : Nouvelle-Grenade.

B. — MASDEVALLIA GEMMATA Rchb. f.

Patrie : Amérique australe.

C. — MASDEVALLIA CHIMÆRA Rchb. f.

Patrie : Nouvelle-Grenade.

Description.

Les *Masdevallia* sont en général des petites plantes alpines qui croissent dans les régions alpines de l'Amérique tropicale, à une altitude comprise entre 2000 et 3000 mètres ; ils vivent en touffes, dans la mousse, sur les vieux arbres ou dans les fentes des rochers. Leur tige, rampante, porte des feuilles charnues ovales-allongées, pétiolées. Les fleurs, d'une forme bizarre, sont constituées par 3 divisions, soudées entre elles à la base et formant un tube plus ou moins évasé, prolongé en 3 lobes plus ou moins allongés suivant les espèces. Les pétales et le labelle sont de dimensions très réduites et se trouvent cachés dans le tube de la fleur.

Certaines espèces de *Masdevallia* sont des plantes très ornementales, c'est le cas du *M. Harryana* (fig. A.) qui a les fleurs relativement grandes, d'un rouge violacé éclatant. D'autres ont les fleurs bizarres, plus curieuses que vraiment belles, comme les *M. chimæra* (fig. C.) et le *M. gemmata* (fig. B.).

Emplois. — Culture. — Multiplication.

Les *Masdevallia* sont des plantes de serre froide qui aiment la fraicheur et l'air. On doit les cultiver en petits pots proportionnés à leur taille, dans un mélange de terre de bruyère grossièrement concassée, de sphagnum haché, de tessons et de charbon de bois. On les tiendra aussi près que possible du vitrage et on aérera abondamment la serre, chaque fois que la température extérieure le permettra. Les arrosages doivent être copieux pendant la période de la végétation qui commence en avril pour finir en octobre; en toute saison, il importe de ne pas laisser le sol se dessécher. L'atmosphère doit aussi être toujours humide, et à une température basse, surtout pendant la période de repos.

⌂ Pl. 244. — DENDROBIUM NOBLE

DENDROBIUM NOBILE Lindl.

Patrie : Inde.

Description.

Plante vivace à tiges dressées, cylindriques, noueuses, parcourues par des sillons longitudinaux, hautes de 40 centimètres à 1 mètre; à feuilles plus longues que larges; à fleurs nombreuses, groupées par 2 ou 3 aux nœuds des vieilles tiges. Ces fleurs mesurent 7 à 8 centimètres de largeur: elles ont les divisions blanches à la base, rose pâle dans la partie médiane et rose carminé au sommet. Le labelle, en forme de capuchon, est blanc crème avec une tache pourpre foncé au centre, noirâtre dans certaines variétés; les fleurs durent 5 à 6 semaines et se montrent de mars à avril. Variétés à fleurs d'un coloris plus ou moins foncé.

Emplois. — Culture.

Cette belle plante est l'une des Orchidées les plus recherchées. On la cultive en serre tempérée pendant la période d'activité végétative qui dure de mars en août, et on la tient en serre froide pendant le repos de la végétation qui commence dès le mois de septembre et peut se prolonger pendant l'hiver lorsqu'on désire retarder la floraison.

EXPLICATION DE LA PLANCHE 244.

1. Fleur coupée longitudinalement.
2. Loge de l'anthère contenant deux pollinies (pollen agglutiné en masse); l'anthère comprend deux loges semblables à celle-ci; il y a donc en tout quatre pollinies dans la fleur.
3. Pollinie extraite de l'anthère.

⌂ Pl. 245. — DENDROBIUM DE FARMER, var. DORÉE

DENDROBIUM FARMERII Paxt., var. AUREUM

Patrie : Himalaya.

Description.

Plante à tiges vert foncé, longues de 30 à 40 centimètres, renflées en forme de fuseau et anguleuses. Les feuilles sont ovales-allongées, planes, d'un beau vert, réunies au nombre de 3 ou 4 à l'extrémité des tiges. Les fleurs naissent dans le tiers supérieur des tiges adultes; elles sont disposées, au nombre d'une vingtaine, en grappes pendantes un peu lâches. Dans le type de l'espèce, ces fleurs ont les divisions blanc crème, teintées de rose sur les bords. Le labelle, en cornet, a les bords dentés; il est de couleur jaune pâle, jaune d'or velouté à la gorge. Dans la variété *aureum* figurée planche 245, les divisions sont colorées en jaune pâle au lieu d'être d'un blanc rosé. Fleurit en avril-mai. Les fleurs durent environ quinze jours.

Emplois. — Culture.

On cultive cette superbe plante en paniers à claires-voies, dans du sphagnum mélangé de tessons et de fragments de charbon de bois. Pendant la période de repos les arrosages doivent être presque suspendus. Ils doivent être au contraire abondants pendant la période d'activité végétative, au début de laquelle la plante devra être soumise à une température plus élevée qui ira en s'élevant graduellement, pour favoriser le développement des nouvelles pousses.

EXPLICATION DE LA PLANCHE 245.

1. Port de la plante.
2. Grappe de fleurs.
3. Anthère.
4. Pollinies.

On a décrit environ 300 espèces de *Dendrobium;* c'est l'un des genres de la famille des Orchidées qui renferme le plus grand nombre de belles plantes recherchées pour la décoration des serres. Le cadre de ce livre ne nous permettant pas de nous étendre sur leur compte, nous renvoyons les amateurs aux ouvrages spéciaux. On peut cependant citer au nombre des plus recherchés : le *D. densiflorum* Wall., à grandes grappes de fleurs jaunes, pendantes; le *D. thyrsiflorum* Rchb. f., à fleurs blanches et à labelle jaune, disposées en grappes pendantes; le *D. Wardianum* Warner, à fleurs lilas, de grandes dimensions; tous originaires de l'Asie tropicale et exigeant la serre chaude.

⌂ Pl. 246. — CATTLEYA DE MOSS

CATTLEYA LABIATA Lindl., var. MOSSIÆ

SYNONYME LATIN : Cattleya Mossiæ Hook.

Patrie : Colombie.

Description.

Plante vivace à tige rampante portant des sortes de bulbes aériens (pseudo-bulbes) charnus, enveloppés de gaines brunes. Ces pseudo-bulbes sont terminés par une feuille épaisse, dressée. Les fleurs sortent d'une gaine double ; elles sont solitaires, groupées par 3-4, et atteignent souvent plus de 20 centimètres de diamètre. Le coloris de ces fleurs varie beaucoup selon les variétés; les sépales et les pétales présentent en effet toutes les nuances comprises entre le blanc pur et le rose et le rouge groseille ; quant au labelle, de dimensions très grandes, à bords ondulés ou frangés, il est souvent strié de rose, de cramoisi, de lilas, de pourpre ou de jaune d'or. Les *Cattleya Mossiæ* fleurissent en mai-juin, lorsqu'ils sont cultivés en serre tempérée.

Emplois. — Culture.

Les *Cattleya* sont certainement les Orchidées les plus belles que l'on puisse cultiver. Ce sont celles qui, sans conteste, présentent les fleurs les plus grandes et les plus brillamment colorées. Le *C. labiata* comprend de nombreuses variétés : *Dowiana*, à divisions jaune nankin et à labelle cramoisi strié de jaune d'or; *Eldorado*, à fleurs peu grandes, variant du blanc pur au rose vif; *Luddemanniana*, à fleurs très grandes, étalées, à sépales étroits, variant du blanc pur au pourpre intense avec le labelle marqué de 2 taches jaunes sur les côtés; *Mendelii*, blanc ou blanc rosé avec le labelle ondulé, bien étalé, bordé de cramoisi et marqué d'une tache pourpre; *Mossiæ*, qui est figuré sur la planche 246; *Trianæi*, variant du blanc au pourpre avec le labelle bien étalé, taché de pourpre en avant; *Warneri*, à grandes fleurs; *Warscewiczii*, à divisions rose vif, à très grand labelle pourpre foncé, muni de deux larges taches jaunes dans la partie inférieure. Ces variétés ont été considérées comme espèces distinctes par certains botanistes, elles comprennent elles-mêmes un nombre considérable de sous-variétés.

Les *Cattleya de Moss* se cultivent en serre tempérée pendant l'hiver (période de repos) et en serre chaude pendant l'activité végétative. On les plante dans des paniers à claires-voies, dans de la terre à Polypode, mélangée de tessons. Les arrosages doivent être très modérés pendant le repos de la végétation et doivent seulement servir à empêcher les pseudo-bulbes de se vider et de se dessécher. Lorsque la saison des fleurs est passée et que les nouvelles pousses commencent à se développer, on doit mettre ces plantes dans une serre plus chaude et il est alors nécessaire de leur donner des arrosages plus fréquents. En général, deux arrosages par semaine sont suffisants, car ces plantes redoutent par-dessus tout l'excès d'humidité aux racines. Le rempotage s'effectue au moment où la végétation commence à se manifester.

⌂ Pl. 247. — LÆLIA POURPRÉ

LÆLIA PURPURATA Lindl.

Patrie : Brésil.

Description.

Les *Lælia* sont des plantes superbes, très voisines des *Cattleya* avec lesquels on les confond souvent et dont ils diffèrent surtout par le nombre des *pollinies* (masses de pollen aggluttiné) au nombre de 8 : 4 disposées sur 2 rangs, quatre dans l'anthère : les inférieures ascendantes, les supérieures descendantes, les paires inférieures plus développées, au lieu d'être seulement au nombre de quatre, sur un seul rang.

Le *Lælia purpurata*, la plus belle espèce du genre, a les fleurs réunies par 3-7 à l'extrémité des pseudo-bulbes. Ces pseudo-bulbes, en forme de fuseau, sont terminés par une seule feuille, longue et étroite, épaisse. Les fleurs mesurent jusqu'à 15 centimètres de diamètre ; leurs divisions présentent toutes les nuances comprises entre le blanc et le rose selon les variétés ; le labelle, très grand, en forme de cornet, à bords ondulés et crépus, est violet pourpré ou carminé en avant, jaune dans la partie moyenne et à la base, où il est rayé de pourpre vif. Fleurit en mai-juin.

Culture.

Le *Lælia pourpré*, comme le *Cattleya de Moss*, exige la serre chaude humide pendant la période de la végétation qui commence au printemps et dure tout l'été. En automne et en hiver, saisons qui correspondent à la période de repos, on doit le tenir à une température moindre, en serre tempérée et presque à sec. On le cultive en pots ou en paniers à claires-voies, dans de grosses mottes de terre de bruyère ou dans de la terre à Polypode, avec une bonne couche de tessons pour faciliter l'écoulement de l'eau des arrosages. Le rempotage se fait à la fin de l'hiver. Comme pour les *Cattleya* on doit éviter que l'eau ne s'accumule dans le pli des jeunes feuilles dont cela pourrait amener la pourriture.

⌂ Pl. 248. — LYCASTÉ DE SKINNER

LYCASTE SKINNERI Lindl.

Patrie : Guatémala.

Description.

Plante à pseudo-bulbes (sortes de bulbes aériens) ovales-arrondis, portant de 1 à 3 feuilles ovales-allongées, rétrécies aux extrémités, plissées longitudinalement. De la base des pseudo-bulbes naissent les tiges florales dressées, portant une superbe fleur, large d'environ 15 centimètres, en forme de gueule ouverte, à sépales et pétales blancs ou blanc rosé et à labelle charnu de couleur plus foncée ou blanc crème, portant de nombreuses taches et des lignes rouges ou purpurines. Ce labelle est découpé en avant, en 3 lobes : les latéraux dressés, le médian plus grand, ovale arrondi, pendant en forme de langue. Cette plante a donné naissance à de nombreuses variétés différant par le coloris des divisions et du labelle de la fleur. Donne, en mars-avril, plusieurs fleurs ayant chacune une durée d'environ un mois.

Emplois. — Culture.

Le *Lycaste de Skinner* est l'une des Orchidées les plus recherchées pour la décoration des serres tempérées et des appartements. On la cultive en pots, dans de la terre à Polypode ou de la terre de bruyère fibreuse, mélangée de tessons et de morceaux de charbon de bois concassés. Les arrosages doivent seulement commencer en juin, au moment de l'entrée en végétation, pour diminuer peu à peu jusqu'à ce que les nouveaux pseudo-bulbes soient bien développés, ce qui arrive vers le mois de mars. A partir de ce dernier moment et jusqu'en juin, la plante doit être tenue absolument au sec, et ne doit recevoir d'eau que pour empêcher la dessiccation absolue du sol dans lequel elle est plantée.

⌂ Pl. 249. — ODONTOGLOSSUM CRISPÉ

ODONTOGLOSSUM CRISPUM Lindl.

SYNONYME LATIN : **O. Alexandræ Batem.**

Patrie : Nouvelle-Grenade.

Description.

Plante vivace à pseudo-bulbes (sorte de bulbes aériens) ovoïdes-aplatis, terminés par deux feuilles allongées, étroites, longues de 25 centimètres environ. Les tiges florales, plus longues que les feuilles, pendent élégamment; elles portent de nombreuses fleurs, 10 à 20 et souvent plus, à fond blanc, jaunâtre ou rose, uniforme, et sur lequel se détachent des macules de forme, de dimensions et de nombre variables, de couleur rose, rouge brun, violacé ou jaune. Ces fleurs, larges de 5 à 8 centimètres, ont les divisions et le labelle ondulés, crispés; ce dernier est coloré en jaune sur sa partie médiane.

Cette superbe plante a donné naissance à un nombre considérable de variétés. Elle est même variable à un point tel qu'il est difficile de trouver deux exemplaires ayant une ressemblance parfaite. L'époque de sa floraison est de février en mai, mais elle peut fleurir à toutes les époques de l'année. Ses fleurs ont une très longue durée.

Emplois. — Culture.

L'*Odontoglossum crispé* est certainement l'Orchidée la plus populaire, s'il est permis d'employer cette expression pour une plante relativement rare, puisqu'elle n'est cultivable qu'en serre. C'est certainement la plus répandue et la plus recherchée, grâce à l'élégance de ses longues grappes de fleurs, d'une grande durée et à la facilité de sa culture. Certains horticulteurs la cultivent spécialement en vue de la production des fleurs coupées, qu'utilisent les fleuristes pour la confection de bouquets, de couronnes, de surtouts de tables, etc.

Cette plante doit être cultivée en serre froide, en pots, ou de préférence en paniers à claires-voies, dans un compost, formé par parties égales de terre de Polypode ou de terre de bruyère fibreuse, de tessons et de charbon de bois concassé et de sphagnum. Elle exige, pour prospérer, beaucoup de lumière et d'air, une température basse pendant la période de repos qui arrive l'été, après la floraison, et est de courte durée. On doit lui donner un peu plus de chaleur, avec de l'humidité dans l'air, pendant l'automne, l'hiver et le printemps, période de l'activité végétative. On obtient une basse température, en été, par des ombrages et par l'aération des serres. On doit aérer de préférence par les temps couverts et humides que par les temps ensoleillés, car dans ce dernier cas on provoque le dessèchement de l'atmosphère et des plantes, en déterminant une évaporation excessive.

EXPLICATION DE LA PLANCHE 249.

1. Plante entière.
2. Grappe de fleurs.
3. Gynostème ou colonne, vu de face (étamine et pistil soudés en un seul corps).
4. Gynostème vu de côté.
5. Pollinies de grandeur naturelle et grossies.

⌂ Pl. 250. — ONCIDIUM DE FORBES

ONCIDIUM FORBESII Hook.

Patrie : Brésil.

Description.

Superbe plante à pseudo-bulbes (sorte de bulbes aériens) terminés par une seule feuille longue et étroite, à longue tige florale élégamment courbée, portant une vingtaine de fleurs larges de 6 à 8 centimètres, à divisions amples, brun chocolat, colorés en jaune sur les bords qui sont ondulés crispés. Fleurit à l'entrée de l'hiver.

Emplois. — Culture.

Cette plante est l'une des plus belles espèces du genre *Oncidium*. Sa culture et ses emplois sont exactement les mêmes que ceux indiqués pour l'*Odontoglossum crispé*, voir p. 318.

Le genre *Oncidium* comprend environ 250 espèces, parmi lesquelles il en est un grand nombre qui méritent de prendre place dans les serres. C'est à ce genre qu'appartient l'Orchidée papillon (Oncidium Papilio Lindl.), du Brésil, aux fleurs mesurant environ 15 centimètres dans leur plus grande longueur et ayant tout à fait l'aspect d'un papillon voltigeant.

A. Grappe de fleurs.

B. Plante entière.

1. Gynostème ou colonne, vu de face (corps formé du pistil et de l'étamine soudés).

2. Gynostème vu de côté.

3. Pollinies grossies.

⌂ Pl. 251. — PHALÆNOPSIS DE SCHILLER

PHALÆNOPSIS SCHILLERIANA Rchb. f.

Patrie : Philippines.

Description.

Superbe plante sans pseudo-bulbes, à tige très courte émettant des racines charnues, blanchâtres, aplaties à l'extrémité qui est d'un brun verdâtre. Les feuilles, au nombre de 3 à 5, sont plus longues que larges, de 25 à 50 centimètres de longueur, à face supérieure vert foncé, élégamment marbrée de blanc mat, à face inférieure rouge brun. La tige florale peut atteindre 1 mètre de longueur; elle est rameuse, penchée, et porte des fleurs larges de 8 centimètres, d'un beau rose, quelquefois réunies au nombre de 40 à 60 et même 100 dans la même inflorescence. Les fleurs s'épanouissent au printemps et au commencement de l'été; elles ont une durée de près de deux mois.

Emplois. — Culture.

Le *Phalænopsis de Schiller* est certainement l'une des plus belles Orchidées connues. Elle exige la serre chaude, tenue constamment humide, car elle n'a pas comme la plupart des autres plantes de la même famille des pseudo-bulbes, contenant des réserves qui lui permettent de résister à la sécheresse de l'air. Par contre, elle redoute l'excès d'humidité aux racines, raison pour laquelle on doit la cultiver, de préférence, fixée sur une planchette ou une bûche suspendue, au lieu de la planter en pots ou en paniers à claires-voies. Pendant la période du repos de la végétation on doit mettre la plante dans la partie de la serre la moins chaude et où l'atmosphère est la moins chargée d'humidité.

EXPLICATION DE LA PLANCHE 251.

1. Port de la plante.

2. Fleur détachée.

3. Gynostème ou colonne, vu de côté.

4. Gynostème vu de face.

5. Pollinies.

⌂ Pl. 252. — VANDA TRICOLORE

VANDA TRICOLOR Lindl.

Patrie : Java.

Description.

Plante admirable, à tige dressée, d'environ 1 mètre de hauteur, portant des feuilles disposées sur deux rangs, rapprochées, courbées, atteignant 50 centimètres de longueur. Ses tiges florales naissent latéralement; elles sont plus courtes que les feuilles, dressées, et portent 5 à 8 fleurs disposées en grappes simples. Ces fleurs, grandes, odorantes, sont en dedans de couleur jaune ou jaune cannelle, maculées de brun, avec le labelle rose violacé; l'éperon est blanc. Floraison en avril-mai, d'une longue durée.

Emplois. — Culture.

Le *Vanda tricolore* est l'une des plus belles Orchidées connues. On doit le cultiver en serre chaude. Il est nécessaire, pendant la période de végétation, de le tenir dans la partie de la serre où la température est la plus élevée. Cette période commence au mois de mars pour finir au mois de septembre. Pendant tout ce temps, l'atmosphère de la serre doit être constamment chargée d'humidité à l'aide de seringages dans les allées. Les arrosages doivent être fréquents et faits avec de l'eau à la température de la serre.

On plante le *Vanda tricolore* en paniers de bois à claires-voies, dans un mélange de sphagnum, de tessons et de charbon de bois concassé. Les plantes doivent être en situation éclairée, mais il est nécessaire pendant les grandes chaleurs de les abriter par un ombrage contre les rayons ardents du soleil. L'air doit circuler librement autour d'elles.

Pendant la période de repos, qui commence fin septembre et dure jusqu'en mars, les arrosages doivent être suspendus et les seringages réduits à ceux nécessaires pour empêcher le feuillage de se dessécher. La température doit aussi être moindre.

⌂ Pl. 253. — AERIDES DE LADY LAWRENCE

AERIDES LAWRENCIÆ Rchb. f.

Patrie : Asie tropicale.

Description.

Belle plante à tige dressée, pouvant atteindre 1 mètre à 1 m. 50 de hauteur, portant des feuilles disposées sur deux rangs, longues et étroites, coriaces. Les inflorescences naissent latéralement; elles ont une longueur double de celle des feuilles (40 à 50 centimètres) et sont formées d'une trentaine de fleurs agréablement parfumées, à sépales et pétales blancs, devenant jaunâtres en vieillissant, teintés de rose pourpré au sommet. Le labelle est à 3 lobes, celui du milieu finement denté, pourpre. L'éperon est conique, de couleur verte. Fleurit en automne.

Emplois. — Culture.

Cet *Aerides*, l'un des plus beaux du genre, se cultive exactement comme le *Vanda tricolore*, voir p. 321.

EXPLICATION DE LA PLANCHE 253.

1. Port de la plante.
2. Gynostème ou colonne (corps formé de l'étamine et du pistil soudés), vu de face.
3. Grappe de fleurs.
4. Pollinies (pollen aggluriné en petites masses).

⌂ Pl. 254. — CYPRIPEDIUM REMARQUABLE

CYPRIPEDIUM INSIGNE Wall.

Patrie : Inde.

Description.

Plante vivace à feuilles longues et étroites, d'un vert pâle, uniforme, en touffe d'environ 25 centimètres de hauteur, à tige florale portant une, rarement deux fleurs, de 10 à 12 centimètres de diamètre, paraissant couvertes d'un vernis. Ces fleurs ont le sépale supérieur ample, à bords un peu ondulés, jaune verdâtre ponctué de pourpre, avec le sommet blanc. Le sépale inférieur (division située en arrière, sous le sabot) est petit, jaune verdâtre pâle; les pétales (divisions latérales) sont étalés, longs et étroits, ondulés sur les bords, colorés en vert jaunâtre et ponctués de brun; le labelle en forme de sabot, est jaune verdâtre pâle. Cette plante a donné naissance à de nombreuses variétés au nombre desquelles on peut citer comme étant la plus remarquable : la variété *Chantini*, dans laquelle le sépale supérieur est blanc dans sa moitié supérieure et sur les bords jusqu'à la base, avec les macules situées dans la partie blanche colorées en mauve pourpre, et dont le labelle est brun vernissé. Fleurit de décembre à janvier.

Emplois. — Culture.

Cette plante est l'une des plus belles espèces du genre *Cypripedium;* c'est aussi l'une des plus rustiques et l'une des plus faciles à cultiver, ce qui explique pourquoi elle est si recherchée des amateurs. L'abri de la serre tempérée froide et même de la serre froide lui suffit et elle supporte même l'atmosphère des appartements, au moins pendant la durée de sa florai- son. On doit la cultiver en pots, en terre de bruyère fibreuse mélangée d'un peu de sphagnum ou en terre à Polypode. Des arrosages fréquem- ment répétés lui sont nécessaires, surtout pendant la période de végéta- tion. Elle demande aussi une grande somme de lumière, aussi doit-on la placer le plus près possible des vitrages, bien qu'il soit nécessaire de l'abriter contre les rayons ardents du soleil pendant l'été. Il est indis- pensable aussi de tenir l'atmosphère de la serre un peu chargée d'humi- dité pendant le développement des pousses, et aérer au contraire très largement lorsqu'elles 'sont développées pour les durcir et préparer la floraison. Le rempotage doit se faire au commencement de l'hiver.

EXPLICATION DE LA PLANCHE 254.

1. Gynostème vu par la face inférieure, montrant les deux étamines insérées de chaque côté du rostellum.

2. Gynostème vu de côté, montrant le staminode, le rostellum et une étamine.

Les Orchidées sont exclusivement des plantes de serres ou des plantes rustiques plus curieuses que belles et à ce titre ne devraient pas figurer dans cet ouvrage; mais elles jouissent d'une telle vogue qu'il nous a semblé utile d'en figurer quelques types représentant les principaux genres. C'est à cette famille qu'appartient la *Vanille* (Vanilla planifolia Andr.), originaire des Antilles.

FAMILLE DES SCITAMINÉES

⌂ **Pl. 255. — MARANTA DE KERCHOVE**

MARANTA LEUCONEURA Morren, var. KERCHOVEI

SYNONYME LATIN : **Maranta Kerchoviana Morren.**

Patrie : Brésil.

Description.

Plante vivace à tige rampante portant des feuilles ovales, de **10** à **12** centimètres de longueur, d'un vert pâle, présentant des taches allongées, de couleur vert foncé, disposées obliquement de chaque côté de la nervure principale. Les tiges florales, rameuses, portent de très petites fleurs blanches, ayant les divisions internes violettes.

Emplois. — Culture. — Multiplication.

Le genre *Maranta* renferme un grand nombre d'espèces qui, de même que celle-ci, sont remarquables par leur feuillage brillamment coloré. Parmi ces plantes, en général de serre chaude, le *Maranta de Kerchove* se distingue par sa résistance et la facilité de sa culture, qui permettent de le faire figurer dans les appartements. On l'emploie à la garniture des jardinières et des surtouts de table. On doit le cultiver dans un compost de terre franche, de sable et de terreau de feuilles, mélangés par parties égales et faire les rempotages en mars, en vases bien drainés. Les arrosages, modérés pendant l'hiver, doivent être au contraire assez abondants pendant la période de végétation.

Le *Maranta de Kerchove*, comme les espèces du même genre, se développe avec vigueur en serre chaude, dans une atmosphère humide et lorsqu'il est abrité des rayons directs du soleil. On le multiplie par division des touffes. On place les fragments détachés dans de petits pots tenus sous cloche et en serre à multiplication en situation ombragée.

EXPLICATION DE LA PLANCHE 255.

1. Fleur entière.

2. Fleur coupée longitudinalement.

⌂ Pl. 256. — CANNAS HYBRIDES A GRANDES FLEURS

Origine horticole.

Superbes plantes à souches tubéreuses obtenues artificiellement par le croisement de diverses espèces et variétés de *Cannas* ou *Balisiers* : Canna Annæi Hort. ; discolor Lindl. ; iridiflora Ruiz et Pav. ; Warscewiczii Hort. ; etc., autrefois seuls connus dans les jardins.

Leur taille varie depuis 50 centimètres (variétés naines), jusqu'à 2 mètres et plus. Leurs feuilles sont ovales, très amples, atteignent souvent 70 centimètres de longueur sur 25 à 30 centimètres de largeur; elles sont vertes, glauques, ou plus ou moins teintées ou veinées de pourpre foncé. Leur floraison commence vers le 15 juillet et dure jusqu'aux premières gelées. Les fleurs unicolores ou panachées, ponctuées ou striées, présentent toutes les nuances du jaune, de l'orangé, du saumoné et du rouge.

Les *Cannas hybrides à grandes fleurs* joignent au mérite d'avoir un feuillage superbe, souvent plus beau que celui des plantes qui leur ont donné naissance, celui de produire d'abondantes fleurs, beaucoup plus grandes et de coloris plus brillants et plus variés que celles des Cannas autrefois cultivés.

Emplois.

Ces belles plantes sont très recherchées pour former des corbeilles, décorer les plates-bandes, planter en touffes isolées sur les pelouses ou dans les parties accidentées des jardins. Les variétés naines conviennent plus particulièrement à la culture en pots pour l'ornementation des balcons et des fenêtres.

Culture. — Multiplication.

On plante les *Cannas* en plein air, vers le 15 mai, en espaçant les pieds de 50 centimètres à 1 mètre, selon le développement que les variétés sont susceptibles d'atteindre. Le sol aura dû être préalablement labouré et additionné d'engrais. Pendant l'été, des arrosements copieux sont nécessaires. Lorsque surviennent les premières gelées, on arrache les plantes, et les souches, munies des bases de tiges, sont rentrées dans un endroit sec, aéré, où la température ne s'abaisse pas au delà de 2 ou 3 degrés au-dessus de zéro. En avril on enterre ces souches sur une couche chaude ou dans la bâche d'une serre ; elles entrent en végétation, et il ne reste qu'à les sectionner en autant de parties qu'elles ont émis de bourgeons. Ces tronçons, mis en pots et conservés sous châssis, se plantent en pleine terre fin mai. On peut aussi multiplier les *Cannas* par graines. Certaines variétés à souche non tubéreuse ne peuvent être conservées qu'à la condition de les relever en pots à l'automne et de les maintenir en végétation, en serre tempérée, pendant tout l'hiver.

FAMILLE DES BROMÉLIACÉES

⌂ Pl. 257. — KARATAS CAROLINÆ Antoine.

Synonymes latins : **Bromelia Carolinæ Beer.; Nidularium Carolinæ Lemaire; Nidularium Meyendorfii Regel.**

Patrie : Brésil méridional.

Description.

Plante vivace paraissant dépourvue de tige, à feuilles, au nombre d'une vingtaine, longues d'environ 30 centimètres, larges de 3 à 5, réunies en rosette. Ces feuilles, d'un vert brillant, sont terminées par une petite pointe ; elles sont très finement dentées. Les fleurs naissent en bouquet aplati, au centre de la rosette, et sont entourées de feuilles plus courtes, colorées en rouge brillant. Ces fleurs ont la corolle tubuleuse, à tube blanc et à divisions lilas. L'ovaire, situé au-dessous de la fleur, est à 3 loges contenant de nombreux ovules.

Emplois.

Cette belle *Broméliacée* est recherchée pour la décoration des serres et des appartements ; elle est surtout remarquable par son feuillage d'un beau vert et par ses bractées (feuilles florales) brillamment colorées, conservant tout leur éclat pendant plusieurs mois.

Culture. — Multiplication.

Le *Karatas Carolinæ* croit dans les forêts sur les arbres, dans les amas de détritus végétaux accumulés pendant une longue suite d'années. Il exige la serre chaude, une température élevée et beaucoup d'humidité pendant sa période de végétation, et au contraire une atmosphère peu chaude et relativement sèche pendant le repos. On doit surtout éviter que l'eau ne s'accumule dans le cœur des plantes, ce qui les ferait pourrir. Le terreau de feuilles, la terre à Polypode ou la terre de bruyère fibreuse lui conviennent plus particulièrement. La multiplication se fait par graines, qui sont d'une ténuité extrême et que l'on sème en terrines, sur du sable blanc bien drainé. Ces terrines, couvertes d'une feuille de verre, sont placées dans la serre à multiplication, dans une bâche ayant une bonne chaleur de fond. Lorsque le plant est muni de 6 petites feuilles, on le repique dans de très petits godets et on le maintient à une température élevée pour le rempoter successivement dans des pots de plus en plus grands, proportionnés à sa taille, jusqu'à ce qu'il soit devenu adulte. On peut aussi le multiplier par séparation des rejetons qui naissent sur la tige principale. Ces rejetons doivent être coupés à leur point d'insertion et plantés comme des boutures, dans le sol même d'une bâche, dans la serre à multiplication. On les plante en pots lorsqu'ils ont émis des racines.

EXPLICATION DE LA PLANCHE 257.

1. Fleur non épanouie.
2. Fleur épanouie.
3. Fleur coupée longitudinalement.

––––––

Le genre *Karatas* renferme d'autres espèces ornementales, au nombre desquelles on peut citer comme étant les plus connues : le *K. Innocenti* Antoine (Nidularium Innocenti Lemaire), du Brésil méridional, différant du précédent par ses feuilles plus ou moins teintées de brun et ses fleurs blanches, à tube verdâtre ; le *K. fulgens* Antoine (Nidularium fulgens Lemaire ; Guzmannia picta Hort.), du Brésil méridional, à feuilles moins raides, vert brillant et couvertes de nombreuses ponctuations d'un vert plus foncé. Ces feuilles diffèrent, en outre, de celles des espèces précédentes, par leurs bords munis de dents aiguës. Les fleurs sont violettes, avec le tube blanc.

⌂ Pl. 258. — ÆCHMEA BRILLANT

ÆCHMEA FULGENS Brongt.

SYNONYME LATIN : **Lamprococcus fulgens Beer.**

Patrie : Guyane française.

Description.

Plante vivace à feuilles au nombre d'une vingtaine, réunies en rosette. Ces feuilles, longues et étroites, en forme de lanières, mesurent environ

45 centimètres de hauteur sur 6 à 8 centimètres de largeur ; elles sont d'un vert foncé, luisantes, finement dentées. La tige florale, de couleur rouge vif, atteint 30 centimètres de hauteur ; elle porte quelques feuilles florales (bractées) membraneuses ; elle est rameuse au sommet et chaque ramification est garnie de 4 à 6 fleurs à ovaire et à calice formant un seul corps, de forme ovoïde, d'un rouge éclatant. Les sépales ont l'extrémité purpurine et les pétales sont de couleur lilas pâle.

Dans la variété *discolor* (Æchmea discolor Hook.), les feuilles sont rouge vineux à la face inférieure et un peu farineuses en dessus. Cette belle plante fleurit en août-septembre. Ses fleurs ont une très longue durée.

Emplois. — Culture.

Comme le *Karatas Carolinæ*.

Explication de la Planche 258.

1. Fleur détachée.
2. Fleur coupée longitudinalement montrant à la base l'ovaire, au-dessus le calice qui semble continuer les parois de l'ovaire, et dont les sépales rapprochés au sommet semblent clore une cavité, au-dessus de laquelle s'étalent les pétales à peine soudés entre eux à la base et les étamines.

Pl. 259. — BILLBERGIA A FLEURS PENCHÉES

BILLBERGIA NUTANS Wendl.

Patrie : Brésil.

Description.

Plante vivace à 12-15 feuilles disposées en rosette. Ces feuilles, très étroites, mesurent environ 40 centimètres de longueur et 2 centimètres de largeur ; elles sont creusées en forme de gouttière, arquées, vertes, un peu velues. La tige florale, de 30 centimètres de longueur, porte des feuilles florales (bractées) rouges qui se recouvrent les unes les autres ; elle est terminée par des fleurs peu nombreuses, disposées en épi lâche, flexueux et penché. Ces fleurs ont un ovaire un peu plus long, de 1 centimètre et demi à 2 centimètres, large de 1 centimètre à 1 centimètre et demi ; les sépales, un peu plus longs que l'ovaire, sont rougeâtres ; les pétales, étalés en forme de languette, de 5 centimètres de longueur, sont verts, avec une large bordure bleue de chaque côté.

Emplois. — Culture. — Multiplication.

Le *Billbergia à fleurs penchées* est une plante de serre tempérée ; on peut même le cultiver en serre froide. A cela près, les indications données pour le *Karatas Carolinæ* lui sont applicables.

Explication de la Planche 259.

1. Fleur coupée longitudinalement.

⌂ **Pl. 260. — TILLANDSIA ÉCLATANT**

TILLANDSIA SPLENDENS A. Brongt.

SYNONYMES LATINS : **Vriesea splendens Lemaire**; **V. speciosa Hook.**;
Tillandsia vittata Rich.; **T. picta Hort.**; **T. zebrina Hort.**

Patrie : Guyane française.

Description.

Plante vivace à feuilles au nombre de 10 à 20, disposées en rosette, longues de 40 centimètres, larges de 5 centimètres. Ces feuilles, en forme de gouttière, sont courbées en dehors, lisses, d'un beau vert, marquées en dessous de bandes transversales brunes très nettes, qui paraissent à la face supérieure à travers le tissu peu épais de la feuille. L'inflorescence est un long épi simple, de 30 à 40 centimètres de hauteur, aplati, formé de bractées (feuilles florales), disposées de chaque côté comme les écailles d'un poisson et d'un rouge éclatant, aux aisselles desquelles naissent les fleurs, tubuleuses, jaunes. L'inflorescence conserve son brillant coloris pendant une très longue durée de temps.

Emplois. — Culture. — Multiplication.

Comme le *Karatas Carolinæ.*

EXPLICATION DE LA PLANCHE 260.

1. Bractée accompagnée d'une fleur à son aisselle.
2. Fleur coupée longitudinalement.
3. Ovaire coupé transversalement, montrant trois loges contenant de nombreux ovules; portion de placenta montrant la forme et la position des ovules dans les loges de l'ovaire.

La famille des Broméliacées comprend un nombre considérable de plantes ornementales de serres. Nous avons tenu à figurer quelques types représentant les principaux genres ou du moins ceux que l'on rencontre le plus souvent dans les cultures. Le cadre de ce livre ne nous permet pas de donner plus d'extension à ce chapitre. C'est à la famille des Broméliacées qu'appartient l'*Ananas* (Ananas sativus Lindl.; Bromelia Ananas L.), dont il existe de belles variétés à feuilles panachées.

FAMILLE DES IRIDÉES

Pl. 261. — IRIS RÉTICULÉ

IRIS RETICULATA M. Bieb.

Patrie : Asie Mineure.

Description.

Le genre *Iris* est caractérisé par des fleurs ayant un périanthe régulier, c'est-à-dire une enveloppe florale dont les divisions colorées et presque de même forme, ne sont pas nettement différenciées en calice et en corolle. Ce périanthe a 6 divisions : 3 extérieures, souvent barbues, pendantes ou étalées ; 3 intérieures dressées ; il est plus ou moins longuement tubuleux à la base ; les étamines, au nombre de 3, sont soudées à la base des divisions externes du périanthe ; le style, de longueur variable, est dilaté supérieurement en 3 longues lames (stigmates) ayant l'aspect de pétales, munis à la face inférieure d'un repli transversal qui est le vrai stigmate, et abritant chacune une étamine sous leur concavité. L'ovaire, situé au-dessous de la fleur, est à 3 loges contenant plusieurs ovules.

Les plantes qui forment ce genre sont, soit bulbeuses (espèces **bulbeuses**), soit à tige souterraine rampante (espèces rhizomateuses).

L'*Iris réticulé* appartient au premier groupe. Le bulbe en est petit, brunâtre ; les feuilles, dressées, grêles, quadrangulaires, creuses, sont très courtes au moment de la floraison, mais s'allongent ensuite et peuvent atteindre 15 centimètres de longueur. La tige florale, de 3 à 5 centimètres de hauteur, est enveloppée par 2 gaines membraneuses ; elle est terminée par une seule fleur odorante à tube très grêle de 6 à 8 centimètres de longueur. Les divisions externes du périanthe sont peu larges, de 5 à 6 centimètres de longueur, d'un violet pourpré dans le type de l'espèce, avec la face supérieure munie de veines plus foncées, disposées en réseau dans la partie médiane ; les divisions internes, en forme de spatules, un peu plus étroites, sont d'un violet uniforme. Les 3 lames stigmatifères (stigmates), de même couleur que les divisions internes, sont un peu plus courtes qu'elles. Il en existe plusieurs variétés ; entre autres : *cyanea* (fleurs bleues, à panachure accentuée) ; *histiroides* (fleurs bigarrées de blanc et de lilas) ; *Krelagei* (fleurs presque inodores, rouge pourpre, de dimensions variables, fortement veinées et munies d'une crête jaune sur les divisions extérieures). Fleurit en février-mars.

Emplois. — Culture. — Multiplication.

Cette élégante petite plante est recherchée pour sa floraison hâtive. C'est, avec l'Helléborine, les Perce-neige, le Scille de Sibérie et les Safrans printaniers, la première fleur qui se montre au printemps dans les jardins. Elle est peu délicate, mais elle affectionne cependant les sols légers, bien drainés, et une exposition chaude, abritée. On peut laisser les bulbes en place pendant plusieurs années. Multiplication par les caïeux qui naissent autour des bulbes.

EXPLICATION DE LA PLANCHE 261.

1. Division externe du périanthe, montrant les veines disposées en réseau et une crête longitudinale jaune.

2. Lame du style (stigmate) vue par la face inférieure sur laquelle est appliquée une étamine.

Le groupe des *Iris bulbeux* renferme un bon nombre d'espèces très recherchées, notamment :

L'*I. Bakeriana* Foster, de l'Arménie, voisin du précédent, mais à fleurs plus grandes, à divisions externes violettes, blanches au centre, ponctuées de violet et munies d'une crête jaune.

L'*I. Histrio* Rchb. f., de Palestine, voisin des deux précédents, à fleurs lilas, à divisions extérieures longues de 5 à 6 centimètres, avec une ligne jaune au centre, bordées de blanc et ponctuées de lilas foncé.

L'*I. persica* L., de l'Asie Mineure et de la Perse, à feuilles longues de 10 centimètres, se développant après la floraison, à tige courte, portant une fleur lilas pâle, à divisions extérieures de 4 à 6 centimètres de largeur, à extrémité pourpre foncé, munies d'une ligne médiane jaune orangé, striées et ponctuées de pourpre. Cette jolie plante se cultive en pots comme les Safrans et les Tulipes. Elle ne supporte pas les hivers du climat de Paris. Sa floraison a lieu en février-mars.

L'*I. xiphioides* Ehrh. (Lis de Portugal, Iris d'Angleterre), de l'Espagne et des Pyrénées, plante à bulbe ovoïde de 5 à 6 centimètres de diamètre, à feuilles glauques, très étroites, de 30 centimètres de longueur, à tige haute de 40 à 60 centimètres, portant 2 à 3 fleurs dont les divisions externes mesurent de 6 à 9 centimètres de long sur 4 à 5 de large. Cette plante a les fleurs d'un violet pourpre foncé dans le type de l'espèce ; elle présente des variétés blanches, bleu pâle, bleu foncé, bleu violacé, violet rougeâtre, unicolores ou jaspées et marbrées de teintes qui tranchent nettement sur la couleur de fond. Cette superbe espèce fleurit en juin-juillet ; elle est très rustique et convient à l'ornementation des plates-bandes et des corbeilles. On en plante les bulbes en octobre-novembre, de préférence en sols légers, à exposition chaude. Sous le climat de Paris, il est prudent de couvrir les plantations de feuilles sèches ou de paille, au moins pendant les grands froids. On peut laisser les bulbes en place pendant 3 ou 4 années ou bien les arracher après la floraison lorsque les tiges et les feuilles sont complètement desséchées, pour les conserver jusqu'au moment de la plantation, dans du sable sec ou de la terre, dans un local aéré, à l'abri de l'humidité. La multiplication se fait à l'aide de caïeux qui se développent autour des bulbes.

L'*I. Xiphium* L. (Iris d'Espagne), de l'Espagne, à bulbes plus petits que ceux de l'*I. xiphioides*, dont il se distingue surtout par les divisions de la fleur, égales en longueur au lieu d'être inégales ; les extérieures un peu dressées, à peine plus longues que les lames du style, au lieu d'être pendantes, très larges et du double plus longues que celles-ci. Cette plante a les fleurs d'un violet pourpre dans le type de l'espèce, elle présente des variétés blanches, blanc jaunâtre, jaune pur, jaune violacé, jaune brunâtre, jaune verdâtre, gris de lin, bleues, violettes avec des stries et des marbrures élégantes. Les coloris de cette espèce comprennent des tons jaunes qui n'existent pas dans la précédente, mais ces coloris sont en général moins francs. (Mêmes emplois et même culture.)

Pl. 262. — IRIS NAIN

IRIS PUMILA L.

Synonyme français : **Petite Flambe.**

Patrie : Europe et Asie Mineure.

Description.

Cette espèce appartient au groupe des Iris à tige souterraine (**Iris rhizomateux**). La souche a la grosseur du petit doigt ; elle porte des feuilles glauques en forme de glaive, de 6 à 12 centimètres de longueur, larges d'environ 1 centimètre. La tige florale, très courte, porte une fleur à tube long et grêle, ayant de 6 à 8 centimètres de longueur et à divisions externes et internes ovales, de même longueur et largeur, les externes penchées, les internes dressées, mesurant les unes et les autres de 4 à 6 centimètres de longueur. Ces fleurs, non odorantes, sont d'un violet foncé, bleu pâle, blanches ou jaunes, selon les variétés. Fleurit en avril-mai.

Emplois. — Culture. — Multiplication.

L'*Iris nain* est une charmante plante qui convient surtout à former des bordures. On le plante aussi sur les vieilles murailles, les toits de chaume et les talus. Il prospère dans tous les terrains, même les plus secs et les plus arides. Une exposition aérée lui est particulièrement favorable. On le multiplie facilement par division des touffes.

Explication de la Planche 262.

1. Fleur coupée longitudinalement.
2. Lame du style (stigmate) vue par la face inférieure sur laquelle est appliquée une étamine.

A ce groupe des *Iris rhizomateux* appartiennent de nombreuses espèces, entre autres :

L'*I. germanica* L. (Iris d'Allemagne, Iris des jardins, Glaïeul bleu, Grande Flambe) (Voir *Masclef, Atlas, pl. 329.*), de l'Europe méridionale, plante à souche de 3 centimètres d'épaisseur, à feuilles en forme de glaive, larges de 2 centimètres, à tige florale dressée, plus longue que les feuilles et atteignant de 40 à 75 centimètres, rameuse, portant en général 5 grandes fleurs odorantes, à divisions du périanthe amples, mesurant de 8 à 10 centimètres de long sur 4 à 5 de large, d'un beau violet foncé, bleues ou blanches selon les variétés. Fleurit en mai-juin.

A côté de cette espèce se placent d'autres *Iris* qui diffèrent du précédent seulement par des caractères botaniques de peu d'importance au point de vue horticole, comme l'*I. flavescens* DC., du Caucase, à fleurs inodores, jaune pâle, ayant les divisions externes couvertes d'un réseau de lignes rouge purpurin; l'*I. pallida* Lamk., de l'Europe méridionale et de l'Asie occidentale, à fleurs bleu pâle, odorantes, en bouquets de 7 à 9 sur la tige florale; l'*I. plicata* Lamk., voisin du précédent, à fleurs blanches, bordées de lilas; l'*I. sambucina* L., de l'Europe centrale et du Caucase, à divisions externes de la fleur, jaune pâle à la face inférieure, à face supérieure blanchâtre avec un réseau de lignes violettes ou pourpre brun et une ligne médiane couverte de poils jaunes, à divisions internes jaune fauve teinté de violet; l'*I. squalens* L., qui diffère du précédent par son port plus robuste; l'*I. Swertii* Lamk., voisin de l'*I. pallida*, à fleurs odorantes, à divisions blanches, à bords veinés de violet et à ligne de poils jaunes, à lames du style blanches, panachées de pourpre pâle; l'*I. variegata* L., de l'Autriche, de la Turquie et de la Russie méridionale, à fleurs presque inodores, à divisions externes jaunes, couvertes d'un réseau de lignes brunes ou violettes avec une ligne médiane de poils jaune foncé, et à lames du style jaunes. Dans la variété *belgica* (Iris belgica Hort.) les fleurs ont les divisions externes pourpre brun, avec un réseau de lignes plus claires dans la partie barbue, qui est jaune à la base et blanchâtre au sommet. Les divisions internes sont jaune orangé.

Ces espèces ont donné naissance à des variétés et, par croisement, à des hybrides désignés en horticulture sous le nom d'IRIS HYBRIDES qui les englobe tous. Ces Iris sont remarquables par la diversité des coloris de leurs fleurs dans lesquelles on observe toutes les nuances du bleu, du lilas, du violet, du pourpre, du brun, du jaune, s'atténuant en des teintes allant des plus foncées jusqu'au blanc pur, unicolores ou présentant une ou plusieurs nuances secondaires qui se détachent nettement en stries et en panachures brillantes, du plus puissant effet.

Ces superbes plantes, trop délaissées, sont d'une rusticité absolue et sont certainement au premier rang parmi celles qui peuvent contribuer à l'ornementation des jardins. Elles fleurissent abondamment de mai en juin. Leur culture est des plus faciles, car elles s'accommodent de tous les terrains, secs ou frais, et prospèrent indifféremment aux expositions ensoleillées ou ombragées, pourvu qu'elles soient aérées. On les multiplie par division des souches.

A côté de ces espèces se place l'*I. florentina* L. (Iris de Florence), de l'Europe méridionale, plus délicat, à fleurs d'un blanc pur, très odorantes, et dont le rhizome, également odorant, est recherché pour la parfumerie. Sous le climat de Paris, il exige d'être abrité contre les grands froids. Il en est de même de l'*I. susiana* L. (Iris de Suse), de Perse, à très grandes fleurs blanc légèrement lilacé, couvertes d'un réseau très fin et d'un pointillé violet, purpurin ou noirâtre.

On peut encore citer parmi les espèces de ce genre les plus répandues : l'*I. fœtidissima* L. (Iris gigot), indigène, à feuilles d'un vert foncé brillant, à fleurs peu ornementales, auxquelles succèdent des fruits qui, à la maturité, s'entr'ouvrent et montrent à l'intérieur de nombreuses graines d'un rouge corail. Cette plante est très rustique ; elle a une variété à feuilles panachées de bandes longitudinales blanches sur fond vert, très ornementale qui est plus recherchée que le type de l'espèce ; l'*I. pseudo Acorus* L. (Plante d'eau, Glaïeul jaune, Iris des marais), indigène, plante à fleurs jaunes qui croit aux bords des rivières et dans les marais et que l'on peut cultiver dans les pièces d'eau.

L'*I. lævigata* Fisch. et Mey. (I. Kæmpferi Sieb.), de la Sibérie méridionale et du Japon, est une superbe plante, très répandue dans les jardins japonais où elle a donné naissance à un nombre considérable de variétés ; elle est encore peu connue en France. Les fleurs en sont très grandes, et présentent tous les tons compris entre le blanc pur, le rose, le lilas rougeâtre et le violet, parfois avec les divisions externes panachées. Cette espèce fleurit en juin-juillet ; elle ne réussit que dans les sols frais, plutôt un peu humides et à mi-ombre.

Pl. 263. — TIGRIDIA ŒIL DE PAON

TIGRIDIA PAVONIA Ker.

Patrie : Mexique.

Description.

Le genre *Tigridia* est caractérisé par de grandes et belles fleurs terminales, à tube très court, large et évasé en forme de coupe ; à 6 divisions étalées dont les 3 externes plus grandes ; à 3 étamines attachées à l'entrée du tube de la fleur, ayant leurs filets soudés en très long cylindre, traversé par le style qui est grêle et qui se divise au sommet en 3 branches déliées, fourchues.

Le *Tigridia Œil de Paon* est une plante vivace bulbeuse, d'environ 40 centimètres de hauteur. Les fleurs, de 10 à 15 centimètres de diamètre, sont superbes ; elles s'épanouissent successivement de juillet en

septembre. Chacune d'elles n'a malheureusement qu'une durée très
éphémère : quelques heures seulement.

Dans le type de l'espèce, les fleurs sont d'un rouge ponceau éclatant,
avec l'intérieur de la coupe tigré de carmin et de pourpre violacé sur
fond jaune. Il existe des variétés à fleurs blanches et rouges.

Dans la variété *conchiflora* (T. conchiflora Sweet), qui est celle que
nous figurons, les fleurs sont jaunes, marbrées de carmin dans l'intérieur de la coupe.

Emplois. — Culture.

Le *Tigridia Œil de Paon* et ses variétés sont rustiques dans le midi et
dans l'ouest de la France où l'on peut les laisser en pleine terre toute
l'année. On doit les planter à exposition ensoleillée pour avoir une belle
floraison. Sous le climat de Paris, leur culture est celle du *Glaïeul*. La
plantation des bulbes doit se faire en mars-avril, en sol léger, s'égouttant
bien, additionné de terreau de feuilles ou de terreau ordinaire très décomposé. On doit enterrer les bulbes de 6 à 8 centimètres et les placer à
une distance de 20 centimètres les uns des autres. Dans le courant d'octobre, avant les premières gelées, on arrache les bulbes auxquels on
laisse adhérer la base de la tige et des feuilles en coupant celles-ci au-
dessus du collet. On les laisse sécher à l'air, puis on les dispose dans de
la terre sèche ou du sable, dans un local aéré et sain, à l'abri de la gelée,
où ils doivent rester jusqu'au moment de la plantation.

Pl. 264 A. — SAFRAN A FLEURS JAUNES

CROCUS LUTEUS Lamk.

SYNONYMES LATINS : **Crocus mœsiacus Ker.; C. aureus Sibth. et Smith;
C. sulphureus Ker.**

Patrie : Europe orientale.

B. — SAFRAN PRINTANIER

Patrie : Europe orientale.

Description.

Le genre *Crocus* comprend une soixantaine de plantes bulbeuses, à
bulbe plein, à feuilles très étroites, à fleurs ayant le périanthe (pour ce
mot voir p. 399) en forme de cloche, à tube très allongé, à divisions externes un peu plus longues que les internes, toutes dressées-étalées. Les étamines au nombre de 3, sont insérées à la base des divisions externes du
périanthe. Le style est divisé en branches entières frangées ou à sub-
divisions nombreuses, ténues. L'ovaire, placé sous la fleur, a 3 loges
contenant plusieurs ovules. Le fruit est une capsule ovale-allongée,
à 3 valves.

Les espèces sont, soit à floraison printanière, soit à floraison automnale.

Celles qui sont figurées planche 264 appartiennent au premier groupe. Ce sont des plantes à fleurs aussi longues que les feuilles; à branches du style entières. La première espèce a les fleurs jaunes et a donné naissance à des variétés connues dans les jardins sous les noms de *Grand jaune*, *Petit jaune*, *Botterghal*. La seconde a les fleurs lilas ou blanches avec des stries pourpres, bleues, violet foncé, bleu purpurin, pourpre foncé, violet évêque, gris perle strié de violet bleuâtre, etc., suivant les variétés.

Le groupe des *Crocus à floraison printanière* comprend encore le *C. biflorus* Mill., à fleurs blanches, rayées extérieurement de pourpre et de violet (Safran écossais) ou violet rose, plus pâles (S. Drap d'argent); le *C. chrysanthus* Herb., de l'Asie Mineure, à fleurs jaune orangé ou jaune pâle, teintées ou striées de brun; le *C. susianus* Ker, de Crimée, à fleurs jaune orangé brillant, à divisions externes striées de brun (S. Drap d'Or); le *C. versicolor* Ker, de la France méridionale, à fleurs violet pâle striées de plus foncé (S. Albertine) ou blanc violacé nuancé et panaché de violet bleuâtre (S. Laurette), etc.

Dans le groupe des *Crocus à floraison automnale* on peut citer : le *C. nudiflorus* Smith, de la France méridionale, à fleurs lilas; le *C. sativus* L. (Safran cultivé) (Voir *Masclef, Atlas, pl. 328.*), dont les branches du style, très odorantes, constituent le safran du commerce, récolté surtout dans le Gâtinais et l'Orléanais; le *C. speciosus* M. Bieb., de l'Autriche et du Caucase, à fleurs d'un lilas brillant, veinées de plus foncé.

Emplois. — Culture. — Multiplication.

Les *Safrans* sont d'élégantes petites plantes à fleurs longues de 4 à 6 centimètres souvent très ornementales. Ils prospèrent surtout dans les sols légers, n'ayant reçu comme engrais que du terreau très décomposé. Ils affectionnent les expositions chaudes, bien aérées.

Les *espèces à floraison printanière* sont les plus recherchées pour l'ornementation des jardins où ils fleurissent dès février-mars. On peut en faire de charmantes bordures ou les associer dans de petites corbeilles à des plantes fleurissant à la même époque, comme les *Tulipes duc de Thol*, *Scilles de Sibérie*, *Bulbocode printanier*, etc. On en plante les bulbes de septembre à novembre, à 5 centimètres de profondeur dans le sol et à 5-6 centimètres de distance les uns des autres. Après la floraison, lorsque les feuilles et les tiges sont complètement desséchées on arrache les bulbes pour les abriter dans un endroit sain, comme ceux des Tulipes. Les Safrans printaniers sont aussi fréquemment cultivés en pots pour la décoration des appartements pendant l'hiver. On les traite alors comme les Tulipes.

Les *Crocus à floraison automnale* montrent leurs fleurs en septembre-octobre; on les plante en août et on ne les arrache que vers la fin de mai.

Sous le climat de Paris les uns et les autres peuvent être laissés en place pendant plusieurs années. On les multiplie à l'aide des caïeux (petits bulbes) qui se développent autour des vieux bulbes.

⌂ Pl. 265. — IXIA MACULÉ

IXIA MACULATA L.

Patrie : Cap de Bonne-Espérance.

Description.

Plante bulbeuse à tige grêle d'environ 30 centimètres de hauteur; à feuilles en forme de glaive, étroites. Les fleurs, nombreuses, naissent en épis denses et sont accompagnées chacune d'une gaîne à 2 feuilles ; elles ont le périanthe régulier, en forme de coupe large de 3 à 4 centimètres. Le tube en est grêle et les 6 divisions égales. Les étamines sont au nombre de 3. L'ovaire est à 3 loges contenant chacune 2 files d'ovules. Le fruit est une capsule globuleuse. Les fleurs présentent des coloris très variés, roses, pourpres, violets, jaunes, verts (I. vividiflora Lamk.), blanchâtres, uniformes ou associés en panachures avec une tache noire au centre. Fleurit en mai-juin.

Emplois. — Culture. — Multiplication.

Cette plante élégante est remarquable par ses grandes fleurs aux coloris vifs et variés, portées par une tige grêle, légère, ce qui les fait rechercher pour la confection des bouquets, d'autant plus qu'elles ont le mérite de se conserver longtemps fraîches. Dans le midi de la France on la cultive en grand pour le commerce des fleurs coupées qui sont expédiées par grandes quantités dans les villes du nord. On obtient même ces fleurs dans le cours de l'hiver par une plantation anticipée des bulbes que l'on tient sous châssis en serre froide ou tempérée.

Sous le climat de Paris l'*Ixia maculé* exige le châssis ou la serre froide pendant l'hiver. On le plante en pots, en septembre-octobre, dans un compost formé de sable et de terreau de feuilles tamisé ou de terreau de couche très décomposé. On arrose légèrement après la plantation puis on augmente successivement la quantité d'eau donnée, au fur et à mesure que la végétation devient plus active. Après la floraison on diminue progressivement les arrosages pour les cesser lorsque les feuilles et les tiges indiquent l'arrêt de la végétation. Les bulbes sont alors arrachés et conservés au sec jusqu'au moment de la plantation.

On cultive aussi l'*Ixia patens* Ait., du Cap, à épi un peu lâche, à fleurs rouge pâle, sans tache noire au centre, ayant le tube du périanthe à peine plus long que la gaîne (spathe) tandis qu'il en égale deux fois la longueur dans l'*I. maculata*.

Pl. 266. — GLAIEUL DE GAND

GLADIOLUS GANDAVENSIS Hort.

Origine horticole.

Superbes plantes bulbeuses que l'on suppose être issues par croisement des *Gladiolus cardinalis* Curt. et *psittacinus* Hook., originaires du
Cap de Bonne-Espérance. Cet hybride a été trouvé par M. Bedinghaus,
jardinier du château d'Aremberg, et c'est à la maison Van Houtte que
revient l'honneur de l'avoir fait connaître.

D'un bulbe plein, aplati, ayant de 3 à 6 centimètres de diamètre, naît
une tige qui atteint 1 mètre à 1 m. 50 de hauteur, portant des feuilles en
forme de glaive, longues et disposées sur deux rangs. Cette tige est terminée au sommet par un long épi de fleurs de très grandes dimensions,
inodores, évasées, présentant toutes les nuances du rouge et du rose
allant des tons les plus foncés jusqu'au blanc pur, des teintes jaunâtres,
violacées, lilacées, uniformes ou sur lesquelles viennent s'ajouter des
panachures, des stries, des bandes, de fines ponctuations d'un coloris
différent. Le nombre des variétés qui ont été obtenues est considérable
et s'accroît chaque jour. Les types anciens, à épi peu garni de fleurs disposées irrégulièrement et dans une situation peu favorable pour que
l'œil puisse les contempler dans leur ensemble, ont cédé la place à d'autres
dans lesquelles l'inflorescence porte, d'un seul côté, de grandes fleurs
largement ouvertes, à divisions amples, de coloris beaucoup plus variés.
M. Lemoine, de Nancy, a obtenu, par le croisement d'une variété du
Glaïeul de Gand, par le *Gladiolus purpureo-auratus* Hook. f., de Natal,
une race nouvelle qu'il a désignée sous le nom de *Gladiolus Lemoinei*,
remarquable par l'apparition de variétés jaunes et rouges, associées aux
coloris anciens et qui présentent le caractère d'avoir une large macule
pourpre brun à la base des divisions internes. Cette nouvelle race, croisée
par le *Gladiolus Saundersii* Hook. f., du Cap, a donné naissance à un
nouveau type à fleurs très grandes, désigné par M. Lemoine sous le nom
de *Gladiolus Nanceianus*. Les Glaïeuls de Gand et leurs hybrides fleurissent de juillet en octobre.

Emplois. — Culture. — Multiplication.

Les *Glaïeuls* comptent parmi les plantes les plus recherchées pour
l'ornementation des jardins, et leurs mérites sont trop connus pour qu'il
soit nécessaire de les rappeler. Les Glaïeuls prospèrent dans tous les
terrains, mais préfèrent ceux qui sont légers, et dans lesquels on ne doit
ajouter que du terreau bien décomposé, le fumier et le terreau frais déterminant la pourriture des bulbes. Ils affectionnent les expositions
aérées, ensoleillées. On plante les bulbes dès le mois de mars et successivement jusqu'en mai lorsqu'on désire obtenir des floraisons consécu-

tives. On enterre les bulbes à une profondeur de 7 à 8 centimètres en laissant entre eux un espace de 20 centimètres. Après la floraison, si l'on ne tient pas à récolter des graines, on coupe la partie supérieure des tiges pour que les bulbes ne s'épuisent pas inutilement; puis, lorsque la partie ménagée est entièrement desséchée, on procède à l'arrachage, autant que possible par un temps sec. Après avoir été mis pendant quelque temps à sécher à l'abri des rayons directs du soleil, on rentre les bulbes adhérents à leur tige dans un local abrité du froid et de l'humidité pour leur faire passer l'hiver. On hâte la floraison des Glaïeuls, en les plantant à l'automne en planches que l'on couvre de châssis en octobre-novembre et que l'on chauffe, ou que l'on entoure de réchauds de fumier au moment où l'épi floral commence à se développer.

La multiplication des Glaïeuls se fait, soit par graines lorsqu'on veut obtenir des variétés nouvelles, soit plus couramment à l'aide des bulbilles qui naissent autour des vieux bulbes et qui fleurissent au bout de 2 à 4 années.

Le genre *Glaïeul* comprend, en dehors des plantes dont il vient d'être question, un certain nombre d'espèces ou d'hybrides que l'on cultive surtout pour la production des fleurs coupées, destinées à la confection des bouquets pendant l'hiver. De ce nombre sont les *Gladiolus Colvillei* Sweet (hybride des G. cardinalis et tristis), à fleurs rouge violacé avec la base des divisions internes maculée de jaune ; il en existe une variété à fleurs blanches ; le *G. floribundus* Jacq., du Cap, à fleurs de grandes dimensions, blanches, teintées de rose et de pourpre dans le type de l'espèce, mais qui a donné naissance à des variétés et à des hybrides de couleur rouge vermillon, maculées de blanc ou de carmin ou roses maculées de blanc et de carmin.

Un autre Glaïeul, le *G. communis* L. (Glaïeul commun), indigène, a les fleurs beaucoup moins grandes; mais elles sont d'un beau rose violacé ou rouge pourpre, disposées par 5-12 en longs épis qui sont loin d'être dépourvus de mérite ornemental. Cette plante a le grand mérite d'être d'une rusticité absolue. Cultivée en touffes dans les plates-bandes, on peut ne la déplacer que tous les 3 ou 4 ans et elle produit dans ces conditions une grande quantité d'inflorescences, recherchées pour la confection des bouquets. Elle fleurit en mai-juin.

Le *G. byzantinus* Mill. (Glaïeul de Constantinople), d'Orient, est aussi une plante rustique que l'on peut cultiver dans les mêmes conditions ; elle se distingue de la précédente par ses fleurs plus nombreuses dans les épis, ayant environ 4 centimètres de longueur, alors qu'elles ne dépassent guère la moitié de cette dimension dans le *G. commun;* les fleurs sont de couleur rouge pourpre foncé.

La famille des *Iridées* comprend un grand nombre de genres dont certaines espèces mériteraient de prendre place dans les jardins; le cadre de ce livre ne nous permet pas de nous étendre davantage. Nous citerons cependant le *Freesia refracta* Klatt, plante du Cap, remarquable par ses fleurs tubuleuses, exhalant un parfum des plus suaves, blanches, blanches teintées de jaune ou jaunes, ayant une longue durée. Cette plante est largement cultivée dans le midi de la France pour la production de fleurs qui sont expédiées de décembre en avril dans les villes du nord.

FAMILLE DES AMARYLLIDÉES

Pl. 267 A. — JONQUILLE.

NARCISSUS JONQUILLA L.

Patrie : Europe méridionale.

B. — **PORILLON**

NARCISSUS PSEUDO-NARCISSUS L.

SYNONYMES FRANÇAIS : **Narcisse trompette, Aïault, Coucou.**

Indigène.

Description.

Le genre *Narcissus* est caractérisé par le périanthe (enveloppe florale), à tube prolongé au-dessus de l'ovaire, à 6 divisions étalées, régulières, à gorge munie d'une couronne ou d'un tube en forme de cloche coloré. Les étamines, au nombre de 6, sont insérées sur le tube du périanthe au-dessous de la couronne, ou à la base du tube. Le fruit est une capsule. Ce genre est constitué par des plantes bulbeuses, à feuilles longues et étroites.

La *Jonquille* est une plante de 20 à 30 centimètres de hauteur, à feuilles larges de 3 à 4 millimètres, demi-cylindriques, creusées en gouttière en dessus, à peu près de la longueur de la tige. Celle-ci porte des fleurs disposées par 2-5 en bouquet terminal. Ces fleurs, à odeur très suave, larges d'environ 3 centimètres, ont les divisions d'un jaune jonquille, étalées en étoile, munies à la gorge d'une couronne en forme de godet, d'un jaune orangé et dont le diamètre est d'environ 1 centimètre. Il en existe une variété à fleurs doubles. Fleurit en avril-mai.

Emplois. — Culture. — Multiplication.

La *Jonquille* est une plante un peu délicate sous le climat de Paris, bien qu'elle y soit plus résistante que le *Narcisse de Constantinople*. On doit planter les bulbes en septembre-octobre, en terrain léger, à bonne exposition et couvrir la plantation de feuilles sèches, aux approches du froid. Les bulbes doivent être laissés en place pendant plusieurs années.

Dans le midi de la France, et surtout aux environs de Grasse, cette plante est cultivée en grand pour l'industrie de la parfumerie. On cueille ses fleurs en mars-avril et l'on en tire, par macération, une essence dont l'arome délicat rappelle quelque peu celui de la fleur d'Oranger.

EXPLICATION DE LA PLANCHE 267 A.

1. Fleur coupée longitudinalement.

Le *Porillon* croît à l'état sauvage dans nos bois. Il est souvent, mais à tort, désigné vulgairement sous le nom de Jonquille qui appartient à l'espèce précédente qui est très différente. Il suffit en effet, pour s'en convaincre, de comparer les figures que nous avons données sur la même planche.

Dans le *Porillon*, les feuilles sont planes, relativement larges; les fleurs, très allongées (4 à 5 centimètres de longueur) sont solitaires à l'extrémité des tiges; elles sont penchées, à tube et à divisions jaune pâle, à couronne très grande, évasée, dentée, de même longueur que les divisions du périanthe. Dans la variété *bicolor* (N. bicolor L.), le périanthe est blanc et la couronne jaune; dans la variété *N. major* (N. major Curt.), les fleurs sont beaucoup plus grandes et à tube plus court. Cette espèce a donné naissance à des variétés à fleurs pleines, très répandues dans les jardins et de culture très facile, s'accommodant de tous les sols dits de jardins, bien qu'elles affectionnent les terrains légers et secs. Leur floraison a lieu en mars-avril. Elles sont d'une rusticité à toute épreuve et peuvent être laissées en place dans les plates-bandes où elles forment rapidement de fortes touffes.

Pl. 268 A. — NARCISSE TOUT BLANC

NARCISSUS POLYANTHOS Loisel.

Patrie : Europe méridionale.

B. — NARCISSE DE CONSTANTINOPLE

NARCISSUS TAZETTA L.

SYNONYME FRANÇAIS : **Narcisse à bouquets.**

Patrie : Europe méridionale.

Description.

Ces deux plantes sont très voisines l'une de l'autre et constituent simplement deux variétés d'une même espèce : le *N. Tazetta* de Linné. Ce sont des plantes de 20 à 30 centimètres de hauteur, à feuilles un peu glauques, creusées en forme de gouttière, étalées ou dressées. La tige florale, plus courte que les feuilles, un peu aplatie, porte de 4 à 20 fleurs odorantes blanches, avec la couronne égalant environ le tiers de la longueur des divisions du périanthe, en forme de coupe plus ou moins évasée, blanche dans le *Narcissus polyanthos*, jaune dans le *N. Tazetta*. Une plante plus robuste à feuilles larges, à tige florale plus forte portant des fleurs plus grandes et à couronne blanche, a été désignée sous le nom de *Grand Prenio*. Il existe aussi des variétés à fleurs pleines (fig. C).

Emplois. — Culture. — Multiplication.

Les *Narcisses de Constantinople* et *tout-blanc*, ainsi que leurs variétés, sont des plantes trop délicates pour qu'il soit possible de les planter en plein air sous le climat de Paris. Dans le midi de la France, surtout aux environs de Toulon, elles donnent lieu à des cultures, soit en pleine terre, soit sous abris vitrés, pour la production de fleurs coupées qui sont expédiées en abondance dans les villes du nord pendant toute la durée de l'hiver.

Sous le climat de Paris, les Narcisses sont très recherchés pour la culture en pots dans les serres et dans les appartements. On plante les bulbes en octobre-novembre, en sol léger, et on les arrache après la floraison, lorsque la partie aérienne de la plante est tout à fait desséchée, pour les conserver en lieu sec jusqu'au moment de la plantation. La multiplication se fait à l'aide des caïeux qui se développent autour des bulbes.

Le genre *Narcissus* comprend encore un certain nombre d'espèces ornementales, entre autres :

Le *N. incomparabilis* Mill., indigène, à fleur solitaire, ayant le périanthe jaune pâle presque blanc, d'environ 8 centimètres de diamètre, avec la couronne en forme de cône renversé, découpée en 6 lobes et de couleur jaune foncé. Ce Narcisse a donné naissance à des variétés unicolores, blanches ou jaunes, de deux couleurs, comme dans le type de l'espèce, ou à fleurs pleines. Il existe aussi des variétés à fleurs pleines, comme le Narcisse *Orange Phénix*, dont les nombreux pétales d'un blanc jaunâtre, ceux du centre entremêlés de pétales jaune foncé, forment un ensemble volumineux. Dans la variété *Saint-Pandelon*, les fleurs, également très pleines, ont les pétales jaune pâle, disposés en étoile. Le *Narcisse incomparable* et ses variétés fleurit en mars. Sa culture est la même que celle du Porillon.

Le *N. poeticus* L. (Narcisse des poètes, Jeannette, Moulin à vent, Herbe à la Vierge) (Voir *Masclef, Atlas, pl. 334.*), plante indigène, de 40 à 60 centimètres de hauteur, à feuilles étroites aussi longues que la tige florale; celle-ci aplatie, portant une, rarement deux fleurs odorantes de 4 à 5 centimètres de diamètre, à tube long et étroit, ayant à peine 3 millimètres de large. Le périanthe est d'un blanc pur, et la couronne, très courte, atteignant au plus 3 millimètres de hauteur, en forme de coupe évasée, est jaunâtre, à bords ondulés crispés, de couleur rouge orangé. Le *Narcisse des poètes* est l'une des plus belles plantes vivaces rustiques. Il fleurit en avril-mai. On le cultive dans les plates-bandes où il ne tarde pas à former des touffes superbes. Cette superbe espèce croît indifféremment dans tous les sols dits de jardins; elle affectionne cependant les terrains légers; on peut la laisser en place pendant trois ou quatre années.

⌂ Pl. 269. — AMARYLLIS POURPRE

VALLOTA PURPUREA Herb.

SYNONYME LATIN : **Amaryllis purpurea Ait.**

Patrie : Afrique australe.

Description.

Plante à bulbe du volume d'un œuf de dinde, brun, à feuilles peu nombreuses, 6 au plus, en ruban, longues de 30 à 50 centimètres, larges de 2 centimètres, vertes, rougeâtres dans leur partie inférieure. La tige florale, dressée, un peu aplatie, haute de 30 à 40 centimètres, porte de 2 à 5 fleurs disposées en ombelle. Ces fleurs, de couleur rouge sang uniforme, mesurent environ 8 centimètres de longueur ; elles ont le tube droit, trigone, s'élargissant brusquement pour se diviser en 6 lobes, disposés en forme de cloche. Cette superbe plante a une variété à fleurs plus petites, de couleur rouge cerise (var. minor), et une à fleurs très grandes, rouge écarlate avec la gorge blanchâtre (var. magnifica). Cette superbe plante fleurit de mai en août.

Emplois. — Culture. — Multiplication.

L'*Amaryllis pourpre* est rustique dans le midi de la France; sous le climat de Paris, il exige d'être hiverné en serre froide, sous châssis ou en appartement. Il est généralement cultivé en pots. Un mélange de terre franche, de sable et de terreau de feuilles ou de terreau de couche, très décomposé, lui convient particulièrement et l'on doit faire la plantation de manière telle, que la partie supérieure du bulbe fasse saillie au-dessus du sol. La végétation de l'*Amaryllis pourpre* est continue, aussi est-il nécessaire de lui prodiguer des arrosages pendant tout le cours de l'année. La multiplication se fait à l'aide des caïeux (petits bulbes) qui naissent autour du bulbe principal.

EXPLICATION DE LA PLANCHE 269.

1. **Fleur coupée longitudinalement.**

⌂ Pl. 270. — LIS SAINT-JACQUES

SPREKELIA FORMOSISSIMA Herb.

SYNONYME FRANÇAIS : **Croix de Saint-Jacques.**
SYNONYME LATIN : **Amaryllis formosissima L.**

Patrie : Mexique.

Description.

Superbe plante à bulbe globuleux, brun, à feuilles étroites, en ruban, au nombre de 3 à 6, longues de 15 à 30 centimètres, larges de 2 à 3 centimètres. La tige florale est creuse, haute d'environ 30 centimètres; elle porte une, rarement deux fleurs penchées, de 10 à 12 centimètres de longueur, d'un brillant rouge cramoisi velouté. Ces fleurs, à tube très court, ont les 3 divisions inférieures du périanthe rapprochées en une sorte de cornet qui enveloppe les organes sexuels, tandis que les 3 divisions supérieures s'écartent les unes des autres et se recourbent en arrière au sommet. La fleur semble ainsi être à deux lèvres. Fleurit de mai en juillet.

Emplois. — Culture. — Multiplication.

Sous le climat de Paris le *Lis Saint-Jacques* peut se cultiver en plein air, à la condition de le planter en mai, à bonne exposition et en sol léger, et de relever les bulbes en octobre, pour les conserver au sec et à l'abri du froid jusqu'au printemps suivant. On peut aussi planter les bulbes en pots, en mars-avril, dans un compost de terre franche, de sable et de terreau très décomposé. On obtiendra une floraison plus ou moins hâtive, en plaçant ces pots sous châssis ou en serre à température plus ou moins élevée. Les arrosages doivent être donnés en raison de l'activité de la végétation.

⌂ Pl. 271. — CLIVIE ÉCARLATE

CLIVIA MINIATA Regel.

SYNONYME LATIN : **Imantophyllum miniatum Hook.**

Patrie : Afrique australe.

Description.

Plante à bulbe imparfait, consistant seulement en la base un peu épaissie des feuilles; celles-ci persistantes, d'un vert brillant, disposées sur deux rangs, au nombre de 16 à 20, en forme de lanières, mesurant 40 à 60 centimètres de longueur sur 4 à 6 centimètres de large. La tige florale, aplatie, de 30 à 50 centimètres de hauteur, porte une ombelle de 12 à 20 fleurs en forme d'entonnoir, à 6 divisions d'environ 6 centimètres de longueur, presque de même forme et de mêmes dimensions. Ces fleurs sont d'un beau rouge vermillon dans le type de l'espèce; mais il existe des variétés à coloris plus pâle ou plus foncé. Fleurit en mars-avril.

Emplois. — Culture. — Multiplication.

Cette plante est recherchée pour la décoration des serres froides et des appartements : elle est ornementale, non seulement par ses nombreuses et superbes fleurs qui ont une durée de près d'un mois, mais aussi par son feuillage persistant et d'un beau vert. Elle peut être cultivée en plein air dans le midi de la France. On doit la planter de préférence en compost formé de terre franche, de sable et de terreau bien décomposé, employés par parties égales. Elle aime la lumière, et des arrosages doivent lui être donnés pendant toute l'année, car sa végétation est pour ainsi dire ininterrompue; on doit cependant proportionner la quantité d'eau au degré de son activité végétative.

Afin d'obtenir une floraison hâtive, les horticulteurs cultivent la plante en serre, à température plus ou moins élevée; ils arrivent ainsi à obtenir des plantes fleuries dès la fin de décembre. La multiplication de la *Clivie écarlate* se fait par graines que l'on sème au printemps, en serre, ou par division des touffes.

EXPLICATION DE LA PLANCHE 271.

1. Fleur coupée longitudinalement.

Pl. 272. — IXIOLIRION DE PALLAS

IXIOLIRION PALLASII Fisch. et Mey.

SYNONYME LATIN : I. montanum Herb.

Patrie : Syrie, Liban, Sibérie centrale, Afghanistan, etc.

Description.

Plante bulbeuse à feuilles d'environ 30 centimètres de longueur, étroites, contournées, creusées en forme de gouttière. La tige florale, aussi longue que les feuilles, porte au sommet une ombelle, d'une dizaine de fleurs de couleur violette, de 3 à 5 centimètres de longueur. Ces fleurs, à périanthe (enveloppe florale) régulier, sont dépourvues de tube, et leurs divisions sont distinctes jusqu'à la base. Fleurit en mai-juin.

Emplois. — Culture. — Multiplication.

L'*Ixiolirion de Pallas* est ornementale par ses fleurs d'une belle couleur; malheureusement, sa tige, longue et grêle, doit être maintenue par un tuteur pour qu'elle ne se déjette pas en tous sens. Les bulbes doivent être plantés en octobre, à une exposition chaude et en sol léger, bien drainé. Ces bulbes peuvent être laissés en place pendant plusieurs années ou arrachés après la floraison et lorsque la partie aérienne de la plante est entièrement desséchée. On les serre dans ce cas en lieu sain, cultivés dans du sable sec où ils doivent rester jusqu'au moment de la plantation.

⌂ Pl. 273. — TUBÉREUSE

POLIANTHES TUBEROSA L.

Patrie : Mexique.

Description.

Plante à souche tubéreuse, à feuilles de la base au nombre de 6 à 9, étroites, longues de 30 à 40 centimètres, creusées en gouttière, tachées de rouge brun sur le dos. La tige florale, de 60 centimètres à 1 mètre de hauteur, munie de 8 à 12 feuilles courtes, porte au sommet des fleurs à odeur très suave, disposées par paires et constituant un épi lâche. Ces fleurs, d'un blanc d'ivoire, quelquefois teintées de rose, de 5 à 8 centimètres de longueur, ont un périanthe à tube très long, étroit, courbé, et les divisions égales, peu étalées. Les étamines sont attachées vers le milieu du tube. Il en existe une variété à fleurs doubles.

Emplois. — Culture. — Multiplication.

Dans le midi de la France, la *Tubéreuse* est largement cultivée pour le commerce de la fleur coupée. La récolte a lieu de fin juillet à fin octobre. Dans les localités bien abritées et avec des soins entendus on peut encore avoir des fleurs jusqu'en décembre. La variété à fleurs doubles est surtout recherchée pour la confection des bouquets. Le type à fleurs simples est vendu aux industriels pour la parfumerie. D'après le docteur Sauvaigo, ces fleurs se vendent de 2 à 5 francs le kilogramme, et, dans les départements des Alpes-Maritimes et du Var, 1000 pieds donnent en moyenne de 20 à 40 kilogrammes de fleurs.

Sous le climat de Paris, la *Tubéreuse* ne peut être cultivée qu'en pots. En février-mars on choisit de beaux tubercules, parfaitement sains et n'ayant pas encore fleuri; on les plante dans des vases de 12 à 15 centimètres de diamètre, contenant un mélange de terre franche, de sable et de terreau, employés par parties égales. On place les pots sur une vieille couche et sous châssis et on les y laisse jusqu'à la fin du mois de mai. A cette époque les plantes peuvent être exposées à l'air libre, ou mieux, rempotées en vases plus grands pour être mises de nouveau sur couche et y rester jusqu'au moment de leur floraison. Dans ces conditions la floraison commence en juillet et dure jusqu'en septembre-octobre. La multiplication se fait à l'aide de caïeux que l'on fait venir du midi de la France et que l'on plante en mai, en plein air, pour les arracher en octobre et les rentrer en lieu sec, abrité de la gelée, jusqu'à ce qu'ils soient aptes à fleurir.

EXPLICATION DE LA PLANCHE 273.

1. Fleur coupée longitudinalement.

La famille des Amaryllidées comprend encore de nombreux genres ayant des représentants dans les jardins. On peut citer entre autres :

Le genre GALANTHUS, dont une espèce, le *G. nivalis* L. (Voir *Masclef, Atlas, pl. 332.*), est une plante indigène bien connue sous le nom de *Perce-neige*. Ses fleurs, en forme de petites clochettes blanches, se montrent dès février-mars, ce qui constitue leur principal mérite.

Le genre LEUCOIUM, dont on cultive deux espèces : le *L. vernum* L. (Nivéole de printemps, voir *Masclef, Atlas, pl. 333*); le *L. æstivum* L. (Nivéole d'été). Ces plantes sont indigènes et rappellent quelque peu le Perce-Neige. La première fleurit en février-mars, la seconde en mai-juin.

Le genre HIPPEASTRUM qui comprend des plantes bulbeuses à feuilles longues et étroites, à fleurs en forme d'entonnoir, resserrées à la gorge, plus ou moins penchées, à tube du périanthe ordinairement court ; à divisions inégales, la division externe supérieure plus large, la division interne inférieure plus étroite ; à étamines insérées à différentes hauteurs à la gorge du périanthe.

Ce genre renferme des plantes superbes qui, malheureusement, exigent la serre chaude ou la serre tempérée. L'espèce la plus rustique est l'*H. vittatum* Herb. (Amaryllis vittata L'Hérit.), de l'Amérique méridionale, à tige florale atteignant 1 mètre de hauteur, portant de 4 à 9 fleurs longues de 10 à 12 centimètres, à tube long, verdâtre, teinté de rouge, à divisions du périanthe blanches, portant chacune 2 bandes longitudinales roses ou rouges. Cette remarquable plante a donné naissance à plusieurs variétés et à des hybrides intéressants. Elle est absolument rustique dans le midi de la France. Sous le climat de Paris, on peut la cultiver en plein air à la condition de la planter en sol léger, bien drainé, à exposition chaude, abritée, et de couvrir la plantation soit de châssis, soit de feuilles sèches, pendant l'hiver.

Le genre AMARYLLIS, formé d'une seule espèce, l'*A. Belladonna* L., du Cap de Bonne-Espérance, très belle plante rustique, à bulbe ovoïde de la grosseur d'un œuf de cygne, à fleurs naissant avant les feuilles, en août-octobre. Ces fleurs, longues d'environ 10 centimètres, ont la forme de celles du Lis blanc; elles naissent au nombre de 8-12 au sommet d'une tige florale, haute de 50 à 70 centimètres. Ces fleurs sont roses ou rose pâle, penchées, odorantes, à divisions internes du périanthe plus courtes que les 3 externes. Les feuilles naissent longtemps après les fleurs; elles sont longues de 20 à 30 centimètres, larges de 15 à 18, d'un vert brunâtre. L'*A. Belladonna* doit être cultivé en plein air, à exposition chaude et en sol léger bien drainé.

On peut encore citer comme genres renfermant surtout des espèces cultivables en serre, les *Griffinia*, les *Crinum*, les *Brunswigia*, les *Nerine*, les *Hæmanthus*, les *Eucharis*, les *Pancratium*, les *Hymenocallis*, etc.

C'est aussi à la famille des Amaryllidées qu'appartient le genre AGAVE, dont un grand nombre d'espèces sont cultivées dans les jardins comme plantes ornementales. La plus connue est l'*A. americana* L., de l'Amérique tropicale, plante grasse, improprement désignée sous le nom d'*Aloès*, naturalisée dans le midi de la France et sur divers points de l'Europe méridionale, en Algérie, etc. C'est une plante gigantesque, dont les feuilles glauques mesurent 2 mètres de longueur sur 25 centimètres de largeur ; ces feuilles, terminées par une longue épine et à bords dentés, forment une énorme rosette au centre de laquelle naît une tige florale d'une dizaine de mètres de hauteur, rameuse, qui porte des fleurs verdâtres. Cette plante est fréquemment cultivée en pots et en bacs pour l'ornementation des jardins d'hiver, des serres froides et, pendant la belle saison, des perrons, des vestibules. Il produit aussi un effet très pittoresque lorsqu'on le plante soit en pieds isolés, soit par petits groupes sur les grandes pelouses. Il en existe des variétés à feuilles bordées ou striées de jaune, très recherchées. Dans le midi de la France, l'*Agave d'Amérique* fleurit dix ou quinze années après sa plantation. Il meurt après la floraison.

FAMILLE DES LILIACÉES

⌂ Pl. 274. — ASPIDISTRA

ASPIDISTRA ELATIOR Morren et Decaisne.

Patrie : Asie orientale.

Description.

Plante vivace à souche rameuse, souterraine, portant des feuilles persistantes, longuement pétiolées, ovales-allongées, rétrécies en pointe aux deux extrémités, coriaces, d'un vert brillant, mesurant environ 75 centimètres de longueur, le pétiole compris, sur 10 à 12 centimètres de largeur. Les fleurs sont solitaires à l'extrémité d'un pédoncule souterrain qui naît directement de la souche et qui porte des écailles blanchâtres. Ces fleurs viennent s'épanouir à fleur de sol. Elles sont formées d'une enveloppe florale (périanthe) en forme de cloche, généralement à 8 divisions, épaisse, charnue, d'un jaune violacé livide avec de nombreuses et fines ponctuations purpurines. Les étamines, au nombre de 8, en général sont attachées vers le milieu du tube du périanthe. Le style est court, dilaté en un disque épais, en forme de parapluie qui bouche complètement l'orifice de la fleur et masque les étamines qu'il enferme dans une cavité close. Ces fleurs se montrent de décembre en avril et sont plus curieuses que belles. Variétés à feuillage panaché, très ornementales.

Emplois. — Culture. — Multiplication.

L'*Aspidistra* est la plante par excellence pour la culture dans les appartements; elle est aussi très recherchée pour l'ornementation des serres et des jardins d'hiver. Le principal mérite de l'*Aspidistra* réside certainement dans la beauté du feuillage persistant, ample et abondant, d'un vert brillant ou élégamment panaché; mais ce qui fait surtout rechercher cette plante, c'est la faculté qu'elle a de s'adapter aux milieux les plus divers, même les plus défavorables aux autres plantes, en général. On peut dire qu'elle est sans rivale sous ce rapport. Elle est d'une rusticité absolue dans le midi de la France et supporte presque nos hivers du climat de Paris. On peut la cultiver en serre froide, en serre tempérée, en serre chaude, elle prospère partout. Elle se développe admirablement dans les appartements, malgré le manque de lumière, les écarts brusques de la température, l'atmosphère viciée, chargée de poussière et complètement dépourvue d'humidité.

Un compost léger, formé de parties égales de terre de bruyère et de terreau de feuilles, ou à défaut de la terre sableuse mélangée à du terreau de couche, lui conviennent tout particulièrement. Les arrosages très modérés pendant l'hiver doivent être au contraire abondants pendant les chaleurs. On doit éviter surtout d'exposer les plantes au soleil qui en brûlerait les feuilles. Les rempotages doivent être faits à la fin de l'hiver avant l'entrée dans la période de végétation, en prenant les précautions nécessaires pour ne pas endommager les racines.

La multiplication se fait par division des touffes. On plante les éclats dans des pots de dimension proportionnée à leur volume, et on les place pendant quelque temps en serre basse ou sous châssis pour favoriser la reprise.

EXPLICATION DE LA PLANCHE 274.

1. Fleur coupée longitudinalement.

⌂ Pl. 275. — LIN DE LA NOUVELLE-ZÉLANDE

PHORMIUM TENAX Forster.

Patrie : Nouvelle-Zélande.

Description.

Belle plante vivace à racine charnue, tubéreuse, à feuilles persistantes coriaces, en forme de ruban et ployées en deux à la base, de 1 à 2 mètres de longueur, disposées en éventails et formant d'énormes touffes. Ces feuilles, d'un vert brillant avec les bords rougeâtres dans le type de l'espèce, sont diversement panachées dans plusieurs variétés très recherchées; elles sont dressées et gracieusement recourbées au sommet. La tige florale est élevée de 3 à 4 mètres, elle est rameuse et porte des fleurs longues de 6 centimètres, à divisions externes d'un jaune d'ocre, les internes jaune pâle.

Emplois. — Culture. — Multiplication.

Le *Phormium* est d'une rusticité complète dans le midi de la France où il constitue des touffes de dimensions énormes, principalement dans les sols frais. C'est une plante d'appartement très recherchée, car c'est avec l'*Aspidistra* l'une de celles qui résistent le mieux aux conditions défavorables que présentent nos demeures. Cultivée en pots ou en bacs, elle prend un grand développement et convient à la décoration des salons et des vestibules pendant l'hiver. Du 15 mai au 15 octobre on peut l'utiliser pour la plantation des massifs ou mieux pour constituer sur les pelouses des touffes isolées, d'un effet très pittoresque. Dans ce dernier cas, on la relève à l'automne pour l'hiverner soit en appartement soit en orangerie. Un sol fertile, composé de terre de jardin, additionnée de terreau, lui convient parfaitement. Les arrosages doivent être fréquents et copieux pendant l'été.

La multiplication se fait par division des touffes, en plaçant les fragments en serre tempérée et sous cloche pour favoriser leur reprise.

Le *Phormium* est une plante textile qui aurait une grande valeur si l'on pouvait arriver à débarrasser sa fibre d'une matière gommeuse qui en rend l'extraction difficile. Cette fibre résistante et assez fine est employée en Nouvelle-Zélande à la fabrication de tissus, de cordages et de pâte à papier. Il s'en expédie aussi une certaine quantité en Europe; en 1872, Londres en a reçu 11.500 balles.

Pl. 276. — HÉMÉROCALLE BLEUE

FUNKIA OVATA Spreng., var. LANCIFOLIA

Synonymes latins : **Hemerocallis cœrulea Andr., var.; Funkia lancifolia Spreng.**

Patrie : Japon.

Description.

Plante vivace à racine fibreuse, à feuilles ovales, pétiolées, rétrécies en pointe au sommet, sur lesquelles les nervures se détachent nettement; à tige florale grêle, de 50 centimètres de hauteur, portant des fleurs disposées en grappe. Ces fleurs, d'un beau bleu violacé, sont d'abord étalées puis un peu pendantes; elles sont en forme d'entonnoir, avec le tube court et les 6 divisions formant comme deux lèvres; elles sont accompagnées de bractées (feuilles florales) membraneuses et sèches, ovales, mesurant environ deux fois la longueur du pédicelle (queue de la fleur). Cette espèce a donné naissance à des variétés à feuilles panachées de blanc, très ornementales. Fleurit en mai-juillet. A cette plante doit se rattacher, comme variété, le *Funkia lancifolia* Spreng. qui n'en diffère que par ses feuilles ovales-allongées au lieu d'être largement ovales. C'est celle plante que nous avons figurée.

Emplois. — Culture. — Multiplication.

L'*Hémérocalle bleue* et ses variétés non panachées sont de belles plantes, propres à l'ornementation des plates-bandes et à former des bordures en sol sain, frais et en situation un peu ombragée. Les limaces et les escargots sont très friands de leurs feuilles. Les variétés à feuilles panachées, plus délicates, sont surtout recherchées pour la culture en pots bien drainés, en terre de bruyère ou dans un compost formé de parties égales de terre franche et de sable, et auquel on ajoute un peu de terreau. Pendant l'hiver, les plantes doivent être rentrées en orangerie ou en serre froide.

EXPLICATION DE LA PLANCHE 276.

1. Fleur coupée longitudinalement.

En outre de l'espèce précédente on trouve encore dans les jardins : le *F. Sieboldiana* Hook., du Japon, à feuilles ovales, glauques en dessous, à tige florale courte, portant une grappe de fleurs pendantes, blanchâtres, légèrement teintées de rouge pourpre, accompagnées de bractées (feuilles florales) dont les inférieures sont plus longues que la fleur située à leur aisselle et diminuent progressivement jusqu'à l'extrémité de la grappe ; le *F. subcordata* Spreng. (Syn. : Funkia grandiflora Sieb. et Zucc.; F. japonica Hort.) (Hémérocalle du Japon), du Japon, plante à feuilles ovales un peu en forme de cœur, d'un vert pâle, à tige florale haute de 30 à 40 centimètres, portant une grappe de fleurs blanches, à tube du périanthe très allongé, penchées, longues d'environ 10 centimètres, exhalant une agréable odeur, accompagnées de bractées ovales, 2 ou 3 fois plus longues que le pédicelle, l'inférieure très grande, sans fleur. Ces plantes fleurissent en juillet-août ; elles ont les mêmes emplois que l'*Hémérocalle bleue*. Leur culture est identique.

Pl. 277. — TRITOME FAUX-ALOÈS

KNIPHOPHIA ALOIDES Mœnch

SYNONYME LATIN : **Tritoma Uvaria Gawl.**

Patrie : Cap de Bonne-Espérance.

Description.

Plante vivace à racine composée de grosses fibres, à feuilles nombreuses, très longues, étroites, formant une touffe dentée d'environ 75 centimètres de hauteur, du milieu de laquelle naissent des tiges florales non ramifiées dépassant les feuilles, portant au sommet une grappe serrée, ovoïde, formée de fleurs nombreuses, pendantes, qui s'épanouissent successivement, de la base au sommet, au fur et à mesure que l'inflorescence s'allonge. Ces fleurs ont les divisions soudées en long tube cylindrique, un peu arqué, terminé par 6 dents courtes; elles sont d'un rouge vermillon brillant avant l'épanouissement, puis passent plus ou moins au jaune pendant la floraison. Les étamines, attachées au fond du tube du périanthe, sont saillantes, jaunes. Comme dans les autres Liliacées, l'ovaire est libre, c'est-à-dire qu'il n'a aucune adhérence avec le périanthe. Fleurit en août-septembre. Les variétés *Saundersii* et *nobilis* se distinguent du type de l'espèce par leurs plus grandes dimensions. La première peut atteindre 2 mètres de hauteur. Les fleurs sont rouges avant l'épanouissement, rouge orangé ensuite.

Emplois. — Culture. — Multiplication.

Le *Tritome Faux-Aloès* est une plante superbe, propre à orner les grands massifs ou mieux à planter en touffes isolées sur les pelouses où il produit un très bel effet. Il est d'une rusticité complète dans le midi de la France. Sous le climat de Paris, il résiste parfaitement aux rigueurs de l'hiver à la condition d'être planté en sol bien drainé, car il craint surtout l'excès d'humidité; à exposition chaude, et de l'abriter un peu l'hiver en le couvrant de paille ou de feuilles sèches. La multiplication se fait à l'automne par la séparation des œilletons qui se développent autour des touffes; on peut aussi en semer les graines en avril-mai, abriter les jeunes plantes sous châssis pendant l'hiver et mettre en place l'année suivante.

EXPLICATION DE LA PLANCHE 277.

1. Fleur entière.
2. Fleur coupée longitudinalement.

⌂ Pl. 278. — ALOÈS A FEUILLES TRÈS RUDES

ALOE SCABERRIMA Salm Dyck.

SYNONYME LATIN : **Gasteria intermedia Haw., var. scaberrima.**

Patrie : Cap de Bonne-Espérance.

Description.

Le genre *Aloe* qu'il ne faut pas confondre avec les *Agaves*, *Yuccas* ou autres plantes grasses, désignées improprement sous ce nom, sont des plantes vivaces ou à tige ligneuse, à feuilles épaisses, charnues. Les fleurs, dressées ou pendantes, disposées en grappes, ont un périanthe droit ou arqué, à divisions rapprochées, soudées entre elles sur une hauteur plus ou moins grande. Les étamines sont au nombre de 6, attachées au-dessous de l'ovaire; celui-ci libre et à 3 loges comme dans les autres Liliacées.

L'espèce figurée sur cette planche appartient au sous-genre *Gasteria*, dont certains auteurs font un genre distinct et qui est caractérisé par les fleurs pendantes, à tube courbe, ventru inférieurement. Cette section renferme de nombreuses espèces ornementales.

L'*Aloès à feuilles rudes* est une plante à tige presque molle, à feuilles en forme de langue, disposées sur 2 rangs, un peu courbées, d'un vert foncé, couvertes de petites veines blanches, rudes. Les fleurs, rouges à la partie inférieure, vertes au sommet, ne sont pas sans mérite ; elles sont portées sur une tige florale qui peut atteindre 50 centimètres de hauteur.

Emplois. — Culture. — Multiplication.

Cette petite plante est rustique dans le midi de la France. Sous le climat de Paris, on la cultive en pots pour l'ornementation des serres, des appartements et des fenêtres. Comme tous les *Aloès*, elle prospère surtout en sol léger et à exposition ensoleillée. Les arrosages doivent être très modérés et presque nuls pendant la saison froide. On la multiplie par séparation des rejetons qui naissent autour des plantes adultes et par graines que l'on sème en février-mars, en serre froide ou sous châssis dans du sable ou en terre légère.

EXPLICATION DE LA PLANCHE 278.

1. Fleur détachée.
2. Fleur coupée longitudinalement.

⌂ Pl. 279. — ALOÈS ARBORESCENT

ALOE ARBORESCENS Mill.

SYNONYME FRANÇAIS : **Aloès corne de bélier.**
SYNONYMES LATINS : **A. fruticosa Lamk.; A. arborea medic.**

Patrie : Cap de Bonne-Espérance.

Description.

L'espèce figurée sur cette planche appartient au groupe des *Aloès vrais* caractérisé par des fleurs pendantes, à tube du périanthe droit, cylindrique, à divisions régulières, à style et à étamines de même longueur.

L'*Aloès arborescent* est une plante qui, dans le midi de la France, forme un magnifique buisson arrondi, à ramifications nombreuses et enchevêtrées, à feuilles courbées en dehors, en forme de glaive, d'un vert glauque, bordées de dents épineuses. Les fleurs, très nombreuses, sont de couleur rouge corail.

Emplois. — Culture. — Multiplication.

Comme l'Aloès à feuilles très rudes. Cette espèce est souvent cultivée dans son jeune âge, comme plante d'appartement.

EXPLICATION DE LA PLANCHE 279.

1. Fleur coupée longitudinalement.

A ce même groupe des *Aloès* vrais appartient l'*A. ferox* Mill. et l'*A. saponaria* Haw. (A. umbellata DC.), vendus souvent par les fleuristes parisiens pour la décoration des appartements. C'est aussi à ce groupe que se rapporte l'*A. vera* L., qui produit la drogue bien connue sous le nom d'Aloès.

Le genre *Aloès* comprend encore deux sous-genres que certains botanistes classent à part :

1° les *Apicra*, plantes caractérisées par des fleurs à périanthe régulier, cylindrique, tubuleux, divisé au sommet en lobes courts, étalés;

2° les *Haworthia* à fleurs ayant le tube droit et les divisions formant deux lèvres, enroulées en dessous.

Ce dernier groupe renferme de nombreuses espèces très recherchées; entre autres l'*A. margaritifera* Ait. (Haworthia margaritifera Haworth), du Cap, petite plante à feuilles couvertes de verrues blanches.

Pl. 280. — YUCCA FILAMENTEUX

YUCCA FILAMENTOSA L.

Patrie : Caroline et Virginie.

Description.

Le genre *Yucca* comprend des plantes, souvent désignées sous le nom impropre d'*Aloe*, à tige arborescente ou presque nulle, à feuilles persistantes, groupées en bouquets, épaisses, raides, du centre desquelles naît une tige florale ramifiée, de très grandes dimensions, portant de nombreuses et grandes fleurs en forme de cloche, blanches ou blanchâtres, à divisions du périanthe au nombre de 6, non soudées ou à peine réunies entre elles par la base. Les 6 étamines sont attachées à la base du périanthe; elles ont les filets aplatis. L'ovaire est libre et à 3 loges comme celui des autres Liliacées.

Le *Yucca filamenteux* a la tige très courte, presque nulle. Les feuilles, nombreuses, sont longues et étroites, dressées puis gracieusement recourbées au sommet, creusées en large gouttière, munies sur les bords de filaments fauves, tortillés, longs de 6 à 8 centimètres. La tige florale, haute de 1 mètre à 1 m. 50, porte une énorme inflorescence, pouvant comprendre jusqu'à 200 fleurs, d'un blanc jaunâtre, verdâtres dans leur partie inférieure. Fleurit en juillet-août.

Emplois. — Culture. — Multiplication.

Cette plante remarquable est surtout précieuse pour la décoration des grands jardins. Elle produit un effet superbe plantée dans les parties accidentées et surtout en touffes isolées sur les pelouses. On doit la cultiver en sol parfaitement drainé et à exposition chaude. Dans les hivers rigoureux, il est prudent de l'abriter en la couvrant de paille ou de feuilles sèches. La multiplication se fait à l'aide des rejetons qui naissent autour des touffes.

EXPLICATION DE LA PLANCHE 280.

1. Fleur coupée longitudinalement.

Parmi les espèces de ce genre les plus répandues dans les jardins, on peut encore citer : le *Y. gloriosa* L., plante rustique comme la précédente, à tige grosse et charnue, haute de 1 mètre à 1 m. 50, à feuilles non munies de filaments, longues de 65 centimètres, larges de 7 ou 8, à fleurs très nombreuses, blanches ; le *Y. aloifolia* L., des Antilles, de la Caroline, de la Floride et du Mexique, plante dont la tige peut atteindre 2 à 3 mètres de hauteur, à feuilles épaisses, très raides, étroites, dentelées sur les bords. Cette espèce est rustique dans le midi de la France, où elle donne des fruits semblables à de petites Bananes et d'un violet noirâtre. Sous le climat de Paris, elle exige la serre froide ou l'orangerie. Une variété à feuilles panachées de rose, de blanc et de jaune, est très recherchée.

⌂ Pl. 281. — DRACÆNA A FEUILLAGE COLORÉ

CORDYLINE TERMINALIS Kunth.

SYNONYME LATIN : **Dracæna terminalis Reichb.**

Patrie : **Asie tropicale, Australie, Polynésie.**

Description.

Les *Cordyline* sont des végétaux arborescents à tige ordinairement simple, portant des feuilles persistantes, disposées en spirales, à inflorescence terminale simple ou rameuse. Les fleurs ont le périanthe en forme de cloche, divisé plus ou moins profondément en 6 lobes étalés ou recourbés, ordinairement égaux entre eux. Les étamines, au nombre de 6, sont saillantes ; l'ovaire est libre comme celui de toutes les Liliacées, à 3 loges contenant chacune de 8 à 14 ovules. Le fruit est une baie renfermant plusieurs graines.

L'espèce figurée sur cette planche est un arbrisseau pouvant atteindre 3 à 4 mètres, à tige peu ramifiée, dressée, portant au sommet un bouquet de feuilles, d'environ 30 à 50 centimètres de longueur, ovales-allongées, pétiolées, rétrécies aux deux extrémités, fermes. Dans le type de l'espèce, ces feuilles sont glauques à la face supérieure, panachées de rouge et de vert en dessous. Les fleurs, petites, sont d'un blanc rosé ou violacé.

Emplois. — Culture. — Multiplication.

Le *Cordyline terminalis*, communément désigné sous le nom de *Dracæna à feuillage coloré*, est certainement l'une des plantes les plus recherchées pour l'ornement des serres et des salons. Il n'est en effet aucun autre végétal qui puisse présenter un feuillage aussi brillamment coloré et dont la culture soit aussi facile. De nombreuses variétés ont été créées par les horticulteurs, et l'on trouve aujourd'hui dans ces plantes des panachures dans lesquelles le vert, le blanc, le jaune, le rose, le rouge et le rouge violacé s'associent pour produire de merveilleux contrastes.

Les *Dracæna à feuillage coloré* exigent la serre chaude et une atmosphère humide, aussi est-il difficile de les conserver longtemps dans les appartements. On doit les cultiver en compost formé de terre franche, de sable et de terreau de feuilles, employés par parties égales, et éviter de les exposer à l'action directe des rayons du soleil. Des arrosages fréquents leur sont nécessaires, au moins pendant la période d'activité végétative Leur multiplication se fait par boutures de tronçons de tiges, en serre et à l'étouffée.

Le *Cordyline indivisa* Kunth (Dracæna indivisa Forst.), de la Nouvelle-Zélande, est un petit arbre de 5 à 7 mètres de hauteur, rustique dans le midi de la France et très abondamment cultivé à l'état de jeune plante, dans les régions plus septentrionales, pour l'ornement des appartements. La tige est couronnée d'une gerbe de feuilles étroites, longues de 1 m. 50 à 2 mètres, celles du centre dressées, celles du pourtour élégamment infléchies ou pendantes, persistant sur la tige pendant plusieurs années lorsqu'elles sont mortes. Les fleurs sont en grappes latérales. Les fruits sont blancs. Sous le climat de Paris, cette plante doit être cultivée en serre froide ou en appartement, dans un sol semblable à celui indiqué pour l'espèce précédente. Les rempotages doivent se faire en mars.

Une autre espèce, le *C. australis* Hook. (Dracæna australis Forst.), de la Nouvelle-Zélande, est aussi très recherchée à l'état de jeune plante pour l'ornement des appartements. La tige peut atteindre 10 mètres de hauteur ; elle est couronnée par un bouquet de feuilles de 75 centimètres à 1 mètre de longueur, infléchies, d'un beau vert. Les fleurs en sont blanches, en grappe terminale, les fruits bleus.

Le genre DRACÆNA se distingue surtout des *Cordyline* par les fleurs à loges de l'ovaire ne contenant chacune qu'un seul ovule, au lieu de 8 à 14. Ces plantes, connues vulgairement sous le nom de *Dragonniers*, sont surtout des plantes de serres. Le *D. umbraculifera* Jacq. est l'un des plus beaux et des plus répandus.

⌂ Pl. 282. — AGAPANTHE A OMBELLE

AGAPANTHUS UMBELLATUS L'Hérit.

SYNONYME FRANÇAIS : **Tubéreuse bleue.**

Patrie : Cap de Bonne-Espérance.

Description.

Plante vivace, non bulbeuse, à feuilles persistantes, en lanières, longues d'environ 75 centimètres, planes, retombantes, à tige florale atteignant 1 mètre de hauteur, simple, couronnée par une ombelle de 20 à 40 fleurs bleues, inodores, à périanthe régulier, courtement tubuleux, divisé en 6 lobes, les 3 internes un peu plus grands. Les étamines, au nombre de 6, sont insérées à la base du périanthe. L'ovaire est à 3 pans, correspondant à 3 loges contenant plusieurs ovules ; il est libre comme celui de toutes les Liliacées. Variétés à fleurs blanches, à fleurs doubles et à feuilles panachées. Fleurit en juillet-août.

Emplois. — Culture. — Multiplication.

L'*Agapanthe* est tout à fait rustique dans le midi de la France. Sous le climat de Paris, il exige d'être hiverné en orangerie, en serre froide ou dans un local bien éclairé, à l'abri du froid. On peut le faire concourir à l'ornementation des jardins depuis la mi-mai jusque vers le 15 octobre. Il est d'une culture très facile. Le compost qui favorise le mieux son développement est un mélange de terre franche, de sable et de terreau employés par parties égales. Les arrosages doivent être assez abondants l'été, presque nuls pendant l'hiver.

EXPLICATION DE LA PLANCHE 282.

1. Fleur coupée longitudinalement.

Pl. 283. — TRITÉLEIA

BRODIÆA UNIFLORA Benth.

SYNONYMES LATINS : Triteleia uniflora Lindl.; Milla uniflora Grah.

Patrie : République Argentine.

Description.

Le *Brodiœa uniflora* est une plante bulbeuse à odeur d'ail, à feuilles étroites, longues d'environ 30 centimètres, larges de 6 à 8, glauques, à tige florale de 10 à 15 centimètres de hauteur, simple, portant une, rarement deux fleurs en forme d'entonnoir, à tube pourpre brun, à divisions un peu plus longues que le tube, d'un blanc bleuâtre ou violacé, étalées, et à extrémité recourbée en dessous. Les étamines, au nombre de 6, sont insérées à la base du périanthe ; elles sont toutes renfermées dans le tube, mais il y en a 3 qui sont plus grandes que les autres. Fleurit en avril-mai.

Emplois. — Culture. — Multiplication.

Le *Tritéleia* est une jolie plante fleurissant assez abondamment au printemps. On en fait des bordures ou on l'emploie à l'ornementation des plates-bandes, cultivé en touffes. Il peut aussi être planté en pots pour la garniture des appartements, des orangeries et des serres où il fleurit plus ou moins tôt, selon qu'il se trouve à une température plus ou moins élevée. Il affectionne tout particulièrement les sols légers, bien drainés. La plantation s'effectue à l'automne, mais on peut en laisser les bulbes en place pendant plusieurs années. Les arrosages doivent naturellement être suspendus pendant l'arrêt de la végétation.

EXPLICATION DE LA PLANCHE 283.

1. Fleur coupée longitudinalement.

Pl. 284. — JACINTHE CHEVELUE et ses variétés.

MUSCARI COMOSUM L.

Indigène.

Description.

Plante bulbeuse de nos champs, à bulbe volumineux, à feuilles longues de 30 à 40 centimètres, larges d'environ 1 centimètre, creusées en gouttière; à tige florale de 30 à 50 centimètres de hauteur, portant des fleurs en grappe d'abord dense, mais qui s'allonge pendant la floraison et est terminée par un bouquet de fleurs stériles, de couleur bleu violacé, tandis que les fleurs fertiles, situées au-dessous, sont brunes.

Le type sauvage de cette plante (fig. A.) n'est pas très ornemental ; mais il a donné naissance à deux variétés monstrueuses très recherchées. Dans la première (fig. B. monstruosa) les fleurs sont atrophiées et ont donné naissance à de nombreux petits rameaux de couleur bleue, très courts, groupés aux extrémités des pédicelles de la grappe, allongés et épaissis; dans la seconde (fig. C. plumosa) (Lilas de terre, Jacinthe de Sienne), les nombreuses ramifications sont très allongées, contournées, enchevêtrées, et constituent une inflorescence volumineuse, d'un aspect léger et de couleur bleu violacé. Fleurit en mai-juin.

Emplois. — Culture. — Multiplication.

Les *Muscari monstrueux* sont des plantes d'une rusticité absolue, propres à former des bordures dans des sols légers et à bonne exposition. Il est utile de maintenir leurs lourdes inflorescences à l'aide de tuteurs. On les multiplie à l'aide des caïeux qui se développent autour des bulbes et que l'on détache en arrachant les plantes, tous les deux ou trois ans, après la floraison, lorsque l'arrêt de la végétation est bien accentué.

EXPLICATION DE LA PLANCHE 284.

1. Fleur fertile.
2. Rameau hypertrophié de l'inflorescence de la variété *plumosa*.
3. Rameau hypertrophié de l'inflorescence de la variété *monstruosa*.

Pl. 285. — JACINTHE

HYACINTHUS ORIENTALIS L.

Patrie : Europe orientale.

Description.

Le genre *Hyacinthus* est caractérisé par des fleurs odorantes, en grappe terminale, simple ; à périanthe (enveloppe florale) tubuleux à la base, divisé au sommet en 6 lobes étalés ou recourbés en dehors ; 6 étamines insérées sur le tube du périanthe, à filet très court ; un ovaire libre comme dans les autres Liliacées, à 3 loges contenant un petit nombre d'ovules (fig. 2 et 3), surmonté d'un style court, creusé de 3 sillons et à stigmates obtus. Le fruit est une capsule à 3 angles, dont chacune des 3 loges contient 2 graines globuleuses.

La *Jacinthe d'Orient,* ou, comme l'on dit plus couramment, la Jacinthe, est une plante de 20 à 30 centimètres de hauteur, à bulbe arrondi, relativement gros ; à feuilles peu larges, creusées en gouttière ; à tige florale droite, cylindrique, portant une grappe de 6 à 20 fleurs, quelquefois plus, bleues dans le type de l'espèce. Cette plante a donné naissance à des centaines de variétés différant par leur taille plus ou moins élevée, la dimension des fleurs, qui sont simples, doubles ou pleines, et enfin par le coloris, qui présente toutes les nuances du violet, du bleu, du rose, du rouge et du jaune, allant du blanc pur aux tonalités les plus foncées. Les Jacinthes ont été divisées en deux groupes : les *J. de Paris,* à grappes grêles, peu fournies ; les *J. de Hollande,* à grappes très denses. Les Jacinthes fleurissent en mars-avril, en plein air ; tout l'hiver dans les serres et dans les appartements.

Emplois. — Culture. — Multiplication.

Les *Jacinthes de Paris* sont celles qui se prêtent le mieux à la culture forcée, aussi sont-elles l'objet d'un commerce important chez les fleuristes, qui les vendent soit plantées en pots, soit à l'état de fleur coupée pour la confection des bouquets. Pour ce dernier usage, elles sont bien supérieures à la *Jacinthe de Hollande,* leurs inflorescences étant beaucoup plus légères. D'importantes cultures se sont établies dans le midi de la France, notamment aux environs de Toulon et surtout d'Ollioules. D'après M. le docteur Sauvaigo, cette ville seule peut livrer annuellement 4 à 6 millions de bulbes. Quant aux fleurs, elles sont cueillies de décembre en février et expédiées dans les villes du nord.

Les *Jacinthes de Hollande* sont beaucoup plus belles que les précédentes ; mais elles subissent une rapide dégénérescence sous nos climats, aussi est-il nécessaire d'en renouveler fréquemment les bulbes par d'autres tirés de la Hollande.

L'indication de la culture, donnée ci-dessous, s'applique aussi bien aux Jacinthes de Paris qu'aux Jacinthes de Hollande.

Culture en pleine terre.

Sous le climat de Paris, la plantation des bulbes se fait en octobre, dans un sol rendu bien perméable à l'aide d'un bon labour, et autant que possible léger et sablonneux, fertilisé par des engrais bien décomposés. Les bulbes doivent être enterrés à une profondeur de 10 à 12 centimètres et espacés de 15 centimètres. Pendant l'hiver, il est nécessaire de protéger les plantations par un lit de paille ou de feuilles sèches, qui non seulement garantit les bulbes contre l'action du froid, mais aussi les préservent de l'excès d'humidité qui leur serait tout autant préjudiciable. Au printemps, ces couvertures peuvent être enlevées par les beaux jours et remises chaque soir lorsque des gelées sont à craindre.

Lorsque les inflorescences se développent, il importe de donner des tuteurs à celles qui sont capables d'acquérir un grand volume, de manière à empêcher les tiges florales de se briser sous leur poids.

Après la floraison, les feuilles jaunissent. Lorsque l'arrêt de la végétation est complet, ce qui arrive vers le milieu de juillet, on procède à l'arrachage des bulbes que l'on dispose ensuite dans un local aéré, à l'abri des rayons du soleil, où ils doivent rester jusqu'au moment de la plantation.

Culture en pots.

La plantation en pots se fait à la fin de septembre, en se servant de vases proportionnés à la grosseur des bulbes et d'un compost formé de terre franche, de terreau de feuilles ou de terreau de couche très décomposé, avec une forte proportion de sable. On ne doit pas empoter trop largement. Les pots ainsi préparés doivent être enterrés dans une plate-bande, en plein air, de manière à ce qu'ils soient recouverts d'une épaisseur de terre d'environ 10 centimètres. Dans ces conditions, les bulbes entrent lentement en végétation, et il n'y a plus qu'à prendre les pots dès les premiers jours de novembre, et successivement pour les rentrer en appartement ou en serre, et obtenir ainsi des floraisons consécutives. Les pots ainsi préparés doivent être peu arrosés au début. On augmente ensuite progressivement la quantité d'eau au fur et à mesure que l'activité végétative se manifeste davantage. Lorsque la floraison est passée, on dépote les bulbes et on les plante, avec leur motte, dans une plate-bande en plein air où on les laisse jusqu'au moment où ils ont atteint leur complète maturité.

Culture sur carafes.

Cette culture est très simple et se pratique couramment. Il est nécessaire de se procurer tout d'abord des carafes à Jacinthes ou vases en verre spécialement fabriqués pour cet objet, et qui sont munis à leur orifice d'une sorte de petite coupe sur laquelle le bulbe doit être placé. On remplit les vases d'eau, et l'on y met un peu de sel ou de poussière de charbon pour en empêcher la corruption. Il ne reste plus qu'à disposer les oignons de manière à ce que leur base soit en contact avec le liquide, qui devra toujours être maintenu au même niveau par des additions d'eau, destinées à compenser celle qui se perd par évaporation. Il importe de tourner de temps à autre les plantes ainsi cultivées, pour en exposer successivement toutes les parties à la lumière et éviter ainsi qu'elles ne se déjettent. Il est nécessaire aussi de choisir des variétés à inflorescences moyennes, car il est impossible de maintenir sur les vases celles qui ont des fleurs trop lourdes. Les bulbes ainsi cultivés sont inutilisables après la floraison.

On trouve aussi dans le commerce des vases ouverts aux deux bouts et disposés de telle manière que l'on peut y planter deux bulbes placés dos à dos. Ce vase s'applique sur le col d'une carafe pleine d'eau, de sorte que des deux plantes, l'une se développe dans le liquide, et l'autre en sens opposé dans l'air.

EXPLICATION DE LA PLANCHE 285.

1. Fleur coupée longitudinalement.
2. Pistil.
3. Ovaire coupé transversalement.

Pl. 286. — SCILLE DE SIBÉRIE

SCILLA SIBIRICA L.

Patrie : Russie méridionale, Caucase.

Description.

Les *Scilla* se distinguent surtout des *Hyacinthus* par les fleurs à six divisions libres et étalées dès la base, au lieu d'être soudées en tube dans leur moitié inférieure.

La *Scille de Sibérie* est une plante d'environ 10 centimètres de hauteur, à bulbe arrondi, à feuilles au nombre de 3 ou 4, presque planes, avec une petite concavité au sommet. Les tiges florales, très grêles, couchées après la floraison, portent de une à trois fleurs penchées, largement ouvertes et d'un bleu améthyste superbe. Fleurit en mars-avril.

Emplois. — Culture. — Multiplication.

Le principal mérite de la *Scille de Sibérie* est de fleurir à une époque où il n'y a pour ainsi dire pas de fleurs dans les parterres. Elle est d'une rusticité absolue et n'exige pour ainsi dire pas de soins. On en forme des bordures. Associée à d'autres plantes qui fleurissent à la même époque : *Tulipes duc de Thol, Safrans*, elle peut servir à composer d'élégantes corbeilles. Elle se prête également à la culture en pots pour l'ornement des appartements pendant l'hiver, en la soumettant au traitement indiqué pour les *Jacinthes*.

Les bulbes de la *Scille de Sibérie* peuvent être laissés en place pendant plusieurs années.

EXPLICATION DE LA PLANCHE 286.

1. Bulbe coupé longitudinalement.
2. Bouton à fleur.
3. Fleur coupée longitudinalement.

A ce même genre appartient la *Scille du Pérou* ou *Jacinthe du Pérou* (Scylla peruviana L. ; S. hemisphærica Boiss.), belle plante qui, contrairement à ce que l'on pourrait croire, d'après son nom, n'est pas originaire du Pérou, mais de l'Europe méridionale et de l'Afrique septentrionale. Les feuilles en sont larges, étalées en rosette sur le sol, poilues sur les bords. La tige florale, haute de 20 à 30 centimètres, porte une inflorescence raccourcie, hémisphérique et un peu conique, formée d'un nombre considérable de fleurs bleues, étalées en étoile, à anthères jaunes.

Cette superbe plante est rustique dans le midi de la France. Sous le climat de Paris il est nécessaire de l'hiverner en serre froide ou en châssis. Elle fleurit au mois de mai.

Pl. 287. — LIS DORÉ DU JAPON

LILIUM AURATUM Lindl.

Patrie : Japon.

Description.

Le genre *Lilium* est caractérisé par des fleurs à 6 divisions caduques, un peu soudées à la base, rapprochées en cloche ou en entonnoir, étalées ou roulées en dehors ; 6 étamines attachées à la base des divisions, à anthères fixées au filet par leur face interne et au-dessus de leur base ; le style presque cylindrique ; l'ovaire à 3 loges ; la capsule à 3 angles et à 3 loges contenant des graines aplaties ; le bulbe écailleux.

Ce genre renferme une cinquantaine d'espèces en général ornementales. Nous ne nous occuperons ici que des plus répandues.

Le *Lis doré* est certainement le plus beau de tous les Lis. Il atteint de 60 centimètres à 1 mètre de hauteur et sa tige porte de 3 à 5 fleurs, en forme de cloche avec les divisions recourbées en dehors. Ces fleurs, à odeur suave, rappelant celle de la fleur d'Oranger, mesurent jusqu'à 20 centimètres de diamètre ; elles sont blanches, avec chaque division munie, dans sa partie médiane, d'une large bande longitudinale jaune d'or et sur le reste de sa surface intérieure de gros points ou macules ovales rouge pourpre. Fleurit en juillet-août.

Emplois. — Culture. — Multiplication.

Ce superbe *Lis* est fréquemment cultivé en pots pour l'ornement des appartements, des fenêtres et des balcons. On peut aussi le planter en plein air, dans les massifs de terre de bruyère. Les bulbes sont alors mis en place de mars en mai, à une profondeur de 30 centimètres environ.

Pour la culture en pots, on se sert d'un compost formé de terre de bruyère ou de terre sableuse, de terreau de feuilles, mélangés par parties égales, additionné d'un peu de poussier de charbon de bois. On doit choisir des bulbes bien sains et les débarrasser des parties qui pourraient les décomposer et engendrer la pourriture. On commence à arroser seulement lorsque les bulbes entrent en végétation : après la floraison, à l'automne, les plantes doivent être rempotées et placées dans un endroit sec, à l'abri du froid.

Pl. 288. — LIS SAFRANÉ

LILIUM CROCEUM Chaix.

Indigène.

Description.

Plante de 40 à 60 centimètres de hauteur, à feuilles éparses, nombreuses, longues et étroites, ayant 5 nervures, et dépourvues de bulbille à leur aisselle, caractère qui, joint à la présence de poils cotonneux sur les pédoncules, différencie cette espèce du *Lis bulbifère* (Lilium bulbiferum L.). La tige florale porte au sommet de 4 à 15 grandes fleurs dressées, en forme de cloche, de 8 à 10 centimètres de diamètre, d'un brillant jaune orangé ou safrané, avec de nombreux points pourprés sur la face interne des divisions.

Emplois. — Culture. — Multiplication.

Ce beau *Lis* est d'une rusticité à toute épreuve. Il est très répandu dans les jardins et convient à la décoration des plates-bandes. Il est à peu près indifférent sur la nature du sol, à la condition toutefois qu'il ne soit pas d'une humidité excessive. Comme le *Lis blanc*, on doit le laisser en place pendant plusieurs années ; il ne tarde pas à constituer d'énormes touffes qui portent un nombre considérable de fleurs. On le multiplie à l'aide des caïeux qui se développent autour des bulbes.

EXPLICATION DE LA PLANCHE 288.

1. Coupe longitudinale de la fleur dépourvue de son périanthe.

Pl. 289. — LIS BLANC

LILIUM CANDIDUM L.

Patrie : Europe méridionale.

Description.

Le *Lis blanc* ou *Lis commun* est trop connu pour qu'il soit nécessaire de le décrire. C'est certainement l'une des plantes de jardins les plus popularisées, en raison de la beauté de ses grandes fleurs très parfumées, d'un blanc pur, portées au nombre de 10 à 15 sur les tiges florales. Il fleurit en juin-juillet et n'exige pas de soins particuliers. Ce qui est dit pour le *Lis safrané* lui est de tous points applicable.

Dans le midi de la France, le Lis blanc est cultivé industriellement pour la production de bulbes destinés au commerce. Cette culture se fait notamment aux environs de Toulon et d'Ollioules. D'après M. le docteur Sauvaigo, cette dernière localité produirait annuellement et à elle seule 300.000 bulbes.

Pl. 290. — LIS BRILLANT

LILIUM SPECIOSUM Thunb.

Synonyme français : **Lis des jardiniers.**
Synonymes latins : **Lilium superbum Thunb., non Linné ;
L. lancifolium Hort., non Thunb.**

Patrie : Japon.

Description.

L'un des plus beaux *Lis* connus. Cette plante, d'environ 1 mètre de hauteur, porte une tige dressée, rameuse au sommet, et dont chaque ramification (de 1 à 15) porte une fleur large de 15 centimètres, penchée, odorante, d'un rose plus ou moins accentué, avec des taches rouges ou blanches. Ces fleurs sont très ouvertes et ont les divisions roulées en dehors, couvertes de petites excroissances à la face interne et dans leur moitié inférieure. Fleurit en août-septembre. Variétés à fleurs blanches ou roses.

Emplois. — Culture. — Multiplication.

Ce *Lis* est cultivé en grande abondance, en pots pour l'ornement des appartements, des fenêtres et des balcons. Les soins qu'il exige sont exactement les mêmes que ceux indiqués pour le *Lis doré*, voir p. 362.

Explication de la Planche 290.

1. Coupe longitudinale d'une fleur dont on a enlevé le périanthe.

———

Parmi les autres espèces de *Lis* les plus répandues, on peut citer le

Lis Martagon (Lilium Martagon L.), plante indigène, à tige portant de 3 à 20 fleurs penchées, rouge violacé, ponctuées de brun, à divisions roulées en dehors. Ce Lis peut être cultivé dans les massifs de terre de bruyère. Le *Lis tigré* (Lilium tigrinum Gawl.), de la Chine et du Japon, à tige laineuse, haute de 1 mètre à 1 m. 50, garnie de feuilles étroites, produisant des bulbilles à leur aisselle, terminée par un bouquet de 2 à 20 fleurs penchées, très grandes, de couleur rouge écarlate, ponctuées de pourpre noir et dont chacune des divisions, roulées en dehors, est couverte de petites excroissances à la face interne. Cette plante et ses variétés est d'une rusticité complète; elle est recherchée pour l'ornementation des plates-bandes. On peut la laisser en place pendant 3 ou 4 années.

Pl. 291. — DAMIER

FRITILLARIA MELEAGRIS L.

Indigène.

Description.

Le genre *Fritillaria* est caractérisé par des fleurs en forme de cloche, penchées avant l'épanouissement, à 6 divisions tout à fait libres, caduques; 6 étamines attachées à la base des divisions, à anthères fixées au filet par leur face interne et au-dessus de leur base. Le style est allongé, à sommet divisé en 3 branches. Le fruit est une capsule à 3 ou à 6 angles. Les graines sont comprimées.

Le *Fritillaire Damier* est une plante d'environ 30 centimètres de hauteur, portant seulement sur la tige florale quelques feuilles, alternes, recourbées. Cette tige est terminée par une seule fleur, grande, pendante, à divisions panachées de carreaux blanchâtres et violets, en forme de damier, rarement blanches. La capsule est à 3 angles. Fleurit en mars-avril.

Emplois. — Culture. — Multiplication.

Cette plante croît à l'état sauvage dans les prairies humides ; elle est surtout propre à l'ornementation des plates-bandes en sol frais et poreux, à exposition un peu ombragée. On en plante les bulbes en octobre-novembre et on doit les laisser en place pendant plusieurs années.

Explication de la Planche 291.

1. Fleur coupée longitudinalement.
2. Ovaire coupé transversalement.

C'est au genre Fritillaire qu'appartient la *Couronne Impériale* (Fritillaria imperialis L.; Petilium imperiale J. St-Hil.), plante originaire d'Orient, à bulbe volumineux jaunâtre, à tige dressée, simple, haute d'environ 1 mètre, à feuilles nombreuses, rapprochées, peu larges et d'un vert gai. Cette tige est terminée par un bouquet de feuilles au-dessous duquel pendent, autour de la tige, une douzaine de fleurs, en forme de cloche. Ces fleurs ont les dimensions et la forme d'une Tulipe renversée; elles mesurent 6 à 8 centimètres de longueur et sont d'une couleur rouge brique. Il existe des variétés à fleurs plus ou moins grandes, simples ou doubles, de couleur rouge orangé ou jaunes. Cette belle plante, très rustique, fleurit en mars-avril. On doit la cultiver en sol léger, à exposition ensoleillée, et la laisser en place pendant au moins trois ou quatre années. La multiplication se fait à l'aide des caïeux qui naissent autour des bulbes.

Pl. 292. — TULIPE DES JARDINS

TULIPA GESNERIANA L.

Patrie : Orient.

Description.

Le genre *Tulipa* est distingué par des fleurs à 6 divisions libres, caduques; 6 étamines attachées sous l'ovaire, à anthères mobiles, dressées, percées profondément à la base pour recevoir le filet. Le stigmate est à trois lobes; il est directement inséré sur l'ovaire, le style étant nul; la capsule est à trois angles; les graines sont aplaties.

La *Tulipa Gesneriana* a le bulbe ovoïde, brun ou fauve. La tige florale, glabre, de 30 à 50 centimètres de hauteur, porte des feuilles ovales, rétrécies en pointe au sommet, glauques; elle est terminée par une fleur en forme de cloche, jaune ou rouge dans le type de l'espèce, mais dont il existe des centaines de variétés, de coloris différents. Les divisions du périanthe sont ovales, obtuses, glabres. Le stigmate est profondément divisé en 3 lobes.

On divise les *Tulipes de jardins* en deux groupes principaux :

Les *Tulipes flamandes* ou à fond blanc.

Les *Tulipes bizarres* ou à fond jaune.

Ces groupes renferment des variétés à fleurs simples ou doubles, hâtives ou tardives, unicolores ou panachées, dans lesquelles on observe toutes les nuances du jaune, du rouge, du rose, du violet allant du blanc aux tonalités les plus foncées. Leur floraison a lieu en mai.

Emplois. — Culture. — Multiplication.

Les *Tulipes de jardins* sont des plantes ornementales de premier ordre, propres à la décoration des plates-bandes, à la formation de corbeilles et à la culture en pots pour la garniture des appartements. Ce qui a été dit à propos de la culture des *Jacinthes*, en pleine terre et en pots, leur est applicable et nous y renvoyons le lecteur (voir p. 358). La multiplication se fait à l'aide des caïeux qui naissent autour des bulbes.

Pl. 293. — TULIPE DUC DE THOL

TULIPA SUAVEOLENS Roth.

SYNONYME FRANÇAIS : **Tulipe odorante.**

Patrie : Europe méridionale.

Description.

Cette espèce diffère de la *Tulipe des jardins* (T. Gesneriana) par sa tige florale et ses feuilles velues, sa fleur, agréablement odorante, en forme de cloche bien ouverte.

C'est à cette plante que se rattachent les Tulipes hâtives dont la floraison a lieu environ un mois avant les *T. des jardins*, c'est-à-dire en mars-avril.

Emplois. — Culture.

Il en existe un grand nombre de variétés, à fleurs simples, doubles ou pleines, de coloris très varié, présentant soit des teintes uniformes blanches, jaunes, roses, rouges, rouge foncé, rouge écarlate, soit des associations multicolores. Certaines variétés à fleurs pleines, à divisions rouges bordées de jaune, sont cultivées en quantités considérables et sont vendues par les fleuristes parisiens pendant toute la durée de l'hiver.

Les emplois de cette espèce sont les mêmes que ceux de la Tulipe des jardins. La culture qu'il convient de leur appliquer est celle qui est indiquée pour les Jacinthes (voir p. 358).

Pl. 294. — TULIPE DRAGONNE

TULIPA TURCICA Roth.

SYNONYMES FRANÇAIS : **Tulipe Perroquet; T. turque.**
SYNONYME LATIN : **Tulipa cornuta Redouté.**

Patrie : Orient.

Description.

Cette espèce se distingue des précédentes par sa tige glabre, ses feuilles moins larges, étroites, et par les divisions de la fleur longues et étroites, terminées en pointe, un peu velues au sommet. Il en existe plusieurs variétés, notamment celles qui sont connues sous le nom de *Dragonnes,* dont les divisions de la fleur ont les bords dentés, déchiquetés et présentent des panachures diverses. Fleurit en mai.

Emplois. — Culture.

Comme les espèces précédentes.

En dehors des plantes passées en revue dans les pages qui précèdent, la famille des Liliacées en renferme un grand nombre d'autres, dignes aussi de figurer dans les jardins. On peut citer notamment :

Le Muguet (Convallaria maialis L.), charmante petite plante indigène, recherchée pour ses fleurs blanches agréablement parfumées, en forme de grelots pendants. Le Muguet sert peu à l'ornement des jardins; mais il donne lieu à d'importantes cultures en serres ou sous châssis pour la production de fleurs coupées, pendant l'hiver. (Voir *Masclef, Atlas, pl. 323.*)

Les Hémérocalles (Hemerocallis) qui diffèrent des *Funkia* par leurs fleurs dressées en bouquet au lieu d'être disposées en grappes, les étamines fixées au sommet du tube du périanthe, au lieu d'être attachées sous l'ovaire; les feuilles longues et étroites et non plus ou moins ovales. L'une de ces plantes, l'*Hémérocalle jaune* ou *Lis jaune* (Hemerocallis flava L.), est originaire de la Hongrie, de la Carniole, etc.; elle forme d'énormes touffes; ses feuilles, nombreuses, longues de 50 à 60 centimètres, sont larges de 1 centimètre, ployées en gouttière et d'un vert gai; la tige florale atteint de 65 centimètres à 1 mètre de hauteur; elle est rameuse et porte de nombreuses fleurs odorantes, ayant la forme de celles du Lis blanc, longues de 5 à 7 centimètres et d'un beau jaune. Cette espèce, très rustique, est l'une de nos plus belles plantes vivaces de plates-bandes; elle fleurit en juin. (Voir *Masclef, Atlas, pl. 320.*)

Une autre espèce aussi recherchée que la précédente est l'*Hémérocalle fauve* (Hemerocallis fulva L.); elle est originaire de l'Europe orientale; elle est caractérisée par des fleurs un peu plus grandes, inodores, de couleur jaune orangé.

Les Ails (Allium), parmi lesquels on peut citer : l'*Ail doré* (A. Moly L.), de la région méditerranéenne, à inflorescence formée de nombreuses fleurs jaune brillant; l'*Ail odorant* (Nothoscordum fragrans Kunth), de l'Amérique septentrionale, à fleurs assez grandes d'un blanc rosé et agréablement parfumées; l'*Ail rose* (Allium narcissiflorum Vill.), de l'Europe méridionale, à grandes fleurs rose pourpré. Ces deux espèces fleurissent en mai-juin et prospèrent surtout en sol léger. L'*Ail de Naples* (A. neapolitanum Cyrillo), de la région méditerranéenne, n'est pas rustique sous le climat de Paris; ce sont les fleurs de cette espèce que Nice expédie en quantités considérables dans les villes du nord, pour la confection des bouquets pendant l'hiver.

La *Jacinthe du Cap* (Galtonia candicans Decaisne), de l'Afrique australe, qui forme un genre distingué des *Jacinthes* (Hyacinthus) par la présence de nombreux ovules dans les loges de l'ovaire, au lieu de seulement 2-6. C'est une grande et belle plante à feuilles, au nombre d'une demi-douzaine, mesurant 50 centimètres de long sur 6 à 8 de large. La tige florale, de 75 centimètres à 1 mètre de hauteur, porte de 20 à 40 fleurs, blanches, longues de 3 à 4 centimètres et disposées en grappe. La *Jacinthe du Cap* fleurit en juillet. Sous le climat de Paris, on doit la cultiver à bonne exposition, en sol léger, bien drainé; il est prudent de la couvrir de paille ou de feuilles sèches pendant l'hiver.

Les *Chiorodoxa*, petites plantes originaires d'Orient, qui rappellent assez bien la Scille de Sibérie, mais qui diffèrent du genre *Scilla* surtout par les étamines fixées à la gorge de la fleur et à anthères fourchues à la base au lieu d'être entières et attachées dans la partie inférieure des divisions; les fleurs plus étalées. Les *C. critica* Boiss. et *Luciliæ* Boiss. fleurissent en mars-avril et ont les mêmes emplois que la *Scille de Sibérie* (voir p. 360); leurs fleurs sont bleues.

La *Camassie comestible* (Camassia esculenta Lindl.), de l'Amérique nord-ouest, différant des *Scilla* par les divisions de la fleur, munies de 3 ou plusieurs nervures, l'ovaire sessile et le nombre des ovules plus considérable dans chaque loge de l'ovaire. Le bulbe de cette plante est comestible (Voir Pailleux et Bois, le *Potager d'un curieux*, 2e éd., p. 53.); les feuilles sont étroites, ployées en gouttière: la tige florale, haute de 30 à 50 centimètres, porte de nombreuses fleurs bleues ou blanches, assez grandes, très ornementales.

La *Camassie* est propre à orner les plates-bandes; elle est rustique sous le climat de Paris et doit être plantée en août-septembre. On peut la laisser en place pendant plusieurs années.

Les *Ornithogales* (Ornithogalum) qui diffèrent des *Scilla* par leur fleur à périanthe non caduc, se desséchant et persistant sur le fruit; les étamines à filet aplati et élargi à la base au lieu d'être filiforme, à anthères fixées au filet par le dos. L'espèce la plus répandue est la *Dame d'onze heures*, *Belle d'onze heures* (Ornithogalum umbellatum L.). C'est une plante indigène, de 10 à 20 centimètres de hauteur, à feuilles étalées plus longues que la tige, de 3 à 5 millimètres de large, glabres, creusées en gouttière. Les fleurs, de 3 à 4 centimètres de diamètre, sont blanches avec une ligne verte sur le dos de chaque division; elles sont réunies au nombre de 10 à 20 en une large ombelle. Cette plante fleurit en mai-juin; les fleurs s'ouvrent vers onze heures du matin pour se fermer dans l'après-midi vers trois heures. La *Dame d'onze heures* n'a pas une grande valeur ornementale, on la plante quelquefois dans les plates-bandes ou dans les gazons. Elle est d'une rusticité à toute épreuve.

Les *Colchiques* caractérisés par leur fleur largement tubuleuse, à tube souterrain naissant directement du bulbe. Une espèce, le *Colchique d'automne*, *Safran des prés*, *Tue-chien*, croît à l'état sauvage dans les prés humides de toute la France; ses fleurs sont grandes, en forme de cloche, d'un blanc rose lilacé ou blanches; elle mérite d'être introduite dans les jardins surtout pour être plantée dans les pelouses; sa floraison a lieu en août-septembre. Le *Colchique bigarré* (Colchicum variegatum L.), de la Grèce, diffère du précédent par ses grandes fleurs roses couvertes de macules pourpre foncé, disposées en damier.

Le *Bulbocode printanier* ou *Crocus rouge* (Bulbocodium vernum L.), plante indigène qui se distingue des *Colchiques* par les divisions de la fleur, distinctes, rapprochées en long tube à la base, au lieu d'être soudées, et par les 3 styles, soudés entre eux presque jusqu'au sommet, au lieu d'être séparés.

Le *Bulbocode printanier* fleurit en février-mars; les feuilles se montrent après la floraison; les fleurs, plus petites que celles du *Colchique d'automne*, sont d'un violet purpurin; elles produisent un bon effet associées à celles des *Perce-neige* et de l'*Helléborine*, qui se montrent dans les jardins à la même époque.

FAMILLE DES PONTÉDÉRIACÉES

⌂ **Pl. 295. — EICHHORNIE A FLEURS BLEUES**

EICHHORNIA AZUREA Kunth.

Patrie : Amérique méridionale.

Description.

Le genre Eichhornia comprend des plantes aquatiques à souche rampante, à fleurs en entonnoir, dont les 6 divisions sont soudées en tube à la base et sont étalées au sommet, de manière à former comme deux lèvres : les 3 internes étant plus larges et le supérieur plus grand que les autres. Les étamines, au nombre de 6, sont inégales : les 3 inférieures longues, saillantes, les 3 supérieures plus courtes, à anthère plus petite. L'ovaire est à 3 loges égales renfermant chacune un grand nombre d'ovules.

L'*Eichhornie à fleurs bleues* est une plante aquatique, flottante. La souche donne naissance à de longues racines qui plongent dans l'eau et qui portent des radicilles latérales, fines et très nombreuses, d'un aspect plumeux. Les feuilles, toutes fixées à la souche, sont ovales-arrondies, glabres, charnues; elles sont portées sur un pétiole fortement enflé en forme de vessie dans sa partie moyenne et muni à la base d'une gaîne, d'où sort un épi dressé, composé de plusieurs fleurs grandes, d'un beau bleu, velues à l'extérieur.

Emplois. — Culture. — Multiplication.

Cette curieuse et belle plante est très recherchée pour l'ornement des bassins, des serres chaudes et des aquariums d'appartements; elle est d'une culture facile, pourvu qu'elle soit à une température suffisamment élevée et en situation éclairée. Elle se multiplie abondamment par les nombreux rejets qu'elle émet de tous côtés.

L'*Eichhornia speciosa* Kunth (Syn. : E. crassipes Solms; Pontederia crassipes Mart.), du Brésil, diffère de l'espèce précédente par les feuilles plus anguleuses portées par un pétiole plus ventru, spongieux, par la tige florale à base munie d'écailles membraneuses et, vers le haut, de feuilles engainantes un peu ventrues. Cette tige florale porte 2 ou 3 fleurs bleues à fond jaune. Mêmes emplois et même culture que l'*Eichhornie* à fleurs bleues.

Le genre *Pontederia* présente à peu près les caractères des *Eichhornia;* il s'en distingue par l'ovaire, ayant deux de ses loges petites et vides, tandis que la troisième renferme un seul ovule.

Il renferme une espèce intéressante, le *Pontederia cordata* L., originaire de l'Amérique septentrionale et tropicale. C'est une plante aquatique qui croît sur les bords des cours d'eau, à souche rampante, à feuilles de 50 à 60 centimètres de hauteur, longuement pétiolées, en forme de cœur. Les tiges florales, plus longues que les feuilles, portent une feuille à court pétiole; elles sont terminées par un épi serré, cylindrique, accompagné d'une feuille florale dont il s'écarte en s'allongeant, et qui est formé d'un grand nombre de petites fleurs bleues. Cette belle plante convient à l'ornement des pièces d'eau en plein air; elle résiste aux hivers du climat de Paris, à la condition d'être couverte d'une épaisse couche d'eau. On la multiplie par division des touffes.

Après la famille des Pontédériacées viennent les *Commélynées*, dans lesquelles on peut citer comme ayant un mérite ornemental :

Les ÉPHÉMÈRES (Tradescantia), plantes qui se distinguent des Liliacées par leurs fleurs à 6 divisions dissemblables; les 3 externes vertes, simulant un calice; les 3 internes à aspect de pétales. Les 6 étamines ont les filets barbus et l'ovaire est à 3 loges, contenant chacune 2 ovules. C'est à ce genre que se rattache l'*Éphémère de Virginie* (Tradescantia virginica L.), plante vivace de l'Amérique septentrionale, rustique et répandue depuis longtemps dans les jardins. Elle forme des touffes d'environ 75 centimètres de hauteur, qui, de mai en août, portent de nombreuses fleurs, de peu de durée, mais qui se succèdent d'une manière ininterrompue, violettes, blanches ou roses, selon les variétés.

Cette famille comprend encore le *Zebrina pendula* Schnizl. (Syn. : Tradescantia zebrina Hort.), élégante plante vivace, originaire du Mexique, à tiges grêles, rampantes, couchées ou pendantes, portant des feuilles ovales, de 4 centimètres de longueur sur 2 de largeur, à face inférieure purpurine, à face supérieure teintée de bandes longitudinales blanches et vertes qui alternent. Les fleurs, petites, ont les 3 pétales de couleur rose.

Le *Zebrina* est l'une des plantes les plus recherchées pour la garniture des vases, des jardinières et des suspensions dans les appartements. On l'emploie aussi très fréquemment pour former des bordures dans les jardins d'hiver et dans les serres. Il est d'une culture très facile et se multiplie par la séparation des rameaux enracinés ou par boutures. Dans la variété *multicolor* les feuilles sont zébrées et striées de rose, de violet, de lilas et de blanc. Le *Zebrina pendula* peut être cultivé en plein air de juin à octobre.

FAMILLE DES PALMIERS

⌂ Pl. 296. — KENTIA DE BELMORE

HOWEA BELMOREANA Beccari.

SYNONYMES LATINS : **Grisebachia Belmoreana Wendl. et Drude** ;
Kentia Belmoreana Muell.; K. Balmoreana C. Moore.

Patrie : Ile de Lord Howe (Iles Salomon).

Description.

Beau Palmier à tronc lisse pouvant atteindre une dizaine de mètres de hauteur, annelé, portant de grandes feuilles d'un vert brillant, gracieuse ment retombantes, longues de 2 à 3 mètres, formées de nombreuses folioles attachées à droite et à gauche sur la nervure moyenne (rachis).

Emplois. — Culture.

Ce bel arbre est rustique dans la région méditerranéenne, lorsqu'il est planté aux expositions chaudes et abritées. Il est très recherché à l'état de jeune plante pour l'ornement des serres froides et des appartements.

On doit le cultiver dans un compost formé de terre franche, de sable et de terreau de feuilles, employés par parties égales. Le terreau de feuilles peut être remplacé par du terreau de couche bien décomposé ou de la terre de bruyère. Les pots doivent être bien drainés, de manière à ce qu'ils laissent écouler facilement l'eau des arrosages.

Lorsque les plantes sont cultivées dans des pots de petites dimensions, les éléments nutritifs mis à leur portée sont vite épuisés; il y a, dans ce cas, nécessité de les renouveler par des rempotages fréquents. Pour les plantes déjà grandes, cultivées en vases de dimensions moins réduites, les rempotages doivent être plus espacés et être faits seulement quand les racines garnissent les parois des pots ou bien lorsque l'état de santé en indique la nécessité, c'est-à-dire environ une fois par an. En pratiquant cette opération, il faut éviter d'endommager les racines saines; celles qui sont malades ou mortes doivent être coupées nettement.

Le *Kentia de Belmore* peut être mis en plein air pendant l'été; lorsqu'on le cultive dans les appartements, il importe de l'exposer le plus possible à la lumière, et d'en laver fréquemment les feuilles avec une éponge douce pour enlever la poussière qui s'y dépose.

Après les rempotages et lorsque la plante se trouve fatiguée d'un séjour prolongé dans les appartements, il est nécessaire de la rétablir, comme on dit en horticulture, c'est-à-dire d'en activer la végétation en la cultivant pendant un certain temps en serre, ou mieux, en la mettant sur couche pour donner de la chaleur aux racines ce qui, d'une manière générale, convient par dessus tout aux Palmiers.

⌂ Pl. 297. — DATTIER ÉPINEUX

PHŒNIX SPINOSA Thonning.

SYNONYME LATIN : **Phœnix leonensis Lodd.**

Patrie : Afrique tropicale occidentale.

Description.

Ce Palmier peut être cultivé en pleine terre, sur le littoral de la Provence, mais il reste buissonnant et n'y atteint pas de grandes dimensions. Ses feuilles sont d'un beau vert, à folioles nombreuses, souples quoique coriaces, attachées à droite et à gauche de la nervure médiane (rachis); les inférieures sont plus courtes, raides, épineuses.

Emplois. — Culture.

Cette espèce est fréquemment cultivée comme plante d'appartement. Les soins à lui donner sont ceux indiqués pour le *Kentia de Belmore.*

C'est au genre *Phœnix* qu'appartient le *Dattier commun, Palmier dattier* (Phœnix dactylifera L.), si précieux pour notre colonie d'Algérie. Cet arbre, très décoratif, supporte parfaitement le climat du littoral méditerranéen; il est répandu dans tous les jardins de Toulon à Nice et de Nice à Gênes. Dans cette région, comme du reste dans l'Algérie septentrionale, l'arbre peut atteindre de 15 à 20 mètres de hauteur; il donne des graines fertiles, mais le fruit, quoique atteignant une grosseur normale, ne peut arriver à maturité complète et reste immangeable. La culture du Dattier, en tant qu'arbre fruitier, ne se fait qu'au sud de l'Atlas, dans le Sahara, de Constantine jusqu'aux oasis des Zibans, de l'Oued-Souf et de l'Oued-Rirrh. Un seul point en Europe, Elche, près Alicante, en Espagne, produit des dattes comestibles quoique de qualité très inférieure à celles des oasis du Sahara.

A Bordighera et San-Remo, le Dattier donne lieu à un commerce important, celui des palmes destinées aux fêtes de la Semaine sainte, du dimanche des Rameaux et de la Pâque des Hébreux. Pour les obtenir, on lie les feuilles extérieures en faisceau, de manière à ce que les feuilles nouvelles de l'année se trouvent garanties de la lumière et restent blanches.

A l'état de jeune plante le *Dattier commun* est peu cultivé pour l'ornement des appartements; il est beaucoup moins estimé que la plupart de ses congénères.

Le *Phœnix canariensis* Hort. (Syn. : P. Jubæ Webb), des Canaries, est le Palmier le plus beau et le plus répandu dans les jardins de la Provence et de la Ligurie. La tige, de 6 à 8 mètres de diamètre, porte des centaines de feuilles gracieusement recourbées, amples, d'un vert foncé, luisantes, ayant le double de la longueur de celles du Dattier commun.

Une variété de cette espèce, désignée sous le nom de *Phœnix tenuis* Hort., est remarquable par son élégant feuillage, grêle, d'un beau vert. C'est le *Dattier* le plus recherché à l'état de jeune plante pour la décoration des appartements. Il supporte bien la culture en pots et résiste longtemps à l'air sec et vicié de nos demeures.

Le *Phœnix reclinata* Jacq., de l'Afrique australe, quoique plus délicat que les précédents, est souvent cultivé sur le littoral méditerranéen. Comme le *P. tenuis*, il est très recherché comme plante d'appartement. Ses feuilles sont d'un vert brillant, assez amples, élégamment courbées et munies de longues épines à la base.

⌂ Pl. 298. — PALMIER A CHANVRE

TRACHYCARPUS EXCELSUS Wendl.

SYNONYME FRANÇAIS : **Palmier de Chine.**
SYNONYMES LATINS : **Chamærops excelsa Mart.; C. Fortunei Hort.**

Patrie : Chine méridionale.

Description.

Ce Palmier est le plus rustique de tous ceux qui sont connus jusqu'à ce jour; il résiste à 10 et même 12 degrés de froid et il n'est pas rare de le voir cultivé en plein air même aux environs de Paris. Dans cette région un simple abri en planches ou même une enveloppe de paille suffisent à le garantir contre les abaissements de la température. On peut voir dans les parterres du Muséum d'histoire naturelle des exemplaires de ce Palmier qui ont pu acquérir d'assez grandes dimensions grâce à ce mode de protection.

La tige du Palmier à chanvre est simple; elle peut atteindre de 4 à 5 mètres de hauteur et est couverte dans toute sa longueur d'une sorte de feutrage brunâtre. Les feuilles, en forme d'éventail, très élégantes, sont portées sur des pétioles lisses ou à bords seulement dentelés.

Emplois. — Culture.

Le *Palmier à chanvre* est très recherché à l'état de jeune plante pour la décoration des appartements. Il exige alors les mêmes soins que ceux indiqués pour le *Kentia de Belmore*, p. 371.

⌂ Pl. 299. — LATANIA

LIVISTONA SINENSIS R. Br.

SYNONYME LATIN : **Latania borbonica Lamk.**

Patrie : Chine méridionale.

Description.

Bel arbre demi-rustique en Provence et en Ligurie. Son tronc, de dimensions moyennes, est couronné de feuilles en éventail, d'un beau vert pâle, mesurant 1 mètre à 1 m. 50 de largeur, portées sur des pétioles bordés d'épines vertes dans leur moitié inférieure.

Emplois. — Culture.

Dans son jeune âge ce bel arbre est l'un des Palmiers le plus fréquemment cultivés pour la garniture des appartements. Il est assez délicat. Les soins indiqués pour le *Kentia de Belmore* lui sont applicables, voir p. 371.

Le *Livistona australis* Mart. (Corypha australis R. Br.), d'Australie, est plus rustique et peut atteindre 4 à 5 mètres de hauteur en Provence ; il diffère du précédent par ses feuilles vert foncé à reflets métalliques, portées sur des pétioles armés, sur toute leur longueur, de fortes épines noires, très dures. Il est fréquemment employé à la garniture des appartements.

⌂ Pl. 300. — COCOTIER DE WEDDELL

LEOPOLDINIA PULCHRA Mart.

SYNONYMES LATINS : **Cocas Weddeliana; Glaziova elegantissima Mart.**

Patrie : Brésil.

Description.

Très élégant petit Palmier dont le tronc ne dépasse pas, au maximum, 1 m. 50 de hauteur, couronné d'une douzaine de feuilles élégamment courbées, divisées en nombreux segments, très étroits, d'une grande légèreté et d'un beau vert, disposées comme les barbes d'une plume, le long de la nervure médiane.

A l'état jeune, ce Palmier constitue une ravissante petite plante pouvant figurer dans les potiches et les jardinières des salons.

La culture qui lui est applicable est celle que nous avons indiquée pour le *Kentia de Belmore*, voir p. 371.

FAMILLE DES PANDANÉES

⌂ Pl. 301. — VAQUOIS DE VEITCH

PANDANUS VEITCHI Hort.

Patrie : Polynésie.

Description.

Plante à tige courte, à feuilles rapprochées en touffe, nombreuses, de 70 centimètres à 1 mètre de longueur, en forme de lanières, élégamment

arquées. Ces feuilles sont garnies sur les bords d'épines molles, fines et
très nombreuses ; elles sont panachées de bandes longitudinales d'un
blanc pur qui tranchent nettement sur un fond vert foncé, brillant.

Emplois. — Culture. — Multiplication.

Le *Vaquois de Veitch* est certainement le plus beau et le plus robuste
de tous les *Pandanus* cultivés. Il est recherché pour l'ornement des appartements où il ne peut malheureusement vivre longtemps, comme ses
congénères ; il prospère surtout en serre chaude, dans une atmosphère
humide. Pour la culture en pots, le compost qui lui convient le mieux est
un mélange de terre franche et de terreau de feuilles employés par parties
égales.

La multiplication se fait au moyen des rejets qui naissent de la souche
et que l'on plante dans de petits pots, maintenus dans la tannée de la serre
à multiplication.

FAMILLE DES AROÏDÉES

⌂ Pl. 302. — CALADIUM A FEUILLES COLORÉES

Origine horticole.

Les *Caladium* sont des plantes tubéreuses, à feuilles annuelles, longuement pétiolées, membraneuses, en forme de cœur ou de fer de flèche ;
à tige florale terminée par une feuille florale, enroulée en cornet (spathe)
de couleur blanche enveloppant un épi court, dense, cylindrique (spadice), portant des fleurs sans périanthe : celles de la base femelles, réduites à de simples ovaires à 2, rarement 3 loges, contenant plusieurs
ovules ; celles du sommet, mâles, constituées par 3-8 étamines ; les deux
groupes de fleurs, mâles et femelles, séparés l'un de l'autre par un anneau
d'organes rudimentaires. Le fruit est une baie.

Les nombreuses variétés horticoles aujourd'hui cultivées sont surtout
issues de trois espèces : les *Caladium bicolor* Vent., *Humboldtii* Schott.
(Syn. : C. argyrites Lem.) et *picturatum* C. Koch, plantes originaires du
Brésil qui ont produit par variation, métissage et hybridation, ces plantes
au feuillage brillamment coloré, tant admirées.

Les feuilles du *Caladium* sont de dimensions très variables. Dans le
C. Humboldtii elles dépassent à peine 10 centimètres de longueur et 5 à
6 centimètres de largeur, tandis qu'elles atteignent 40 à 50 centimètres
de long sur 20 à 30 de large dans le *bicolor* et le *picturatum*. Dans certaines
variétés, la couleur verte a presque entièrement disparu et les feuilles
membraneuses ont alors l'aspect de la baudruche ; d'autres présentent
des associations de couleurs plus ou moins vives, dans lesquelles on observe toutes les nuances du rouge, du rose, du violacé, du jaune et du

verdâtre, se détachant sur un fond plus pâle ou plus foncé, soit en fines ponctuations, en taches ou marbrures, diversement réparties, soit en lignes ou en bandes bordant les nervures.

Emplois. — Culture. — Multiplication.

Les *Caladium à feuillage coloré* sont au premier rang parmi les plantes ornementales de serres; on les introduit quelquefois dans les salons, mais elles ne peuvent y vivre longtemps, la sécheresse de l'atmosphère leur étant par dessus tout préjudiciable. Ces plantes, en effet, exigent la serre chaude et beaucoup d'humidité dans l'air pendant leur période d'activité végétative; à part cela, elles sont d'une culture facile.

L'hiver, saison pendant laquelle a lieu le repos de la végétation, les tubercules sont laissés en serre tempérée, en sol sec, arrosé seulement à de longs intervalles pour empêcher une dessiccation trop complète. Lorsque les tubercules commencent à donner un signe de végétation, c'est-à-dire en mars-avril, on procède à leur plantation dans des vases bien drainés et dans un compost formé de parties égales de terre franche, de sable et de terreau de feuilles, auquel on peut ajouter un peu de terreau bien consommé et du charbon de bois pulvérisé. Les tubercules doivent être soigneusement examinés, de manière à retrancher les parties pourries ou malades. Les plaies formées doivent être saupoudrées de chaux vive.

La plantation faite, on arrose légèrement avec de l'eau à la température de la serre, et l'on dispose les pots dans la tannée de la serre à multiplication pour déterminer une active entrée en végétation des plantes, après quoi on les porte dans une serre chaude ou tempérée chaude. Les arrosages, d'abord très modérés, sont augmentés graduellement jusqu'à ce que les feuilles aient atteint leur maximum de développement. En automne, dès que la végétation commence à donner des signes de décadence, la quantité d'eau donnée doit être réduite, et cette réduction doit aller progressivement jusqu'au moment où la végétation est tout à fait arrêtée. Les *Caladium* doivent être garantis contre l'action directe des rayons du soleil. La multiplication se fait à l'aide des bourgeons qui naissent autour des plantes adultes. On les plante d'abord dans du sable pur, puis lorsqu'ils sont bien enracinés, on les rempote dans un bon compost, perméable et bien drainé, pour les soumettre ensuite à la culture indiquée ci-dessus.

Explication de la Planche 302.

1. Inflorescence coupée longitudinalement, montrant le spathe entourant le spadice.
2. Fleur mâle.
3. Fleur femelle.

⌂ Pl. 303. — ARUM D'AFRIQUE

RICHARDIA AFRICANA Kunth.

Synonymes latins : **Calla æthiopica L.; Zantedeschia æthiopica Spreng.**

Patrie : Cap de Bonne-Espérance.

Description.

Plante vivace pouvant atteindre 1 mètre de hauteur, à souche assez grosse, à feuilles en forme de fer de flèche, amples, longuement péliolées, à tige florale terminée par une feuille florale enroulée en cornet (spathe), grande, blanche, odorante, enveloppant un épi dense, cylindrique (spadice), portant des fleurs sans périanthe : celles de la partie inférieure, (environ le 1/5 de la longueur du spadice), femelles, composées d'un pistil entouré de 3 étamines rudimentaires stériles (fig. 3), celles des 4/5 supérieurs du spadice mâles, formées d'anthères très serrées en masse compacte. Fleurit en mai-juillet.

Emplois. — Culture. — Multiplication.

Dans le midi de la France, l'*Arum d'Afrique* est d'une rusticité absolue; il est couramment employé à l'ornement des bassins et des pièces d'eau. Sous le climat de Paris l'abri de la serre froide, de l'orangerie ou du châssis lui est indispensable pendant l'hiver. C'est l'une des plantes d'appartement les plus recherchées; car, bien qu'aquatique, elle se prête parfaitement à la culture en pots et même au forçage qui permet d'en obtenir la floraison dès février-mars. On doit la planter de préférence en terre légère, plutôt sableuse que trop compacte, et lui donner des arrosages fréquents et copieux. Les rempotages, répétés chaque année, doivent être faits au printemps, avant l'entrée en végétation. Pendant l'hiver, les plantes conservées en appartement seront placées dans un endroit très éclairé, et on ne leur donnera que des arrosages très modérés.

Explication de la Planche 303.

1. Spadice; à la base les fleurs femelles; dans la partie supérieure les **fleurs** mâles.
2. Étamine.
3. Fleur femelle (pistil entouré de trois étamines stériles).

⌂ Pl. 304. — ANTHURIUM DE SCHERZER

ANTHURIUM SCHERZERIANUM Schott.

Patrie : Guatémala et Costa-Rica.

Description.

Les *Anthurium* sont des plantes à tige ligneuse presque nulle ou plus ou moins allongée, caractérisées par une inflorescence composée de fleurs hermaphrodites, toutes fertiles, ayant un périanthe (enveloppe florale) à 4 divisions, 4 étamines et un ovaire à 2 loges. Ces fleurs, très petites, comme celles de toutes les Aroïdées, sont groupées en masse très dense et constituent un épi, sorte de bâtonnet droit ou contourné, muni à la base d'une feuille florale (spathe) plus ou moins ample, colorée.

L'*Anthurium de Scherzer* est une plante basse, à feuilles coriaces de 30 à 40 centimètres de longueur, sur 5 à 6 centimètres de large, rétrécies en pointe au sommet et à base arrondie, d'un vert très foncé, à tige florale un peu plus courte que les feuilles, portant une spathe d'un rouge écarlate dans le type de l'espèce, largement ovale à la base du spadice qui est grêle, cylindrique, contourné en spirale, de même couleur que le spathe. Cette plante a donné naissance à des variétés à spathes blanches, roses, rouge carminé ou jaune pâle qui, croisées entre elles, ont produit des métis de coloris intermédiaires présentant des spathes pointillées de rouge ou de rose sur un fond pâle.

Emplois. — Culture. — Multiplication.

Cette superbe plante fleurit abondamment et ses inflorescences ont une très longue durée; elle est très recherchée pour l'ornement des serres chaudes et tempérées et aussi pour la culture dans les appartements, dans les serres-salons et les serres-fenêtres. Il est prudent de ne la conserver dans les appartements que pendant la durée de sa floraison, car de même que tous les *Anthurium* et autres Aroïdées analogues, ce qu'elle exige le plus, avec la température nécessaire à son développement, est une abondante humidité dans l'atmosphère, surtout pendant la période d'activité végétative. On doit la cultiver en pots parfaitement drainés, dans un compost formé de terre et de terreau de feuilles recouvert à la surface de mottes de terre de bruyère grossièrement concassées. Des arrosages copieux sont nécessaires pendant la végétation.

EXPLICATION DE LA PLANCHE 304.

1. Fleur détachée.
2. Fleur coupée longitudinalement.
3. Étamine.

Le genre *Anthurium* renferme de nombreuses espèces ornementales, de serre chaude ou de serre tempérée, recherchées, les unes pour leurs inflorescences, les autres pour leur feuillage, parfois superbe. Au premier groupe appartient l'*A. Andreanum* Lind., de la Nouvelle-Grenade, à feuillage en forme de cœur. La spathe atteint jusqu'à 20 centimètres de diamètre, elle est creusée de sillons irréguliers et colorés en brillant rouge minium. Cette espèce a donné naissance à de nombreuses variétés dans lesquelles la spathe varie du blanc au rose, et du rouge pâle au rouge sang de bœuf.

Parmi les espèces à beau feuillage on peut citer : l'*A. cristallinum* Lind. et André, du Pérou, à feuilles très grandes, en forme de cœur, rose violacé dans le jeune âge, puis devenant d'un vert émeraude velouté, couleur sur laquelle se détachent nettement les nervures d'un blanc cristallin ; l'*A. magnificum* Linden, de la Colombie, à feuilles en forme de cœur, mesurant 60 centimètres de long, de couleur vert olive avec les nervures blanches.

La famille des Aroïdées comprend plusieurs genres ayant des représentants dans nos serres ou dans nos jardins ; entre autres :

Le genre Arum, dont une espèce, l'*A. maculatum* L. (Syn. : A. vulgare Lamk.) (Gouet, Pied de veau), est une plante indigène quelquefois cultivée dans les grands jardins, surtout dans les parties ombragées des parcs. Son feuillage, vert jaunâtre, est irrégulièrement maculé de noir et ses épis de fruits d'un rouge corail, ont une très longue durée. L'*A. italicum* L., de l'Europe méridionale, est plus ornemental ; ses feuilles, d'un vert brillant, sont veinées et souvent tachées de blanc ; sa spathe est presque blanche au lieu d'être verdâtre comme dans l'espèce précédente.

Le genre Colocasia, dont une espèce, le *C. esculenta* Schott. (Caladium esculentum Vent.), est cultivée dans toutes les régions tropicales. Ce genre se distingue des *Caladium* par le spadice (épi de fleurs), portant à la base des fleurs femelles, puis un anneau de fleurs stériles au-dessus desquelles sont des fleurs mâles, qui elles-mêmes sont surmontées d'un prolongement stérile. Les feuilles ont les nervures non proéminentes en-dessus. Le *Colocasia esculenta* est une plante à feuilles en forme de cœur, très amples, de 40 à 50 centimètres de longueur, portées sur de longs et robustes pétioles, et d'un fort bel aspect. Il est très recherché pour constituer des corbeilles en plein air pour la durée de la belle saison. Les tubercules, arrachés en octobre, sont conservés à sec, à l'abri du froid pendant l'hiver ; on les met en végétation en mars-avril en les plantant dans des pots que l'on dispose sur couche. Fin mai, les plantes ainsi préparées sont mises en place, dans un sol bien préparé par un labour et fortement additionné de fumier. Les arrosages doivent être abondants.

Le genre Alocasia qui comprend de superbes plantes à feuillage ornemental, toutes de serre chaude, se distinguant facilement des Colocasia par leurs feuilles à nervures proéminentes sur les deux faces, au lieu de n'être saillantes qu'à la face inférieure.

Le genre Xanthosoma, caractérisé par un spadice sur lequel les fleurs sont disposées comme dans les genres précédents, mais qui n'est pas prolongé en appendice stérile.

Le genre Dieffenbachia qui se distingue par le spadice soudé à la spathe et par l'ovaire à une seule loge. Ce genre comprend un grand nombre de plantes (espèces et variétés) de serre chaude ou tempérée chaude, à tiges annelées et à feuillage d'un vert plus ou moins foncé, portant des veines, des macules de forme irrégulière ou des ponctuations plus ou moins fines, d'un blanc pur.

Le genre Calla, dans lequel le spadice est garni de fleurs femelles entourées par des étamines, disposées sans ordre et en plus grand nombre qu'elles, et à extrémité portant seulement des étamines. Ce genre renferme une espèce, le *C. palustris* L., petite plante aquatique, indigène, à souche rampante, portant de courtes feuilles ovales, en forme de cœur à la base, et des tiges florales terminées par un spadice blanc muni d'une spathe blanche, ovale, plane. Le *Calla palustris*, très rustique et de culture facile, convient à l'ornementation des bassins, des pièces d'eau et des aquariums, planté à une faible profondeur au-dessous de l'eau.

Après les Aroïdées vient la famille des *Alismacées*, qui comprend des plantes aquatiques souvent recherchées en horticulture, appartenant principalement aux genres *Alisma*, *Sagittaria*, *Butomus* et *Hydrocleis*.

Les Alisma sont des plantes à fleurs hermaphrodites, à périanthe double ; l'extérieur représentant le calice, l'intérieur représentant la corolle ; à étamines au nombre de 6 à 9 et à 6 carpelles (fruits), distincts. C'est à ce genre qu'appartient le *Plantain d'eau*, *Fluteau* (Alisma Plantago L.), plante indigène très commune le long des cours d'eau, des mares et des étangs, à inflorescence très développée, portant de nombreuses petites fleurs d'un blanc rosé. (Voir *Masclef, Atlas, pl. 309.*)

Les Sagittaria, dont une espèce, très répandue sur le bord de nos rivières, est bien connue sous le nom de *Sagittaire* ou *Fléchière* (S. sagittifolia L.). Une variété à fleurs pleines d'un blanc pur est l'une de nos plantes aquatiques les plus ornementales. Elle est très recherchée pour orner les bassins et les aquariums, dans les parties où l'eau n'est pas très profonde. Elle fleurit abondamment de juin en août. (Voir *Masclef, Atlas, pl. 310.*)

Le genre Butomus, qui comprend une seule espèce, le *B. umbellatus* L. (Jonc fleuri), plante aquatique, vivace, indigène, d'environ 1 mètre de hauteur, à feuilles dressées triangulaires, à fleurs nombreuses, roses, grandes, disposées en larges ombelles très ornementales. Cette belle plante, très rustique, est très recherchée pour orner les bords des pièces d'eau et les aquariums. (Voir *Masclef, Atlas, pl. 311.*)

Toutes les plantes que nous venons d'énumérer se multiplient soit par division des touffes, soit par graines.

Une autre plante, appartenant au genre Hydrocleis, l'*H. Humboldtii* Endl. (Limnocharis Humboldtii Rich.), ne pourrait être assez recommandée pour l'ornement des petits bassins et des aquariums. Elle est originaire du Brésil et doit par conséquent être abritée en serre pendant l'hiver. Plantée en plein air dans les derniers jours de mai, elle se développe rapidement et couvre l'eau de ses nombreuses feuilles ovales, flottantes comme celles d'un petit *Nymphéa*. Elle produit de juillet en septembre une quantité considérable de fleurs d'un beau jaune, mesurant 6 centimètres de

diamètre. Dans la première quinzaine d'octobre on doit relever des souches
de cette plante pour les mettre en pots et les plonger dans le bassin d'une
serre chaude où ils passeront l'hiver.

FAMILLE DES NAÏADÉES

Pl. 305. — APONOGÉTON A DEUX ÉPIS

APONOGETON DISTACHYUM Thunb.

Patrie : Cap de Bonne-Espérance.

Description.

Belle plante aquatique, vivace, à souche tubéreuse, à feuilles ovales-
allongées, nageantes, très longuement pétiolées ; à fleurs disposées en
épi fourchu, long de 6 à 12 centimètres. Ces fleurs sont formées de 6 étamines ou davantage et d'un ovaire à 3 ou 6 carpelles (jeunes fruits) distincts, ovoïdes, devenant des fruits piriformes ou globuleux, à une loge
contenant une ou plusieurs graines ; elles sont accompagnées de 4 feuilles
florales (bractées) persistantes, ayant l'aspect de pétales, d'un blanc pur.
Ces fleurs exhalent un parfum pénétrant très agréable et ont une
longue durée. Elles se succèdent sans interruption d'avril en juillet.

Emplois. — Culture. — Multiplication.

L'*Aponogéton à deux épis* est l'une des plantes aquatiques les plus
précieuses pour l'ornement des aquariums, des bassins et des pièces
d'eau. Il est d'une rusticité absolue dans le midi et dans l'ouest de la
France et s'est naturalisé dans certains cours d'eau aux environs de Montpellier et de Brest. Sous le climat de Paris, il est prudent de le cultiver en
pots ou en paniers que l'on plonge dans l'eau ou dans la vase, de manière
à ce qu'il soit protégé du froid par une épaisse couche liquide. La multiplication se fait par division des souches. Les graines germent au fond
de l'eau où elles tombent naturellement lorsqu'elles sont mûres.

EXPLICATION DE LA PLANCHE 305.

1. Fleur (étamines et carpelles) accompagnée de sa bractée (feuille florale).
2. Deux carpelles développés en fruit, accompagnés de leur bractée.
3. Graine.
4. Fruit coupé longitudinalement montrant sa graine renfermée à l'intérieur.
5. Fruit coupé longitudinalement, montrant deux graines contenues à l'intérieur.

FAMILLE DES CYPÉRACÉES

⌂ Pl. 306. — CYPÉRUS A FEUILLES ALTERNES

CYPERUS ALTERNIFOLIUS L.

Patrie : Madagascar.

Description.

Les *Cyperus* sont des herbes qui rappellent les Graminées dont elles se distinguent par leur tige triangulaire et sans nœuds, au lieu d'être cylindrique et noueuse. Leur inflorescence est formée d'un nombre considérable de petits épillets, constitués par des fleurs très réduites, disposées sur deux rangs, accompagnées d'écailles verdâtres ou brunâtres. Les fleurs ont généralement 3 étamines, rarement 1-2, et un ovaire surmonté de 2-3 stigmates.

Le *Cyperus alternifolius* est une plante vivace de 60 centimètres à 1 mètre de hauteur, à nombreuses tiges triangulaires, couronnées par une ample inflorescence en ombelle, comprenant des épillets accompagnés d'une vingtaine de feuilles, longues et étroites, planes, rapprochées à la base et retombant élégamment autour de leur support. Variété à feuilles panachées, très recherchée.

Emplois. — Culture. — Multiplication.

Le *Cypérus à feuilles alternes* est une plante d'appartement très répandue, qui se prête parfaitement à la culture en pots et que l'on peut cultiver aussi bien hors de l'eau que plongée dans les aquariums dont elle est l'un des plus gracieux ornements. Elle exige la serre tempérée pendant l'hiver, mais supporte très bien le plein air pendant toute la durée de la belle saison. La culture en est facile, à la condition de prodiguer des arrosages fréquents et copieux aux plantes maintenues en pots hors de l'eau.

EXPLICATION DE LA PLANCHE 306.

1. Rameau de l'inflorescence portant plusieurs épillets.
2. Fleur (écaille munie à son aisselle d'un pistil entouré de trois étamines).

C'est à ce genre qu'appartient le *Papyrus* (Cyperus Papyrus L.), d'Égypte, dont la tige renferme une moelle légère, qui, coupée en lames minces, était employée comme papier par les Anciens. Cette plante atteint de 2 à 3 mètres de hauteur, et ses tiges robustes sont couronnées d'une large ombelle globuleuse, à divisions longues et grêles, très divisées, retombant élégamment comme une chevelure. Le *Papyrus* est très ornemental; on l'utilise pour former des corbeilles en le plantant en plein air

fin mai. Il doit être rentré en serre tempérée dans la première quinzaine
d'octobre pour être hiverné soit hors de l'eau, soit plongé dans un bassin
ou un aquarium.

⌂ Pl. 307. — **CHEVELURE DE NYMPHE**

SCIRPUS CERNUUS Vahl.

Synonyme latin : **Isolepsis gracilis Hort.**

Patrie : Régions tropicales.

Description.

Herbe vivace à tiges d'une ténuité extrême, longues d'environ 20 centimètres et pendant élégamment comme une chevelure, à feuilles filiformes, courtes. Les tiges sont terminées par 1, rarement 2 petits épillets,
accompagnés d'une bractée (feuille florale) égalant la longueur de l'épillet ; celui-ci, formé d'écailles convexes, en forme de petite nacelle, vertes,
à bords blanchâtres. La fleur se compose de 3 étamines et d'un ovaire
surmonté d'un style profondément divisé en 3 branches.

Emplois. — Culture. — Multiplication.

Cette charmante plante est très recherchée pour l'ornement des serres
et des appartements ; elle convient à la garniture des jardinières et des
suspensions. C'est aussi une excellente plante pour l'ornement des aquariums dans lesquels on la cultive, la base du pot plongeant dans l'eau.
Elle prospère surtout à exposition ombragée, dans un compost formé de
terreau de feuilles et de terre franche ou tout simplement dans de la terre
de bruyère, maintenue humide par des arrosages fréquents. La multiplication se fait très facilement par division des touffes.

EXPLICATION DE LA PLANCHE 307.

1. Tige terminée par deux épillets.
2. Fleur (écaille, pistil, étamines).
3. Tige terminée par un seul épillet.

———

A ce genre appartient la plante désignée sous le nom de *Porc-épic*,
variété panachée du *Scirpe des lacs* (Scirpus lacustris L., variegata), commun dans les lieux marécageux de toute la France. Dans le type de l'espèce, les tiges sont dressées, cylindriques, spongieuses à l'intérieur ;
elles sont d'un vert glauque et atteignent de 1 à 3 mètres de hauteur. La
variété cultivée dans les jardins, de dimensions moindres, a les tiges
zonées alternativement de blanc et de vert. Elle convient à l'ornement
des pièces d'eau. (Voir *Masclef, Atlas, pl. 360.*)

La famille des Cypéracées comprend aussi le genre CAREX dont une
espèce, le *C. Morrowii* Boott (Syn. : C. variegata Vries ; C. japonica va-

riegata Hort.), est recherchée pour l'ornement des appartements. C'est une plante vivace, à feuillage persistant, élégamment panaché, formant des touffes de 25 à 30 centimètres de hauteur. Elle est d'une culture très facile, mais exige des arrosages fréquents et abondants.

FAMILLE DES GRAMINÉES

Pl. 308 A. — PLUMET

STIPA PENNATA L.

Indigène.

Description.

Herbe gazonnante, vivace, de peu d'effet, surtout cultivée pour la production du long filament plumeux et soyeux qui couronne l'une des écailles de la fleur. Ces filaments, qui atteignent jusqu'à 30 centimètres de longueur, sont utilisés dans la fabrication des bouquets perpétuels, soit après avoir été simplement séchés, soit teints de diverses couleurs.

Culture. — Multiplication.

Le *Stipa pennata* ne prospère que dans les sols sablonneux et arides. On le multiplie difficilement par division des touffes, plus aisément par graines que l'on sème en place au printemps.

EXPLICATION DE LA PLANCHE 308 A.

1. Épillet dont l'une des glumelles est prolongée en longue arête plumeuse.

Pl. 308 B. — PENNISETUM A LONGS STYLES

PENNISETUM LONGISTYLUM Hochst.

Patrie : Abyssinie.

Description.

Herbe vivace cultivée pour ses inflorescences légères, très élégantes, recherchées pour la composition des bouquets perpétuels. Elle forme des touffes de 50 à 75 centimètres de hauteur qui, sous le climat de Paris, fleurissent d'août en octobre.

Culture. — Multiplication.

Cette plante affectionne les sols bien divisés, fertiles ; elle résiste souvent à nos hivers, simplement couverte d'une couche de feuilles sèches ou de paille ; il est cependant prudent de rempoter à l'automne des éclats enracinés que l'on hiverne sous châssis ou en serre froide. On peut aussi traiter le *Pennisetum* comme plante annuelle et en semer les graines en mars-avril, sur couche; mais, dans ce cas, les inflorescences ne commencent à se montrer que vers la fin de l'été.

EXPLICATION DE LA PLANCHE 308 B.
2. Épillet.

Le genre *Pennisetum* renferme une espèce très ornementale, le *P. latifolium* Spreng. (Syn. : Gymnotrix latifolia Schult.), de la République argentine, dont les fortes touffes, de 2 mètres à 2 m. 50 de hauteur, sont formées de feuilles larges et d'un beau vert, portées sur des tiges d'un brun violacé.

Cette plante peut entrer dans la composition des grands massifs pour la durée de la belle saison. On la met en plein air dans la seconde quinzaine de mai et on la relève pour l'hiverner en serre froide, en orangerie ou dans un local éclairé, abrité de la gelée.

Pl. 309. — CHIENDENT PANACHÉ

PHALARIS ARUNDINACEA L., var. PICTA

SYNONYMES FRANÇAIS : **Roseau panaché, Ruban de Bergère, Alpiste à feuilles panachées.**
SYNONYMES LATINS : **Baldingera arundinacea Dumort., variegata; Digraphis arundinacea Trin., variegata.**

Indigène.

Description.

Herbe vivace dont le type sauvage, à feuilles vertes, est commun sur le bord des eaux dans toute la France.

C'est une plante de 75 centimètres à 1 m. 50 de hauteur, à souche rampante, à feuilles mesurant environ 20 centimètres de longueur sur 2 et demi de largeur, portant des bandes longitudinales, alternativement vertes et blanc rosé dans le jeune âge, puis vertes et blanc jaunâtre.

Emplois. — Culture. — Multiplication.

Le *Chiendent panaché* est une plante ornementale très populaire que l'on cultive dans les plates-bandes, au bord des eaux, et dans les rocailles. Son feuillage est recherché pour être associé aux fleurs dans les bouquets. Cette plante est d'une rusticité à toute épreuve; elle croit sans soins dans tous les terrains et à toutes les expositions. On la multiplie très facilement par division des touffes.

EXPLICATION DE LA PLANCHE 309.
1. Épillet.
2. Épillet ouvert pour montrer, à la base les deux glumes; en dedans, deux glumelles qui enveloppent trois étamines et un pistil à deux styles terminés par des stigmates plumeux.

Pl. 310 A. — TREMBLETTE A GROS ÉPILLETS

BRIZA MAXIMA L.

Indigène, Provence.

Description.

Herbe annuelle de 20 à 40 centimètres de hauteur, à tige dressée, feuillée, portant au sommet des rameaux fins et déliés, flexueux, terminés par un grand épillet penché, ovale, se balançant au vent. Ces épillets contiennent une quinzaine de fleurs, accompagnées d'écailles qui se recouvrent les unes les autres comme les tuiles d'un toit, brillantes et d'un blanc argenté au début, devenant ensuite brunâtres. Fleurit en mai-juin.

Emplois. — Culture. — Multiplication.

Les inflorescences de cette belle Graminée sont très recherchées pour la confection des bouquets perpétuels, soit après avoir été simplement séchées, soit teintes de diverses couleurs. La plante est aussi fréquemment cultivée en pots pour l'ornement des fenêtres et des balcons. On doit en semer les graines en place, en avril-mai.

Une autre espèce, le *Briza minor* (Tremblette à petits épillets) plus nombreux, dans l'inflorescence, mais beaucoup plus petits, contenant 5-7 fleurs. Elle figure aussi dans les jardins.

Pl. 310 B. — GROS MINET

LAGURUS OVATUS L.

Indigène, Provence et côtes de l'Océan.

Description.

Herbe annuelle de 10 à 50 centimètres de hauteur, velue, à tiges terminées par un épi ovoïde, dense, mou, d'un blanc soyeux, d'abord dressé puis penché, à écailles extérieures des fleurs (glumes) prolongées en appendice plumeux; l'une des écailles intérieures (glumelle inférieure) munie d'une arête dorsale non plumeuse, plus longue que celles des glumes. Fleurit en mai-juin.

Emplois. — Culture. — Multiplication.

Comme la *Tremblette à gros épillets*.

Pl. 310 C. — CANCHE ÉLÉGANTE

AIRA PULCHELLA Willd.

Indigène.

Description.

Herbe annuelle de 15 à 20 centimètres de hauteur, à épillets très petits renfermant 2 fleurs, portés sur des rameaux d'une ténuité extrême, qui se bifurquent successivement pour former une inflorescence d'une élégance et d'une légèreté incomparables. Fleurit de mai en août.

Emplois. — Culture.

Comme la *Tremblette à gros épillets*.

Une *Graminée* fréquemment cultivée, quelquefois confondue avec la précédente, est l'*Agrostide nébuleuse* (Agrostis nebulosa Boiss.), originaire de l'Espagne. On la distingue facilement de la précédente par ses épillets contenant seulement une fleur au lieu de 2. Les emplois et la culture sont identiques.

Parmi les autres Graminées ornementales, il convient de citer :

Le *Panicum plicatum* Lamk. (Syn. : P. palmæfolium Kœn., non Poiret), plante vivace, originaire des régions tropicales, à tiges dressées, hautes d'environ 1 mètre, garnies de feuilles ovales-allongées, mesurant environ 50 centimètres de longueur sur 5 à 6 de largeur, velues, plissées longitudinalement. Ces feuilles, avec leurs nombreux plis parallèles, très réguliers, simulent quelque peu celles de certains Palmiers. Il en existe une variété panachée, dont les feuilles sont lignées ou striées largement de blanc pur ou jaunâtre.

Cette belle Graminée convient à l'ornementation des serres tempérées et des appartements pendant l'hiver ; on peut l'utiliser pour la durée de la belle saison (du 15 mai au 15 octobre) en l'associant à d'autres plantes pour former des corbeilles et des massifs. On la multiplie par division des touffes.

L'*Oplismenus undulatifolius* Beauv., *variegatus* (Syn. : O. imbecillis Rœm. et Sch.; Panicum imbecille Trin.: Panicum variegatum Hort.), herbe vivace originaire des régions tropicales, à tiges couchées, retombantes ou un peu relevées aux extrémités, garnies de feuilles étroites, rétrécies au sommet, panachées de bandes longitudinales blanches et vertes qui alternent, et bordées de rose plus ou moins foncé.

Cette herbe, très décorative, est très recherchée pour la garniture des suspensions et des jardinières dans les appartements; pour former des tapis et des bordures dans les serres et dans les jardins d'hiver. Elle est d'une culture facile et on la multiplie par division des touffes.

Le *Maïs panaché* (Zea mays L., variegata), variété à feuilles élégamment panachées de bandes ou de lignes vertes, blanches et roses, qui alternent et donnent à l'ensemble de la plante un aspect décoratif au plus haut degré. Le *Maïs panaché* convient à la formation des massifs et des grandes corbeilles. On doit en semer les graines en avril sur couche, et planter à demeure fin juin, en sol fortement additionné d'engrais, et à exposition chaude. Des arrosages abondants sont nécessaires.

L'*Eulalia panaché* et l'*Eulalia zébré* (Miscanthus sinensis Anderss., variegata ; Eulalia japonica Trin.; Eulalia variegata Hort ; Eulalia zebrina

Hort.). Belles herbes vivaces, originaires de la Chine et du Japon, pouvant atteindre 1 m. 50 à 2 mètres de hauteur et formant de fortes touffes, au feuillage panaché de lignes longitudinales, vertes et blanches, dans le *Miscanthus sinensis variegata* ; de larges bandes transversales, alternantes, dans le *Miscanthus sinensis zebrina*. Ces deux Graminées superbes sont précieuses surtout pour former des groupes isolés sur les pelouses ou dans les parties accidentées des jardins, mais non loin des allées pour que l'on puisse bien jouir de la beauté de la panachure. Les *Eulalia* sont très rustiques; on les multiplie par division des touffes.

Le *Gynérium* ou *Herbe à plumets*, *Roseau des pampas* (Gynerium argenteum Nees), herbe gigantesque, originaire du Brésil, à feuilles très nombreuses, larges d'un centimètre, coupantes sur les bords, longues et élégamment recourbées, formant une large touffe atteignant 1 mètre à 1 m. 50 de hauteur, du centre de laquelle sortent des tiges florales de 2 à 3 mètres, terminées par une inflorescence très rameuse, dense, en forme de volumineux plumet, d'un blanc argenté dans le type de l'espèce, d'un rose violacé dans une variété.

Le *Gynérium* est une plante décorative de premier ordre, employée surtout pour former des touffes isolées sur les pelouses. Les inflorescence, coupées avant leur complet épanouissement et séchées avec soin, sont très recherchées pour la confection de bouquets perpétuels. Le *Gynérium* est rustique sous le climat de Paris, à la condition de l'abriter légèrement pour l'hiver. A cet effet, on relève avec soin les feuilles de la plante pour les rapprocher à l'aide de liens et les envelopper d'une chemise de paille.

La *Canne de Provence* (Arundo Donax L.) et les *Bambous* (Phyllostachys, Arundinaria, Bambusa) sont des plantes ligneuses au sujet desquelles on trouvera des renseignements dans l'ouvrage de M. Mouillefert, *Traité des Arbres et Arbrisseaux*.

FAMILLE DES LYCOPODIACÉES

⌂ Pl. 311. — LYCOPODE DE MARTENS

SELAGINELLA MARTENSII Spring, non Metten.

SYNONYMES LATINS : **S. Poppigiana Hook., non Spring; Lycopodium flabellatum Mart. et Gal.**

Patrie : Mexique.

Description.

Les *Selaginella* sont des plantes vivaces ou à tige ligneuse, rappelant certaines Fougères par leur port et surtout par leur tempérament. Elles sont complètement dépourvues de fleurs, contrairement à toutes les plantes que nous venons de passer en revue dans ce livre, et elles ne portent jamais ni étamines ni pistils. Leur tige, souterraine ou rampante, puis dressée, se ramifie en se bifurquant; elle porte des feuilles très petites, semblables à des écailles. La reproduction se fait à l'aide d'organes spéciaux (spores), renfermés dans des sortes de capsules (sporanges) (fig. 3), disposées aux aisselles d'écailles (fig. 2), rapprochées sur quatre rangs opposés et formant de petits épis terminaux (fig. 1).

On connaît environ 350 espèces de *Sélaginelles* ayant l'aspect de mousses ou de *Fougères*, formant un fin gazon et dont les tiges s'élèvent à plusieurs mètres de hauteur. C'est parmi les plantes du premier groupe que se trouvent les espèces les plus recherchées, et celle qui est figurée sur cette planche est de ce nombre.

Le *Lycopode de Martens* est une plante de 20 à 30 centimètres de hauteur, à tiges couchées dans leur moitié inférieure, puis dressées et ramifiées en éventail, couvertes d'un feuillage abondant et d'un vert brillant, panaché dans une variété.

Emplois. — Culture. — Multiplication.

La *Sélaginelle* ou *Lycopode de Martens* est très recherchée pour l'ornement des serres et des appartements; on en forme des bordures et de charmantes potées; son élégant feuillage persistant conserve surtout sa fraicheur lorsqu'elle est cultivée en situation ombragée et que des arrosages lui sont fréquemment prodigués. La multiplication se fait très facilement à l'aide des rameaux enracinés que l'on coupe pour les mettre séparément dans de petits pots, que l'on remplace successivement par de plus grands, au fur et à mesure que la plante prend un développement plus considérable. La terre de bruyère est celle qui convient le mieux aux Sélaginelles.

EXPLICATION DE LA PLANCHE 311.

1. Épi sporifère.
2. Écaille ayant à son aisselle un sporange ouvert.
3. Sporange détaché.

Une autre espèce de *Sélaginelle*, celle qui est le plus répandue dans les serres, est le *Selaginella Kraussiana* A. Br. (Syn. : S. hortensis Mett. ; Lycopodium Kraussianum Kunze ; L. denticulatum Hort., non Linné). C'est une petite plante originaire de l'Afrique australe, des Açores, de Madère et de la Sicile, à tiges rampantes, couvertes d'un feuillage d'un beau vert, constituant un gazon fin, serré, d'un très bel aspect. C'est cette espèce que les jardiniers emploient pour former des tapis de verdure dans les serres. Elle est précieuse par la faculté qu'elle possède de s'accommoder à des températures variées et la facilité de sa culture.

FAMILLE DES FOUGÈRES

Pl. 312 A. — ASPIDIE A AIGUILLONS

ASPIDIUM ACULEATUM Sw.

SYNONYMES LATINS : **Polystichum aculeatum Roth**; **Nephrodium aculeatum Coss. et Germ.**

Indigène.

Description.

La famille des Fougères comprend un nombre considérable de plantes très recherchées pour l'ornement des jardins, des serres et même des appartements, bien que, d'une manière générale, ces plantes aient peine à vivre dans un milieu où la sécheresse de l'air est habituelle, les conditions dans lesquelles elles croissent à l'état sauvage, leur faisant au contraire exiger une atmosphère chargée d'humidité et une situation abritée de l'action directe du soleil. Nous ne pouvons, dans ce livre, passer en revue les espèces même les plus ornementales; nous nous bornerons à donner la représentation de quelques types caractéristiques choisis parmi ceux qui sont le plus répandus. Nous renvoyons les personnes que cette famille intéresse particulièrement, à l'ouvrage de MM. Rivière, Roze et André, *Les Fougères.*

Les Fougères sont des plantes dépourvues de fleurs et par conséquent d'étamines et de pistils. La reproduction se fait à l'aide d'organes spéciaux (spores), qui germent sur le sol, en donnant naissance à une lame celluleuse, verte (prothalle) (voir pl. 318, fig. 1), à la face inférieure de laquelle naissent des sortes de mamelons (anthéridies) qui laissent échapper des corpuscules en forme de fil aplati, tordus en hélice, doués de mouvement (anthérozoïdes) ou organes mâles, qui présentent des sortes de petits bourgeons (archégones) (organes femelles) situés en avant vers l'échancrure du prothalle et qui ensuite se développent en jeunes plantes (voir pl. 318, fig. 1).

Les spores sont renfermées dans des capsules (sporanges) souvent réunies en groupes nommés *sores*, naissant à la face inférieure des feuilles (frondes) auprès de leurs bords, soit à nu, soit sous un prolongement de l'épiderme (indusie). La disposition des sporanges sur les feuilles fournit les principaux caractères qui permettent de distinguer les genres de cette famille de plantes.

Le genre Aspidium est caractérisé par des feuilles pétiolées ayant à la face inférieure des sores (groupes de sporanges) arrondis, recouverts d'une indusie (prolongement de l'épiderme) fixée au centre du sore par son milieu.

L'*Aspidie à aiguillons* est une superbe plante de nos bois, atteignant 75 centimètres à 1 mètre de hauteur, à feuilles persistantes, élégamment découpées, chargées d'écailles bleuâtres sur les pétioles, et dont les divisions sont munies de dents, terminées en une petite pointe acérée et portant au-dessous des sores, au nombre de 1-2 sur chaque segment. Cette belle Fougère est très rustique et prospère aux expositions ombragées.

La variété *subtripinnatum* (fig. B.) a les frondes encore plus découpées que le type de l'espèce. Ces plantes sont d'autant plus précieuses qu'elles conservent leur feuillage l'hiver.

EXPLICATION DE LA PLANCHE 312 A.

1. Portion de feuille, vue par la base inférieure, montrant des sores, que l'on aperçoit sous les indusies, en partie déchirés.

Pl. 313. — ASPIDIE A PINNULES EN FAUX
ASPIDIUM FALCATUM Sw.

SYNONYME LATIN : **Cyrtomium falcatum Presl.**

Patrie : Japon.

Description.

Pour la caractéristique du genre, voir *Aspidie à aiguillons*.

Cette plante possède une souche épaisse couverte d'écailles qui donne naissance à des feuilles (frondes) coriaces, de 30 à 50 centimètres de hauteur, couvertes d'écailles brunes sur le pétiole, à divisions obliquement ovales-allongées, en forme de faux, rétrécies en pointe au sommet, amples, d'un vert brillant, portant des sores très nombreux, disposés sur toute la partie inférieure.

Emplois. — Culture.

Cette belle plante est l'une des Fougères qui se prêtent le mieux à la culture dans les appartements, elle est très répandue dans les serres tempérées et froides.

Dans les appartements on doit éviter de la placer à la lumière vive, surtout pendant l'été; des arrosages copieux lui sont nécessaires.

EXPLICATION DE LA PLANCHE 313.

1. Portion de fronde portant deux sores : l'un encore muni de son indusie, l'autre à nu, l'indusie étant détachée.

Pl. 314. — ASPLENIUM NID D'OISEAU
ASPLENIUM NIDUS L.

SYNONYME LATIN : **Neottopteris vulgaris J. Smith.**

Patrie : Hindoustan, Océanie.

Description.

Le genre *Asplenium* est caractérisé par des sores très étroits, parfois un peu plus larges, recouverts d'un seul côté par une membrane (indusie) fixée sur une des parties latérales du sore.

L'*A. nid d'oiseau* a une souche très développée, de laquelle naissent des frondes (feuilles) coriaces, entières, de 75 centimètres à 1 mètre de hauteur, larges, disposées de manière à figurer par leur ensemble une grande coupe, d'un beau vert brillant, avec la nervure médiane épaisse et d'un brun noir. La face inférieure des frondes adultes porte des sores longs et étroits, très rapprochés, de longueur inégale, disposés en deux séries parallèles et obliques par rapport à la nervure médiane.

Emplois. — Culture.

Cette superbe plante est fréquemment cultivée dans les serres chaudes et tempérées ; elle figure parfois aussi dans les appartements, bien qu'il soit difficile de l'y conserver d'une manière permanente.

EXPLICATION DE LA PLANCHE 314.

1. Portion de la fronde montrant la disposition des sores.

A ce genre appartient la *Fougère femelle* (Asplenium Filix-fœmina Bernh. ; Athyrium Filix-fœmina Roth. (Voir *Masclef, Atlas, pl. 398.*), très commune dans nos bois et dont il existe de nombreuses variétés très recherchées pour l'ornement des jardins.

Une autre espèce, l'*A. viviparum* Presl, originaire de l'Ile Maurice, est remarquable par ses frondes très finement découpées, d'apparence plumeuse, et dont les extrémités sont souvent garnies de bourgeons qui se développent en petites plantes. Cette superbe et curieuse Fougère exige la serre chaude ou la serre tempérée.

Pl. 315. — FOUGÈRE D'ALLEMAGNE

STRUTHIOPTERIS GERMANICA Willd.

Patrie : Allemagne.

Description.

Belle Fougère rustique d'environ 75 centimètres de hauteur, à frondes (feuilles) de deux sortes : les unes stériles, élégamment découpées, larges dans leur partie médiane et se rétrécissant vers la base et vers le sommet, les autres fertiles, placées au centre de la touffe, à divisions enroulées constituant une sorte d'épi qu'on a comparé à une plume d'Autruche.

Emplois. — Culture.

Cette plante prospère surtout dans les terrains frais à exposition ombragée. Les frondes meurent chaque année avant l'hiver et il en renaît de nouvelles au printemps. Multiplication par division des souches, qui sont traçantes.

1. Groupe de sores cachés sous le bord enroulé d'une portion de la fronde fertile.

⌂ Pl. 316. — PTÉRIDE ARGENTÉE

PTERIS QUADRIAURITA Retz., var. ARGYRÆA

SYNONYME LATIN : **Pteris argyræa Moore.**

Patrie : Régions tropicales.

Description.

Les *Pteris* sont caractérisés par les sores très étroits disposés en lignes continues et distinctes, longeant les bords des segments de la fronde, recouverts d'un seul côté par une membrane (indusie) continue avec le bord de la fronde.

La *Ptéride argentée* est une plante de 50 centimètres à 1 mètre de hauteur, d'un beau vert, avec les divisions (pinnules) munies au centre d'une large bande longitudinale d'un blanc argenté.

Emplois. — Culture. — Multiplication.

Cette belle Fougère, l'une des plus recherchées, est d'une culture facile; elle exige la serre chaude ou la serre tempérée, l'abri de la lumière vive, une atmosphère humide et des arrosages copieux. Le sol qui lui convient le mieux est la terre de bruyère siliceuse ou un mélange, par parties égales, de terreau de feuilles et de sable. La multiplication se fait par séparation des jeunes plantes qui se développent autour des pieds adultes.

1. Portion de fronde (face inférieure) montrant les sores cachés sous le repli membraneux du bord (indusie).

⌂ Pl. 317. — PTÉRIDE DENTELÉE

PTERIS SERRULATA L.

Patrie : Asie orientale.

Description.

Pour les caractères du genre, voir *Ptéride argentée*.

Plante de 30 à 60 centimètres de hauteur, à feuilles (frondes) divisées en segments longs et étroits, écartés, rétrécis en pointe, dentelés en scie; les fertiles encore moins larges, entiers, les unes et les autres d'un vert pâle. Il existe de nombreuses variétés de cette plante, à feuillage plus ou moins ample; à frondes parfois terminées par des masses denses de petits segments dont l'ensemble a l'aspect d'une crête.

Emplois. — Culture. — Multiplication.

Cette espèce n'exige que la serre froide; elle est d'une culture facile. C'est l'une des Fougères les plus cultivées pour l'ornement des appartetements. Les soins à lui donner, à part la question de température, sont ceux qui sont indiqués pour la *Ptéride argentée*.

EXPLICATION DE LA PLANCHE 317.

1. Portion de fronde (feuille) dont on a relevé l'indusie pour montrer les sores disposés le long du bord.

A côté de l'espèce précédente se place le *P. cretica* L., plante originaire de l'Europe méridionale, mais qui se retrouve sur un grand nombre d'autres points de l'ancien et du nouveau continent. C'est une espèce presque rustique sous le climat de Paris, et l'une des plus recherchées pour la culture en appartement. Les feuilles, longues de 40 à 50 centimètres, sont coriaces; elles ont les divisions longues et étroites (7 à 12 centimètres sur 1 centimètre), rétrécies aux deux extrémités et faiblement dentées.

La variété *albo lineata* (P. bicolor Hort.) est remarquable par la couleur blanc de lait de ses frondes, qui sont bordées de vert à la face supérieure, et d'un vert uniforme en dessous, comme le type de l'espèce. Cette plante prospère aussi bien en serre chaude, qu'en serre tempérée ou en serre froide, à la condition d'être placée dans une atmosphère humide et à l'abri de la lumière vive.

Pl. 318. — ADIANTE A FEUILLES EN COIN

ADIANTUM CUNEATUM Langsd. et Fisch.

Patrie : Brésil.

Description.

Le genre *Adiantum* se distingue par les sores cachés sous une membrane (indusie) constituée par le bord replié de la feuille, et ayant la forme de petits rectangles ou de demi-cercles, disposés régulièrement autour des segments.

L'*Adiante à feuilles en coin* est une plante de 25 à 50 centimètres de hauteur, à rhizome rampant; à feuilles (frondes) à pétiole raide, d'un noir brillant, portant des ramifications très grêles, sur lesquelles sont fixés des segments en forme de coin à fendre le bois, bordés de dents qui, dans les feuilles adultes, se replient en indusie pour cacher les sores.

Emplois. — Culture. — Multiplication.

Cette plante est l'une des Fougères les plus élégantes; elle est cultivée dans toutes les serres et on la voit figurer à toutes les montres des fleuristes parisiens qui la vendent pour orner les jardinières et les potiches dans les appartements.

Sa culture est la même que celle indiquée pour la *Ptéride argentée*; voir p. 393.

EXPLICATION DE LA PLANCHE 318.

1. Prothalle ayant donné naissance à une jeune plante. (Pour la description de cet organe, voir *Aspidie à aiguillons*, p. 390.)
2. Segment de la fronde montrant le bord replié en indusie.
3. Portion de ce segment dans laquelle on a relevé l'indusie pour montrer le sore placé au-dessous.

⌂ Pl. 319. — ADIANTE A FEUILLES TRAPÉZIFORMES

ADIANTUM TRAPEZIFORME L.

Patrie : Amérique tropicale.

Description.

Belle Fougère de 50 à 75 centimètres de hauteur, à souche rampante, à feuilles (frondes) ayant le pétiole raide, d'un beau noir, et des segments très amples, d'un vert foncé, dentés, ayant la forme d'un rectangle à côtés inégaux et dont l'un des angles se prolonge en pointe.

Emplois. — Culture. — Multiplication.

Cette plante sert à l'ornement des serres chaudes et des serres tempérées; on la cultive parfois dans les appartements. Pour la culture, voir ce qui est dit pour la *Ptéride argentée*, p. 393.

EXPLICATION DE LA PLANCHE 319.

1. Portion d'un segment de la fronde montrant une indusie recouvrant un sore.

⌂ Pl. 320. — FOUGÈRE DORÉE

GYMNOGRAMME CHRYSOPHYLLA Swartz, var. LAUCHEANA

Patrie : Amérique tropicale.

Description.

Les *Gymnogramme* sont remarquables par la coloration jaune ou blanche de la face inférieure des frondes. Les sporanges sont disposés sur les nervures primaires en sores longs et étroits, simples ou fourchus, sans indusie.

Le *G. chrysophylla*, var. *Laucheana*, est l'une des Fougères les plus remarquables qui soient dans les cultures. Les feuilles (frondes), hautes de 30 à 40 centimètres, sont élégamment découpées, à segments bordés de dents arrondies. Ces feuilles, vertes à la face supérieure, sont couvertes en dessous d'une abondante poussière cireuse, d'un jaune d'or le plus éclatant.

Emplois. — Culture. — Multiplication.

Comme la *Ptéride argentée* ; voir p. 393.

Cette plante superbe exige la serre chaude humide ; elle est malheureusement délicate.

A côté de cette espèce se place le *G. calomelanos* Kunze, de l'Amérique tropicale, à feuilles longues d'environ 50 centimètres, d'un vert foncé à la face supérieure, couvertes en dessous d'une abondante poussière d'un blanc d'argent.

Parmi les autres genres de Fougères les plus répandus dans les jardins et dans les serres on peut citer :

Les Blechnum, à feuilles, les unes à divisions plates et sans sporanges, les autres à divisions étroites, portant des sporanges groupés en sores étroits, parallèles entre eux à droite et à gauche de la nervure médiane, munis d'une membrane (indusie) libre du côté qui regarde la nervure. (Voir *Masclef, Atlas, pl. 397.*)

Les Osmunda, à sporanges presque globuleux, disposés en grappe rameuse à la partie supérieure des frondes fertiles. (Voir *Masclef, Atlas, pl. 400.*)

Les Polypodium, à sores arrondis, épars ou en séries régulières à la face inférieure de la feuille (fronde) et dépourvus de membrane (indusie). (Voir *Masclef, Atlas, pl. 399.*)

Les Scolopendrium, à sores longs et étroits, parallèles entre eux, disposés obliquement par rapport à la nervure moyenne, munis d'une membrane (indusie) qui paraît formée de deux valves. (Voir *Masclef, Atlas, pl. 397.*)

EXPLICATION DES MOTS TECHNIQUES

EMPLOYÉS DANS CET OUVRAGE

⌂ Cette maisonnette indique que la plante exige d'être abritée en serre ou en appartement pendant l'hiver.

Ailé, se dit de l'expansion mince accompagnant ou entourant certains organes de la plante (fruit, tige).

Alterne, sert à désigner la disposition des organes et particulièrement des feuilles, lorsqu'elles sont attachées à la tige dans un ordre qui n'est pas apparent au premier abord.

Ameublir, se dit du sol divisé par des labours et des binages pour le rendre très perméable.

Annuel, qui ne vit qu'une année.

Anthère, partie de l'étamine, ordinairement renflée, qui contient le pollen (poussière fécondante).

Anthéridie, voir *spore*.

Aoûté, se dit surtout des jeunes rameaux lorsqu'ils commencent à prendre une consistance ligneuse.

Archégone, voir *spore*.

Atténué, graduellement et insensiblement rétréci.

Baie, fruit charnu contenant plusieurs graines.

Barbelé, légèrement barbu.

Bassiner, répandre de l'eau sous forme d'une pluie fine.

Bifide, partagé en deux parties.

Bisannuel, qui vit deux années. Les plantes bisannuelles fleurissent ordinairement l'année qui suit celle de leur germination.

Bractées, feuilles qui accompagnent les fleurs, et dont la forme est plus ou moins modifiée, comparativement aux feuilles de la même plante.

Bulbilles, petits bulbes.

Caduc, qui tombe de bonne heure.

Caïeux, petits bulbes qui naissent entre les écailles ou les tuniques des bulbes, et qui servent à reproduire les plantes.

Calice, enveloppe extérieure de la fleur ; ses divisions portent le nom de sépales.

Calicule, appendice placé sous le calice et simulant un calice.

Capitule, inflorescence formée de fleurs sans pédoncules, très serrées, dont l'ensemble ne paraît constituer qu'une seule fleur. Ce que l'on désigne couramment sous le nom de fleur dans la *Pâquerette*, la *Reine Marguerite*, le *Chrysanthème*, le *Dahlia*, est un capitule.

Capsule, fruit sec, à une ou plusieurs loges, qui s'ouvre en écartant des parties nommées valves.

Carpelle, organe qui, soit seul, soit en nombre variable, constitue le pistil dans les fleurs Phanérogames. On considère les carpelles comme des feuilles très modifiées, pliées selon la nervure médiane de manière à rapprocher leurs bords et à les souder pour former l'*ovaire* : le *style* et le *stigmate* étant formés par le prolongement de la nervure médiane.

Compost, mélange artificiel de terres de diverse nature.

Corolle, la plus interne des deux enveloppes de la fleur ; ses divisions portent le nom de pétales.

Corymbe, inflorescence dans laquelle les fleurs arrivent à peu près à la même hauteur, et sont portées par des pédoncules *partis de points divers*. (Voir *ombelle*.)

Disque, on donne ce nom à la partie centrale des capitules, qui porte des fleurs tubuleuses entourées par les fleurs ligulées.

Double, les fleurs doubles sont celles dans lesquelles le nombre de pétales est augmenté, mais dont la plus grande partie des organes de la fécondation (étamines et pistil) ne sont pas modifiés.

Drageons, rejets développés sur une racine.

Épi, inflorescence dans laquelle les fleurs sont disposées le long d'une tige commune sur laquelle elles s'attachent directement sans pédoncule.

Epillets, épis partiels des Graminées.

Espèce, l'espèce, dit Cuvier, est la réunion des individus descendus l'un de l'autre ou de parents communs, et de ceux qui leur ressemblent autant qu'ils se ressemblent entre eux.

Étamine, organe mâle : les étamines sont situées autour du pistil et en dedans de la corolle ; elles se composent d'une partie inférieure plus ou moins grêle et allongée nommée filet, surmontée d'une partie renflée (anthère), qui contient le *pollen* (poussière fécondante).

Filet, partie de l'étamine portant l'anthère.

Filiforme, mince comme un fil.

Fleur femelle, fleur composée d'un pistil. (*Voir ce mot.*)

Fleur mâle, fleur composée d'étamines. (*Voir ce mot.*)

Foliole, partie des feuilles très divisées constituant comme une petite feuille secondaire que l'on peut détacher sans déchirement.

Frondes, nom donné aux feuilles des Fougères.

Genre, groupe d'individus ayant un grand nombre de caractères communs.

Glabre, complètement dépourvu de poils.

Glauque, couleur vert bleuâtre ou blanchâtre de certaines feuilles et tiges.

Glumelle, enveloppe extérieure de chacune des fleurs de l'épillet des Graminées.

Gorge, entrée du tube de la corolle dans les fleurs gamopétales.

Grappe, inflorescence qui diffère seulement de l'épi par les fleurs munies de pédoncules au lieu d'être directement fixées à la tige autour de laquelle elles sont groupées. Lorsque les pédoncules se ramifient, la grappe est dite composée.

Hermaphrodite, fleur qui présente à la fois des étamines et un pistil.

Humeux, se dit d'une terre riche en humus.

Hybride, résultat de la fécondation de deux plantes appartenant à des espèces du même genre ou de genres différents.

Indusie, membrane qui, dans les Fougères, recouvre parfois les sores.

Inflorescence, ensemble des fleurs ou mode de disposition des fleurs sur les rameaux.

Involucre, ensemble de feuilles modifiées qui, dans les Composées, sont réduites à l'état d'écailles entourant le capitule.

Labelle, pétale inférieur d'une fleur d'Orchidée ; il est en général très différent des autres pétales.

Ligneux, ayant la consistance du bois.

Ligule, fleur du capitule des Composées, dont la corolle est étalée d'un seul côté et plane, au moins dans sa partie supérieure. Ce que l'on désigne couramment sous le nom de pétales dans la *Pâquerette,* la *Reine Marguerite,* le *Chrysanthème,* le *Dahlia,* sont des ligules.

Limbe, dans les feuilles le limbe est constitué par une partie plane et étalée, généralement supportée par un pétiole.

Lobe, division profonde, mais incomplète, d'un limbe.

Macule, tache irrégulière.

Marcotte, se dit d'une branche inférieure, recourbée et mise en terre pour lui faire prendre racine et pouvoir ensuite la cultiver séparément.

Membraneux, mince et ayant quelque peu la consistance du parchemin.

Métis, produit du croisement de deux variétés d'une même espèce.

Obtus, arrondi, sans pointe.

Ombelle, inflorescence dans laquelle les fleurs arrivent à peu près à la même hauteur et sont portées par des pédoncules *naissant d'un même point.* (Voir *corymbe.*)

Opposé, désigne la disposition d'organes situés à la même hauteur et juste en face les uns des autres.

Orbiculaire, rond en forme de cercle.

Ovaire, voir *carpelle.*

Pédicelle, ramification du pédoncule.

Pédoncule, support ou queue de la fleur ou d'un groupe de fleurs.

Périanthe, enveloppe de la fleur, sert à désigner celle des Monocotylédones (Liliacées, Amaryllidées, etc.), dans laquelle le calice et la corolle sont colorés et confondus.

Persistant, dont la durée est plus grande que celle des organes analogues chez la plupart des plantes.

Pétale, division de la corolle.

Pétiole, queue de la feuille.

Pistil, partie de la fleur formée par la réunion d'un certain nombre de carpelles ou rarement d'un seul. C'est l'organe femelle. Il est constitué à la base par le ou les ovaires surmontés d'une ou de plusieurs parties allongées, grêles, libres ou soudées (styles), terminées par un *stigmate,* partie muqueuse qui retient le pollen des anthères pour assurer la fertilisation des ovules qui se transforment ensuite en graines.

Pleine, une fleur est pleine lorsque tous ses organes se sont transformés en pétales ; elle est naturellement stérile.

Pollen, voir *anthère.*

Prothalle, voir *spore.*

Rameau, ramification de la tige.

Remontant, dont la floraison est continue ou se répète plusieurs fois dans l'année.

Rhizome. tige souterraine et rampante.

Sarmenteux, se dit des tiges qui s'allongent tout en restant grêles.

Scabre, couvert d'aspérités.

Sépale, division du calice.

Serre chaude, serre où la température doit être maintenue à une chaleur constante de 20 à 25, parfois 30 degrés.

Serre froide, serre où la température ne doit pas tomber au-dessous de zéro.

Serre tempérée, serre où la température doit s'élever en moyenne de 12 à 15 degrés.

Sores, groupe de sporanges disposées en taches arrondies ou allongées à la face inférieure des feuilles des Fougères.

Spadice, inflorescence constituée par des fleurs ordinairement de sexes séparés et disposées en une sorte d'épi très dense, court, muni d'une feuille florale (bractée) souvent colorée.

Sphagnum, sortes de mousses croissant dans les endroits marécageux et dont la décomposition lente finit par former la tourbe.

Sporange, sorte de capsule qui, dans les Cryptogames, contient les spores.

Spores, petites cellules renfermées dans les sporanges, et qui germent en développant sur le sol une lame verte (prothalle), sur laquelle naissent les organes reproducteurs, *archégones* et *anthéridies*. Les anthéridies contiennent des *anthérozoïdes* (cellules mobiles), qui fécondent les archégones, lesquels donnent aussitôt naissance à une jeune plante.

Spathe, feuille florale (bractée), souvent colorée, qui accompagne le spadice.

Staminifère, qui porte les étamines.

Stigmate, voir à *carpelle* et *pistil*.

Stipules, portion de feuilles situées à droite et à gauche du point où celles-ci sont fixées.

Stolon, rejet feuillé s'enracinant de distance en distance (ex. : Fraisier).

Strié, marqué de lignes très fines, longitudinales.

Style, voir à *carpelle* et *pistil*.

Valve, l'une des portions qui s'écartent lorsqu'un fruit s'ouvre.

Variété, modification de l'espèce ; elle ne se reproduit par le semis que lorsqu'elle est constituée à l'état de race.

Veiné, parcouru par des nervures peu saillantes.

Vivace, qui vit pendant un temps indéterminé ; au moins plus de trois ans.

Volubile, qui grimpe en s'enroulant en spirale.

On trouvera dans les principaux ouvrages de botanique la clé des abréviations des noms d'auteur, placés après les noms d'espèces.

CHOIX DE PLANTES D'ORNEMENT

---

1. — Plantes annuelles et bisannuelles.

Amarante Queue de Renard.
— tricolore, et variétés.
Amarantoïdes.
Argémone à grandes fleurs.
Balsamine des jardins, et variétés.
Belle-de-jour ordinaire, et variétés.
Belle-de-nuit des jardins, et variétés.
Brachycomé à feuilles d'Iberide, et variétés.
Campanule à grosses fleurs, et variétés.
Capucine grande, et var., et hybride de Lobb, et variétés.
Célosie Crête-de-Coq, et variétés.
— à épi plumeux ou à panache, et variétés.
Centaurée odorante.
— Ambrette ou musquée, et variétés.
Chrysanthème des jardins, et variétés.
— à carène, et variétés.
Clarkie gentille, et variétés.
— élégante, et variétés.
Collinsie bicolore, et variétés.
Collomie écarlate.
Coquelicot.
Coquelourde Rose du Ciel, et variétés.
Coréopsis élégant, et variétés.
— de Drummond.
Crépide rose, et variétés.
Cynoglosse à feuilles de Lin.
Datura d'Egypte, et variétés.
Eschscholtzie de Californie, et variétés.
Gaillarde peinte, et variétés.
Gilias, les espèces et les variétés.

Giroflée Quarantaine, et variétés.
Godétie rubiconde, les variétés.
Gypsophile élégante.
Immortelle à bractées, et variétés.
Julienne de Mahon, et variétés.
Lavatère à grandes fleurs, et variétés.
Lin à grandes fleurs, et variétés.
Linaire pourpre, et variétés.
Lunaire annuelle, et variétés.
Lupin nain, espèces annuelles.
Maïs à feuilles panachées.
Malope à trois lobes à grandes fleurs.
Mimule cuivré hybride, et variétés.
Myosotis alpestre.
Nigelle de Damas, et variétés.
— d'Espagne, et variétés.
OEillet de Chine, et variétés.
OEillet d'Inde.
Pavot somnifère, et variétés.
Pensée.
Persicaire du Levant.
Pétunia hybride varié.
Phlox de Drummond, et variétés.
Pied-d'alouette annuels.
Pourpier à grandes fleurs, et **variétés.**
Reines Marguerites.
Réséda.
Rhodanthe de Mangles, et variétés.
Ricin sanguin, et autres variétés.
Rose d'Inde.
Rose trémière.
Salpiglossis.
Scabieuse à grandes fleurs.
Schizanthe.
Seneçon élégant double, et **variétés.**

Silène à bouquets, et variétés.
— à fruits pendants.
Soleil.
Souci double.
Tabac.
Tagète tachée naine.

Thlaspi blanc.
— lilas, et variétés.
Torenia de Fournier (en serre).
Verveine hybride des jardins, les va-
varietés.
Zinnia élégant double.

2. — Plantes vivaces.

Ancolie des jardins.
Anémone du Japon.
— des fleuristes.
— des jardins.
— Hépatique, et variétés.
Aspérule odorante.
Aster Œil-de-Christ.
Aubriétie deltoïde, et variétés.
Campanule, les espèces et les variétés.
Centaurée des montagnes, et variétés.
Chiendent panaché.
Chrysanthème d'automne.
Cinéraire maritime, et variétés.
Corydalle jaune.
Crocus.
Croix-de-Jérusalem.
Crucianelle à long style.
Dahlias des jardins, les variétés.
Dielytra remarquable.
Doronic du Caucase.
Enothère à gros fruits.
Ephémère de Virginie, et variétés.
Erigeron speciosime.
Fraxinelle commune.
Fritillaires.
Gaillarde à feuilles lancéolées.
Galéga officinal, et variétés.
Gazon turc.
Géranium à larges pétales.
Gesse à larges feuilles, et variétés.
Glaïeuls.
Gynérium argenté.
Gypsophile paniculée.
Hellébore Rose-de-Noël, et hybride.
Hémérocalle bleue.
— du Japon.
Hoteia du Japon.
Jacinthes.
Julienne des jardins, et variétés.

Lin vivace.
Lis blanc, et autres espèces.
Lobélie vivace hybride (avec couver-
ture).
Monarde écarlate.
Muflier à grandes fleurs, les variétés
grandes, demi-naines et naines.
Myosotis des Alpes, et variétés.
Narcisses divers.
Œillet des fleuristes, les diverses races
et variétés.
Œillet Mignardise, et variétés.
— Flon.
Pâquerette vivace, et variétés.
Pavot d'Orient.
— à bractées.
Pervenche grande, et variétés.
— petite, et variétés.
Phlox vivace hybride, et variétés.
Pied-d'alouette vivace hybride, et va-
riétés.
Pivoine, toutes.
Polémoine bleue, et variétés.
Primevère des jardins, et variétés.
— à grandes fleurs, et variétés.
— Auricule, et variétés.
— du Japon, et variétés.
Pyrèthre rose à fleurs doubles, et va-
riétés.
Renoncule des fleuristes, et R. Pivoine.
Rhubarbes, les diverses espèces et va-
riétés.
Rose trémière double grande, et variétés.
Roseau à feuilles panachées.
Saxifraga umbrosa.
Scille de Sibérie.
Soleil multiflore, et variétés.
Spirée Filipendule, et variétés.
Statice à larges feuilles.

Tritome Faux-Aloès, et variétés (couverture).

Verge d'or du Canada.

Véronique maritime, et variétés.

Violette odorante, et variétés.

Etc.

3. — Plantes pour bordures.

Ageratum, les espèces et variétés naines.

Alysse Corbeille-d'or, et variétés.

— odorant.

Amarantoïde naine violette.

Anémone Hépatique, et variétés.

Arabette des Alpes.

Aspérule odorante.

Aubriétie deltoïde, et variétés.

Balsamine des jardins, les variétés naines.

Bégonia tuberculeux, variétés hybrides.

— de deux couleurs.

— à fleur de Fuchsia.

— toujours fleuri, et variétés.

Belle-de-jour ordinaire, et variétés.

Campanule des monts Carpathes, et variétés.

Centaurea Cineraria.

— gymnocarpa.

Céraiste à grandes fleurs.

— cotonneux.

— de Bieberstein.

Cinéraire maritime.

Coréopsis élégant.

Corydalle tubéreuse.

Cuphea à large éperon.

Cynoglosse printanière.

Dentelaire de Lady Larpent.

Doronic du Caucase.

Eranthe d'hiver.

Erigéron glabre.

Eschscholtzie de Californie, et variétés.

Ficoïde à feuilles en cœur, et variétés.

Gazanie remarquable.

Gazon d'Olympe.

Gentiane acaule.

Geranium de Lancastre.

Germandrée Petit-Chêne.

Gilia tricolore, et variétés.

Giroflée Quarantaine, les variétés jaunes, les variétés naines.

Helléborine.

Iris nain, et variétés.

Isotoma axillaire.

Jacinthes de Hollande, et variétés.

Julienne de Mahon, et variétés.

Lamier taché ou maculé.

Lobélie Erine, et variétés.

Matricaire inodore, et variétés.

Millepertuis à grandes fleurs.

Mimules, les espèces et variétés.

Muflier nain, et variétés.

Myosotis des Alpes, et variétés.

Narcisse Faux-Narcisse, et variétés.

— des poètes, et variétés.

Némophiles, les espèces et variétés.

Nierembergie grêle.

— frutescente.

Nigelle de Damas, et variétés.

Nictérinie à feuilles de Sélagine.

Œillet Mignardise, et variétés.

— de poète, les variétés naines.

— de Chine et variétés.

— Flon, et variétés.

Oxalide corniculée à feuilles pourpres.

— de Deppe.

Pâquerette vivace, et variétés.

Pensée.

Pétunias, les variétés naines.

Phlox de Drummond, les var. naines.

— printanier.

— subulé.

Pied d'alouette nain double.

Polémoine bleue naine à grandes fleurs.

Pourpier à grandes fleurs, et variétés.

Primevère des jardins, et variétés.

— à grande fleur, et variétés.

Pyrèthre Parthenium, les variétés naines.

Pyrèthre de Tchihatcheff.

Reines Marguerites, les espèces et variétés naines.

Renoncule des fleuristes, les variétés.

Réséda odorant, et variétés.

Safran du printemps, les espèces et variétés.

Safran d'automne, les espèces et variétés.

Saponaire de Calabre, et variétés.

Saxifrage hypnoïde (Gazon turc).

— de Huet.

— Sponhemica.

Scille de Sibérie.

Silène à fruits pendants, et variétés.

Stachys laineux.

Tagète Œillet d'Inde, et variétés.

Tagète tachée naine.

Thlaspi toujours vert.

Tritéleia.

Tulipe des fleuristes, et variétés.

Veronica prostata.

Verveine de Miquelon, et variétés.

— des jardins ou hybride, et variétés.

Violette odorante.

Pensée, les variétés.

Vittadinie à feuilles trilobées.

Zinnia élégant, les variétés naines.

4. — Plantes grimpantes.

Boussingaultie à feuilles de Baselle.

Calystégie pubescente.

Capucine grande, et variétés.

— des Canaries.

Clématites à grandes fleurs.

Cobée grimpante.

Coloquintes, les diverses variétés.

Dolique d'Egypte, et variétés.

Eccrémocarpe grimpant.

Gesse à larges feuilles, et variétés.

Haricot d'Espagne, et variétés.

Houblon du Japon, et variétés.

Ipomée écarlate, et variétés.

Jasmin officinal.

Liseron double.

Loasa rouge brique.

Maurandie, espèces et variétés.

Passiflore.

Pois de senteur.

Rosiers grimpants.

Thunbergia alata.

Vigne vierge.

Volubilis; et plantes ligneuses non comprises dans cet ouvrage : *Lierre, Jasmin de Virginie, Chèvrefeuilles. Aristoloche,* etc.

5. — Plantes à cultiver en pots.

Acroclinium rose, et variétés.

Agératum, diverses espèces.

Agrostide nébuleuse.

Amarantoïde, les diverses espèces et variétés.

Aspérule bleue.

Balsamine des jardins, et variétés.

Bégonias, les diverses espèces et variétés.

Brachycomé à feuilles d'Iberide, et variétés.

Brizes, les diverses espèces.

Canche élégante.

Chrysanthème à carène, et variétés.

Clarkie gentille, et variétés.

— élégante, et variétés.

Collinsie bicolore, et variétés.

Coquelourde Rose du Ciel, et variétés.

Cynoglosse à feuilles de Lin.

Giroflée Quarantaine, et variétés.

Godetia rubicunda, et variétés.

Gypsophile élégante.

Immortelle annuelle, et variétés.

Jacinthes, les diverses variétés.

Julienne de Mahon, et variétés.

Lin à grandes fleurs, et variétés.

Lobélies, plusieurs espèces et variétés.

Lupins, plusieurs.

Mimule cuivré, et variétés hybrides.

Myosotis des Alpes, et variétés.

Œillet de Chine variés, et quelques autres.

Pâquerettes vivaces, et variétés.

Pensée.

Phlox de Drummond, et variétés.
Réséda, diverses variétés.
Rhodanthe de Mangles, et variétés.
Seneçon élégant.

Thlaspis annuels.
Torenia de Fournier.
Verveine des jardins, variétés hybrides.
Violette odorante, et variétés.

6. — Plantes croissant à l'ombre.

Aconit Napel, et variétés.
Aspérule odorante.
Aspidie à aiguillons, et variétés.
Balsamine des jardins, et variétés.
Bégonias, tous.
Campanule des monts Carpathes, et variétés.
Campanule à feuilles de Pêcher, et variétés.
Centaurée des montagnes.
Cyclamen d'Europe.
Cynoglosse printanière.
Dentelaire de Lady Larpent.
Digitale pourpre, et variétés.
Doronic du Caucase.
Fuchsias, les diverses espèces et variétés.
Gentiane acaule.
Géranium sanguin.
— à larges pétales.
Gouet d'Italie.
Hellebore Rose de Noël, et variétés.
Helléborine.
Hémérocalle jaune.
— bleue.
Hoteia du Japon.
Iris germanique, et variétés hybrides.
Lamier taché ou maculé.
Linaire Cymbalaire.

Lis Martagon, et variétés.
— tigré, et variétés.
— safrané.
Lobélie Erine, et variétés.
Mauve frisée.
Mimule cuivré hybride, et variétés.
Monarde écarlate.
Myosotis des Alpes, et variétés.
Narcisse Faux-Narcisse, et variétés.
— incomparable, et variétés.
— des poètes, et variétés.
Pâquerette vivace, et variétés.
Pervenche grande, et variétés.
— petite, et variétés.
Pigamon à feuilles d'Ancolie, et variétés.
Pivoines, les diverses espèces et variétés.
Primevère des jardins, et variétés..
— à grandes fleurs.
— Auricule.
— du Japon.
Saxifrage crassifolia.
— hynoïde.
— Sponhemica.
— ombreuse.
Verge d'or, les diverses espèces.
Véronique maritime.
Violette odorante, et variétés.

7. — Plantes aquatiques.

Acore odorant.
Aponogéton à deux épis.
Calla des marais.
Eichhornia à fleurs bleues.
Hydrocleis Humboldtii.
Iris de Monnier.
Jonc fleuri.
Nélombo.

Nénuphar (Nymphæa) blanc, et autres espèces et variétés.
Plantain d'eau.
Pontéderia à feuilles en cœur.
Populage, Souci d'eau.
Sagittaire Flèche d'eau, variété à fleurs pleines.
Trèfle d'eau.

8. — Plantes pittoresques rustiques.

Acanthes, toutes les espèces.
Balisiers (Canna), les espèces et va-
riétés.
Balsamine de Royle.
Centaurée de Babylone.
Chamærops excelsa.
Chardon Marie, et variétés.
Férule commune.
— de Tanger.
Gynérium argenté, et variétés.
Helianthus lætiflorus.
— orgyalis.
Heracleum, toutes les espèces.
Maïs à feuilles panachées.
Miscanthus sinensis.

Pavot d'Orient.
— à bractées.
Pennisetum latifolium.
Persicaire d'Orient, et variétés.
Pivoines herbacées, les espèces et va-
riétés.
Rhubarbes, les diverses espèces.
Ricins, les diverses espèces et variétés.
Rose trémière double grande, les va-
riétés.
Soleil, et variétés.
Tabac.
Wigandia Caracasana, et autres es-
pèces.
Yucca filamenteux.

9. — Plantes pittoresques de serre.

Abutilon venosum.
Achyranthes Verschaffeltii.
— acuminata.
Agapanthe à ombelle.
Agave, toutes les grandes espèces et
variétés.
Aloès, toutes les grandes espèces.
Anthemis frutescens, toutes les espèces
et variétés.
Aralia Sieboldii.
Aspiditra elatior, et variétés.
Bégonias, toutes les espèces, variétés
ou hybrides vivaces ou tuberculeux.
Caladium comestible.
Cannas (Balisiers), toutes les espèces et
variétés.
Capucine de Lobb type.
Coleus Verschaffeltii, et autres variétés
ou hybrides.
Cordyline indivisa, et autres espèces.
Cyperus Papyrus.
Datura (Brugmansia) arborea, et au-
tres.
Erythrina divers.
Ficus elastica.
— rubiginosa.

Grenadiers divers.
Héliotropes divers.
Hibiscus Rosa Sinensis, et variétés.
Jacinthe du Cap.
Lantana Camara, toutes les variétés ou
hybrides.
Laurier rose (Nerium Oleander), et va-
riétés.
Oranger.
Panicum plicatum.
Pélargonium (Géranium) à corbeilles
simples et doubles, variétés ou hy-
brides.
Pélargonium à grandes fleurs, variétés.
Pentstemon Hartwegi (gentianoides),
variétés.
Phormium tenax.
Plumbago capensis.
Solanum, de serre.
Sparmannia africana.
Veronica Andersoni.
— decussata.
— speciosa.
Wigandia urens.
— Vigieri.
Yucca aloifolia, et variétés.

10. — Plantes d'appartements.

Acanthus lusitanicus.
Adiantum cuneatum.
Æchmea fulgens.
Agapanthe.
Agaves.
Aloès vrais et autres espèces décrites.
Amarante Crête-de-Coq.
Amaryllis pourpre.
Anthémis (Chrysanthèmes frutescents).
Anthurium Scherzerianum.
Aralia du Japon.
Araucaria excelsa.
Arum d'Afrique.
Aspidistra.
Aspidium falcatum.
Asplenium, divers.
Azalées de l'Inde.
Balisiers nains.
Bégonia roi.
Bégonia tubéreux.
Bouvardia longiflore.
Bruyères, toutes celles décrites.
Caladium à feuilles colorées.
Calcéolaires herbacées.
— rugueuses.
Camellia.
Caoutchouc.
Carex Morrowii.
— Chevelure de nymphe.
Cierge, tous.
Cinéraire.
Clivia.
Cocotier de Weddell.
Coléus.
Cordyline australis.
— indivisa.
Crassule écarlate.
Crocus.
Crotons.
Cyclamen de Perse.
Cyperus alternifolius.
Cypripedium insigne.
Deutzia grêle.
Dracæna à feuillage coloré.
Echeveria à feuilles rétuses.
Epacris divers.

Epiphyllum, tous.
Ficoïdes, diverses.
Fittonia, tous.
Fuchsias.
Géranium lierre.
— à corbeilles.
Giroflée jaune.
— Quarantaine.
Héliotrope.
Hortensia.
Hoteia.
Karatas (Nidularium).
Iberis gibraltarica.
Jacinthe.
Kentia.
Laurier-rose.
Libonia.
Lis doré.
— brillant.
— Saint-Jacques.
Livistona.
Lobélie Erine.
Lycaste Skinneri.
Lycopode de Martens.
Maranta de Kerchove.
Myoporum à petites feuilles.
Myrte.
Narcisses divers.
Nierembergia.
Odontoglossum crispum.
OEillet des fleuristes.
Oranger.
Orpin brillant de Siebold.
Panicum plicatum.
Pélagonium à corbeilles.
— à grandes fleurs.
Pensée.
Peperomia.
Pervenche de Madagascar.
Pétunia hybride à grandes fleurs.
Phlox de Drummond.
Phœnix divers.
Phormium.
Phylica Fausse Bruyère.
Phyllocactes.
Podolepsis.

Primevère de la Chine.
Pteris divers.
Reine Marguerite.
Réséda.
Rhodanthe.
Rochéa.
Saxifrage de la Chine.
Statice à larges feuilles.

Tillandsia.
Trachelium.
Trachycarpus.
Tubéreuse.
Tulipes diverses.
Véronique de Hooker.
Violette, et ses variétés.
Zebrina pendula.

11. — Plantes pour suspensions.

Cierge flagelliforme.
Cymbalaire.
Fraisier des Indes.
Géranium à feuilles de lierre.
Glaciale.
Mesembryanthemum cordifolium, et variété panachée.

Nierembergia gracilis.
Orpin de Siebold.
Oplismenus undulatifolius variegatus.
Pervenche, grande et petite.
Saxifrage de la Chine.
Zebrina pendula.

12. — Plantes basses pouvant servir à la mosaïculture.

Achyrantes, tous.
Agératum nain.
Alysse maritime et panaché.
Antennaria dioica.
Armeria maritima.
Begonia semperflorens, variétés naines.
Centaurea candidissima.
    — Clementei.
    — gymnocarpa.
Cerastium, divers.
Cinéraire maritime.
Coléus Marie Bocher.
Echeveria secunda.

Gazania splendens.
Joubarbes, diverses.
Lobelia Erinus.
Mesembryanthemum cordifolium.
Oxalis corniculata purpurea.
Pélargonium à corbeilles nains et panachés.
Pyrèthre doré.
Saxifrages, diverses.
Sedum, divers.
Tagetes signata pumila.
Telanthera (Alternanthera), divers.
Verveine hybride.

TABLE ALPHABÉTIQUE

des noms français et latins des familles et des espèces,
avec leurs synonymes, décrites, figurées ou citées.

———

Les noms des familles sont imprimés en **égyptienne**, les noms français en *italique*, les noms latins en caractères ordinaires. — Les chiffres mis en avant d'un certain nombre de noms indiquent le numéro de la planche.

Quelques plantes portent sur la planche d'autres noms que dans le texte. Ces derniers seuls sont exacts. Les rectifications ont également été faites dans les tables jointes aux deux volumes d'atlas.

———

Planches.		Pages.
	Abronia umbellata.	299
	Abutilon arboreum.	56
	— striatum.	56
	— Thompsoni.	56
52.	— venoso ✕ striatum.	55
	— venosum.	56
52.	*Abutilon hybride.*	55
	Acacia.	80
	Acalypha tricolor.	311
	— Wilkesiana.	311
	Acanthacées.	287
	Acanthe.	288
	— *de Portugal.*	288
	— *épineuse.*	288
	— *molle.*	288
	Acanthus lusitanicus.	288
	— mollis.	288
	— mollis, var. latifolius.	288
	— spinosus.	288
	Achillea ægyptiaca.	198
	— Filipendulina.	198
	— Millefolium.	198
	— Ptarmica.	198
	Achimenes grandiflora.	286
	— patens.	286
	Achyranthus Verschaffelti, var. acuminata.	304
12.	*Aconit à fleurs panachées.*	11
	— *bicolore.*	11
	— *Napel.*	12
	Aconitum hebegynum.	11
	— Napellus.	12
	— paniculatum.	12
12.	— variegatum	11
141.	Acroclinium roseum	163
318.	*Adiante à feuilles en coin*	394
319.	— *à feuilles trapéziformes.*	395

Planches.		Pages.
318.	Adiantum cuneatum.	394
319.	— trapeziforme.	395
	Adonide printanière.	15
	Adonis autumnalis.	15
	— vernalis.	15
	Æchmea discolor	327
258.	— fulgens.	326
258.	*Æchmea brillant.*	326
253.	Aerides Lawrenciæ.	321
253.	*Aerides de Lady Lawrence.*	321
	Æthionema coridifolium.	33
	— grandiflorum	33
282.	*Agapanthe à ombelle.*	355
282.	Agapanthus umbellatus.	355
	Agave d'Amérique.	347
131.	*Agérate bleu.*	151
131.	Ageratum cœruleum.	151
	— conyzoides.	151
	— mexicanum	151
	Agératum du Mexique.	151
	Agrostemma Cœli-Rosa	47
	— coronaria.	46
	Agrostide nébuleuse.	387
	Agrostis nebulosa.	387
	Aïault.	339
	Ail de Naples.	367
	— *doré.*	367
	— *odorant.*	367
	— *rose.*	367
	Ails.	367
310 C.	Aira pulchella	386
	Alcea rosea.	57
	Alcée rose.	57
	Alisma Plantago.	380
	Alismacées.	380
	Allium Moly.	367
	— narcissiflorum	367

Planches.		Pages.
	Allium neapolitanum	367
	Aloe arborea	352
279.	— arborescens	352
	— ferox	353
	— fruticosa	352
	— margaritifera	353
	— saponaria	353
278.	— scaberrima	351
	— umbellata	353
	— vera	353
	Aloès	347
278.	— *à feuilles très rudes*	351
279.	— *arborescent*	352
	— *corne de bélier*	352
	Alonsoa acutifolia	270
212.	— incisifolia	270
	— linearis	270
	— urticifolia	270
	— Warscewiczii	270
212.	*Alonsoa à feuilles incisées*	270
	Alpiste à feuilles panachées	385
	Alternanthera ficoidea, var. versicolor	306
	Alternanthera sessilis, v. amœna	305
238 A.	*Alternanthéra*	305
53.	Althæa rosea	57
	Alysse des rochers	26
	— *maritime*	27
27 B.	— *odorante*	27
	Alyssum Benthami	27
	— deltoideum	26
27 B.	— maritimum	27
	— odoratum	27
27 A.	— saxatile	26
	Alysse Corbeille d'or	26
	— *deltoïde*	26
	Amarantacées	301
	Amarante à feuilles rouges	303
	— *Crête-de-Coq*	303
	— *élégante*	303
234.	— *Queue de Renard*	301
235.	— *tricolore*	302
	Amarantine	306
239.	*Amarantoïde*	306
234.	Amarantus caudatus	301
	— gangeticus, var. tricolor	302
235.	— melancholicus, var. tricolor	302
	Amarantus paniculatus	302
	— — v. sanguineus	303
	— — v. speciosus	303
	— salicifolius	303
	— sanguineus	303
	— speciosus	303
	— tricolor	302
	Amaryllidées	339
	Amaryllis americana	347
	— Belladonna	346
	— formosissima	343
	— purpurea	342

Planches.		Pages.
	Amaryllis Vittata	346
269.	*Amaryllis pourpre*	342
	Amberboa moschata	192
	— odorata	192
	Ambrette jaune	192
	— *musquée*	192
204.	*Amomum*	258
	Ampélidées	72
	Ampelopsis quinquefolia	72
	— tricuspidata	72
	Anagallis arvensis	229
	— collina	229
	— grandiflora	229
	— linifolia	229
	— Monelli	229
	Ananas	328
	Ananas sativus	328
	Anchusa capensis	253
	— italica	253
	— sempervirens	254
9.	Ancolies	9
	Ancolies capuchonnées	9
	— *étoilées*	9
3.	Anemone coronaria	3
	— elegans	6
	— fulgens	5
5.	— hepatica	5
4.	— hortensis	4
	— japonica	6
	— pavonina	5
	— stellata	4
3.	*Anémone des fleuristes*	3
4.	— *des jardins*	4
	— *du Japon*	6
	— *éclatante*	5
	— *étoilée*	4
	— *hépatique*	5
	— *Honorine Jobert*	6
	— *œil de paon*	5
	Antennaria margaritacea	195
	Anthemis arabica	198
	— nobilis	198
	Anthémis	178
	Anthurium Andreanum	378
	— cristallinum	379
	— magnificum	379
304.	— Scherzerianum	377
304.	*Anthurium de Scherzer*	377
	Apocynées	233
305.	Aponogeton distachyum	381
305.	*Aponogéton à deux épis*	381
9.	Aquilegia	9
	— alpina	9
	— canadensis	9
	— canadensis, var. californica	9
9 B.	— chrysantha	9
	— cœrulea	9
9 C.	— formosa	9
	— sibirica	9

Planches.	Pages.
9 A. Aquilegia vulgaris.	9
Arabette des Alpes.	32
— des sables.	32
— printanière.	32
Arabis alpina	32
— arenosa.	32
Aralia nymphæfolia..	144
— Sieboldi..	144
126. Aralia du Japon	144
Araliacées.	144
242. Araucaria excelsa	311
— imbricata.	312
242. Araucaria élevé	311
22. Argemone grandiflora..	21
— mexicana, var. grandiflora.	21
22. Argémone à grandes fleurs. . .	21
Argentine..	251
Argentines.	48
174. Armeria maritima	219
Arnebia echioides..	254
Aroïdées.	375
Artichaut des toits.	112
Artocarpées.	308
Arum italicum.	379
— maculatum.	379
— vulgare.	379
303. Arum d'Afrique	377
Arundo Donax.	388
Asclépiadées.	235
Asclepias Cornuti..	236
187. — curassavica	235
— incarnata..	236
— syriaca.	236
— tuberosa.	236
187. Asclepias de Curaçao.	235
Asperula azurea.	147
— odorata.	148
128 A. — orientalis..	147
128 A. Aspérule à fleurs bleues . . .	147
— odorante.	148
312 A. Aspidie à aiguillons	390
313. — à pinnules en faux. .	391
274. Aspidistra elatior	347
274. Aspidistra.	347
312 A. Aspidium aculeatum.	390
313. — falcatum.	391
314. — nidus	391
Asplenium Filix-fœmina.. . . .	392
— viviparum..	392
314. Asplenium nid d'oiseau. . . .	391
Aster acris.	157
— alpinus..	157
— amelloides.	154
134 A. — amellus	154
— bessarabicus.	154
— brunalis.	158
— cæspitosus.	157
— cordifolius.	157
— diffusus	157
— ericoides.	157

Planches.	Pages.
Aster floribundus.	157
135 B. — formosissimus	155
— grandiflorus.	157
— horizontalis.	157
— lævigatus..	158
136 A. — multiflorus.	156
134 B. — Novæ-Angliæ.	154
134 C. — Novæ-Angliæ, var. roseus.	155
— Novi-Belgii.	158
— pendulus.	157
— pyrenæus..	158
— Reversii.	157
— roseus.	155
— tenuifolius.	158
— Tradescanti..	158
136 B. — turbinellus	156
135 A. — versicolor.	155
134 B. Aster de la Nouvelle Angleterre	154
136 A. — multiflore	156
134 A. — OEil du Christ. . . .	154
134 C. — rose.	155
135 B. — très remarquable.. . . .	155
136 B. — turbinellé.	156
135 A. — versicolore.	155
Astilbe japonica.	106
Astrantia major..	145
Athyrium Filix-fœmina.. . . .	392
Aubergine.	259
26. Aubrietia deltoidea..	26
— Leitchlini.	26
— purpurea.	26
26. Aubriétie deltoïde	26
Aucuba japonica.	146
Auricule.	223
Auricules anglaises.	224
— doubles..	224
— liégeoises.	224
— ombrées.	224
— ordinaires.	223
— poudrées.	224
— pures..	223
Azalea Breynii.	214
171. — indica	214
— Kæmpferi.	214
— Simsii..	214
— Thunbergi..	214
171. Azalée de l'Inde	214
Baldingera arundinacea, var. .	385
Balsamina hortensis.	68
Balsamine.	68
63. — de Royle..	68
— ordinaire.	68
Balsaminées.	68
Bambous.	388
Bambusa.	388
67. Baptisia australis..	72
67. Baptisia de la Caroline.	72
Barbarea vulgaris.	32
Barbe de Jupiter.	149
Barbeau jaune.	192

Planches.		Pages.
	Barbeau vivace.	190
	Bartonia aurea.	125
	Bartonie dorée.	125
	Basilic.	296
	Bâton de Saint-Jean.	299
	Begonia ascatiensis.	132
	— boliviensis.	131
	— castaneifolia.	132
	— Davisii.	131
	— discolor.	133
	— Dregei.	131
	— Evansiana.	133
	— Froebeli.	131
	— fruticosa.	132
117.	— Fuchsioides.	129
	— heracleifolia.	133
	— Pearcei.	131
116.	— Rex.	128
	— rosæflora.	131
	— Schmidtii.	133
118.	— semperflorens.	130
	— Veitchi.	131
117.	*Bégonia à fleurs de Fuchsia* . .	129
116.	— *Roi*.	128
118.	— *toujours en fleurs*. . .	130
119.	— *tuberculeux*.	130
	— *tubéreux*.	130
	Bégoniacées.	128
202.	*Belle de jour*.	255
232.	— *de nuit*.	298
	— *d'onze heures*.	368
138.	Bellis perennis.	160
90.	*Benoite écarlate*.	99
	Bergenia bifolia.	102
	Beta vulgaris, var. cicla. . . .	307
	Bettes Poirées.	307
	Bignoniacées.	286
259.	Billbergia nutans.	327
259.	*Billbergia à fleurs penchées*. .	327
162.	*Bleuet vivace*.	190
	Bocconia cordata.	22
	Boraginées.	249
	Botterghal.	335
	Bougainvillea spectabilis. . . .	299
	Boule d'or.	15
	Bouquet parfait.	39
	Bourbonnaise.	47
	Boussingaultea baselloides. . . .	307
	Bouton d'argent. . . . . 7 et 195
	— *de bachelier*.	306
	Boutons d'or.	7
	Bouvardia coccinea.	146
	— Humboldti corymbosa.	146
	— Humboldti Davidsoni.	146
	— Humboldti Jasminiflora	146
127.	— longiflora.	146
	— splendens.	146
	— triphylla.	146
	Bouvardia Alfred Neuner. . .	146
127.	— *à longues fleurs*. . .	146

Planches.		Pages.
133.	Brachycome iberidifolia.	153
133.	*Brachycomé à feuilles d'Ibéris* .	153
	Brassica oleracea.	33
310 A.	Briza maxima.	386
	— minor.	386
283.	Brodiæa uniflora.	336
	Bromelia Ananas.	328
	— Carolinæ.	325
	Broméliacées.	325
	Brouillard.	38
	Brugmansia bicolor.	261
	— candida.	261
	— sanguinea.	261
	— suaveolens.	261
	Brunella grandiflora.	297
170.	*Bruyère à anthères noires* . . .	211
	— *à fleur en tube*. . . .	213
	— *à fleurs de campanule*.	213
	— *campanulée*.	213
	— *couleur de soufre*. . .	213
	— *cubique*.	212
	— *cylindrique*.	212
	— *de Bowie*.	212
	— *de Linnée*.	212
	— *de Masson*.	212
169.	— *de Wilmore*.	210
	— *d'hiver*.	213
	— *du Cap*.	72
	— *élégante*.	213
	— *gibbeuse*	212
	— *grêle*.	212
	— *monadelphe*.	212
	— *pyramidale*.	213
	— *translucide*.	212
	— *un peu rude*.	213
	— *ventrue*.	214
	— *vêtue*.	214
	Buglosse d'Italie.	253
	— *du Cap*.	253
	Buis.	310
	Bulbocode printanier. . . 335 et 368
	Bulbocodium vernum.	368
	Buphthalmum cordifolium. . .	196
	— speciosum. . . .	196
	Butomus umbellatus.	380
	Buxus sempervirens.	310
	Cacalia coccinea.	188
	— sagittata.	188
	— sonchifolia.	188
159.	*Cacalie écarlate*.	188
	Cactées.	133
	Caféier.	148
	Cajophora lateritia.	124
	Caladium argyrites.	375
	— bicolor.	375
	— esculentum.	379
	— Humboldtii.	375
	— picturatum	375
302.	*Caladium à feuilles colorées* . .	375
	Calampelis scaber.	286

Planches.		Pages.
	Calandrinia discolor	50
	— glauca	50
	— grandiflora	50
	— Lindleyana	50
	— Menziesii	50
	— speciosa	50
46.	— umbellata	49
46.	*Calandrinie à fleurs en ombelles.*	49
210.	*Calcéolaire herbacée*	267
211.	— *ligneuse*	269
	— *rugueuse*	269
	— *Triomphe de Versailles.*	269
	Calcéolaires vivaces hybrides.	269
	Calceolaria arachnoidea	268
	— corymbosa	268
	— crenatifolia	268
211.	— rugosa	269
	Calebasses de Pèlerin	127
160.	Calendula officinalis	188
	Californie	21
	Calla æthiopica	377
	— palustris	380
	Calliopsis Atkinsoniana	169
	— Drummondii	170
	— tinctoria	168
	Callirhoe involucrata	58
	— pedata	58
137.	Callistephus sinensis	158
	Calonyction Bona-nox	257
	— macracantholeuceum	257
7.	Caltha palustris	7
	Calystegia pubescens	238
	— sepium	237
226.	*Camara*	290
	Camassia esculenta	368
	Camassie comestible	368
48.	Camellia japonica	51
48.	*Camellia*	51
	Camomille Romaine	198
	Campanula carpathica	203
	— fragilis	204
	— glomerata	204
	— grandiflora	204
	— grandis	204
	— lactiflora	204
	— latifolia	205
	— macrantha	205
164.	— medium	201
	— nobilis	205
	— pelviformis	205
166.	— persicifolia	203
165.	— pyramidalis	202
	— rapunculoides	205
	— rotundifolia	205
	— speciosa	204
	— Speculum	205
	— Trachelium	205
	— turbinata	205
	Campanulacées	201
	Campanule à feuilles de Pêcher.	203

Planches.		Pages.
	Campanule Carillon	201
	— *de Chine*	205
	— *des jardins*	203
	— *élevée*	204
	— *gantelée*	205
	— *pyramidale*	202
310 C.	*Canche élégante*	386
	Canna Annæi	324
	— discolor	324
	— iridiflora	324
	— Warscewiczii	324
	Cannabinées	309
256.	*Cannas hybrides à grandes fleurs.*	324
	Canne de Provence	388
	Cantua coronopifolia	242
	— elegans	242
	— picta	242
240.	*Caoutchouc*	308
	Capparidées	33
	Capparis spinosa	33
	Caprier	33
60.	*Capucine*	65
	— *de Lobb*	66
66.	— *des Canaries*	66
	— *petite*	65
	— *voyageuse*	66
	Capucines hybrides de Lobb	66
	Cardinale bleue	208
	Carex japonica	383
	— Morrowii	383
	— variegata	383
164.	*Carillon*	201
	Carthame	200
	Carthamus tinctorius	200
	Caryolopha sempervirens	254
	Caryophyllées	38
	Casque de Jupiter	12
	Cassia corymbosa	80
	— Marylandica	80
	Casse corymbifère	80
	— *de Maryland*	80
	Cataleptique	297
	Catananche cœrulea	201
246.	Cattleya Labiata, var. Mossiæ	315
	— Mossiæ	315
246.	*Cattleya de Moss*	315
	Célestine bleue	151
236.	Celosia cristata	303
	Célosie Crête-de-Coq	303
	Célosies à crêtes	303
	— *à épis plumeux*	303
	— *à panaches*	303
	Centaurea Amberboi	192
	— americana	191
	— babylonica	191
	— candidissima	191
	— Cineraria	191
	— Clementei	192
	— Cyanus	192
	— gymnocarpa	192

Planches.		Pages.
	Centaurea macrocephala.. . . .	192
162.	— montana.	190
	— moschata.	192
	— ragusina.	192
	Centaurée Barbeau.	192
	— *Bleuet*.	192
	— *Bluet*.	192
	— *Casse-lunettes*. . . .	192
	— *des montagnes*. . . .	190
129.	Centranthus macrosiphon . . .	149
	— ruber.	149
	Cerastium Biebersteinii.. . . .	48
	— grandiflorum.. . . .	48
	— tomentosum.. . . .	48
	Ceratocaulos daturoides.. . . .	262
175.	Ceratostigma plumbaginoides..	220
	Cereus acifer..	136
	— cinerascens..	136
121.	— flagelliformis	135
	— grandiflorus.	136
	— Jamacaru..	136
	— nycticalus..	136
	— pectinatus..	136
	— pentalophus..	136
	— peruvianus..	136
	— peruvianus, var. mons-	
	truosus..	136
	— serpentinus.	136
	— speciosissimus.. . . .	137
	— triangularis..	137
	Chamærops excelsa.	373
	— Fortunei.	373
	Char de Vénus.	12
	Chardon argenté.	200
	— *Marie*.	200
	Charlæis heterophylla.. . . .	195
25.	Cheiranthus Cheiri.	25
	Chelone barbata..	275
	Chénopodées.	307
307.	*Chevelure de Nymphe*	383
	— *du diable*..	297
	Cheveux de Vénus..	8
309.	*Chiendent panaché*	385
	Chiorodoxa critica..	368
	— Luciliæ.	368
	Chou.	33
	Chrysanthème à carène. . . .	177
	— *des jardins* . . .	179
152 A et B.	— *frutescent*.	178
151.	— *tricolore*.	177
	Chrysanthèmes à feuilles régu-	
	lières.	181
	— *à fleurs d'Anémone.*	181
	— *alvéolés*	181
154-56.	— *d'automne*.	180
	— *de Burridge*. . . .	178
	— *fleurs de la Toussaint*	182
	— *incurvés*	181
	— *japonais*	181
	— *plumeux*	181

Planches.		Pages.
	Chrysanthèmes pompons.. . . .	181
	— *récurvés*.. . . .	181
151.	Chrysanthemum carinatum. . .	177
	— coccineum, var.	
	coronapifolium.	180
	Chrysanthemum coronarium. . .	179
	— fœniculaceum.	178
152 A et B.	— frutescens. . .	178
	— grandiflorum .	179
	— indicum. . . .	180
	— japonicum.. .	180
	— præaltum.. . .	181
	— sinense. . . .	180
	Chryseis californica..	21
121.	*Cierge flagelliforme*.	135
	— *queue de Souris*.	135
	— *Serpentaire*.	135
	— *Tête de vieillard*. . . .	140
	Cierges columnaires.	136
	— *rampants ou grimpants*.	136
	Cinchona..	148
158.	*Cinéraire*.	185
	— *des Canaries*	185
	— *maritime*.	187
	Cineraria cruenta.	185
	— maritima.	187
65.	Citrus aurantium.	69
	Cladanthus prolifer.	198
	Claquet.	284
	Clarkia elegans.	117
107.	— pulchella.	116
	Clarkie élégante..	117
107.	— *gentille*.	116
	Clematis Flammula.	2
	— florida..	2
	— Fortunei..	2
	— lanuginosa..	2
1.	— patens..	1
1.	— patens var. Sophia flore	
	pleno.	1
	— Vitalba.	2
	— viticella..	2
1.	*Clématite à grandes fleurs* . . .	1
	— *commune*.	2
	— *odorante*.	2
	Cleome speciosissima.	33
	— spinosa..	33
	Clianthus Dampieri..	79
	— puniceus.	79
	Clintonia elegans.	209
	— pulchella.	209
271.	Clivia miniata	343
271.	*Clivie écarlate*. . . :	343
166.	*Cloche*.	203
	Clochette.	9
196.	Cobæa scandens	246
196.	*Cobéa*..	246
	Cocardeau.	25
	Cocas Weddeliana..	374
300.	*Cocotier de Weddell*.	374

Planches.		Pages.
	Cocusseau..	7
	Codiæum variegatum..	310
23.	*Cœur de Jeannette*..	22
	— *de Marie*.	22
	Coffea arabica..	148
	Colchicum variegatum.	368
	Colchique bigarré.	368
	— *d'automne*..	368
	Coleus Blumei..	293
	— Verschaffeltii.	293
229.	*Coléus hybrides*.	293
	— *Madame Bocher*.	294
216.	Collinsia bicolor	276
	— marmorata..	276
	— verna.	277
216.	*Collinsie bicolore*.	276
194.	Collomia coccinea.	244
	— grandiflora..	245
194.	*Collomia à fleurs écarlates* . . .	244
	Colocasia esculenta.	379
2.	*Colombine plumeuse*.	3
	Coloquinelles.	127
	Commélynées.	370
	Composées..	151
	Conifères.	311
	Consoude vulgaire.	253
	Convallaria maialis..	367
	Convolvulacées.	254
	Convolvulus althæoides.. . . .	256
	— argyræus.	256
	— arvensis.	258
	— mauritanicus. . .	256
	— tenuissimus. . . .	256
202.	— tricolor.	255
44.	*Coquelourde des jardins*.. . . .	46
	— *Fleur de Jupiter*. .	47
	— *Rose-du-Ciel*. . . .	47
	Coquelicot..	21
	Corbeille d'argent. 27, 31, 32 et	251
27 A.	— *d'or*.	26
	— *d'or*..	31
	Cordon de Cardinal	299
	Cordyline australis..	355
	— indivisa.	355
281.	— terminalis.	354
	Coreopsis Atkinsoniana.. . . .	169
	— auriculata.	169
	— coronata.	169
	— diversifolia..	170
	— lanceolata.	170
	— maritima..	170
145.	— tinctoria.	168
145.	*Coréopsis élégant*.	168
	Cornées.	146
	Corydallis bulbosa.	23
	— cava..	23
	— lutea..	23
	— ochroleuca..	23
	— solida.	23
	— tuberosa	23

Planches.		Pages.
	Corypha australis..	374
	Cosmanthus viscidus..	248
	Cosmophyllum cacaliæfolium..	197
147.	Cosmos bipinnatus.	172
147.	*Cosmos bipinné*.	172
	Cotyledon retusa.	108
	— secunda..	109
	Coucou.. . . . . 222 et	339
	Couronne Impériale..	364
	Crassula coccinea..	107
98.	— falcata.	108
	— versicolor.	107
	Crassulacées..	107
97.	*Crassule écarlate*.	107
236.	*Crête-de-Coq*	303
	Crocus aureus.	334
	— biflorus.	335
	— chrysanthus.	335
264 A.	— luteus.	334
	— mœsiacus..	334
	— nudiflorus..	335
	— sativus.	335
	— speciosus.	335
	— sulphureus.	334
	— susianus.	335
	— versicolor..	335
	Crocus à floraison automnale. .	335
	— *à floraison printanière*..	335
	— *rouge*.	368
128 B.	*Croisette à long style*.	148
	Croix de Jérusalem..	47
	— *de Malte*.	47
	— *de Saint-Jacques*.	343
	Crucianella stylosa.	148
	Crucifères.	23
	Cucurbita Pepo..	127
	Cucurbitacées.	127
	Cuphea ignea..	115
	— lanceolata..	116
	— miniata.	116
106.	— platycentra.	115
	— pubiflora..	116
	— silenoides.	116
	— strigulosa.	116
106.	*Cuphéa à large éperon*.	115
	Cupidone bleue..	201
	Cycadées.	312
	Cycas revoluta..	312
	Cyclamen aleppicum.	227
	— Coum..	228
	— europæum.	228
	— hederæfolium.. . . .	228
	— latifolium..	227
	— neapolitanum.. . . .	228
181.	— persicum.	227
181.	*Cyclamen de Perse*.	227
	Cymbalaire..	271
	Cynoglosse à feuilles de Lin .	251
199.	— *printanière*.	251
	Cynoglossum linifolium.. . . .	251

Planches.		Pages.

Cynoglossum Omphalodes.... 251
Cypéracées. 382
306. Cyperus alternifolius...... 382
— Papyrus. 382
306. *Cypérus à feuilles alternes* ... 382
Cyphomandra betacea...... 259
254. Cypripedium insigne....... 322
254. *Cypripedium remarquable* ... 322
Cyrtomium falcatum...... 391
Cytise élégant.. 73
Cytisus elegans.......... 73
— racemosus........ 73
Czar. 35
146. *Dahlia* 170
146. Dahlia variabilis........ 170
Dahlias à fleurs de Cactus.... 171
— *à fleurs simples.....* 171
— *Cactus.* 171
— *décoratifs..* 171
— *doubles à grandes fleurs* 171
— *doubles Lilliput.....* 171
— *Pompon..* 171
Dame d'onze heures....... 368
291. *Damier* 364
Dattier commun. 372
297. — *épineux* 372
Datura arborea........ 261
— ceratocaula........ 262
— fastuosa.......... 262
— Metel........... 262
— meteloides........ 262
205. — sanguinea........ 261
— suaveolens........ 261
Datura cornu. 262
— *d'Égypte.* 262
Daturas arborescents. 261
10 A. Delphinium ajacis...... 10
— cashmirianum.. 11
— consolida..... 10
— elatum...... 11
— formosum.... 11
— grandiflorum... 11
— nudicaule..... 11
10 B. — orientale..... 10
— ornatum..... 10
Dendrobium densiflorum.... 315
245. — Farmerii var. au-
reum....... 314
244. — nobile...... 314
— thyrsiflorum.... 315
— Wardianum.... 315
245. *Dendrobium de Farmer, v. dorée.* 314
244. — *noble..* 314
175. *Dentelaire de Lady Larpent.* .. 220
95. Deutzia gracilis........ 105
95. *Deutzia grêle..* 105
Diadematum.......... 64
37. Dianthus barbatus. 39
38. — caryophyllus...... 40
40. — plumarius....... 42

Planches.		Pages.

Dianthus semperflorens..... 43
39. — sinensis........ 42
Dicentra spectabilis....... 22
64. Dictamnus albus....... 69
— Fraxinella...... 69
Didiscus cœruleus. 145
Diclytra de Chine.. 22
Dielytra eximia......... 22
— formosa......... 22
23. — spectabilis...... 22
Digitale officinale.. 284
— *pourprée.......* 284
Digitalis purpurea........ 284
Digraphis arundinacea variegata 385
Dimorphoteca pluvialis..... 199
Dipsacées. 150
Discipline de religieuse. 301
Dodecatheon integrifolium... 229
— Jeffreyi..... 229
— Meadia...... 229
Doigtier. 284
Dolichos Lablab........ 80
Dolique d'Égypte........ 80
157. *Doronic du Caucase.* 184
157. Doronicum Caucasicum ... 184
— Pardalianches.... 185
Downingia elegans....... 209
— pulchella...... 209
Dracæna australis........ 355
— indivisa........ 355
— terminalis....... 354
— umbraculifera..... 355
281. *Dracæna à feuillage coloré.* .. 354
Dracocéphale de la Louisiane.. 297
Dracocephalum Moldavica... 297
Dracopis amplexicaulis..... 96
Dragonniers. 355
223. *Eccrémocarpe grimpant* 286
223. Eccremocarpus scaber..... 286
99. Echeveria retusa....... 108
100. — secunda 109
99. *Échévérie à feuilles rétuses.* .. 108
Echinacea purpurea...... 197
Echinocactus cornigerus.... 140
— crispatus.. 140
— electracanthus.. 140
— myriostigma... 140
— Ottonis...... 140
— pectiniferus.... 140
Echinocereus.......... 136
Echinops ruthenicus...... 200
Echinopsis Eyriesii....... 141
— multiplex...... 141
— Pentlandi...... 141
— Zuccariniana.... 141
Églantier. 92
— *rouge.........* 92
295. Eichhornia azurea...... 369
— crassipes....... 369
— speciosa 369

Planches. Pages.

295. *Eichhornie à fleurs bleues* . . . 369
     Emilia coccinea. 188
     — flammea.. 188
159. — sagittata 188
     Épacride à fleur de Jacinthe. . 217
     — *à longue fleur.* . . . 217
172. — *déprimée.* 217
     — *des marais.* 218
     — *pourprée.* 218
     Épacridées. 217
     Epacris campanulata. 217
     — grandiflora. 217
     — hyacinthiflora.. 217
172. — impressa. 217
     — longiflora. 217
     — nivalis. 217
     — paludosa. 218
     — pungens. 218
     — purpurascens.. 218
     Épervière orangée. 201
     Éphémère de Virginie.. 370
     Éphémères. 370
     Epilobium hirsutum 123
     — rosmarinifolium. . . 123
     — spicatum. 123
     Epiphyllum Gærtneri. 138
     — Russelianum. . . . 138
123. — truncatum, var. . . 138
123. *Epiphyllum à feuilles tronquées,*v. 138
     Eranthis hyemalis. 16
     Erica Bowieana.. 212
     — cubica. 212
     — cylindrica.. 212
     — gracilis.. 212
     — hyemalis. 213
     — Linneana. 212
     — mammosa. 212
     — Massoni.. 212
     — Massoni, var. cylindrica. 212
     — Massoni, var. translucens. 212
170. — melanthera. 211
     — monadelpha. 212
     — persoluta.. 213
     — præstans. 213
     — pyramidalis.. 213
     — pyramidalis, var. campa-
       nulata. 213
     — pyramidalis, v. hyemalis. 213
     — scabriuscula. 213
     — sulphurea.. 213
     — translucens. 212
     — tubiflora. 213
     — ventricosa. 214
     — vestita. 214
169. — Wilmoreana. . . . 210 et 213
     Éricacées. 210
     Erigeron aurantiacum. 161
     — glabellum.. 161
     — mucrunatus.. 162
139. — speciosum 161

Planches. Pages.

139. *Érigéron élégant.* 161
     Eryngium bromiliæfolium.. . . . 145
     — eburneum. 145
     — pandanifolium. . . . 145
     — Serra. 145
     Erysimum Barbarea. 32
     — Perofskianum. . . . 33
     Erythrina caffra. 78
     — carnea.. 78
     — Corallodendron. . . 77
73. — crista galli. 77
     — herbacea. 77
     Erythrine à fleurs couleur de
       chair. 78
     — *Corail.* 77
73. — *crête-de-coq* 77
     — *des Caffres.* 78
     — *herbacée.* 77
21. Eschscholtzia californica. . . . 21
     — crocea. 21
21. *Eschscholtzia de Californie.* . . 21
     Étoile d'or. 178
     Eucharidium Breweri.. 124
     — concinnum. . . . 124
     — grandiflorum. . . 124
     Eudianthe Cœli-Rosa. 47
     Eulalia japonica. 387
     — variegata. 387
     — Zebrina.. 387
     Eulalia panachée. 387
     — *zébré.* 387
     Euphorbia pulcherrima.. . . . 310
     Euphorbiacées. 309
     Euryale ferox.. 17
     Eutoca viscida. 248
     Evonymus japonicus. 71
126. Fatsia japonica... 144
     Fausse Raiponce. 205
     Faux-jalap. 298
     Fenzlia dianthiflora.. 244
     Ferdinanda eminens. 197
     Ferula communis.. 145
     — tingitana 145
     Fève d'Égypte. 18
125A. *Ficoïde violette.* 141
125B. — *hérissée de petites pointes* 141
125C. — *à feuilles en forme de*
        nacelle. 141
240. Ficus elastica 308
     — macrophylla. 308
     — rubiginosa. 308
     Figue de Barbarie. 140
75. *Filipendule..* 81
     Fittonia argyroneura. 289
     — gigantea.. 289
     — Verschaffelti.. . . . 289
     Fléchière. 380
115. *Fleur de la Passion.* 125
     — *des veuves.* 150
     Fleur du prophète.. 254

Planches.		Pages.
	Fluteau.	380
315.	*Fougère d'Allemagne.*	392
320.	— *dorée*	395
	— *femelle.*	392
	Fougères.	390
	Fragaria indica.	400
	Fraisier des Indes.	400
64.	*Fraxinelle.*	69
	Freesia refracta.	339
	Fritillaire Damier.	364
	Fritillaria imperialis.	364
291.	— Meleagris	364
	Fuchsia erecta.	122
111.	— fulgens.	122
110 A.	— globosa.	120
110 B.	— gracilis.	121
	— macrostemma.	121
	— magellanica.	121
110 A.	*Fuchsia à fleurs globuleuses.*	120
110 B.	— *grêle*	121
	— *bréviflores.*	120
111.	— *éclatant.*	122
	— *longiflores*	120
	Fumariacées.	22
	Fumeterre bulbeuse.	23
	— *jaune.*	23
	— *tubéreuse.*	23
	Funkia grandiflora.	350
	— japonica.	350
	— lancifolia.	349
276.	— ovata, var. lancifolia.	349
	— Sieboldiana.	350
	— subcordata.	350
	Fusain du Japon.	71
150.	Gaillarde peinte	176
	Gaillardia aristata.	177
	— Drummondii.	176
	— grandiflora.	176
	— lanceolata.	177
	— Lorenziana.	176
150.	— picta	176
	— pulchella	176
	Galane barbue.	275
	Galanthus nivalis.	346
	Galatella acris.	157
	— hyssopifolia.	157
	— punctata.	157
69.	Galega officinalis.	74
	— orientalis.	74
69.	*Galéga.*	74
	— *d'Orient.*	74
	— *officinal.*	74
	Galtonia caudicans.	367
	Gant de Bergère.	284
	— *de Notre-Dame.*	206
	Gardenia florida.	148
	Gasteria intermedia, var. scaberrima.	351
112.	Gaura Lindheimeri.	122
112.	*Gaura de Lindheimer*	122

Planches.		Pages.
	Gazania Pavonia.	190
	— pinnata.	190
	— rigens.	190
	— speciosa.	190
161.	— splendens	189
	— uniflora	190
161.	*Gazanie remarquable.*	189
	Gazon de Hollande.	219
	— *d'Espagne.*	219
174.	— *d'Olympe.*	219
	— *Turc*	103
68.	*Genêt élégant.*	73
68.	Genista canariensis, var. elegans.	73
	— Spachiana	73
188.	Gentiana acaulis.	237
188.	*Gentiane acaule*	237
	Gentianées.	237
	Géranacées.	60
	Geranium armenum.	60
	— cinereum.	60
	— Endressi.	60
	— ibericum.	60
55.	— macrorrhizum.	60
	— platypetalum.	60
	— pratense.	60
	— sanguineum.	60
	— sanguineum, var. lancastriense.	60
	Géranium.	61
	— *à corbeilles.*	61
	— *à feuilles de lierre.*	62
	— *à grosses racines.*	60
55.	— *à larges pétales.*	60
	— *cendré.*	60
	— *d'Arménie.*	60
	— *de Lancastre.*	60
	— *d'Endres.*	60
	— *des prés.*	60
	— *d'Ibérie.*	60
	— *palustre.*	60
	— *puant.*	63
	— *Rosat.*	63
	— *sanguin.*	60
	Gerbe d'or du Canada.	152
	Germandrée Petit Chêne.	298
	Gesnériacées.	284
	Gesse à grandes fleurs.	77
	— *à larges feuilles.*	76
	— *odorante.*	76
90.	Geum chiloense.	99
	— coccineum.	99
192.	Gilia Androsacea.	242
	— capitata.	243
193 A.	— coronopifolia	242
	— densiflora	244
	— dianthoides	244
	— liniflora	244
	— micrantha	244
193 B.	— tricolor.	243
193 A.	*Gilia à feuilles de coronopus*	242

Planches.		Pages.
192.	*Gilia à fleurs d'Androsace* . . .	242
193 B.	— *tricolore*	243
	Giroflée blanchâtre	24
	— *Cocardeau*	25
29.	— *de Mahon*	29
	— *de Perofski*	33
	— *des fenêtres*	25
	— *des jardins*	24
	— *des murailles*	25
	— *d'hiver*	24
	— *fenestrelle*	25
	— *grecque*	24
	— *grosse espèce*	24
25.	— *jaune*	25
24.	— *Quarantaine*	23
	Gladiolus byzantinus	338
	— cardinalis	337
	— Colvillei	338
	— communis	338
	— floribundus	338
266.	— Gandavensis	337
	— Lemoinei	337
	— Nanceianus	337
	— psittacinus	337
	— purpureo-auratus . .	337
	— Saundersii	337
	Glaïeul bleu	332
	— *commun*	338
	— *de Constantinople* . . .	338
266.	— *de Gand*	337
	— *jaune*	333
	Glaziova elegantissima	374
	Gloire rayonnante	181
	Gloxinia speciosa	284
222.	*Gloxinia*	284
70.	*Glycine*	74
	— *d'Amérique*	75
	— *de Chine*	74
	Gnaphalium orientale	165
	Godetia amœna	119
	— Lindleyana	119
	— rubicunda	119
	Godétie Duc de Fife	119
	— *Duchesse d'Albany* . . .	119
	— *Duchesse de Fife*	119
109.	— *Lady Albemarle*	119
	— *Whitneyi*	119
	Gomphrena aurantiaca	307
239.	— globosa	306
	— Haageana	307
	Gouet	379
	Gourdes	127
	Goutte de sang	15
	Graine de Perroquet	200
	Graminées	384
	Granatées	114
	Grand jaune	335
	— *Prenio*	341
	— *Soleil*	167
	Grand Tournesol	167

Planches.		Pages.
	Grande Campanule	204
	— *capucine*	65
	— *Flambe*	332
	— *Pervenche*	234
105.	*Grenadier*	114
	— *nain*	114
	Grisebachia Belmoreana	371
310 B.	*Gros minet*	386
	Guzmannia picta	326
	Gymnogramme calomelanos . .	396
320.	— chrysophylla,var.	
	Laucheana . . .	395
	Gymnotrix latifolia	385
	Gynerium argenteum	388
36.	Gypsophila elegans	38
	— paniculata	38
	— viscosa	38
	Gypsophile élégante	38
	Gyroselle	229
	Haricot d'Espagne	80
	— *écarlate*	80
	Harpalium rigidum	168
	Haworthia margaritifera	353
	Hedera Helix	145
71.	Hedysarum coronarium	75
	Helenium autumnale	197
	— tenuifolium	197
	Helianthus annuus	167
144.	— argophyllus	166
	— lætiflorus	168
	— multiflorus	167
	— orgyalis	168
	— rigidus	168
	— tuberosus	168
142.	Helichrysum bracteatum . . .	164
	— macranthum . . .	164
	— Manglesii	162
	— orientale	165
	— roseum	163
198.	*Héliotrope*	249
	— *d'hiver*	199
	Heliotropium anchusoides . . .	250
	— arborescens	249
	— odoratum	249
	— odorum	249
198.	— peruvianum . . .	249
	Helipterum Manglesii	162
	— roseum	163
	Hellébores hybrides	16
	Helléborine	16
	Helleborus abschasicus	16
	— antiquorum	16
	— colchicus	16
	— guttatus	16
	— niger	15
	— orientalis	16
	— purpurascens	16
276.	*Hémérocalle bleue*	349
	— *du Japon*	350
	— *fauve*	367

Planches.		Pages.
Hémérocalle jaune.		367
Hemerocallis cœrulea, var.		349
— flava.		367
— fulva.		367
Hepatica triloba.		5
5. *Hépatique*.		5
Heracleum persicum.		146
— pubescens.		146
Herbe à la Ouate.		236
— *à la Vierge*.		341
— *à plumets*.		388
— *au Musc*.		279
— *aux écus*.		28
— *aux gueux*.		2
— *aux Panthères*.		185
— *d'amour*.		34
— *de la Trinité*.		5
— *de Sainte-Barbe*.		32
Hesperis maritima.		29
30. — matronalis.		29
Heuchera sanguinea.		106
Heuchère à fleurs couleur de sang		106
Hibiscus militaris.		54
— palustris.		54
51. — rosa-sinensis.		55
50. — roseus.		54
— syriacus		55
— Trionum.		55
— vesicarius.		55
51. *Hibiscus rose de Chine*.		55
Hieracium aurantiacum.		201
Hippeastrum vittatum.		346
94. *Hortensia*.		104
96. Hoteia japonica.		106
96. *Hotéia*.		106
Houblon.		309
— *du Japon*.		309
296. Howea Belmoreana.		371
Hugelia cœrulea.		145
Humulus japonicus.		309
— Lupulus.		309
285. Hyacinthus orientalis.		358
94. Hydrangea Hortensia.		104
Hydrocleis Humboldtii.		380
Hydrophyllées.		247
Hypéricinées.		50
47. Hypericum calycinum.		50
32 B. Iberis amara.		32
31. — gibraltarica		30
— hesperidiflora.		32
— pinnata.		32
— semperflorens.		31
— sempervirens.		31
32 A. — umbellata.		31
Imantophyllum miniatum.		343
Immortelle à bouquets.	165 et	306
— *à boutons*.		306
142. — *à bractées*.		164
163. — *annuelle*		193

Planches.		Pages.
Immortelle blanche.		195
— *de Belleville*.		193
— *de Virginie*.		195
141. — *rose*		163
Impatiens Balsamina.		68
63. — Roylei.		68
Inula glandulosa.		195
Ipomæa Bona-nox.		257
203 A. — coccinea.		256
— hederifolia.		257
— Leari.		257
201. — purpurea		254
203 B. — Quamoclit.		257
Ipomée écarlate.		256
203 B. — *Quamoclit*.		257
Ipomopsis elegans.		242
237 A. Iresine Herbstii var. acuminata.		304
237 B. — Herbstii, var. aureo reticulata.		305
— Verschaffelti, var. acuminata.		304
237 A. *Irésiné de Herbst, variété à feuilles acuminées*		304
Iridées.		329
Iris Bakeriana.		330
— belgica.		332
— flavescens.		332
— florentina.		333
— fœtidissima.		333
— germanica.		332
— Histrio.		330
— Kæmpferi.		333
— lævigata.		333
— pallida.		332
— persica.		330
— plicata.		332
— pseudo Acorus.		333
226. — pumila		331
261. — reticulata.		329
— sambucina.		332
— squalens.		332
— susiana.		333
— Swertii.		332
— variegata.		332
— xiphioides.		330
— Xiphium.		331
Iris bulbeux.		330
— *d'Allemagne*.		332
— *d'Angleterre*.		330
— *d'Espagne*.		331
— *de Florence*.		333
— *des jardins*.		332
— *des marais*.		333
— *de Suse*.		333
— *gigot*.		333
262. — *nain*.		331
261. — *réticulé*		329
— *rhizomateux*.		332
Isolepsis gracilis.		383
167 B. Isotoma axillaris.		207

Planches.		Pages.
167 B.	Isotoma axillaire.	207
265.	Ixia maculata.	336
	— patens.	336
	— vividiflora.	336
265.	Ixia maculé	336
	Ixiolirion montanum.	344
272.	— Pallasii.	344
272.	Ixiolirion de Pallas	344
	Ixora.	148
285.	Jacinthe.	358
284.	— chevelue.	357
	— d'Orient.	358
	— du Cap	367
	— du Pérou.	361
	Jacinthes de Hollande.	358
	— de Paris.	358
	Jacobinia pauciflora.	287
	Jalousie.	39
182.	Jasmin commun.	230
	— d'Espagne.	230
	— rouge de l'Inde.	257
	Jasminées.	230
	Jasminum grandiflorum.	230
182.	— officinale	230
	Jeannette.	341
	Jonc fleuri.	380
267 A.	Jonquille.	339
	Joubarbe des toits.	112
103.	— toile d'araignée	112
	Julienne de Mahon.	29
	— des dames.	29
30.	— des jardins.	29
	Karatas fulgens.	326
	— Innocenti.	326
257.	— Carolinæ	325
	Kaulfussia amelloides.	195
	Kentia Balmoreana.	371
	— Belmoreana.	371
296.	Kentia de Belmore.	371
	Ketmie des marais.	54
	— vésiculeuse.	55
	— militaire.	54
50.	— rose.	54
	Kiris.	24
277.	Kniphophia aloides	350
	Koniga maritima.	27
	Labiées.	293
	Lablab vulgaris.	80
	Lablab à fleurs violettes.	80
247.	Lælia purpurata	316
247.	Lælia pourpré	316
310 B.	Lagarus ovatus	386
	Lagenaria vulgaris.	127
	Lagerstrœmia indica.	116
231.	Lamier maculé.	296
231.	Lamium maculatum.	296
	Lampette.	47
	Lamprococcus fulgens.	326
226.	Lantana Camara	290
	Latania borbonica.	373

Planches.		Pages.
299.	Latania	373
	Lathyrus grandiflorus.	77
	— latifolius.	76
72.	— odoratus.	76
	Laurier de Saint-Antoine.	123
186.	— rose.	234
49 A.	Lavatera trimestris	53
	Lavaterie à grandes fleurs.	53
	Légumineuses.	72
300.	Leopoldinia pulchra	374
	Lepachys columnaris.	196
	Leptosiphon androsaceus.	242
	— aureus.	244
	— densiflorus.	244
	— hybridus.	244
	— luteus.	244
	— parviflorus.	244
	— roseus.	244
	Leptosyne maritima.	170
	Leucoium æstivum.	346
	— vernum.	346
	Liatris pycnostachya.	194
	— spicata.	194
224.	Libonia floribunda.	287
224.	Libonia.	287
	Lierre.	145
	Ligeria speciosa.	284
	Liliacées.	347
	Lilas carné de Chine.	233
183.	— Charles X	231
	— commun.	231
	— de Metz.	233
184 A.	— de Perse.	232
	— de Rouen.	233
	— rouge de Marly.	232
	— Saugé.	233
184 B.	— Varin.	233
	— Varin à fleurs blanches.	233
287.	Lilium auratum	361
	— bulbiferum.	362
289.	— candidum.	363
288.	— croceum.	362
	— lancifolium.	363
	— Martagon.	364
290.	— speciosum	363
	— superbum.	363
	— tigrinum.	364
	Limnanthemum nymphoides.	238
	Limnocharis Humboldtii.	380
54.	Lin à fleurs rouges.	59
	— à grandes fleurs.	59
275.	— de la Nouvelle-Zélande.	348
	— de Sibérie.	59
	— vivace.	59
213.	Linaire pourpre	270
	Linaria aparinoides.	271
213.	— bipartita.	270
	— Cymbalaria.	271
	— heterophylla.	271
	— maroccana.	272

Planches.	Pages.
Latania reticulata., ...	272
Linées..	59
54. Linum grandiflorum..	59
— perenne.	59
Lippia citriodora.	293
289. *Lis blanc.*	363
290. — *brillant.*	363
— *bulbifère.*	362
— *de Portugal.*	330
— *des étangs.*	17
— *des jardiniers.*	363
287. — *doré du Japon.*	361
— *jaune.*	367
— *Martagon.*	364
— *rose des Égyptiens.*	18
288. — *safrané.*	362
270. — *Saint-Jacques.*	343
— *tigré.*	364
Liseron à fleurs doubles.	258
— *de Portugal.*	255
— *des champs.*	258
— *des haies.*	257
203 A. — *écarlate.*	256
— *pourpre.*	254
— *tricolore.*	255
Livistona australis.	374
299. — sinensis	373
Loasa aurantiaca.	124
113. · — lateritia.	124
— picta.	124
· — vulcanica.	124
113. *Loasa à fleurs rouge brique.* . .	124
Loasées.	124
168. Lobelia cardinalis	208
167 A. — erinus.	206
— fulgens.	208
— ramosa.	207
— splendens.	208
— syphilitica	208
Lobéliacées.	206
Lobélie bleue.	208
168. — *cardinale.*	208
— *écarlate.*	208
— *éclatante*	208
167 A. — *érine.*	206
Lobularia maritima.	27
Lophospermum erubescens . . .	273
— scandens. . . .	273
Lotus des Égyptiens.	18
Lunaire annuelle.	28
— *bisannuelle.*	28
Lunaria annua.	28
28. — biennis	28
— inodora.	28
Lupin changeant.	79
— *de Cruikshanks.*	79
— *grand bleu.*	79
— *nain.*	79
— *velu.*	79
— *vivace.*	79

Planches.	Pages.
Lupinus hirsutus.	79
— mutabilis.	79
— nanus.	79
— polyphyllus.	79
248. Lycaste Skinneri.	317
248. *Lycasté de Skinner.*	317
Lychnide.	47
— *à grandes fleurs.*	46
— *Compagnon rose.*	48
— *Croix de Jérusalem.* . .	47
— *de Haage.*	45
— *de Siebold*	46
43. — *éclatante.*	45
— *fleur de Coucou.*	47
— *visqueuse.*	47
Lychnis Bungeana.	45
— chalcedonica.	47
— Cœli-Rosa.	47
44. — coronaria.	46
— diurna.	48
— Flos-Cuculi	47
— Flos-Jovis.	47
43. — fulgens.	45
— grandiflora	45
— Haagena.	45
— oculata.	47
— Sieboldii.	45
— sylvestris.	48
— Viscaria.	47
311. *Lycopode de Martens*	388
Lycopodiacées.	388
Lycopodium denticulatum.. . . .	389
— flabellatum.	388
— Kraussianum. . .	389
Lysimachia ciliata.	229
— Ephemerum. . . .	229
— Nummularia. . . .	229
— punctata	229
Lythrariées.	115
Lythrum Salicaria.	116
— virgatum.	116
Macleya cordata.	22
Maïs panaché.	387
29. Malcolmia maritima.	29
Malope grandiflora.	53
49 B. — trifida, var. grandiflora.	53
49 B. *Malope à grande fleur.*	53
Malva crispa.	58
— mauritiana.	58
— moschata.	58
Malvacées.	53
120 A. *Mamillaire petite.*	133
120 B. — *rose.*	134
Mamillaria centricima.	135
— cirrhifera.	135
— crocidata.	135
— dolichocentra. . . .	135
— fulvispina.	135
— gladiata.	135
— longimamma. . . .	135

Planches.		Pages.
	Mamillaria magnimamma....	135
—	Odieriana......	135
—	polyedra........	135
—	polythele......	135
120 A. —	pusilla.......	133
—	pymocephala....	135
120 B. —	rhodantha......	134
—	sphacelata......	135
—	uberiformis.....	135
	Maranta Kerchoviana......	323
255. —	leuconeura, var. Kerchovei......	323
255. *Maranta de Kerchove*......		323
Marguerite en arbre.......		178
	Marliacea chromatella.....	17
—	Laydekeri........	17
243 C. Masdevallia chimæra....		313
243 B. —	gemmata.....	313
243 A. —	Harryana....	313
Matricaire mandiane......		183
	Matricaria inodora.......	198
—	Parthenium....	183
—	præalta.......	184
	Matthiola annua........	23
—	fenestralis......	25
—	græca........	24
—	incana......	23 et 24
	Maurandia antirrhiniflora....	273
214. —	Barclayana.....	272
—	erubescens.....	273
—	scandens.....	273
—	semperflorens...	273
214. *Maurandia de Barclay*.....		272
Mauve à feuilles crispées....		58
— *d'Alger*.........		58
— *en arbre*........		55
49 A. — *fleurie*.........		53
— *frisée*.........		58
— *musquée*........		58
Médaille de Judas........		28
	Megasea crassifolia......	102
Mélisse turque.........		297
114. Mentzelia Lindleyi.......		125
114. *Mentzélie de Lindley*.....		125
	Menyanthes trifoliata......	237
Mère de famille........		160
Merveille du Pérou......		298
Mésembryanthémées.....		141
	Mesembryanthemum acinaciforme....	142
—	blandum....	142
—	capitatum...	143
—	coccineum...	142
—	cordifolium..	142
—	crystallinum..	143
125 C. —	cymbifolium.	141
—	deltoides....	124
—	dolabriforme..	142
125 B. —	echinatum...	141
—	edule.....	142

Planches.		Pages.
	Mesembryanthemum floribundum.....	142
—	formosum...	142
—	inclaudens...	142
—	linguiforme..	143
—	micans......	143
—	pomeridianum.	143
—	spectabile...	143
—	tricolor....	143
125 A. —	violaceum...	141
Mignardise...........		42
— *d'Écosse*.......		43
Mignardises..........		43
— *anglaises*.....		43
Mignonnelle.........		34
	Milla uniflora..........	356
Millefeuille..........		198
47. *Millepertuis à grand calice*...		50
— *à grandes fleurs*..		50
74. Mimosa pudica........		78
218. *Mimule arlequin*........		278
	Mimulus cupreus........	279
—	guttatus..	278
218. —	luteus, variegatus...	278
—	moschatus.......	279
—	punctatus..	279
—	quinquevulnerus....	279
—	Smithii........	278
—	speciosus.......	278
—	variegatus..	278
232. Mirabilis jalapa........		298
Miroir de Vénus.........		205
	Miscanthus sinensis..	387
Moldavique..........		297
Molène pourpre........		284
	Momordica Balsamina......	127
—	Charantia..	127
Momordique à feuilles de Vigne.		127
	Monarda coccinea.......	297
—	didyma.......	297
—	fistulosa.......	297
—	purpurea.......	297
—	violacea.......	297
Monarde coccinée.......		297
Monnaie du pape........		28
28. *Monnoyère*...........		28
Morelle Faux-Piment......		258
Moulin à vent.........		341
Muguet.............		367
Musc.............		279
284. Muscari comosum.......		357
Muscari monstrueux.......		357
Myoporinées..........		289
225. Myoporum parvifolium.....		289
225. *Myoporum à petites feuilles*..		289
200. Myosotis alpestris.......		252
—	azorica........	253
—	dissitiflora..	253
—	palustris.......	253
—	sylvatica.......	252

Planches.		Pages.	Planches.		Pages.
Myosotis		253	8. *Nigelle d'Espagne*		8
200.	— *alpestre*	252	*Nivéole de printemps*		346
	— *des Alpes*	252	— *d'été*		346
Myrtacées		113	*Nombril de Vénus*		251
104. *Myrthe*		113	*Nopal*		139
104. *Myrtus communis*		113	Nothoscordum fragans		367
Naïadées		381	Nuphar luteum		17
Narcisse à bouquets		340	**Nyctaginées**		298
268 B.	— *de Constantinople*	340	Nycterinia selaginoides		277
	— *des poètes*	341	217. *Nyctérinie à port de Sélagine*		277
	— *incomparable*	341	Nymphæa alba		17
	-- *Orange Phénix*	341	— Caspary		17
268 A.	— *tout blanc*	340	— cœrulea		17
	— *trompette*	339	— flava		17
Narcissus bicolor		340	— odorata		17
	— incomparabilis	341	17. — rubra		16
267 A.	— Jonquilla	339	— tuberosa		17
	— major	340	**Nymphéacées**		16
	— poeticus	341	Obeliscaria pulcherrima		196
268 A.	— polyanthos	340	Ocimum Basilicum		296
267 B.	— pseudo-Narcissus	339	Odontoglossum Alexandræ		318
268 B.	— Tazetta	340	249. — crispum		318
Nardosmia fragans		199	249. *Odontoglossum crispé*		318
18. *Nélombo*		18	*OEillet anglais*		40
Nelombonées		18	— *barbu*		39
18. Nelumbium speciosum		18	— *à ratafia*		40
Nelumbo nucifera		18	36. — *d'amour*		38
Nemophila atomaria		248	39. — *de Chine*		42
	— auriculæflora	248	— *de Dieu*		46
	— Crambeoides	248	— *de Janséniste*		47
	— discoidalis	248	37. — *de poète*		39
197.	— insignis	247	38. — *des fleuristes*		40
	— maculata	248	— *des jardins*		40
	— Menziesii	248	— *des prés*		47
	— speciosa	248	148 A. — *d'Inde*		173
197. *Némophile remarquable*		247	— *flon*		43
Ne m'oubliez pas		253	— *girofle*		40
Nénuphar blanc		17	— *Grenadin*		40
	— *bleu*	17	40. — *Mignardise*		42
	— *jaune*	17	— *musqué*		42
17.	— *rouge*	16	*OEillets allemands*		40
Neottopteris vulgaris		391	— *avranchins*		40
Nephrodium aculeatum		390	— *bizarres*		40
186. Nerium oleander		234	— *de fantaisie*		40
Nicotiana affinis		265	— *flamands*		40
	— alata	265	— *flamands proprement dits*		40
	— macrophylla	265	— *Marguerite*		40
	— Tabacum	265	— *remontants*		40
	— virginica	265	— *saxons*		40
Nidularium Carolinæ		325	OEnothera acaulis		119
	— fulgens	326	109. — amœna		119
	— Innocenti	326	— biennis		118
	— Meyendorfii	325	— Drummondii		119
207. Nierembergia frutescens		264	— grandiflora		118
	— gracilis	264	— Lamarckiana		118
207. *Nierembergie frutescente*		264	— Lindleyana		119
Nigella damascena		8	108 B. — macrocarpa		118
8. — hispanica		8	— rubicunda		119
Nigelle bleue		8	108 A. — speciosa		117
— *de Damas*		8	— suaveolens		118

Planches.		Pages.
	Œnothora taraxacifolia	119
	— tetraptera	119
	— Whitneyi	119
108 B.	Œnothère à gros fruit	118
108 A.	— élégante	117
	Oléacées	231
	Oléandre	234
	Ombellifères	145
	Omphalodes linifolia	251
199.	— verna	251
	Onagne à gros fruit	118
	— élégante	117
	Onagrariées	116
	Onagre commune	118
260.	Oncidium Forbesii	319
	— Papilio	319
250.	Oncidium de Forbes	319
	Onopordon arabicum	200
	Oplismenus imbecillis	387
	— undulatifolius varie-	
	gatus	387
	Opuntia cylindrica	140
	— Ficus indica	140
	— microdasys	140
	— Rafinesquiana	140
124.	— vulgaris	139
65.	Oranger	69
	— de Savetier	258
	Orchidée papillon	319
	Orchidées	313
178.	Oreille d'Ours	223
	Ornithogales	368
	Ornithogalum umbellatum	368
101.	Orpin brillant	110
	— brûlant	112
102 A.	— de Siebold	110
102 B.	— sarmenteux	111
	Osier fleuri	123
	Oxalide à fleurs pourpres	67
	— à fleurs roses	67
	— de Deppe	67
62.	— floribonde	66
	Oxalis corniculata, var. atropur-	
	purea	67
	— Deppei	67
	— floribunda	66
	— rosea	67
	— tropæloides	67
13.	Pæonia albiflora	12
	— corallina	15
	— edulis	12
	— fœmina	14
	— fragrans	12
	— mascula	15
14.	— Moutan	13
15.	— officinalis	14
	— papaveracea	13
	— paradoxa	15
	— peregrina	15
	— sinensis	12

Planches.		Pages.
16.	Pæonia tenuifolia	14
	— Wittmanniana	15
	Pain de pourceau	228
	Palafoxia Hookeriana	197
	— texana	197
	Palava flexuosa	58
	Palma Christi	309
298.	Palmier à chanvre	373
	— dattier	372
	— de Chine	373
	Palmiers	371
	Pandanées	374
301.	Pandanus Veitchi	374
	Panicum imbecille	387
	— palmæfolium	387
	— plicatum	387
	— variegatum	387
19.	Papaver bracteatum	19
	— croceum	20
	— orientale	19
	— Rhœas	21
20.	— somniferum	19 et 20
	Papavéracées	19
	Papyrus	382
138.	Pâquerette	160
	Pâquerettes fleuries	161
	— luyautées	160
	Pas d'âne	199
	Passe-fleur	46
	Passe-Rose	57
	Passe-velours	303
	Passiflora Actinia	126
115.	— cœrulea	125
	— racemosa	126
115.	Passiflore bleue	125
	Passiflorées	125
	Patte d'Araignée	8
19.	Pavot à bractées	19
	— à œillette	20
20.	— des jardins	20
	— d'Orient	19
	— épineux	21
	— safrané	20
	Pelargonium capitatum	63
59.	— grandiflorum	64
58.	— graveolens	63
	— hederæfolium	62
	— inquinans	61
57.	— lateripes	62
	— peltatum	62
56.	— zonale	61
	Pélargonium à cinq macules	64
56.	— à corbeilles	61
57.	— à feuilles de lierre	62
59.	— à grandes fleurs	64
	— de fantaisie	64
	— des fleuristes	64
	— nain	64
58.	— puant	63
	Pennisetum latifolium	385

Planches.		Pages.
308 B.	Pennisetum longistylum . . .	384
308 B.	*Pennisetum à longs styles* . .	384
35.	*Pensée.*	37
	Pentstemon angustifolius. . . .	275
	— atropurpureus. . .	275
	— azureus.	276
	— barbatus.	275
	— campanulatus. . .	275
	— cordifolius.	275
	— diffusus.	275
	— elegans..	275
	— gentianoides. 273 et	275
215.	— glaber.	275
	— Hartwegii	273
	— heterophyllus.. . .	275
	— Jeffreyanus.. . . .	276
	— Murrayanus. . . .	276
	— ovatus.	276
	— pulchellus.	275
	— puniceus.	276
	— roseus.	275
215.	*Pentstémon des jardins.*	273
	— *hybride à grandes fleurs.*	274
	Péone..	14
	Peperomia argyreia.	300
	— Sandersii.	300
	Perce-neige. . . . . 16 et	346
	Perilla arguta	297
	— nankinensis.	297
233.	*Persicaire d'Orient.*	299
185.	*Pervenche de Madagascar.* . . .	233
	Petilium imperiale.	364
	Petit bleu.	26
	— *jaune..*	335
	— *. Muguet..*	148
	Petite Flambe.	331
	— *Pervenche.*	234
	Petunia nyctaginiflora.	263
	— violacea.	263
206.	*Pétunias hybrides*	262
	Phacelia bipinnatifida..	248
	— campanularia. . . .	248
	— Parryi.	248
	— viscida.	248
	— Whitlavia.	248
251.	Phalænopsis Schilleriana. . . .	320
251.	*Phalænopsis de Schiller*	320
309.	Phalaris arundinacea, var. picta.	385
	Pharbitis hispida..	254
	Phaseolus coccineus.	80
	— multiflorus.	80
	Phlox acuminata.	240
	— alba.	240
	— altissima.	241
	— americana.	240
	— canadensis.	241
	— candida..	240
	— carolina . . . . . 240 et	241
	— cordata	240
	— corymbosa.	240

Planches.		Pages.
	Phlox crassifolia.	241
	— decussata	240
	— divaricata.	241
190.	— Drummondii	239
	— glaberrima.	241
	— glutinosa..	241
	— latifolia.	241
	— longiflora..	240
	— maculata..	240
	— nitida.	241
	— obovata..	241
	— ovata.	241
191.	— panicula.	240
	— penduliflora	240
	— pyramidalis	240
	— reflexa.	240
	— reptans.	241
	— revoluta.	241
	— scabra.	240
189 A.	— setacea..	239
	— stolonifera.	241
	— suaveolens.	240
	— subulata.	238
	— suffruticosa..	241
	— tardiflora..	240
	— triflora.	241
	— undulata.	240
189 B.	— verna.	239
	— vernalis	241
189 A.	*Phlox à feuilles sétacées* . . .	238
	— *à feuilles subulées.* . . .	238
190.	— *de Drummond.*	239
191.	— *paniculé*	240
189 B.	— *printanier*	239
	Phlox vivaces hybrides.	240
	Phœnix canariensis.	372
	— dactylifera.	372
	— Jubæ.	372
	— leonensis.	372
	— reclinata.	373
297.	— spinosa	372
	— tenuis	373
275.	Phormium tenax.	348
128 B.	Phuopsis stylosa.	148
66.	Phylica ericoides.	71
66.	*Philica Fausse-Bruyère..* . . .	71
122.	*Phyllocacte phyllanthoïde.* . . .	137
	Phyllocactus Ackermanni.	137
	— anguliger.	137
122.	— phyllanthoides . .	137
	Phyllostachys	388
	Physostegia virginiana.	297
10 B.	*Pied d'alouette à bouquets* . .	10
10 A.	— *d'alouette des jardins...*	10
11.	— *d'alouette vivace hybride.*	11
	— *de veau.*	379
	Pigamon à feuilles d'Ancolie..	3
	Pilocereus senilis.	140
	Pin de Norfolk.	311
	Piper nigrum..	300

Planches.		Pages.
Pipéracées		300
16.	*Pivoine Adonis*	14
	— *à feuilles menues*	14
13.	— *de Chine*	12
	— *des jardins*	14
14.	— *en arbre*	13
15.	— *femelle*	14
	— *mâle*	15
	— *odorante*	12
	— *officinale*	14
	— *paradoxale*	15
	Plantain d'Eau	380
	Plante aux œufs	259
	— *d'Eau*	333
	Plantes grasses	310
	Platycodon autumnale	204
	— grandiflorus	204
	Plombaginées	218
	Plumbago capensis	221
	— Larpentæ	220
308 A.	*Plumet*	384
	Podachœnium paniculatum	197
	Podalyria australis	72
	Podolepis aristata	195
	— chrysanta	195
	— gracilis	195
	Poinsettia pulcherrima	310
	Pois à bouquets	76
	— *à odeur*	76
72.	— *de senteur*	76
	— *fleur*	76
	— *vivace*	76
	Poivre	300
	Polémoniacées	238
195.	Polemonium cœruleum	245
273.	Polianthes Tuberosa	345
	Polygonées	299
233.	Polygonum orientale	299
	Polystichum aculeatum	390
	Pomerolle	221
	Pomme de merveille	127
	— *épineuse d'Egypte*	262
	Pondeuse	259
	Pontederia cordata	370
	— crassipes	369
	Pontédériacées	369
	Poppigiana	388
	Populage	7
267 B.	*Porillon*	339
45.	Portulaca grandiflora	49
	Portulacées	49
	Potentilla argyrophylla	98
89.	— atrosanguinea	98
	— nepalensis	99
89.	*Potentille des jardins*	98
	— *du Nepaul*	99
	Poule qui pond	259
45.	*Pourpier à grandes fleurs*	49
	Primatocarpus Speculum	205
	Primerolle	222

Planches.		Pages.
176.	*Primevère à grande fleur*	221
180.	— *de Chine*	225
177.	— *des jardins*	222
179.	— *du Japon*	224
	— *frangée*	225
	Primula acaulis	221
178.	— auricula	223
	— capitata	226
	— cortusoides	226
176.	— grandiflora	221
179.	— japonica	224
	— marginata	226
	— obconica	226
	— officinalis×grandiflora	222
	— poculiformis	226
	— prænitens	225
	— rosea	226
180.	— sinensis	225
177.	— variabilis	222
	— veris, var. acaulis	221
	— vulgaris	221
	Primulacées	221
	Promenolle	221
	Ptarmica vulgaris	198
316.	*Ptéride argentée*	393
317.	— *dentelée*	393
	Pteris albo lineata	394
	— argyræa	393
	— bicolor	394
	— cretica	394
316.	— quadriaurita, var. argyræa	393
317.	— serrulata	393
105.	Punica granatum	114
	— nana	114
165.	*Pyramidale*	202
	Pyrèthre à feuilles de Selaginelle	184
	— *de Tchihatchef*	184
	— *doré*	184
	— *matricaire*	183
153.	— *rose*	180
153.	Pyrethrum carneum	180
	— indicum	180
	— lacustre	184
	— parthenifolium	184
	— Parthenium	183
	— rigidum	180
	— roseum	180
154-56.	— sinense	180
	— Tchihatchewii	184
	Quamoclit coccinea	256
	— hederifolia	257
	— vulgaris	257
	Quamoclit cardinal	257
	— *commun*	257
	Quarantaine	23
	— *cocardeau*	24
	— *Empereur*	24
	Quarantaines à grandes fleurs	24
	— *anglaises*	23
	— *d'Erfurt*	23

Planches.		Pages.
	Quarantaines lilliputiennes. . .	23
—	*naines*.	23
—	*parisiennes*. . . .	24
	Queue de Renard.	301
	Quinquinas.	148
	Rameau d'or.	25
	Ranunculus aconitifolius. . . .	7
—	acris.	7
—	africanus.	6
6. —	asiaticus.	6
—	bulbosus.	7
—	orientalis.	6
—	repens.	7
124.	*Raquette*.	139
	Ravenelle.	25
	Reine des prés.	106
137.	— *Marguerite*	158
	Reines Marguerites Anémones. .	159
—	*Chrysanthèmes*	159
—	*géantes*. . . .	159
—	*imbriquées* . .	159
—	*naines*. . . .	159
—	*Pivoines* . . .	159
—	*Pompons*. . .	159
—	*pyramidales*.	159
—	*Renoncules*. . .	159
	Renonculacées.	1
	Renoncule de Perse.	6
6.	— *des fleuristes*. . .	6
—	*des jardins*. . . .	6
	Renoncules Pivoine.	6
—	*turques*.	6
33.	Reseda odorata.	34
33.	*Réséda*.	34
	Résédacées.	34
	Rhamnées.	71
	Rheum officinale.	300
—	palmatum.	300
—	undulatum.	300
140.	Rhodanthe Manglesii	162
140.	*Rhodanthe de Mangles*	162
	Rhododendron.	216
—	indicum. . . .	214
	Rhubarbe officinale.	300
303.	Richardia africana.	377
241.	*Ricin*	309
241.	Ricinus communis.	309
	Robinier.	80
97.	Rochea coccinea.	107
—	falcata.	108
—	versicolor.	107
98.	*Rochéa*.	108
	Rocher.	136
	Rosa alba.	87
—	alpina.	92
—	Banksiæ.	93
—	berberifolia.	92
—	bicolor.	88
—	bracteata.	92
—	Brunonii.	93

Planches.		Pages.
	Rosa canina	87 et 92
—	centifolia.	86
—	cinnamomea.	92
—	cliniphylla.	92
—	cliniphylla duplex.	92
—	cliniphylla plena.	92
—	damascena.	87
—	diversifolia.	88
—	Eglanteria.	88
—	gallica.	87
81. —	gallica, var. centifolia. . .	86
—	Hardyi	92
77-80—	indica.	83 et 85
—	involucrata.	92
—	Iwara.	83
—	Kamtschatica.	83
—	Lawrenceana.	87
84. —	lutea, var. punicea.	88
—	Lyellii	92
—	microphylla.	92
—	moschata	89 et 93
82. —	multiflora.	87
—	Persiani Yellow.	89
—	pimpinellifolia.	91
—	polyantha.	87
—	punicea.	88
—	rubifolia.	93
—	rubiginosa.	92
76. —	rugosa.	82
83. —	semperflorescens.	88
—	sempervirens	93
—	setigera.	93
—	sulphurea.	89
	Rosacées.	81
87.	*Rose Baronne Adolphe de Roths-*	
	child.	90
—	*Beauté des prairies*. . . .	93
—	*Belle de Baltimore*.	93
—	*Bengale*	87
83. —	*Bengale cramoisi supérieur.*	88
84. —	*capucine*.	88
—	*de Boursault*.	92
—	*de la Grifferaie*.	87
—	*de Nice*.	84
—	*de Noël*.	15
149. —	*d'Inde*	175
—	*du Japon*.	104
—	*du Saint-Sacrement*. . . .	92
88. —	*Général Jacqueminot*. . . .	91
79. —	*la France*.	84
—	*Madame Hardy*.	87
—	*Maréchal Niel*.	84
—	*Maria Leonida*	92
86. —	*mousseuse commune*. . . .	90
82. —	*multiflore*.	82 et 87
81. —	*pompon de Bourgogne*. . .	86
—	*pompon vraie*.	87
78. —	*Safrano*.	84
53. —	*trémière*.	57
80.	—. *souvenir de la Malmaison.*	85

Planches.		Pages.
85.	*Rose William Allen Richardson*	89
	Roseau des pampas	388
	— *panaché*	385
	Roses cent-feuilles	86
	— *de Damas*	87
	— *de l'Ile de Bourbon*	85
	— *de Mai*	86
	— *de Provins*	86
	— *hybrides remontantes*	90
	— *moussues ou mousseuses*	87
	— *Noisette*	89
	— *Thé*	83
	Rosier à feuilles de Ronce	93
	— *Ayrshire*	93
	— *bractéolé*	92
	— *Canclle*	92
	— *châtaigne*	92
	— *de Banks*	93
	— *des Alpes*	92
	— *des Chiens*	92
77.	— *Gloire de Dijon*	83
	— *involucré*	92
	— *microphylle*	92
	— *musqué ou muscat*	89 et 93
	— *pimprenelle*	91
	— *rouillé*	92
76.	— *rugueux*	82
	— *toujours vert*	93
	Rosiers perpétuels	83
	Ruban de Bergère	385
	Rubiacées	146
	Rudbeckia amplexicaulis	196
	— Drummondii	196
	— purpurea	197
	— speciosa	197
	Rue de Chèvre	74
	Rutacées	69
	Sabbatia campestris	237
264 A.	*Safran à fleurs jaunes*	334
	— *Albertine*	335
	— *bâtard*	200
	— *cultivé*	335
	— *des prés*	368
	— *Drap d'argent*	335
	— *Drap d'or*	335
	— *écossais*	335
	— *Laurette*	335
264 B.	— *printanier*	334
	Sagittaire	380
	Sagittaria sagittifolia	380
71.	*Sainfoin d'Espagne*	75
	Saint-Pandelon	341
	Salicaire	116
208.	Salpiglossis sinuata	265
208.	*Salpiglossis sinué*	265
	Salvia albo-cœrulea	295
	— azurea	295
	— Candelabrum	295
	— cardinalis	295
	— confertiflora	295

Planches.		Pages.
	Salvia farinacea	295
	— fulgens	295
	— Gesneræflora	295
	— Grahami	295
	— Horminum	295
	— ianthina	295
	— involucrata	295
	— leucantha	295
	— mexicana	295
	— patens	295
	— Rœmeriana	295
230.	— splendens	294
	Sanvitalia procumbens	196
	Saponaire à feuilles de Basilic	48
	— *de Calabre*	48
	— *officinale*	48
	Saponaria calabrica	48
	— ocimoides	48
	— officinalis	48
230.	*Sauge éclatante*	294
	— *Ingénieur Clavenad*	295
	Saxifraga Aizoon	103
	— cordifolia	103
	— Cotyledon	103
93.	— crassifolia	102
92 B.	— Huetii	102
	— hypnoides	103
	— ligulata	103
91.	— sarmentosa	100
	— sponhemica	103
	— tricolor	101
92 A.	— umbrosa	101
	Saxifrage à feuilles en cœur	103
	— *à feuilles épaisses*	102
	— *Aïzoon*	103
92 B.	— *de Huet*	102
91.	— *de la Chine*	100
92 A.	— *désespoir des peintres*	101
93.	— *de Sibérie*	102
	— *ligulée*	103
	— *moussue*	103
	— *pyramidale*	103
	— *tricolore*	101
	Saxifragées	100
	Scabieuse des jardins	150
130.	— *vivace*	150
	Scabiosa atropurpurea	150
130.	— caucasica	150
	Schizanthus Grahami	267
209 A.	— pinnatus	266
	— poorigens	266
209 B.	— retusus	267
	— violaceus	266
209 A.	*Schizanthus à feuilles pinnées*	266
209 B.	— *à feuilles rétuses*	267
236.	Scilla sibirica	360
286.	*Scille de Sibérie*	335 et 360
	— *du Pérou*	361
	Scirpe des Lacs	383
307.	Scirpus cernuus	383

Planches.		Pages.
	Scirpus lacustris	383
	Scitaminées	323
	Scrophularinées	265
	Scutellaria alpina	297
	Scylla hemisphærica	361
	— peruviana	361
	Sedum azureum	111
	— cœruleum	111
	— daryphyllum	112
101.	— Fabarium	110
	— glaucum	112
	— pulchellum	111
102 B.	— sarmentosum	111
	— sexangulare	112
102 A.	— Sieboldii	110
	— spectabile	110
	— spurium	111
	Sedum âcre	112
	Selaginella hortensis	389
	— Kraussiana	389
311.	— Martensii	388
	Selaginelle	389
103.	Sempervivum arachnoideum	112
	— tectorum	112
	Senecio Cineraria	187
158.	— cruentus	185
	— elegans	187
	Seneçon d'Afrique	187
	— *de l'Inde*	187
	— *élégant*	187
74.	*Sensitive*	78
	Sericographis pauciflora	287
	Sidalcea candida	58
	— malvæflora	58
41.	Silene armeria	43
	— compacta	44
42.	— pendula	44
	— pendula, var. compacta	45
41.	*Silène à bouquets*	43
	— *d'Orient*	44
42.	— *pendante*	44
	Silybum eburneum	200
	— Marianum	200
222.	Sinningia speciosa	284
	Solanées	258
	Solanum aculeatissimum	259
	— atropurpureum	259
	— auriculatum	259
	— aviculare	260
	— betaceum	259
	— ciliatum	259
	— giganteum	259
	— laciniatum	260
	— marginatum	260
	— Melongena	259
204.	— pseudo-capsicum	258
	— pyracanthum	260
	— quitoense	260
	— robustum	260
	— sisymbriifolium	260

Planches.		Pages.
	Solanum Warscewiczii	260
	Soleil	167
144.	— *à feuilles argentées*	166
	— *commun*	167
	— *vivace*	167
132.	Solidago canadensis	152
160.	*Souci*	188
7.	— *d'eau*	7
	— *des jardins*	189
	— *des pluies*	199
	— *hygrométrique*	199
	— *Le Proust*	189
	— *mère de famille*	189
	— *Météore*	189
	— *pluvial*	199
	— *prolifère*	189
	Sparmannia africana	58
	Specularia speculum	205
	Spiræa Aruncus	81
75.	— Filipendula	81
	— lobata	81
	Spirée Barbe de bouc	81
	— *lobée*	81
270.	Sprekelia formosissima	343
	Stachys lanata	298
	Statice Armeria	219
	— elata	219
	— Gmelini	219
173.	— latifolia	218
	— Limonium	219
	— maritima	219
	— speciosa	219
	— tatarica	219
173.	*Statice à larges feuilles*	218
	Stevia purpurea	194
	— serrata	194
308 A.	Stipa pennata	384
	Stramoine d'Égypte	262
	Streptocarpus Dunii	286
	— polyanthus	286
	— Rexii	286
315.	Struthiopteris germanica	392
	Sulla	75
	Symphytum officinale	253
	Syringa dubia	233
184 A.	— Persica	232
184 B.	— Persica, var. dubia	233
	— rothomagensis	233
183.	— vulgaris	231
	Syringa vulgaire	231
	Tabac commun	265
	— *de la Havane*	265
	— *de Virginie*	265
	— *du Maryland*	265
	Tacsonia exomensis	127
	— ignea	127
	— manicata	127
	— mollissima	127
	— Van Volxemi	127
148 B.	*Tagète mouchetée*	174

Planches.		Pages.
149.	Tagetes erecta.	175
—	lucida.	175
148 A.	— patula	173
148 B.	— signata.	174
	Talinum umbellatum.	49
	Tanacetum vulgare..	199
	Tanaisie commune.	199
	Taxonia ignea..	127
238.	Telanthera amœna.	305
—	Bettzichiana.	306
—	spathulata.	306
238 B.	— versicolor.	306
	Teleianthera ficoidea, var. versi-	
	color.	306
	Telekia cordifolia.	196
—	speciosa.	196
	Téraspic.	31
—	*toujours vert.*	31
—	*vivace.*	31
	Ternstrœmiacées..	51
	Teucrium Chamædris.	298
2.	Thalictrum aquilegifolium. . .	3
	Thé d'Oswego.	297
	Thunbergia alata	288
	Tiarella cordifolia..	106
	Tiarelle à feuilles en cœur. . .	106
	Thlaspi.	31
32 B.	— *blanc*	32
31.	— *de Gibraltar.*	30
—	*en ombelle.*	31
—	*Julienne.*	32
32 A.	— *lilas.*	31
—	*toujours vert.*	31
—	*violet*	31
	Tige de fer.	40
	Tigridia conchiflora..	334
263.	— pavonia.	333
263.	*Tigridia œil de Paon.*	333
	Tiliacées.	58
	Tillandsia picta.	328
260.	— splendens.	328
—	vittata.	328
—	zebrina.	328
260.	*Tillandsia éclatant.*	328
	Topinambour.	168
219.	Torenia Fournieri..	280
219.	*Torénia de Fournier.*	280
	Tournefortia heliotropioides. .	250
	Tournesol.	167
	Trachelium cœruleum.	206
298.	Trachycarpus excelsus.	373
	Trachymene cœrulea..	145
	Tradescantia virginica.	370
—	zebrina.	370
	Trèfle d'eau.	237
310 A.	*Tremblette à gros épillets* . .	386
	— à petits épillets. . .	386
	Triteleia uniflora.	356
283.	*Tritéleia.*	356
	Tritoma Uvaria..	350

Planches.		Pages.
277.	*Tritome faux-Aloès.*	350
	Trollius caucasicus.	15
—	europus.	15
	Tropæolum aduncum.	66
—	Lobbianum.	66
60.	— majus..	65
—	minus.	65
61.	— peregrinum.. . . .	66
273.	*Tubéreuse.*	345
—	*bleue.*	355
	Tue-chien.	368
	Tulipa cornuta.	366
292.	— Gesneriana.	365
293.	— suaveolens.	366
294.	— turcica.	366
292.	*Tulipe des jardins.*	365
293.	*— duc de Thol.* . . .	335 et 366
294.	*— Dragonne.*	366
—	*odorante.*	366
—	*Perroquet.*	366
—	*turque.*	366
	Tulipes bizarres.	365
—	*flamandes.*	365
	Tussilago farfara.	199
—	fragrans.	199
129.	*Valériane à grosses tiges.* . . .	149
195.	*— grecque.*	245
	— rouge.	149
	Valérianées.	149
269.	Vallota purpurea	342
	Valoradia plumbaginoides. . .	220
252.	Vanda tricolor.	321
252.	*Vanda tricolore.*	321
	Vanilla planifolia..	323
	Vanille.	323
301.	*Vaquois de Veitch.*	374
	Vélar de Perofski.	33
	Venidium calendulaceum.. . .	199
	Verbascum phœniceum.. . . .	284
227 A.	Verbena Aubletia	291
—	chamœdryfolia . . .	292
—	erinoides	293
—	incisa	292
—	multifida	293
—	phlogiflora.	292
—	pulchella	291
227 B.	— tenera.	291
—	teucrioides	292
	Verbénacées.	290
132.	*Verge d'or du Canada.*	152
	Vernonia eminens.	194
—	novæboracensis. . . .	194
—	præalta..	194
	Veronica Andersonii.	282
—	decussata.	282
—	elata.	282
—	elatior.	282
—	elliptica.	282
—	excelsa.	282
—	glabra.	282

Planches.		Pages.
	Veronica hybrida	282
	— incana	283
221.	— longifolia	282
	— maritima	282
	— media	282
	— paniculata	383
	— pinnata	283
	— prostata	283
	— salicifolia	282
220.	— speciosa	281
	— spicata	283
	— spuria	283
	— Teucrium, v. prostata	283
	Véronique à feuilles pennées	283
	— *bâtarde*	283
	— *blanchâtre*	283
	— *couchée*	283
220.	— *de Hooker*	281
	— *en arbre*	281
	— *en épis*	283
221.	— *maritime*	282
	Véroniques ligneuses	282
	Verveine à bouquets	291
	— *citronelle*	293
227 B.	— *délicate*	291
227 A.	— *de Miquelon*	291
	— *odorante*	293
	Verveines à fleurs à Auricule	292
228.	— *des jardins*	292
	— *hybrides*	292
	— *italiennes*	292
	Victoria regia	18
	Vigne vierge de Veitch	72
	— *ordinaire*	72
	Villarsia nymphoides	238
	Vinca major	234
	— minor	234
185.	— rosea	233
	Viola altaica, var	37
	— calcarata	36
	— cornuta	36
	— odorata	35
34.	— odorata, var. parmensis	35
	— odorata, v. semperflorens	35
	— tricolor, var. grandiflora	37
	— tricolor, var. hortensis	37

Planches.		Pages.
35.	Viola tricolor, var. maxima	37
	Violariées	35
34.	*Violette de Parme*	35
	— *des Alpes*	228
	— *Luxonne*	35
	— *marine*	201
	— *odorante*	35
	— *ordinaire*	35
	— *Reine Victoria*	35
	Violettes des quatre saisons	35
	— *non remontantes*	35
	Violier des murailles	25
	— *jaune*	25
	Viscaria Cœli-Rosa	47
	— elegans	47
	— oculata	47
	— vulgaris	47
	Vittadinia triloba	162
201.	*Volubilis*	254
	Vriesea speciosa	328
	— splendens	328
	Whitlavia gloxinioides	249
	— grandiflora	248
	Wigandia caracasana	249
	— macrophylla	249
	— urens	249
	— Vigieri	249
	Wistaria frutescens	75
70.	— sinensis	74
163.	Xeranthemum annuum	193
	— radiatum	193
	Yucca aloifolia	354
280.	— filamentosa	353
	— gloriosa	354
280.	*Yucca filamenteux*	353
217.	Zaluzianskya selaginoides	277
	Zantedeschia æthiopica	377
	Zea mays	387
	Zebrina pendula	370
143.	Zinnia elegans	165
	— Giesbrechtii	166
	— Haageana	166
143.	*Zinnia élégant*	165
	— *Lilliput*	166
	— *pompon*	166

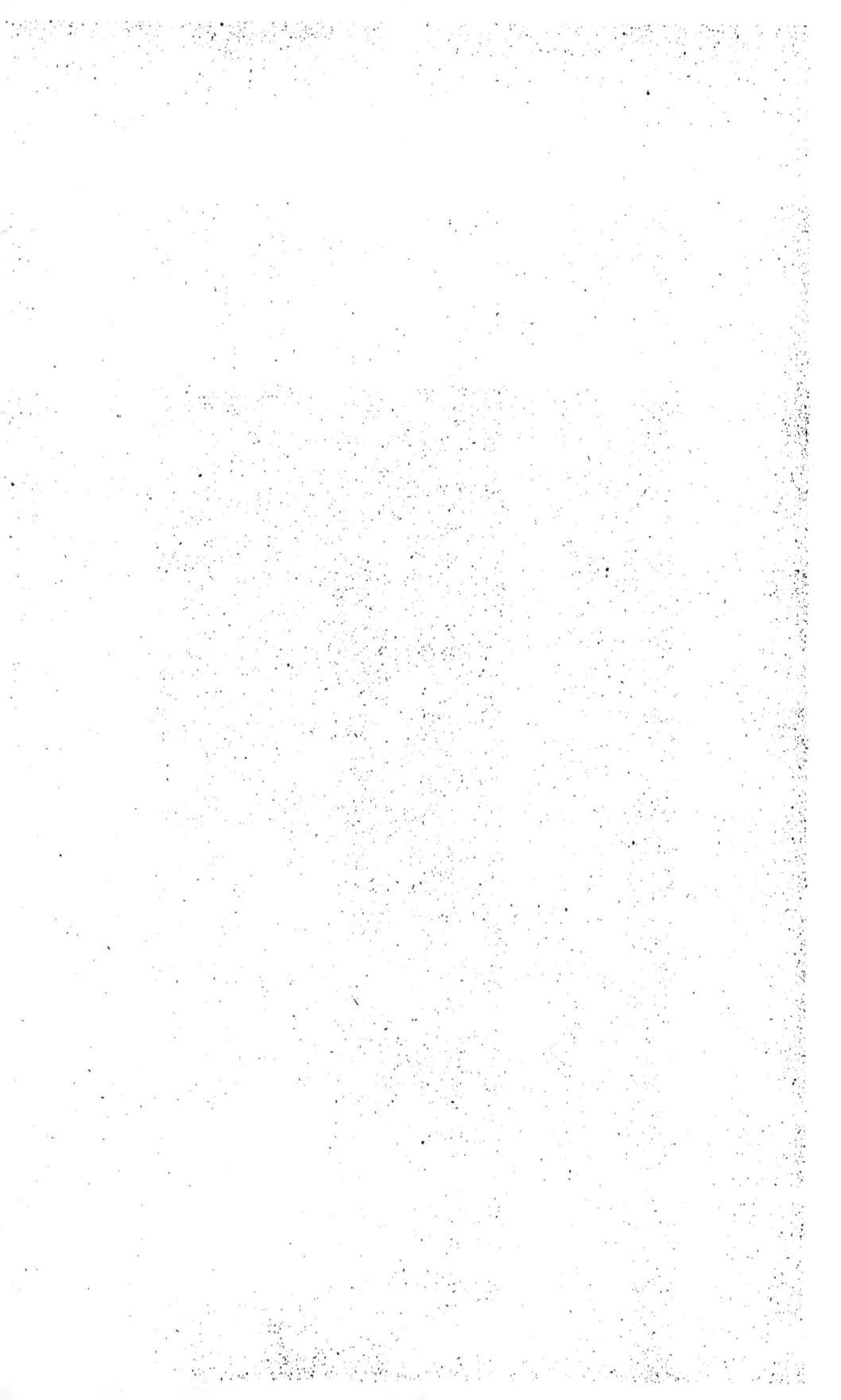

Paris. — J. Mersch, imp., 4ᵇⁱˢ, Av. de Châtillon.